"十三五"江苏省高等学校重点教材(编号：2020-1-058)
高等学校机电工程类系列教材

# 冲压工艺与模具设计

（第二版）

主　编　吕建强
副主编　张　跃　刘俊松

西安电子科技大学出版社

## 内 容 简 介

本书共 11 章，主要内容包括冲压加工基础、冲压加工设备、冲裁工艺与模具、弯曲工艺与模具、拉深工艺与模具、其他冲压方法与模具、汽车覆盖件冲压工艺与模具、精密冲裁工艺与模具、多工位精密级进模设计、冲压工艺规程编制。本书以冲裁、弯曲、拉深为重点，单独设章对汽车覆盖件冲压工艺与模具、精密冲裁工艺与模具、多工位精密级进模设计进行介绍，以适应当前冲压工艺的发展形势。教学中可针对不同专业层次的需要，节选相关章节内容进行讲述，其他内容可供学生自学，以增强学生对当前冲压技术的全面了解。

本书适合于应用型本科机械类专业学生使用，也可供冲压生产及研究相关专业人员阅读。

**图书在版编目(CIP)数据**

冲压工艺与模具设计 / 吕建强主编. —2 版. —西安：西安电子科技大学出版社，2021.12
(2022.4 重印)
ISBN 978-7-5606-6252-7

Ⅰ.①冲… Ⅱ.①吕… Ⅲ.①冲压—生产工艺 ②冲模—设计 Ⅳ.①TG38

中国版本图书馆 CIP 数据核字(2021)第 246277 号

策划编辑 高 樱
责任编辑 孟晓梅 高 樱
出版发行 西安电子科技大学出版社(西安市太白南路 2 号)
电 话 (029)88202421 88201467 邮 编: 710071
网 址 www.xduph.com 电子邮箱: xdupfxb001@163.com
经 销 新华书店
印刷单位 咸阳华盛印务有限责任公司
版 次 2021 年 12 月第 1 版 2022 年 4 月第 2 次印刷
开 本 787 毫米×1092 毫米 1/16 印 张 22
字 数 520 千字
印 数 101～1100 册
定 价 59.00 元
ISBN 978 - 7 - 5606 - 6252 - 7/TG

**XDUP 6554002 – 2**

＊＊＊ 如有印装问题可调换 ＊＊＊

# 前　言

本书作为江苏省“十三五”高等学校重点教材，以应用型本科教学为出发点，理论实践兼顾，尤其是相关实践应用知识紧跟实际应用情况的发展变化。期望通过本书的学习，学生能具备进行相关冲压零件设计、冲压工艺设计、冲压模具设计的能力。

针对第一版教材在教学实践中的应用领悟和总结，以及教、学各方面的反馈意见，本书在上一版的基础上进行了部分结构性调整和内容增补，使模具尺寸设计计算更贴合实际应用，完善了模具设计各关键点的知识，并对相关国家标准及行业标准进行了标识，提高了冲压工艺与模具设计知识的完整性，增强了实用性。

冲压是工业生产中最重要的加工方法之一，应用范围十分广泛。冲压加工在航空航天、交通运输、电子工业、家用电器、装备制造、农业机械、办公机械、生活用品等的生产方面占据着十分重要的地位。冲压模具、冲压设备和冲压材料构成冲压加工的三要素，只有将它们有机结合，才能得到理想的冲压件。

本书在阐明冲压工艺理论的基础上，重点讲述冲裁、弯曲、拉深工艺及模具，对冲压加工设备、其他冲压方法、冲压工艺规程编制进行概括性介绍，同时对汽车覆盖件冲压工艺与模具、精密冲裁工艺与模具、多工位精密级进模设计单列章节进行讲述。本书各章既相互独立又相互联系，浅述理论，突出实践，涵盖面广，目的是拓展读者视野，使读者对冲压工艺与模具设计有完整的认识，为今后从事冲压生产及模具设计打下良好基础。教学中可针对不同专业层次的教学需要节选相关章节内容讲述，未选章节学生可自学。本书适合于应用型本科机械类专业学生使用，也可供冲压生产及研究相关专业人员阅读。

本书由淮阴工学院的吕建强教授担任主编，南京理工大学泰州科技学院的张跃副教授和安徽工程大学的刘俊松副教授担任副主编。南京依维柯汽车有限公司第一总装厂胡达科、徐州达一锻压设备有限公司的高建辉参与了本书的修订过程。

在此，对提供相关资料的单位及个人表示诚挚的谢意！

本书若存在错误和不足之处，恳请广大读者不吝赐教。

编　者

2021 年 5 月

# 第一版前言

冲压是工业生产中最重要的加工方法之一，应用范围十分广泛。冲压加工在航空航天、交通运输、电子工业、家用电器、装备制造、农业机械、办公机械、生活用品等的生产方面占据着十分重要的地位。冲压模具、冲压设备和冲压材料构成冲压加工的三要素，只有将它们相互有机地结合起来才能得到理想的冲压件。

通过近二十年的快速发展，我国冲压行业取得了长足进步，基本上接近和赶上了世界先进水平，同时冲压工艺、冲压设备、冲压模具等方面也发生了重大变革。冲压模具加工中三轴数控铣床已普遍使用，五轴数控铣床也已在许多模具企业开始使用，甚至更多轴数控铣床也有使用报道。钣金、模具新材料日新月异，激光切割、气相沉积（涂覆 TiN、TiC 等）、等离子喷涂、激光淬火等技术逐步被推广使用。高速冲床、数控冲床、数控弯曲机、伺服技术的使用，以及送取料的机械手的使用，使得冲压设备已开始向多元化、可控化、自动化、柔性化方向发展，从而使冲压生产设备摆脱了传统观念中的简单、低效和安全性、适应性差的问题。

模具设计已经可以完全使用计算机来实现。国际通用的模具设计软件包括 Pro/E、PDX、UG NX、NX Progressive Die Design、I-DEAS、Euclid-IS、Logopress3、3DQuickPress 和 Progress 等。个别厂家还引进了 C-Flow、DYNAFORM 和 MAGMASOFT 等 CAE 软件，并成功应用于冲压模具的设计中。另外，许多成熟的 CAD/CAM/CAE 一体化软件也层出不穷。

以华晨宝马铁西厂为例，其全球领先的 6 序冲压线，每小时可以完成上千个冲压件，最高可以达到每分钟冲压 17 个件，是目前世界上速度最快的万吨级冲压机。冲压线采用全封闭模式，噪音低，灰尘少，现在的冲压车间噪音级别仅为 80 分贝，这个分贝数相当于普通马路的十字路口的噪音分贝数，在加工现场使用正常语调即可进行交流。

本书以简明、新颖、实用为宗旨，在阐明冲压工艺理论的基础上，重点讲述冲裁、弯曲、拉深工艺及模具，同时对冲压加工设备、其他冲压方法、冲压工艺规程编制进行一定的介绍。本书各章既相互独立又相互联系，浅述理论，突出实践，涵盖面广，目的是拓展读者视野，使读者对冲压工艺与模具设计产生完整的认识，为从事冲压生产及模具设计打下良好的基础。教学中可针对不同专业层次的需要节选相关章节内容进行讲述，未选章节可供学生自学阅读，以增强学生对当前冲压技术的全面了解。本书可供应用型本科机械类专业学生使用，也可供冲压生产及研究相关专业从业人员阅读。

本书由淮阴工学院吕建强任主编，南京理工大学泰州科技学院张跃和安徽工程大学刘俊松任副主编。全书共11章，其中吕建强编写第1、3、11章，张跃编写第4、5章，刘俊松编写第6、7章，淮阴工学院赵庆娟编写第2、8章，淮阴工学院郭啸栋编写第9、10章。

由于作者学识水平有限，书中不足之处在所难免，敬请读者不吝赐教。同时对提供相关资料的单位及个人表示诚挚的谢意！

编　者

2017年1月

# 目　录

# 第1章 绪 论

## 1.1 冲压工艺的特点及应用

冲压是以冲压设备和模具对板材、带材、管材和型材等施加外力，使之产生塑性变形或分离，从而获得所需形状和尺寸的工件(冲压件)的成形加工方法。冲压和锻造同属塑性加工(或称压力加工)，合称锻压。冲压的坯料主要是热轧或冷轧的钢板、钢带及型钢。全世界的钢材中，约有 60%～70%是板材，其中大部分经过冲压加工成成品，因此冲压也称为板料冲压。冲压加工在航空航天、交通运输、电子工业、家用电器、装备制造业、农业机械、办公机械、生活用品等的生产方面占据着十分重要的地位。

按冲压加工温度不同，可将冲压分为热冲压和冷冲压。前者适合于变形抗力高、塑性较差的材料加工；后者则在室温下进行，是薄板常用的冲压加工方法。冲压是金属塑性加工(或压力加工)的主要方法之一，隶属于材料成形工程。本书重点介绍冷冲压工艺技术。

冲压所使用的模具称为冲压模具，简称冲模。冲模是将材料(金属或非金属)批量加工成所需形状、尺寸冲压件的专用工具。冲模在冲压加工过程中至关重要，没有符合要求的冲模，批量冲压生产就难以进行；没有先进的冲模，先进的冲压工艺就无法实现。冲压工艺与模具、冲压设备和冲压材料构成冲压加工的三要素，只有它们相互良好有机地结合才能生产出合格的冲压件。

基于要施加一定的压力才能完成加工的共性，锻造、冲压、轧制、拉拔等总称为金属压力加工。金属压力加工迫使金属发生塑性变形，既改变了形状、尺寸，又改变了性能，故也称为金属塑性加工。轧制、拉拔等方法是将钢锭加工成板材、带材、管材和型材等制品，但通常不制成零件，故称为一次塑性加工；锻压加工则是在一次塑性加工的基础上，将板材、带材、管材和型材等制成具有特定用途的制件(或零件)，故称为二次塑性加工。20 世纪后期流行将塑性加工称为塑性成形。

### 1.1.1 冲压的特点

#### 1. 冲压的优点

(1) 冲压可使金属薄板、管材、型材进行较大程度的变形，形成较为复杂的形状，同时材料发生加工硬化现象，冲压的材料利用率高、工件重量轻、刚性好、强度高。

(2) 由于冲压件所用的原材料表面质量好，冲压件形状、尺寸精度由模具保证，而模具的寿命一般较长，因此冲压件质量稳定、互换性好，具有外形一模一样的特征。

(3) 冲压成形不需切削去除材料，因此能耗少、成本较低。

(4) 冲压生产易于实现机械化和自动化，其生产率高，普通压力机每分钟可完成数十次冲压动作，高速压力机每分钟可完成数百次甚至数千次以上冲压动作。

(5) 冲压生产工艺操作简单、劳动强度低，对操作人员技能要求较低。

(6) 冲压适合于成批、大量零件生产。

**2. 冲压的缺点**

(1) 冲压不适用于单件、小批量生产。冲压模具具有专用性，一个复杂的冲压件需要数套模具才能加工成形，冲压模具的制造精度高、技术要求高、成本高。因此，冲压件生产只有在批量较大的情况下才能充分体现其优点，取得较好的经济效益。但随着数控冲床的使用，这一情况将会得以改善。

(2) 在冲压加工时会产生噪音和振动，而且涉及操作者的安全事故时有发生。随着科学技术的进步，特别是数控技术的发展和机电一体化技术的进步，这些问题将会得到快速而完善的解决。

(3) 随着高强钢、超高强钢的使用，传统的冷冲压工艺在成形过程中容易产生破裂现象，无法满足高强钢板、超高强钢板的加工要求，冲压工艺需要不断创新。

(4) 一般工件在冲压过程中，尤其是冷冲压加工过程中温度会很快升高，因此必须重视冲压过程中的润滑。如果不使用润滑油而直接冲压，除工件粗糙度会受到影响外，模具寿命亦会缩短，同时冲压件精度也会降低。

### 1.1.2 冲压生产的安全

在每分钟生产数十、数百件甚至数千件冲压件的情况下，在短时间内完成送料、冲压、出件、排废料等工序，常常会导致人身、设备和质量等事故的发生。因此，冲压中的安全生产是一个非常重要的问题。冲压生产的安全措施如下：

(1) 实现机械化、自动化进出料；

(2) 设置机械防护装置，应用防护罩、自动退料装置和手工工具进出料；

(3) 设置光电或气幕保护开关、双手或多手串联启动开关、防误操作装置等；

(4) 改进离合器和制动结构，在危险情况出现时，压力机的曲轴、连杆、冲头能立即停止在原位上。

## 1.2 冲压行业的现状及发展

利用冲压设备和模具进行生产的现代冲压加工技术已有二百多年的发展历史。1839年英国成立了Schubler公司，它是早期颇具规模的、现今也是世界上最先进的冲压公司之一。

从学科角度来看，到20世纪初，冲压加工技术已经从一种从属于压力加工工艺的地位，发展成为了一门具有自己理论基础的应用技术科学。这一学科现已形成了比较完整的知识结构体系。

通过最近二十年的快速发展，我国冲压行业取得了长足进步，冲压工艺、冲压设备、冲压模具等方面发生了重大变革，基本上接近世界先进水平，甚至在某些方面已经赶上了世界先进水平，总体的发展情况主要体现在以下几个方面。

### 1. 冲压件材料

根据使用与制造上的要求，很多冲压用的新型板材应运而生。

1) 高强度钢板

高强度钢板通过固溶强化、析出强化、细晶强化、组织强化(相变强化及复合组织强化)、时效强化及加工强化等途径获得了较高的综合力学性能，抗拉强度可以达到 600～800 MPa。高强度钢、超高强度钢实现了车辆的轻量化，提高了车辆的碰撞强度和安全性能，已成为车用钢材的重要发展方向。目前，部分汽车品牌高强钢的应用不断扩大，有些车型中的车身框架高强度钢的应用已达 90%。

2) 耐腐蚀钢板

耐腐蚀钢板主要有两类：一类是加入新元素的耐腐蚀钢板，如耐大气腐蚀钢板等。我国研制的耐大气腐蚀钢板中，有 10CuPCrNi(冷轧)和 9CuPCrNi(热轧)，其耐蚀性是普通碳素钢板的 3～5 倍。另一类是在表面涂或镀一层防腐材料，也是涂层板的一种。

3) 涂层板

由于传统的镀锡板、镀锌板等已不能适应汽车工业、电器工业、农用机械及建筑工业的需要，因此一些新的涂层钢板品种被不断开发出来。涂层板又叫彩涂板，也叫有机涂层板或预涂钢板，是以金属卷材(冷轧板、热镀锌板、镀铝板、高铝合金板、不锈钢板等)为基材，在表面涂敷或层压各种有机涂料或塑料薄膜而成的。涂层板可供用户直接加工成产品，所以也称预涂卷材。

涂层板兼有有机聚合物与钢板两者的优点，既有有机聚合物的良好着色性、成形性、耐蚀性、装饰性，又有钢板的高强度和易加工性，能很容易地进行冲裁、弯曲、深冲、焊接等加工，使得有机涂层钢板制成的产品具有优良的实用性、装饰性、加工性、耐久性。

涂层板的品种繁多，目前大约超过 600 种，但仍没有一个统一的分类方法，因为众多的品种之间难以找到一个区分的标准，同时各厂家都有其独特的设备与工艺。

4) 双相钢板

双相钢又称复相钢，是由马氏体或奥氏体与铁素体基体两相组织构成的钢。一般将铁素体与奥氏体两相组织组成的钢称为双相不锈钢，双相不锈钢兼有奥氏体和铁素体不锈钢的特点，与铁素体不锈钢相比，其塑性、韧性更高，无室温脆性，耐晶间腐蚀性能和焊接性能均显著提高，具有超塑性等特点；与奥氏体不锈钢相比，双相不锈钢强度高且耐晶间腐蚀和耐氯化物应力腐蚀性能有明显提高。双相不锈钢具有优良的耐孔腐蚀性能，是一种节镍不锈钢。双相钢是低碳钢或低合金高强度钢经临界区热处理或控制轧制后获得的，具有高强度和高延性，成为一种强度高、成形性好的新型冲压用钢，已在汽车工业得到应用。

当材料被冲压成形时，会发生加工硬化，不同的钢材，变硬的程度不同，一般高强度低合金钢只提高了不到 10%，而双相钢的屈服强度可增加 40%以上。典型的双相钢屈服强度 $\sigma_s$ 为 310 MPa，拉伸强度 $\sigma_b$ 为 655 MPa。双相钢常用于制造冷冲、深拉成形的复杂构件，也可用作管线钢、链条、冷拔钢丝、预应力钢筋等。金属在成形过程中受力后，屈服强度增加很多，材料较高的屈服应力加上加工硬化，使得其流动应力大大增加。因此，开裂、回弹、起皱、模具磨损、微焊接磨损等成为了双相钢板成形过程中的焦点问题。

5) 复合钢板

复合钢板是指单一或多种钢材通过特种工艺(如不锈钢复合钢板采用爆炸、轧制或爆炸轧制等工艺)，将不锈钢板与普通钢板(如碳素结构钢、低合金高强度结构钢、优质碳素结构钢等)复合而成的钢板，也叫叠合复合板。它同时具有两种不同钢种的特性，既有不锈钢的耐蚀性，又有普通钢价格低廉、刚度好等优点。为了保护普通钢板免遭锈蚀，可用电镀、粘黏和喷涂的方法，在钢板的表面罩上一层防护“外衣”，形成复合钢板。这类复合板材破裂时的变形比单体材料破裂时的变形要大，其冲压性能变得更优良。

### 2. 冲压工艺

1) 控制工序数

以汽车覆盖件为例，随着计算机技术的发展，各种工业专用软件得到应用，通过优化改进产品结构，满足冲压工艺性要求，采用大尺寸的合理车身总成分块，减少冲压件数、减少模具数量、简化冲压过程中的传送装置、减少操作人员和设备占地面积，从而节约投资和降低能耗，降低了制造成本。如整体式车身左右侧板及车顶盖，既使汽车外形美观实用，减少了空气阻力，又减少了冲压件数量及焊点数。

2) 多件冲压工艺

随着大型压力机械的推广使用，汽车车门、翼子板等冲压件从过去的一模一件发展为双槽模生产，生产效率成倍提高，最新已发展到车门内、外板采用四槽模生产。多件冲压工艺不仅可使模具费、材料费和加工费等费用降低，同时可使材料应力、应变对称，提高了冲压件质量。双件生产的最新趋势是内、外板同时生产，生产数量匹配，还可同时送焊装线及时压合、焊接，物流顺畅、便捷。

3) 级进组合冲模

级进组合冲模已在发达国家汽车工业中普遍应用，与多工位压力机上使用的阶梯模相比，生产率更高、模具成本低、不需要板料剪切，可节约30%的成本，但其应用受拉深深度、导向和传输带料边缘材料表面硬化的限制，目前主要用于拉深较浅的简单零件。

4) 超高强度钢板的热冲压成形新工艺

根据美国钢铁学院能量部的研究，即使高强度钢降低部分数值，其拉深还是要比传统的冷板困难得多，高强钢的延展率只有普通钢材的一半。基于高强钢的特点和特性，如果不能改变金属流动和减少摩擦，那么高强度钢的开裂、增强的回弹和质地不均性都可能引起部件报废率的上升，传统的冷冲压工艺已无法满足高强度钢板的加工工艺要求。目前国际上正逐渐研究超高强度钢板的热冲压成形技术。该技术是综合了成形、传热以及组织相变的一种新工艺，主要是利用高温奥氏体状态下，板料的塑性增加、屈服强度降低的特点，通过模具进行成形的工艺。但是，热成形需要对工艺条件、金属相变、CAE分析技术进行深入研究，目前该技术被国外厂商垄断，国内发展缓慢。

### 3. 冲压设备

1) 重型机械压力机及其覆盖件生产线、大型多工位压力机

汽车覆盖件是标志汽车质量的最重要钣金零件，是大型冲压件的典型件，目前其生产主要有两种方法：一是由多台大、重型机械压力机配以自动化机械手，组成自动化柔性冲

压生产线(使用首台双动压力机加几台单动压力机组成生产线，或使用首台带液压模垫的单动压力机加几台单动压力机组成生产线)；二是大型多工位单机柔性加工生产线。

2) 数控冲床

我国的数控冲床始于1982年，经过多年的发展，已经发展到4轴控制、辅助功能增多、模位数增大并带两个自转模位，又进一步发展为液压驱动4、5轴控制，现在还出现了网络式数控转塔冲床。

3) 无模多点成形压力机

多点成形的概念最早是20世纪60年代由日本人提出的，其构想是用相对位置可以错动的“钢丝束集”代替模具进行板材成形。日本造船协会曾经组织多家造船公司的技术力量试制了多点压力机，但因未解决成形曲面的光滑度、成形回弹量的大小与曲面形状关系等问题，且无法承担这种压力机的高昂费用，未能实用化。日本三菱重工株式会社也研制了一种比较简单的成形设备，但该压力机只适用于变形量很小的船体外板的弯曲加工，而且成形效率提高不大。日本东京工业大学也进行了多点式压力机及成形方法的研究工作，但未取得重大进展。

1999年，美国麻省理工大学与美国航空部门合作，投资1400多万美元，制造了模具型面可变的拉弯成形装置。但该装置只能构造单个成形凸模，较适用于单向曲率零件的拉弯成形，很难应用于双向曲率都较大的曲面成形零件，因而应用范围有限。

吉林大学李明哲教授在日本日立公司从事博士后研究期间，对无模成形的基本理论与实用技术进行了系统研究，回国后组建了无模成形技术开发中心，首次提出了用多点分段成形技术实现大尺寸、大变形量、高精度成形的概念和方法，极大地扩展了多点成形的应用领域，取得一系列具有自主知识产权的多点成形技术成果。该中心目前已经在无模多点成形领域处于国际先进水平，并成功为鸟巢、动车组流线形车头、卫星壁板件、船体钛合金、韩国首尔东大门覆盖件提供多点成形压力机。目前，无模多点成形压力机的最大吨位为30 000 kN，可逐点调形。

4) 高速精密压力机

20世纪末，随着全球电子、汽车、家电行业的高速发展，各类型的电机冲片、电子接插件、电池铅板、铝板冲压等中小型金属零件及铅带、铝带产品的需求量巨增，带动了高速精密压力机的快速发展。高速精密冲压技术是机械、电子、材料、自动化、计算机、精密检测、信息网络和管理技术等多学科、多领域、多种高新技术的综合集成，是现代冲压生产的先进制造技术。应用高速精密冲压技术进行制品的批量化生产，具有高生产率、高质量、高精度、节能降耗、减少人工、降低成本和安全生产的特点。

目前，国际上对高速精密压力机尚没有准确的定义，一般把滑块行程次数比普通压力机快5～10倍的压力机统称为高速精密压力机。也有将600 kN以下的小型高速精密压力机按行程次数分为4个速度等级：① 常速(≤250次/min)；② 次高速(>250～400次/min)；③ 高速(>400～1000次/min)；④ 超高速(≥1000次/min)。

最近10年来，我国在高速精密冲压领域的技术引进、消化吸收及自主设计方面，取得了长足的进步。新能源汽车的模具越来越复杂，精度要求越来越高，寿命已达到1～1.5亿冲次，同时，还在模具内包含产品厚度检测、下死点动态监测、模内回转的功能。

江苏省徐州锻压机床厂集团有限公司已发布《开式高速精密压力机精度》(GB/T 29547—2013)、《闭式高速精密压力机精度》(GB/T 29548—2013)、《闭式高速精密压力机技术条件》(JB/T 10168—2015)、《闭式高速压力机型式与基本参数》(GB/T 35091—2018)、《数控高速压力机》(GB/T 37902—2019)4 项国标和 1 项行标，近期又获准颁布两项行业标准《半闭式快速压力机技术条件》(JB/T 13893—2020)和《半闭式快速压力机精度》(JB/T 13894—2020)。

5) 数控激光切割机

激光切割是利用经聚焦的高功率密度激光束照射工件，使被照射的材料迅速熔化、汽化、烧蚀或达到燃点，同时借助与光束同轴的高速气流吹除熔融物质，从而将工件割开。激光切割属于热切割方法之一。激光切割加工的成本主要有气体、电力损耗和设备折旧维修费。它不需要模具，适合在小批量、复杂零件生产中替代冲压加工，其运转成本低于数控冲床。当今的数控激光切割机普遍采用全飞行光路技术，动态加速性能优良；高性能数控系统和内置激光切割专用工艺软件，使机床自动处于最佳运行状态；封闭式防护舱防止辐射泄漏，机床安全性强；造型宜人化、用户界面人性化，体现了以人为本；机床采用网络连接控制技术。随着我国汽车工业的快速发展，以及其他工业产品高质量规模化生产的到来，先进的冲压设备必将逐步进入更多的企业。

## 4. 模具设计

模具设计不仅完全使用计算机，Creo、PDX、UG NX、NX Progressive Die Design、I-DEAS、Euclid-IS、Logopress3、3DQuickPress 和 Progress 等国际通用软件开始普遍使用，各企业不断加大 CAD/CAM 技术培训和技术服务的力度，一些厂家还引进了 C-Flow、DYNAFORM 和 MAGMASOFT 等 CAE 软件，并成功应用于冲压模的设计中。计算机和网络技术的发展正使 CAD/CAM/CAE 技术跨区域、跨企业、跨院所地在整个行业中推广成为可能，实现技术资源的重新整合，使虚拟制造成为可能。

## 5. 模具加工

1) 高速铣削加工

高速铣削加工得到大力发展，大幅度提高了加工效率，并可获得极高的表面质量。另外，这种工艺还可加工高硬度模块，并具有温升低、热变形小等优点。高速铣削加工技术的发展，为汽车、家电行业中大型型腔模具制造注入了新的活力。目前它已向敏捷化、智能化和集成化方向发展。3 轴数控铣床已普遍使用，5 轴数控铣床也已在许多模具企业开始使用，甚至更多轴数控铣床也有使用报道。

2) 模具扫描及数字化系统

高速扫描仪和模具扫描系统提供了从模型、实物扫描到模型加工所需的诸多功能，大大缩短了模具的研发制造周期。有些快速扫描系统可快速安装在已有的数控铣床及加工中心上，实现快速数据采集、自动生成各种不同数控系统的加工程序、不同格式的 CAD 数据，用于模具制造业的“逆向工程”。模具扫描系统已在汽车、家电等行业得到成功应用。

3) 电火花铣削加工

电火花铣削加工是一种代替传统的用成形电极加工型腔的新技术，它是由高速旋转的简单的管状电极作三维或二维轮廓加工，因此不再需要制作复杂的成形电极，这显然是电火花成形加工领域的重大发展。国外已有使用这种技术的机床在模具加工中应用的报道。

4) 提高模具标准化程度

我国模具标准化程度正在不断提高，估计目前我国的模具标准件使用覆盖率已达到40%左右。国外发达国家一般在80%左右。

5) 优质材料及先进表面处理技术

优质钢材和先进的表面处理技术对提高模具寿命十分重要。模具热处理的发展方向是采用真空热处理，模具表面处理正在完善，先进的气相沉积(TiN、TiC 等)、等离子喷涂、激光淬火等先进的工艺技术也在不断地进入应用。

6) 模具研磨抛光自动化、智能化

模具表面的质量对模具使用寿命、制件外观质量等方面均有较大的影响，研究自动化、智能化的研磨与抛光方法并将其替代现有手工操作，以提高模具表面质量是重要的发展趋势。

7) 模具自动加工系统

模具自动加工系统将多台设备进行组合，配备随行定位夹具，完整的机具、刀具数控库，完整的数控柔性同步系统和质量监测控制系统。

### 6. 智能控制技术

冲压生产智能控制技术在材料与工艺一体化的基础上，依据材料和工艺数据库实现冲压生产过程的在线控制、智能控制(也称自适应控制)。首先对材料、工艺参数建立在线检测系统，当材料性能、工艺参数发生变化或波动时，自动检测系统(传感器和信号转换系统)在线确定相关参数的瞬时量值，通过计算机模拟分析和优化软件(人工神经网络方法、专家系统等)确定参数变化后的最佳工艺参数组合。自动控制系统调整工艺参数后，实现冲压工艺过程的自适应控制。新的生产数据逐渐积累，成为后续加工过程的工艺优化基础。

## 思 考 题

1-1 什么是冲压？它与其他加工方法比较，有什么特点？

1-2 冲压技术今后发展趋势如何？

思考题 1-1

思考题 1-2

# 第2章　冲压加工基础

## 2.1　冲压工序分类

冲压加工的零件，由于其形状、尺寸、精度要求和生产批量等各不相同，因此生产中所采用的冲压工艺方法也是多种多样的，相应的冲压工序也有不同的分类。

### 1. 按冲压成形的性质分类

按照冲压成形的性质不同，可以将冲压工序分为分离工序和成形工序。

(1) 分离工序是将板料或工序件按一定的轮廓线进行断裂分离，以获得一定形状、尺寸和断面质量的冲压件(工序件)的工序，又称为冲裁工序。

(2) 成形工序是指在不破坏坯料或工序件的条件下使坯料产生塑性变形，而获得一定形状、尺寸的冲压件(工序件)的工序，又称为变形工序。

### 2. 按冲压工序的组合方式分类

按冲压工序的组合方式分类，大致可分为以下几种工序类型。

(1) 单工序。单工序是在冲压的一次工作行程中，只完成单一冲压内容的工序。单工序中所使用的模具称为单工序模。

(2) 复合工序。复合工序是在冲压的一次工作行程中，在模具的同一工位上同时完成两种或两种以上冲压内容的工序。复合工序所使用的模具称为复合模。

(3) 连续工序。连续工序是在冲压的一次工作行程中，在不同的两个以上工位依次完成两种或两种以上冲压内容的工序。连续工序中所使用的模具称为连续模(又称级进模、跳步模)。

### 3. 按冲压工序的特征分类

实际工作中，按冲压工序的特征可将冲压工序分为分离工序和成形工序两大类，每类又可分为许多基本工序，如表2-1和表2-2所示。

表2-1　分离工序

| 工序名称 | 工 序 简 图 | 特点及应用范围 |
|---|---|---|
| 落料 | 废料　零件 | 将材料沿封闭轮廓分离，被分离下来的部分大多是平板形的零件或工序件 |

续表

| 工序名称 | 工 序 简 图 | 特点及应用范围 |
|---|---|---|
| 冲孔 | 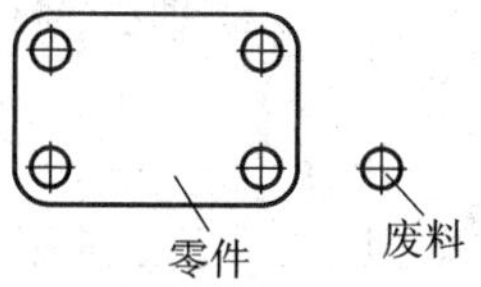 零件 废料 | 将废料沿封闭轮廓从工序件上分离下来，从而在工序件上获得需要的孔 |
| 切断 | 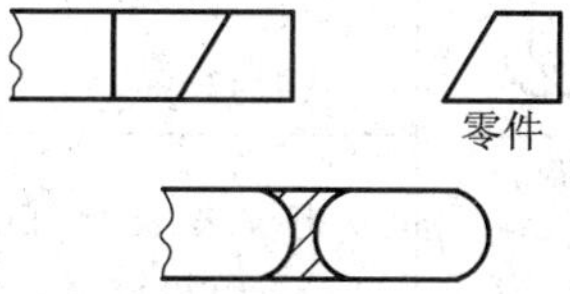 零件 | 将材料沿敞开轮廓分离，被分离的材料称为零件或工序件 |
| 切舌 | 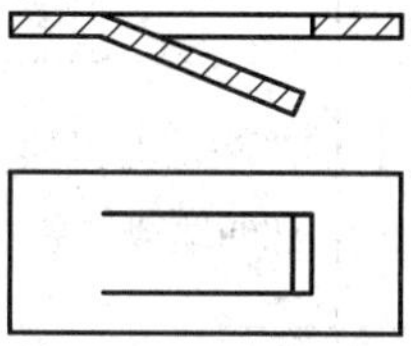  | 将工序件局部分离而不是全部分离，并使被局部分离的部分达到工件所要求的形状和尺寸，局部分离部分不再位于分离前所处的平面上 |
| 切边 | 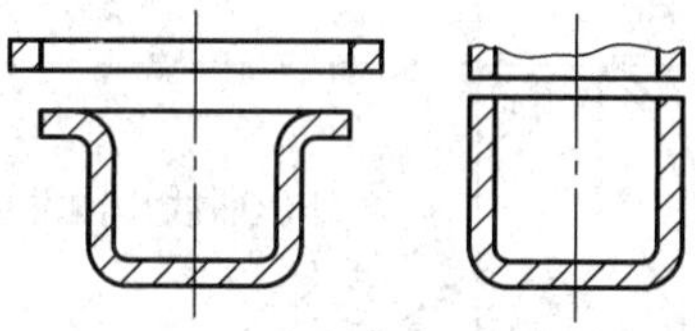  | 利用冲模修切成形工序件的边缘，使之具有一定形状和尺寸 |
| 剖切 | 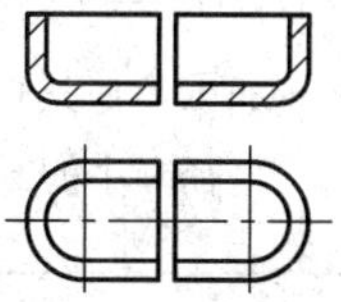  | 用剖切模将成形工序件一分为二，主要用于不对称零件的成形或成组冲压成形之后的分离 |
| 整修 | 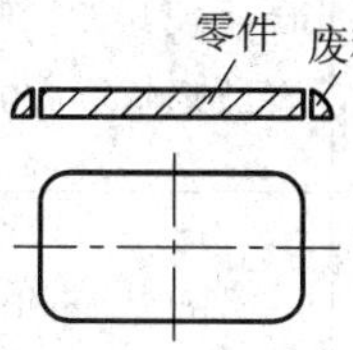 零件 废料 | 沿外形或内形轮廓切去少量材料，从而降低断面的表面粗糙度，提高断面垂直度 |
| 精冲 | 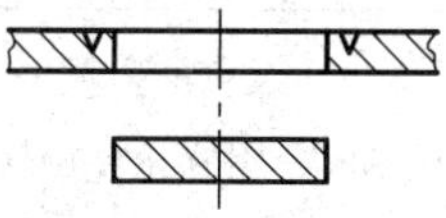  | 用精冲模冲出尺寸精度高、断面光洁而垂直的零件 |

表 2-2　成 形 工 序

| 工序名称 | 工 序 简 图 | 特点及应用范围 |
| --- | --- | --- |
| 弯曲 | 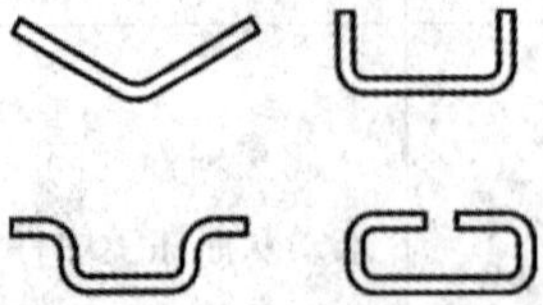 | 用弯曲模使材料产生塑性弯曲，从而弯成一定曲率、一定角度的零件或工序件，可以加工各种复杂的弯曲件 |
| 拉深 | 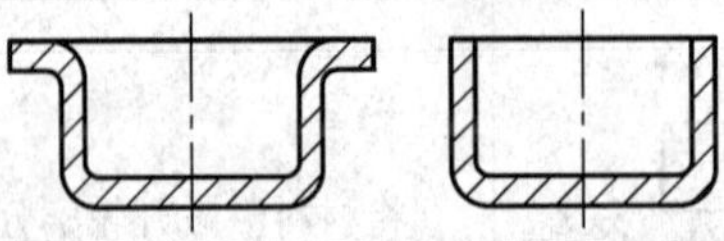 | 将平板形的坯料或工序件变为开口空心件，或使开口空心工序件进一步改变形状和尺寸 |
| 变薄拉深 | 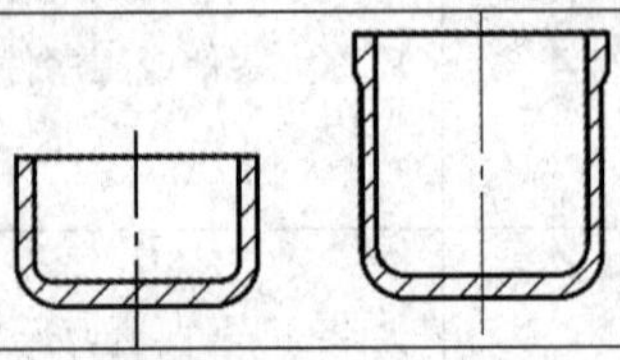 | 将拉深后的空心工序件进一步拉深，并使其侧壁减薄、高度增大，来获得底部厚度大于侧壁厚度的零件 |
| 起伏 | 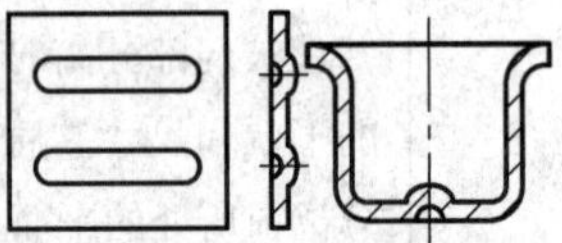 | 依靠材料的伸长变形使工序件形成局部凹陷或凸起 |
| 翻孔 | 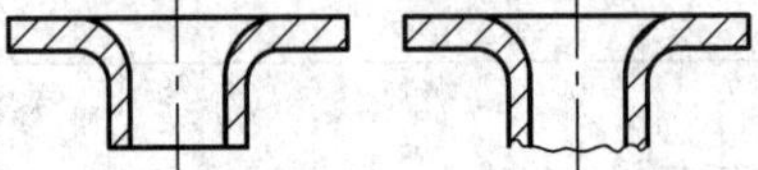 | 沿内孔周围将材料翻成竖边 |
| 翻边 | 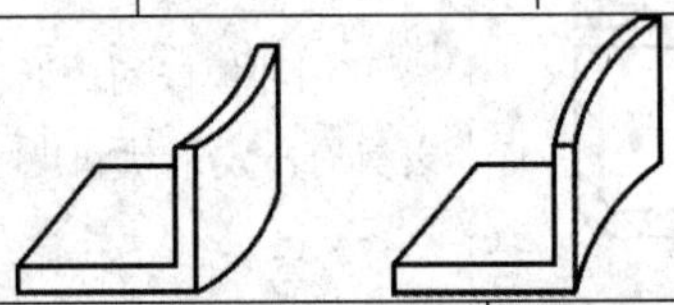 | 沿外形曲线周围翻成侧立短边 |
| 缩口缩颈 | 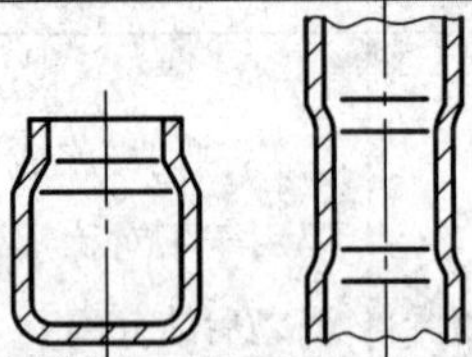 | 对空心工序件或管状件的口部或中部加压，使其直径缩小，形成口部或中部直径减小的零件 |
| 扩口 | 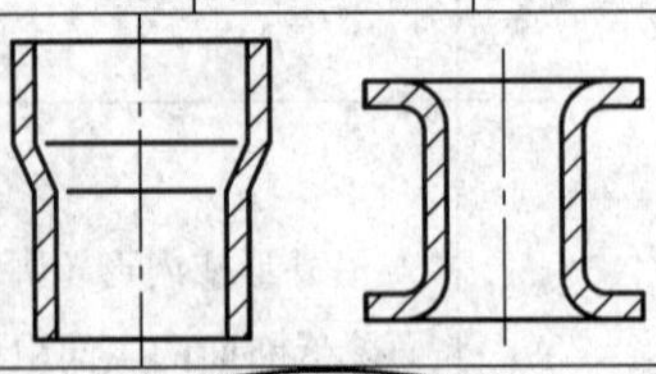 | 将空心工序件或管状件口部或中部加压，使其沿径向向外扩张，形成局部直径或形状增大的零件 |
| 校平整形 | 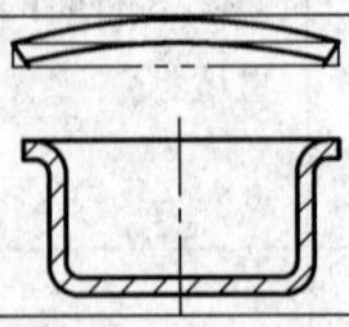 | 把冲压件的不平度、圆角半径或某些形状尺寸修整到符合要求 |
| 旋压 | 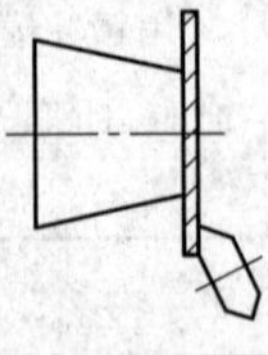 | 用旋轮使旋转状态下的坯料逐步成形为各种旋转体空心件 |

续表

| 工序名称 | 工 序 简 图 | 特点及应用范围 |
| --- | --- | --- |
| 卷边 | | 将工序件边缘卷成接近封闭圆形，用于加工类似铰链的零件 |
| 拉弯 | | 在拉力与弯矩的共同作用下实现弯曲变形，使坯料的整个弯曲横断面全部受到拉应力的作用，从而提高弯曲件的精度 |
| 扭转 | | 将平直或局部平直工件的一部分相对于另一部分扭转一定角度 |
| 冷挤压 | | 对模腔内的材料施加强大的三向压应力，使金属材料从凹模孔内或凸凹模间隙挤出的工序 |

## 2.2　金属冲压成形的基本概念

冲压成形是金属塑性加工的主要方法之一，冲压成形的理论是建立在金属塑性变形理论的基础之上的。因此，要掌握冲压成形的加工技术，就必须对金属的塑性变形性质、规律及材料的冲压成形性能等有充分的认识。

### 2.2.1　金属塑性变形的概念

#### 1. 弹性变形与塑性变形

金属物体在外力作用下产生形状和尺寸的变化称之为变形。变形分为弹性变形和塑性变形。在金属物体内部，原子之间存在着相当大的相互作用力，足以抵抗重力的作用，所以在没有其他外力作用的条件下，物体将保持自有的形状和尺寸。物体受到外力作用后，原子间相互作用力的平衡被打破，物体的形状和尺寸发生变化，变形的实质就是物体内部原子间产生了相对位移。

若作用于物体的外力卸载后，由外力引起的变形随之消失，物体能完全恢复自己的原始形状和尺寸，则这样的变形称为弹性变形；若作用于物体的外力卸载后，物体并不能完全恢复自己的原始形状和尺寸，则这样的变形称为塑性变形(也称为残余变形)。

塑性变形和弹性变形一样，都是在变形体不被破坏的条件下进行的，或在变形体局部区域不被破坏的条件下进行的(即连续性不破坏)。

金属材料在外力作用下，既能产生弹性变形，又能从弹性变形发展到塑性变形，是一种具有弹塑性的工程材料。

**2. 多晶体塑性变形**

1) 晶体和多晶体

从金属学的观点来看，所有的固态金属都是晶体。工业上常用的金属中，最常见的晶格结构有面心立方结构、体心立方结构和密排六方结构，如图 2-1 所示。

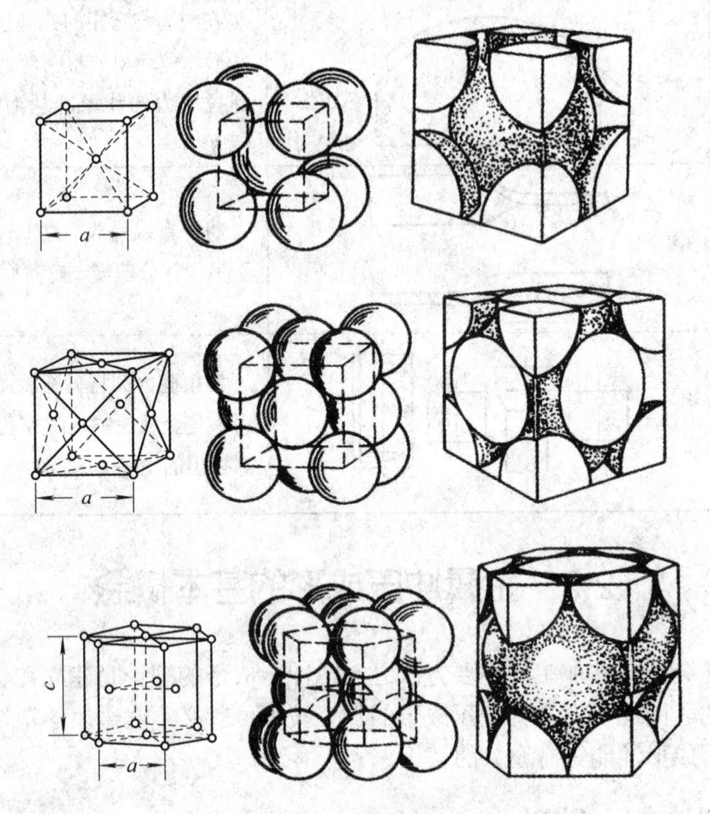


图 2-1　晶体结构

晶体中由原子组成的平面称为晶面，由原子组成的直线称为晶向。晶格不同，则晶面上的原子密度和不同晶向上的原子间距也是不同的，这就导致了金属晶体在不同方向上的性质差异，这是结晶物质的特点，也是金属各向异性的根源。

工业上用于塑性成形的金属和合金都是多晶体。多晶体中每个晶粒都是各向异性的，但大量结晶方位互不相同的晶粒聚集在一起，在宏观上使金属在各个方向呈现出大体相同的性质，称为伪同向性。

了解晶体结构及其特点是了解金属及合金塑性变形的基础。

2) 晶体缺陷

晶体缺陷是指实际晶体结构和理想的晶体点阵结构发生偏差的区域。根据晶体缺陷的几何形态特征，一般将其分成 3 大类，如图 2-2 所示。

(1) 点缺陷：如空位、间隙原子、溶质原子。

(2) 线缺陷：如位错。

(3) 面缺陷：如晶界、相界、孪晶界、堆垛层错。

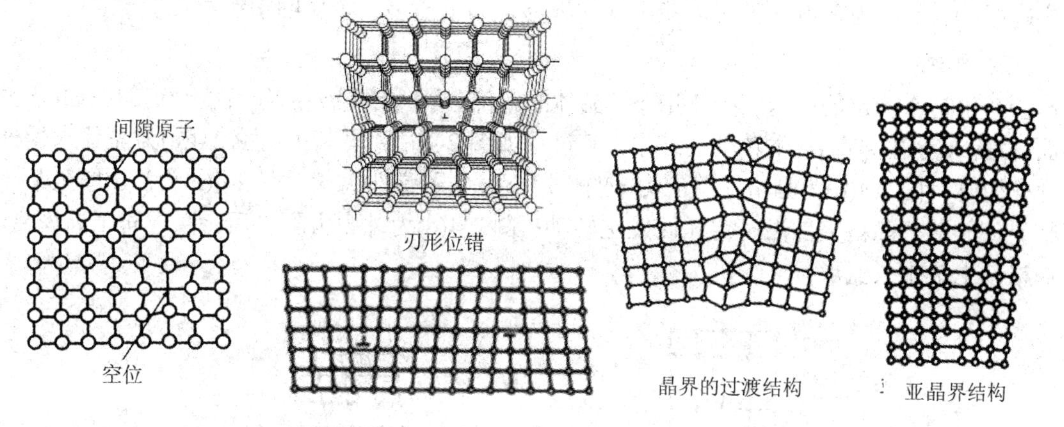


图 2-2　晶体缺陷

在晶体中，缺陷随着各种条件的改变而不断变化，它们可以产生、发展、运动和交互作用，而且能合并和消失。晶体缺陷对金属的许多性能有很大的影响，特别是对塑性、强度、扩散等有着决定性的作用。

### 3. 塑性变形的基本形式

金属塑性变形过程非常复杂，但基本形式主要有滑移、孪生和晶间变形 3 种。

1) 滑移

固体金属都是晶体。滑移是指作用在晶体上的剪切应力达到一定数值后，晶体的一部分沿一定的晶面和晶向相对晶体的另一部分产生相对滑动的现象。这里把晶面和晶向分别称为滑移面和滑移方向。如图 2-3 所示为晶体的滑移过程。其中，图 2-3(a)所示为晶体在外力作用前的状态，图 2-3(b)所示为晶格在剪应力 $\tau$ 作用下发生弹性畸变的状态，图 2-3(c)所示为当 $\tau$ 增至临界值 $\tau_1$ 时晶格开始滑移的状态，图 2-3(d)所示为外力去除后，晶格发生了永久变形，原子间的距离恢复原状。

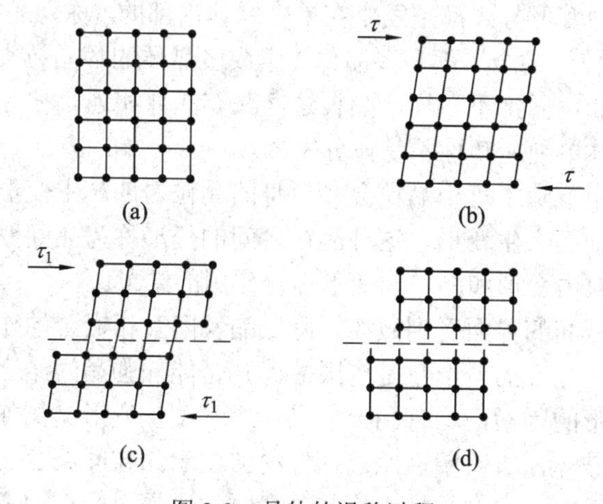


图 2-3　晶体的滑移过程

金属的滑移面一般都是晶格中原子排列最密的面，滑移方向则是原子排列最紧密的晶格方向，这是因为沿着原子排列最紧密的面和方向的滑移阻力是最小的。一个滑移面及其面上的一个滑移方向组成了一个滑移系。在其他条件相同的情况下，金属晶体的滑移系越多越好，这是因为在滑移时有可能出现的滑移位向就愈多，金属的塑性就愈好。

2) 孪生

孪生是在一定的剪切应力作用下，晶体的一部分相对于另一部分沿着一定的晶面(孪生面)和晶向(孪生方向)发生转动的结果，其过程如图 2-4 所示。其中，图 2-4(a)为晶体未受外力作用时；图 2-4(b)为晶格在剪应力 $\tau$ 的作用下发生了弹性畸变；图 2-4(c)为当 $\tau$ 增至某一临界值 $\tau_1$ 时，晶格突然沿一定晶面发生转动；图 2-4(d)为外力去除以后，原子间距离恢复，晶格产生了永久变形。

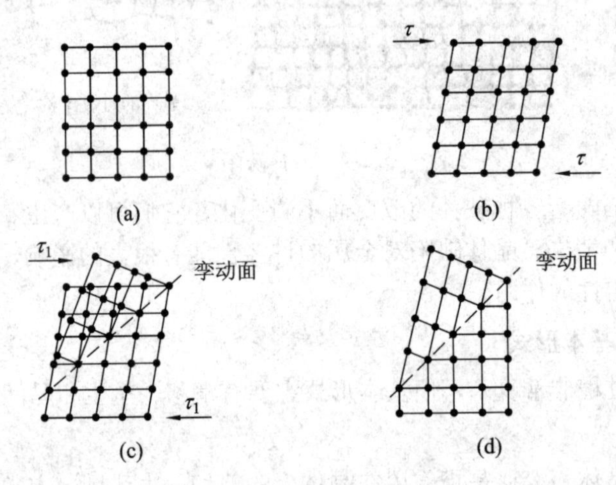


图 2-4　晶体的孪生过程

孪生与滑移的主要区别是：首先，滑移是平行移动，它的过程是渐进的，而孪生是转动，它的过程是突发的；其次，孪生时原子相互间的位置不会产生较大的错动，因此晶体取得较大塑性变形的方式主要是滑移；最后，孪生后晶体内部将出现空隙，易导致金属的破坏。

3) 晶间变形

滑移和孪生这两种变形方式都是发生在单个晶体内部的，称为晶粒内部变形(简称为晶内变形)。如今工业上使用的金属都是多晶体。组成多晶体的各晶粒类似于单晶体，但由于各晶粒的大小、形状和位向都不一样，晶粒之间又有晶界相连，彼此间互相牵制，所以多晶体的变形不如单晶体单纯，塑性不易充分发挥。

多晶体在外力作用下除了每个晶粒会在自身的晶粒内部产生变形以外，晶粒与晶粒之间也会相对移动或转动而产生变形，这种晶粒之间的变形称为晶间变形。所以多晶体的变形从本质上来说是晶粒内变形和晶粒间变形综合作用的结果。

晶间变形将使晶粒间的界面受到破坏，降低晶粒间互相嵌合的作用，易导致金属的破坏。因此，晶间变形所允许的变形量是有限的。凡是能加强晶间结合力、减小晶间变形和有利于晶粒内发生变形的因素，均有利于多晶体进行塑性变形。例如，脆性材料的晶间结合力弱，易产生晶间破坏，所以塑性差；韧性材料由于晶粒间结合力强，不易产生晶间破坏，所以塑性好；组成多晶体的晶粒为均匀球状时，晶界对晶粒内变形的制约作用相对减小，因而具有较好的塑性；当变形时所受应力状态为压应力时，晶间变形变得困难，而晶粒内变形易于产生，因而可提高多晶体进行塑性变形的能力。

此外，多晶体塑性变形还受到晶界的影响，因晶界内晶格畸变更甚，晶界的存在可使多晶体的强度和硬度比单晶体高，所以多晶体内的晶粒越细，晶界区所占比例就越大，金属的强度和硬度也就越高。而且晶粒越细，变形越易分散在许多晶粒内进行，因此变形更均匀，不易造成应力集中而导致金属破坏，这就是一般的细晶粒金属不仅强度和硬度高，而且塑性也好的原因。

### 2.2.2 金属的塑性与变形抗力

金属的塑性是指金属在外力的作用下产生永久变形而不破坏其完整性的能力。塑性不仅与物体材料的种类有关，还与变形方式和变形条件有关。例如，在通常情况下，铅具有很好的塑性，但在三向等拉应力的作用下，却会像脆性材料一样破裂，不产生任何塑性变形。又如，极脆的大理石，若给予三向压应力作用，则可能产生较大的塑性变形。这两个例子充分说明：材料的塑性并非某种物质固定不变的性质，而是与材料种类、变形方式及变形条件有关。

金属塑性的高低通常用塑性指标来衡量。塑性指标是以材料临近开始破坏时的塑性变形量来表示的，塑性指标可用各种试验方法测定。目前应用广泛的是拉伸试验，对应于拉伸试验的塑性指标通常是断后伸长率 $\delta$ 和断面收缩率 $\psi$，分别如式(2-1)、式(2-2)所示。

拉伸试验所得的断后伸长率：

$$\delta = \frac{L_K - L_0}{L_0} \times 100\% \tag{2-1}$$

断面收缩率：

$$\psi = \frac{A_0 - A_K}{A_0} \times 100\% \tag{2-2}$$

除此以外，还有胀形试验、弯曲试验(测定板料胀形和弯曲时的塑性变形能力)和镦粗试验(测定材料锻造时的塑性变形能力)。需要指出的是，各种试验方法都是相对于特定的状况和变形条件的，由此测定的塑性指标仅具有相对的比较意义，它们说明在某种受力状况和变形条件下，这种金属的塑性比另一种金属的塑性高还是低，或者说明某种金属在什么样的变形条件下塑性好，而在什么样的变形条件下塑性差。

所谓变形抗力，是指在一定的变形条件(加载状况、变形温度及速度)下，引起物体塑性变形的单位变形力。变形抗力反映了物体在外力作用下抵抗塑性变形的能力。

塑性和变形抗力是两个不同的概念。塑性是从变形量的角度反映材料塑性变形能力的大小的，通常说某种材料的塑性好坏是指材料受力后临近破坏时的变形程度的大小；变形抗力则是从变形力的角度反映材料塑性变形的难易程度的。例如，奥氏体不锈钢允许的塑性变形程度大，说明它的塑性好，但其变形抗力也大，说明它需要较大的外力才能产生塑性变形。金属材料的塑性和变形抗力是两个非常重要的力学性能，它们决定了材料冲压成形的工艺性能，同时又是材料的重要使用性能。在不同的条件下，其影响因素以及控制机理构成了塑性成形工艺的重要理论基础。

### 2.2.3　影响金属塑性和变形抗力的主要因素

金属的塑性不是固定不变的。影响金属塑性的因素很多，除了金属本身的内在因素(晶体类型、化学成分和金相组织等)以外，其外部因素——变形方式(应力与应变状态)、变形条件(变形温度与变形速度)的影响也很大。从冲压工艺的角度出发，加工材料给定之后，往往着重于外部条件的研究，以便创造条件，充分发挥材料的变形潜力，尽可能地减少冲压工序次数，提高经济效益。

**1. 化学成分与组织对塑性和变形抗力的影响**

通常工业用金属都是合金。合金元素与基体金属的结合有固溶体、化合物和中间相。化合物和中间相之间是电子键结合，原子间结合力强，外在表现为变形抗力大而塑性差。固溶体，特别是置换式固溶体，并不改变基体金属的晶格型式，只是使晶格略有畸变，因而其变形抗力和塑性与基体金属并无显著差别。因此，从塑性成形工艺的要求来说，加入的元素应能和基体金属形成固溶体，且数量要控制在形成固溶体所能容纳的溶解度以下，以避免生成化合物。另外，杂质的数量和分布形态对金属材料的塑性成形性能的影响也是极大的。

一般含碳量为 0.09%～0.13%的薄钢板有较好的拉深性能，含碳量太低易形成滑移线和快速时效，不适宜深拉深。另外，优质板材需脱硫至 0.04%左右以控制夹杂物的含量。磷的含量一般控制很严，但在脱碳、脱氮的薄钢板中加入 0.05%～0.08%的磷，反而能生产出成形性能优良的深冲高强钢板。目前，发达国家广泛应用氧气顶吹转炉及真空脱气技术以提高钢板的纯净度，严格控制成分和减少夹杂物，全面提升钢板的冲压成形性能。

金属材料的组织情况除了它的晶格结构形式外，还包括晶粒的形状、大小以及差异程度，合金元素和杂质的含量以及分布均匀程度，晶粒空间方位的一致程度，第二相组织的状态和分布，还有其他一些可能存在的缺陷，它们都在一定程度上影响着合金的塑性，而这些情况都与合金的变形历史以及热处理过程有关。从塑性成形工艺的要求来说，应使板材的组织为单相组织。另外，晶粒的细化有利于提高金属的塑性，但也使其变形抗力提高。优质的冲压板材应从金属冶炼、板材轧制和热处理等方面进行综合控制，最后的组织通常由带有择优取向的无应变晶粒组成。关于晶粒择优取向变化的机制有多种解释，但明确的一点是适当的退火工艺有助于平行于板材法向织构(111)的形成。

**2. 变形温度对塑性和变形抗力的影响**

变形温度是影响金属塑性和变形抗力的重要因素。对于多数金属而言，随着温度的提高，塑性增加，变形抗力降低。另外，金属塑性变形的方式、物理化学性质等都会受到温度变化的影响，主要表现如下：

1) 软化作用

随着温度的升高，金属会发生回复和再结晶。回复使变形金属得到一定程度的软化，再结晶则完全消除了加工硬化效应。软化作用能否在变形过程中完成与变形温度和变形速率有关。按软化作用的完成程度，可将变形分为冷变形、温热变形和热成形等几种。

2) 滑移体系的增加

变形温度增加时，金属内会出现新的滑移体系。多晶体滑移体系的增加，能够部分解除变形时由各种因素引起的晶粒间的相互牵制，提高了金属的塑性。

3) 新的塑性变形方式

变形温度增加时，金属塑性变形方式除晶内滑移和孪生外，还有晶间滑移、扩散、相变变形等。随着温度的升高，这些变形方式所起的作用也就愈大，甚至在某些场合下会成为塑性变形的主要方式，又称为热塑性。当温度低于回复温度时，热塑性的作用不显著。

4) 物理化学的变化

当合金的温度达到一定程度时，内部就会发生物理-化学变化，如析出异相、溶解自由相、易溶杂质沿晶界溶解等。合金表面也会发生氧化、脱碳等现象。这些变化对塑性影响的程度视具体合金的特性而定。由于两相以上的组织在变形时会相互制约，从而降低金属的塑性，因此要注意避免在析出异相的温度下进行塑性成形。

合理的变形温度取决于温度对材料机械性质的影响，一般可根据材料的温度-力学性能曲线以及加热对于材料产生的不利影响(如晶间腐蚀、氢脆、氧化、脱碳等)等进行合理选用。

### 3. 变形速度对塑性和变形抗力的影响

变形速度是指单位时间内应变的变化量。其对金属塑性变形的影响是多方面的，其中热效应和变形过程延续时间是影响的两个主要方面。

金属塑性变形时，施加的外力要对变形体作功，称为变形功。变形功将转化为热能，并根据变形条件，一部分热量散失于周围介质中，另一部分则保留在物体内部，提高了变形体的温度。通常将因塑性变形导致变形体温度升高的作用称为热效应。变形速度愈高，则热效应愈显著，从而提高了金属的塑性。此时应注意避免使变形体温度处于析出脆性化合物的温度附近。

另一方面，变形速度决定了物体变形过程延续时间的长短，因而限制了变形体的软化作用或析出异相过程的完成程度，影响了金属的塑性和变形抗力。

金属在回复与再结晶温度附近变形时，变形速度的影响比较显著，其原因是此时变形速度直接关系到变形过程中软化作用完成的程度。

此外，变形速度还从金属塑性变形方式和变形分布均匀程度等方面影响金属的塑性。

金属塑性变形的方式有晶内滑移、孪生、扩散、晶间滑移等。变形过程中究竟何种方式起主要作用，除与变形温度有关外，还与变形速度有关。当变形速度高时，容易发生孪生变形，塑性降低。高温时虽然会发生扩散和晶间滑移，但当变形速度高于某一数值时，这两种现象就不会出现，因而不能改善金属的塑性。

变形速度从变形分布均匀程度来影响金属塑性的问题，是从动力学角度考虑的。变形体的变形是以一定的波速在变形体内传播的，塑性波的传播速度与该材料硬化曲线的切线(斜率)的平方根成正比。塑性变形大时，由于热效应大，因而应变硬化较小，波速也较低，可能妨碍变形的扩展。这种交互影响的结果就使变形大的局部区域变形发展的比其他区域更快，使金属的变形更加不均匀，从而降低了整个物体的塑性。

综上所述，变形速度对金属塑性的影响是比较复杂的，必须结合变形温度等因素进行综合考虑。目前对变形速度影响的研究还很不够，合理的变形速度范围还只能靠试验确定。

常规冲压使用的压力机工作速度较低(0.1～1.5 m/s)，对金属塑性变形性能的影响较小。考虑成形速度的影响主要基于零件的尺寸和形状。对于小尺寸零件的冲压工序，一般不必考虑变形速度因素；而对于大型复杂零件的成形，由于各部分的变形极不均匀，易发生拉裂和起皱，为了便于金属的塑性流动，采用低速压力机或液压机(0.006～0.02 m/s)比较适宜。另外，对于不锈钢、耐热合金、钛合金等对变形速度比较敏感的材料，加载速度宜控制在0.25 m/s 以下。

# 2.3　金属塑性变形理论

## 2.3.1　金属塑性变形的力学基础

在冲压过程中，材料的塑性变形都是模具对材料施加的外力所引起的内力或外力直接作用的结果。一定的力的作用方式和大小都对应着一定的变形，所以为了研究和分析金属材料的变形性质和变形规律，控制变形的发展，就必须了解材料内各点的应力与应变状态以及它们之间的相互关系。

### 1. 一点的应力状态

在外力的作用下，材料内各质点间会产生相互作用的力，称为内力。单位面积上内力的大小称为应力。材料内某一点的应力大小与分布状态称为该点的应力状态。为了分析点的应力状态，通常是通过该点截取一个微小的六面体(称为单元体)来进行分析。一般情况下，该单元体上存在大小和方向都不同的应力，设为 $S_x$、$S_y$、$S_z$(见图 2-5(a))，其中每一个应力又可分解为平行于坐标轴的 3 个分量，即 1 个正应力和 2 个切应力(见图 2-5(b))。由此可见，无论变形体的受力状态如何，为了确定物体内任意点的应力状态，只需知道 9 个应力分量(3 个正应力，6 个切应力)即可。又由于所取单元体处于平衡状态，在单元体各轴上的力矩必定相等，因此其中 3 对切应力应互等，即

$$\tau_{xy}=\tau_{yx}，\ \tau_{yz}=\tau_{zy}，\ \tau_{zx}=\tau_{xz} \tag{2-3}$$

于是，要充分确定变形体内任意点的应力状态，实际上只需知道 6 个应力分量，即 3 个正应力和 3 个切应力就够了。

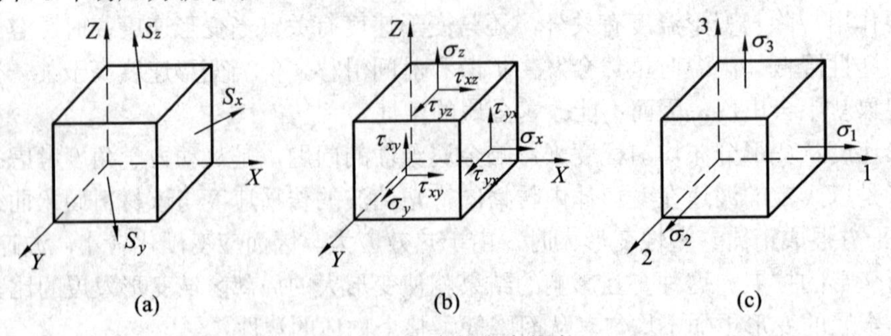


图 2-5　一点的应力状态

必须指出，如果坐标系选取的方向不同，虽然该点的应力状态没有改变，但用来表示该点应力状态的各个应力分量就会与原来的数值不同。不过，这些属于不同坐标系的应力分量之间是可以换算的。

可以证明，对任何一种应力状态来说，总存在这样一组坐标系，使得单元体各表面上只有正应力，而没有切应力，如图2-5(c)所示。这时的3个坐标轴称为主轴，3个坐标轴的方向称为主方向，3个正应力称为主应力，3个主应力的作用平面称为主平面。主应力一般按其代数值大小依次用$\sigma_1$、$\sigma_2$、$\sigma_3$表示，即$\sigma_1 \geqslant \sigma_2 \geqslant \sigma_3$。带正号时为拉应力，带负号时为压应力。一个应力状态只有一级主应力，而主方向可通过对变形过程的分析确定或通过试验确定。用主应力来表示点的应力状态，可以大大简化分析、运算工作。以主应力表示的点的应力状态称为主应力状态，表示主应力个数及其符号的简图称为主应力图。可能出现的主应力图共有9种，即4种三向主应力图(又称为立体主应力图)，3种二向主应力图(又称为平面主应力图)，两种单向主应力图(又称为线性主应力图)，如图2-6所示。

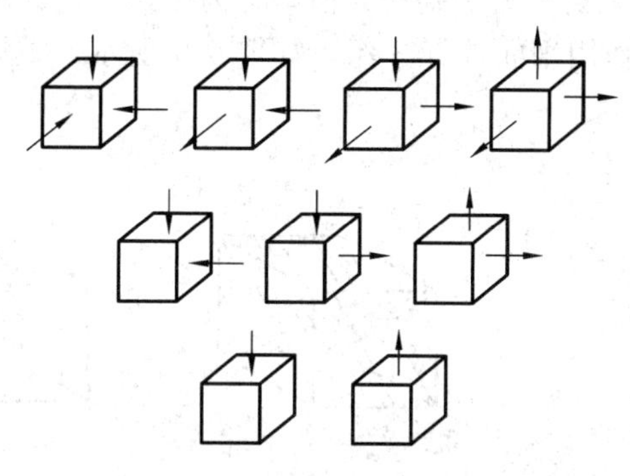

图2-6　9种主应力图

在一般情况下，点的应力状态为三向应力状态。但在大多数平板材料成形中，其厚度方向的应力往往较其他两个方向的应力小得多，因此可把厚度方向的应力忽略不计，近似看成平面应力状态。平面应力问题的分析计算比三向应力问题简单，这就为分析解决冲压成形问题提供了方便。我们把单元体上的三个主应力的平均值称为平均应力，用$\sigma_m$表示，则

$$\sigma_m = \frac{\sigma_x + \sigma_y + \sigma_z}{3} = \frac{\sigma_1 + \sigma_2 + \sigma_3}{2} \tag{2-4}$$

任何一种应力状态都可以分解成两种应力状态：一种是大小均等于平均应力$\sigma_m$的三向等应力状态(又称为球应力状态)；另一种是以各向主应力与$\sigma_m$差值为应力值构成的偏应力状态，如图2-7所示。球应力状态不产生切应力，故不能改变物体的形状，只能使其体积发生微小变化；偏应力状态能产生切应力，可使物体形状发生改变，但不会引起物体体积的变化。显然，三向等压应力(亦称为静水压力)状态不会产生塑性变形。

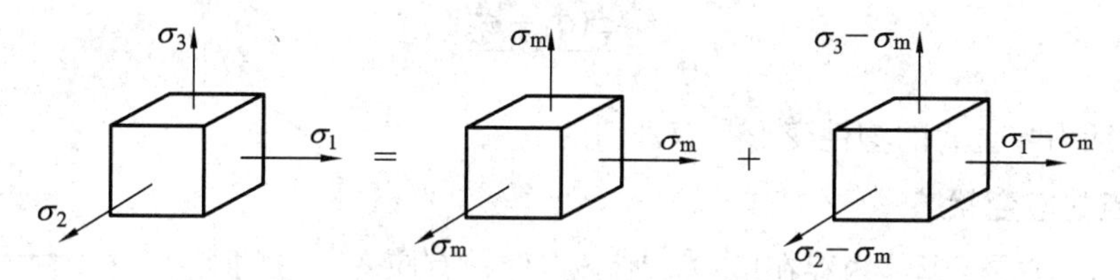


图2-7　应力状态的分解

由上述内容可知应力状态对金属塑性的影响情况，9种主应力图对金属塑性的影响程度可按如图2-8所示的顺序排列，图中序号越小，金属的可塑性越好。

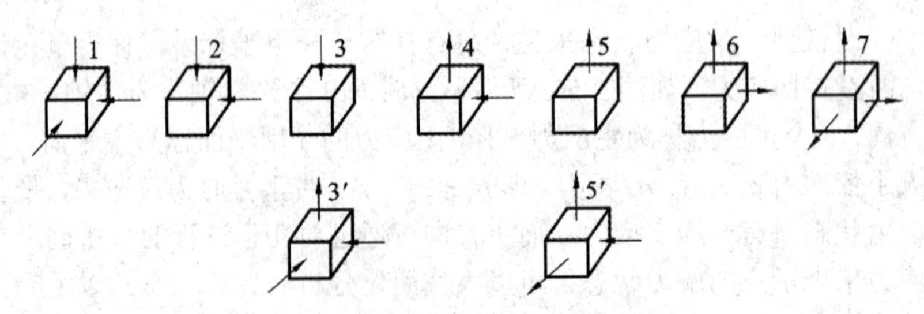


图 2-8　主应力状态对金属塑性的影响顺序

在单元体中，除了主平面上不存在切应力以外，其他方向的截面上都有切应力，而且在与主平面成 45° 的截面上切应力达到最大值，称为主切应力。主切应力作用平面称为主切应力面。主切应力及其作用平面共有 3 组，如图 2-9 所示。主切应力面上的应力状态如图 2-10 所示。

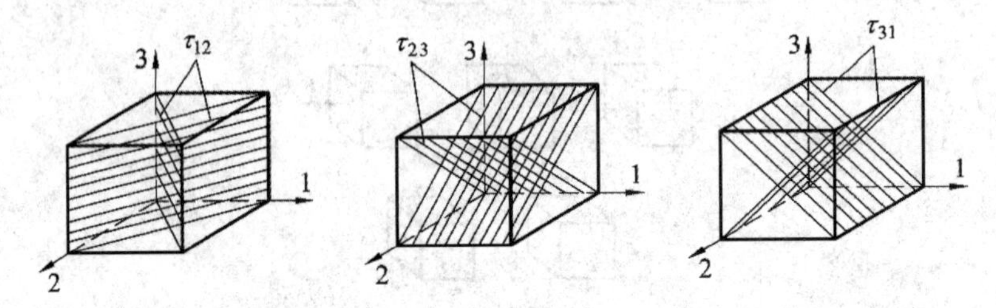


图 2-9　主切应力及主切应力面

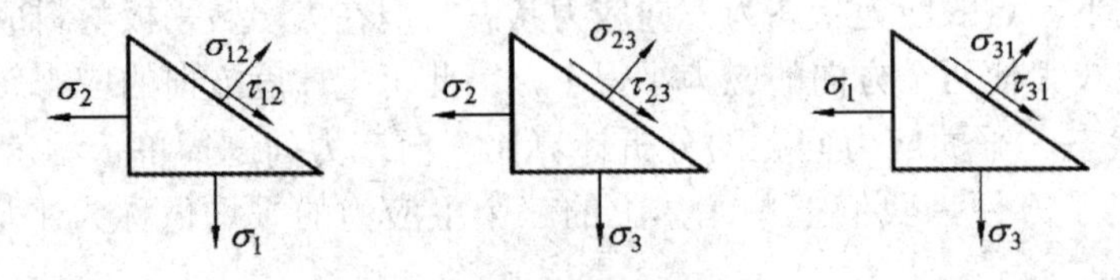


图 2-10　主切应力面上的应力状态

经过分析推导，主切应力面上的主切应力及正应力值分别为

$$\tau_{12}=\frac{\pm(\sigma_1-\sigma_2)}{2},\quad \tau_{23}=\frac{\pm(\sigma_2-\sigma_3)}{2},\quad \tau_{31}=\frac{\pm(\sigma_3-\sigma_1)}{2} \tag{2-5}$$

$$\sigma_{12}=\frac{\pm(\sigma_1+\sigma_2)}{2},\quad \sigma_{23}=\frac{\pm(\sigma_2+\sigma_3)}{2},\quad \sigma_{31}=\frac{\pm(\sigma_3+\sigma_1)}{2} \tag{2-6}$$

其中，绝对值最大的主切应力称为该点的最大切应力，用 $\tau_{\max}$ 表示，即

$$\tau_{\max}=\frac{\pm(\sigma_1-\sigma_3)}{2} \tag{2-7}$$

最大切应力与金属的塑性变形有着密切的关系。

### 2．一点的应变状态

实际上，只要变形体内存在应力，则必定伴随有应变，点的应变状态也是通过单元体的变形来表示的。与点的应力状态一样，当采用主轴坐标系时，单元体就只有 3 个主应变分量，而没有切应变分量，如图 2-11 所示。一种应变状态只有一组主应变状态。

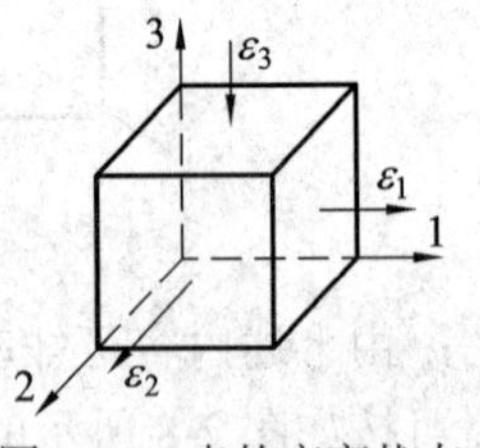


图 2-11　点的应变状态

与应力状态一样，任何一种主应变状态也可分解成以平均主应变 $\varepsilon_m[\varepsilon_m=(\varepsilon_1+\varepsilon_2+\varepsilon_3)/3]$ 为应变值的三向等应力状态和以各向主应变与 $\varepsilon_m$ 的差值为应变值构成的偏应力状态，如图2-12所示。其中三向等应变状态使单元体体积发生微小的变化。

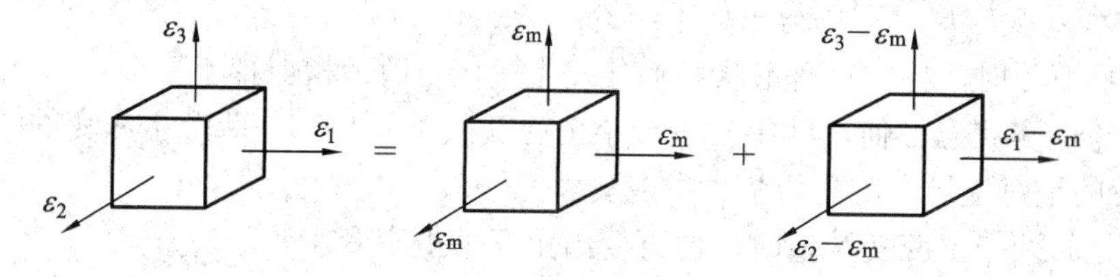


图2-12　应变状态的分解

应变的大小可以通过物体变形前后尺寸的变化量来表示。如图2-13所示，设变形前的尺寸为 $l_0$、$b_0$ 和 $t_0$，变形后的尺寸为 $l$、$b$ 和 $t$，则3个方向的主应变可分别用相对应变(亦称为条件应变)和实际应变(亦称为对数应变)表示为

相对应变：

$$\delta_1=\frac{l-l_0}{l_0}=\frac{\Delta l}{l_0},\quad \delta_2=\frac{b-b_0}{b_0}=\frac{\Delta b}{b_0},\quad \delta_3=\frac{t-t_0}{t_0}=\frac{\Delta t}{t_0} \tag{2-8}$$

实际应变：

$$\varepsilon_1=\int_{l_0}^{l}\frac{dl}{l}=\ln\frac{l}{l_0},\quad \varepsilon_2=\int_{b_0}^{b}\frac{db}{b}=\ln\frac{b}{b_0},\quad \varepsilon_3=\int_{t_0}^{t}\frac{dt}{t}=\ln\frac{t}{t_0} \tag{2-9}$$

其中，相对应变只考虑了物体变形前后尺寸的变化量，而实际应变则考虑了物体的变形是一个逐渐积累的过程，它反映了物体变形的实际情况。$\delta$ 或 $\varepsilon$ 为正时表示伸长变形，$\delta$ 或 $\varepsilon$ 为负时表示压缩变形。

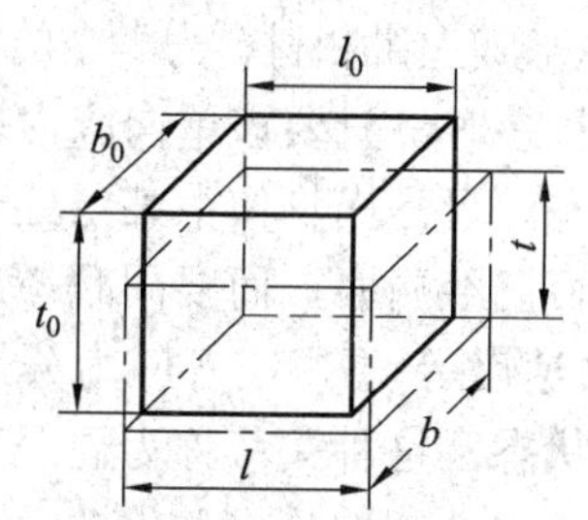


图2-13　变形前后尺寸的变化

实际应变与相对应变之间的关系为

$$\varepsilon=\ln(1+\delta) \tag{2-10}$$

由式(2-10)可知，只有当变形程度很小时，$\delta$ 才近似等于 $\varepsilon$；变形程度越大，$\delta$ 和 $\varepsilon$ 的差值也越大。一般把变形程度在10%以下的变形情况称为小变形问题，10%以上为大变形问题。板料冲压成形一般属于大变形问题。

金属材料在塑性变形时，体积变化很小，可以忽略不计，则有 $l_0b_0t_0=lbt$，即

$$\frac{lbt}{l_0b_0t_0}=1$$

等式两边取对数，可得

$$\ln\frac{l}{l_0}+\ln\frac{b}{b_0}+\ln\frac{t}{t_0}=0,\quad \varepsilon_1+\varepsilon_2+\varepsilon_3=0 \tag{2-11}$$

这就是塑性变形时的体积不变定律，它反映了 3 个主应变之间的数值关系。

根据体积不变定律，可以得出如下结论：

(1) 塑性变形时，物体只有形状和尺寸发生变化，而体积保持不变。

(2) 不论应变状态如何，其中必有一个主应变的符号与其他两个主应变的符号相反，这个主应变的绝对值最大，称为最大主应变。

(3) 当已知两个主应变数值时，便可算出第三个主应变。

(4) 任何一种物体的塑性变形方式只有 3 种，与此相应的主应变的状态图也只有 3 种，如图 2-14 所示。

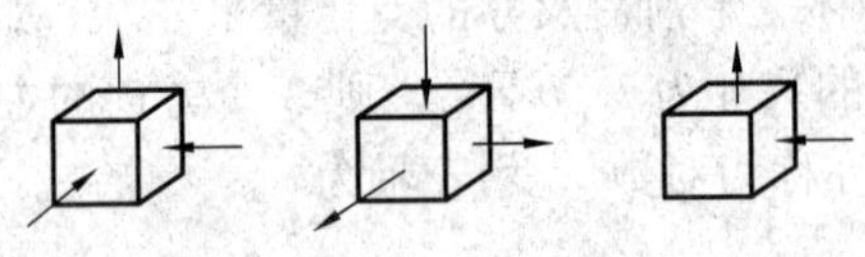

图 2-14　3 种主应变状态图

## 2.3.2　金属塑性变形的屈服准则

材料力学主要研究弹性变形的范畴，不希望材料出现塑性变形，因为材料的塑性变形意味着破坏的开始。材料力学中的第三、第四强度理论阐述的就是引起塑性材料流动破坏的力学条件。然而从冲压工艺来看，恰恰是金属材料在冲压力作用下产生塑性变形的特点才使冲压成形工艺成为可能。金属塑性变形是各种压力加工方法得以实现的基础。因此，金属塑性成形理论研究的对象已超出弹性变形而进入塑性变形，屈服条件正是研究材料进入塑性状态的力学条件，因而它从形式上讲和材料力学中的第三、第四强度理论大致相同。

当物体中某点处于单向应力状态时，只要该单向应力达到材料的屈服极限，该点就开始屈服，由弹性状态进入塑性状态。可是当物体中某点处于多向应力状态时，就不能仅仅根据一个应力分量来判断一点是否已经屈服，而要同时考虑其他应力分量的作用。只有在一定的变形条件(变形温度、变形速度等)下，当各应力分量之间符合一定关系时，该点才开始屈服，由弹性状态进入塑性状态，这种关系称为屈服准则，也称塑性条件。它是描述受力物体中不同应力状态下的质点进入塑性状态并使塑性变形继续进行所必须遵守的力学条件。

### 1. 屈雷斯加(H.Tresca)准则

法国工程师屈雷斯加(H.Tresca)通过对金属挤压的研究，于 1864 年提出：当材料(质点)中的最大剪应力达到某一定值时，金属的变形就由弹性状态进入塑性状态。通过单向挤压等简单试验可以确定该值就是材料屈服极限的一半，即 $\sigma_s/2$。设 $\sigma_1 \geqslant \sigma_2 \geqslant \sigma_3$，则按上述观点可以得出屈雷斯加屈服准则的数学表达式为

$$\tau_{\max}=\frac{\sigma_1-\sigma_3}{2}=\frac{\sigma_s}{2} \tag{2-12}$$

或

$$\sigma_1-\sigma_3=\sigma_s \tag{2-13}$$

屈雷斯加准则(又称为最大剪应力塑性条件)形式简单，概念明确，较为充分地指出了塑性材料进入塑性的力学条件。在事先知道主应力次序的情况下，使用该准则是十分方便的。然而该准则显然忽略了中间主应力 $\sigma_2$ 的影响，实际上在一般的三向应力状态下，中间主应力 $\sigma_2$ 对于材料的屈服也是有影响的。

2. 密席斯(Von.Mises)准则

德国力学家密席斯(Von.Mises)于 1913 年提出另一屈服准则：当材料(质点)中的等效应力达到某一定值时，材料就开始屈服。同样，通过单向拉、压等简单试验可以确定该值，其实就是材料的屈服极限 $\sigma$。按此观点可写出密席斯屈服准则的数学表达式：

$$\bar{\sigma}=\sqrt{\frac{(\sigma_1-\sigma_2)^2+(\sigma_2-\sigma_3)^2+(\sigma_3-\sigma_1)^2}{2}} \tag{2-14}$$

或

$$(\sigma_1-\sigma_2)^2+(\sigma_2-\sigma_3)^2+(\sigma_3-\sigma_1)^2=2\sigma_s^2 \tag{2-15}$$

以后的大量试验表明，对于绝大多数金属材料，密席斯准则比屈雷斯加准则更接近于实验数据。这两个屈服准则实际上相当接近，在有两个主应力相等的应力状态下两者还是一致的。

为了使用上的方便，密席斯准则可以改写成接近于屈雷斯加准则的形式：

$$\sigma_1-\sigma_3=\beta\sigma_s \tag{2-16}$$

式中，$\beta$ 为与中间应力 $\sigma_2$ 有关的系数，其值 $\beta=1$～$1.155$。

经过计算可求出，当单向拉伸($\sigma_1>0$，$\sigma_2=\sigma_3=0$)、单向压缩($\sigma_1=\sigma_2=0$，$\sigma_3<0$)、双向等拉($\sigma_1=\sigma_2>0$，$\sigma_3=0$)、双向等压($\sigma_1=0$，$\sigma_2=\sigma_3<0$)时，$\beta=1$，如在软凸模胀形、外缘翻边时；当纯剪($\sigma_1=-\sigma_3$，$\sigma_2=0$)、平面应变[$\sigma_2=(\sigma_1+\sigma_3)/2$]时，$\beta=1.155$，如在宽板弯曲时；在应力分量未知的情况下，可取平均值 $\beta=1.1$，如在缩口和拉深时。

### 2.3.3　塑性变形时的应力与应变关系

物体受力即会产生变形，所以应力与应变之间一定存在着某种关系。物体在弹性变形阶段，应力与应变之间的关系是线性的、可逆的，弹性变形是可以恢复的，应力和应变之间是单值关系，与加载历史无关，即一点的应变状态仅仅取决于该点的应力状态，而与已经经历的变形过程无关。塑性变形时应力应变关系是非线性的、不可逆的，应力应变不能简单叠加。如图 2-15 所示为材料单向拉伸应力应变曲线。材料进入塑性变形后，应力应变不再是线性关系，加载时应力应变关系沿 *ABC* 曲线变化，而在 *C* 点卸载时，应力应变沿 *CD* 线变化，卸载后再加载时，应力应变沿 *DC* 线上升，与初始加载时所经历的 *OABC* 路线不同，变形过程是不可逆的。且在同一应力 $\sigma$ 时，因加载历史不同，应变也不同，可能是 $\varepsilon'$，也可能是 $\varepsilon''$。因此在塑性变形时，应变不仅与应力大小有关，而且与加载历史有着密切的关系。一般来说，塑性变形时，应力与全量应变 $\varepsilon$ 之间不存在对应关系。为了建立物体受力与变形之间的关系，只能撇开整个变形过程，而取加载过程中某个微量时间间隔 d$t$ 来研究。因此出现了应力与应变增量之间的关系式，称为增量理论，表达式为

$$\frac{d\varepsilon_1-d\varepsilon_2}{\sigma_1-\sigma_2}=\frac{d\varepsilon_2-d\varepsilon_3}{\sigma_2-\sigma_3}=\frac{d\varepsilon_3-d\varepsilon_1}{\sigma_3-\sigma_1}=\text{常量} \tag{2-17}$$

式中，$d\varepsilon_1$、$d\varepsilon_2$、$d\varepsilon_3$ 为主应变增量。

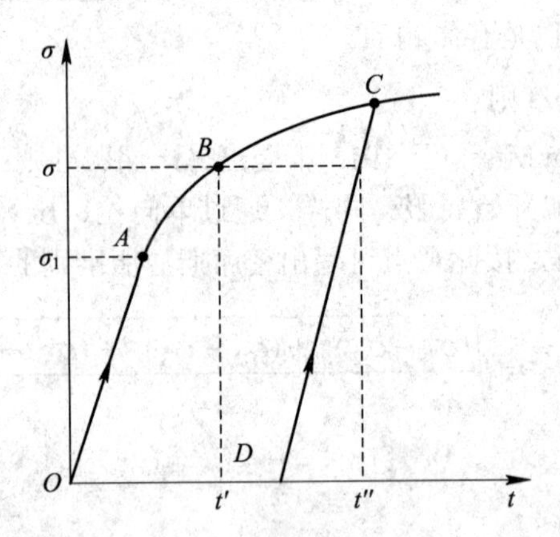


图 2-15　材料单向拉伸应力应变曲线

增量理论在计算上引起的困难很大，尤其是在材料有冷作硬化时，计算就更复杂了。为了简化计算，在简单加载情况下，可应用全量理论，其表达式为

$$\frac{\varepsilon_1}{\sigma_1-\sigma_m}=\frac{\varepsilon_2}{\sigma_2-\sigma_m}=\frac{\varepsilon_3}{\sigma_3-\sigma_m}=\text{常量} \tag{2-18}$$

式中，$\sigma_m$ 为平均应力；$\sigma_m=\dfrac{\sigma_1+\sigma_2+\sigma_3}{3}$，其值表示三向均匀受拉或受压的大小。上式也可改写成

$$\frac{\varepsilon_1-\varepsilon_2}{\sigma_1-\sigma_2}=\frac{\varepsilon_2-\varepsilon_3}{\sigma_2-\sigma_3}=\frac{\varepsilon_3-\varepsilon_1}{\sigma_3-\sigma_1}=\text{常量} \tag{2-19}$$

由式(2-19)可知，全量理论表达的应力应变关系为主应力差与主应变差成比例(比值为正)。

增量理论具有普遍性，但在实用上不够方便。全量理论是在增量理论的基础上得到的，对于简单加载是正确的；对于非简单加载的大变形问题，只要变形过程中主轴方向的变化不是太大，应用全量理论也不会引起太大的误差。另外，在实际应用中，全量理论的应用也比较方便，因此，在冲压工艺中常常应用全量理论。

全量理论的应力应变关系式(2-18)、式(2-19)是对压力加工中各种工艺参数进行计算的基础，除此之外，还可利用它们对某些冲压成形过程中毛坯的变形和应力的性质做出定性的分析和判断。例如：

(1) 在球应力状态下，有 $\sigma_1=\sigma_2=\sigma_3=\sigma_m$，由式(2-18)可得 $\varepsilon_1=\varepsilon_2=\varepsilon_3=0$。这说明在球应力状态下，毛坯不产生塑性变形，仅有弹性变形存在。

(2) 在平面变形时，如设 $\varepsilon_2=0$，根据体积不变规律，则有 $\varepsilon_1=-\varepsilon_3$，由式(2-18)可得 $\sigma_2-\sigma_m=0$，$\sigma_2=\sigma_m$。这说明在平面变形时，在主应力与平均应力相等的方向上不产生塑性变形，而且这个方向上的主应力即为中间主应力，其值是另外两个主应力的平均值($\sigma_2=(\sigma_1+\sigma_3)/2$)。宽板弯曲时，宽度方向的变形为零，即属于这种情况。

(3) 在平板毛坯胀形时，在发生胀形的中心部位的应力状态是两向等拉，厚度方向应力很小，可视为零，即有 $\sigma_1=\sigma_2>0$，$\sigma_3=0$，属于平面应力状态。由式(2-18)可以判断变形区的变形情况，这时，$\varepsilon_1=\varepsilon_2=-\varepsilon_3/2$，在拉应力作用方向为伸长变形，而在厚度方向为压缩变形，其值为每一个伸长变形的2倍。由此可见，胀形区变薄是比较显著的。

(4) 当毛坯变形区三向受压($0>\sigma_1>\sigma_2>\sigma_3$)时，由式(2-18)的分析可知在最大压应力 $\sigma_3$(绝对值最大)方向上的变形一定是压缩变形，而在最小压应力 $\sigma_1$(绝对值最小)方向上的变形必为伸长变形。

由上述分析可知，判断毛坯变形区在哪个方向伸长，在哪个方向缩短，不是单纯根据应力的性质。换句话说，拉应力方向不一定是伸长变形，压应力方向不一定是压缩变形，而是要根据主应力的差值才能判定。当作用于毛坯变形区内的拉应力的绝对值最大时，在这个方向上的变形一定是伸长变形，这种冲压变形可称为伸长类变形，一般以变形区板材变薄为特征；当作用于毛坯变形区内的压应力的绝对值最大时，在这个方向上的变形一定是压缩变形，这种冲压变形称为压缩类变形，一般以变形区板厚增加为特征。

金属在外力作用下由弹性状态进入塑性状态，研究金属在塑性状态下的力学行为称为塑性理论或塑性力学，它是连续介质力学的一个分支。为了简化研究过程，塑性理论通常采用以下假设：

(1) 变形体是连续的，即整个变形体内不存在任何空隙。这样，应力、应变、位移等物理量也都是连续的，并可用坐标的连续函数来表示。

(2) 变形体是均质的和各向同性的。这样，从变形体上切取的任一微元体都能保持原变形体所具有的物理性质，且不随坐标的改变而变化。

(3) 在变形的任意瞬间，力的作用是平衡的。

(4) 在一般情况下，忽略体积力的影响。

(5) 在变形的任意瞬间，体积不变。

在塑性理论中，分析问题需要从静力学、几何学和物理学等角度来考虑。静力学角度是从变形体中质点的应力分析出发，根据静力学平衡条件导出该点附近各应力分量之间的关系式，即平衡微分方程。几何学角度是根据变形体的连续性和均匀性，用几何的方法导出应变分量与位移分量之间的关系式，即几何方程。物理学角度是根据实验与假设导出应变分量与应力分量之间的关系式。此外，还要建立变形体从弹性状态进入塑性状态并使塑性变形继续进行时，其应力分量与材料性能之间的关系，即屈服准则或塑性条件。

以上是塑性变形的力学基础，它为研究塑性成形力学问题提供了理论基础。

### 2.3.4　真实应力应变曲线

#### 1. 弹塑性共存规律

低碳钢试样在单向拉伸时，可由记录器直接记录外力 $F$ 和试样的绝对长度 $l$，得到拉伸试验曲线，如图2-16所示。

由材料拉伸试验曲线可知，在弹性变形阶段 $OA$，应力与应变成正比关系，如果在此阶段卸载，则外力和形变都将按原路退回原点，试样不产生任何塑性变形。在 $A$ 点以后继续拉伸，材料进入均匀塑性变形阶段，如果在某一点 $B$ 卸载，则外力将沿着与 $OA$ 平行的直

线退回到 $C$ 点。此时 $\Delta l_c$ 即为加载到 $B$ 点时的塑性变形量，而 $\Delta l_b$ 与 $\Delta l_c$ 之差则为回复的弹性变形量。

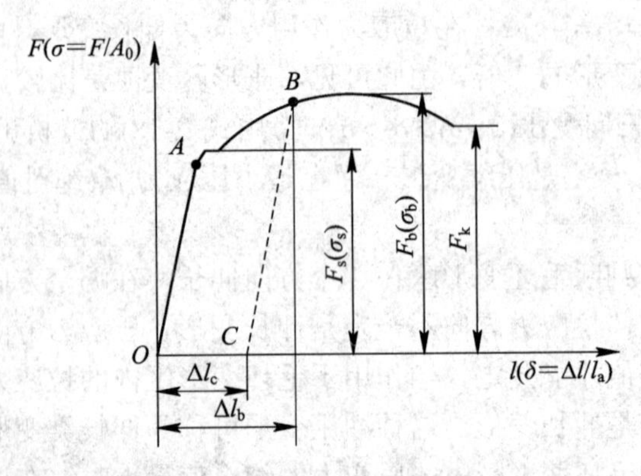


图 2-16　材料拉伸试验曲线

由此可知，在金属塑性变形的过程中会同时伴随着弹性变形，当外力卸载后，弹性变形回复，而塑性变形得以保留下来，变形体变形时的这种现象称为弹塑性共存规律。

在薄板的冲压成形过程中，由于弹性变形的存在，分离或成形后的制件形状和尺寸与模具的形状和尺寸不尽相同，这是影响冲压件精度的重要原因之一。

### 2. 真实应力应变的概念

材料开始塑性变形时的应力称为屈服应力($\sigma_s$)。一般金属材料在变形的过程中，随着变形程度的增加，其每一瞬时的屈服应力不断提高，而塑性不断下降，这种变化着的实际屈服应力称为真实应力(又称为流动应力、变形抗力)。

在室温下，低速拉伸金属试样，使之均匀变形，真实应力即为作用于试样瞬时断面面积上的应力，表示为

$$\sigma = \frac{F}{A} \tag{2-20}$$

式中：$F$——载荷；

$A$——试样瞬时断面面积。

真实应力也可在其他变形条件下测定，视实际需要而定。

另外，在进行拉伸试验时，应变常以试样的相对伸长 $\delta$ 表示：

$$\delta = \frac{\Delta l}{l_0} = \frac{l_1 - l_0}{l_0} \tag{2-21}$$

式中：$l_0$——试样原始标距长度；

$l_1$——试样拉伸后标距长度。

由于 $\delta$ 不能反映试样在变形过程中瞬时变形和真实情况，于是引入真实应变的概念，表示为

$$\mathrm{d}\varepsilon = \frac{\mathrm{d}l}{l} \tag{2-22}$$

式中：$\mathrm{d}l$——试样瞬时的长度改变量；

$l$——试样的瞬时长度。

当试样从 $l_0$ 拉伸至 $l_1$ 时，总的真实应变为

$$\varepsilon=\int_{l_0}^{l_1}\frac{\mathrm{d}l}{l}=\ln\frac{l_1}{l_0} \tag{2-23}$$

在正确反映瞬态变形的基础上，真实应变真实地反映了塑性变形的积累过程，因而得到广泛的应用。由于它具有对数形式，因此又称为对数应变。在均匀变形阶段，真实应变和相对伸长存在以下关系：

$$\varepsilon=\ln\frac{l_1}{l_0}=\ln\frac{l_0+\Delta l}{l_0}=\ln(1+\delta) \tag{2-24}$$

将式(2-24)按泰勒级数展开，得

$$\varepsilon=\delta-\frac{\delta^2}{2}+\frac{\delta^3}{3}-\cdots \tag{2-25}$$

由式(2-25)可知，在变形小时，$\varepsilon\approx\delta$；如果 $\delta=0.1$，则 $\varepsilon$ 仅比 $\delta$ 小 0.5%。

### 3. 真实应力应变曲线

材料力学所讨论的低碳钢拉伸曲线图表达了拉伸时应力与应变的关系。图 2-16 中应力与应变的计算采用的是变形前试样的原始截面积 $A_0$ 和试样的相对伸长 $\delta$(亦称条件应变)，称为标准应力应变曲线或条件应力应变曲线。由于材料力学研究的弹性变形属于小变形，所以应力与应变在采用上述的表达方式时不会引起太大的误差，但是对于塑性变形中的大变形阶段来说就不够准确了。

真实应力应变曲线通常由实验建立，实质上可以看成是塑性变形时应力应变的实验关系。真实应力应变有 3 类，即为

(1) 第一类真实应力应变曲线：真实应力——相对应变；

(2) 第二类真实应力应变曲线：真实应力——相对截面收缩率；

(3) 第三类真实应力应变曲线：真实应力——对数应变。

在金属塑性成形理论中，普遍采用真实应力和对数应变表示的真实应力应变曲线，能够更加真实地反映金属材料塑性变形的硬化现象及规律，因此又称为硬化曲线。在对变形体进行力学分析、确定各种工艺参数和处理生产实际问题时，研究和掌握材料的硬化现象及规律对指导冲压实践具有重要意义。

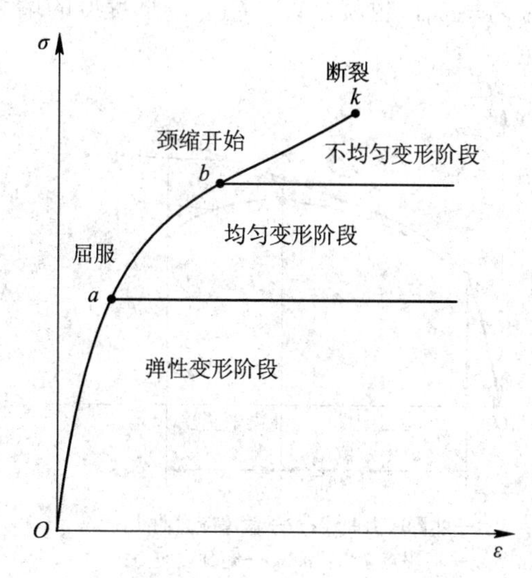

图 2-17　金属材料在拉伸时的真实应力应变曲线

如图 2-17 所示为金属材料在拉伸时的真实应力应变曲线。从图中可以看出，在颈缩开始的 $b$ 处，真实应力 $\sigma$ 没有出现最大值。这是由于继续变形时，虽然外载荷 $F$ 会下降，但试样的截面积也在减小，且减小更快，导致真实应力不断上升，直至 $k$ 处断裂为止。

## 2.3.5 塑性变形的基本规律

### 1. 硬化现象与硬化曲线

前已述及，对于一般常用的金属材料，随着塑性变形程度的增加，其强度、硬度和变形抗力逐渐增加，而塑性和韧性逐渐降低，这种现象称为加工硬化。材料不同，变形条件不同，其加工硬化的程度也不同。材料加工硬化对冲压成形的影响既有有利的方面，也有不利的方面。有利的是板材的硬化能够减少过大的局部集中变形，使变形趋向均匀，增大成形极限，尤其对伸长类变形有利；不利的是变形抗力的增加，使变形变得很困难，对后续变形工序不利，有时不得不增加中间退火工序来消除硬化。因此，应该了解材料的硬化现象及其规律，并在实际生产中应用。

材料的硬化规律可以用硬化曲线来表示。硬化曲线实际上就是材料变形时的应力随应变变化的曲线，可以通过拉伸、压缩或胀形试验等多种方法求得。一般来说，不同材料的硬化曲线差别很大，很难用一个统一的函数形式将它们精确地表达出来，这就给求解塑性变形问题带来了困难。如图 2-18 所示为拉伸试验获得的两条应力应变曲线。其中曲线 1 的应力是以各加载瞬间的载荷 $F$ 与该瞬间试样的截面面积 $A$ 之比，即以 $F/A$ 来表示的，它考虑了变形过程中材料截面积的变化，真实反映了硬化规律，因此称之为实际应力曲线(又称硬化曲线或变形抗力曲线)。曲线 2 的应力是按各加载瞬间的截荷 $F$ 与变形前试样的原始截面积 $A_0$ 之比 $F/A_0$ 来表示的，它没有考虑变形过程中材料截面积的变化，因此应力 $F/A_0$ 并不能反映材料在各变形瞬间的真实应力，所以称之为假象应力曲线(或称条件应力曲线)，这种曲线多用于材料力学或结构力学中，以描述变形程度极小时的应力应变关系。

如图 2-19 所示是用试验求得的几种金属在室温下的硬化曲线。从曲线的变化规律来看，几乎所有的硬化曲线都具有一个共向的特点，即在塑性变形的开始阶段，随着变形程度的增大，实际应力剧烈增加，但当变形程度达到某些值以后，变形的增加不再引起实际应力的显著增加，也就是说，随着变形程度的增大，材料的硬化强度 $d\sigma/d\varepsilon$(或称硬化模数)逐渐降低。

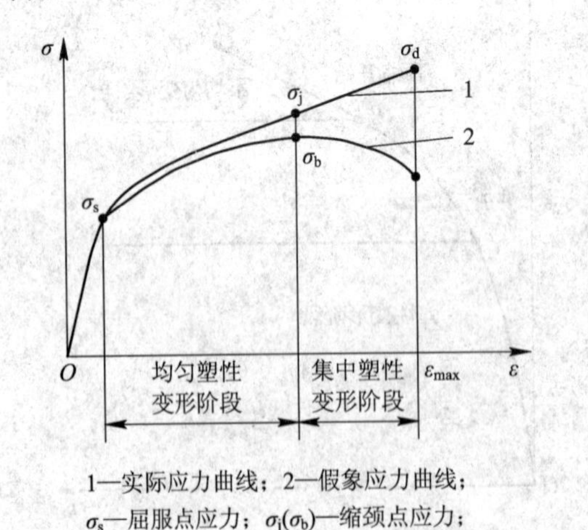


1—实际应力曲线；2—假象应力曲线；
$\sigma_s$—屈服点应力；$\sigma_j(\sigma_b)$—缩颈点应力；
$\sigma_d$—断裂点应力

图 2-18 金属的应力应变曲线

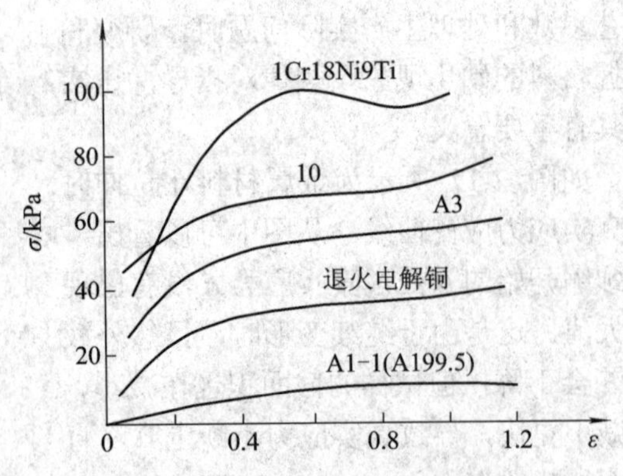


图 2-19 几种金属在室温下的硬化曲线

一般来说，硬化曲线所表达的应力应变关系不是简单的函数关系，这给求解塑性力学问题带来困难；为了实际上的需要，常用直线或指数曲线来近似代替实际硬化曲线。

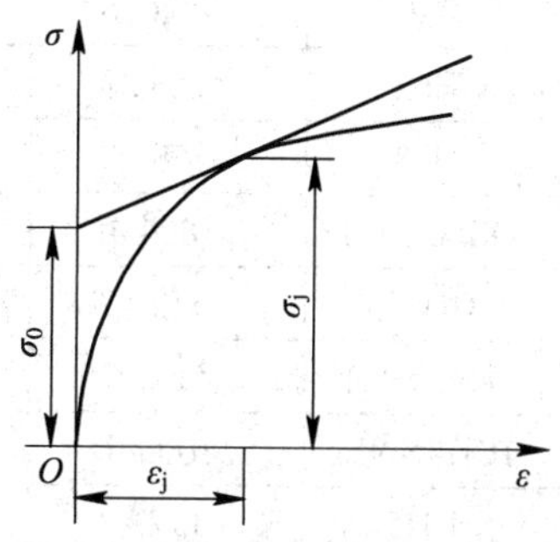

图 2-20　硬化曲线

用直线代替硬化曲线的实质是：在实际应力应变所表示的硬化曲线上，于颈缩点处作切线来近似代替实际硬化曲线，如图 2-20 所示。该硬化直线的方程式为

$$\sigma = \sigma_0 + D\varepsilon \tag{2-26}$$

式中：$\sigma_0$——近似屈服强度(硬化直线在纵坐标轴上的截距)；

$D$——硬化模数(硬化直线的斜率)。

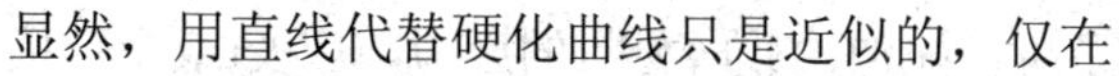

显然，用直线代替硬化曲线只是近似的，仅在颈缩点附近精确度较高，当变形程度很小或很大时，硬化直线与实际硬化曲线之间存在很大的差别。所以在冲压生产中常用指数曲线表示硬化曲线，其方程式为

$$\sigma = C\varepsilon^n \tag{2-27}$$

式中：$\sigma$——实际应力(Pa)；

$C$——材料系数；

$\varepsilon$——应变；

$n$——硬化指数。

$C$ 和 $n$ 的值取决于材料的种类和性能，可通过拉伸试验的方法求得，部分板材的 $C$ 和 $n$ 的值列于表 2-3 中。

硬化指数 $n$ 是表明材料冷变形硬化的重要参数，对板料的冲压成形性能以及冲压件质量都有较为重要的影响。如图 2-21 所示为不同 $n$ 值材料的硬化曲线。$n$ 值大表示变形时硬化显著，对后续变形工序不利。但 $n$ 值大时对以伸长变形为特点的成形工艺(如拉深、胀形、翻边等)却是有利的，这是由于硬化带来变形抗力的显著增加，可以抵消毛坯变形处局部变薄而引起的承载能力的减弱。因而可以制止变薄处变形的进一步发展，使变形转移到别的尚未变形的部位，提高板料变形的均匀性。

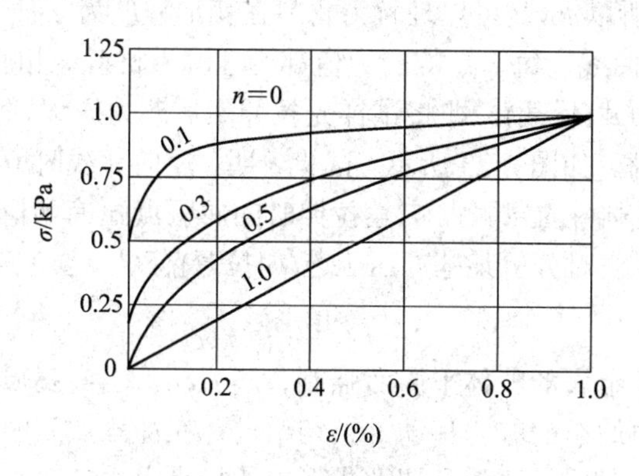

图 2-21　不同 $n$ 值材料的硬化曲线

表 2-3 部分板材的 $n$ 值和 $C$ 值

| 材料 | $C$ 值/MPa | $n$ 值 | 材料 | $C$ 值/MPa | $n$ 值 |
|---|---|---|---|---|---|
| 08F | 708.76 | 0.185 | Q235 | 630.27 | 0.236 |
| H62 | 773.38 | 0.513 | 10 | 583.84 | 0.215 |
| H68 | 759.12 | 0.435 | 20 | 709.06 | 0.166 |
| QSn6.5-0.1 | 864.4 | 0.492 | 5A02 | 165.64 | 0.164 |
| 08A1(ZF) | 553.47 | 0.252 | 5A12 | 366.29 | 0.192 |
| 08A1(HF) | 521.27 | 0.247 | T2 | 538.37 | 0.455 |
| 1Crl8Ni9Ti | 1093.61 | 0.347 | SPCC(日本) | 569.76 | 0.212 |
| 1035 | 112.43 | 0,286 | SPCD(日本) | 497.63 | 0.249 |

### 2. 加载卸载规律与反载软化现象

硬化曲线(实际应力应变曲线)反映了单向拉伸加载时材料的应力与应变(或变形抗力与变形程度)之间的变化规律。如果加载到一定程度再卸载，应力与应变会如何变化呢?

如图 2-22 所示，在弹性范围内拉伸变形的应力与应变是线性关系，若在该范围内卸载，则应力、应变仍按同一直线回到原点 $O$，没有残留变形。如果将试样拉伸使其应力超过屈服点 $A$，例如达到 $B$ 点($\sigma_B$，$\varepsilon_B$)，再逐渐卸载，这时应力与应变则沿 $BC$ 直线逐渐降低，而不再沿加载经过的路线 $BAO$ 返回。卸载直线 $BC$ 正好与加载时弹性变形的直线段平行，于是加载时的总应变 $\varepsilon_B$ 就会在卸载后，一部分($\varepsilon_t$)因弹性回复而消失，另一部分($\varepsilon_s$)仍然保留下来成为永久变形，即 $\varepsilon_B = \varepsilon_t + \varepsilon_s$。弹性回复的应变量为

$$\varepsilon_t = \frac{\sigma_B}{E} \tag{2-28}$$

式中：$E$——材料的弹性模量(Pa)。

上述卸载规律反映了弹塑性变形共存规律，即在塑性变形过程中不可避免地会有弹性变形存在。在实际冲压时，分离或成形后的冲压件的形状和尺寸与模具工作部分形状和尺寸不尽相同，就是因卸载规律引起的弹性回复(简称回弹)造成的。

如果卸载后再重新加载，则随着载荷的加大，应力与应变将沿直线 $CB$ 逐渐上升。达到 $B$ 点应力 $\sigma_B$ 时，材料又开始屈服，按照应力应变关系，继续沿着加载曲线 $BE$ 变化，如图 2-22 中虚线所示，所以 $\sigma_B$ 又可以理解为材料在变形程度为 $\varepsilon_B$ 时的屈服点。推而广之，在塑性变形阶段，硬化曲线上每一点的应力值都可理解为材料在相应变形程度下的屈服点。

如果卸载后反向加载(反载)，即将试样先拉伸然后改为压缩，其应力应变关系将沿曲线 $OAB\text{-}CA'E'$ 规律变化，如图 2-23 所示。试验表明，反向加载时应力应变之间基本按拉伸时的曲线规律变化，但材料的屈服点 $\sigma_s'$较拉伸时的屈服点 $\sigma_s$ 有所降低，这就是所谓的反载软化现象。反载软化现象对分析某些冲压工艺(如拉弯)有很重要的实际意义。

### 3. 最小阻力定律

塑性成形是破坏了金属的整体平衡而强制金属流动，当金属质点有向几个方向移动的可能时，它总是向阻力最小的方向移动。换句话说，在冲压加工中，板料在变形过程中总是沿着阻力最小的方向发展，这就是塑性成形中的最小阻力定律。例如，将一块方形板料拉深成圆筒形制件，当凸模将板料拉入凹模时，距凸模中心愈远的地方(即方形料的对角线

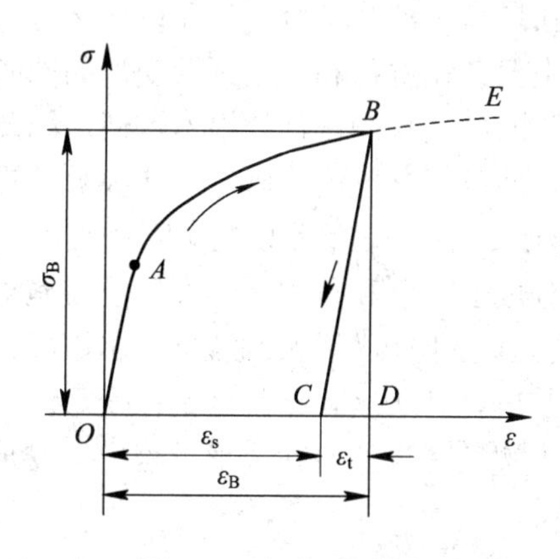

图 2-22 拉伸-卸载曲线

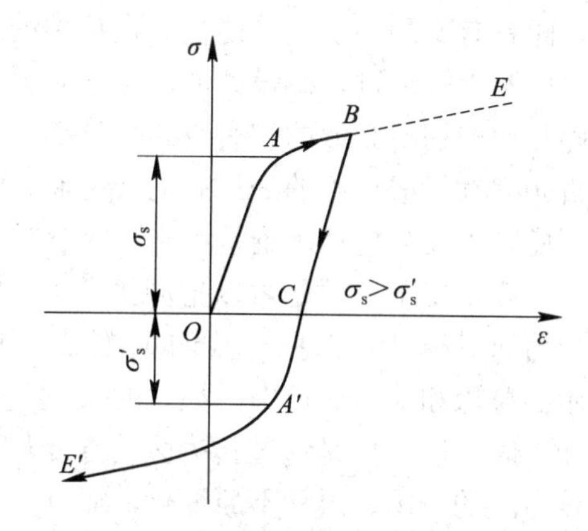


图 2-23 反载软化曲线

处)，流动阻力愈大，愈不易向凹模洞口流动，拉深变形后，凸缘形成弧状而不是直线边，如图 2-24 所示。最小阻力定律说明了在冲压生产中金属板料流动的趋势，控制金属流动就可控制变形的趋向性。影响金属流动的因素主要是材料本身的特性和应力状态，而应力状态与冲压工序的性质、工艺参数和模具结构参数(如凸模、凹模工作部分的圆角半径，摩擦和间隙等)有关。

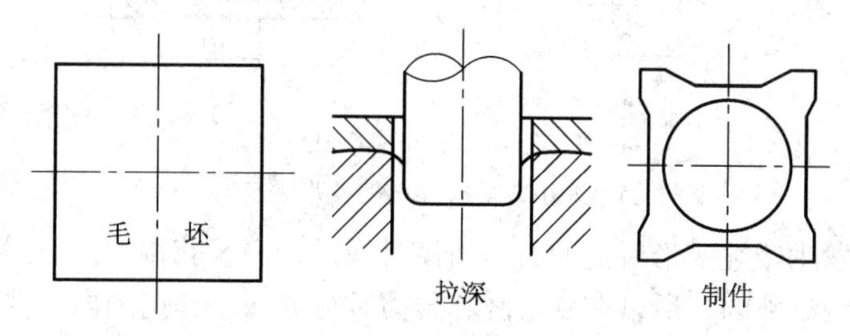


图 2-24 方板拉深试验——最小阻力定律试验

冲压成形必须正确控制金属流动——开流和限流。开流就是在需要金属流动的地方减少阻力，使其顺利流动，达到成形的目的。当某处需要金属流入而不能流入时，该局部就会变薄，甚至发生板料断裂。限流就是在不需要金属流动的地方增大阻力，限制金属流入。当某处不需要金属流入而流入金属时，多余的金属就会使该处起皱。控制金属流动的具体措施有改变凸模与凹模工作部分的圆角半径，以及改变摩擦、间隙、应力性质等。加大圆角半径和间隙，减小摩擦，均能起到开流作用；反之则起限流作用。例如，在矩形件拉深中，若直边与四角的间隙值相同，不是四角拉破就是直壁部分起皱；若对四角部分采用大间隙或使凹模四角的圆角半径大于直边部分的圆角半径，就可避免四角拉破和直壁部分起皱。又如在大型覆盖件拉深成形中，采取调节压边力、增设拉深筋和开切口等方法，均可调节金属流动阻力。

最小阻力定律是塑性加工中最重要的定性原理之一，它在冲压加工中有十分灵活和广泛的应用，能正确指导冲压工艺及模具设计，解决实际生产过程中出现的质量问题。

**4. 冲压成形中的变形趋向性分析及其控制**

在冲压成形过程中，坯料的各个部分在同一模具的作用下，有可能发生不同形式的变形，即具有不同的变形趋向性。在这种情况下，判断坯料各部分是否变形和以什么方式变形，以及能否通过正确设计冲压工艺和模具等措施来保证在进行和完成预期变形的同时，排除其他一切不必要的和有害的变形等，是获得合格的高质量冲压件的根本保证。因此，分析研究冲压成形中的变形趋向及控制方法，对制定冲压工艺过程、确定工艺参数、设计冲压模具以及分析冲压过程中出现的某些产品质量问题等，有非常重要的实际意义。

一般情况下，总是可以把冲压过程中的坯料划分成变形区和传力区。冲压设备施加的变形力通过模具，并进一步通过坯料传力区作用于变形区，使其发生塑性变形。在如图 2-25 所示的拉深和缩口成形中，坯料的 *A* 区是变形区，*B* 区是传力区，*C* 区则是已变形区。冲压加工时，变形力是通过传力区传给变形区使其产生塑性变形的。在成形过程中，变形区和传力区的范围、尺寸不断变化，而且互相转化。

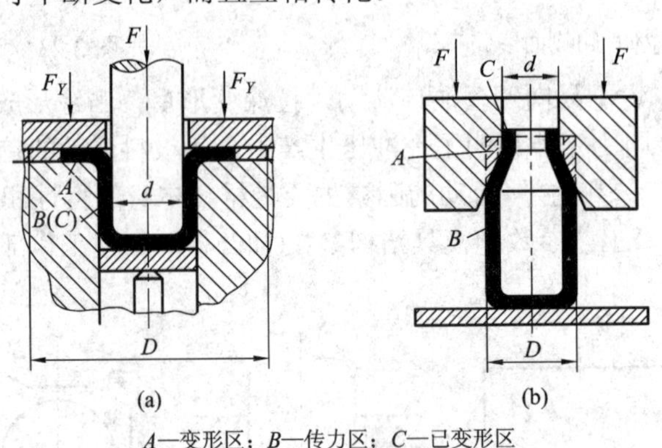


*A*—变形区；*B*—传力区；*C*—已变形区

图 2-25　冲压成形时坯料的变形区与传力区

由于变形区发生塑性变形所需的力是由模具通过传力区获得的，而同一坯料上的变形区和传力区都是相毗邻的，所以在变形区和传力区分界面上作用的内力性质和大小是完全相同的。在这样同一个内力的作用下，变形区和传力区都有可能产生塑性变形，但由于它们之间的尺寸关系及变形条件不同，其应力应变状态也不相同，因而它们可能产生的塑性变形方式及变形的先后是不相同的。通常，总有一个区需要的变形力比较小，并首先满足塑性条件进入塑性状态，产生塑性变形，我们把这个区称为相对弱区。如图 2-25(a)所示的拉深变形，虽然变形区 *A* 和传力区 *B* 都受到径向拉应力 $\sigma_r$ 作用，根据屈雷斯加塑性条件 $\sigma_1-\sigma_3=\sigma_s$，*A* 区中 $\sigma_1-\sigma_3=\sigma_\theta+\sigma_r$，*B* 区中 $\sigma_1-\sigma_3=\sigma_r$，因 $\sigma_\theta+\sigma_r>\sigma_r$，所以在外力 *F* 的作用下，变形区 *A* 最先满足塑性条件产生塑性变形，成为相对弱区。如图 2-25(b)所示，进行缩口成形时，随着凹模下降，变形区 *A* 不断扩大，传力区 *B* 不断减小，金属不断从传力区转移到变形区。当变形发展到一定阶段后(见图 2-25(b))，变形区的尺寸不再发生变化，从传力区进入变形区的金属体积和从变形区转移出去的金属体积相等，即达到稳定的变形过程。此时，传力区 *B* 不断减小，已变形区 *C* 不断扩大，变形区 *A* 的尺寸及其应力分布的数值与规律不变。在变形区与传力区之间的分界面上的内力，其性质与大小完全相同。但在同一内力作用下所产生的变形方式不同，因而必定有一个区所需的变形力较小而首先进入塑性状态产生变形。

首先产生塑性变形(即所需变形力较小)的区称为弱区，为了使冲压过程顺利进行，必须保证制件上首先变形的部分为弱区，以把塑性变形局限于变形区，并排除在传力区产生塑性变形的可能性。由此可以得出一个十分重要的结论：在冲压成形过程中，需要最小变形力的区是相对弱区，而且弱区必先变形，因此变形区应为弱区。“弱区必先变形，变形区应为弱区”的结论，在冲压生产中具有非常重要的实用意义。很多冲压工艺的极限变形参数的确定、复杂形状件的冲压工艺过程设计等，都是以这个结论作为分析和计算依据的。

如图 2-25(a)中的拉深变形，一般情况下 $A$ 区是弱区而成为变形区，$B$ 区则是传力区。但当坯料外径 $D$ 太大、凸模直径 $d$ 太小而使得 $A$ 区凸缘宽度太大时，由于要使 $A$ 区产生切向压缩变形所需的径向拉力很大，这时可能出现 $B$ 区会因拉应力过大率先发生塑性变形甚至拉裂而成弱区。因此，为了保证 $A$ 区成为弱区，应合理确定凸模直径与坯料外径的比值 $d/D$(即拉深系数)，使得 $B$ 区拉应力还未达到塑性条件以前，$A$ 区的应力先达到塑性条件而产生塑性变形。

当变形区或传力区有两种以上的变形方式时，则首先实现的变形方式所需的变形力最小。因此，在工艺和模具设计时，除要保证变形区为弱区外，同时还要保证变形区必须实现的变形方式具有最小的变形力。例如，在图 2-25(b)所示的缩口成形过程中，变形区 $A$ 可能产生的塑性变形是切向收缩的缩口变形和在切向压应力作用下的失稳起皱，传力区 $B$ 可能产生的塑性变形是筒壁部分镦粗和失稳弯曲。在这 4 种变形趋向中，只有满足缩口变形所需的变形力最小这个条件(如通过选用合适的缩口系数 $d/D$ 和在模具结构上采取增加传力区的支承刚性等措施)，才能使缩口变形正常进行。如图 2-26 所示制件，当 $D-d$ 较大而 $h$ 较小时，其成形方法可采用带孔的环形坯料通过翻边制成；当 $D-d$ 较小而 $h$ 较大时，此时进行翻边就不能保证外环为强区和内环为弱区的条件，成形过程中必然造成外径收缩使翻边难以成形。为此，冲压工艺必须要改变为拉深后切底和切边缘，或将坯料 $D_0$ 增大，进行翻边后再冲切外边缘。

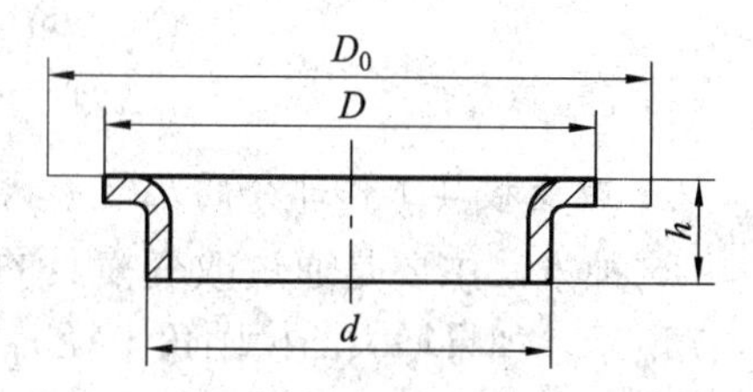

图 2-26　变形趋向性对冲压工艺的影响

又如在冲裁时，在凸模压力的作用下，坯料具有产生剪切和弯曲两种变形趋向，如果采用较小的冲裁间隙，建立对弯曲变形不利(这时所需的弯曲力增大了)而对剪切有利的条件，便可在只发生很小的弯曲变形的情况下实现剪切，提高了冲压件的尺寸精度。

**5. 控制变形趋向性的措施**

在冲压生产中，变形区和传力区在一定条件下可以互相转化。在实际生产中控制坯料变形趋向性的措施主要有以下几方面。

1) 改变坯料各部分的相对尺寸

实践证明，变形坯料各部分的相对尺寸关系是决定变形趋向性的最重要因素，因而改变坯料的尺寸关系，是控制坯料变形趋向性的有效方法。如图 2-27 所示，模具对环形坯料进行冲压时，当坯料的外径 $D$、内径 $d_0$ 及凸模直径 $d_T$ 具有不同的相对关系时，就可能具有 3 种不同的变形趋向(即拉深、翻孔和胀形)，从而形成 3 种形状完全不同的冲压件：当 $D$、$d_0$ 都较小，并满足条件 $D/d_T<1.5\sim2$、$d_0/d_T<0.15$ 时，宽度为$(D-d_T)$的环形部分产生塑性变形所需的力最小而成为弱区，因而产生外径收缩的拉深变形，得到拉深件(见图 2-27(b))；当 $D$、$d_0$ 都较大，并满足条件 $D/d_T>2.5$、$d_0/d_T>0.2\sim0.3$ 时，宽度为$(d_T-d_0)$的内环形部分产生塑性变形所需的力最小而成为弱区，因而产生内孔扩大的翻孔变形，得到翻孔件(见图

2-27(c))；当 $D$ 较大、$d_0$ 较小甚至为 0，并满足条件 $D/d_T>2.5$、$d_0/d_T<0.15$ 时，坯料外环的拉深变形和内环的翻孔变形阻力都很大，结果使凸、凹模圆角及附近的金属成为弱区而产生厚度变薄的胀形变形，得到胀形件(见图 2-27(d))。胀形时，坯料的外径和内孔尺寸都不发生变化或变化很小，成形仅靠坯料的局部变薄来实现。

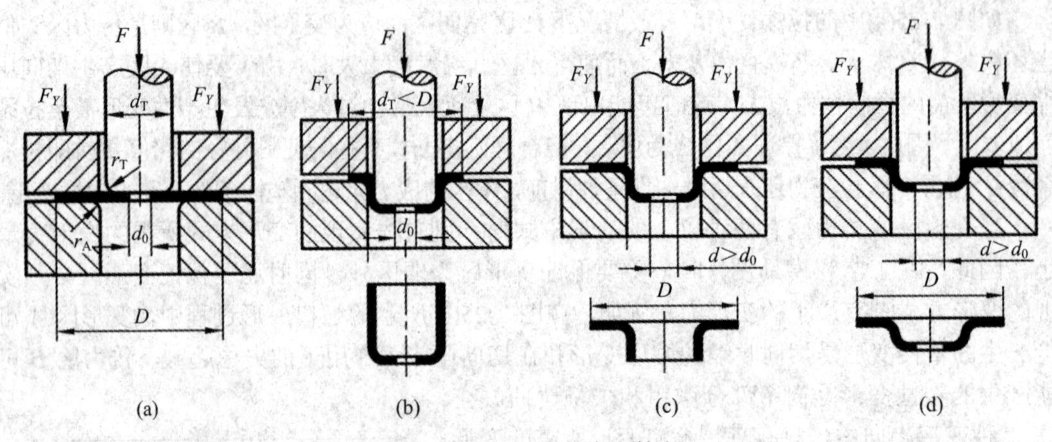


图 2-27　环形坯料的变形趋向

2) 改变模具工作部分的几何形状和尺寸

这种方法主要是通过改变模具的凸模和凹模圆角半径来控制坯料的变形趋向。如图 2-27 所示，如果增大凸模圆角半径 $r_T$、减小凹模圆角半径 $r_A$，可使翻孔变形的阻力减小，拉深变形阻力增大，所以有利于翻孔变形的实现。反之，如果增大凹模圆角半径 $r_A$ 而减小凸模圆角半径 $r_T$，则有利于拉深变形的实现。

3) 改变坯料与模具接触面之间的摩擦阻力

如图 2-27 所示，若加大坯料与压料圈及坯料与凹模端面之间的摩擦力(如加大压边力 $F_Y$ 或减少润滑)，则由于坯料从凹模面上流动的阻力增大，不利于实现拉深变形而利于实现翻孔或胀形变形。如果增大坯料与凸模表面间的摩擦力，并通过润滑等方法减小坯料与凹模和压料圈之间的摩擦力，则有利于实现拉深变形。所以正确选择润滑及润滑部位，也是控制坯料变形趋向的重要方法。

4) 改变坯料局部区域的温度

这种方法主要是通过局部加热或局部冷却来降低变形区的变形抗力或提高传力区强度，从而实现对坯料变形趋向的控制。例如，在拉深和缩口时，可采用局部加热坯料变形区的方法，使变形区软化，从而利于拉深或缩口变形。又如在不锈钢零件拉深时，可采用局部深冷传力区的方法来增大其承载能力，从而达到增大变形程度的目的。

## 2.4　冲压材料

### 2.4.1　冲压材料的工艺性要求

#### 1. 冲压材料

冲压所用的材料是冲压生产的三要素之一。事实上，先进的冲压工艺与模具技术只有采用冲压性能良好的材料，才能成形出高质量的冲压件。因此，在冲压工艺及模具设计中，懂得合理选用材料，并进一步了解材料的冲压成形性能，是非常必要的。

### 2. 常用冲压材料种类

冲压工艺适用于多种金属材料及非金属材料。在金属材料中，有钢、铜、铝、镁、镍、钛、各种贵重金属及各种合金；非金属材料包括各种纸板、纤维板、塑料板、皮革、胶合板等。由于分离工序和成形工序的变形原理不同，其适用的材料也有所不同。一般说来，金属材料既适合于成形工序也适合于分离工序，而非金属材料一般仅适合于分离工序。

常用金属冲压材料以板料和带料为主，棒材一般仅适用于挤压、切断、弯曲等工序。带钢的优点是有足够的长度，可以提高材料利用率；其不足是开卷后需要整平。带钢一般适合于大批量生产的自动送料。

一般厚度在 4 mm 以下的钢板用热轧或冷轧，厚度在 4 mm 以上的用热轧。

在金属材料的冲压生产过程中，由于冲压工艺及设备的不同，对材料的各项性能有着不同的要求。国标 GB/T 708—2019 对 4 mm 以下的冷轧钢板和钢带的厚度规格、厚度偏差、宽度偏差、不平度、重量、镰刀弯和脱方度等作出了规定。国标 GB/T 13237—2013 对 4 mm 以下的冷轧钢板和钢带的牌号、化学成分、力学性能、金相组织、表面质量、试验方法等作出了规定。GB/T 710—2008 对 3 mm 以下的优质碳素结构热轧薄钢板或钢带的尺寸、外形及允许偏差、牌号、化学成分、力学性能、金相组织、表面质量、试验方法等作出了规定，将拉延级别分为 3 级：最深拉延级(Z)、深拉延级(S)、普通拉延级(P)。

国标 GB/T 5213—2019 对厚度不大于 3.5 mm 冷轧低碳钢板及钢带进行了详细的分类。按用途分：一般用(DC01)、冲压用(DC03)、深冲用(DC04)、特深冲用(DC05)、超深冲用(DC06)、特超深冲用(DC07)。按表面质量分：较高级表面(FB)、高级表面(FC)、超高级表面(FD)。按表面结构分：光亮表面(B)、麻面(D)。钢板及钢带的牌号由 3 部分组成，第一部分为字母“D”，代表冷成形用钢板及钢带；第二部分为字母“C”，代表轧制条件为冷轧；第三部分为两位数字序列号，即 01、03、04 等。

示例：DC01

D——冷成形用钢板及钢带；

C——轧制条件为冷轧；

01——数字序列号。

同时国标 GB/T 5213—2019 对冷轧低碳钢板及钢带的化学成分、力学性能、拉伸应变痕表面质量、试验方法作出了规定。

### 3. 材料的冲压成形性能及试验

#### 1) 冲压成形性能

材料对各种冲压成形方法的适应能力称为材料的冲压成形性能。材料的冲压成形性能好，就是指其便于冲压成形，单个冲压工序的极限变形程度和总的极限变形程度大，生产效率高，容易得到高质量的冲压件，且模具损耗低，不易出废品等。由此可见，冲压成形性能是一个综合性的概念，它涉及的因素很多，但就其主要内容来看，有两个方面：一是成形极限，二是成形质量。

(1) 成形极限。成形极限是指材料在冲压成形过程中能达到的最大变形程度。对于不同的冲压工序，成形极限是采用不同的极限变形系数来表示的，如弯曲时为最小相对弯曲半径，拉深时为极限拉深系数，翻孔时为极限翻孔系数等。由于冲压用材料主要是板料，冲压成形大多都是在板厚方向上的应力值近似为零的平面应力状态下进行的，因此不难分析：在变形坯料的内部，凡是受到过大拉应力作用的区域，就会使坯料局部严重变薄甚至拉裂；凡是受到过大压应力作用的区域，若压应力超过了临界应力就会使坯料丧失稳定而起皱。因此，为了提高成形极限，从材料方面看，必须提高材料的抗拉和抗压的能力；从冲压工艺参数的角度来看，必须严格限制坯料的极限变形系数。

当作用于坯料变形区的拉应力为绝对值最大的应力时，在这个方向上的变形一定是伸长变形，故称这种冲压变形为伸长类变形，如胀形、扩口、圆孔翻孔等；当作用于坯料变形区的压应力的绝对值最大时，在这个方向上的变形一定是压缩变形，故称这种冲压变形为压缩类变形，如拉深、缩口等。在伸长类变形中，变形区的拉应力占主导地位，坯料厚度变薄，表面积增大，有产生破裂的可能性；在压缩类变形中，变形区的压应力占主导地位，坯料厚度增厚，表面积减小，有产生失稳起皱的可能性。由于这两类变形的变形性质和出现的问题完全不同，因而影响成形极限的因素和提高极限变形参数的方法就不同。伸长类变形的极限变形参数主要取决于材料的塑性，压缩类变形的极限变形参数一般受传力区承载能力的限制，有时则受变形区或传力区失稳起皱的限制。所以提高伸长类变形的极限变形参数的方法有：提高材料塑性；减少变形的不均匀性；消除变形区的局部硬化或其他引起应力集中而可能导致破坏的各种因素，如去毛刺或坯料退火处理等。提高压缩类变形的极限变形系数的方法有：提高传力区的承载能力；降低变形区的变形抗力或摩擦阻力；采取压料等措施防止变形区失稳起皱等。

(2) 成形质量。成形质量是指材料经冲压成形以后所得到的冲压件能够达到的质量指标，包括尺寸精度、厚度变化、表面质量及力学性能等。影响冲压件质量的因素很多，不同冲压工序的情况又各不相同，这里只对一些共性问题作简要说明。

材料在塑性变形的同时总伴随着弹性变形，当冲压结束载荷卸除以后，由于材料的弹性回复，造成冲压件的形状与尺寸偏离模具工作部分的形状与尺寸，从而影响了冲压件的尺寸和形状精度。因此，为了提高冲压件的尺寸精度，必须掌握回弹规律，控制回弹量。

材料经过冲压成形以后，一般厚度都会发生变化，有的变厚，有的变薄。厚度变薄后直接影响冲压件的强度和使用，因此对强度有要求时，往往要限制其最大变薄量。

材料经过塑性变形以后，除产生加工硬化现象外，还由于变形不均匀，材料内部产生残余应力，从而引起冲压件尺寸和形状的变化，严重时还会引起冲压件的自行开裂。消除硬化及残余应力的方法是冲压后及时安排热处理退火工序。

原材料的表面状态、晶粒大小、冲压时材料的粘模情况及模具对材料表面的擦伤等，都将影响冲压件表面质量。例如，原材料表面存在凹坑、裂纹、分层及锈斑或氧化皮等附着物时，将直接在冲压件表面上形成相应缺陷；晶粒粗大的钢板拉深时会在拉深件表面产生所谓的“橘子皮”现象；易于粘模的材料会擦伤冲压件并降低模具寿命。此外，模具间隙不均匀、模具表面粗糙等也会擦伤冲压件表面。

2) 板料冲压成形性能试验

板料的冲压成形性能是通过试验来确定的。板料冲压成形性能的试验方法很多，但概括起来可分为直接试验和间接试验两类。在直接试验中，板料的应力状态和变形情况与实际冲压时基本相同，试验所得结果比较准确。而在间接试验中，板料的受力情况和变形特点都与实际冲压时有一定的差别，所得结果只能在分析的基础上间接地反映板料的冲压成形性能。

(1) 间接试验。间接试验有拉伸试验、剪切试验、硬度试验和金相试验等。其中拉伸试验简单易行，不需要专用板料试验设备，而且所得的结果能从不同角度反映板料的冲压性能，所以它是一种很重要的试验方法。

板料拉伸试验的方法是：在待试验的板料的不同部位和方向上截取试料，制成如图 2-28 所示的标准拉伸试样，然后在万能材料试验机上进行拉伸。拉伸过程中，应注意加载速度不能过快，开始拉伸时可按 5 mm/min 以下速度加载，开始屈服时应进行间断加载，并随时记录载荷大小和试样截面尺寸。当开始出现缩颈后改用手动加载，并争取记录载荷及试样截面尺寸 1～2 次。根据试验结果或利用自动记录装置可绘得板料拉伸时的实际应力应变曲线(如图 2-29 的实线所示)及假象应力应变曲线(即拉伸曲线，如图 2-29 的虚线所示)。

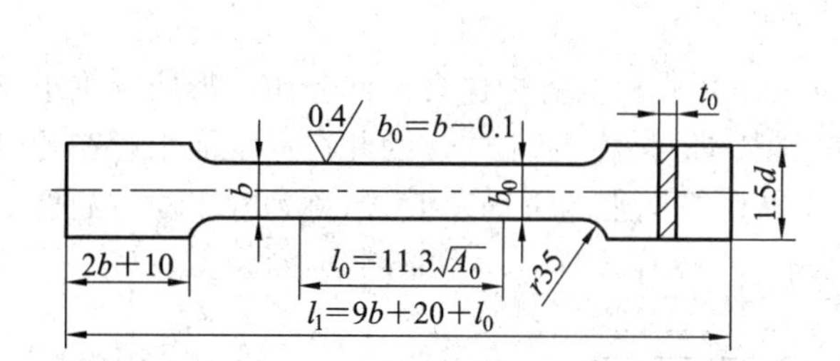


图 2-28　拉伸试验用标准试样

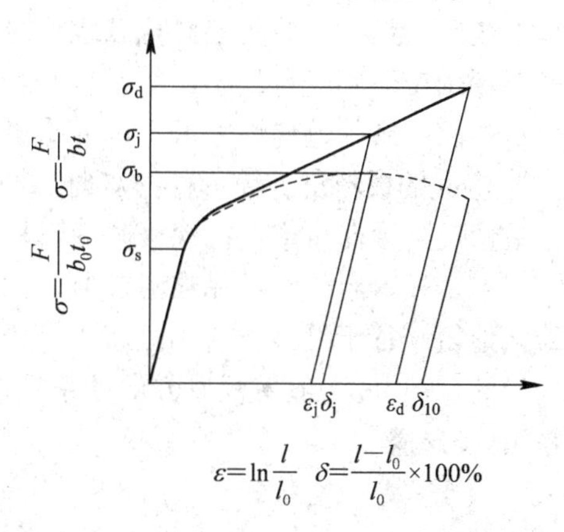


图 2-29　实际应力曲线与假象应力曲线

通过拉伸试验，可以测得板料的强度、刚度、塑性、各向异性等力学性能指标。根据这些性能指标，即可定性估计板料的冲压成形性能，简述如下：

① 强度指标(屈服点 $\sigma_s$、抗拉强度 $\sigma_b$ 或缩颈点应力 $\sigma_j$)。

强度指标对冲压成形性能的影响通常用屈服点与抗拉强度的比值 $\sigma_s/\sigma_b$(称为屈强比)来表示。一般屈强比愈小，则 $\sigma_s$ 与 $\sigma_b$ 之间的差值愈大，表示材料允许的塑性变形区间愈大，成形过程的稳定性愈好，破裂的危险性就愈小，因而有利于提高极限变形程度，减小工序次数。因此，$\sigma_s/\sigma_b$ 愈小，材料的冲压成形性能愈好。

② 刚度指标(弹性模量 $E$、硬化指数 $n$)。

弹性模量 $E$ 愈大或屈服点与弹性模量的比值 $\sigma_s/E$(称为屈弹比)愈小，在成形过程中抗压失稳的能力愈强，卸载后的回弹量愈小，有利于提高冲压件的质量。硬化指数 $n$ 可根据拉伸试验结果由式(2-27)求得。$n$ 值大的材料，硬化效应就大，这对于伸长类变形来说是有利的。因为 $n$ 值愈大，在变形过程中材料局部变形程度的增加会使该处变形抗力增大，这样就可以补偿该处因截面积减小而引起的承载能力的减弱，制止了局部集中变形的进一步发展，具有扩展变形区、使变形均匀化和增大极限变形程度的作用。

③ 塑性指标(均匀伸长率 $\delta_j$ 或细颈点应变 $\varepsilon_j$、断后伸长率 $\delta$ 或断面收缩率 $\psi$)。

均匀伸长率 $\delta_j$ 是在拉伸试验中开始产生局部集中变形(即刚出现缩颈时)的伸长率(即相对应变)，它表示板料产生均匀变形或稳定变形的能力。一般情况下，冲压成形都在板料的均匀变形范围内进行，故 $\delta_j$ 对冲压性能有较为直接的意义。断后伸长率 $\delta$ 是在拉伸试验中试样拉断时的伸长率。通常 $\delta_j$ 和 $\delta$ 愈大，材料允许的塑性变形程度也愈大。

④ 各向异性指标(扳厚方向性系数 $\gamma$、板平面方向性系数 $\Delta\gamma$)。

板厚方向系数 $\gamma$ 是指板料试样拉伸时，宽度方向与厚度方向的应变之比，即

$$\gamma=\frac{\varepsilon_b}{\varepsilon_r}=\frac{\ln(b/b_0)}{\ln(t/t_0)} \tag{2-29}$$

式中：$b_0$、$t_0$、$b$、$t$——分别为变形前后试样的宽度与厚度，一般取伸长率为 20%时试样测量的结果。

$\gamma$ 值的大小反映了在相同受力条件下板料平面方向与厚度方向的变形性能差异，$\gamma$ 值越大，说明板平面方向上越容易变形，而厚度方向上越难变形，这对拉深成形是有利的。例如，在复杂形状的曲面零件拉深成形时，若 $\gamma$ 值大，板料中部在拉应力作用下，厚度方向变形较困难，则变薄量小，而在板平面与拉应力相垂直的方向上的压缩变形比较容易，则板料中部起皱的趋向性降低，因而有利于拉深的顺利进行和冲压件质量的提高；同样，在用 $\gamma$ 值大的板料进行筒形件拉深时，凸缘切向压缩变形容易且不易起皱，筒壁变薄量小且不易拉裂，因而可增大拉深极限变形程度。

由于板料经轧制后晶粒沿轧制方向被拉长，杂质和偏析物也会定向分布，形成纤维组织，使得平行于纤维方向和垂直于纤维方向材料的力学性能不同，因此在板平面上存在各向异性，其程度一般用板厚方向性系数在几个特殊方向上的平均差值 $\Delta\gamma$(称为板平面方向性系数)来表示，即：

$$\Delta\gamma=\frac{\gamma_0-\gamma_{90}-\gamma_{45}}{2} \tag{2-30}$$

式中：$\gamma_0$、$\gamma_{90}$、$\gamma_{45}$——分别为板料的纵向(轧制方向)、横向及 45° 方向上的板厚方向性系数。

$\Delta\gamma$ 值越大，则方向性越明显，对冲压成形性能的影响也越大。例如，在弯曲时，当弯曲件的折弯线与板料纤维方向垂直时，允许的极限变形程度就大，而当折弯线平行于纤维方向时，允许的极限变形程度就小，且方向性越明显，减小量就越大。又如在筒形件拉深时，由于板平面方向性使拉深件出现口部不齐的“突耳”现象，方向性越明显，突耳的高度越大。由此可见，生产中应设法降低板料的 $\Delta\gamma$ 值。

由于存在板平面方向性，实际应用中板厚方向性系数一般也采用加权平均值 $\bar{\gamma}$ 来表示，即：

$$\bar{\gamma}=\frac{\gamma_0+\gamma_{90}-2\gamma_{45}}{4} \tag{2-31}$$

式中：$\gamma_0$、$\gamma_{90}$、$\gamma_{45}$ 的含义与式(2-30)中相同。

(2) 直接试验。直接试验(又称模拟试验)是直接模拟某一种冲压方式进行的，故试验所得的结果能较为可靠地鉴定板料的冲压成形性能。直接试验的方法很多，下面简要介绍几种较为重要的试验方法。

① 弯曲试验。弯曲试验的目的是鉴定板料的弯曲性能。常用的弯曲试验是往复弯曲试

验，如图 2-30 所示，将试样夹持在专用试验设备的钳口内，反复折弯直至出现裂纹。弯曲半径 $r$ 越小，往复弯曲的次数越多，材料的成形性能就越好。这种试验主要用于鉴定厚度在 2 mm 以下的板料。

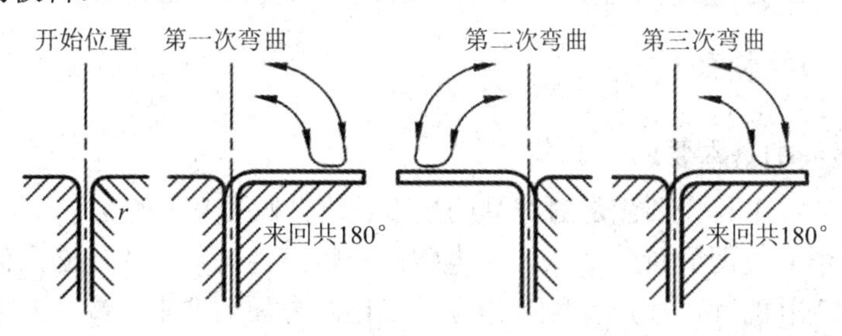


图 2-30　往复弯曲试验

② 胀形试验。鉴定板料胀形成形性能的常用试验方法是胀形试验(又称杯突试验)，如图 2-31 所示为 GB/T 4156—2020“埃里克森杯突试验”示意图，该方法适用于 0.1～2.0 mm 钢板。试验时将符合试验尺寸的板料试样 2 放在压料圈 4 与凹模 1 之间压紧，使凹模孔口外受压部分的板料无法流动。然后用试验规定的球形凸模 3 将试样压入凹模，直至试样出现裂纹为止，测量此时试样上的凸包深度 IE 作为胀形性能指标。IE 值越大，表示板料的胀形性能越好。

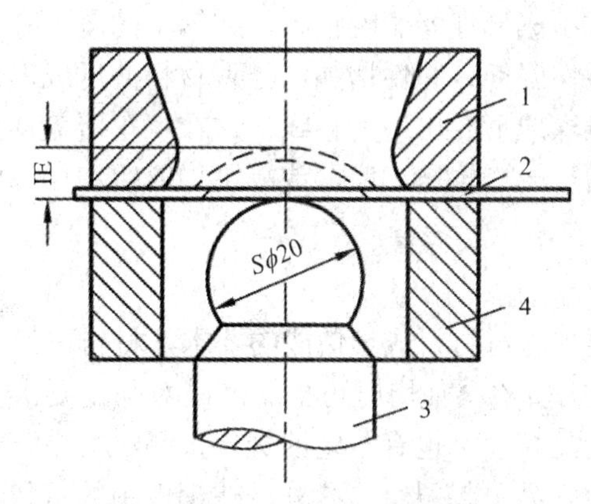


1—凹模；2—试样；3—球形凸模；4—压料圈

图 2-31　胀形试验(杯突试验)

③ 拉深试验(又称冲杯试验)。鉴定板料拉深成形性能的试验方法主要有筒形件拉深试验和球底锥形件拉深试验两种。如图 2-32 所示为 GB/T 15825.3—2008“金属薄板成形性能与试验方法”示意图，依次用不同直径的圆形试样(直径级差为 1 mm)放在带压边装置的试验用拉深模中进行拉深，在试样不破裂的条件下，取可能拉深成功的最大试样直径 $D_{max}$ 与凸模直径 $d_T$ 的比值 $K_{max}$ 作为拉深性能指标，即：

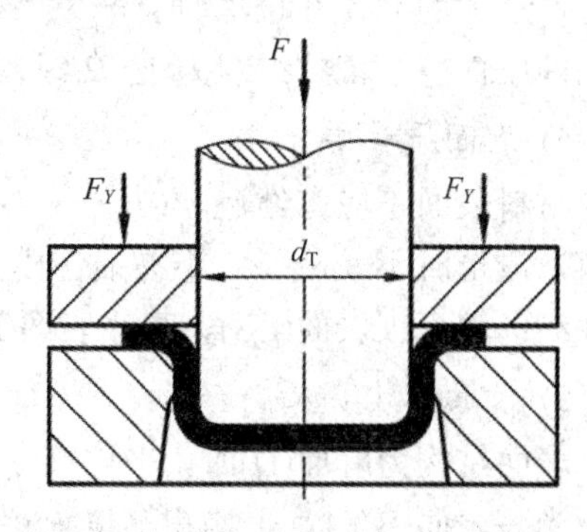


图 2-32　筒形件拉深试验(冲杯试验)

$$K_{max} = \frac{D_{max}}{d_T} \tag{2-32}$$

$K_{max}$ 称为最大拉深程度。$K_{max}$ 越大，则板料的拉深成形性能越好。

### 2.4.2　常用冲压材料及选用

#### 1. 冲压对板料的基本要求

冲压对板料的要求首先要满足对产品的技术要求，如强度、刚度等力学性能指标要求，还有一些物理化学等方面的特殊要求，如电磁性、防腐性等；其次还必须满足冲压工艺的要求，即应具有良好的冲压成形性能。为满足上述两方面的要求，冲压工艺对板料的基本要求如下：

1) 机械性能要求

板料机械性能与冲压成形性能有着密切的关系，机械性能的指标很多，其中尤以伸长率($\delta$)、屈强比($\sigma_s/\sigma_b$)、弹性模数($E$)、硬化指数($n$)和板厚方向性系数($\gamma$)影响较大。一般来说，伸长率大、屈强比小、弹性模数大、硬化指数高和板厚方向性系数大有利于各种冲压成形工序。

2) 化学成分要求

板材的化学成分对冲压成形性能影响很大，如钢中的碳、硅、锰、磷、硫等元素的含量增加，就会使材料的塑性降低、脆性增加，导致材料冲压成形性能变坏。一般低碳沸腾钢容易产生时效现象，拉深成形时出现滑移线，这在汽车覆盖件中是不允许的。为了消除滑移线，可在拉深之前增加一道辊压工序，或采用加入铝和锰等脱氧的镇静钢，拉深时就不会出现时效现象。

3) 金相组织要求

由于对产品的强度要求与对材料成形性能的要求，材料可处于退火状态(或软态)(M)，也可处于淬火状态(C)或硬态(Y)。使用时可根据产品对强度要求及对材料成形性能的要求进行选择。有些钢板对其晶粒大小也有一定的规定，晶粒大小合适、均匀的金相组织拉深性能好，晶粒大小不均匀则易引起裂纹。此外，在钢板中的带状组织与游离碳化物和非金属夹杂物，也会降低材料的冲压成形性能。

深拉深用 08 钢的晶粒度要求为 5～8 级，6 级为最理想。粗于 6 级会使冲压零件表面粗糙，过大的晶粒在拉深时会产生“桔皮”现象，甚至开裂；晶粒过细，强度提高，反会影响冲压性能。带状组织为 1～2 级，游离 $Fe_3C$ 为 0～3 级，呈点状、细条状。

4) 表面质量要求

材料表面不应有结疤、裂纹、夹杂等对使用有害的缺陷，不应有分层。表面质量高的材料，成形时不易破裂，不易损伤模具，零件表面质量好。冷轧低碳钢板及钢带表面质量分 3 级：较高级表面(FB)、高级表面(FC)、超高级表面(FD)。

5) 表面结构要求

表面结构为麻面(D)时，平均粗糙度 $Ra$ 目标值为大于 0.6 μm 且不大于 1.9 μm；表面结构为光亮表面(B)时，平均粗糙度 $Ra$ 目标值为不大于 0.9 μm。

6) 材料厚度公差要求

在一些成形工序中，凸、凹模之间的间隙是根据材料厚度来确定的，尤其在校正弯曲和整形工序中，板料厚度公差对零件的精度与模具寿命会有很大的影响。冷轧低碳钢板及钢带按最小屈服强度(<260 MPa、260～340 MPa、340～420 MPa、>420 MPa)材料厚度偏差分为4级。

### 2. 冲压材料的选用原则

冲压材料的选用是一个综合问题，要考虑冲压件的使用要求、冲压工艺要求及经济性等诸方面的因素。

1) 按冲压件的使用要求合理选材

所选材料应能使冲压件在机器或部件中正常工作，并具有一定的使用寿命。为此，应根据冲压件的使用条件，使所选材料满足相应强度、刚度、韧性及耐蚀性和耐热性等方面的要求。

2) 按冲压工艺要求合理选材

对于任何一种冲压件，所选的材料应能按照其冲压工艺的要求，稳定地成形出不至于开裂或起皱的合格产品，这是最基本也是最重要的选材要求。为此，可用以下方法进行合理选材。

(1) 试冲。根据生产经验及可能条件，选择几种基本能满足冲压件使用要求的板料进行试冲，最后选择没有开裂或起皱、废品率低的一种。这种方法结果比较直观，但带有较大的盲目性。

(2) 分析与对比。在分析冲压变形性质的基础上，把冲压成形时的最大变形程度与板料冲压成形性能所允许采用的极限变形程度进行对比，并以此作为依据，选取适合于该种零件冲压工艺要求的板材。

3) 按经济性要求合理选材

所选材料应在满足使用性能及冲压工艺要求的前提下，尽量使材料的价格低廉，来源方便，经济性好，以降低冲压件的成本。

### 3. 常用冲压材料

在冲压生产中，冲压件所使用的材料是多种多样的，冲压最常用的材料是金属板料，有时也用非金属板料，金属板料分黑色金属和非铁合金两种。

1) 黑色金属

黑色金属是冲压生产中应用最为广泛的材料，按性质可分为以下两种。

(1) 碳素结构钢。碳素结构钢钢材适用于一般结构件和工程用金属构件，在冲压生产中应用最为广泛。它主要用做各种机械零件，如各种复杂的弯曲件、拉深件等成形零件。常用的碳素结构钢牌号主要有Q195、Q215、Q235、Q255、Q275、08、10、20、35、45、70号钢等。优质的碳素结构钢钢板化学成分和力学性能都有保证。其中碳钢以低碳钢使用较多，常用牌号有08、08F、10、20等，其冲压性能和焊接性能均较好，用以制造受力不大的冲压件。

(2) 合金钢。合金钢主要用于特殊性能零件的制造。例如，硅钢板是电机、电器、电子工业最常用的材料。合金钢的主要牌号有 D21、D22、D31、D41、D42 等。此外，合金钢还用于一些电子仪器及医疗器械。还用一些不锈钢制品零件，常用的牌号有 1Crl3、2Crl3、4Crl3 等；低合金结构钢板常用的牌号有 Q345(16Mn)、Q295(09Mn2)，用以制造有强度要求的重要冲压件；不锈钢板如 1Cr18Ni9Ti 和 1Cr13 等，用以制造有防腐蚀和防锈要求的零件。

2) 非铁合金

非铁合金也叫做有色金属及其合金，常用的种类包括以下两种。

(1) 铜及其合金。铜主要用作导体材料及配制铜合金。纯铜又称为紫铜或电解铜，有良好的导电、导热性，但力学性能较差。工业纯铜的牌号按其纯度次序有 T1、T2、T3 等，也称一号铜、二号钢、三号铜等。一号铜最纯，杂质总量为 0.05%，常见的铜合金有黄铜、白铜和青铜。

黄铜有普通黄铜和特殊黄铜。普通黄铜是铜和锌的合金，有较高的耐磨性能和一定的力学性能，可用来制造强度要求较高的仪器仪表及机械零件。普通黄铜的牌号用 H 加数字表示，如 H62、H68 和 H70 等。所谓特殊黄铜是指在铜锌合金的基础上加入 Si、Al、Sn、Pd、Mn 等元素，目的是改善其力学性能和抗蚀性，但是加入以上元素会损害黄铜的塑性。特殊黄钢的牌号用 H 加元素符号加数字表示，如 HSn70−1，即表示含铜量平均为 70%，Sn 含量为 1%。

白铜是铜和镍的合金，它的塑性很好，牌号用 B 加数字表示，数字表示 Ni%。如果再加入其他元素则称为特殊白铜。

青铜是指铜和锡的合金，也称为普通青铜。习惯上把除黄铜和白铜之外的一切铜合金统称为青铜，不一定要含锡。青铜的牌号是用 Q 加元素符号加数字表示的，如锡青铜 QSn4—3 表示含锡量平均为 4%，含锌量平均为 3%，锡青铜具有优良的耐蚀性与耐磨性，常用来制造耐磨零件。

(2) 铝及铝合金。铝及铝合金的特点是比重较小，熔点较低，塑性好，但强度较低。此外，导电性、导热性和耐蚀性较高。因此，铝及铝合金广泛应用于工业及日用品中。纯铝有很好的塑性及导电性，但强度低，工业纯铝的牌号用 L 表示，如 L1、L2、L3，……、L7 等，数字愈小，纯度愈高。铝合金常用牌号有 1060、1050、3A21、2A12 等。铝及铝合金有较好塑性，变形抗力小且轻。铝合金分铸造铝合金和压力加工铝合金(变形铝合金)两大类，铸造铝合金主要用来制作铸件。冲压生产常用压力加工铝合金，压力加工铝合金又可分为可热处理强化(如硬铝和锻铝)和不可热处理强化(防锈铝)两类；按对冲压的适应性来说，以纯铝和防锈铝最好，锻铝和硬铝次之。防锈铝是铝和镁的合金，与硬铝和锻铝相比强度低，防锈性好。

3) 非金属材料

冲压的非金属材料主要根据零件的需要而选用不同的材料，如硬纸板、塑料板、石棉板、绝缘橡胶板、有机玻璃层压板、皮带等。

**4. 冲压材料的规格**

冲压用的金属材料主要为板料、带料(卷料)、块料和棒料为主。对于大型零件的冲压，坯料的尺寸较大，主要规格有 500 mm × 1500 mm，900 mm × 1800 mm，1000 mm × 2000 mm

等。在冲压小型零件时，可根据需要裁成不同宽度的条料。带料的宽度一般根据需要定做，有不同的宽度和长度，宽度在 300 mm 以下，长度可以达到几十米的带料的优点是便于运输和实现自动化及高效大批量生产。块料仅适用于单件小批生产和价值昂贵的有色金属冲压。棒料主要在冷挤压工序中使用。各种材料的牌号、规格、力学及物理性能可查阅有关资料及标准。

# 思　考　题

2-1　冲压基本工序有哪些？各类工序的特点如何？

2-2　什么是金属的塑性？什么是塑性变形？什么是金属的变形抗力？

2-3　简述变形温度和变形速度对塑性和变形抗力的影响。

2-4　什么是金属材料性能的各向异性？其对制品质量的影响如何？

2-5　什么是金属的弹塑性共存规律？其对冲压工艺和制品质量有何重要影响？

2-6　什么叫加工硬化和硬化指数？加工硬化对冲压成形有何有利和不利的影响？

2-7　什么是主应力图、主应变图？主应力图、主应变图有何作用？

2-8　屈服准则是什么？常用的屈服准则有哪几种？试比较它们的异同点。

2-9　何谓全量应变、增量应变？它们有何联系和区别？

2-10　什么是真实应力应变？真实应力应变曲线有何特征？其对冲压工艺的力学分析、确定工艺参数和处理生产实际问题具有什么重要意义？

2-11　影响金属塑性流动与变形的主要因素有哪些？

2-12　金属材料的冲压成形性能有哪些？有哪些试验方法？

思考题 2-1　思考题 2-2　思考题 2-3　思考题 2-4　思考题 2-5

思考题 2-6　思考题 2-7　思考题 2-8　思考题 2-9　思考题 2-10

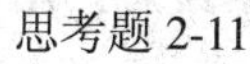

思考题 2-11　思考题 2-12

# 第3章　冲压加工设备

冲压生产中常用的主要生产设备是机械压力机和液压压力机，其中，因为机械压力机的稳定和高效特点，所以其在冲压生产过程中占主导地位，新型冲压生产设备多是以机械压力机为基础进行开发的。

## 3.1 曲柄压力机

冲压生产中常用的机械压力机有曲柄压力机、偏心压力机和肘节压力机等，其中，曲柄压力机应用最为广泛。本节主要对曲柄压力机进行介绍。

### 3.1.1 曲柄压力机的基本组成

**1. 工作机构**

曲柄压力机完成冲压工作的主要机构为曲柄连杆机构，如图3-1所示，曲柄连杆机构由曲轴、连杆、滑块等组成。冲模的上模固定在滑块上。

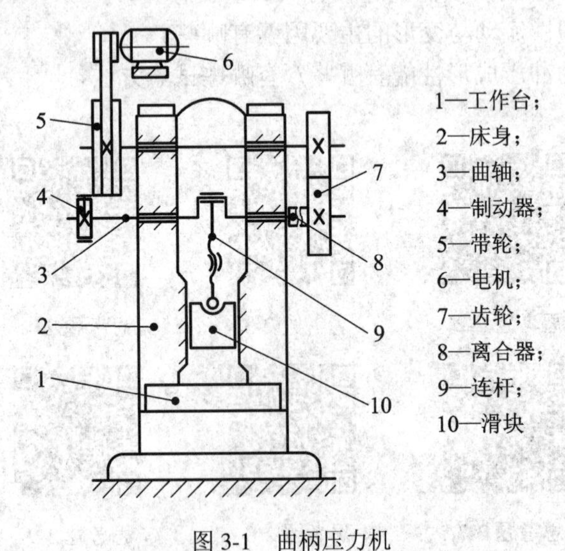


图3-1　曲柄压力机

**2. 传动系统**

曲柄压力机的传动系统包括电动机、带轮或齿轮等零部件，其作用是将电动机的转动和能量按照一定的工艺要求传给工作机构。其中大带轮(或大齿轮)又称飞轮，兼起储能作用，以减小电机功率，使压力机在整个工作周期里负荷充足均匀，能量得以充分利用。

3. 操纵系统

曲柄压力机的操纵系统由空气分配系统、制动器、离合器和电气控制箱等组成。

4. 支承部件

曲柄压力机的支承部件包括床身、工作台、拉紧螺栓等。床身是压力机的基础，保证设备所要求的精度、强度和刚度。床身上固定有工作台，用于安装冲模的下模。

5. 辅助系统

曲柄压力机的辅助系统包括气路系统、润滑系统和照明等。

6. 附属装置

曲柄压力机的附属装置包括过载保护装置、气垫、滑块平衡装置、移动工作台、快速换模系统和监控装置等。

## 3.1.2　曲柄压力机的主要结构型式

曲柄压力机的结构型式多样，分类方法也很多，主要分类方法如下。

(1) 曲柄压力机按床身结构不同可分为开式压力机和闭式压力机。

如图 3-2 所示为开式压力机，其床身前、左和右 3 个方向敞开，操作和安装模具很方便，便于安装自动送料机械。但由于床身呈 C 字形，刚性较差，当冲压力较大时床身易变形，从而导致冲模间隙分布不均，影响模具寿命和冲压件质量。中、小型压力机多为开式结构，开式压力机适用于精度要求不是太高的中、小型冲压件。

如图 3-3 所示为 J36-630 型闭式双点单动压力机，其床身两侧封闭，只能前后送料，操作不如开式压力机方便，但床身刚性较好、精度高，能承受较大的冲压力。大、中型压力机多为闭式结构，闭式压力机适用于精度要求较高的大、中型冲压件。

(2) 曲柄压力机按连杆的数目不同可分为单点压力机、双点压力机和四点压力机。

(3) 曲柄压力机按滑块数目不同可分为单动压力机和双动压力机。

如图 3-4 所示为 J46-500 型闭式双点双动压力机，双动压力机拥有内、外两个滑块。双动压力机用内滑块拉深，外滑块进行压边，外滑块压边力可根据工艺要求进行调节，且外滑块 4 个点均可分别进行调整，可使压料圈微量倾斜，从而调整压料圈各部位的压料力，提高其适应性，双动压力机的冲压模具结构相对单动压力机冲压模具结构简单。

图 3-2　开式压力机

图 3-3　闭式双点单动压力机

图 3-4　闭式双点双动压力机

双动压力机的压料力一般可达拉深力的 0.6～1 倍，而单动压力机的压料力一般由弹性压料元件或气垫装置提供，最大压料力一般只能达到拉深力的 0.3 倍，双动压力机更适应于大型、复杂的冲压件的拉深。

(4) 曲柄压力机按传动装置所在位置不同，可分为上传动压力机和下传动压力机。

(5) 曲柄压力机按工作台结构不同可分为可倾式、固定式和升降台式。

(6) 曲柄压力机按滑块运动方向不同可分为立式压力机和卧式压力机。

### 3.1.3 曲柄压力机工作部分的结构

如图 3-5 所示为 J23-40B 压力机工作部分的结构。

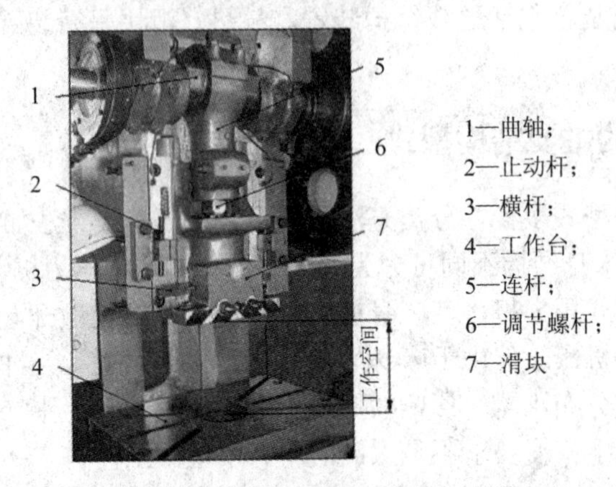


图 3-5　J23-40B 压力机工作部分的结构

#### 1. 连杆滑块机构

如图 3-6 所示，曲柄压力机的连杆滑块机构由曲柄、连杆、滑块等机构组成，是曲柄压力机完成工作的主要机构，其将旋转运动转变为上下直线运动。

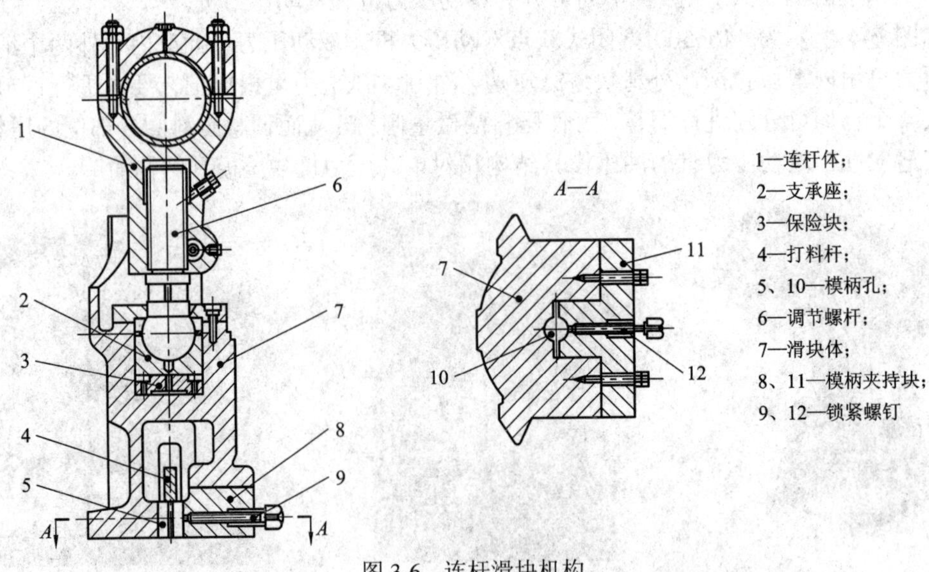


图 3-6　连杆滑块机构

(1) 曲柄有曲轴式、偏心轴式、曲拐轴式和偏心齿轮式等结构形式。

(2) 连杆由连杆体和调节螺杆组成，通过调整调节螺杆可改变连杆的长度，改变滑块上下运动位置，以调节装模高度。调节螺杆的调节方式有手动调节和机动调节两种，手动调节适用于开式压力机，闭式压力机则采用机动调节。

(3) 连杆与滑块的连接方式有球头式、柱销式、柱面传力柱销式、三点传力柱销式和柱塞导向式等形式。

### 2. 工作台

工作台是压力机的工作平台，用来安装下模。位于滑块下底面和工作台上表面之间的空间是安装模具和进行工作的主要空间。

### 3. 导轨机构

导轨一般有矩形导轨、V 形导轨、八面平导轨等，导轨和滑块的导向面应保持一定的间隙，导向间隙必须可调。

### 4. 曲柄滑块机构的附加装置

(1) 开式压力机滑块内设置模柄夹持机构用来安装固定上模，通过模柄夹持块、锁紧螺钉将上模模柄锁紧，从而固定上模，如图 3-6 右图所示。对于大、中型的闭式压力机，滑块底平面开有 T 形槽，用 T 形螺钉或压板将上模固定在滑块的下底面上。

(2) 连杆和滑块体之间设置有保险块，保险块可预防因冲压过程中意外的负荷过载而导致设备或模具的损坏。但保险块损坏时更换麻烦，大型压力机现多采用液压式保险机构，其原理如图 3-7 所示。

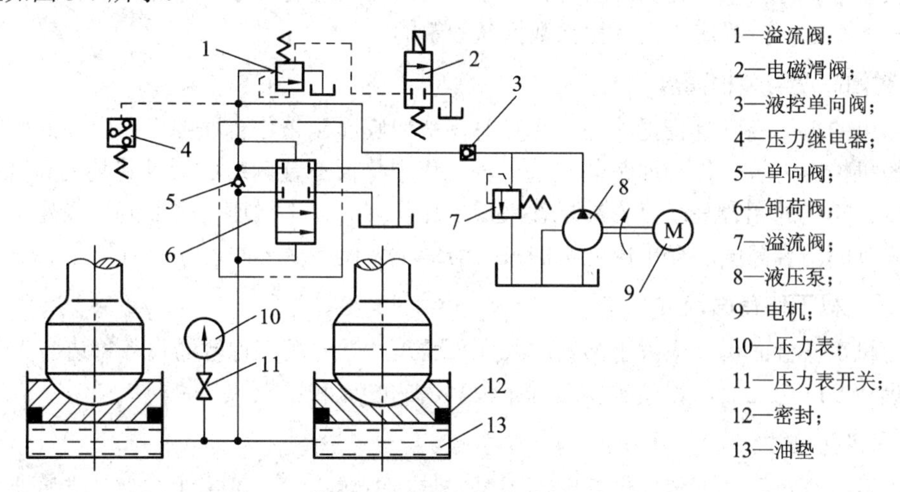


图 3-7　曲柄压力机液压保险装置工作原理图

(3) 打料机构。打料机构由横杆和止动杆组成。通过其与模具配合可完成一些上模需要出料或出件的工作。

(4) 滑块重量平衡器。为平衡滑块重量，压力机还装有平衡器。大中型压力机多采用气动平衡器，一般为两个。

## 3.1.4　曲柄压力机的主要技术参数

压力机的主要技术参数决定着一台压力机的工作能力、所能加工零件的尺寸范围和生产率等指标，也是模具设计中选择冲压设备、确定模具结构的重要依据。

### 1. 公称压力

公称压力是压力机的主要技术参数，又称为额定压力或名义压力。公称压力是指压力机滑块离下止点某一特定距离(公称压力行程或额定压力行程)或曲柄旋转到离下止点前某一角度(也称为公称压力角)时，压力机所能产生的最大作用力。

一般的曲柄压力机，产生公称压力的行程仅为总行程的 5%～7%，一般小型压力机公称压力角小于 30°，中、大型压力机的公称压力角小于 20°。

在冲压生产中，必须保证冲压工序工艺压力、行程曲线不超出压力机的许用压力曲线，如图 3-8 所示为 J23-40 压力机压力曲线。

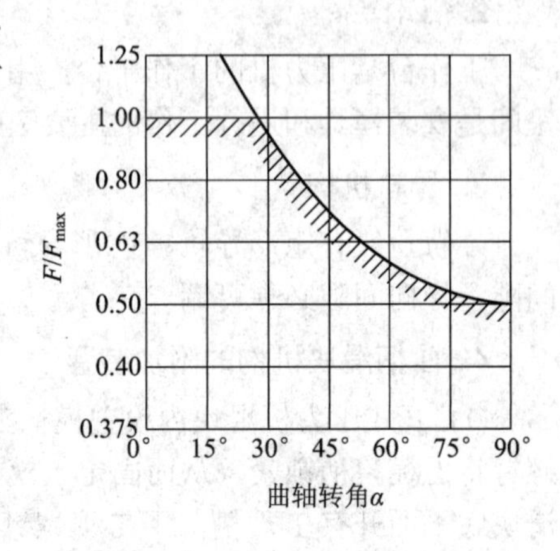


图 3-8　J23-40 压力机压力曲线

### 2. 滑块行程

滑块行程是指滑块从上止点到下止点所经过的距离。对于曲柄压力机，其值即为曲柄半径的两倍。在冲压生产中，应根据模具结构、零件高度尺寸和生产率等因素来选择所需行程的压力机。

### 3. 滑块每分钟行程次数

滑块每分钟行程次数是指滑块每分钟往复的次数。滑决每分钟行程次数的多少，关系到生产率的高低。一般压力机行程次数都是固定的。

### 4. 封闭高度与装模高度

压力机的封闭高度是指滑块在下止点时，滑块底面到工作台面的高度。在此应特别注意，一般机械压力机工作台面都装有垫板，工作中垫板不宜拆装，所以其装模高度应减去垫板厚度。模具的闭合高度是指冲模在最低工作位置时，上模座上平面到下模座下平面的距离。模具的闭合高度应介于压力机的最大与最小装模高度之间，并留有一定的安全值。

### 5. 压力机工作台面尺寸

压力机工作台面尺寸应大于冲模的最大平面尺寸。一般工作台面尺寸每边应大于模具下模座尺寸 50～70 mm，以便于安装固定模具用的螺栓和压板。

### 6. 漏料孔尺寸

当工件或废料需要下落或模具底部需要安装弹顶装置时，下落件、废料或弹顶装置的尺寸必须小于工作台中间的漏料孔尺寸。

### 7. 模柄孔尺寸

对于开式压力机，模具的上模部分都是通过模柄固定在压力机滑块上的，因此滑块内安装模柄用孔的直径和模柄直径应一致，模柄的高度应小于模柄孔的深度。

### 8. 立柱间距和喉深

立柱间距是指双柱式压力机立柱内侧面之间的距离，对于闭式压力机，其值直接限制了模具和加工板料的最宽尺寸；对于开式压力机，其值主要关系到向后侧排料或出件机构的安装。喉深是开式压力机特有的参数，它是指滑块中心线至机身的前后方向的距离。

#### 9. 压力机电动机功率

必须保证压力机的电动机功率大于冲压时所需要的功率。

## 3.2 液 压 机

液压机(又称油压机)是一种以专用液压油作为工作介质，以液压泵作为动力源，在液压泵的作用下使液压油以一定压力通过液压管路进入油缸/活塞，产生工作压力，然后通过液压控制回路控制液压油在油箱、油缸/活塞间循环作功，完成预定的机械动作来进行冲压生产的设备。液压机按结构形式不同可分为：四柱式、双柱式、单柱式(C 形结构)、卧式、立式框架、万能液压机等。冲压常用四柱液压机，四柱液压机又可分为四柱双梁液压机、四柱三梁液压机、四柱四梁液压机等；四柱液压机按滑块数不同可分为单动液压机和双动液压机。

液压机有下列特点：

(1) 液压机活动横梁的行程速度取决于液压泵的供液量，而与工艺过程中的冲压变形阻力无关。若液压泵的供液量为常量，则液压机活动横梁在行程各点的速度和压力均匀，工作时振动和噪声小。

(2) 液压机液压泵的供液压力和所消耗的功率与被加工工件的变形阻力有关，工件变形阻力大，液压泵的供液压力和所消耗的功率也大；反之，工件变形阻力小，液压泵的供液压力和所消耗的功率则小。

(3) 液压机可利用活动横梁行程速度恒定和泵供液压力变化的特点，作为操纵分配器的信号，以实现液压机的自动控制。与机械压力机相比，液压机结构简单，基本投资少，日常维护和保养简单。

(4) 液压泵按液压机的最大工作速度和工作压力选定，而液压机在空行程、回程、辅助工序所需工作压力较小时，液压泵得不到充分利用，尤其是大吨位的液压机，其利用系数很低。因此，液压机趋于将工作速度和工作压力进行分级传动。

液压机对板料厚度误差和材料性能变化不敏感、没有超载危险，但液压机生产效率低、动力消耗大。液压机一般用于批量小、形状复杂、拉深深度大的零件。

### 3.2.1 液压机的主要技术参数

#### 1. 公称压力

公称压力是液压机名义上能产生的最大压力，在数值上等于工作液体压力与工作活塞有效工作面积的乘积(取整数)。一般用它来表示液压机的规格。

#### 2. 工作液压力

液压机工作液压力是与液压机标称压力和压制能力有关的一个技术参数。工作液压力不宜过低，否则不能满足液压机标称压力的需要。反之，工作液压力过高，液压机密封难以保证，甚至损坏液压密封元件。每台液压机都标注有工作液的最大工作压力。目前国内液压机所用的工作液压力有 16、30、32、50 MPa 等规格，多数用 32 MPa 左右的工作液压力。

**3. 最大回程力**

上压式液压机压制完成以后，其滑块必须回程，回程时要克服各种阻力和运动部件的重力，滑块回程所需的力称为回程力。液压机最大回程力一般为最大总压力的 20%～50%。

**4. 最大顶出力**

有些液压机在下横梁底部装有顶出缸(称为液压垫)，以顶出工件或拉深时提供压边力。最大顶出力与顶出缸活塞有效工作面积及工作液压力有关，顶出力大小及行程应满足冲压的工艺要求。

**5. 其他技术参数**

(1) 滑块距工作台的最大与最小距离。最大距离反映了液压机在高度方向上的工作空间的大小，最小距离则限制了模具最小闭合高度。

(2) 最大行程。最大行程指滑块位于上限位时滑块的立柱导套下平面到立柱限程套上平面的距离，也即滑块能移动的最大距离。

(3) 滑块运动速度。滑块运动速度分为工作行程速度及空行程(充液及回程)速度两种。工作行程速度的变化范围较大，应根据不同的工艺要求来确定。空行程速度一般较高，以提高生产率，但速度太快时会在停止或转换时引起冲击及振动。

(4) 立柱中心距。在四柱式液压机中，立柱宽边中心距和窄边中心距分别用 $L$ 和 $B$ 表示。

(5) 工作台有效尺寸。工作台有效尺寸指工作台面上可以利用的有效尺寸。宽边尺寸应根据工件及模具的宽度来选用，窄边尺寸的选用则应考虑更换及放入各种工具、涂抹润滑剂、观察工艺过程等操作上的要求。

## 3.2.2　液压机的结构形式

**1. 单动液压机**

如图 3-9 所示，四柱单动液压机只有一个滑块，结构简单、经济实用；框架式结构刚性好，精度高，抗偏载能力强。为适应拉深汽车覆盖件等零件的冲压工艺需要，单动液压机一般在工作台下设置液压垫。当单动液压机没有液压垫时，可以在压边圈相应位置放置一定数量的小型液压缸，利用液压机的液压站提供动力源，实现压边力，保证拉深操作。单动液压机适用于拉深、弯曲、成形、冲裁落料、翻边等各种冲压工艺。

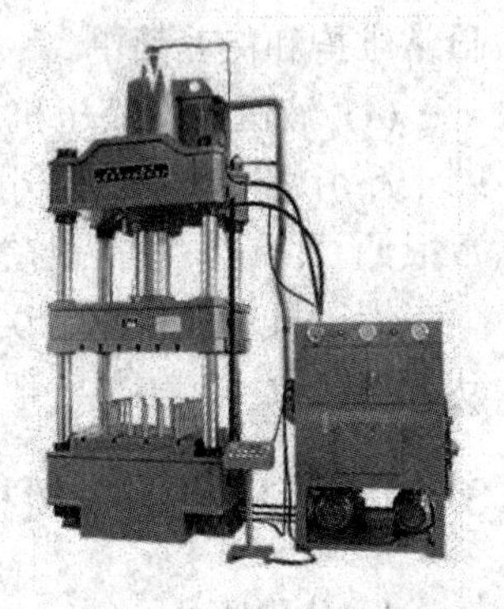

图 3-9　四柱单动液压机

**2. 双动液压机**

双动液压机有两个滑块，分别称为主滑块和压料滑块，分别进行拉深和压料。两个滑块也可以锁紧联动，作单动压力机用。滑块的布置形式有内外滑块式和上下滑块式两种。

内外滑块式的主滑块在压料滑块内的导轨上移动，压料滑块在压力机机架的导轨上移动，两个滑块可分别上下移动。由于两个滑块内外布置，高度重合，所以液压机的高度可以降低，但油缸数多，结构复杂，主滑块的导向精度差。

上下滑块式又称平行滑块式，有主滑块位于压料滑块上面和主滑块位于压料滑块下面两种布置形式。主滑块在上面时，凸模从压料滑块中间的大孔穿过。主滑块在下面时，主滑块的工作油缸从压料滑块中间的孔内穿过，压料圈通过穿过主滑块的杆与压料滑块连接。上下滑块式的压料滑块没有单独的回程缸，回程靠主滑块带上去，因而结构简单。上下滑块式有些只有一个滑块沿机架导轨移动，有些是两个滑块都在机架导轨上移动。

工作时内滑块快速下行与工件接触前改为慢速时，充液阀突然产生剧烈的冲击振动，连续发生会引起管道共鸣发出巨大的响声。内滑块下行一次要撞击一阵，如不及时解除会因油击(水锤)现象导致管道破裂和机件损坏，工作中应及时解决这一问题。

## 3.3 伺服压力机

伺服压力机又名电子压力机、伺服冲床、电子冲床，是在20世纪90年代国际上出现的一种与传统机械压力机完全不同概念的第三代压力机，它是高新技术(信息技术、自动控制、现代电工、新材料)与传统的机械技术的结合，实现了冲压设备的数字控制，代表着冲压设备的发展方向。伺服压力机主要有伺服机械压力机、伺服液压机、伺服螺旋压力机、伺服旋压机等类型。

### 1. 伺服机械压力机

伺服机械压力机以交流伺服电机驱动，是目前压力机发展的一个新方向，以计算机控制的交流伺服电动机为动力，通过螺旋、曲柄连杆、肘杆或其他机构将电动机的旋转运动转化为滑块所需的直线运动。伺服机械压力机不仅保持了机械驱动的优点，而且还采用自适应扭矩控制技术和计算机控制技术，精确地控制滑块相对于电机转角的位置，独立控制滑块的位置和速度。通过不同的程序，伺服机械压力机可实现冲压工艺所需的各种滑块运动曲线，工作性能和工艺适应性大大提高，可获得不同的变形速度，实现了机械压力机的数字控制，使机械压力机真正跨入了数字化时代。同时，不需要离合器、制动器及飞轮，简化了结构，方便安装、减少维修、降低能耗、减轻重量。

与传统压力机相比，伺服机械压力机具有如下特征：

(1) 实现柔性化和智能化，工作性能提高。由于CNC控制可任意调节的伺服电动机的应用，伺服压力机行程长度可设定为冲压工艺所需的最小值，可维持与加工内容相适合的成形速度，因此自动化、智能化程度提高，工作效率提高；可获得任意的滑块特性，设备的工艺适应性扩大，可以根据不同的工艺采用相应的优化曲线，提高工作性能。例如，在伺服压力机上拉深，成形极限可以提高25%。

(2) 制品精度高。一方面，伺服压力机的运动可以精确控制，一般均装有滑块位移检测装置和滑块行程调节装置，滑块的任意位置(包括下死点)可以准确控制。伺服压力机滑块位置精度一般可以达到0.01 mm；另一方面，滑块运动特性可以优化。例如，在拉深、弯曲、压印时，适当的滑块曲线可减少回弹，提高制件精度。

(3) 提高模具寿命。由于振动减少，模具寿命可以提高3倍，设备寿命也相应提高。

(4) 噪声低。伺服压力机通过低噪声模式(即降低滑块与板料的接触速度)，与通用机械压力机相比，噪声大幅减少。

(5) 适应新材料的工艺要求。伺服压力机的滑块运动曲线能够很好地满足一些新材料的成形工艺要求。例如，在传统压力机上难以实现恒温压力成形，而采用伺服压力机成形时，滑块可适应慢速下移的同时工件持续升温的工艺要求。

(6) 节能环保。伺服压力机取消了传统机械压力机的飞轮、离合器等耗能元件，减少了驱动件，简化了机械传动结构。其润滑油量少，行程可控；电力消耗少，运行成本大幅降低。

**2. 伺服液压机**

伺服液压机主要有定量液压缸式和螺杆增压式两种。

定量液压缸式是利用伺服电动机直接驱动齿轮泵供油，驱动主传动定量液压缸，利用交流伺服电动机良好的调速特性、频繁启停与正反转特性，以及额定转速下恒转矩、过额定转速下恒功率的输出特性，伺服电动机直接驱动齿轮泵可实现流体传动的流量、方向和压力的任意调节，而无需流量控制阀、方向控制阀和压力控制阀，使复杂的节流控制系统简化为容积控制系统，在液压机不工作时，电动机和液压泵还可停止运转。

螺杆增压式是利用伺服电动机驱动螺杆为液压缸增压，交流电动机的调速、恒转矩和恒功率特性，可使液压缸的运动速度、位置和输出力与工艺要求相匹配。例如，日本网野公司研发的伺服液压机，其公称压力为 12 000 kN，采用“交流伺服电机 + 减速器 + 螺杆 + 液压缸”的驱动和传动方式。传动油仅为液压机的 1/10，消耗电力约为液压机的 1/3，发热量少，噪音在 75 dB 以下，振动也很小。

## 3.4 数控冲、剪、折机床

### 3.4.1 数控转塔冲床

数控转塔冲床是数控冲床的主要类别之一。如图 3-10 所示，数控转塔冲床由电脑控制系统、机械或液压动力系统、伺服送料机构、模具库、模具选择系统、外围编程系统等组成。

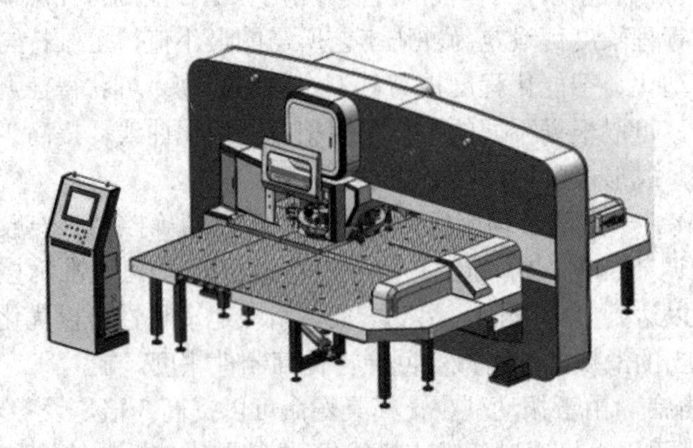

图 3-10 数控转塔冲床

数控转塔冲床通过编程软件(或手工)编制的加工程序，由伺服送料机构将板料送至需加工的位置，由模具选择系统选择转塔轮盘上的相应模具，针对一张板材上相应的孔和形状进行冲孔(通过连续冲孔，可以冲裁异形孔)、浅拉深、压印和切断等操作，包括冲圆凸台、孔周翻边、冲百叶窗、步冲百叶窗、桥形孔、敲落孔、步冲压筋、滚筋、滚切、滚台阶和冲铰链等复杂平面零件的冲压，且能保证质量。数控转塔冲床尤其适用于单件的产品开发零件试制、小批量试生产及顶制产品。

数控转塔冲床用的液压系统可以分为两大类。一类是采用大流量变量泵和伺服阀控制主油路，由数控系统编程控制冲头运动的直接伺服液压系统；另一类是采用高、低压双联泵供油，高、低压双油路分别由高速换向阀协调控制冲头运动，液压系统自带专用的高速伺服控制电路单元，由数控系统选用冲头的运动模式并输入相关参数的间接伺服液压系统。

数控转塔冲床的加工方式有：

(1) 单冲：单次完成冲孔，包括直线分布、圆弧分布、圆周分布、栅格分布孔的冲压。

(2) 同方向的连续冲裁：使用长方形模具部分重叠加工的方式，可以进行长形孔、切边等加工。

(3) 多方向的连续冲裁：使用小模具加工出大孔。

(4) 蚕食：使用小圆模以较小的步距进行连续冲制弧形的加工。

(5) 单次成形：按模具形状一次浅拉深成形。

(6) 连续成形：成形比模具尺寸大的形状，如大尺寸百叶窗、滚筋、滚台阶等加工。

(7) 阵列成形：在大板上加工多件相同或不同的工件。

数控转塔冲床的特点有：

(1) 加工精度高，具有稳定的加工质量。

(2) 加工幅面大。

(3) 可进行多坐标的联动，能加工形状复杂的零件，可做剪切成形等。

(4) 加工零件改变时，一般只需要更改数控程序，可节省生产准备时间。

(5) 数控转塔冲床自动化程度高，可以减轻劳动强度。

(6) 数控转塔冲床本身的精度高、刚性大，可选择有利的加工用量，生产率高。

(7) 数控转塔冲床操作简单，对具备一定基础电脑知识的人员，培训2～3天均可上手操作。

### 3.4.2 数控折弯机

数控折弯机由床身、液压系统、数控系统、光栅尺、光电编码器等组成。数控系统、光栅尺、光电编码器实时检测反馈，步进电机驱动丝杆组成全闭环控制。

液压传动的滑块部分由滑块、油缸及机械挡块微调机构组成。左右油缸固定在机架上，通过液压力使活塞(杆)带动滑块上下运动，机械挡块由数控系统控制调节数值。

数控折弯机的特点有：

(1) 直接进行角度编程，具有角度补偿功能。

(2) 光栅尺实时检测反馈校正，全闭环控制，后挡料和滑块死挡料装置定位精度高。

(3) 上模采用快速夹紧装置，下模采用斜楔变形补偿机构。

(4) 具有多工步编程功能，可实现多工步自动运行，完成多工步零件一次性加工，提高生产效率。

### 3.4.3 数控剪板机

数控剪板机一般是采用通用或专用计算机实现数字程序控制的，它所控制的通常是位置、数控剪板机角度、速度等机械量和与机械能量流向有关的开关量。

数控剪板机强迫定位准确，蜗轮蜗杆传动，光杆丝杆同心，无噪音；液压传动，摆式刀架，蓄能器油缸回程平稳迅速，操作方便，性能可靠；刃口间隙调整有指示牌指示，调整轻便迅速；设有灯光对线装置，并能无级调节上刀架的行程量；后挡料尺寸及剪切次数有数字显示装置。数控剪板机具有无极调节行程的功能，上下刀片刃口间隙量用手柄调节，刀片间隙均匀度容易调整；采用栅栏式人身安全保护装置，防护栅与电气联锁，确保操作安全。

数控系统与位置编码器组成闭环控制系统，速度快，精度高，稳定性好，能精确地保证后挡料位移尺寸精度，同时数控系统具有补偿功能及自动检测等多种附加功能。

## 3.5 冲压生产机械化、自动化装备

### 3.5.1 板材开卷校平剪切生产线

如图 3-11 所示，板材开卷校平剪切生产线主要由上卷车、开卷机、中间桥、校平机、分条机、剪切机、收料台、液压气动系统、数控系统等组成。

板材开卷校平剪切生产线用于将冷轧钢卷板、热轧卷板、不锈钢卷板、镀锌钢卷板等开卷和校平，并将开卷校平后的板材进行剪切，形成各种规格的定尺板材。

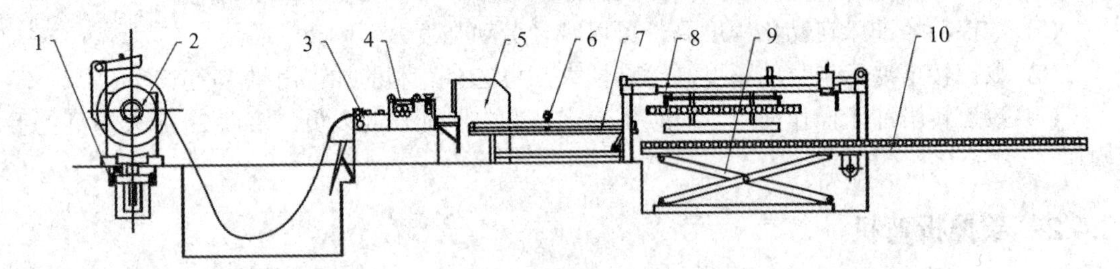


1—上卷车；2—开卷机；3—侧导向；4—校平机及定尺辊；5—剪板机；6—喷码机；
7—输送带；8—气动落料；9—升降台；10—集料座

图 3-11　板材开卷校平剪切生产线

数控板材开卷校平剪切生产线具有自动定尺剪切板料功能，可将各种卷板材料经开卷、校平、纵剪分条、定尺横剪成不同规格的板材，并自动堆放整齐。

### 3.5.2 冲床自动送料

冲床的送料有平板和卷板两种送料方式，传统概念中，冲床送料机是借助机械运动的

作用力施力于冲压材料，从而对冲压材料进行运送的机械。近代的送料机发生了一些变化，开始将高压空气、超声波等先进技术用于送料中，自动化程度高的送料机械有计算机控制的动力式送料机和气压式送料机等。

冲床自动送料机械的工作原理：冲床启动后滑块在上止点时，收到送料信号后，送料机械的 PLC 根据设定的送料长度开始送料，当滑块下行冲头即将冲料时，PLC 接收到放松信号，此时 PLC 输出信号驱动电磁阀动作，此电磁阀控制送料机气缸活塞动作，使送料机构上滚轮松开，停止送料，冲头冲料。冲床滑块回行到原位，送料装置再次送料，如此往复循环。

### 3.5.3 冲压机械手、机器人

冲压生产中的送、取料直接影响冲压生产的机械化及自动化水平，影响着冲压生产的生产效率与经济效率。随着控制技术的进步，冲床的送料已经完全突破了传统，正在向机械手、机器人方向发展，使冲压生产实现真正意义上的全自动化。

#### 1. 冲压机械手、机器人优点

(1) 安全性高。系统带有双张检测、缺料检测、无出料报警等预警功能，确保机械无人看管也能安全运行。

(2) 效率高。根据工件及液压机的不同，生产效率可提高 25%～60%。

(3) 精度高。板料入模定位精度误差可达 ±0.3 mm，保证了产品的质量。

(4) 自动化程度高。从板材的上料到拉深件下线全部自动完成。

(5) 人工成本低。一个操作工可同时管理多台设备。

(6) 零工伤事故。不存在工人夹伤可能。

#### 2. 冲压机械手、机器人结构

1) 横杆式机械手

横杆式机械手左右、上下方向运动均为伺服电机驱动。吸料臂固定在横杆上，由真空吸盘、电磁铁或气动夹爪组成，依据产品的工件性质来选择。横杆机械手一般分为二次元机械手和三次元机械手。

(1) 二次元机械手。二次元机械手包括一个机械手臂，两个分别从两侧推动机械手臂同步夹紧与松开的水平连杆机构，一套曲柄导轨机构，包括滑轮、曲柄和导轨。电机驱动曲柄和滑轮运动，滑轮带动上、下导轨作直线移动，上、下导轨均由直线段与圆弧段组成。二次元机械手由于采用曲柄导轨机构，因此极大地简化了结构与程序，降低了生产成本。

二次元机械手具有动作灵活、运动惯性小、通用性强、能抓取靠近机座的工件等特点，可以减少操作人员、提高效率、降低成本、提高产品质量、安全性好、可提升工厂形象，它的外形也不局限于像人的手臂，而是可以根据不同的场合有所变化，多工位机械手的优良性能是单关节机械手所不能比拟的。

(2) 三次元机械手。如图 3-12 所示，三次元机械手采用伺服电机驱动，送料稳定，定位精度高。三次元机械手广泛应用于多工序、量大的产品，采用一台冲床架设多工序单个模具，通过机械手的搬运，实现全自动的生产。

图 3-12　三次元机械手

2) 独立式机械手

独立式机械手多应用于多台大型冲床间的大、重工件传送，取料方向基本上是冲床敞开方向，布局灵活，工作稳定，一般整线生产效率可达 10～15 次/min。独立式机械手左右、上下驱动均为伺服电机驱动。左右传动由伺服电机带动同步带运动，而同步带是固定在型材的两端的，当同步带运动时，则型材也跟着运动，即固定在型材上的手臂也在运动，从而达到左右移送的目的。上下传动也是由伺服电机带动特制的涡轮减速机及附属连杆来达到手臂的升降的。

独立式机械手的支撑结构件主要为 C 型结构，所以它吸取单片料片的重量最大不超过 10 kg，而每根型材固定两个手臂，所以单根型材承重不超过 20 kg；中间位置是过渡定位装置，利于生产时移送精度的保证以及辅助中间工位的增加。

汽车冲压件生产线机械手能取代人工在各个冲压工位上进行物料冲压、搬运、上下料等工作，在节省人力，提高人工效率及设备安全性，保证产品产能、质量、工艺稳定性等方面具有绝对的优势。生产线配备机械手后，可以实现多冲床间自动上件和转序工作，不用人工操作，一条生产线仅需配备一名工人进行巡视和准备坯料的工作即可。

3) 冲压机器人

国外汽车、电子电器、工程机械等行业已经大量使用冲压机器人、机械手自动化生产线。冲压机器人、机械手的使用不仅保证了产品质量，提高了生产效率，同时还避免了大量的工伤事故。冲压机器人、机械手自动化生产线成套设备已成为自动化装备的主流，国内冲压机器人、机械手普及已呈必然趋势。

冲压机器人分直角两轴机器人、连杆机器人、关节机器人等，前两种价格低，但工作简单，适应性较差；关节机器人较为灵活，是今后的发展方向。

冲压关节机器人的每个关节的运动均由一台伺服电机和一台高精度谐波减速机共同实现，每个直线轴运动均由伺服电机和精密丝杠共同实现。无论冲床吨位大小、工作台高低，冲压机器人都可进行连接，可实现设备自由组合，全方位、多角度实现各种复杂的冲压动作(翻转、打废料、侧挂或斜放、堆料等)，并适应连续模、单机多模的工艺要求。冲压机器人可识别双料和冲床两次或多次冲压，能实现远程通讯。

3. 冲压机械手、机器人的发展方向

1) 高重复精度

冲压机械手抵达指定点的准确程度与驱动器的分辨率以及反应设备有关。重复精度是指假如动作重复多次，冲压机械手抵达相同方位的准确程度。重复精度比精度更重要，假如定位不准确，通常会显现一个固定的差错，这个差错是能够预测的，因而能够经过编程予以校对。重复精度限制的是一个随机差错的大小，它经过一定次数的重复运转来测定。随着微电子技术和现代操控技术的发展，以及气动伺服技能走出实验室和气动伺服定位体系的成套化，气动冲压机械手的重复精度将越来越高，它的使用领域也将更宽广。

2) 模块化

我们可以把带有系列导向驱动设备的气动冲压机械手称为简略的传输技能，而把模块化组装的气动冲压机械手称为现代传输技能。模块化组装的气动冲压机械手比组合导向驱动设备更具灵敏性。可集成电接口和带电缆及气管的导向体系设备使冲压机械手运动自如。由于模块化气动冲压机械手的驱动部件采用了特别的滚珠轴承，使它具有高刚性、高强度及准确的导向精度。高定位精度也是新一代气动冲压机械手的一个重要特色。模块化气动冲压机械手使同一冲压机械手能够由于使用不一样的模块而具有不一样的功用，扩展了冲压机械手的使用规模，是气动冲压机械手的一个重要的开展方向。

3) 无给油化

随着材料技能的前进，新型烧结金属石墨等材料的出现，不加光滑脂的不供油光滑元件现已面世，它不仅节约光滑油、不污染环境，并且体系简单、摩擦性能稳定、成本低、寿命长。

4) 机电气一体化

由“可编程序操控器-传感器-气动元件”组成的典型的操控体系仍然是自动化技能的重要方面。开展与电子技能相结合的自适应操控气动元件，使气动技能从“开关操控”进入到高精度的“反应操控”。省配线的复合集成体系，不只减少配线、配管和元件，并且拆装简略，大大地提高了体系的可靠性。

当今，电磁阀的线圈功率越来越小，而 PLC 的输出功率在增大，由 PLC 直接操控线圈变得越来越容易实现。气动冲压机械手、气动操控越来越离不开 PLC，而阀岛技术的开展，又使 PLC 在气动冲压机械手、气动操控中变得愈加令人称心如意。

## 3.6　冲压设备型号

冲压用设备型号：

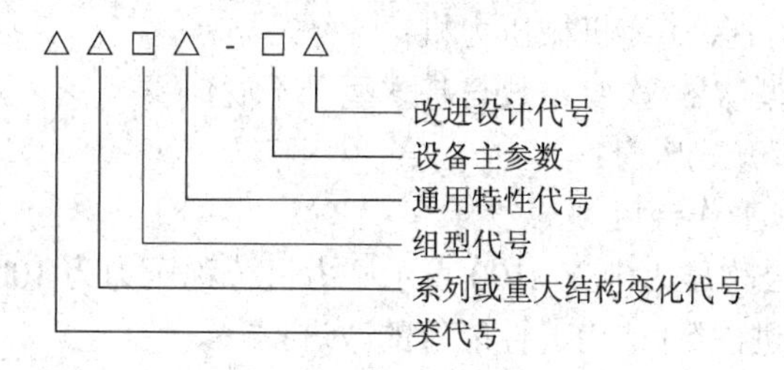

### 1. 类代号

J——机械压力机；Y——液压机；Q——剪切机；W——弯曲校正机。

### 2. 系列或重大结构变化代号

用 A、B、C 表示。

### 3. 组型代号

组型代号如表 3-1 所示。

**表 3-1　组型代号**

| 类型 | 代号 | 含　义 | 代号 | 含　义 |
|---|---|---|---|---|
| 机械压力机 | 11 | 偏心压力机 | 44 | 底传动双动拉深压力机 |
| | 21 | 开式固定台压力机 | 45 | 闭式单点双动拉深压力机 |
| | 23 | 开式可倾式压力机 | 46 | 闭式双点双动拉深压力机 |
| | 26 | 开式底转式压力机 | 47 | 闭式四点双动拉深压力机 |
| | 31 | 闭式单点压力机 | 53 | 双盘摩擦压力机 |
| | 36 | 闭式双点压力机 | 71 | 闭式多工位压力机 |
| | 39 | 闭式四点压力机 | 75 | 高速冲压压力机 |
| | 43 | 开式双动拉深压力机 | 84 | 精压机 |
| 液压机 | 20 | 单柱单动拉深液压机 | | |
| | 26 | 精密冲裁液压机 | | |
| | 28 | 双动薄板冲压液压机 | | |
| | 31 | 双柱万能液压机 | | |
| | 32 | 四柱万能液压机 | | |
| 剪切机 | 11 | 剪板机 | | |
| | 21 | 冲型剪切机(振动剪) | | |

### 4. 通用特性代号

K——数控；G——高速；Z——自动；Y——液压。

### 5. 举例

例如，某冲压设备型号为 JB23—100A。

其中：

J——锻压机械的类别，J 为机械压力机；

B——压力机的变型次数(次要参数与基本型号不同)；

2——列别，2 表示开式床身；

3——组别，3 表示工作台可倾；

100——压力机的公称压力(吨)，100 表示压力机公称压力为 100 吨；

A——压力机的改进次数(结构、性能等的改进)。

# 思 考 题

3-1 曲柄压力机有哪些组成部分？各部分的功能如何？

3-2 曲柄压力机有哪些主要类型？

3-3 叙述闭式单动和双动机械压力机的工作特点和应用场合。

3-4 什么是曲柄压力机的装模高度、最大装模高度和最小装模高度？

3-5 液压压力机的类型有哪些？主要技术参数有哪些？

3-6 伺服压力机的工作原理是什么？其优势及特点有哪些？

3-7 数控剪板机、折弯机的组成和特点如何？

3-8 常用的冲压机械手有哪些种类？驱动方式有哪些？

3-9 解释JC23—63、J23—100B压力机型号的含义。

思考题3-1

思考题3-2

思考题3-3

思考题3-4

思考题3-5

思考题3-6

思考题3-7

思考题3-8

思考题3-9

# 第 4 章　冲裁工艺与模具

冲裁是利用冲模使板料或工序件产生分离的冲压工序，其所使用的模具称为冲裁模具。冲裁包括落料、冲孔、切口、切边、剖切、整修、精密冲裁等工序，其中，以冲孔和落料两种工序应用最多。从板料上沿封闭轮廓冲下所需形状的冲压件或工序件叫落料；从工序件上冲出所需形状的孔叫冲孔。例如，冲制一个平面垫圈，冲其外形的工序是落料，冲其内孔的工序是冲孔。

## 4.1　冲裁变形机理

冲裁是冲压工艺中最基本的工序之一，冲裁与火焰切割、锯切、切削及磨削等加工方法相比，具有效率高、质量好、成本低、适合于成批大量生产等突出优点。冲裁工艺既可直接冲出成品零件，又可为弯曲、拉深和成形等其他工序制备坯料，因此在冲压加工中应用非常广泛。根据变形机理的不同，冲裁可以分为普通冲裁和精密冲裁两大类。普通冲裁是以凸、凹模之间产生剪切裂纹的形式实现板料分离的，精密冲裁是以塑性变形的形式实现板料分离的。精密冲裁冲出的零件断面垂直、光洁、精度高。

### 4.1.1　冲裁变形过程

冲裁过程是在瞬间完成的。为了控制冲裁件的质量，就需要研究冲裁的变形过程。当模具间隙正常时，这个变形过程大致分为 3 个阶段。

1. 弹性变形阶段

如图 4-1(a)所示，当凸模下压并开始接触板料时，材料进入短暂的弹性变形阶段。此时凸模下的材料略有拱弯，凹模上的材料则向上翘。间隙越大，拱弯和上翘越严重。凸、凹模刃口附近的板料产生应力集中现象，使材料产生弹性压缩、弯曲、拉伸等复杂的变形，并略有挤入凹模洞口的现象。材料越硬，间隙越大，拱弯和上翘越严重。该阶段的变形过程中，材料内部的应力没有超过屈服点，所以压力去掉之后，板料可恢复原状。

2. 塑性变形阶段

当凸模继续下压时，板料内的应力达到屈服点，板料进入塑性变形阶段，如图 4-1(b)所示。板料与凸模和凹模的接触处产生塑性剪切变形。凸模切入板料，板料挤入凹模洞口。在板料剪切面的边缘由于伴有弯曲、拉伸等作用形成塌角(又称为圆角带)，同时由于剪切变形在切断面上形成一小段光亮且与板面垂直的剪切面(又称为光亮带)。随着凸模的压入，材料的变形程度不断增加，变形区的材料加工硬化逐渐加剧，材料的变形程度及变形抗力不断上升，冲裁力也相应增大，直到分离变形区的应力达到强度极限，刃口附近出现剪裂纹。此时塑性变形基本结束。

**3. 断裂分离阶段**

如图 4-1(c)所示为板料进入裂纹产生和延伸阶段，如图 4-1(d)所示为板料进入断裂分离阶段。当凸模继续压入时，金属板料内的应力达到抗剪强度，先在凹模侧壁刃口附近产生微裂纹后，紧接着在凸模侧壁刃口附近也产生了微裂纹。上、下裂纹分别向各自的方向扩展。当上、下裂纹在扩展的过程中相遇时，板料便断裂分离开来，形成粗糙的断裂面(又称为断裂带)，并被继续下压的凸模推入凹模洞口内。至此，冲裁变形过程完全结束，凸模回升到起点，准备下一个冲裁过程。

由上述冲裁变形过程的分析可知，冲裁过程的变形比较复杂，除了剪切变形外，还存在拉伸、弯曲、横向挤压等变形，冲裁件及废料的断面不平整，一般平面还有翘曲现象。

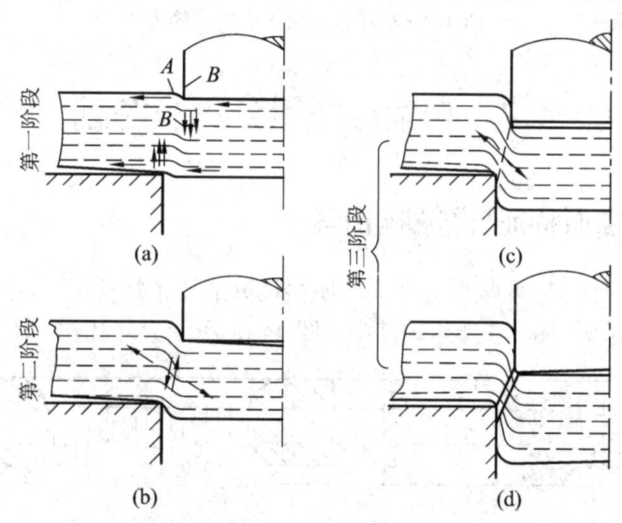


图 4-1　冲裁变形过程

## 4.1.2　冲裁过程板料受力分析

在自由冲裁时，即没有压料板和顶出器作用的情况下，板料冲裁变形区的受力状态如图 4-2 所示。由于凸、凹模之间存在间隙，使得板料在受到凸、凹模正压力作用的同时还受到弯矩 $M$ 的作用。力矩 $M$ 使板料产生弯曲变形，造成凹模口外的板料上翘，凸模端面下的板料下凹。故冲裁时凸、凹模与板料仅在刃口附近的狭小区域内保持接触，接触面宽度约为板料厚度的 20%～40%。因此凸、凹模作用于上、下板面的正压力的分布是不均匀的，越靠近刃口压力越大。

由于板料的弯曲变形，对凸、凹模刃口的侧壁产生了挤压作用，同时刃口侧壁也对材料产生了反挤压。反挤压形成了弯矩 $M'$，其方向与弯矩 $M$ 相反，阻止了板料的进一步弯曲变形。因此自由冲裁时冲压制件虽有一定的不平整度，但程度有限，对要求不高的制件是可以接受的。

在剪切变形时，由于凸、凹模与材料接触面的相对运动而产生了摩擦力。刃口侧壁的摩擦力对板料断裂分离过程的影响要比端面的摩擦力大得多，但其影响机制尚需进一步研究。另外，摩擦力对凸、凹模刃口造成的磨损是影响模具寿命的重要因素之一。

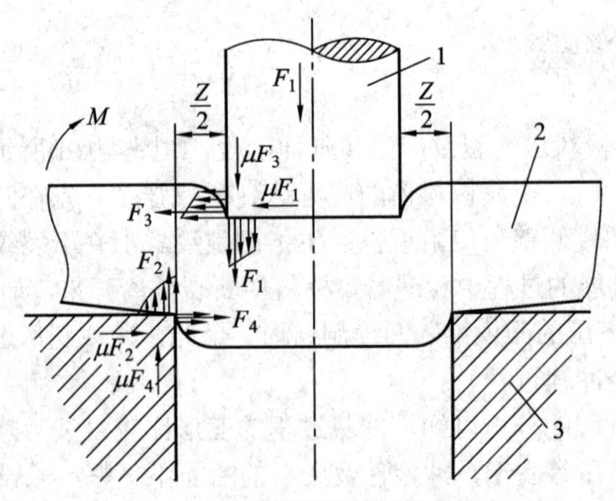


图 4-2 冲裁时作用于板料上的力

# 4.2 冲裁件质量分析及控制

## 4.2.1 冲裁件的断面特征及其影响因素

由于冲裁变形的特点，冲裁件的断面可明显地分成 4 个特征区，即圆角带 $a$、光亮带 $b$、断裂带 $c$ 与毛刺区 $d$，如图 4-3 所示。其中，图 4-3(a)所示为冲孔件，图 4-3(b)所示落料件。

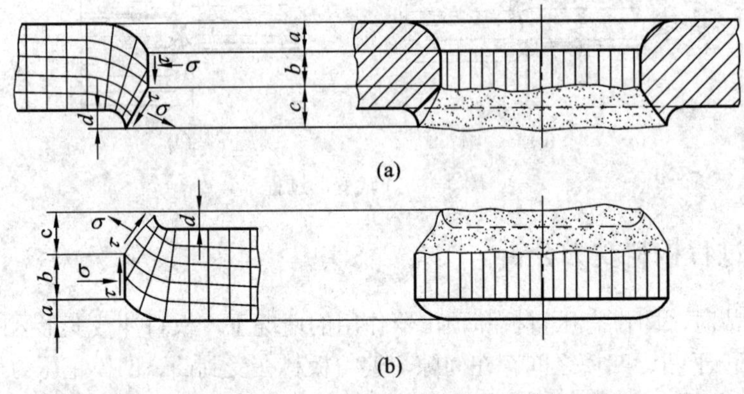


图 4-3 冲裁区应力、变形和冲裁件正常的断面状况

圆角带 $a$(又称塌角带)：该区域的形成是当凸、凹模刃口压入材料时，刃口附近的材料被拉入间隙，产生弯曲和伸长变形的结果。材料的塑性越好，凸模与凹模的间隙越大，形成的圆角高度也越大。对于轮廓复杂的冲裁件，轮廓的周边受力情况差异较大，圆角高度的区别也较大。

光亮带 $b$：该区域发生在塑形剪切变形阶段，当刃口切入材料后，材料与凸、凹模刃口的侧表面挤压而形成的光亮垂直的断面。光亮带表面光滑且垂直于板料底面，是理想的冲裁断面。冲裁件的尺寸精度就是以光亮带处的尺寸来测量的，通常占全断面的 1/2～1/3，材料塑性越好，凸模与凹模的间隙越小，光亮带的高度就越大。另外光亮带高度还与模具刃口的磨损程度等加工条件有关。

断裂带 $c$(又称撕裂带)：该区域是由冲裁产生的裂纹扩展并相遇而形成的，是刃口附近的微裂纹在拉应力作用下不断扩展而形成的撕裂面，其断面粗糙，具有金属本色，且略带有斜度。对于一般用途的冲裁件，断裂带并不影响其使用性能。但对于以断面为主要工作面的零件(齿轮、凸轮等)来说，一般冲裁件的断面是不能满足其使用要求的。

毛刺区 $d$：毛刺的形成是由于在塑性变形阶段后期，凸模和凹模的刃口切入板料一定深度时，刃口正面材料被压缩，由于刃尖部分是高静水压应力状态，因此裂纹的起点不会在刃尖处发生，而是在模具侧面距刃尖不远的地方发生。在拉应力的作用下，材料断裂而产生毛刺，裂纹的产生点和刃口尖的距离成为毛刺的高度。在普通冲裁中，毛刺是不可避免的。当冲裁间隙合适时，毛刺的高度较小。普通冲裁允许的毛刺高度如表4-1所示。

**表4-1 普通冲裁允许的毛刺高度**

| 料厚 $t$ | ≈0.3 | >0.3～0.5 | >0.5～1.0 | >1.0～1.5 | >1.5～2.0 |
|---|---|---|---|---|---|
| 生产时 | ≤0.05 | ≤0.08 | ≤0.10 | ≤0.13 | ≤0.15 |
| 试模时 | ≤0.015 | ≤0.02 | ≤0.03 | ≤0.04 | ≤0.05 |

在4个特征区中，光亮带越宽，断面质量越好。但4个特征区在冲裁件断面上所占的比例大小并非一成不变，而是随着材料性能、模具间隙、刃口状态等条件的不同而变化的，如图4-4所示。其中，图4-4(a)所示为间隙过小，图4-4(b)所示为间隙合理，图4-4(c)所示为间隙过大。

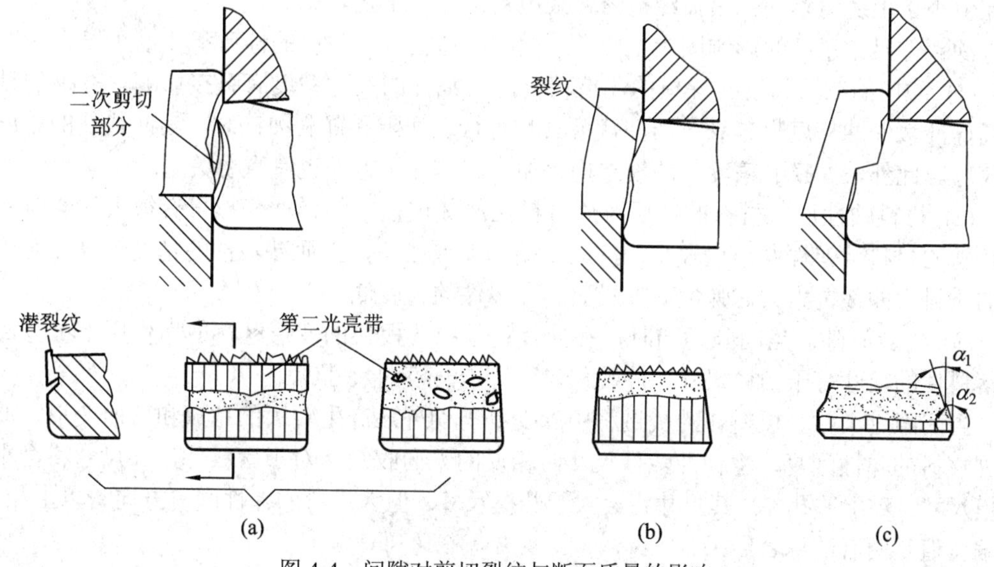


图4-4 间隙对剪切裂纹与断面质量的影响

若忽略材料的弹塑性共存规律的影响，则可认为落料件的尺寸与凹模尺寸一致，而冲孔的尺寸与凸模尺寸一致。由此得出如下重要关系：

落料尺寸 = 凹模尺寸

冲孔尺寸 = 凸模尺寸

这是计算凸、凹模尺寸的主要依据。

影响冲裁件断面质量的因素很多，其中主要的影响因素有：

(1) 材料的性能。塑性较好的材料，冲裁时裂纹出现的较晚，塑性变形阶段长，光亮带所占比例大，但毛刺和拱弯较大，断裂带较窄；塑性较差的材料则刚好相反。

(2) 模具间隙的影响。间隙过小，则易出现二次剪切，产生第二光亮带，圆角的高度很小；间隙过大，冲裁断面圆角高度、断裂带高度及斜角 $\beta$ 将比正常冲裁时明显增大，光亮带宽度大大减小，同时会产生较大的拉断毛刺，且根部强度较大，不易去除。

(3) 模具刃口状态的影响。在使用模具过程中，模具的刃口会逐渐磨损变钝，从而导致刃口附近挤压作用增大，应力集中效应减弱，推迟了裂纹的产生，使圆角的高度变大，光亮带变宽，毛刺高度变大。当凸模刃口磨钝时，则会在落料件上端产生明显毛刺；当凹模刃口磨钝时，则会在冲孔件孔口下端产生明显毛刺；当凸、凹模刃口同时磨钝时，则冲裁件上下端都会产生明显毛刺。

### 4.2.2　冲裁件尺寸精度及其影响因素

冲裁件的尺寸精度指冲裁件的实际尺寸与冲裁件图纸上基本尺寸的差值。

冲裁件的精度一般可分为精密级与经济级两类。精密级是指冲压工艺在技术上所允许的最高精度，而经济级是指模具达到最大许可磨损时，既能满足冲压加工的技术要求，又能满足经济性要求的精度，即所谓经济精度。为降低冲压成本，获得最佳的技术经济效果，在不影响冲裁件使用要求的前提下，应尽可能采用经济精度。

一般要求落料件公差等级最好低于 IT10 级，冲孔件最好低于 IT9 级。如果工件要求的公差值小于上述值，冲裁后需经整修或采用精密冲裁工艺。

冲裁件尺寸精度的影响因素主要有冲模的制造精度、材料的性质和冲裁间隙等。

(1) 冲模的制造精度。冲模的制造精度对冲裁件的尺寸精度有直接影响。冲模的精度越高，冲裁件的精度也越高。当冲裁模具具有合理间隙和锋利刃口时，其冲裁件的精度一般较好。此外，冲模的精度与冲模结构、加工、装配等方面也有重要关系。

(2) 材料的性质。材料的性质对该材料在冲裁过程中的弹性变形量有很大的影响。对于较软的材料，弹性变形量较小，冲裁后的回弹亦较小，因而冲裁件的精度较高。对于较硬的材料，冲裁抗力大，弹性变形量大，冲裁件的精度低。

(3) 冲裁间隙。当间隙适当时，在冲裁过程中，板料的变形区在剪切作用下被分离，使落料件的尺寸等于凹模尺寸，冲孔件尺寸等于凸模的尺寸。

当间隙过大时，板料在冲裁过程中除受到剪切外还产生较大的拉深和弯曲变形，冲裁后因材料的弹性回复，将使冲裁件尺寸向相反的方向收缩。对于落料件，其尺寸将会小于凹模尺寸；对于冲孔件，其尺寸将会大于凸模尺寸。但因拱弯的弹性回复方向与以上相反，故偏差值是两者的综合结果。

当间隙过小时，板料在冲裁过程中除了受到剪切作用外，还受到较大的挤压作用。冲裁后材料的弹性回复使冲裁件尺寸向实体的反方向胀大，对于落料件，其尺寸将会大于凹模尺寸；对于冲孔件，其尺寸将会小于凸模尺寸。

### 4.2.3　冲裁件形状误差及其影响因素

冲裁件的形状误差指翘曲、扭曲、变形等缺陷。冲裁件呈曲面不平的现象称为翘曲。它是由于冲裁间隙过大、弯矩增大、拉伸和弯曲成分增多而造成的，另外材料的各向异性和条料或带料未矫正也会产生翘曲。冲裁件呈扭歪的现象称为扭曲，它是由于材料的不平、冲裁间隙不均匀、凹模后角对材料摩擦不均匀等造成的。冲裁件的变形是由于坯料的边缘冲孔或孔距太小等原因造成胀形而产生的。

# 4.3　冲裁工艺计算

## 4.3.1　排样设计

### 1. 材料的经济利用

在冲压零件的成本中，材料费用多时可占60%以上，因此材料的经济利用是一个重要问题。冲裁件在条料、带料或板料上的布置方法叫排样。排样不合理就会浪费材料，衡量排样经济性的标准是材料利用率，也就是工件的实际面积 $A_0$ 与板料面积 $A$ 的比值，即

$$\eta=\left(\frac{A_0}{A}\right)\times 100\% \tag{4-1}$$

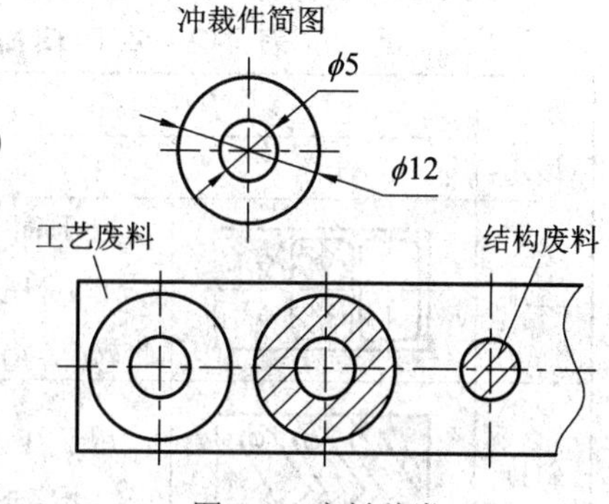

图 4-5　废料种类

式中：$\eta$——材料的利用率；

$A_0$——工件的实际面积(mm²)；

$A$——所用材料面积，包括工件面积与废料面积(mm²)。

从式(4-1)可看出，若能减少废料面积，则材料利用率升高。废料分为工艺废料与结构废料两种，如图 4-5 所示。工艺废料是与排样形式及冲压方式有关的废料；而结构废料由工件的形状特点决定，一般不能改变。所以只有设计合理的排样方案，减少工艺废料，才能提高材料利用率。

### 2. 排样方法

根据材料的合理利用情况，条料排样方法可分为 3 种，如图 4-6 所示。

(1) 有废料排样，如图 4-6(a)所示。该方法在冲裁件与冲裁件之间以及冲裁件与条料侧边之间都有工艺余料(称为搭边)存在，冲裁是沿着冲裁件的封闭轮廓进行的，冲裁件尺寸完全由冲模来保证，因此精度高，模具寿命也高，但材料利用率较低。

(2) 少废料排样，如图 4-6(b)所示。该方法沿冲裁件的部分外形轮廓切断或冲裁，只在冲裁件与冲裁件之间或冲裁件与条料侧边之间留有搭边。因受剪裁条料质量和定位误差的影响，所以其冲裁件质量稍差，同时边缘毛刺被凸模带入间隙也会影响模具寿命，但材料利用率稍高(一般可达 70%～90%)，冲模结构简单。

(3) 无废料排样，如图 4-6(c)、(d)所示。该方法中冲裁件与冲裁件之间和冲裁件与条料侧边之间均无搭边，实际上是沿直线或曲线切断条料而获得冲裁件。冲裁件的质量和模具寿命更差一些，但材料利用率最高(一般可达 85%～95%)。一般送进步距为两倍零件宽度，一次切断便能获得两个冲裁件，有利于提高劳动生产率。

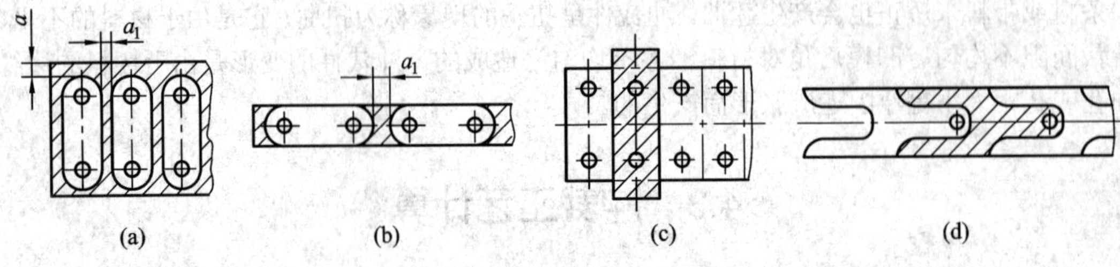


图 4-6　条料排样方法分类

采用少、无废料的排样可以简化冲裁模结构，降低冲裁力，提高材料利用率，提高效率。但是，因条料本身的公差以及条料导向与定位所产生的误差影响，冲裁件精度等级低。同时，由于模具单边受力(单边切断时)，不但会加剧模具磨损、降低模具寿命，而且也会直接影响冲裁件的断面质量。为此，设计排样方案时必须统筹兼顾、全面考虑。

对有废料排样、少废料排样和无废料排样还可以进一步按冲裁件在条料上的布置方式加以分类，其主要形式的分类如表 4-2 所示。

**表 4-2　有废料排样和少、无废料排样主要形式的分类**

| 排样形式 | 有废料排样 | | 少、无废料排样 | |
|---|---|---|---|---|
| | 简图 | 应用 | 简图 | 应用 |
| 直排 | 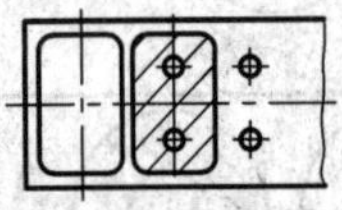 | 用于简单几何形状(方形、圆形、矩形)等的冲裁件 | 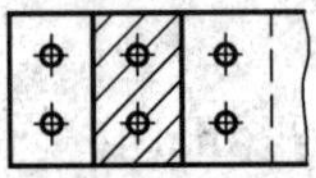 | 用于矩形或方形冲裁件 |
| 斜排 | 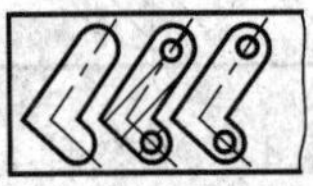 | 用于 T 形、L 形、S 形、十字形等的冲裁件 | 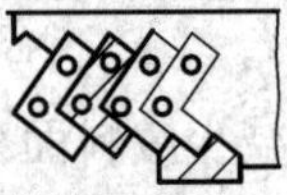 | 用于 L 形或其他形状的冲裁件，在外形上允许有少量的缺陷 |
| 直对排 | 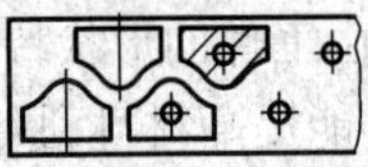 | 用于 T 形、Π 形、山形、梯形、三角形、半圆形等的冲裁件 | 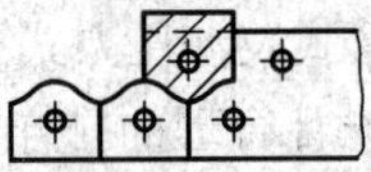 | 用于 T 形、Π 形、山形、梯形、三角形等的冲裁件，在外形上允许有少量的缺陷 |
| 斜对排 |  | 用于材料利用率比直对排高时 |  | 多用于 T 形冲裁件 |
| 混合排 | 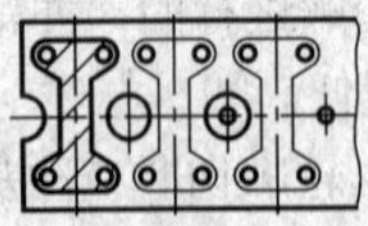 | 用于材料和厚度都相同的两种以上的冲裁件 | 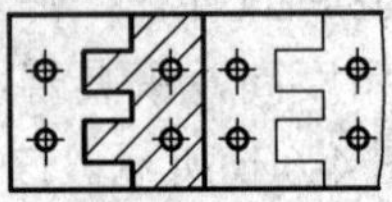 | 用于两个外形互相嵌入的不同冲裁件(铰链等) |
| 多行排 | 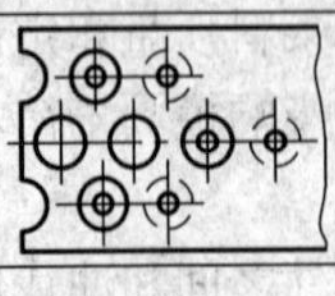 | 用于大批量生产中尺寸不大的圆形、六角形、方形、矩形等的冲裁件 | 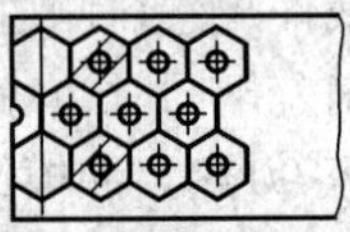 | 用于大批量生产中尺寸不大的六角形、方形、矩形等的冲裁件 |
| 冲裁搭边 |  | 大批量生产中用于小的窄冲裁件(表针类的冲裁件)或带料的连续拉深 | 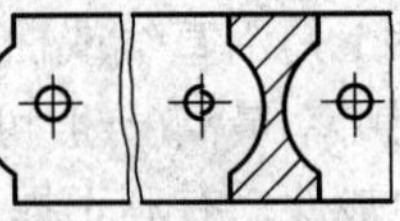 | 用于宽度均匀的条料或带料冲裁长形冲裁件 |

对于形状复杂的冲裁件，通常用纸片剪成3～5个样件，然后摆出各种不同的排样方法，经过分析和计算，决定出合理的排样方案。

在实际冲压生产中，由于零件的形状、尺寸、精度要求、批量大小和原材料供应等方面的影响，故不可能提供一种固定不变的合理排样方案。但在决定排样方案时应遵循的原则是：保证在最低的材料消耗和最高的劳动生产率的条件下得到符合技术条件要求的零件，同时要考虑方便生产操作、模具结构简单、模具寿命长以及车间生产条件和原材料供应情况等，总之要从各方面权衡利弊，以选择出较为合理的排样方案。

### 3. 搭边

1) 搭边的作用

排样时冲裁件与冲裁件之间的距离 $a_1$ 以及冲裁件与条料侧边之间的距离 $a$ 所留下的工艺余料称为搭边，如图4-7所示。

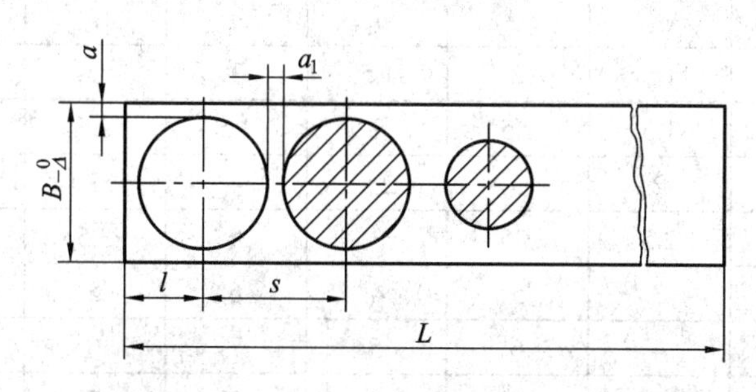


图4-7　排样图

搭边的作用是：

(1) 补偿条料的剪裁和送料误差。因为条料的剪裁误差、送料步距误差以及由于条料与导料板之间有间隙所造成的送料歪斜误差等都会对冲裁件的精度产生影响，若没有搭边则可能发生工件缺角、缺边或尺寸超差等现象。

(2) 使凸、凹模刃口双边受力平衡。由于搭边的存在，模具刃口沿封闭轮廓线冲裁，受力平衡，合理间隙不易破坏，模具寿命与工件断面质量都能得到提高。

(3) 有利于自动送料。对于利用条料搭边自动送料的模具，搭边使条料有一定的刚度，以保证条料的连续送进。

2) 搭边值的选取

搭边值过大，会增加零件成本，浪费材料；搭边值太小，起不到上述应有的作用。过小的搭边在冲裁中会将搭边材料拉断，使零件产生毛刺，严重时搭边材料将被拉入凸、凹模间隙，容易磨损模具，甚至损坏模具刃口，降低模具寿命。

搭边的合理值就是保证冲裁件质量，保证模具较长寿命，保证自动送料时不被拉弯、拉断条件下所允许的最小值。

搭边值的大小与下列因素有关：

(1) 材料的力学性能。硬度高的材料搭边值可小一些。塑性好的材料易变形，材料会被拉入模腔；脆性材料易损坏，所以二者的搭边值都要大一些。

(2) 零件的形状与尺寸。冲裁件的尺寸小或有尖凸的复杂形状，搭边值要取大一些。

(3) 材料厚度。厚材料所取的搭边值应大些。

(4) 送料方式与挡料方式。手动送料时，在有侧压导板导向的情况下，搭边值可以小些。

搭边值通常是由经验确定的。实际选取时可查阅相关经验数值表，如表 4-3 所示。

表 4-3　搭边值 $a$ 和 $a_1$ 选取(低碳钢)　　mm

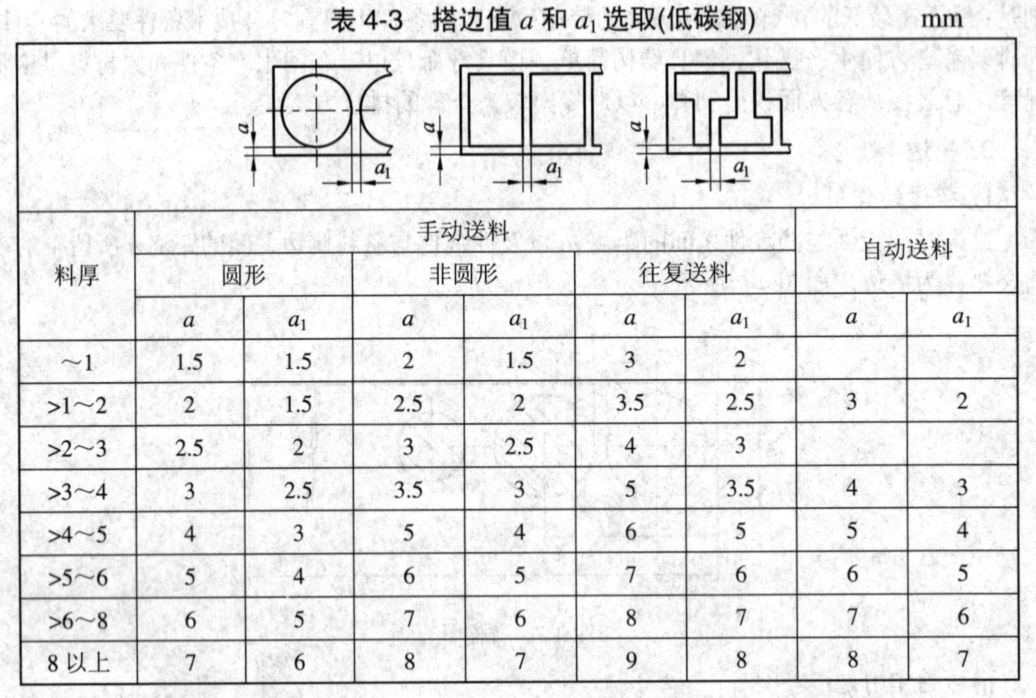


| 料厚 | 手动送料 | | | | | | 自动送料 | |
|---|---|---|---|---|---|---|---|---|
| | 圆形 | | 非圆形 | | 往复送料 | | | |
| | $a$ | $a_1$ | $a$ | $a_1$ | $a$ | $a_1$ | $a$ | $a_1$ |
| ~1 | 1.5 | 1.5 | 2 | 1.5 | 3 | 2 | | |
| >1~2 | 2 | 1.5 | 2.5 | 2 | 3.5 | 2.5 | 3 | 2 |
| >2~3 | 2.5 | 2 | 3 | 2.5 | 4 | 3 | | |
| >3~4 | 3 | 2.5 | 3.5 | 3 | 5 | 3.5 | 4 | 3 |
| >4~5 | 4 | 3 | 5 | 4 | 6 | 5 | 5 | 4 |
| >5~6 | 5 | 4 | 6 | 5 | 7 | 6 | 6 | 5 |
| >6~8 | 6 | 5 | 7 | 6 | 8 | 7 | 7 | 6 |
| 8 以上 | 7 | 6 | 8 | 7 | 9 | 8 | 8 | 7 |

### 4. 条料的计算与排样图

选定排样方法与确定搭边值后，需要进一步计算条料的尺寸，绘制排样图，以用于模具的设计和计算。

1) 送料步距 $S$

条料在模具上每次送进的距离称为送料步距。每个步距可以冲出一个零件，也可以冲出几个零件。送料步距的大小应为条料上两个对应冲裁件的对应点之间的距离。每次只冲一个零件的送料步距 $S$ 的计算公式为

$$S = L_k + a_1 \tag{4-2}$$

式中：$L_k$——平行于送料方向的冲裁件宽度(mm)；

$a_1$——冲裁件之间的搭边值(mm)。

2) 条料宽度 $B$

条料是由板料剪裁下料而得，为保证送料顺利，剪裁时的公差带分布规定为上偏差为零，下偏差为负值($-\Delta$)。条料在模具上送进时一般都有导向，当使用导料板导向而又无侧压装置时，在宽度方向也会产生送料误差。条料宽度 $B$ 的计算应保证在这两种误差的影响下，仍能保证在冲裁件与条料侧边之间有一定的搭边值 $a$。

当导料板之间有侧压装置时或用手将条料紧贴单边导料板(或两个单边导料销)时，如图 4-8(a)所示，条料宽度按下式计算：

$$B=(D+2a+\Delta)_{-\Delta}^{0} \tag{4-3}$$

导料板间距离：

$$A=D+2a+\Delta+Z \tag{4-4}$$

式中：$D$——冲裁件与送料方向垂直的最大尺寸(mm)；

a——冲裁件与条料侧边之间的搭边(mm)；

$\Delta$——板料剪裁时的条料宽度偏差(mm)，其取值如表 4-4 所示；

Z——导料板与条料宽度间的送料最小间隙(mm)，其取值如表 4-5 所示。

当条料在无侧压装置的导料板之间送料时，如图 4-8(b)所示条料宽度按下式计算：

$$B=(D+2a+2\Delta+Z)_{-\Delta}^{0} \tag{4-5}$$

导料板间距离：

$$A=D+2a+2\Delta+2Z \tag{4-6}$$

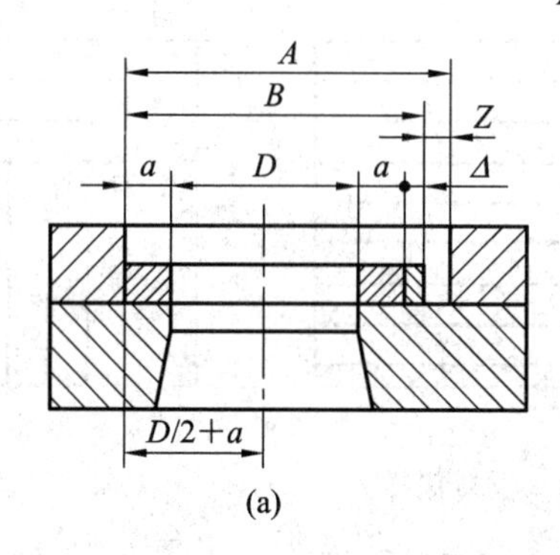

(a)

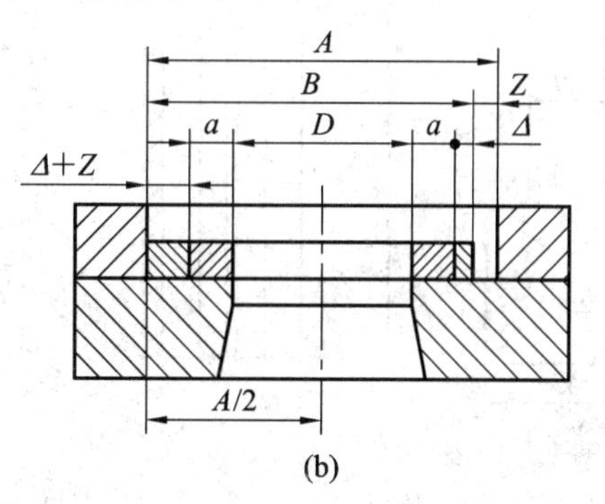

(b)

图 4-8　条料宽度分类

**表 4-4　条料宽度偏差**　　mm

| 条料宽度 | 材料厚度 | | | |
|---|---|---|---|---|
| | <1 | 1～2 | 2～3 | 3～5 |
| ≤100 | 0.6 | 0.8 | 1.2 | 2.0 |
| >100 | 0.8 | 1.2 | 2.0 | 3.0 |

**表 4-5　导料板与条料宽度间的送料最小间隙**　　mm

| 导向形式 / 条料宽度 / 条料厚度 | 无侧压装置 | | | 有侧压装置 | |
|---|---|---|---|---|---|
| | <100 | 100～200 | 200～300 | <100 | >100 |
| <0.5 | 0.5 | 0.5 | 1 | 5 | 8 |
| 0.5～1 | 0.5 | 0.5 | 1 | 5 | 8 |
| 1～2 | 0.5 | 1 | 1 | 5 | 8 |
| 2～3 | 0.5 | 1 | 1 | 5 | 8 |
| 3～4 | 0.5 | 1 | 1 | 5 | 8 |
| 4～5 | 0.5 | 1 | 1 | 5 | 8 |

在确定了条料宽度之后，还要选择板料规格，并确定裁板方法(纵向剪裁或横向剪裁)。值得注意的是，在选择板料规格和确定裁板方法时，还应综合考虑材料利用率、纤维方向(对弯曲件)、操作方便和材料供应情况等。当条料长度确定后，就可以绘出排样图。如图 4-7 所示，一张完整的排样图中应标注条料宽度尺寸、条料长度 $L$、板料厚度 $t$、端距 $l$、步距 $S$、侧搭边 $a$ 和工件间搭边 $a_1$，并习惯以剖面线表示冲裁位置。

排样图是排样设计的最终表达形式。它应绘在冲压工艺规程卡片上和冲裁模总装图的右上角。

**【例 4-1】** 冲裁如图 4-9 所示的零件，采用的板料规格为 2000 mm × 1000 mm × 4 mm，试计算采用何种排样和下料最为合理。

对于题中所给板料，其裁样方式有 3 种，分别为纵裁、横裁、套裁，如图 4-10(a)、(b)、(c)所示。条料在有侧压装置的导板之间送料。

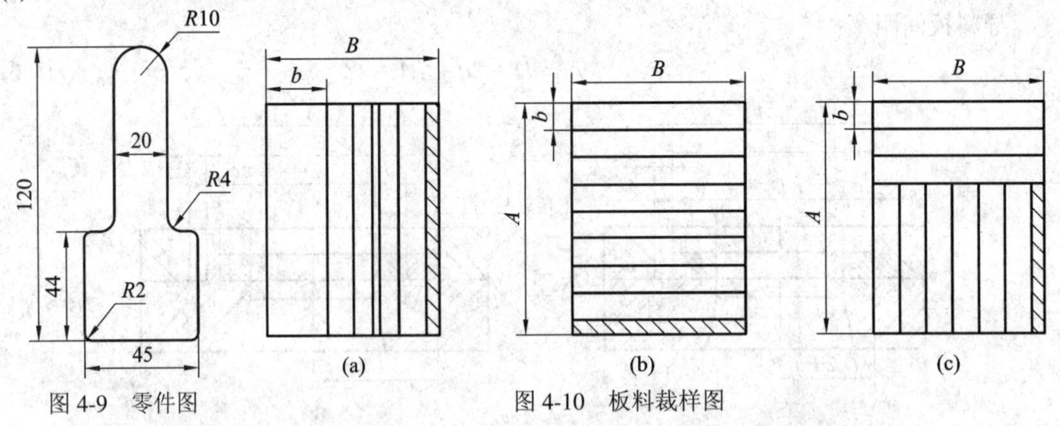


图 4-9 零件图　　　　图 4-10 板料裁样图

查表 4-3 得搭边值为 $a = 3.5$ mm，$a_1 = 3$ mm；查表 4-4 得条料宽度偏差为 $\Delta = 3.0$ mm。

计算冲裁件毛坯面积：

$$F = 44 \times 45 + (120 - 44 - 10) \times 20 + \frac{1}{2}\pi \times 10^2 \approx 3457(\mathrm{mm}^2)$$

**方案一**：直排排样方式如图 4-11(a)所示。

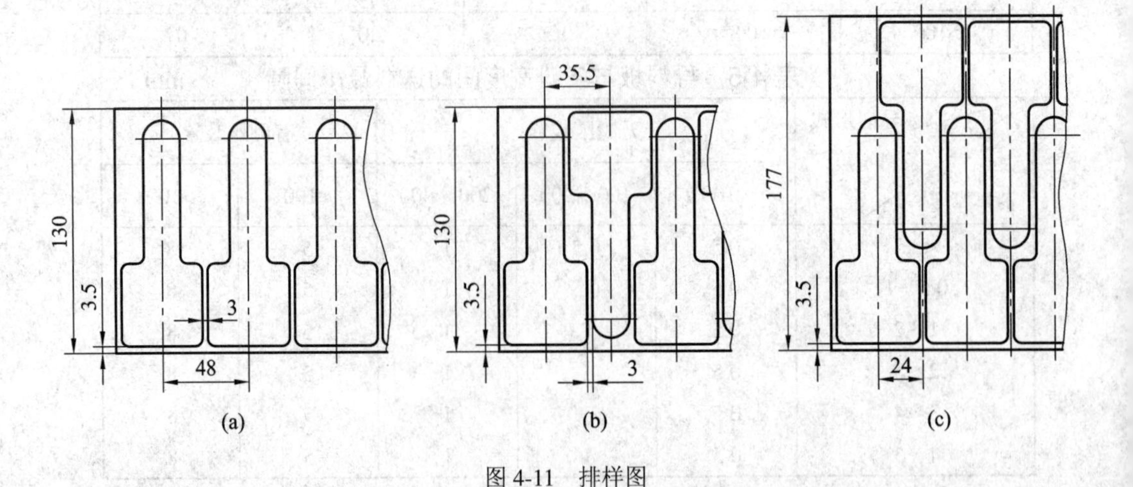


图 4-11 排样图

条料宽度为

$$B = D + 2a + \Delta = 120 + 2 \times 3.5 + 3 = 130\ (\text{mm})$$

送料步距为

$$S = L_k + a_1 = 45 + 3 = 48\ (\text{mm})$$

一个送料步距内的材料利用率为

$$\eta = \frac{nF}{bh} \times 100\% = \frac{1 \times 3457}{130 \times 48} \approx 55.4\%$$

(1) 横裁：

可裁条料数量为

$$n_1 = \frac{L_1}{B} = \frac{2000}{130} \approx 15\ (\text{条})$$

每条可冲裁零件数量为

$$n_2 = \frac{L_2 - a}{S} = \frac{1000 - 3.5}{48} \approx 20\ (\text{件})$$

可冲制零件总数为

$$n_{总} = n_1 n_2 = 15 \times 20 = 300\ (\text{件})$$

该方案的材料利用率为

$$\eta_{总} = \frac{n_{总} F}{L_1 L_2} \times 100\% = \frac{300 \times 3457}{2000 \times 1000} \times 100\% = 51.8\%$$

(2) 纵裁：

可裁条料数量为

$$n_1 = \frac{L_1}{B} = \frac{1000}{130} \approx 7\ (\text{条})$$

每条可冲裁零件数量为

$$n_2 = \frac{L_2 - a}{S} = \frac{2000 - 3.5}{48} \approx 41\ (\text{件})$$

可冲制零件总数为

$$n_{总} = n_1 n_2 = 7 \times 41 = 287\ (\text{件})$$

该方案的材料利用率为

$$\eta_{总} = \frac{n_{总} F}{L_1 L_2} \times 100\% = \frac{287 \times 3457}{2000 \times 1000} \times 100\% = 49.6\%$$

**方案二**：单行对排排样方式如图4-11(b)所示。

条料宽度为

$$B = 130\ (\text{mm})$$

进料步距为

$$S = \frac{45}{2} + \frac{20}{2} + 3 = 35.5\ (\text{mm})$$

(1) 横裁：

可裁条料数量为

$$n_1 = \frac{2000}{130} \approx 15\text{ (条)}$$

每条可冲裁零件数量为

$$n_2 = \frac{L_2 - a}{S} = \frac{1000 - 3.5}{35.5} \approx 28\text{ (件)}$$

可冲制零件总数为

$$n_{总} = 15 \times 28 = 420\text{ (件)}$$

该方案的材料利用率为

$$\eta_{总} = \frac{n_{总}F}{L_1 L_2} \times 100\% = \frac{420 \times 3457}{2000 \times 1000} \approx 72.6\%$$

(2) 纵裁：

可裁条料数量为

$$n_1 = \frac{1000}{130} \approx 7\text{ (条)}$$

每条可冲裁零件数量为

$$n_2 = \frac{L_2 - a}{S} = \frac{2000 - 3.5}{35.5} \approx 56\text{ (件)}$$

可冲制零件总数为

$$n_{总} = n_1 n_2 = 7 \times 56 = 392\text{ (件)}$$

该方案的材料利用率为

$$\eta_{总} = \frac{n_{总}F}{L_1 L_2} \times 100\% = \frac{392 \times 3457}{2000 \times 1000} \approx 67.8\%$$

**方案三**：多行对排排样方式如图 4-11(c)所示。

条料宽度为

$$B = 120 + 2 \times 3.5 + 3 + 44 + 3 = 177\text{ (mm)}$$

进料步距为

$$S = \frac{45}{2} + \frac{3}{2} = 24\text{ (mm)}$$

(1) 横裁：

可裁条料数量为

$$n_1 = \frac{2000}{177} \approx 11\text{ (条)}$$

每条可冲裁零件数量为

$$n_2 = \frac{L_2 - a}{S} = \frac{1000 - 3.5}{24} \approx 41\text{ (件)}$$

可冲制零件总数为

$$n_{总} = 11 \times 41 = 451\text{ (件)}$$

该方案的材料利用率为

$$\eta_{总} = \frac{n_{总}F}{L_1L_2} \times 100\% = \frac{451 \times 3457}{2000 \times 1000} \times 100\% = 77.95\%$$

(2) 纵裁：

可裁条料数量为

$$n_1 = \frac{1000}{177} \approx 5\text{（条）}$$

每条可冲裁零件数量为

$$n_2 = \frac{L_2 - a}{S} = \frac{2000 - 3.5}{24} \approx 83\text{（件）}$$

可冲制零件总数为

$$n_{总} = 5 \times 83 = 415(\text{件})$$

该方案的材料利用率为

$$\eta_{总} = \frac{n_{总}F}{L_1L_2} \times 100\% = \frac{415 \times 3457}{2000 \times 1000} \times 100\% = 71.7\%$$

从以上计算可看出：3 种排样方式的材料利用率差别较大，方案三的多行对排横裁的材料利用率最佳。

## 4.3.2 冲裁力的计算

### 1. 冲裁力的计算

冲裁力是冲裁过程中凸模对板料施加的压力，它是随凸模进入材料的深度(凸模行程)而变化的。通常说的冲裁力是指冲裁力的最大值，它是选用压力机和设计模具的重要依据之一。

用普通平刃口模具冲裁时，其冲裁力 $F$ 一般按下式计算：

$$F = KLt\tau \tag{4-7}$$

式中：$F$——冲裁力(N)；

$L$——冲裁周边长度(mm)；

$t$——材料厚度(mm)；

$\tau$——材料抗剪强度(MPa)；

$K$——系数。系数 $K$ 是考虑到实际生产中，模具间隙值的波动和不均匀、刃口的磨损、板料力学性能和厚度波动等因素的影响而给出的修正系数。一般取 $K$= 1.3。

两种材料重叠冲裁时，其抗剪强度一般按下式计算：

$$\tau = \frac{\tau_1 t_1 + \tau_2 t_2}{t_1 + t_2} \tag{4-8}$$

### 2. 卸料力、推件力及顶件力的计算

在冲裁结束时，由于材料的弹性回复(包括径向弹性回复和弹性翘曲的回复)及摩擦的存在，将使冲落部分的材料梗塞在凹模内，而冲裁剩下的材料则紧箍在凸模上。为使冲裁工作继续进行，必须将箍在凸模上的材料卸下，将卡在凹模内的材料推出。从凸模上卸下箍着的材料所需要的力称为卸料力；将梗塞在凹模内的材料顺冲裁方向推出所需要的力称

为推件力；逆冲裁方向将材料从凹模内顶出所需要的力称为顶件力，如图 4-12 所示。

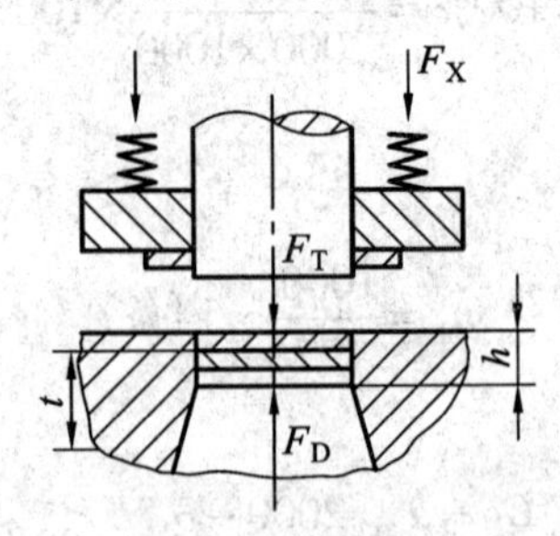


图 4-12　卸料力、推件力和顶件力

卸料力、推件力和顶件力是由压力机和模具卸料装置或顶件装置传递的。所以在选择设备的公称压力或设计冲模时，应分别予以考虑。影响这些力的因素较多，主要有材料的力学性能、材料的厚度、模具刃口间隙、凹模洞口的结构、搭边大小、润滑情况、制件的形状和尺寸等。所以要准确地计算这些力是很困难的，生产中常用下列经验公式估算：

卸料力：

$$F_X = K_X \cdot F \tag{4-9}$$

推件力：

$$F_T = nK_T \cdot F \tag{4-10}$$

顶件力：

$$F_D = K_D \cdot F \tag{4-11}$$

式中：$F$——冲裁力(N)；

$K_X$、$K_T$、$K_D$——卸料力、推件力和顶件力系数，如表 4-6 所示。

**表 4-6　卸料力、推件力和顶件力系数**

| 料厚 $t$/mm | | $K_X$ | $K_T$ | $K_D$ |
|---|---|---|---|---|
| 钢 | ≤0.1 | 0.065～0.075 | 0.1 | 0.14 |
| | >0.1～0.5 | 0.045～0.055 | 0.065 | 0.08 |
| | >0.5～2.5 | 0.04～0.05 | 0.050 | 0.06 |
| | >2.5～6.5 | 0.03～0.04 | 0.040 | 0.05 |
| | >6.5 | 0.02～0.03 | 0.025 | 0.03 |
| 铝、铝合金 | | 0.025～0.08 | 0.03～0.07 | |
| 纯铜、黄铜 | | 0.02～0.06 | 0.03～0.09 | |

注：卸料力系数 $K_X$ 在冲多孔、大搭边和轮廓复杂制件时应取上限值。

同时，卡在凹模内的冲裁件(或废料)数 $n$ 由下式计算：

$$n = \frac{h}{t} \tag{4-12}$$

式中：$h$——凹模洞口的直刃壁高度(mm)；

$t$——板料厚度(mm)。

### 3. 压力机公称压力的确定

压力机的公称压力必须大于或等于各种冲压工艺力的总和 $F_Z$。$F_Z$ 的计算应根据不同的模具结构分别对待，即：

采用弹性卸料装置和下出料方式的冲裁模时：

$$F_Z=F+F_X+F_T \tag{4-13}$$

采用弹性卸料装置和上出料方式的冲裁模时：

$$F_Z=F+F_X+F_D \tag{4-14}$$

采用刚性卸料装置和下出料方式的冲裁模时：

$$F_Z=F+F_T \tag{4-15}$$

### 4. 冲裁压力中心的计算

模具的压力中心就是冲裁力合力的作用点。为了保证压力机和模具的正常工作，应使模具的压力中心与压力机滑块的中心线相重合。否则，冲压时滑块就会承受偏心载荷，导致滑块导轨和模具导向部分不正常的磨损，还会使合理间隙得不到保证，从而影响制件质量和降低模具寿命，甚至损坏模具。在实际生产中，可能会出现由于冲裁件的形状特殊或排样特殊，从模具结构设计与制造考虑不宜使压力中心与模柄中心线相重合的情况，这时应注意使压力中心的偏离不致超出所选用压力机允许的范围。

1) 简单几何图形压力中心的位置

(1) 对称冲裁件的压力中心位于冲裁件轮廓图形的几何中心上。

(2) 冲裁直线段时，其压力中心位于直线段的中心。

(3) 冲裁圆弧线段时，其压力中心的位置如图4-13所示，按下式计算：

$$y=\frac{180R\sin\alpha}{\pi\alpha}=\frac{Rs}{b} \tag{4-16}$$

式中：$b$——弧长(mm)。

其他符号的意义如图4-13所示。

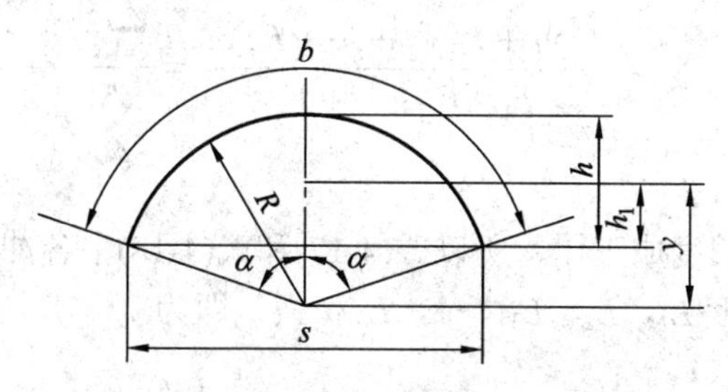


图4-13　简单几何图形的压力中心

2) 确定多凸模模具的压力中心

确定多凸模模具的压力中心是将各凸模的压力中心确定后，再计算模具的压力中心(见图4-14)。计算多凸模模具压力中心的步骤如下：

(1) 按比例画出每一个凸模刃口轮廓的位置。

(2) 在任意位置画出坐标轴线 $x$、$y$。坐标轴位置选择适当可使计算简化。在选择每一个凸模刃口坐标轴位置时，应尽量把坐标原点取在某一刃口轮廓的压力中心，或使坐标轴线尽量多的通过凸模刃口轮廓的压力中心，坐标原点最好是几个凸模刃口轮廓压力中心的对称中心。

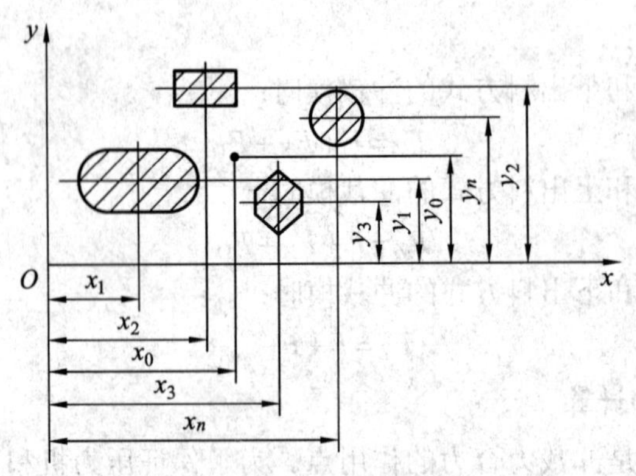


图 4-14　多凸模模具的压力中心计算

(3) 分别计算凸模刃口轮廓的压力中心及其坐标位置 $x_1, x_2, x_3, \cdots, x_n$ 和 $y_1, y_2, y_3, \cdots, y_n$。

(4) 分别计算凸模刃口轮廓的冲裁力 $F_1$，$F_2$，$F_3$，…，$F_n$ 或每一个凸模刃口轮廓的周长 $L_1$，$L_2$，$L_3$，…，$L_n$。

(5) 对于平行力系，冲裁力的合力等于各力的代数和，即 $F = F_1 + F_2 + F_3 + \cdots + F_n$。

(6) 根据力学定理，合力对某轴之力矩等于各分力对同轴力矩之代数和，则可得压力中心坐标的计算公式为

$$x_0 = \frac{F_1x_1 + F_2x_2 + \cdots + F_nx_n}{F_1 + F_2 + \cdots + F_n} = \frac{\sum_{i=1}^{n} F_i x_i}{\sum_{i=1}^{n} F_i} \tag{4-17}$$

$$y_0 = \frac{F_1y_1 + F_2y_2 + \cdots + F_ny_n}{F_1 + F_2 + \cdots + F_n} = \frac{\sum_{i=1}^{n} F_i y_i}{\sum_{i=1}^{n} F_i} \tag{4-18}$$

因为冲裁力与周边长度成正比，所以式(4-17)和式(4-18)中各冲裁力 $F_1$，$F_2$，$F_3$，…，$F_n$ 可分别用冲裁周边长度 $L_1$，$L_2$，$L_3$，…，$L_n$ 替换，即为

$$x_0 = \frac{L_1x_1 + L_2x_2 + \cdots + L_nx_n}{L_1 + L_2 + \cdots + L_n} = \frac{\sum_{i=1}^{n} L_i x_i}{\sum_{i=1}^{n} L_i} \tag{4-19}$$

$$y_0 = \frac{L_1y_1 + L_2y_2 + \cdots + L_ny_n}{L_1 + L_2 + \cdots + L_n} = \frac{\sum_{i=1}^{n} L_i y_i}{\sum_{i=1}^{n} L_i} \tag{4-20}$$

3) 复杂形状零件模具压力中心的确定

复杂形状零件模具压力中心的计算原理与多凸模冲裁压力中心的计算原理相同，如图 4-15 所示。

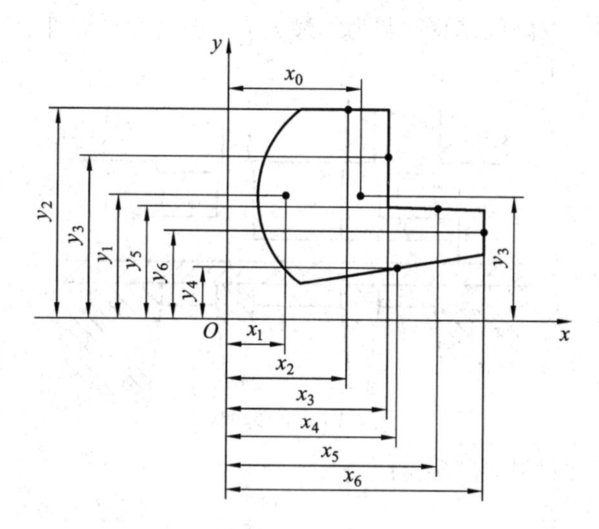


图 4-15　复杂形状零件模具压力中心计算

其具体计算步骤如下：

(1) 选定坐标轴 $x$ 和 $y$。

(2) 将组成图形的轮廓线划分为若干简单的线段，求出各线段长度 $L_1$，$L_2$，$L_3$，…，$L_n$。

(3) 确定各线段的重心位置 $x_1$，$x_2$，$x_3$，…，$x_n$ 和 $y_1$，$y_2$，$y_3$，…，$y_n$。

(4) 然后按公式计算出压力中心的坐标($x_0$、$y_0$)。

冲裁模压力中心的确定，除上述的解析法外，还可以用作图法和悬挂法。随着计算机制图的广泛应用，作图法变的更简捷、准确。悬挂法的理论根据是：用匀质金属丝代替均布于冲裁件轮廓的冲裁力，该模拟件的重心就是冲裁的压力中心。具体作法是：用匀质细金属丝沿冲裁轮廓弯制成模拟件，然后用缝纫线将模拟件悬吊起来，并从吊点作铅垂线；再取模拟件的另一点，以同样的方法作另一铅垂线，两垂线的交点即为压力中心。悬挂法多用于确定复杂零件的模具压力中心。

### 4.3.3　降低冲裁力的方法

当采用平刃冲裁时，若冲裁力太大，或因现有设备无法满足冲裁力的需要时，可以采用以下措施来降低冲裁力。

(1) 采用加热冲裁的方法。当冲裁件的抗剪强度较高或板厚较大时，可以将板材加热到一定温度(注意避开板料的“蓝脆”区温度)以降低板材的强度，从而达到降低冲裁力的目的。但材料加热后会产生氧化皮，还会产生变形，故此法只适用于厚板或对工件表面质量及尺寸精度要求不高的工件。

(2) 采用斜刃冲裁的方法。对冲裁件的周长较长或板厚较大的单冲头冲模，可采用斜刃冲裁的方法以降低冲裁力。为了得到平整的工件，落料时斜刃一般做在凹模上；冲孔时斜刃一般做在凸模上。斜刃冲裁虽然降低了冲裁力，但同时增加了模具制造和修模的难度，刃口也易磨损，故一般情况尽量不用，只在大型工件冲裁及厚板冲裁中采用。

(3) 采用阶梯凸模冲裁的方法。当模具拥有多个凸模时，将各个凸模做成高低不同的结构形式(见图 4-16)。由于凸模冲裁板料的时刻不同，将同时剪断所有切口的工作变成了分批剪断相应的切口，以降低模具冲裁力的最大值。但这种结构对于凸模的刃磨操作造成不便，所以仅在小批量生产中使用。

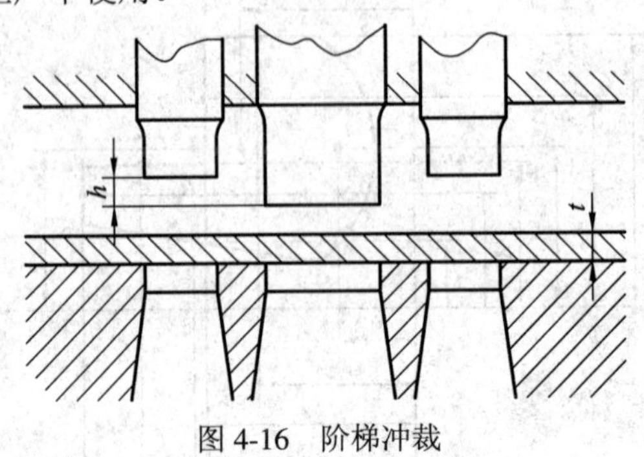


图 4-16　阶梯冲裁

凸模间的高度差按材料厚度确定：

当 $t<3$ mm 时，$h=t$；

当 $t>3$ mm 时，$h=0.5t$。

采用阶梯布置凸模时，应尽可能对称布置，同时应把小凸模做得短一些，大凸模做得长一些，这样可以避免小凸模由于材料流动的侧压力而产生倾斜或折断的现象。

## 4.4　冲裁工艺设计

冲裁工艺设计包含冲裁件的工艺性分析、冲裁工艺方案的确定和技术经济分析等内容。良好的工艺性和合理的工艺方案可以用最少的材料、最少的工序数量和工时，并使模具结构简单，模具寿命高。合格的冲裁件质量和经济的工艺成本是衡量冲裁工艺设计的主要指标。

### 4.4.1　冲裁件工艺性分析及方案确定

冲裁件的工艺性是指冲裁件对冲裁工艺的适应性。所谓冲裁工艺性好是指能用普通冲裁方法，在模具寿命和生产率较高、成本较低的条件下得到质量合格的冲裁件。因此，冲裁件的结构形状、尺寸大小、精度等级、材料及厚度等是否符合冲裁的工艺要求，工艺性是否合理，对冲裁件质量、模具寿命和生产效率有很大影响。

#### 1．冲裁件的结构工艺性

(1) 冲裁件的形状。冲裁件的形状应力求简单、对称，有利于材料的合理利用。

(2) 冲裁件内形及外形的转角。冲裁件内形及外形的转角处要尽量避免尖角，应以圆弧过渡，如图 4-17 所示，以便于模具加工，减少热处理开裂，减少冲裁时尖角处的崩刃和过快磨损。冲裁件最小圆角半径 $R$ 可参照表 4-7 选取。

表 4-7　冲裁件最小圆角半径

| 零件种类 | | 黄铜、铝 | 合金铜 | 软钢 | 备注/mm |
|---|---|---|---|---|---|
| 落料 | 交角≥90° | $0.18t$ | $0.35t$ | $0.25t$ | >0.25 |
| | 交角<90° | $0.35t$ | $0.70t$ | $0.50t$ | >0.50 |
| 冲孔 | 交角≥90° | $0.2t$ | $0.45t$ | $0.3t$ | >0.3 |
| | 交角<90° | $0.4t$ | $0.90t$ | $0.6t$ | >0.6 |

(3) 冲裁件上凸出的悬臂和凹槽。尽量避免冲裁件上过长的凸出悬臂和凹槽，悬臂和凹槽宽度也不宜过小，其许可值如图 4-18(a)所示。

(4) 冲裁件的孔边距与孔间距。为避免工件变形和保证模具强度，孔边距和孔间距不能过小。其最小许可值如图 4-18(a)所示。

(5) 在弯曲件或拉深件上冲孔时，孔边与直壁之间应保持一定距离，以免冲孔时凸模受水平推力而折断，如图 4-18(b)所示。

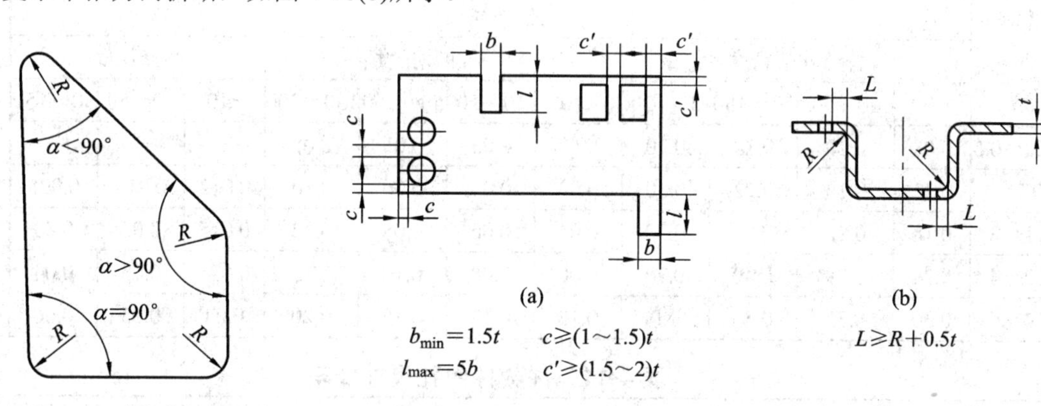


图 4-17　冲裁件的圆角图　　图 4-18　冲裁件的结构工艺

(6) 冲孔时，因受凸模强度的限制，孔的尺寸不应太小，否则凸模易折断或压弯。用无导向凸模和有导向凸模所能冲制的最小尺寸，分别如表 4-8 和表 4-9 所示。

表 4-8　无导向凸模冲孔的最小尺寸

| 材　料 | (d, t) | (b, t) | (b) | (b) |
|---|---|---|---|---|
| 钢 $\tau$>685 MPa | $d\geqslant1.5t$ | $b\geqslant1.35t$ | $b\geqslant1.2t$ | $b\geqslant1.1t$ |
| 钢 $\tau\approx$ 390～685 MPa | $d\geqslant1.3t$ | $b\geqslant1.2t$ | $b\geqslant1.0t$ | $b\geqslant0.9t$ |
| 钢 $\tau\approx$ 390 MPa | $d\geqslant1.0t$ | $b\geqslant0.9t$ | $b\geqslant0.8t$ | $b\geqslant0.7t$ |
| 黄铜、铜 | $d\geqslant0.9t$ | $b\geqslant0.8t$ | $b\geqslant0.7t$ | $b\geqslant0.6t$ |
| 铝、锌 | $d\geqslant0.8t$ | $b\geqslant0.7t$ | $b\geqslant0.6t$ | $b\geqslant0.5t$ |

注：$t$ 为板料厚度，$\tau$ 为抗剪强度。

表 4-9　有导向凸模冲孔的最小尺寸

| 材　料 | 圆形(直径 $d$) | 矩形(孔宽 $b$) |
|---|---|---|
| 硬钢 | $0.5t$ | $0.4t$ |
| 软钢及黄铜 | $0.35t$ | $0.3t$ |
| 铝、锌 | $0.3t$ | $0.28t$ |

注：$t$ 为板料厚度。

### 2．冲裁件的尺寸精度和表面粗糙度

(1) 冲裁件的经济公差等级不高于 IT11 级，一般要求落料件公差等级最好不高于 IT10 级，冲孔件最好不高于 IT9 级。

冲裁得到的工件尺寸公差列于表 4-10 和表 4-11。如果工件要求的公差值小于表值，冲裁后需经整修或采用精密冲裁。

表 4-10　冲裁件外径尺寸公差　　mm

| 材料厚度 $t$ | 工件外径尺寸 | | | | | | | | | | |
|---|---|---|---|---|---|---|---|---|---|---|---|
| | 普通冲裁精度 | | | | 精密冲裁精度 | | | | 整修精度 | | |
| | <10 | 10～50 | 50～150 | 150～300 | <10 | 10～50 | 50～150 | 150～300 | <10 | 10～50 | 50～150 |
| 0.2～0.5 | 0.08 | 0.10 | 0.14 | 0.20 | 0.025 | 0.03 | 0.05 | 0.08 | — | — | — |
| 0.5～1 | 0.12 | 0.16 | 0.22 | 0.30 | 0.03 | 0.04 | 0.06 | 0.10 | 0.012 | 0.015 | 0.025 |
| 1～2 | 0.18 | 0.22 | 0.30 | 0.50 | 0.04 | 0.06 | 0.08 | 0.12 | 0.015 | 0.02 | 0.03 |
| 2～4 | 0.24 | 0.28 | 0.40 | 0.70 | 0.06 | 0.08 | 0.10 | 0.15 | 0.025 | 0.03 | 0.04 |
| 4～6 | 0.30 | 0.35 | 0.50 | 1.0 | 0.10 | 0.12 | 0.15 | 0.20 | 0.04 | 0.05 | 0.06 |

表 4-11　冲裁件内孔尺寸公差　　mm

| 材料厚度 $t$ | 工件内孔尺寸 | | | | | | | |
|---|---|---|---|---|---|---|---|---|
| | 普通冲裁精度 | | | 精密冲裁精度 | | | 整修精度 | |
| | <10 | 10～50 | 50～150 | <10 | 10～50 | 50～150 | <10 | 10～50 |
| 0.2～1 | 0.05 | 0.08 | 0.12 | 0.02 | 0.04 | 0.08 | 0.01 | 0.015 |
| 1～2 | 0.06 | 0.10 | 0.16 | 0.03 | 0.06 | 0.10 | 0.015 | 0.02 |
| 2～4 | 0.08 | 0.12 | 0.20 | 0.04 | 0.08 | 0.12 | 0.025 | 0.03 |
| 4～6 | 0.10 | 0.15 | 0.25 | 0.06 | 0.10 | 0.15 | 0.04 | 0.05 |

(2) 冲裁件的断面粗糙度与材料塑性、材料厚度、冲裁模间隙、刃口锐钝以及冲模结构等有关。当冲裁厚度为 2 mm 以下的金属板料时，其断面粗糙度 $Ra$ 一般可达 12.5～3.2 μm。

### 3．冲裁件尺寸标注

冲裁件尺寸的基准应尽可能与其冲压时定位的基准重合，并选择在冲裁过程中基本上不变动的面或线上。如图 4-19(a)所示的尺寸标注对孔距要求较高的冲裁件是不合理的。这是因为当两孔中心距要求较高时，尺寸 $B$ 和 $C$ 标注的公差等级高，而模具(同时冲孔与落料)的磨损使尺寸 $B$ 和 $C$ 的精度难以达到要求。改用图 4-19(b)的标注方法就比较合理，这时孔

中心距尺寸不再受模具磨损的影响。冲裁件两孔中心距所能达到的公差如表 4-12 所示。

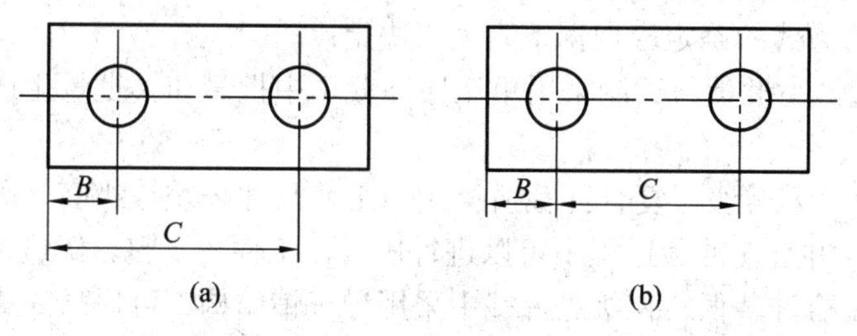


图 4-19　冲裁件尺寸标注

表 4-12　冲裁件两孔中心距公差　　mm

| 材料厚度 $t$ | 普通冲裁 |  |  | 高级冲裁 |  |  |
|---|---|---|---|---|---|---|
|  | 孔距尺寸 |  |  | 孔距尺寸 |  |  |
|  | <50 | 50～150 | 150～300 | <50 | 50～150 | 150～300 |
| < 1 | ±0.10 | ±0.15 | ±0.20 | ±0.03 | ±0.05 | ±0.08 |
| 1～2 | ±0.12 | ±0.20 | ±0.30 | ±0.04 | ±0.06 | ±0.10 |
| 2～4 | ±0.15 | ±0.25 | ±0.35 | ±0.06 | ±0.08 | ±0.12 |
| 4～6 | ±0.20 | ±0.30 | ±0.40 | ±0.08 | ±0.10 | ±0.15 |

注：适用于本表数值所指的孔应同时冲出。

### 4. 冲压加工的经济性分析

所谓经济性分析，就是分析在冲压生产过程中，如何采用尽可能少的生产费用获得尽可能大的经济效益。在进行冲压工艺设计时，应该运用经济分析的方法找到降低成本，取得优异经济效果的工艺途径。冲压件的制造成本 $C_{\Sigma}$包括：

$$C_{\Sigma}=C_{材}+C_{工}+C_{模} \tag{4-21}$$

式中：$C_{材}$——材料费；

$C_{工}$——加工费(工人工资、设备折旧费、管理费等)；

$C_{模}$——模具费。

上述成本中，模具费、设备折旧费、工人工资和其他经费在一定时间内基本上是不变的，因此叫做固定费用。而材料费等将随生产量大小而变化，属可变费用。这样，产品制造成本就由固定费用和可变费用两部分组成。设法降低固定费用或可变费用，都能使成本降低、利润增加并积累资金。

总的固定费用不随产量的增加而增加，而单件产品的固定费用(单位固定费用)却由于产量的增加而逐渐下降。总的可变费用将随产量的增加而增加，但对产品单件费用而言，其直接耗费的原材料费、外购件费、外协加工费等则基本不变。

增产可降低单件产品成本中的固定费用，相对地减少消耗，通过节约可以直接降低消耗，两者都是降低成本的重要途径。

### 5. 冲裁工艺方案的确定

在冲裁工艺分析和技术经济分析的基础上，根据冲裁件的特点确定冲裁工艺方案。冲裁工艺方案可分为单工序冲裁、复合冲裁和级进冲裁。

1) 冲裁工序的组合

冲裁工序组合方式的确定应根据下列因素决定：

(1) 生产批量。小批量与试制采用单工序冲裁，中批量和大批量生产采用复合冲裁或级进冲裁。

(2) 工件尺寸公差等级。复合冲裁所得到的工件尺寸公差等级高，因为它避免了多次冲压的定位误差，并且在冲裁过程中可以进行压料，工件较平整。级进冲裁所得到的工件尺寸公差等级较复合冲裁低，在级进冲裁中采用导正销结构，可提高冲裁件精度。

(3) 对工件尺寸、形状的适应性。工件的尺寸较小时，考虑到单工序上料不方便和生产率较低，常采用复合冲裁或级进冲裁。对于尺寸中等的工件，由于制造多副单工序模的费用比复合模昂贵，也宜采用复合冲裁。但工件上孔与孔之间或孔与边缘之间的距离过小时，不宜采用复合冲裁和单工序冲裁，此时宜采用级进冲裁。所以级进冲裁可以加工形状复杂、宽度很小的异形工件，但级进冲裁受压力机台面尺寸与工序数的限制，冲裁工件尺寸不宜太大。

(4) 模具制造、安装调整和成本。对复杂形状的工件，采用复合冲裁比采用级进冲裁技术经济性好。因为模具制造、安装调整较容易，成本较低。

(5) 操作方便与安全。复合冲裁出件清除废料较困难，工作安全性较差。级进冲裁较安全。

综合上述分析，对于一个工件，可以设计出多种工艺方案。必须对这些方案进行比较，选取在满足工件质量与生产率的要求下，模具制造成本低、寿命长、操作方便又安全的工艺方案。

2) 冲裁顺序的安排

(1) 级进冲裁的顺序安排。

① 先冲孔或切口，最后落料或切断，将工件与条料分离。首先冲出的孔可作为后续工序的定位。当零件精度要求很高时，对各工序定位要求较高，则可冲出专供定位用的工艺孔(一般为两个)。

② 采用定距侧刃时，定距侧刃切边工序安排与首次冲孔同时进行，以便控制送料步距。采用两个定距侧刃时，可以安排成一前一后，也可并列布置。

(2) 多工序工件用单工序冲裁时的顺序安排。

① 先落料使毛坯与条料分离，再冲孔或冲缺口。后继各冲裁工序的定位基准要一致，以避免定位误差和尺寸链换算。

② 冲裁大小不同、相距较近的孔时，为减少孔的变形，应先冲大孔，后冲小孔。

### 4.4.2 模具冲裁间隙确定与选择

影响冲裁件质量的因素很多，其中凸、凹模冲裁间隙大小及冲裁间隙的均匀性是对冲裁质量起着决定性作用的因素。

冲裁间隙 $Z$ 是指冲裁模中凹模刃口横向尺寸 $D_A$ 与凸模刃口横向尺寸 $d_T$ 的差值，如图 4-20 所示。$Z$ 表示双面间隙，单面间隙用 $Z/2$ 表示，如无特殊说明，冲裁间隙就是指双面间隙。在普通冲裁中，冲裁间隙均为正值。确定冲裁间隙的方法有以下两种。

### 1．理论确定法

理论确定法主要是根据凸、凹模刃口产生的裂纹相互重合的原则进行计算的。如图 4-21 所示为冲裁过程中开始产生裂纹的瞬时状态，根据图中几何关系可求得合理冲裁间隙 $Z$ 为

$$Z = 2(t - h_0)\tan\beta = 2t\left(1 - \frac{h_0}{t}\right)\tan\beta \tag{4-22}$$

式中：$t$——材料厚度(mm)；

$h_0$——产生裂纹时凸模挤入材料深度(mm)；

$h_0/t$——产生裂纹时凸模挤入材料的相对深度(见表 4-13)；

$\beta$——剪切裂纹与垂线间的夹角。

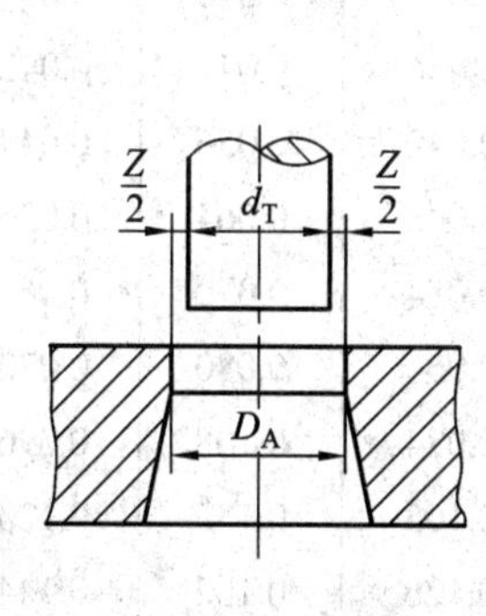


图 4-20　冲裁间隙

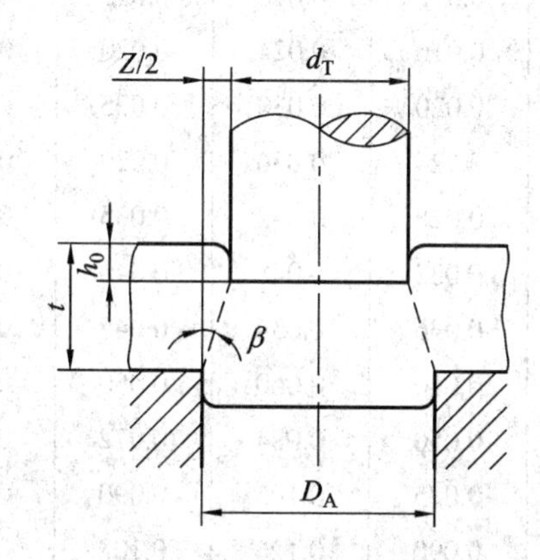


图 4-21　冲裁产生裂纹的瞬时状态

由式(4-22)可以看出，决定冲裁间隙 $Z$ 值的主要因素是板料厚度 $t$、凸模相对切入深度 $h_0/t$ 和裂纹斜角 $\beta$ 值。由于 $\beta$ 值的变化不大，决定冲裁间隙值大小的因素主要是板料厚度 $t$ 和凸模相对切入深度 $h_0/t$，而 $h_0/t$ 值受材料硬度的影响较大，即影响冲裁间隙值的主要因素是板料厚度和材料性质。概括地说，板料越厚，塑性越差，则冲裁间隙越大；板料越薄，塑性越好，则冲裁间隙越小。由于理论计算法在生产中使用不方便，故目前广泛采用的是经验数据法。

表 4-13　$h_0/t$ 与 $\beta$ 值

| 材　料 | $h_0/t$ | | $\beta$ | |
|---|---|---|---|---|
| | 退火 | 硬化 | 退火 | 硬化 |
| 软钢、纯铜、软黄铜 | 0.5 | 0.35 | 6° | 5° |
| 中硬钢、硬黄铜 | 0.3 | 0.2 | 5° | 4° |
| 硬钢、硬青铜 | 0.2 | 0.1 | 4° | 4° |

### 2．经验数据法

根据研究与实际生产经验，冲裁间隙值可按要求分类查表确定。对尺寸精度、断面质量要求高的冲裁件应选用较小冲裁间隙值(见表 4-14)，这时冲裁力与模具寿命作为次要因素考虑。对尺寸精度和断面质量要求不高的冲裁件，在满足冲裁件要求的前提下，应以降低冲裁力、提高模具寿命为主，选用较大的双面间隙值(见表 4-15)。可详见 GB/T 16743—

1997。

需要指出的是，当模具采用线切割加工，若直接从凹模中制取凸模，此时凸、凹模冲裁间隙决定于电极丝直径、放电间隙和研磨量，但其总和不能超过最大单面初始冲裁间隙值，如表 4-14 所示。

**表 4-14 冲裁模初始双面间隙值 $Z$(1)** mm

| 材料厚度 $t$ | 软铝 | | 纯铜、黄铜、软钢 $\omega_c = (0.08\sim0.2)\%$ | | 杜拉铝、中等硬钢 $\omega_c = (0.3\sim0.4)\%$ | | 硬钢 $\omega_c = (0.5\sim0.6)\%$ | |
|---|---|---|---|---|---|---|---|---|
| | $Z_{min}$ | $Z_{max}$ | $Z_{min}$ | $Z_{max}$ | $Z_{min}$ | $Z_{max}$ | $Z_{min}$ | $Z_{max}$ |
| 0.2 | 0.008 | 0.012 | 0.010 | 0.014 | 0.012 | 0.016 | 0.014 | 0.018 |
| 0.3 | 0.012 | 0.018 | 0.015 | 0.021 | 0.018 | 0.024 | 0.021 | 0.027 |
| 0.4 | 0.016 | 0.024 | 0.020 | 0.028 | 0.024 | 0.032 | 0.028 | 0.036 |
| 0.5 | 0.020 | 0.030 | 0.025 | 0.035 | 0.030 | 0.040 | 0.035 | 0.045 |
| 0.6 | 0.024 | 0.036 | 0.030 | 0.042 | 0.036 | 0.048 | 0.042 | 0.054 |
| 0.7 | 0.028 | 0.042 | 0.035 | 0.049 | 0.042 | 0.056 | 0.049 | 0.063 |
| 0.8 | 0.032 | 0.048 | 0.040 | 0.056 | 0.048 | 0.064 | 0.056 | 0.072 |
| 0.9 | 0.036 | 0.054 | 0.045 | 0.063 | 0.054 | 0.072 | 0.063 | 0.081 |
| 1.0 | 0.040 | 0.060 | 0.050 | 0.070 | 0.060 | 0.080 | 0.070 | 0.090 |
| 1.2 | 0.050 | 0.084 | 0.072 | 0.096 | 0.084 | 0.108 | 0.096 | 0.120 |
| 1.5 | 0.075 | 0.105 | 0.090 | 0.120 | 0.105 | 0.135 | 0.120 | 0.150 |
| 1.8 | 0.090 | 0.126 | 0.108 | 0.144 | 0.126 | 0.162 | 0.144 | 0.180 |
| 2.0 | 0.100 | 0.140 | 0.120 | 0.160 | 0.140 | 0.180 | 0.160 | 0.200 |
| 2.2 | 0.132 | 0.176 | 0.154 | 0.198 | 0.176 | 0.220 | 0.198 | 0.242 |
| 2.5 | 0.150 | 0.200 | 0.175 | 0.225 | 0.200 | 0.250 | 0.225 | 0.275 |
| 2.8 | 0.168 | 0.225 | 0.196 | 0.252 | 0.224 | 0.280 | 0.252 | 0.308 |
| 3.0 | 0.180 | 0.240 | 0.210 | 0.270 | 0.240 | 0.300 | 0.270 | 0.330 |
| 3.5 | 0.245 | 0.315 | 0.280 | 0.350 | 0.315 | 0.385 | 0.350 | 0.420 |
| 4.0 | 0.280 | 0.360 | 0.320 | 0.400 | 0.360 | 0.440 | 0.400 | 0.480 |
| 4.5 | 0.315 | 0.405 | 0.360 | 0.450 | 0.405 | 0.490 | 0.450 | 0.540 |
| 5.0 | 0.350 | 0.450 | 0.400 | 0.500 | 0.450 | 0.550 | 0.500 | 0.600 |
| 6.0 | 0.480 | 0.600 | 0.540 | 0.660 | 0.600 | 0.720 | 0.660 | 0.780 |
| 7.0 | 0.560 | 0.700 | 0.630 | 0.770 | 0.700 | 0.840 | 0.770 | 0.910 |
| 8.0 | 0.720 | 0.880 | 0.800 | 0.960 | 0.880 | 1.040 | 0.960 | 1.120 |
| 9.0 | 0.870 | 0.990 | 0.900 | 1.080 | 0.990 | 1.170 | 1.080 | 1.260 |
| 10.0 | 0.900 | 1.100 | 1.000 | 1.200 | 1.100 | 1.300 | 1.200 | 1.400 |

注：1．初始间隙的最小值相当于间隙的公称数值。

2．初始间隙的最大值是考虑到凸模和凹模的制造公差所增加的数值。

3．在使用过程中，由于模具工作部分的磨损，间隙将有所增加，因而间隙的使用最大数值会超过表列数值。

4．$\omega_c$ 为碳的质量分数，用其表示钢中的含碳量。

表 4-15　冲裁模初始双面间隙值 $Z(2)$　mm

| 材料厚度 $t$ | 08、10、35、Q295、Q235A | | Q345 | | 40、50 | | 65Mn | |
|---|---|---|---|---|---|---|---|---|
| | $Z_{min}$ | $Z_{max}$ | $Z_{min}$ | $Z_{max}$ | $Z_{min}$ | $Z_{max}$ | $Z_{min}$ | $Z_{max}$ |
| 小于 0.5 | 极小间隙 | | | | | | | |
| 0.5 | 0.040 | 0.060 | 0.040 | 0.060 | 0.040 | 0.060 | 0.040 | 0.060 |
| 0.6 | 0.048 | 0.072 | 0.048 | 0.072 | 0.048 | 0.072 | 0.048 | 0.072 |
| 0.7 | 0.064 | 0.092 | 0.064 | 0.092 | 0.064 | 0.092 | 0.064 | 0.092 |
| 0.8 | 0.072 | 0.104 | 0.072 | 0.104 | 0.072 | 0.104 | 0.064 | 0.092 |
| 0.9 | 0.090 | 0.126 | 0.090 | 0.126 | 0.090 | 0.126 | 0.090 | 0.126 |
| 1.0 | 0.100 | 0.140 | 0.100 | 0.140 | 0.100 | 0.140 | 0.090 | 0.126 |
| 1.2 | 0.126 | 0.180 | 0.132 | 0.180 | 0.132 | 0.180 | — | — |
| 1.5 | 0.132 | 0.240 | 0.170 | 0.240 | 0.170 | 0.240 | — | — |
| 1.75 | 0.220 | 0.320 | 0.220 | 0.320 | 0.220 | 0.320 | — | — |
| 2.0 | 0.246 | 0.360 | 0.260 | 0.380 | 0.260 | 0.380 | — | — |
| 2.1 | 0.260 | 0.380 | 0.280 | 0.400 | 0.280 | 0.400 | — | — |
| 2.5 | 0.360 | 0.500 | 0.380 | 0.540 | 0.380 | 0.540 | — | — |
| 2.75 | 0.400 | 0.560 | 0.420 | 0.600 | 0.420 | 0.600 | — | — |
| 3.0 | 0.460 | 0.640 | 0.480 | 0.660 | 0.480 | 0.660 | — | — |
| 3.5 | 0.540 | 0.740 | 0.580 | 0.780 | 0.580 | 0.780 | — | — |
| 4.0 | 0.640 | 0.880 | 0.680 | 0.920 | 0.680 | 0.920 | — | — |
| 4.5 | 0.720 | 1.000 | 0.680 | 0.960 | 0.780 | 1.040 | — | — |
| 5.5 | 0.940 | 1.280 | 0.780 | 1.100 | 0.980 | 1.320 | — | — |
| 6.0 | 1.080 | 1.440 | 0.840 | 1.200 | 1.140 | 1.500 | — | — |
| 6.5 | — | — | 0.940 | 1.300 | — | — | — | — |
| 8.0 | — | — | 1.200 | 1.680 | — | — | — | — |

注：冲裁皮革、石棉和纸板时，间隙取 08 钢的 25%。

### 4.4.3　刃口尺寸计算

由于冲裁模加工方法不同，刃口尺寸的计算方法也不同，基本上可分为分别加工法和配作法两类。

**1．分别加工法**

分别加工法是指分别规定凸模和凹模的尺寸和公差，分别进行制造。用凸模与凹模的尺寸及制造公差来保证冲裁间隙要求。这种加工方法必须把模具的制造公差控制在间隙的变动范围之内，使模具制造难度增加。该方法主要适用于圆形或简单规则形状、间隙较大、精度较低的工件，因冲裁此类工件的凸、凹模制造相对简单，精度容易保证，所以采用分别加工法。设计时，需在图纸上分别标注凸模和凹模刃口尺寸及制造公差。

冲裁模刃口与工件尺寸及公差分布情况如图 4-22 所示。其中，图 4-22(a)所示为冲孔，图 4-22(b)所示为落料。

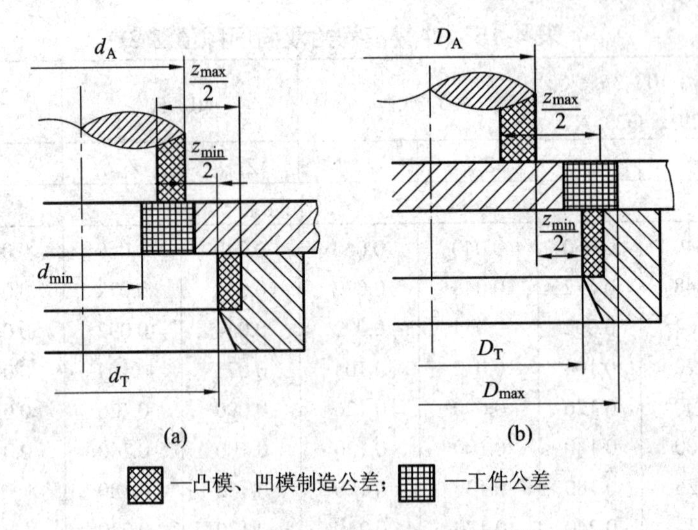


图 4-22　冲裁模刃口与工件尺寸及公差分布

其计算公式如下：

1) 落料

设工件的尺寸为 $D_{-\Delta}$，根据计算原则，落料时以凹模为设计基准。首先确定凹模尺寸，使凹模的基本尺寸接近或等于工件轮廓的最小极限尺寸；将凹模尺寸减小最小合理间隙值即得到凸模尺寸。

$$D_A = (D_{min} - x\Delta)_0^{+\delta_A} \tag{4-23}$$

$$D_T = (D_T - Z_{min})_{-\delta_T}^0 = (D_{min} - x\Delta - Z_{min})_{-\delta_T}^0 \tag{4-24}$$

2) 冲孔

设冲孔尺寸为 $d^{+\Delta}$，根据计算原则，冲孔时以凸模为设计基准。首先确定凸模尺寸，使凸模的基本尺寸接近或等于工件孔的最大极限尺寸；将凸模尺寸增大最小合理间隙值即得到凹模尺寸。

$$d_T = (d_{min} + x\Delta)_{-\delta_T}^0 \tag{4-25}$$

$$d_A = (d_T + Z_{min})_0^{+\delta_A} = (d_{min} + x\Delta + Z_{min})_0^{+\delta_A} \tag{4-26}$$

3) 孔心距

孔心距属于磨损后基本不变的尺寸。在同一工步中，在工件上冲出孔距为 $L \pm \Delta$ 的两个孔时，其凹模孔心距可按下式确定。

$$L_d = L \pm \frac{1}{2}\Delta' \tag{4-27}$$

式中：$D_A$、$D_T$——落料凹、凸模尺寸；

$d_T$、$d_A$——冲孔凸、凹模尺寸；

$D_{max}$——落料件的最大极限尺寸；

$d_{min}$——冲孔件孔的最小极限尺寸；

$L$、$L_d$——工件孔心距和凹模孔心距的公称尺寸；

$\Delta$——工件制造公差；

$\Delta'$——模具孔距制造公差，可按IT6级精度选择；

$Z_{min}$——工件最小间隙；

$x$——修正系数(工件精度IT10以上，$x=1$；IT11～13，$x=0.75$；IT14，$x=0.5$)；

$\delta_T$、$\delta_A$——凸、凹模的制造公差，其可按IT6～IT7级精度选择，当工件精度要求较高时可进一步提高凸、凹模的制造公差。

$$\delta_T \leqslant 0.4(Z_{max}-Z_{min}),\quad \delta_A \leqslant 0.6(Z_{max}-Z_{min}) \tag{4-28}$$

为了保证初始间隙不超过最大冲裁间隙 $Z_{max}$，即 $|\delta_T|+|\delta_A|+Z_{min}\leqslant Z_{max}$，$\delta_T$、$\delta_A$ 的选取必须满足以下条件：

$$|\delta_T|+|\delta_A| \leqslant Z_{max}-Z_{min} \tag{4-29}$$

由上可见，凸、凹模分别加工法的优点是，凸、凹模具有互换性，制造周期短，便于成批制造。其缺点是，为了保证初始间隙在合理范围内，对精度要求高的冲压件需要采用较小的凸、凹模制造公差才能满足式(4-29)的要求，使模具制造成本相对较高，有时甚至无法加工。

**【例4-2】** 冲制如图4-23所示的零件，材料为Q235钢，料厚 $t=0.5$ mm。计算冲裁凸、凹模刃口尺寸及公差。

**解** 由图可知，该零件属于无特殊要求的一般冲孔、落料。

外形 $\phi 36^{0}_{-0.62}$ mm 由落料所得，$2\times\phi 6^{+0.12}_{0}$ mm 和 $18\pm0.09$ mm 由同时冲孔得到。查表4-15得 $Z_{min}=0.04$ mm，$Z_{max}=0.06$ mm，则 $Z_{max}-Z_{min}=(0.06-0.04)=0.02$ mm。

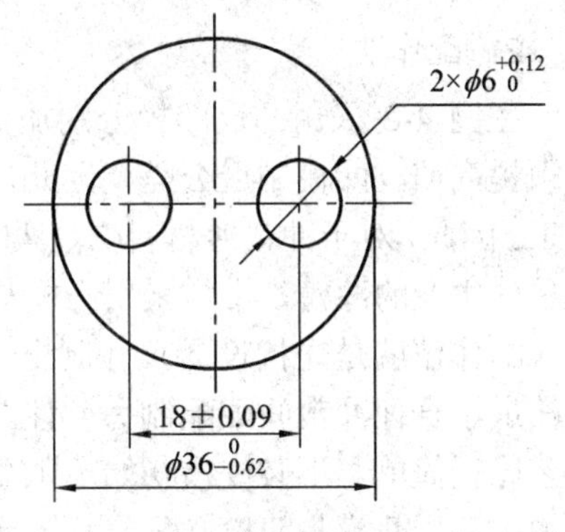


图4-23 零件图

由公差表得 $2\times\phi 6^{+0.12}_{0}$ mm 为IT12级，取 $x=0.75$；$\phi 36^{0}_{-0.62}$ mm 为IT14级，取 $x=0.5$ mm。

设凸、凹模分别按IT6和IT7级精度加工制造，则

冲孔：

$$d_T=(d_{min}+x\Delta)^{0}_{-\delta_T}=(6+0.75\times0.12)^{0}_{-0.008}=6.09^{0}_{-0.008}\ (\text{mm})$$

$$d_A=(d_T+Z_{min})^{+\delta_A}_{0}=(6.09+0.04)^{+0.012}_{0}=6.13^{+0.012}_{0}\ (\text{mm})$$

校核：

$$|\delta_T|+|\delta_A| \leqslant Z_{max}-Z_{min}$$

$$0.008 + 0.012 \leqslant 0.06 - 0.04$$

$$0.02 = 0.02(\text{满足间隙公差条件})$$

孔距尺寸按 IT6 级精度加工制造，则

$$L_{\mathrm{d}} = L \pm \frac{1}{2}\Delta' = 18 \pm 0.055\ (\mathrm{mm})$$

落料：

$$D_{\mathrm{A}} = (D_{\min} - x\Delta)_{0}^{+\delta_{\mathrm{A}}} = (36 - 0.5 \times 0.62)_{0}^{+0.025} = 35.69_{0}^{+0.025}\ (\mathrm{mm})$$

$$D_{\mathrm{T}} = (D_{\mathrm{A}} - Z_{\min})_{-\delta_{\mathrm{T}}}^{0} = (35.69 - 0.04)_{-0.016}^{0} = 35.65_{-0.016}^{0}\ (\mathrm{mm})$$

校核：$0.016 + 0.025 = 0.04 > 0.02$(不满足间隙公差条件)

因此，只有缩小 $\delta_{\mathrm{T}}$、$\delta_{\mathrm{A}}$，提高制造精度，才能保证间隙在合理范围内，由此可取

$$\delta_{\mathrm{T}} \leqslant 0.4(Z_{\max} - Z_{\min}) = 0.4 \times 0.02 = 0.008\ (\mathrm{mm})$$

$$\delta_{\mathrm{A}} \leqslant 0.6(Z_{\max} - Z_{\min}) = 0.6 \times 0.02 = 0.012\ (\mathrm{mm})$$

故

$$D_{\mathrm{A}} = 35.69_{0}^{+0.012}\ (\mathrm{mm}),\quad D_{\mathrm{T}} = 35.65_{-0.008}^{0}\ (\mathrm{mm})$$

经此调整，凸、凹模的加工精度接近 IT4～IT5 级精度，将增加凸、凹模的制造成本。

**2．配作法**

在例 4-2 采用凸、凹模分别加工法时，为了保证凸、凹模间一定的合理冲裁间隙值，必须提高凸、凹模制造公差，因此，造成凸、凹制造困难，增加制造成本，有时甚至无法加工。因此，对于冲裁薄材料($Z_{\max}$ 与 $Z_{\min}$ 的差值很小)的冲模，或冲制复杂形状工件的冲模，或单件生产的冲模，常常采用凸模与凹模配作的加工方法。

配作法就是先按设计尺寸制出一个基准件(凸模或凹模)，然后根据基准件的实际尺寸再按最小合理冲裁间隙配制另一件。这种加工方法的特点是模具的冲裁间隙由配作保证，工艺比较简单，不必校核初始间隙条件，并且还可放大基准件的制造公差，使制造容易。但加工后，凸模与凹模必须对号入座，不能互换。通常，落料件选择凹模为基准模，冲孔件选择凸模为基准模。设计时，基准件的刃口尺寸及制造公差应在模具图详细标注，而配作件上只标注公称尺寸，不标注公差，但在图纸技术说明中应注明："凸(凹)模刃口按凹(凸)模实际刃口尺寸配制，保证最小双面合理间隙值 $Z_{\min}$"。

采用配作法计算凸模或凹模刃口尺寸时，首先根据凸模或凹模磨损后轮廓变化情况，正确判断出模具刃口各个尺寸在磨损过程中是变大、变小还是不变，然后分别按不同的公式进行计算。

(1) 凸模或凹模磨损后会增大的尺寸——第一类尺寸 $A$。

落料凹模或冲孔凸模磨损后将会增大的尺寸，相当于简单形状的落料凹模尺寸。

第一类尺寸：

$$A_{\mathrm{j}} = (A_{\max} - x\Delta)_{0}^{+\delta_{\mathrm{A}}} \tag{4-30}$$

(2) 凸模或凹模磨损后会减小的尺寸——第二类尺寸 $B$。

冲孔凸模或落料凹模磨损后将会减小的尺寸，相当于简单形状的冲孔凸模尺寸。

第二类尺寸：

$$B_{\mathrm{j}}=(B_{\min}+x\varDelta)_{-\delta_{\mathrm{T}}}^{0} \tag{4-31}$$

(3) 凸模或凹模磨损后会基本不变的尺寸——第三类尺寸 $C$。

凸模或凹模在磨损后基本不变的尺寸，不必考虑磨损的影响，相当于简单形状的孔心距尺寸。

第三类尺寸：

$$C_{\mathrm{j}}=\left(C_{\min}+\frac{1}{2}\varDelta\right)\pm\frac{1}{2}\varDelta' \tag{4-32}$$

式中：$A_{\mathrm{j}}$、$B_{\mathrm{j}}$、$C_{\mathrm{j}}$——模具基准件尺寸(mm)；

$A_{\max}$、$B_{\min}$、$C_{\min}$——工件极限尺寸(mm)；

$\varDelta$——工件公差(mm)；

$\delta_{\mathrm{T}}$、$\delta_{\mathrm{A}}$、$\varDelta'$——制造公差，可按 IT6～IT7 级精度选择，当工件精度要求较高时可按工件的制造公差提高 2～3 级。

**【例 4-3】**　如图 4-24 所示的落料件，其中 $a=80_{-0.42}^{0}$ mm，$b=40_{-0.34}^{0}$ mm，$c=35_{-0..34}^{0}$ mm，$d=$ 22±0.14 mm，$e=15_{-0.12}^{0}$ mm，板料的厚度 $t=1$ mm，材料为 10 号钢，试计算冲裁件的凸模、凹模刃口尺寸及制造公差。

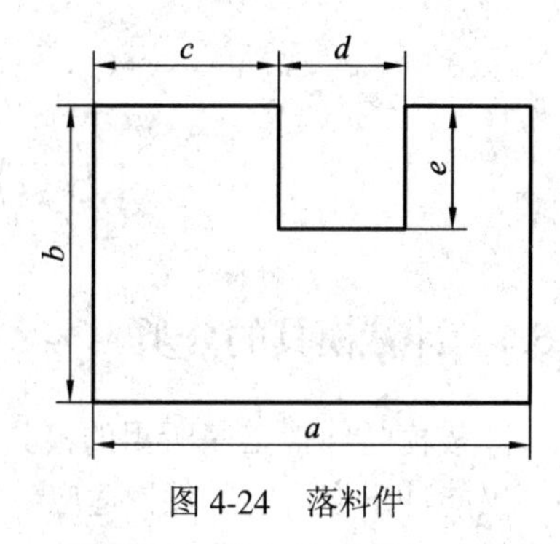

图 4-24　落料件

**解**　该冲裁件属于落料件，选凹模为设计基准件，只需要计算落料凹模刃口尺寸及制造公差，凸模刃口尺寸由凹模实际尺寸按最小双面合理间隙要求配作。

由公差表查得工件各尺寸的公差等级，然后确定 $x$，尺寸 $a$、$b$、$c$、$d$ 精度为 IT12～13，$e$ 精度为 IT11～IT12，故均选 $x=0.75$。

第一类尺寸：

$$a_{凹}=(80-0.75\times0.42)_{0}^{+0.025}=79.69_{0}^{+0.030}\ \ \text{(mm)}$$

$$b_{凹}=(40-0.75\times0.34)_{0}^{+0.025}=39.75_{0}^{+0.025}\ \ \text{(mm)}$$

$$c_{凹}=(35-0.75\times0.34)_{0}^{+0.025}=34.75_{0}^{+0.025}\ \ \text{(mm)}$$

第二类尺寸：

$$d_{凹}=(22+0.75\times0.14)_{0}^{0}=22.11_{-0.021}^{0}\ \ \text{(mm)}$$

落料凹模的基本尺寸按 IT7 级精度计算，结果如图 4-25(a)所示。

第三类尺寸：

$$e_{凹} = (15 - 0.5 \times 0.12) \pm 0.009 = 14.94 \pm 0.009 \quad (mm)$$

落料凸模的基本尺寸与凹模相同，分别是 79.69 mm，39.75 mm，34.75 mm，22.11 mm，14.94 mm，不必标注公差，但要在技术条件中注明“凸模实际刃口尺寸与落料凹模配制，保证最小双面合理间隙值为 0.100 mm”。落料凸模的尺寸标注如图 4-25(b)所示。

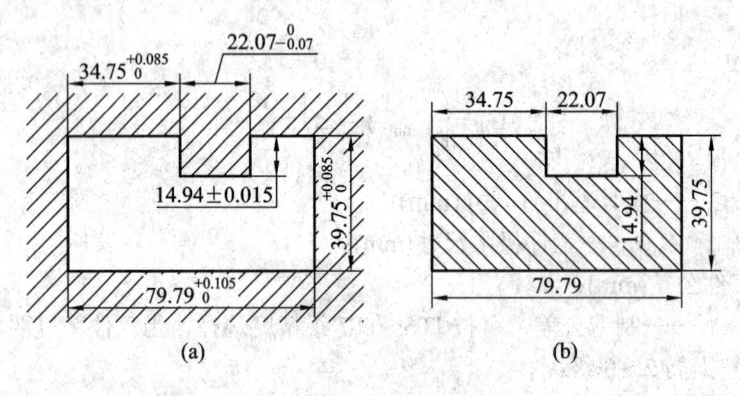


图 4-25　落料凸、凹模尺寸标注

# 4.5　冲裁模总体结构设计

## 4.5.1　冲裁模具的分类

冲裁模是冲裁工序所用的模具。冲裁模的结构类型较多，但对其基本要求是一致的。即不仅能冲出合格的零件，适应生产批量的需要，而且要求操作方便、生产安全、寿命长、成本低，以及制造和维修方便等。为便于研究与应用，可将冲裁模按不同的特征进行分类。

(1) 按工序性质可分为落料模、冲孔模、切断模、切口模、切边模、剖切模等。

(2) 按工序组合方式可分为单工序模、复合模和级进模。

(3) 按上下模的导向方式不同可分为无导向的开式模和有导向的导板模、导柱模、滚珠导柱模、导筒模等。

(4) 按卸料与出件方式可分为固定卸料式模具与弹压卸料式模具。固定卸料式模具又称为封闭式模具，弹压卸料式模具又称为敞开式模具，一般封闭式模具比较安全。

(5) 按出件方式可分为上出件式模具与下出件式模具。

(6) 按挡料或定距方式可分为固定挡料式模具、活动挡料式模具、自动挡料销式模具、导正销式模具和侧刃定距式模具。

(7) 按凸、凹模的选用材料种类可分为普通金属模、硬质合金模、聚氨酯橡胶模、低熔点合金模及锌基合金模等。

(8) 按凸、凹模的结构可分为整体模和镶拼模。

(9) 按凸、凹模的布置方法可分为正装模和倒装模。

(10) 按自动化程度可分为手工操作模、半自动模和自动模。

上述的各种不同分类方法从不同的角度反映了模具结构的不同特点。下面以工序组合方式分别分析各类冲裁模的结构及其特点。

## 4.5.2　冲裁模的典型结构

### 1. 简单模

压力机一次冲程中只能完成一个冲裁工序的模具称为单工序模，也叫简单模。

(1) 无导向的敞开式落料模。如图4-26所示，上模部分由模柄1和凸模2用螺栓连接而成，并通过模柄安装在压力机滑块上。下模部分由固定卸料板3、导料板4、凹模5、下模座6和定位板7等组成。其结构特点是上、下模无直接导向关系，模具结构简单，制造容易，费用低。同时还可以通过更换凸模2、凹模5实现不同尺寸的相似冲压件的生产。但是，这种模具安装使用麻烦，冲裁间隙的均匀性靠模具安装时调整实现，对操作人员技术要求高，并靠压力机滑块的导向精度保证，冲模的寿命较低，冲件精度较差。常用于材料厚度大而精度要求低的小批量冲裁件的生产。

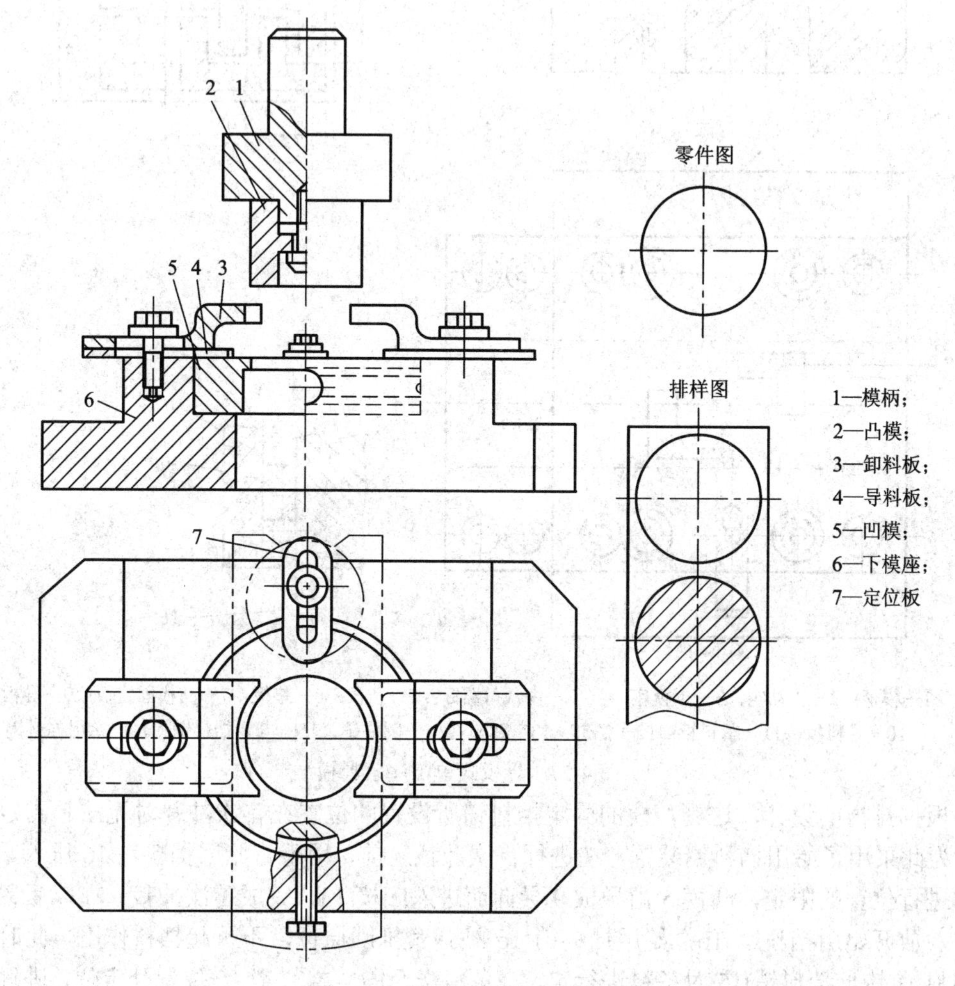


图4-26　无导向的敞开式落料模

(2) 导板式单工序落料模。如图 4-27 所示，导板式单工序落料模是将凸模 5 与导板 9(又是固定卸料板)选用 H7/h6 的配合，其配合值小于冲裁间隙，实现上、下模部分的定位。回程时不允许凸模离开导板，以保证对凸模的导向作用，为此要求压力机的行程较小。

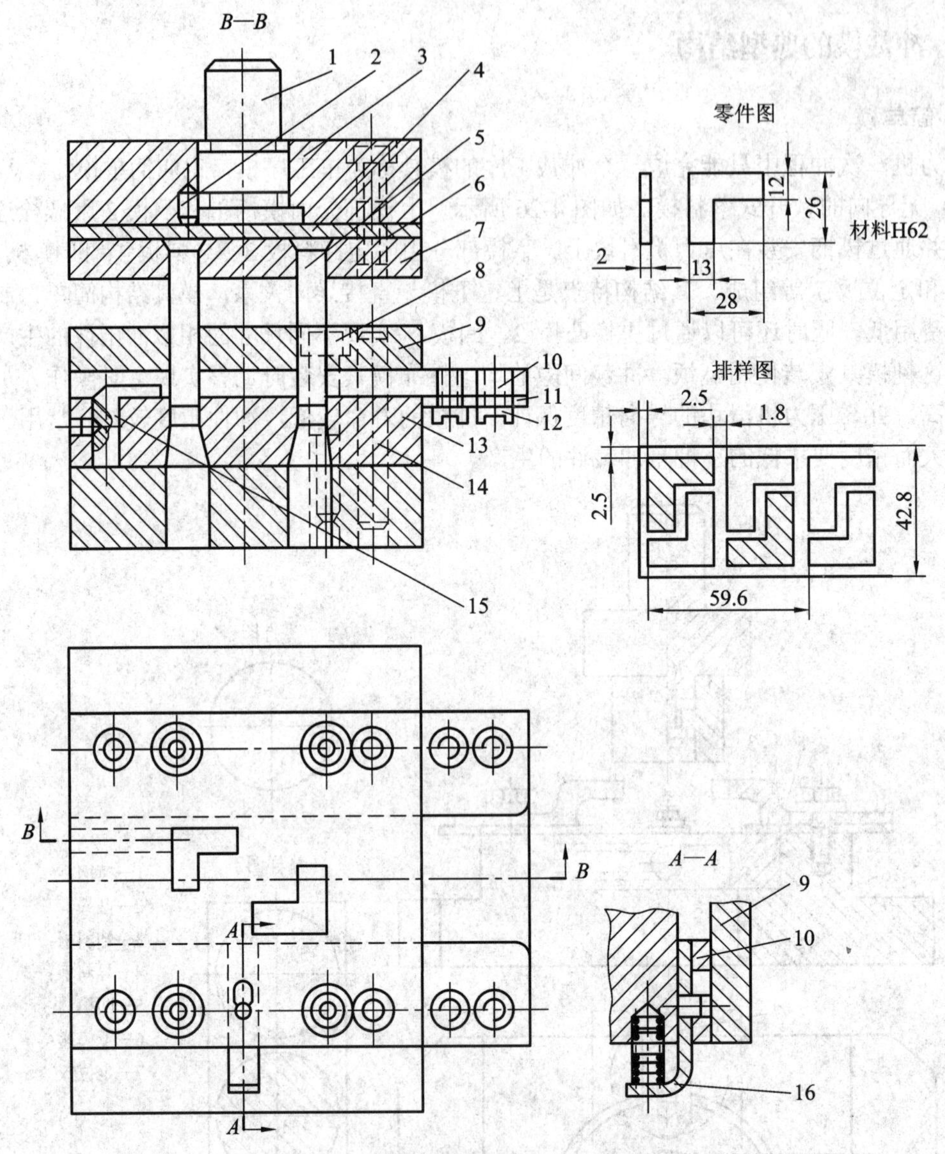


1—模柄；2—止动销；3—上模座；4、8—内六角螺钉；5—凸模；6—垫板；7—凸模固定板；9—导板；10—导料板；11—承料板；12—螺钉；13—凹模；14—圆柱销；15—固定挡料销；16—始用挡料销

图 4-27　导板式单工序落料模

根据排样的设计，这副冲模的固定挡料销所设置的位置在首次冲裁时无法起到定位作用，为此采用了始用挡料销装置。在进行首次冲裁之前，用手将始用挡料销 16 压入，以对条料进行位置的限定，凸模 5 由导板 9 导向而进入凹模 13，完成首次冲裁。在以后各次冲裁中，放开始用挡料销 16，始用挡料销 16 被弹簧推回原位，不再起挡料作用，此时靠固定挡料销(钩形挡料销)15 对条料进行定位，条料送至固定挡料销 15 位置处定位，进行第二

次冲裁，此时落下两个冲件。如此继续，直至冲完条料。分离后的零件靠凸模从凹模孔口依次推下。该模具与无导向落料模相比，精度较高，模具寿命长，但制造要复杂一些，一般仅用于料厚大于 0.3 mm 的简单冲件。

(3) 导柱式弹顶落料模。如图 4-28 所示，其模具结构特点是：利用安装在上模座 1 中的两个导套 20 与安装在下模座 14 中的两个导柱 19(导柱 19 与下模座 14 的配合、导套 20 与上模座 1 的配合均为 H7/r6)之间 H7/h6 或 H6/h5 的滑动配合导向，实现上、下模部分的精确定位，从而保证冲裁间隙的均匀性。并且该模具采用弹压卸料板 11 将箍紧在落料凸模 10 上的条料卸下，采用弹顶顶件板 13 将工件顶出。同时在冲裁过程中卸料板 11 压住条料，顶件板 13 顶住工件，工件的变形小，平面度高。该种结构广泛用于材料厚度较小，且有平面度要求的金属件和易于分层的非金属件的冲裁生产。

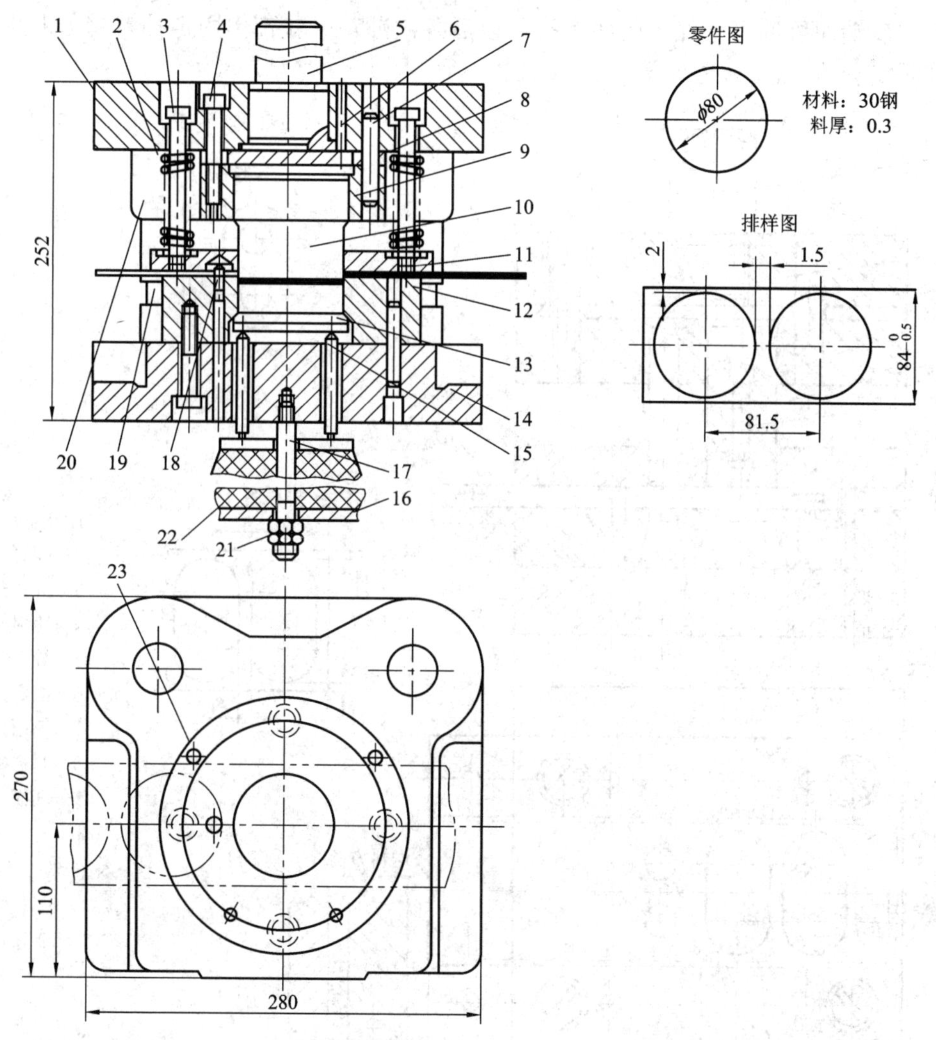


1—上模座；2—卸料弹簧；3—卸料螺钉；4—螺钉；5—模柄；6—止转销；7—圆柱销；8—垫板；9—凸模固定板；10—落料凸模；11—卸料板；12—落料凹模；13—顶件板；14—下模座；15—顶杆；16—圆板；17—螺栓；18—固定挡料销；19—导柱；20—导套；21—螺母；22—橡胶；23—导料销

图 4-28　导柱式弹顶落料模

### 2. 级进模

压力机在一次冲程中，在模具的不同部位上同时完成数道冲裁工序的模具，称为级进模。级进模所完成的冲压工序均分布在毛坯的送进方向上。

(1) 采用导正销定距的级进模。如图 4-29 所示为用导正销定距的落料冲孔级进模。上、下模用导板导向。冲孔凸模 3 与落料凸模 4 之间的距离就是送料步距。送料时由固定挡料销 6 进行初定位，由两个装在落料凸模上的导正销 5 进行精定位。导正销与落料凸模间的配合为 H7/r6，其连接应保证在修磨凸模时装拆方便，因此，落料凹模安装导正销的孔是个通孔。导正销头部的形状应有利于在导正时插入已冲的孔，它与孔的配合应略有间隙。为了保证首件的正确定距，在带导正销的级进模中，常采用始用挡料装置。它安装在导板下的导料板中间。在条料上冲制首件时，用手推始用挡料销 7，使它从导料板中伸出来抵住条料的前端即可冲第一件上的两个孔。以后各次冲裁时就都由固定挡料销 6 控制送料步距作粗定位。

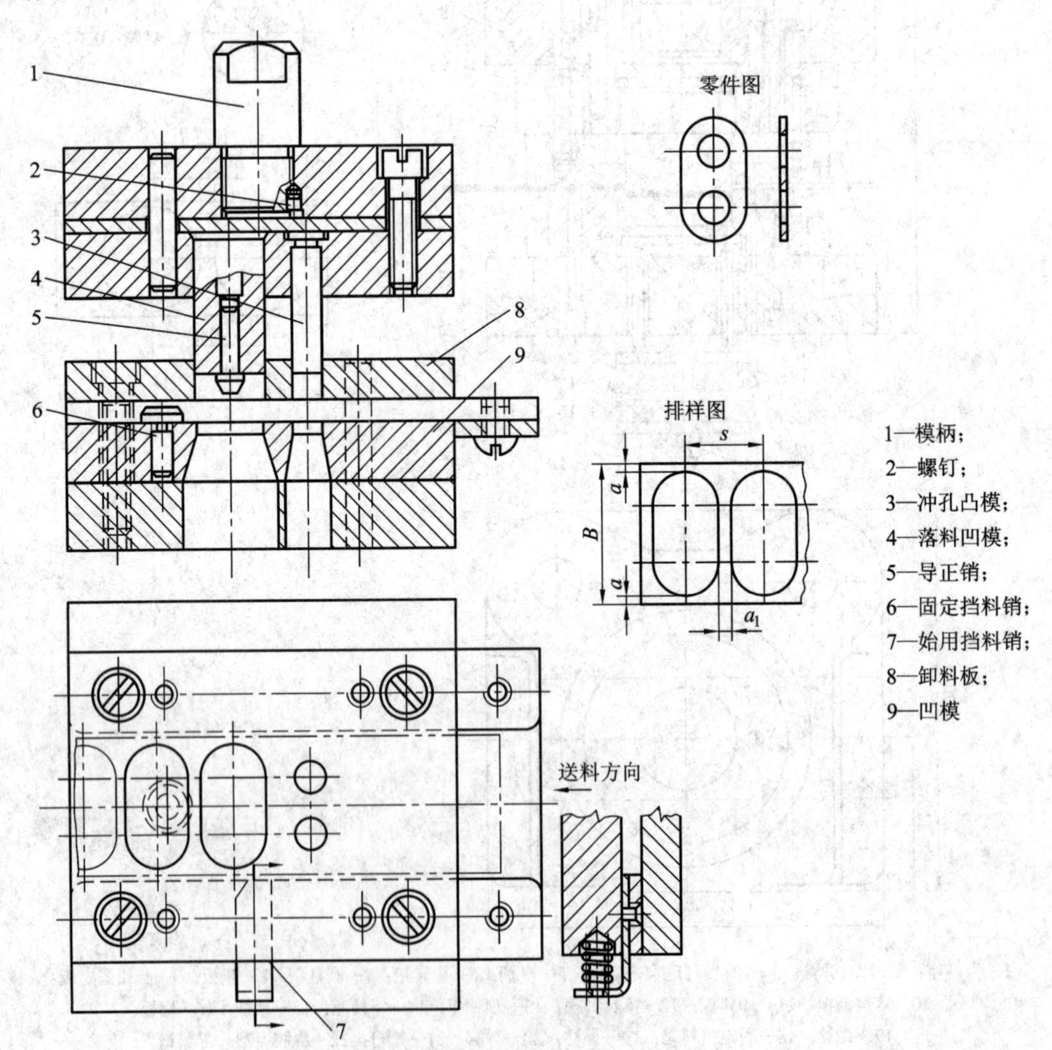


图 4-29　用导正销定距的落料冲孔级进模

这种定距方式多用于较厚板料，冲裁件上有孔，精度低于IT12级的冲裁件二工位的冲裁。它不适用于软料或板厚$\delta$<0. 3mm的冲裁件，不适于孔径小于1.5 mm或落料凸模较小的冲裁件。

(2) 采用侧刃定距的级进模。侧刃是有特殊功用的凸模，其作用是在压力机每次冲压行程中，沿条料边缘切下一块长度等于步距的料边。由于是沿送料方向上的侧刃前后，两导料板间距不同，前宽后窄形成一个凸肩，所以条料上只有切去料边的部分才能通过，通过的距离即等于步距。如图4-30所示是一套用侧刃定距的冲孔落料级进模，本套模具中用成形侧刃代替了始用挡料销、挡料销和导正销，控制条料送进距离，此外，模具采用双侧刃前后对角排列，可充分利用料尾。

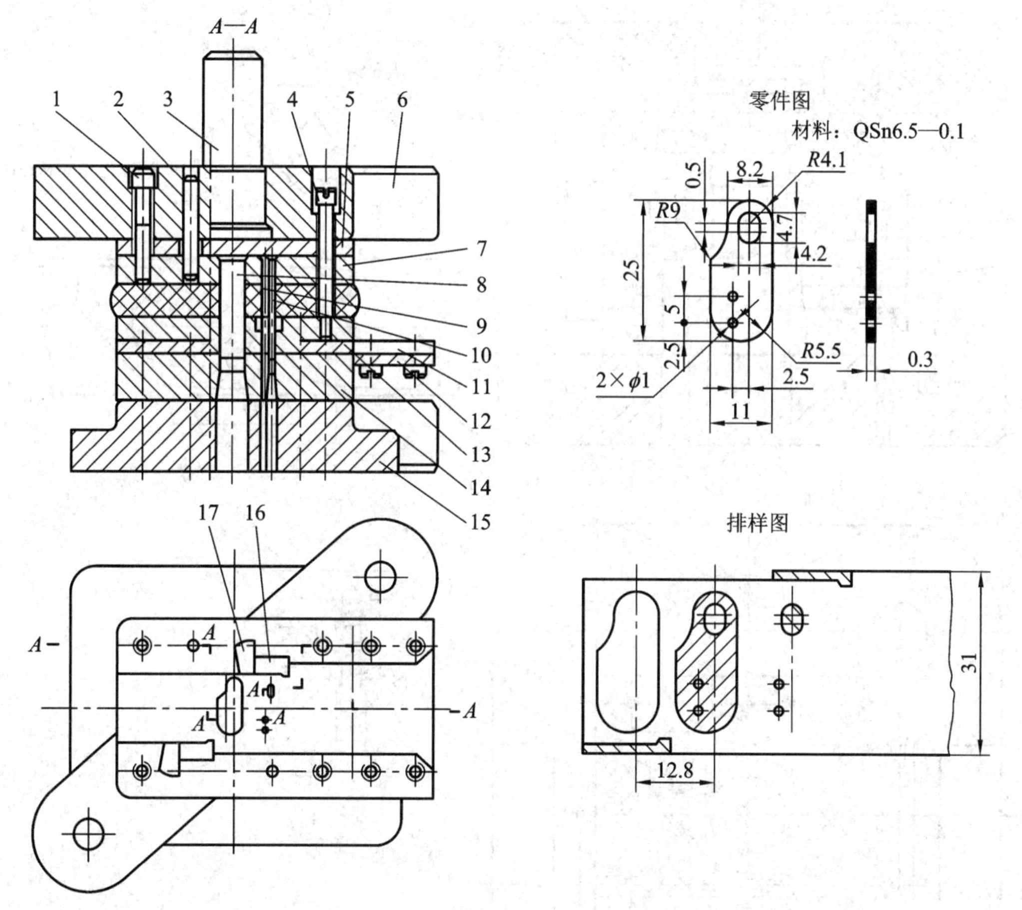


1—内六角螺钉；2—销钉；3—模柄；4—卸料螺钉；5—垫板；6—上模座；7—凸模固定板；8、9、10—凸模；11—导料板；12—承料板；13—卸料板；14—凹模；15—下模座；16—侧刃；17—侧刃挡块

图4-30 用侧刃定距的冲孔落料级进模

### 3. 复合模

压力机在一次冲程中，在模具的同一部位上同时完成数道冲压工序的模具，称为复合模。复合模的特点是结构紧凑，生产率高，冲裁件精度高，特别是冲裁件孔对外形的位置度容易保证。但复合模结构复杂，对模具精度要求较高，对模具装配精度要求也高，从而使成本提高，其主要用于批量大、精度要求高的冲裁件。

(1) 倒装复合模。落料凹模装在上模，称为倒装复合模。如图 4-31 所示是倒装式落料冲孔复合模，凸凹模 18 装在下模，落料凹模 17 和冲孔凸模 14 和 16 装在上模。倒装复合模一般采用刚性推件装置把卡在凹模中的冲裁件推出。本模具的刚性推件装置由推杆 12、推板 11 和推销 10 推动推件块 9 推出冲裁件。废料直接由凸模从凸凹模内孔推出。凸凹模孔口应采用阶梯结构，以减少凸凹模孔内积存的废料数量，防止积存过多的废料形成较大的胀力，当凸凹模壁厚较薄时，可能导致凸凹模胀裂。

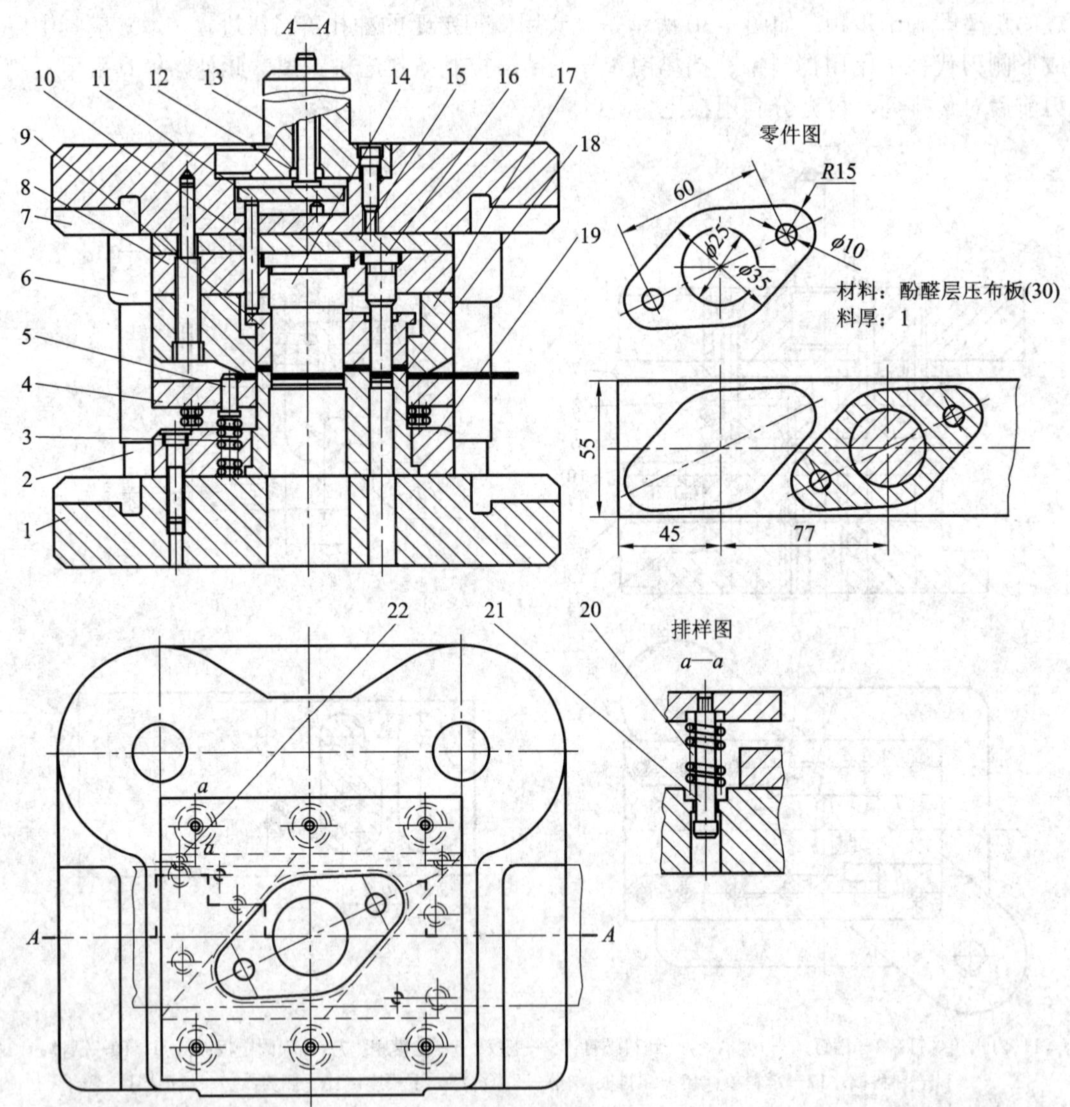


1—下模座；2—导柱；3—弹簧；4—卸料板；5—活动挡料销；6—导套；7—上模座；8—凸模固定板；9—推件块；10—推销；11—推板；12—推杆；13—模柄；14、16—凸模；15—垫板；17—凹模；18—凸凹模；19—固定板；20—弹簧；21—卸料螺钉；22—导料销

图 4-31　倒装式落料冲孔复合模

(2) 正装复合模。如图 4-32 所示为正装复合模，凸凹模 6 装在上模，落料凹模 8 和冲孔凸模 11 装在下模。工作时，条料靠导料销 13 和挡料销 12 定位。上模下压，凸凹模外形

和凹模 8 进行落料，落下的料卡在凹模孔内，同时冲孔凸模与凸凹模内孔进行冲孔，冲孔废料卡在凸凹模孔内。卡在凹模孔内的冲裁件由顶件装置顶出。顶件装置由带肩顶杆 10 和顶件块 9 及装在下模座底下的弹顶器(与下模座用螺纹孔连接)组成。当上模上行时，原来在冲裁时被压缩的弹性元件回复，把卡在凹模中的冲裁件顶出凹模面。弹顶器中弹性元件的高度不受模具空间的限制，顶件力的大小容易调整，可获得较大的顶件力。卡在凸凹模内的冲孔废料由推件装置推出。推件装置由打杆 1、推板 3 和推杆 4 组成。当上模上行至上极点时，把废料推出。每冲裁一次，冲孔废料被推出一次，凸凹模孔内不积存废料，因而胀力小，不易破裂，且冲裁件的平直度较高，但冲孔废料落在下模工作面上，清除麻烦。由于采用固定挡料销和导料销，所以在卸料板上需钻让位孔，也可采用活动导料销或挡料销。

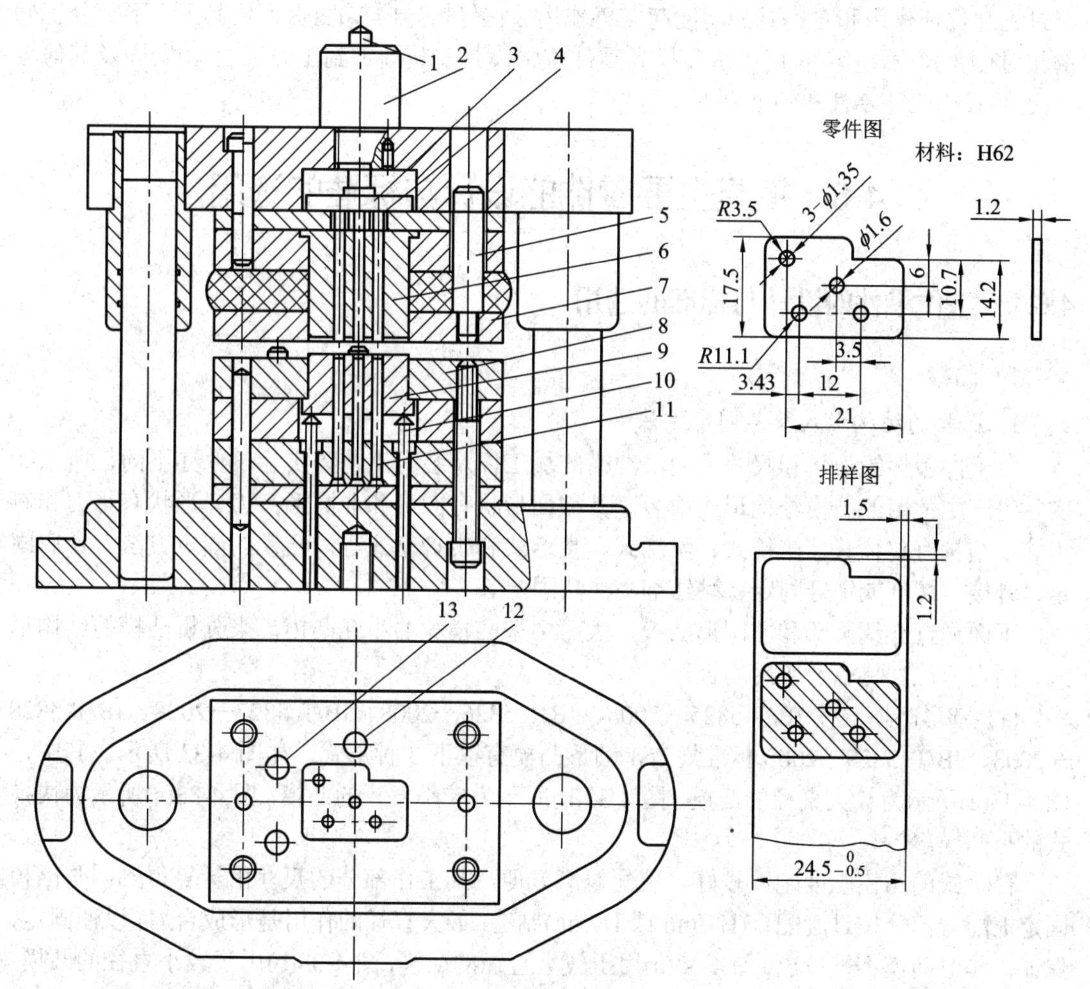


1—打杆；2—模柄；3—推板；4—推杆；5—卸料螺钉；6—凸凹模；7—卸料板；8—凹模；9—顶件块；10—带肩顶杆；11—凸模；12—挡料销；13—导料销

图 4-32　正装复合模

### 4.5.3 冲裁模零件结构形式的确定

组成模具的全部零件根据功用可以分为工艺结构零件和辅助结构零件两大类。

**1. 工艺结构零件**

工艺结构零件直接参与完成工艺过程并与毛坯直接发生作用，包括工作零件(直接对毛坯进行加工的零件)、定位零件(用以确定加工中毛坯正确位置的零件)、压料、卸料及出件零部件。

**2. 辅助结构零件**

辅助结构零件不直接参与完成工艺过程，也不和毛坯直接发生作用，只对模具完成工艺过程起保证作用和对模具的功能起完善作用。它包括导向零件(保证模具上、下部分正确的相对位置)、固定零件(用以承装模具零件或将模具安装固定到压力机上)、紧固及其他零件(连接紧固工艺零件和辅助零件)。

## 4.6 模具主要零件的设计与标准的选用

### 4.6.1 工作零件的设计与标准的选用

**1. 凸模**

1) 凸模的结构形式及其固定方法

由于冲裁件的形状和尺寸不同，冲模的加工以及装配工艺等实际条件亦不同，所以在实际生产中使用的凸模结构形式很多。其截面形状有圆形和非圆形；刃口形状有平刃和斜刃等；结构有整体式、镶拼式、阶梯式、直通式和带护套式等。凸模的固定方法有台肩固定、铆接、螺钉或销钉固定、黏结剂浇注法固定等。

下面通过介绍圆形和非圆形凸模，大、中型凸模和冲小孔凸模，来分析凸模的结构形式、固定方法、特点及应用场合。

(1) 圆形凸模。按 JB/T 5825—2008、JB/T 5826—2008、JB/T 5827—2008、JB/T 5828—2008、JB/T 5829—2008 标准规定，圆形凸模有以下 3 种形式，如图 4-33 所示。其中，图 4-33(a)所示为较大直径的凸模，图 4-33(b)所示为较小直径的凸模，图 4-33(c)所示为快换式的小凸模。

台阶式的凸模强度刚性较好，装配修磨方便，其工作部分的尺寸由计算得到；与凸模固定板配合部分按过渡配合(H7/m6 或 H7/n6)制造；最大直径的作用是形成台肩，以便固定，保证工作时凸模不被拉出。图 4-33(a)用于较大直径的凸模，图 4-33(b)用于较小直径的凸模，它们适用于冲裁力和卸料力大的场合。图 4-33(c)是快换式的小凸模，维修更换方便。

(2) 非圆形凸模。在实际生产中非圆形凸模的应用十分广泛，如图 4-34 所示。图 4-34(a)和图 4-34(b)是台阶式的。凡是截面为非圆形的凸模，如果采用台阶式的结构，其固定部分应尽量简化成简单形状的几何截面(圆形或矩形)。

图 4-34(a)是台肩固定；图 4-28(b)是铆接固定。这两种固定方法应用较广泛，但不论哪

一种固定方法，只要工作部分截面是非圆形的，而固定部分是圆形的，则都必须在固定端接缝处加防转销。以铆接法固定时，铆接部位的硬度较工作部分要低。

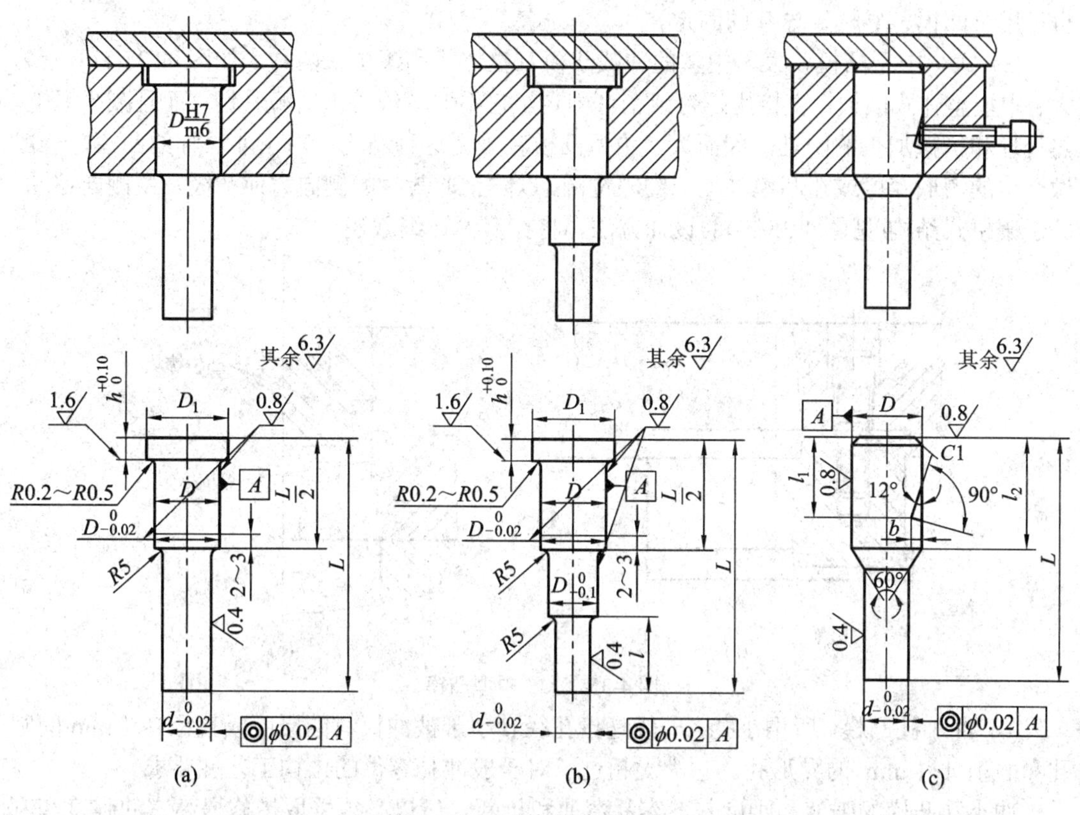


图 4-33　圆形凸模的 3 种形式

图 4-34(c)和图 4-34(d)是直通式凸模。直通式凸模用线切割加工或成形铣、成形磨削加工。截面形状复杂的凸模广泛应用这种结构。

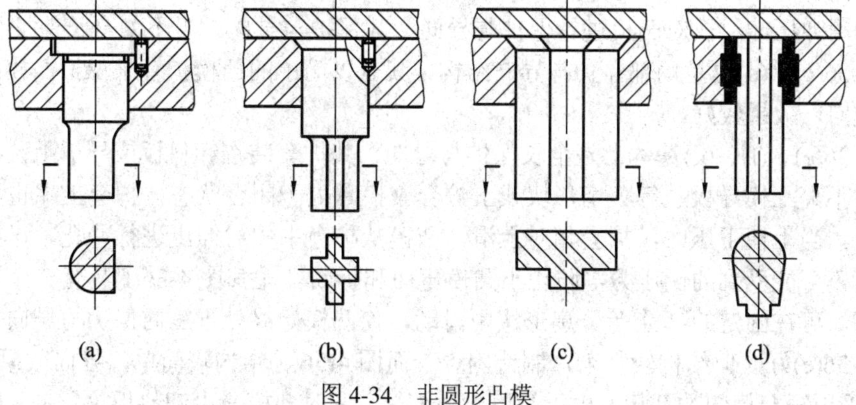


图 4-34　非圆形凸模

图 4-34(d)用黏结法固定。用低熔点合金等黏结剂固定凸模方法的优点在于，当多凸模冲裁时(如电动机定、转子冲槽孔)，可以简化凸模固定板加工工艺，便于在装配时保证凸模与凹模合理均匀的间隙。此时，凸模固定板上安装凸模的孔的尺寸较凸模大，留有一定的间隙，以便充填黏结剂。为了黏结得牢靠，在凸模的固定端或固定板相应的孔上应开设

一定的槽形。常用的黏结剂有低熔点合金、环氧树脂、无机黏结剂等，各种黏结剂均有一定的配方，也有一定的配制方法，有的在市场上可以直接买到。用黏结剂浇注的固定方法也可用于凹模、导柱、导套的固定。

(3) 大、中型凸模。大、中型的冲裁凸模有整体式和镶拼式两种。如图 4-35(a)所示为大、中型整体式凸模，直接用螺钉或销钉固定。它不但节约贵重的模具钢，而且减少锻造、热处理和机械加工的困难，因而大、中型凸模宜采用这种结构。对于非对称的凸模，一般做一定的镶嵌深度或在凸模外加一圈限位圈，以防止冲裁时的侧向力使凸模发生侧向移动。关于镶拼式结构(见图 4-35(b))的设计方法，将在后面详细叙述。

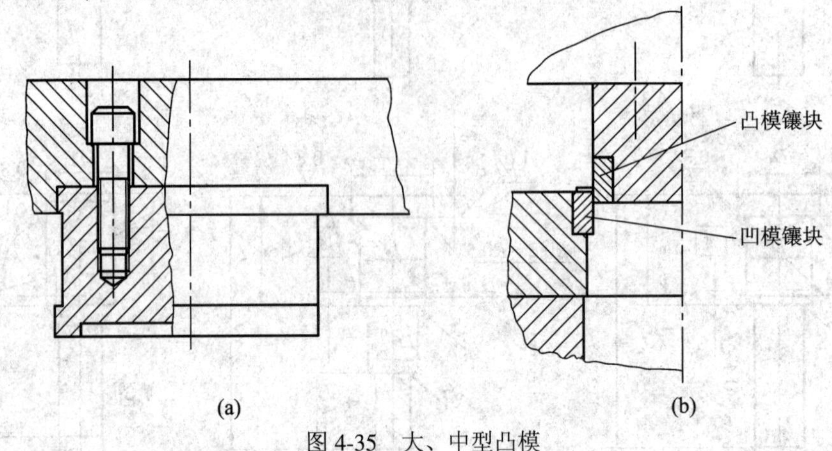


图 4-35　大、中型凸模

(4) 冲小孔凸模。所谓小孔，一般是指孔径 $d$ 小于被冲板料的厚度或直径 $d<1$ mm 的圆孔和面积 $A<1\ \text{mm}^2$ 的异形孔。它大大超过了对一般冲孔零件的结构工艺性要求。

冲小孔凸模的强度和刚度差，容易弯曲和折断，所以必须采取措施提高它的强度和刚度，从而提高其使用寿命。其方法有以下几种。

① 在冲小孔凸模上加保护与导向结构。如图 4-36 所示，冲小孔凸模上加的保护与导向结构有两种，即局部保护与导向和全长保护与导向。图 4-36(a)、(b)是局部保护与导向结构，它利用弹压卸料板对凸模进行保护与导向，其保护与导向效果不如全长保护与导向。

图 4-36(c)、(d)也是局部保护与导向结构，其是以简单的凸模护套来保护凸模的，并以卸料板导向，效果较好。

图 4-36(e)、(f)、(g)基本上是全长保护与导向，其护套装在卸料板或导板上，在工作过程中始终不离上模导板、等分扇形块或上护套。模具处于闭合状态，护套上端也不碰到凸模固定板。当上模下压时，护套相对上滑，凸模从护套中相对伸出进行冲孔。这种结构避免了小凸模可能受到的侧压力，防止小凸模弯曲和折断。尤其图 4-36(f)具有 3 个等分扇形槽的护套，可在固定的 3 个等分扇形块中滑动，使凸模始终处于三向保护与导向之中，效果较图 4-36(e)好，但结构较复杂，制造困难。而图 4-36(g)结构较简单，导向效果也较好。

② 采用短凸模的冲孔模。由于凸模大为缩短，同时凸模又以卸料板为导向，因此大大提高了凸模的刚度。

③ 在冲模的其他结构设计与制造上采取保护小凸模措施。如提高模架刚度和精度；采用较大的冲裁间隙；采用斜刃壁凹模以减小冲裁力；取较大卸料力(一般取冲裁力的 10%)；保证凸、凹模间隙的均匀性并减小工作表面粗糙度等。

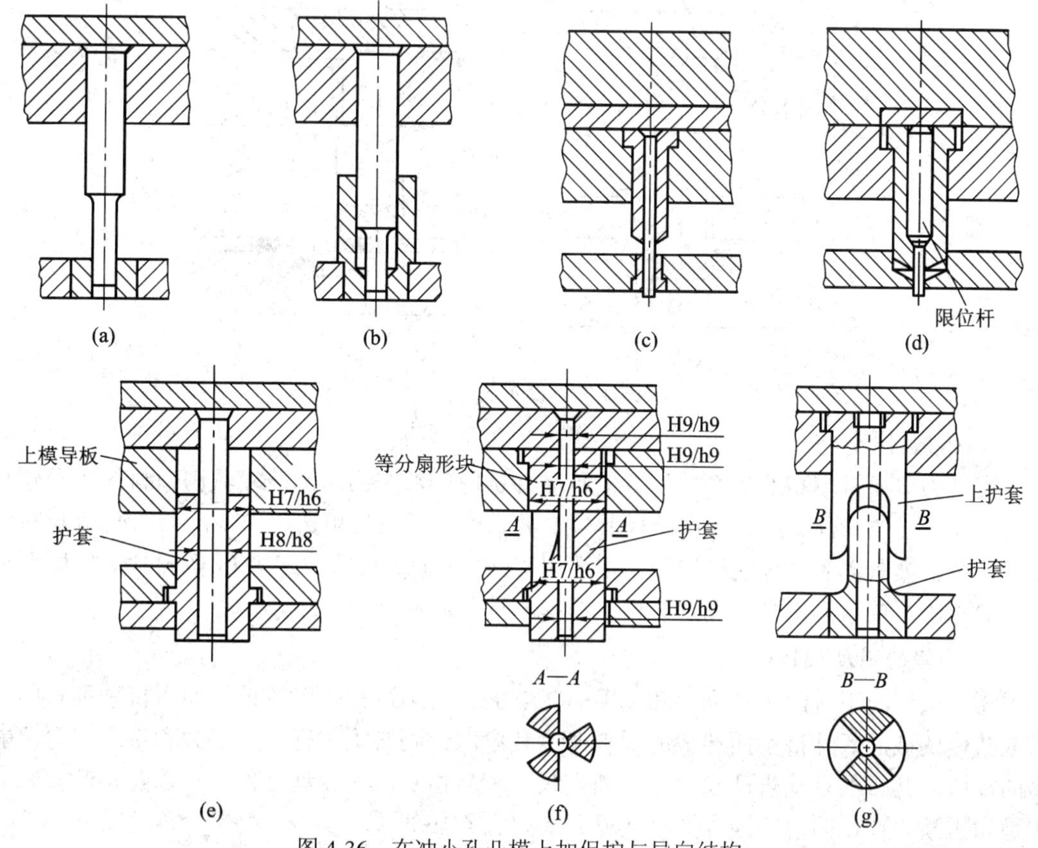


图 4-36　在冲小孔凸模上加保护与导向结构

应该指出，在实际生产中，只有孔的尺寸小于结构工艺性许可值，或经过校核后凸模的强度和刚度小于特定条件下的许可值时，才采取必要措施以增强凸模的强度和刚度。即使尺寸稍大于许可值的凸模，由于考虑到模具制造和使用等各种因素的影响，也要根据具体情况采取一些必要的保护措施，以增加凸模使用的可靠性。

2) 凸模长度计算

凸模长度尺寸应根据模具的具体结构，并考虑修磨、固定板与卸料板之间的安全距离和装配等的需要来确定。

当采用固定卸料板或导料卸料板卸料时，如图 4-37(a)所示，其凸模长度按下式计算：

$$L = h_1 + h_2 + h_3 + h \tag{4-33}$$

当采用弹压卸料板卸料时，如图 4-37(b)所示，其凸模长度按下式计算：

$$L = h_1 + h_2 + t + h \tag{4-34}$$

式中：$L$——凸模长度(mm)；

$h_1$——凸模固定板厚度(mm)；

$h_2$——卸料板厚度(mm)；

$h_3$——导料板厚度(mm)；

$t$——材料厚度(mm)；

$h$——增加长度。它包括凸模的修磨量、凸模进入凹模的深度(0.5～1 mm)、凸模固定板与卸料板之间的安全距离等，一般取 10～20 mm。

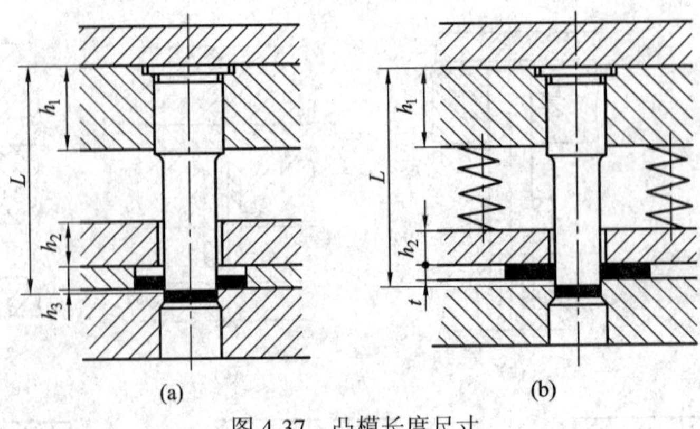


图 4-37　凸模长度尺寸

3) 凸模材料

模具刃口要有较高的耐磨性，并能承受冲裁时的冲击力。因此模具刃口材料应有较高的硬度和适当的韧性。形状简单、模具寿命要求不高的凸模可选用 T8A、T10A 等材料。形状复杂、模具寿命要求较高的凸模可选用 Cr12、Cr12MoV、CrWMn 等材料，硬度要求 58～62HRC。要求高寿命、高耐磨性的凸模可选用硬质合金材料。

4) 凸模的强度校核

在一般情况下，凸模的强度和刚度是足够的，无须进行强度校核。但对特别细长的凸模或凸模的截面尺寸很小而冲裁的板料厚度较厚时，则必须进行承压能力和抗纵向弯曲能力的校核。其目的是检查凸模的危险断面尺寸和自由长度是否满足要求，以防止凸模纵向失稳和折断。冲裁凸模的强度效核计算公式如表 4-16 所示。

**表 4-16　冲裁凸模强度校核计算公式**

| 校核内容 | | 计算公式 | | 式中符号意义 |
|---|---|---|---|---|
| 弯曲应力 | 简图 | 无导向（d、L） | 有导向（d、L） | $L$——凸模允许的最大自由长度(mm)；<br>$d$——凸模最小直径(mm)；<br>$A$——凸模最小断面($mm^2$)；<br>$J$——凸模最小断面的惯性矩($mm^4$)；<br>$F$——冲裁力(N)；<br>$t$——冲压材料厚度(mm)；<br>$\tau$——冲压材料抗剪强度(MPa)；<br>$[\sigma_{压}]$——凸模材料的许用压应力(MPa)，碳素工具钢常淬火后的许用压应力一般为淬火前的 1.5～3 倍 |
| | 圆形 | $L \leqslant 90\dfrac{d^2}{\sqrt{F}}$ | $L \leqslant 270\dfrac{d^2}{\sqrt{F}}$ | |
| | 非圆形 | $L \leqslant 416\sqrt{\dfrac{J}{F}}$ | $L \leqslant 1180\sqrt{\dfrac{J}{F}}$ | |
| 压应力 | 圆形 | $d \geqslant \dfrac{4t\tau}{[\sigma_{压}]}$ | | |
| | 非圆形 | $d \geqslant \dfrac{F}{[\sigma_{压}]}$ | | |

2．凹模

凹模的类型很多，凹模的外形有圆形和板形；结构有整体式和镶拼式；刃口也有平刃和斜刃。

1) 凹模外形结构及其固定方法

如图4-38(a)、(b)所示为JB/T 5830—2008标准中的两种圆形凹模及其固定方法。这两种圆形凹模尺寸都不大，直接安装在凹模固定板中，主要用于冲孔。

如图4-38(c)所示是采用螺钉和销钉直接固定在支承件上的凹模板，这种凹模板已经有标准(JB/T 7643.1—2008和JB/T 7643.4—2008)，它与标准固定板、垫板和模座等配合使用，一般选用T10A、9Mn2V、CrWMn、Cr12和Cr12MoV等材料。如图4-38(d)所示为快换式冲孔凹模固定方法。

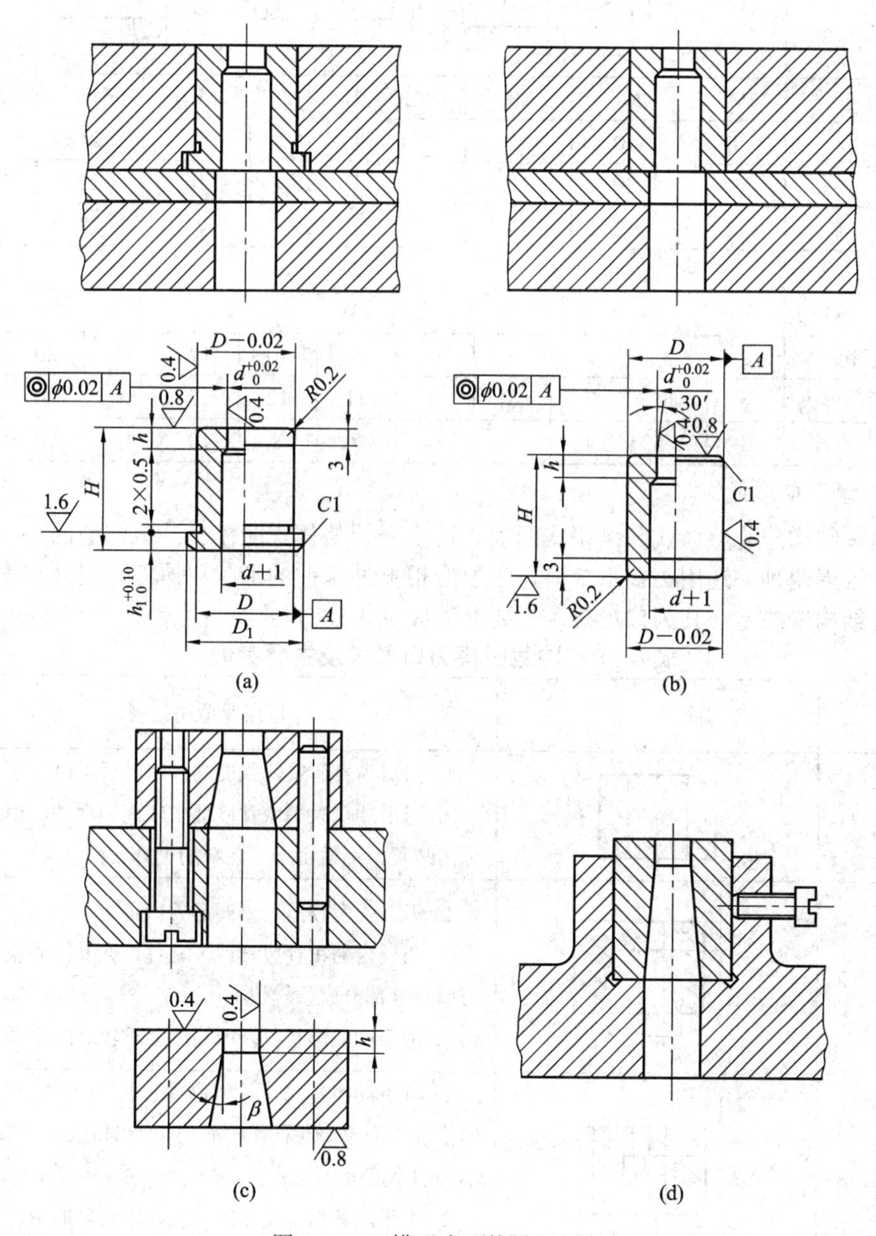


图4-38　凹模形式及其固定方法

对于板式凹模，采用螺钉和销钉定位固定时，要保证螺钉孔(或沉孔)间、螺孔与销孔间及螺孔、销孔与凹模刃壁间的距离不能太近，否则会影响模具的强度和寿命。孔距的最小值可参考表 4-17。

**表 4-17　螺孔(或沉孔)、销钉之间及至刃壁的最小距离**　　mm

| 简图 | | | | | | | | | |
|---|---|---|---|---|---|---|---|---|---|
| 螺钉孔 | | M4 | M6 | M8 | M10 | M12 | M16 | M20 | M24 |
| $S_1$ | | 8 | 10 | 12 | 14 | 16 | 20 | 25 | 30 |
| | | 6.5 | 8 | 10 | 11 | 13 | 16 | 20 | 25 |
| $S_2$ | 淬火 | 7 | 12 | 14 | 17 | 19 | 24 | 28 | 35 |
| $S_3$ | 淬火 | 5 | | | | | | | |
| | 不淬火 | 3 | | | | | | | |

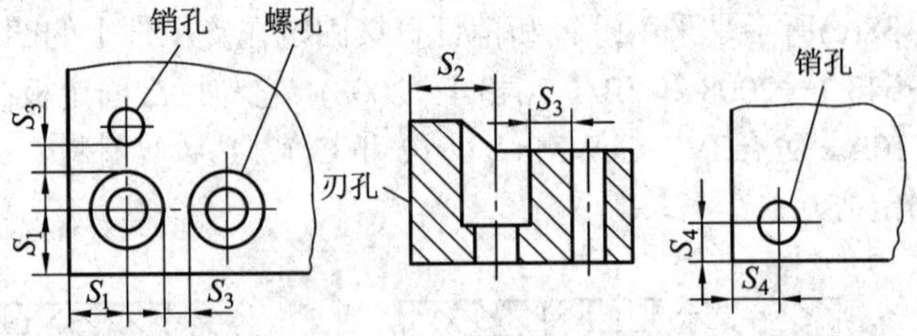

| 销钉孔 | | 2 | 3 | 4 | 5 | 6 | 8 | 10 | 12 | 16 | 20 | 25 |
|---|---|---|---|---|---|---|---|---|---|---|---|---|
| $S_4$ | 淬火 | 5 | 6 | 7 | 8 | 9 | 11 | 12 | 15 | 16 | 20 | 25 |
| | 不淬火 | 3 | 3.5 | 4 | 5 | 6 | 7 | 8 | 10 | 13 | 16 | 20 |

2) 凹模刃口形式

凹模按结构分为整体式和镶拼式凹模，这里介绍整体式凹模。冲裁凹模的刃口形式有直筒形和锥形两种。选用刃口形式时，主要应根据冲裁件的形状、厚度、尺寸精度以及模具的具体结构来决定，其刃口形式及主要参数如表 4-18 所示。

**表 4-18　冲裁凹模刃口形式及主要参数**

| 刃口形式 | 序号 | 简　　图 | 特点及适用范围 |
|---|---|---|---|
| 直筒形刃口 | 1 | 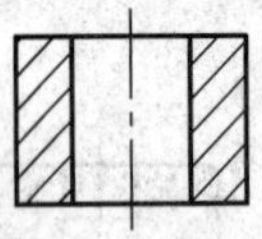 | 1. 刃口为直通式，强度高，修磨后刃口尺寸不变。<br>2. 用于冲裁大型或精度要求较高的零件，模具装有顶出装置，不适用于下漏料的模具 |
| | 2 | 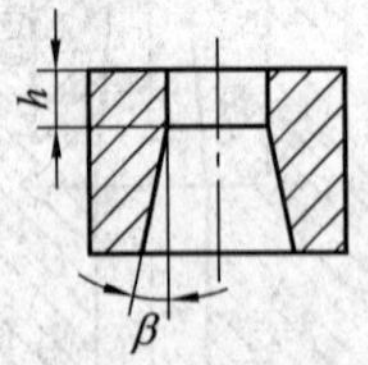 | 1. 刃口强度较高，修磨后刃口尺寸不变。<br>2. 凹模内易积存废料或冲裁件，尤其间隙较小时，刃口直壁部分磨损较快。<br>3. 用于冲裁形状复杂或精度要求较高的零件 |
| | 3 | 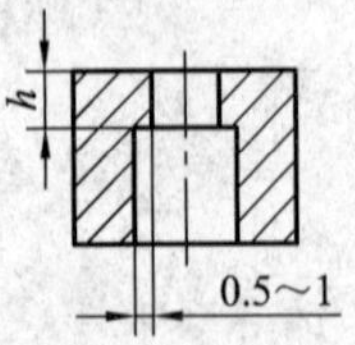 | 1. 特点同序号 2，且刃口直壁下面的扩大部分可使凹模加工简单，但采用下漏方式时刃口强度不如序号 2 的刃口强度高。<br>2. 用于冲裁形状复杂或精度要求较高的中、小型件，也可用于装有顶出装置的模具 |

续表

| 刃口形式 | 序号 | 简　图 | 特点及适用范围 |
|---|---|---|---|
| 直筒形刃口 | 4 | | 1. 凹模硬度较低(有时可不淬火，一般为 40HRC 左右)，可用手锤敲击刃口外侧斜面以调整冲裁间隙。<br>2. 用于冲裁薄而软的金属或非金属材料 |
| 锥形刃口 | 5 | | 1. 刃口强度较差，修磨后刃口尺寸略有增大。<br>2. 凹模内不易积存废料或冲裁件，刃口内壁磨损较慢。<br>3. 用于冲裁形状简单、精度要求不高的零件 |
| | 6 | | 1. 特点同序号 5。<br>2. 用于冲裁形状复杂的零件 |

| 主要参数 | 材料厚度 $t$/mm | $\alpha$ | $\beta$ | 刃口高度 | 备注 |
|---|---|---|---|---|---|
| | <0.5 | 15′ | 2° | ≥4 | $\alpha$、$\beta$ 值适用于机械加工后经钳工精修。一般电火花加工取 $\alpha = 4' \sim 20'$(复合模取小值)，$\beta = 30' \sim 50'$，带斜度装置的线切割取 $\beta = 2° \sim 1.5°$ |
| | 0.5～1.0 | | | ≥5 | |
| | 1.0～2.5 | | | ≥6 | |
| | 2.5～6.0 | 30′ | 3° | ≥8 | |
| | >6 | | | — | |

3) 整体式凹模轮廓尺寸的确定

冲裁时凹模承受冲裁力和侧向挤压力的作用。由于凹模结构形式和固定方法不同，受力情况又比较复杂，因此目前还不能用理论方法确定凹模轮廓尺寸。在生产中，通常根据冲裁的板料厚度和冲件的轮廓尺寸，或根据凹模孔口刃壁间距离，按经验公式来确定，如图 4-39 所示。

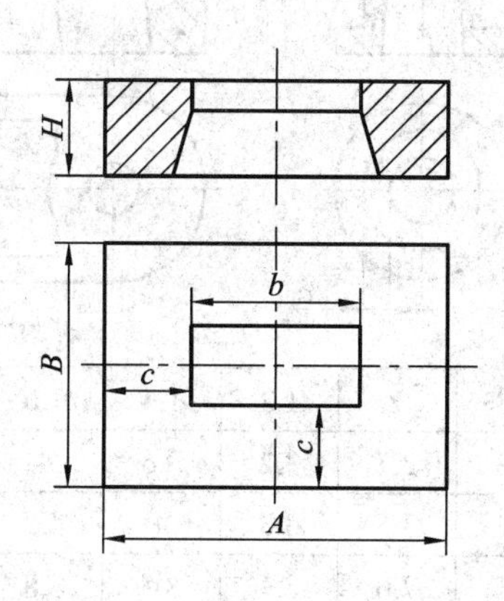


图 4-39　凹模外形尺寸的确定

凹模厚度

$$H = kb \quad (\geqslant 15\ \text{mm}); \tag{4-35}$$

凹模壁厚

$$c = (1.5 \sim 2)H \quad (\geqslant 30 \sim 40\ \text{mm}) \tag{4-36}$$

式中：$b$——凹模刃口的最大尺寸(mm)；

$k$——系数，考虑板料厚度的影响，如表 4-19 所示。

**表 4-19　凹模厚度系数 $k$**　　mm

| $b$ | 材料厚度 $t$ | | |
|---|---|---|---|
| | ≤1 | >1～3 | >3～6 |
| ≤50 | 0.30～0.40 | 0.35～0.50 | 0.45～0.60 |
| >50～100 | 0.20～0.30 | 0.22～0.35 | 0.30～0.45 |
| >100～200 | 0.15～0.20 | 0.18～0.22 | 0.22～0.30 |
| >200 | 0.10～0.15 | 0.12～0.18 | 0.15～0.22 |

对于多孔凹模，刃口与刃口之间的距离应该满足强度要求，可按复合模的凸凹模最小壁厚进行设计。

### 3. 凸凹模

凸凹模是复合模中同时具有落料凸模和冲孔凹模作用的工作零件。它的内外缘均为刃口，内外缘之间的壁厚取决于冲裁件的尺寸。从强度方面考虑，其壁厚应受最小值限制。凸凹模的最小壁厚与模具结构有关：当模具为正装结构时，内孔不积存废料，胀力小，最小壁厚可以小些；当模具为倒装结构时，若内孔为直筒形刃口形式，且采用下出料方式，则内孔可积存一定数量的废料，胀力大，故最小壁厚应大些。凸凹模的最小壁厚值，目前一般按经验数据确定，倒装复合模的凸凹模最小壁厚如表 4-20 所示。正装复合模的凸凹模最小壁厚可比倒装的小些。

**表 4-20　倒装复合模的凸凹模最小壁厚 $\delta$**　　mm

| 简图 | | | | | | | | | | | |
|---|---|---|---|---|---|---|---|---|---|---|---|
| 材料厚度 $t$ | 0.4 | 0.6 | 0.8 | 1 | 1.2 | 1.4 | 1.6 | 1.8 | 2 | 2.2 | 2.5 |
| 最小壁厚 $\delta$ | 1.4 | 1.8 | 2.3 | 2.7 | 3.2 | 3.6 | 4 | 4.4 | 4.9 | 5.2 | 5.8 |
| 材料厚度 $t$ | 2.8 | 3 | 3.2 | 3.5 | 3.8 | 4 | 4.2 | 4.4 | 4.6 | 4.8 | 5 |
| 最小壁厚 $\delta$ | 6.4 | 6.7 | 7.1 | 7.6 | 8.1 | 8.5 | 8.8 | 9.1 | 9.4 | 9.7 | 10 |

### 4．凸、凹模的镶拼结构

1) 镶拼结构的应用场合及镶拼方法

对于大、中型的凸、凹模或形状复杂、局部薄弱的小型凸、凹模，如果采用整体式结构，将给锻造、机械加工或热处理带来困难，而且当发生局部损坏时，就会造成整个凸、凹模的报废，因此常采用镶拼结构的凸、凹模。

镶拼结构有镶接和拼接两种：镶接是将局部易磨损部分另做一块，然后镶入凹模体或凹模固定板内，如图4-40所示；拼接是把整个凸、凹模的形状按分段原则分成若干块，分别加工后拼接起来，如图4-41所示。

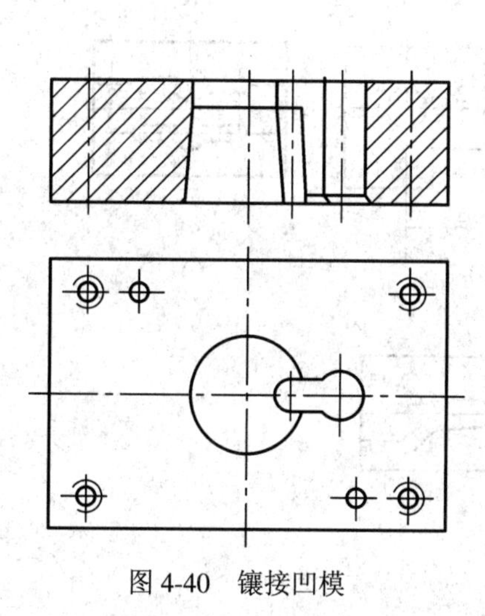
图4-40　镶接凹模

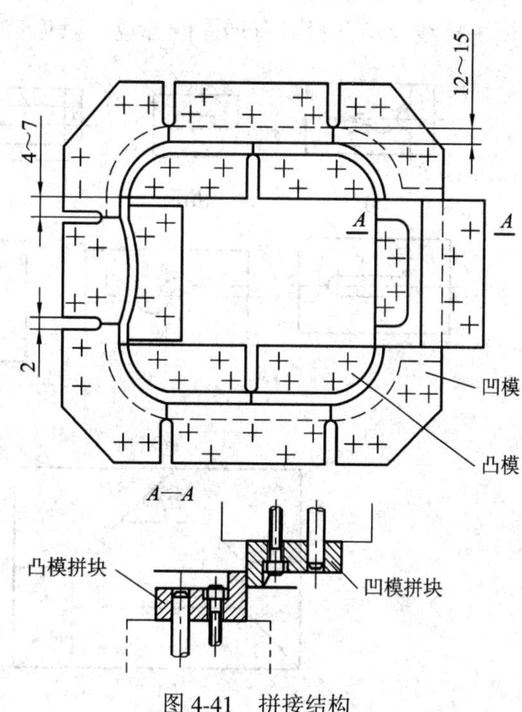

图4-41　拼接结构

2) 镶拼结构的设计原则

凸模和凹模镶拼结构设计的依据是凸、凹模形状、尺寸及其受力情况，冲裁板料厚度等。镶拼结构设计的一般原则如下：

(1) 力求改善加工工艺性，减少钳工工作量，提高模具加工精度。

① 尽量将形状复杂的内形加工变成外形加工，以便于切削加工和磨削，如图4-42(a)、(b)、(d)、(g)所示。

② 尽量使分割后拼块的形状、尺寸相同，可以几块同时加工和磨削，如图4-42(d)、(g)、(f)所示。一般沿对称线分割可以实现这个目的。

③ 应沿转角、尖角分割，并尽量使拼块角度大于或等于90°，如图4-42(j)所示。

④ 圆弧尽量单独分块，拼接线应在离切点4～7 mm的直线处，大圆弧和长直线可以分为几块，如图4-42(e)所示。

⑤ 拼接线应与刃口垂直，而且不宜过长，一般为12～15 mm，如图4-41所示。

(2) 便于装配调整和维修。

① 比较薄弱或容易磨损的局部凸出或凹进部分，应单独分为一块，如图 4-40 和图 4-42(a)所示。

② 拼块之间应能通过磨削或增减垫片的方法调整其间隙或保证中心距公差，如图 4-42(h)、(i)所示。

③ 拼块之间可以以凸、凹槽形相嵌，便于拼块定位，防止在冲压过程中发生相对移动，如图 4-42(k)所示。

(3) 满足冲压工艺要求，提高冲裁件质量。

凸模与凹模的拼接线应至少错开 4～7 mm，以免冲裁件产生毛刺，如图 4-41 所示；拉深模拼接线应避开材料有增厚的部位，以免零件表面出现拉痕。

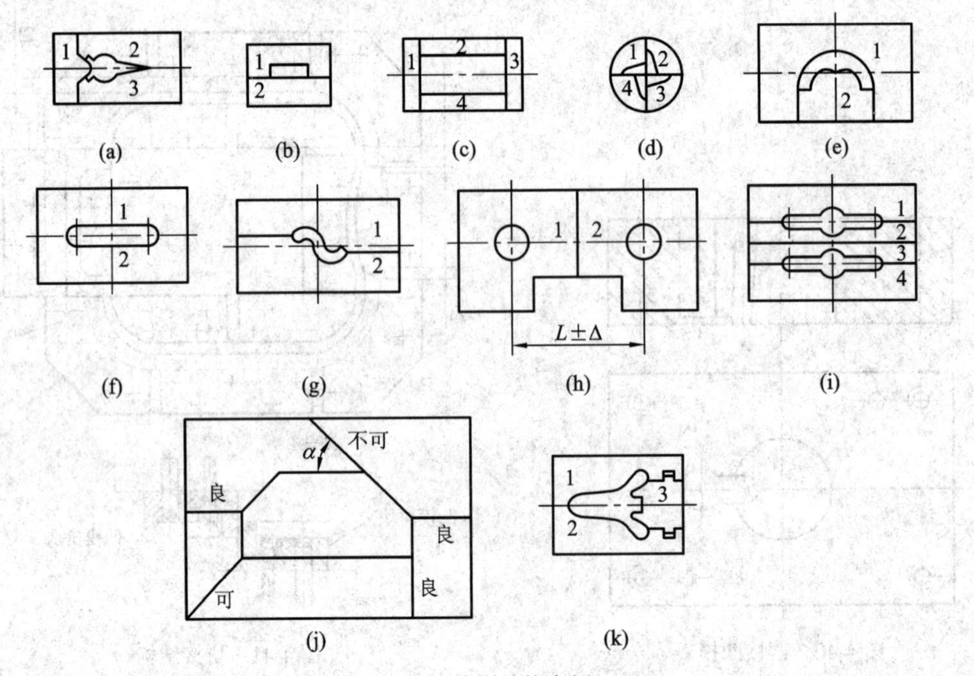


图 4-42　镶拼结构实例

为了减少冲裁力，大型冲裁件或厚板冲裁的镶拼模可以把凸模(冲孔时)或凹模(落料时)制成波浪形斜刃，如图 4-43 所示。斜刃应对称，拼接面应取在最低或最高处，每块一个或半个波形，斜刃高度 $H$ 一般取 1～3 倍的板料厚度。

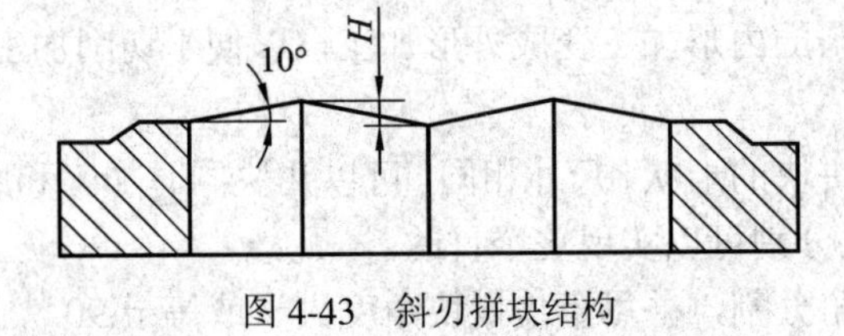


图 4-43　斜刃拼块结构

3) 镶拼结构的固定方法

镶拼结构的固定方法主要有以下几种：

(1) 平面式固定。平面式固定是把拼块直接用螺钉、销钉紧固定位于固定板或模座平面上，如图 4-41 所示。这种固定方法主要用于大型的镶拼凸、凹模。

(2) 嵌入式固定。嵌入式固定是把各拼块拼合后嵌入固定板的凹槽内，再用螺钉进行固定的方法，如图 4-44(a)所示。

(3) 压入式固定。压入式固定是把各拼块拼合后，以过盈配合的形式压入固定板孔内，如图 4-44(b)所示。

(4) 斜楔式固定。斜楔式固定是把拼块以燕尾的形式嵌入固定板的燕尾槽内，再以契紧块进行契紧的方法，如图 4-44(c)所示。

此外，还有用黏结剂浇注等固定方法。

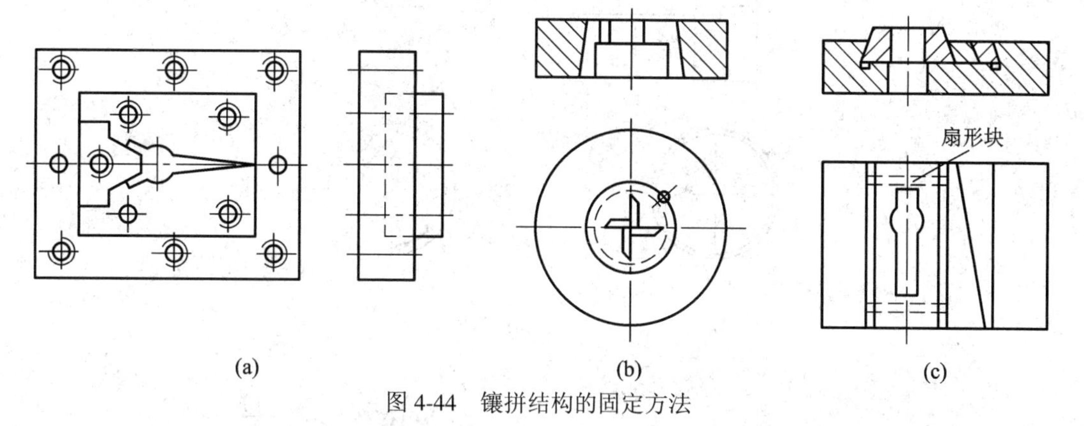


图 4-44　镶拼结构的固定方法

## 4.6.2　定位零件的设计与标准的选用

冲模的定位零件是用来保证条料的正确送进及在模具中的正确位置定位的。条料在模具送料平面中必须有两个方向的限位：一是在与条料送进方向垂直的方向上的限位，保证条料沿正确的方向进行送进，称为送进导向；二是在条料送料方向上的限位，控制条料一次送进的距离(步距)，称为送料定距。

对于块料或工序件的定位，基本也是在两个方向上的限位，只是定位零件的结构形式与条料所选用的结构形式会有所不同而已。

属于送进导向的定位零件有导料销、导料板、侧压板等；属于送料定距的定位零件有挡料销、导正销、侧刃等；属于块料或工序件的定位零件有定位销、定位板等。

选择定位方式及定位零件种类时，应根据坯料条件、模具结构、冲裁件精度和生产率的要求等进行考虑。

### 1．挡料销

挡料销起定位作用，用它挡住搭边或冲裁件轮廓，以限定条料送进距离或坯料的放置位置，一般分为固定挡料销、活动挡料销和始用挡料销等结构形式。

(1) 固定挡料销。标准结构的固定挡料销如图 4-45(a)所示(JB/T 7649.10—2008)，其结构简单，制造容易，广泛用于冲制中、小型冲裁件的挡料定距。其缺点是销孔离凹模刃壁较近，容易削弱挡料销处的凹模口强度。为解决这一问题，固定挡料销中还有一种钩形挡料销的结构形式，这种挡料销的销孔与定位体中心间有一定的偏置量，从而使挡料销销孔距离凹模刃口壁距离增大，可以减小销孔对凹模强度的削弱影响。但为了防止钩头在使用过程中发生转动，需考虑防转装置的设计，如图 4-45(b)所示。

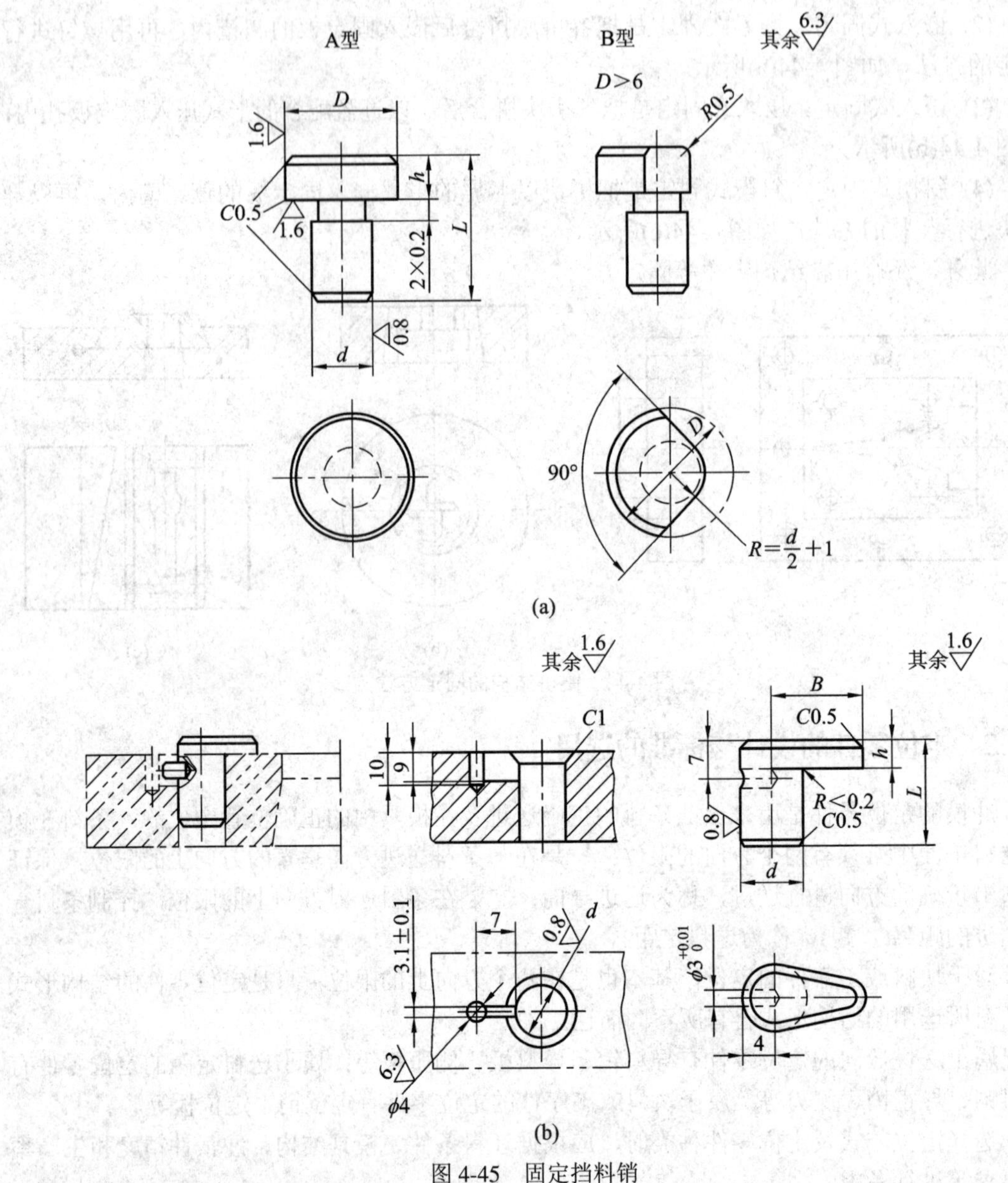


图 4-45　固定挡料销

(2) 活动挡料销。标准结构的活动挡料销装置如图 4-46 所示。图 4-46(a)为弹簧弹顶挡料装置(JB/T 7649.5—2008)；图 4-46(b)是扭簧弹顶挡料装置(JB/T 7649.6—2008)；图 4-46(c)为橡胶弹顶挡料装置(JB/T 7649.9—2008)。以上 3 类挡料装置常用于具有弹压卸料板的模具上，挡料装置设置在弹压卸料板上，主要适用于厚度较薄的条料、块料或工序件的定位。冲裁工作中，压力滑块带动凹模向弹压卸料板运动，先将活动挡料销压入弹压卸料板，再与条料(块料或工序件)和弹压卸料板压合，一起向凸模运动，与凸模配合完成冲裁工作，以解决固定挡料销取短值时无法对条料(块料或工序件)进行定距的问题；固定挡料销取长值时凹模无法与弹压卸料板对条料(块料或工序件)进行压料，无法保证冲裁件质量。

图 4-46(d)为回带式挡料装置(JB/T 7649.7—2008)，回带式挡料装置常用于具有固定卸料板的模具上。回带式挡料装置的挡料销对着送料方向带有斜面，送料时搭边碰撞斜面使

挡料销跳起，使搭边可以越过挡料销，搭边越过挡料销后将条料后拉，挡料销便挡住搭边而使条料定位。即每次送料都要进行先推后拉操作，作方向相反的两个动作，所以操作比较麻烦，影响生产效率。采用哪一种结构形式挡料销，需根据卸料方式、卸料装置的具体结构及操作等因素进行综合考虑。

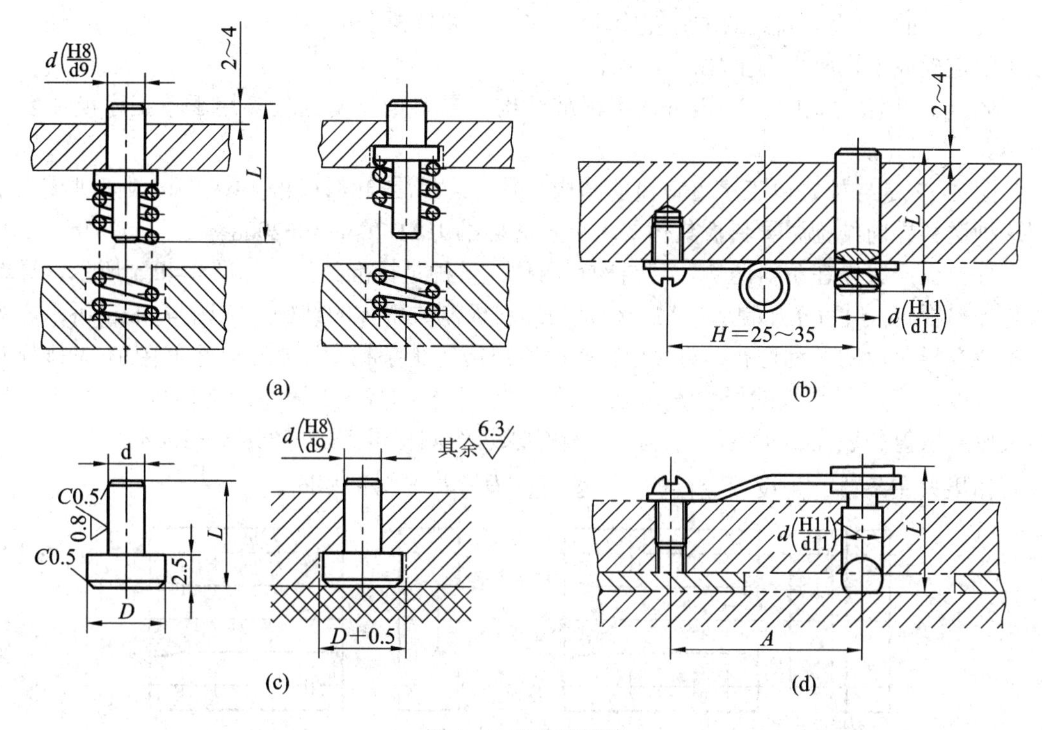


图4-46 活动挡料销

(3) 始用挡料销(JB/T 7649.1—2008)。如图4-47所示为标准结构的始用挡料销。始用挡料销一般用于以导料板送料导向的级进模。一副模具用几个始用挡料销，取决于冲裁排样方法及工位数。采用始用挡料销，可提高材料利用率。始用挡料装置中的弹簧靠弹簧芯柱(JB/T 7649.2—2008)固定，弹簧芯柱的材料推荐采用Q235A。

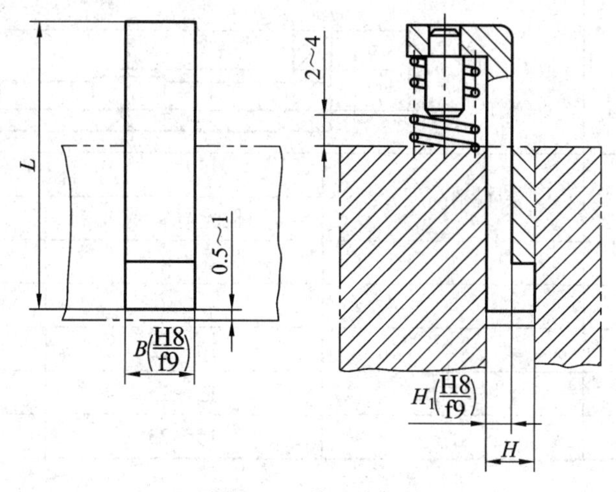


图4-47 始用挡料销

### 2．导料销、导料板

导料销或导料板是对条料或带料的侧向进行导向，以免条料或带料送偏。

导料销一般设置两个或 3 个，并设置在条料的同侧，条料从右向左进行送料时，导料销一般设置在条料后侧；条料从前向后进行送料时，导料销一般设置在左侧。导料销可设在凹模上平面(一般为固定式的)；也可以设在弹压卸料板上平面(一般为活动式的)；还可以设在固定板或下模座平面上(如导料螺钉)。

固定式和活动式的导料销可选用标准结构。导料销导向定位多用于单工序模和复合模中。

图 4-27 是导板式单工序落料模的结构，具有导板(或卸料板)的单工序模或级进模常采用这种送料导向结构。导料板具体要求可查阅标准 JB/T 7648.5—2008。

导料板一般设在条料两侧，其结构有两种：一种是标准结构，如图 4-48(a)所示，导料板与卸料板(或导板)分开制造；另一种是与卸料板制成整体的结构，如图 4-48(b)所示。为使条料在导料板间顺利通行，两块导料板间距离应等于条料宽度加上一个间隙值(见排样及条料宽度计算)。导料板的厚度 $H$ 取决于导料方式和板料厚度。采用固定挡料销定距时，导料板厚度取值如表 4-21 所示。承料板具体要求可查阅标准 JB/T 7648.6—2008。

如果只在条料一侧设置导料板，其位置的设置与导料销相同。

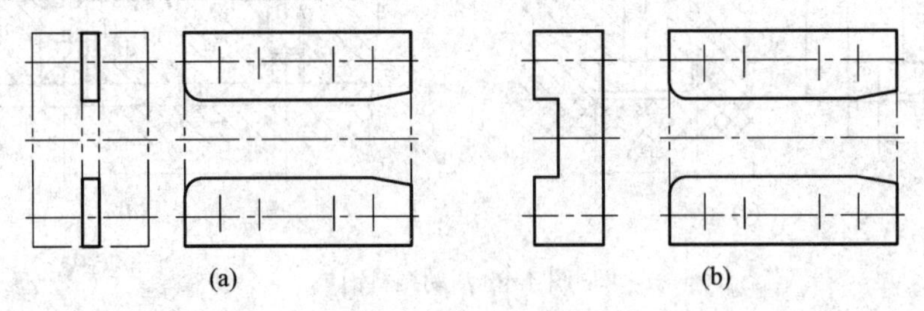


图 4-48　导料板结构

**表 4-21　导料板厚度 $H$**　　mm

| 简　　图 | $H$　$h$　$t$ | | |
|---|---|---|---|
| 材料厚度 $t$ | 挡料销高度 $h$ | 导料板厚度 $H$ | |
| | | 固定导料销 | 自动导料销 |
| 0.3～2 | 3 | 6～8 | 4～8 |
| 2～3 | 4 | 8～10 | 6～8 |
| 3～4 | 4 | 10～12 | 8～10 |
| 4～6 | 5 | 12～15 | 8～10 |
| 6～10 | 8 | 15～25 | 10～15 |

### 3．侧压装置

一般生产中条料通过剪板机人工操作剪切下料，条料的误差较大。因此条料在导料板中常易产生侧向摆动，使条料在导料板中发生偏摆现象，从而影响冲裁工作的稳定和冲裁件质量，生产中常需增加条料的搭边值，以解决这一问题。为避免条料在导料板中发生偏摆问题，使最小搭边值得到保证，应在送料方向一侧的导料板上设置侧压装置，以迫使条料始终紧靠另一侧导料板进行送进，使条料不至于产生侧向摆动，以利于稳定地进行冲裁工作。如图 4-49 所示是一套带簧片压块式侧压装置的级进模。

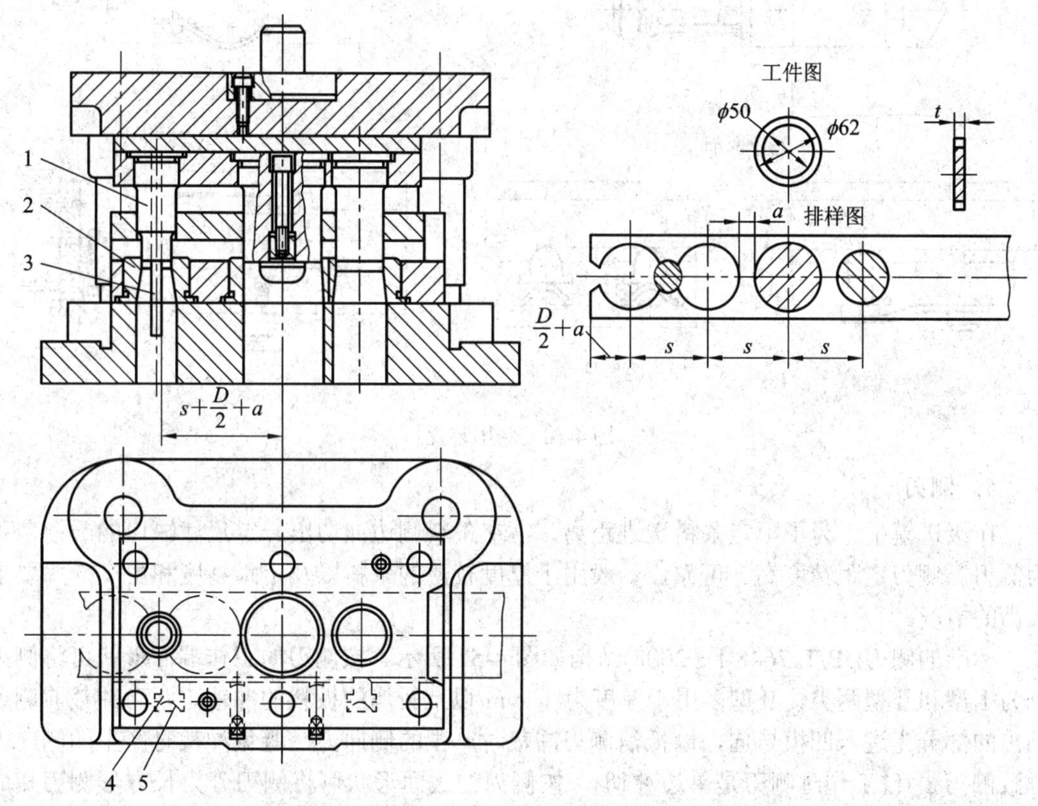


1—凸模；2—凹模；3—挡料杆；4—侧压板；5—侧压簧片

图 4-49 具有簧片压块式侧压装置的级进模

标准的侧压装置有两种：如图 4-50(a)所示是弹簧式侧压装置(JB/T 7649.3—2008)，其侧压力较大，宜用于较厚板料的冲裁模；如图 4-50(b) 所示为簧片式侧压装置(JB/T 7649.4—2008 侧压簧片)，侧压力较小，宜用于板料厚度为 0.3～1mm 的薄板冲裁模。在实际生产中还有两种侧压装置：如图 4-50(c)所示是簧片压块式侧压装置，其应用场合与图 4-50(b)相似；如图 4-50(d)所示是板式侧压装置，侧压力大且均匀，一般装在模具进料一端，适用于侧刃定距的级进模中。在一副模具中，侧压装置的形式、数量和位置的选择视实际需要而定。

应该注意的是，厚度在 0.3 mm 以下的薄板因强度较低不宜采用侧压装置。另外，由于有侧压装置的模具的送料阻力会增加，因而对于用辊轴自动送料装置的模具不宜设置侧压装置。

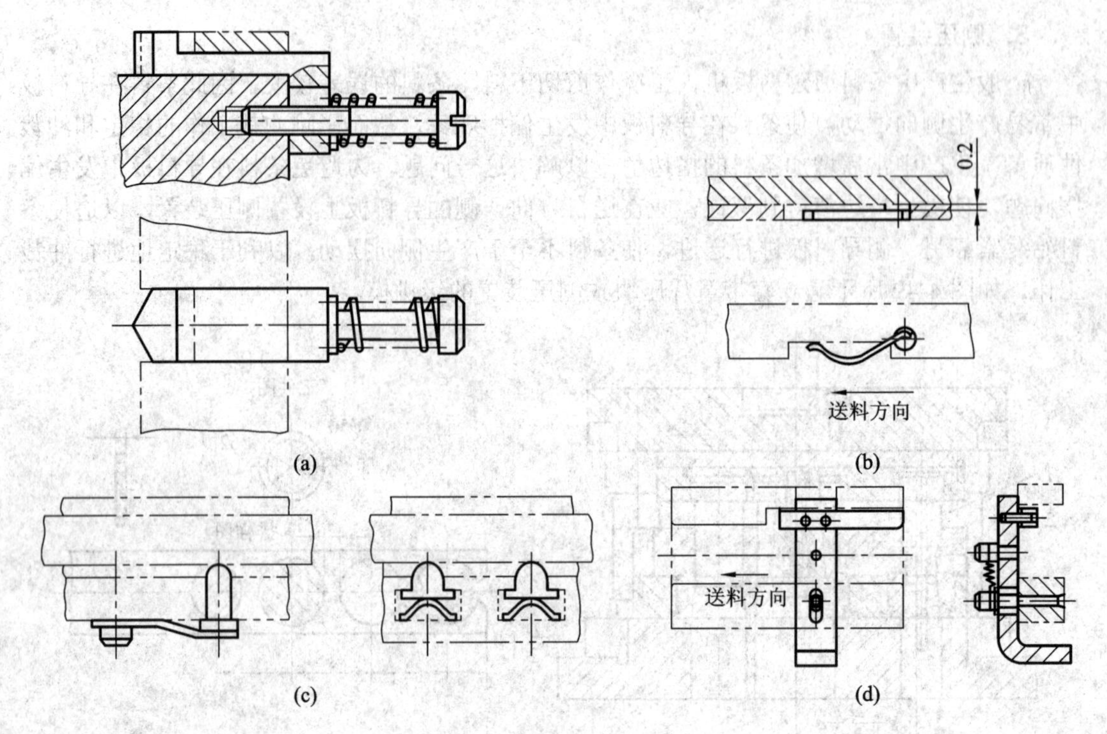


图 4-50　侧压装置

### 4．侧刃

在级进模中，为了限定条料送进距离，常在条料侧边冲切出一定尺寸缺口的凸模，称为侧刃。侧刃定距精度高、可靠，一般用于厚度较薄的条料以及定距精度和生产效率要求较高的情况。

标准的侧刃(JB/T 7648.1—2008)结构如图 4-51 所示。按侧刃的工作端面形状可将侧刃分为Ⅰ型和Ⅱ型两类。Ⅱ型多用于厚度为 1 mm 以上较厚的板料的冲裁定距。冲裁前侧刃凸出的部分先进入凹模导向，以抵消侧刃冲裁时产生的侧向力，避免冲裁时产生的侧向力导致侧刃损坏(工作时侧刃是单边冲切)。按侧刃的截面形状可将侧刃分为长方形侧刃和成形侧刃两类。图 4-51 中的ⅠA 型和Ⅱ A 型为长方形侧刃。其结构简单，制造容易，但当刃口尖角磨损后，在条料侧边形成的毛刺会影响条料的顺利送进和定位的准确性，如图 4-52(a)所示。采用成形侧刃时，如果条料侧边形成毛刺，毛刺将离开导料板和侧刃挡板的定位面，所以条料送进顺畅、定位准确，如图 4-52(b)所示。但这种侧刃使切边宽度增加，材料消耗增多，侧刃结构较复杂，制造较困难。长方形侧刃一般用于板料厚度小于 1.5 mm，冲裁件精度要求不高的送料定距；成形侧刃一般用于板料厚度小于 0.5 mm 或者冲裁件精度要求较高的送料定距。侧刃材料一般选 T10A，热处理硬度为 56～60HRC。使用以上侧刃时还应配侧刃挡块，标准 JB/T 7648.2—2008、JB/T 7648.3—2008、JB/T 7648.4—2008 分别对 A 型侧刃挡块、B 型侧刃挡块、C 型侧刃挡块的形状尺寸和技术要求做了规定，推荐选材为 T10A，热处理硬度为 56～60HRC。

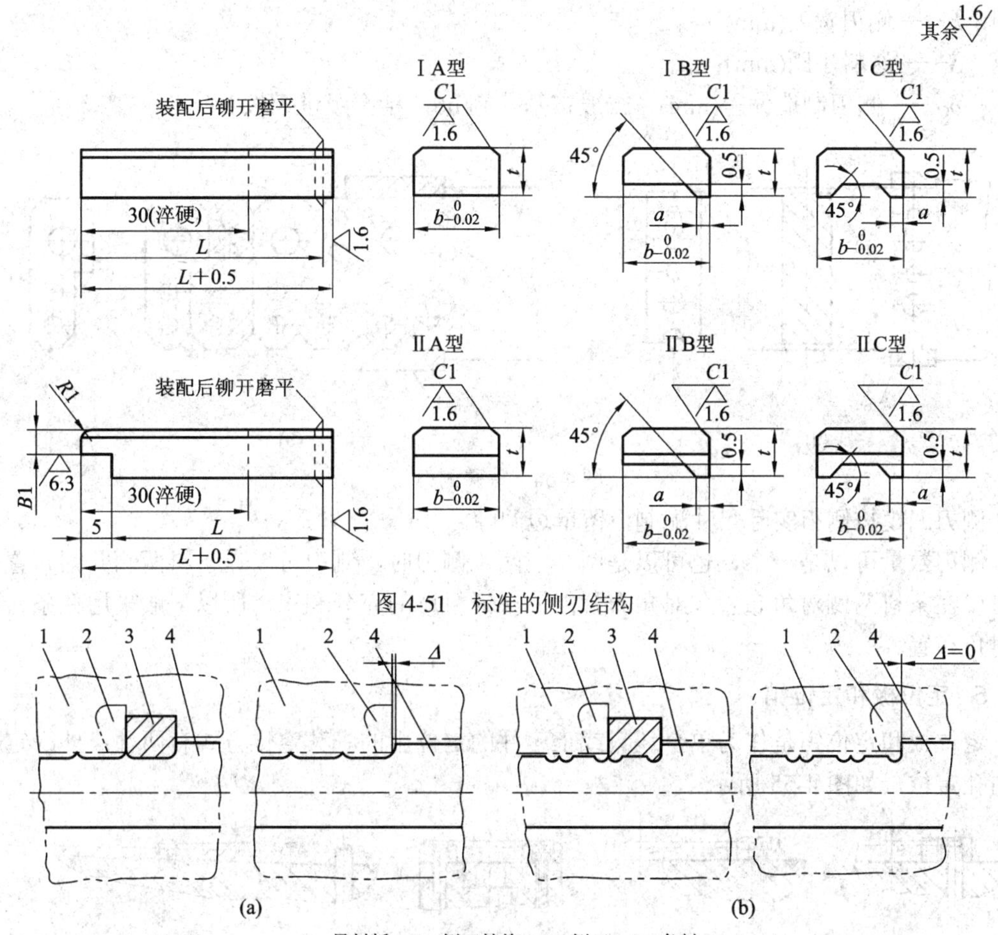


图 4-51　标准的侧刃结构

1—导料板；2—侧刃挡块；3—侧刃；4—条料

图 4-52　两类侧刃定位误差比较

如图 4-53 所示是尖角形侧刃。它与弹簧挡销配合使用。尖角形侧刃工作过程如下：侧刃先在料边冲出一个缺口，条料送进时，当缺口直边滑过挡销后，再向后拉条料，至挡销直边挡住缺口为止实现定距。使用这种侧刃定距，材料消耗少，但操作不便，生产率低，此类侧刃可用于冲裁贵重金属。

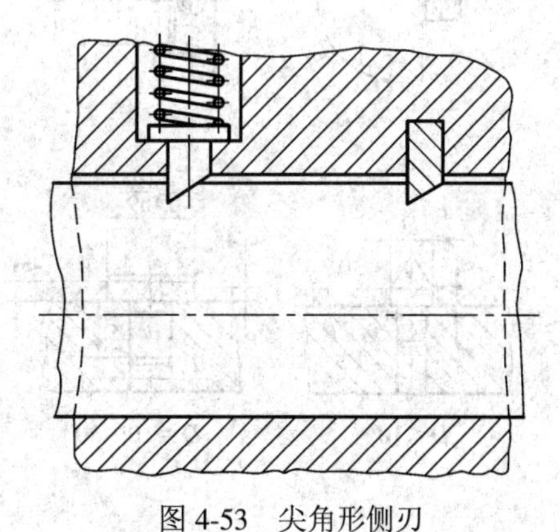

图 4-53　尖角形侧刃

在实际生产中，往往遇到两侧边或一侧边有一定形状的冲裁件，如图 4-54 所示。对这种零件如果用侧刃定距，则可以设计与侧边形状对应的特殊侧刃(见图 4-54 中的 1 和 2)。这种侧刃既可定距，又可冲裁出零件的部分轮廓。这种侧刃断面的关键尺寸是侧刃宽度 $b$，其他尺寸则按标准规定。宽度 $b$ 原则上等于送料步距，但在侧刃与导正销兼用的级进模中，其宽度为

$$b = [S + 0.05 \sim 0.1]_{-\delta_C}^{\ 0} \tag{4-37}$$

式中：$b$——侧刃宽度(mm)；

$S$——送料步距(mm)；

$\delta_C$——侧刃制造偏差(mm)，一般按基孔制 h6，精密级进模按 h4。

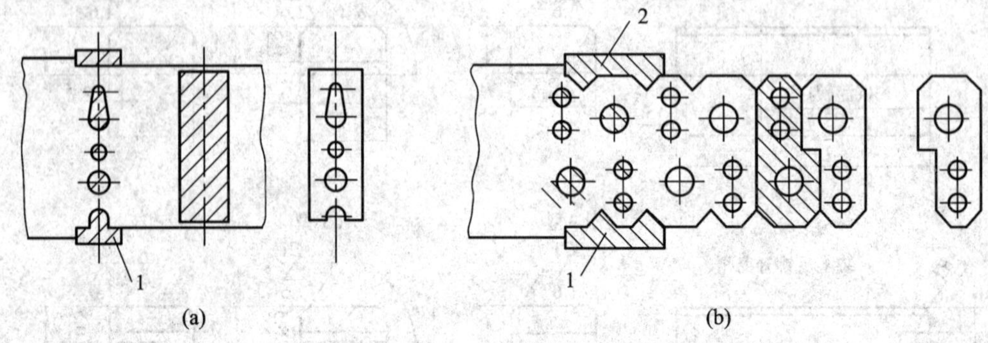


图 4-54　特殊侧刃

侧刃凹模按侧刃实际尺寸配制，留单边间隙。

侧刃数量可以是一个，也可以是两个。两个侧刃时，侧刃可以在条料两侧并列布置，也可以在条料两侧对角布置，对角布置能够保证料尾的充分利用，所以一般采用在条料两侧对角布置。

### 5. 定位板和定位销

定位板和定位销是作为单个坯料或工序件的定位用的。其定位方式有两种：外缘定位和内孔定位，如图 4-55 所示。

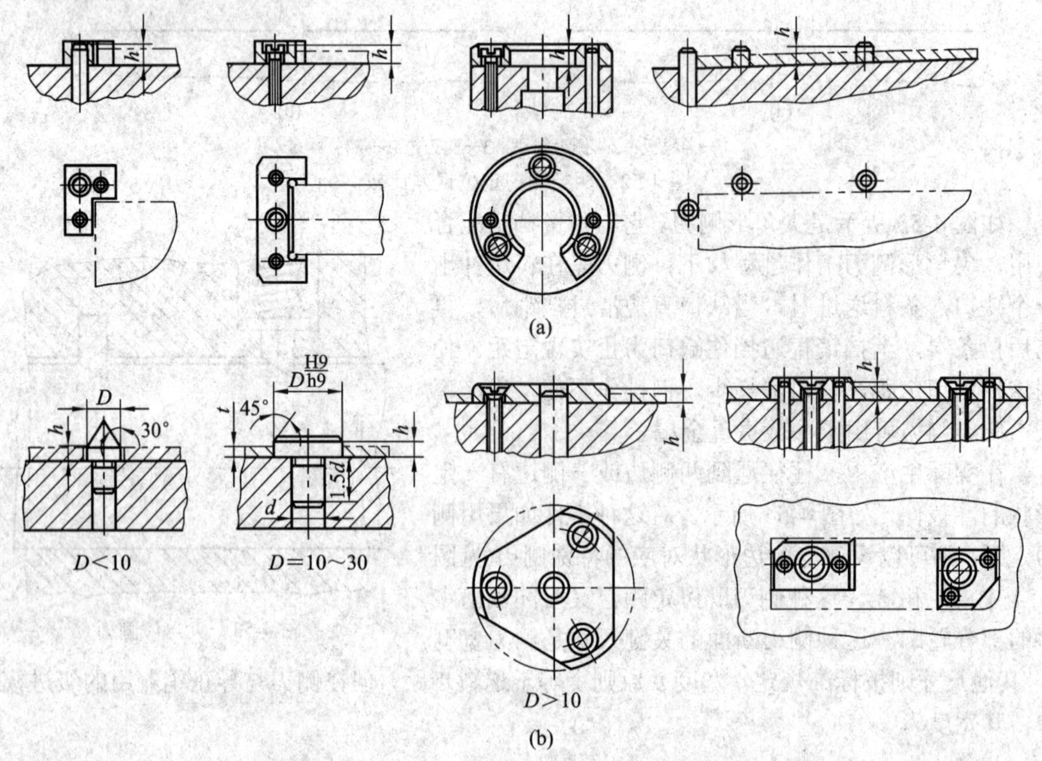


图 4-55　定位板和定位销的结构形式

定位方式是根据坯料或工序件的形状复杂性、尺寸大小和冲压工序性质等具体情况决定的。外形比较简单的冲件一般可采用外缘定位，如图 4-55(a)所示；外轮廓较复杂的一般可采用内孔定位，如图 4-55(b)。定位板厚度或定位销的高度选择如表 4-22 所示。

**表 4-22　定位板厚度或定位销高度**

| 材料厚度 $t$ | <1 | 1～3 | >3～5 |
| --- | --- | --- | --- |
| 高度(厚度)$h$ | $t+2$ | $t+1$ | $t$ |

### 4.6.3　压料、卸料、送料零件的设计与标准的选用

**1．卸料装置**

(1) 固定式卸料板。如图 4-56(a)、(b)所示的卸料板用于平板件的冲裁卸料。如图 4-56(a)所示的卸料板与导料板设计为整体式结构，一般用于板料较薄的情况；如图 4-56(b)所示的卸料板与导料板为分开式结构，多用于板料较厚且为挡料销定距的情况。如图 4-56(c)所示的卸料板一般用于成形后的工序件且外形尺寸较大而冲孔尺寸较小的卸料情况。如图 4-56(d)所示的卸料板一般也用于成形后的工序件且外形尺寸不大而高度尺寸较大的卸料情况。

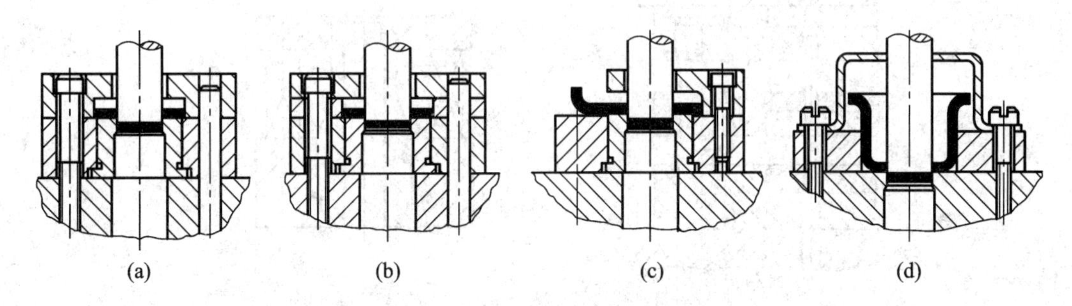


图 4-56　固定卸料板

当卸料板仅起卸料作用时，凸模与卸料板的双边间隙取决于板料厚度，一般取值在 0.2～0.5 mm 之间，板料较薄时取小值；板料较厚时取大值。当固定卸料板兼起导板作用时，一般选择 H7/h6 配合制造，但应保证导板与凸模之间间隙小于凸、凹模之间的冲裁间隙，以保证凸、凹模的正确配合。固定卸料板的卸料力大，卸料可靠。因此，当冲裁板料较厚(大于 0.5 mm)、卸料力较大、平直度要求不很高的冲裁件时，一般可采用固定式卸料板。

(2) 弹压式卸料装置。弹压式卸料装置由卸料板、弹性元件(弹簧或橡胶)、卸料螺钉等零件组成，如图 4-57 所示。

弹压式卸料装置既起卸料作用又起压料作用，所得冲裁件质量较好，平直度较高。因此，质量要求较高的冲裁件或薄板冲裁宜用弹压式卸料装置。如图 4-57(a)所示的弹压卸料方法适用于简单且生产批量较少的冲裁模。

如图 4-57(b)所示的弹压式卸料装置是以导料板为送进导向的冲裁模中使用的卸料装置。卸料板凸台部分的高度值为

$$h = H-(0.1～0.3)t \tag{4-38}$$

式中：$h$——卸料板凸台高度(mm)；

$H$——导料板高度(mm)；

$t$——板料厚度(mm)。

如图 4-57(c)、(e)所示的弹压式卸料装置属倒装式模具的卸料装置，但前者的弹性元件装在下模座之下，卸料力大小容易调节。

如图 4-57(d)所示的弹压式卸料装置中，卸料板以两个以上的小导柱导向，保证卸料板的位置精度，以免弹压卸料板产生水平摆动。卸料板可以作为细长小凸模的导向和保护，保护小凸模冲裁时不易被折断。

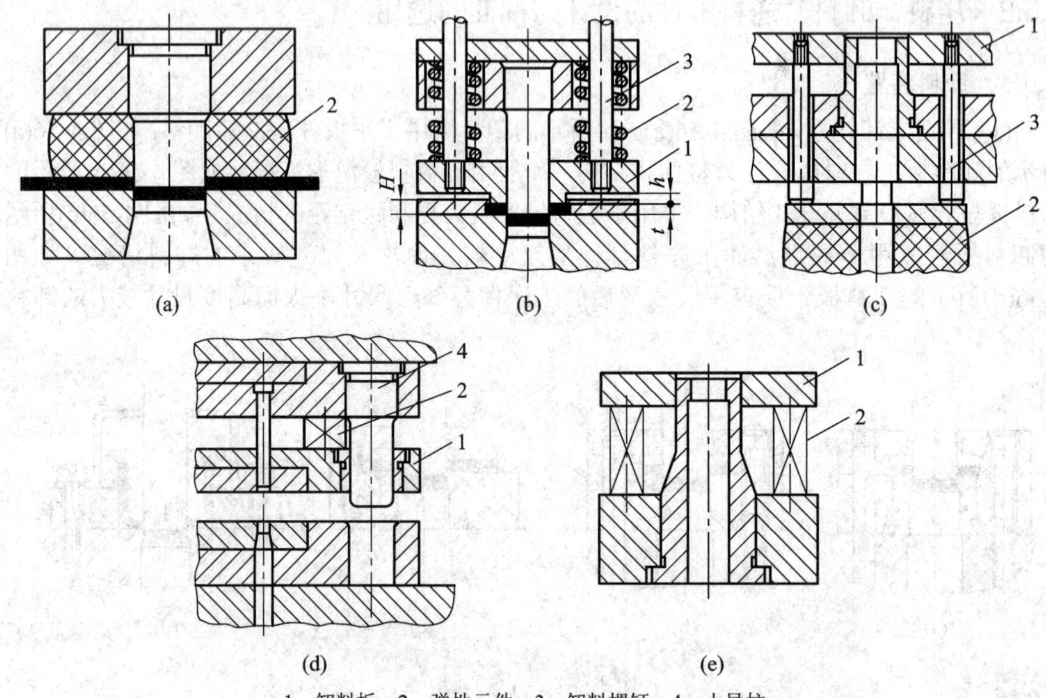


1—卸料板；2—弹性元件；3—卸料螺钉；4—小导柱

图 4-57　弹压式卸料装置

弹压卸料板与凸模之间的单边间隙可根据冲裁板料厚度按表 4-23 选用。在级进模中，特别小的冲孔凸模与卸料板的单边间隙可将表中所列数值适当加大。当卸料板起导向作用时，卸料板与凸模按 H7/h6 配合制造，但其间隙应比凸、凹模冲裁间隙小。此时，凸模与固定板以 H7/h6 或 H8/h7 配合制造。此外，在模具开启状态，卸料板应高出模具工作零件刃口 0.3～0.5 mm，以便顺利卸料。

表 4-23　弹压卸料版与凸模间隙值　　mm

| 材料厚度 $t$ | <0.5 | 0.5～1 | >1 |
|---|---|---|---|
| 单边间隙 $Z$ | 0.05 | 0.1 | 0.15 |

弹压式卸料装置常会用到以下导向标准零件：A 型小导柱(JB/T 7645.1—2008)、B 型小导柱(JB/T 7645.2—2008)、小导套(JB/T 7645.3—2008)、压板固定式导柱(JB/T 7645.4—2008)、压板固定式导套(JB/T 7645.5—2008)、压板(JB/T 7645.6—2008)、导柱座(JB/T 7645.7—2008)、导套座(JB/T 7645.8—2008)。

弹压式卸料装置常会用到以下卸料标准零件：带肩推杆(JB/T 7650.1—2008)、带螺纹推杆(JB/T 7650.2—2008)、顶杆(JB/T 7650.3—2008)、顶板(JB/T 7650.4—2008)、圆柱头卸料螺钉(JB/T 7650.5—2008)、圆柱头内六角卸料螺钉(JB/T 7650.6—2008)、定距套件(JB/T 7650.7—2008)、调节垫圈(JB/T 7650.8—2008)。

(3) 废料切刀。对于落料或成形件的切边，如果冲裁件尺寸较大，卸料力较大，则往往采用废料切刀代替卸料板，将废料切开而实现卸料。如图4-58所示，当凹模向下切边时，同时把已经切下的废料压向废料切刀上，从而将其切开。对于冲裁件形状简单的冲裁模，一般设2至3个废料切刀；对于冲裁件形状复杂的冲裁模，可以用弹压式卸料加废料切刀进行卸料。

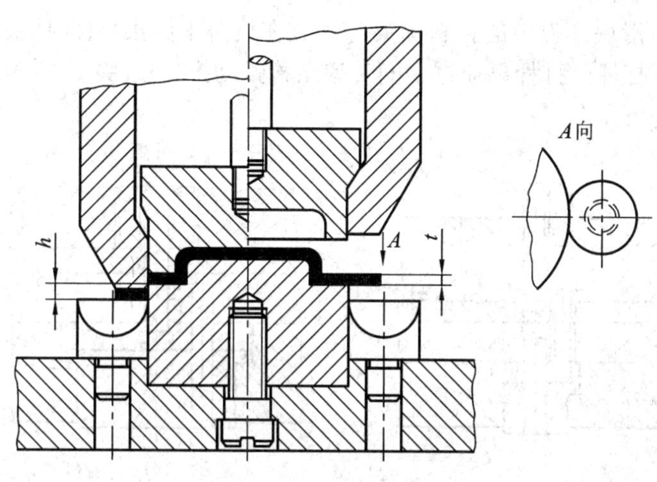


图4-58　废料切刀工作原理

如图4-59所示为国家标准中的废料切刀的结构形式。如图4-59(a)所示为圆形废料切刀(JB/T 7651.1—2008)，用于小型模具和薄板切废料；如图4-59(b)所示为方形废料切刀(JB/T 7651.2—2008)，用于大型模具和厚板切废料。废料切刀的刃口长度应比废料宽度大些，废料切刀刃口比凸模刃口低，其值$h$大约为板料厚度的2.5～4倍，并且不小于2 mm。推荐材料为T10A，硬度为56～60HRC。

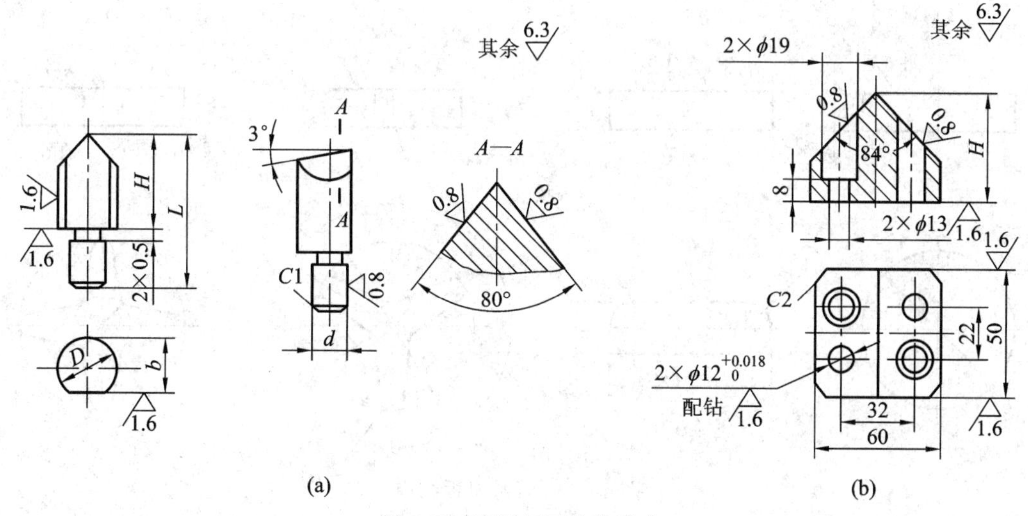


图4-59　废料切刀结构形式

### 2. 推件(顶件)装置

推件和顶件的目的都是从凹模中卸下冲裁件或废料。向下推出的机构称为推件装置，一般装在上模内；向上顶出的机构称为顶件装置，一般装在下模内。

(1) 推件装置。推件装置主要有刚性推件装置和弹性推件装置两种。

一般刚性推件装置应用较多，它由打杆、推板、连接推杆和推件块等组成，如图 4-60(a)所示。有的刚性推件装置不需要推板和连接推杆组成中间传递结构，而由打杆直接推动推件块，甚至直接由打杆进行推件，如图 4-60(b)所示。其工作原理：在模具合模时，刚性推件装置处于非工作的自由状态，不产生推件力；冲压结束后上模回程，开模接近最大行程时，安装在压力机滑块部件中的打料横梁与安装在机身上的推杆(或挡头螺钉)接触，打料横梁撞击上模内的打杆，打杆再通过中间传递结构推动推件板(块)，将凹模内的工件推出，其推件力大，工作可靠。

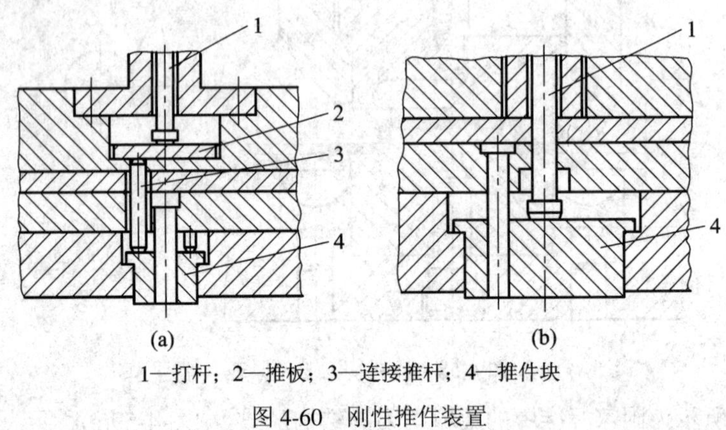


1—打杆；2—推板；3—连接推杆；4—推件块

图 4-60　刚性推件装置

连接推杆一般需要 2～4 根，且分布均匀、长短一致、刚度足够。推板要有足够的刚度，其平面形状尺寸只要能够覆盖到连接推杆，不必设计得太大，以使安装推板的孔不至太大，避免影响模具的结构强度。如图 4-61 所示为标准推板的结构，设计时可根据实际需要进行选用，也可根据实际需要设计成其他形状。

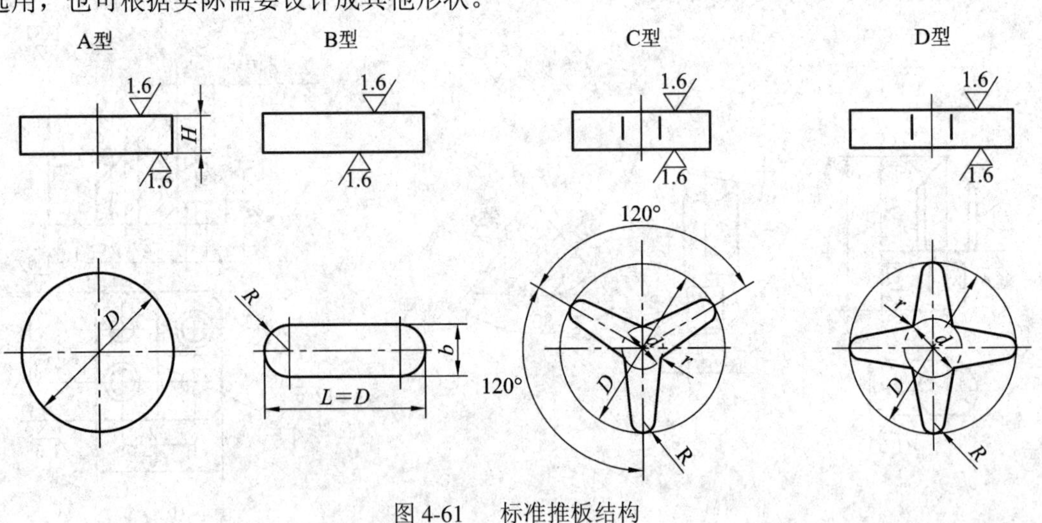


图 4-61　标准推板结构

弹性推件装置的弹力来源于弹性元件，它同时兼起压料和卸料作用，如图 4-62 所示。尽管出件力不大，但出件平稳无撞击，同时由于有压料作用，冲裁件的质量较高，弹性推件装置多用于冲压大型薄板以及工件精度要求较高的模具。

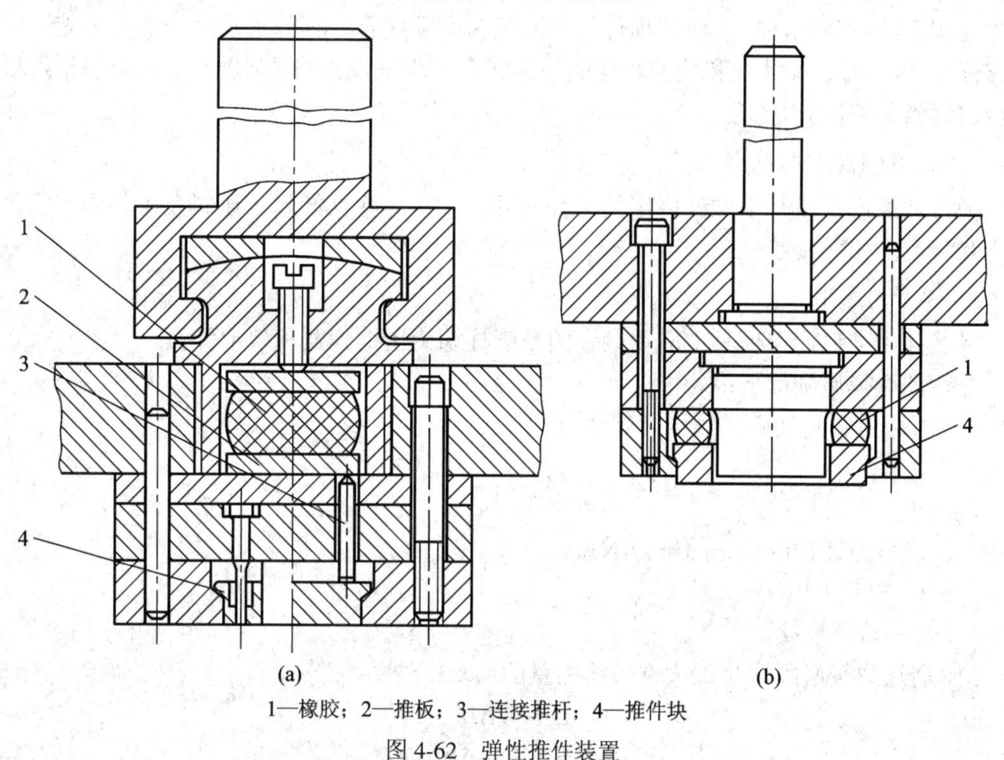


1—橡胶；2—推板；3—连接推杆；4—推件块

图 4-62　弹性推件装置

(2) 顶件装置。顶件装置一般是弹性的。其基本组成有顶杆、顶件块和装在下模底下的弹顶器，弹顶器可以做成通用的，其弹性元件是弹簧或橡胶，如图 4-63 所示。这种结构的顶件力容易调节，工作可靠，冲件平直度较高。

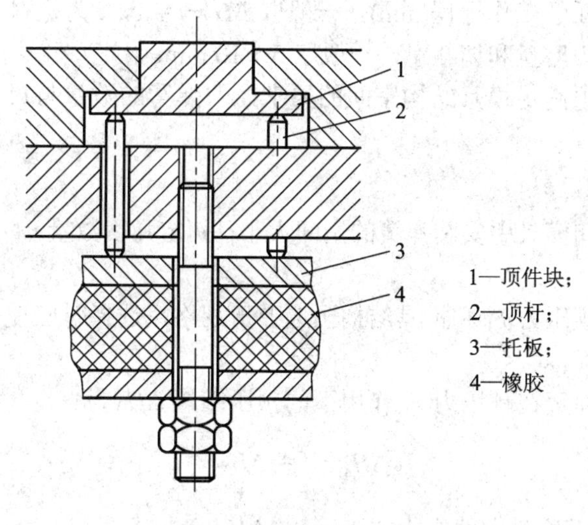


1—顶件块；
2—顶杆；
3—托板；
4—橡胶

图 4-63　弹性顶件装置

在冲裁过程中，推件块或顶件块是在凹模中运动的，对它有如下要求：模具处于闭合状态时，其背后有一定空间，以备修磨和调整的需要；模具处于开启状态时，必须顺利复位，工作面要高出凹模平面，以便继续冲裁；它与凹模和凸模的配合应保证顺利滑动，不发生互相干涉。为此，推件块和顶件块与凹模为间隙配合，其外形尺寸一般按公差与配合国家标准 h8 制造。推件块和顶件块与凸模的配合一般呈较松的间隙配合，也可以根据板料厚度取适当间隙。

3．弹簧和橡皮的选用

弹簧和橡皮是模具中广泛应用的弹性元件，主要为弹性卸料、压料及顶件装置提供作用力和行程。

1) 弹簧的选用

弹簧属标准件，在模具中应用最多的是圆柱螺旋压缩弹簧和碟形弹簧。

弹簧的选择原则如下：

(1) 所选弹簧必须满足预压力的要求：

$$F_0 \geqslant \frac{F_x}{n} \tag{4-39}$$

式中：$F_0$——弹簧预压状态的压力(N)；

$F_x$——卸料力(N)；

$n$——弹簧数量。

(2) 所选弹簧必须满足最大许可压缩量的要求：

$$\Delta H_2 \geqslant \Delta H \tag{4-40}$$

$$\Delta H = \Delta H_0 + \Delta H' + \Delta H'' \tag{4-41}$$

式中：$\Delta H_2$——弹簧最大许可压缩量(mm)；

$\Delta H$——弹簧实际总压缩量(mm)；

$\Delta H_0$——弹簧预压缩量(mm)；

$\Delta H'$——卸料板的工作行程(mm)，一般取 $\Delta H'=t+1$，$t$ 为板料厚度；

$\Delta H''$——凸模刃磨量和调整量，一般取 5～10 mm。

(3) 所选弹簧必须满足模具结构空间的要求，即弹簧的数量与尺寸应能保证安装在模具上。

2) 弹簧选择步骤

(1) 根据卸料力和模具中安装弹簧的空间大小，初定弹簧数量 $n$，计算出每个弹簧应具备的预压力 $F_0$。

(2) 根据弹簧的预压力 $F_0$ 和模具结构预选弹簧规格，选择时应使弹簧的最大工作负荷 $F_2$ 大于 $F_0$。

(3) 计算预选的弹簧在预压力 $F_0$ 作用下的预压缩量 $\Delta H_0$ 为

$$\Delta H_0 = \frac{F_0}{F_2}\Delta H_2 \tag{4-42}$$

也可以直接在弹簧压缩特性曲线上根据 $F_0$ 查出 $\Delta H_0$。

(4) 校核弹簧最大允许压缩量是否大于实际工作压缩量，即 $\Delta H_2 > \Delta H_0 + \Delta H' + \Delta H''$。如

果不满足上述关系，则必须重新选择弹簧规格，直到满足为止。

### 4.6.4　导向零件的设计与标准的选用

使用导正销的目的是消除送进导向和送料定距或定位板等粗定位的误差。冲裁中，导正销先进入已冲孔中，导正条料位置，保证孔与外形相对位置公差的要求。导正销主要用于级进模，其特点和适用范围如表4-24所示。导正销通常与挡料销配合使用，也可以与侧刃配合使用。导正销的标准件有：A型导正销(JB/T 7647.1—2008)、B型导正销(JB/T 7647.2—2008)、C型导正销(JB/T 7647.3—2008)、D型导正销(JB/T 7647.4—2008)。推荐导正销材料采用9Mn2V钢，硬度为52～56 HRC。

表4-24　导正销的特点和适用范围

| 型式 | 简　图 | 适用范围及特点 | 型式 | 简　图 | 适用范围及特点 |
|---|---|---|---|---|---|
| A型 | 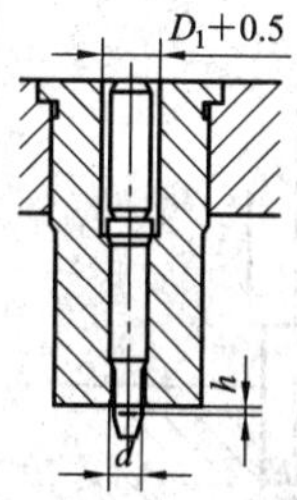 $D_1+0.5$, $h$, $d$ | 用于导正 $d$=2～12 mm的孔，圆柱面高度 $h$ 在设计时确定，一般取(0.8～1.2)$t$ | B型 | 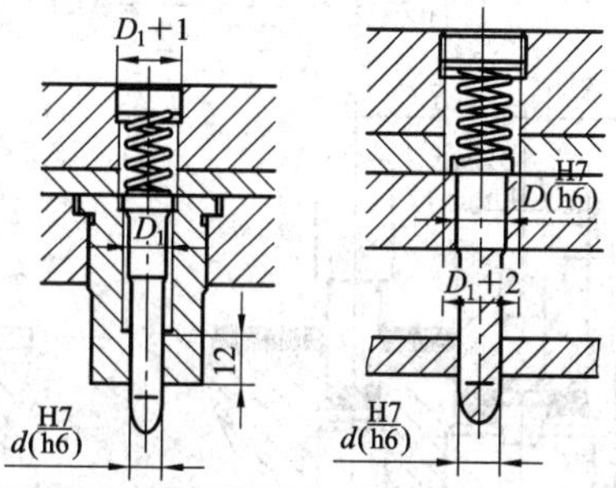 $D_1+1$, $D_1$, 12, $d(\frac{H7}{h6})$; $D(\frac{H7}{h6})$, $D_1+2$, $d(\frac{H7}{h6})$ | 用于导正 $d$≤10 mm的孔。这种形式的导正销采用了弹簧压紧结构，如果送料不正确，可以避免导正销的损坏 |
| C型 | 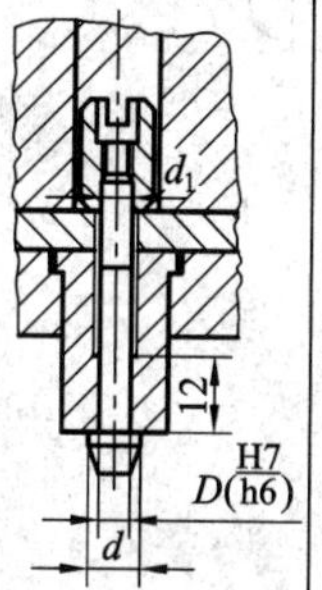 $d_1$, 12, $D(\frac{H7}{h6})$, $d$ | 用于导正 $d$=4～12 mm的孔。这种形式拆装方便，模具刃磨后导正销长度可以调节 | D型 | 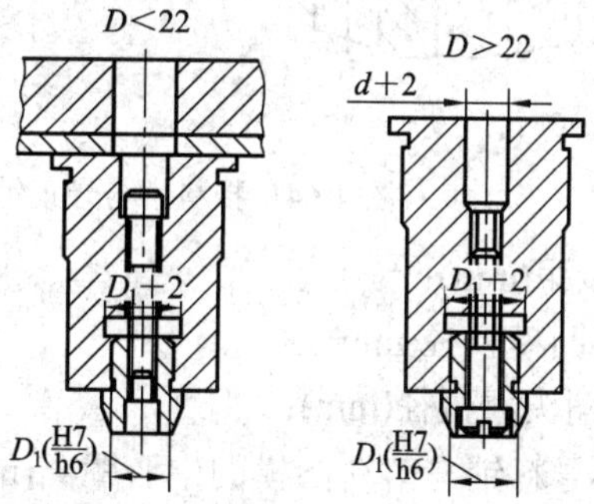 $D$<22, $D_1+2$, $D_1(\frac{H7}{h6})$; $D$>22, $d+2$, $D_1+2$, $D_1(\frac{H7}{h6})$ | 用于导正 $d$=12～50 mm的孔 |

注：1．导正销导正部分的直径 $d$ 与导正孔之间的配合一般取H7/h6或H7/h7，也可查有关冲压资料。

2．导正销导正部分的高度 $h$ 与料厚 $t$ 及导正孔有关，一般取 $h=(0.8～1.2)t$，料薄时取大值，导正孔大时取大值，也可查有关冲压资料。

为了使导正销工作可靠，避免折断，导正销的直径一般应大于2 mm。孔径小于2 mm的孔不宜用导正销导正，但可另冲直径大于2 mm的工艺孔进行导正。

导正销的头部由圆锥形的导入部分和圆柱形的导正部分组成。导正部分的直径和高度尺寸及公差很重要。导正销的基本尺寸可按下式计算：

$$d = d_T - a \tag{4-43}$$

式中：$d$——导正销的基本尺寸(mm)；

$d_T$——冲孔凸模直径(mm)；

$a$——导正销直径与冲孔凸模直径的差值(mm)，如表 4-25 所示。

**表 4-25 导正销直径与冲孔凸模直径的差值 $a$** mm

| 材料厚度 $t$ | 冲孔凸模直径 $d_T$ | | | | | | |
|---|---|---|---|---|---|---|---|
| | 1.5～6 | >6～10 | >10～16 | >16～24 | >24～32 | >32～42 | >42～60 |
| <1.5 | 0.04 | 0.06 | 0.06 | 0.08 | 0.09 | 0.10 | 0.12 |
| >1.5～3 | 0.05 | 0.07 | 0.08 | 0.10 | 0.12 | 0.14 | 0.16 |
| >3～5 | 0.06 | 0.08 | 0.10 | 0.12 | 0.16 | 0.18 | 0.20 |

如图 4-64(a)所示的方式定位，挡料销与导正销的中心距为

$$S_1 = S - \frac{D_T}{2} + \frac{D}{2} + 0.1 = S - \frac{D_T - D}{2} + 0.1 \tag{4-44}$$

如图 4-64(b)所示的方式定位，挡料销与导正销的中心距为

$$S_1' = S + \frac{D_T}{2} - \frac{D}{2} - 0.1 = S + \frac{D_T - D}{2} - 0.1 \tag{4-45}$$

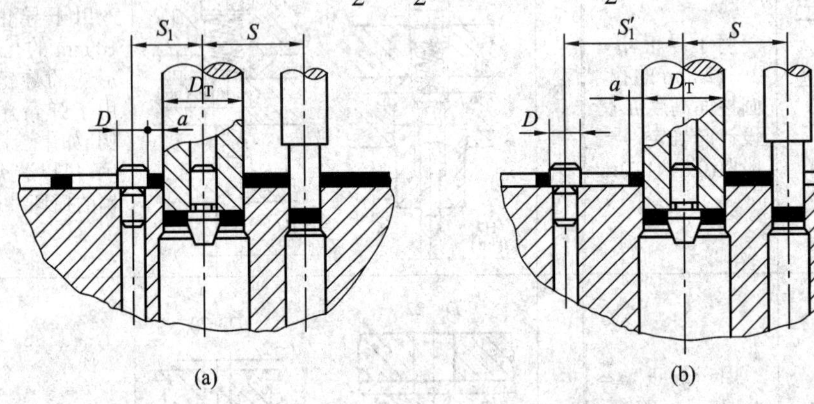


图 4-64 挡料销与导正销的位置关系

式中：$S$——送料步距(mm)；

$D_T$——落料凸模直径(mm)；

$D$——导料销头部直径(mm)；

$S_1$、$S_1'$——导料销与落料凸模的中心距离(mm)。

## 4.6.5 连接与固定零件的设计与标准的选用

模具的连接与固定零件有模柄、固定板、垫板、螺钉、销钉等。这些零件大多有标准，设计时可按标准选用。

### 1. 模柄

中、小型模具一般是通过模柄将上模固定在压力机滑块上的。模柄是连接上模与压力机滑块的零件，对它的基本要求是：一要与压力机滑块上的模柄孔正确配合，安装可靠；二要与上模正确而可靠连接。标准的模柄结构形式如图 4-65 所示。

(1) 如图 4-65(a)所示为压入式模柄(JB/T 7646.1—2008)，它与模座孔采用过渡配合 H7/m6、H7/h6，并加销钉以防转动。这种模柄可较好保证轴线与上模座的垂直度。适用于

各种中、小型冲模，生产中最常见。压入式模柄的材料一般选 Q235、45 钢。

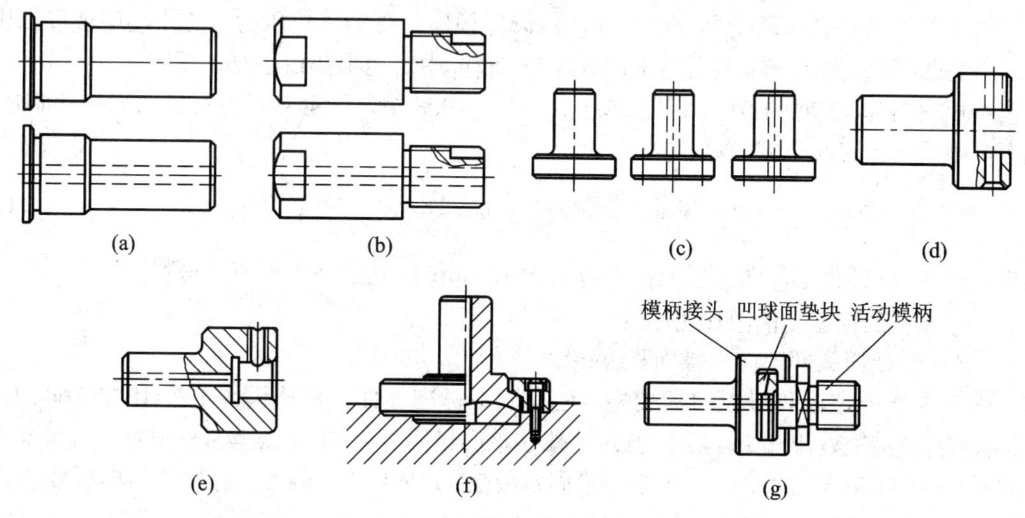


图 4-65 标准模柄结构形式

(2) 如图 4-65(b)所示为旋入式模柄(JB/T 7646.2—2008)，它通过螺纹与上模座连接，并加止转螺丝防止松动。这种模具拆装方便，但模柄轴线与上模座的垂直度较差，多用于有导柱的中、小型冲模。

(3) 如图 4-65(c)所示为凸缘模柄(JB/T 7646.3—2008)，它用 3～4 个螺钉紧固于上模座，模柄的凸缘与上模座的窝孔采用 H7/js6 过渡配合，多用于较大型的模具。

(4) 如图 4-65(d)、(e)所示为槽型模柄(JB/T 7646.4—2008)和通用模柄，均用于直接固定凸模，也可称为带模座的模柄，主要用于简单模中，更换凸模方便。

(5) 如图 4-65(f)所示为浮动模柄(JB/T 7646.5—2008)，它的主要特点是压力机的压力可通过凹球面模柄和凸球面垫块传递到上模，以消除压力机导向误差对模具导向精度的影响，主要用于硬质合金模等精密导柱模。

(6) 如图 4-65(g)所示为推入式活动模柄(JB/T 7646.6—2008)，压力机压力通过模柄接头、凹球面垫块和活动模柄传递到上模，它也是一种浮动模柄。因模柄是单面开通(呈 U 形)，所以使用时导柱导套不宜脱离。它主要用于精密模具。

模柄材料通常采用 Q235 或 Q275 钢，其支撑面应垂直于模柄的轴线(垂直度不应超过 0.02:100)。

### 2. 固定板

将凸模或凹模按一定相对位置压入固定后，作为一个整体安装在上模座或下模座上。模具中最常见的是凸模固定板，固定板分为圆形固定板和矩型固定板两种，主要用于固定小型的凸模和凹模。标准 JB/T 7643.2—2008 中对矩形固定板进行了系列尺寸的制定，建议固定板材料为 45 钢，硬度为 28～32HRC。同时，卸料板和空心垫板的尺寸规格也可以参照该标准。标准 JB/T 7643.5—2008 中对圆形固定板进行了系列尺寸制定。

凸模固定板的厚度一般取凹模厚度的 0.6～0.8 倍，其平面尺寸可与凹模、卸料板外形尺寸相同，但还应考虑紧固螺钉及销钉的位置。固定板的凸模安装孔与凸模采用过渡配合 H7/m6、H7/n6，压装后将凸模端面与固定板一起磨平。

### 3. 垫板

垫板的作用是直接承受凸模的压力，以降低模座所受的单位压力，防止模座被局部压陷，影响凸模的正常工作。标准 JB/T 7643.3—2008 中对矩形垫板进行了系列尺寸制定，并建议垫板材料为 45 钢、T10A；标准 JB/T 7643.6—2008 中对圆形垫板进行了系列尺寸制定。是否需要用垫板可按下式校核：

$$p=\frac{F_Z'}{A} \tag{4-46}$$

式中：$p$——凸模头部端面对模座的单位压力(N/ mm$^2$)，$p$ 应小于模座的材料强度；

$F_Z'$——凸模承受的总压力(N)；

$A$——凸模头部端面支撑面积(mm$^2$)。

除了上述固定板和垫板的标准外，还有以下标准零件：单凸模固定板(JB/T 7644.1—2008)、单凸模垫板(JB/T 7644.2—2008)、偏装单凸模固定板(JB/T 7644.3—2008)、偏装单凸模垫板(JB/T 7644.4—2008)、球锁单凸模固定板(JB/T 7644.5—2008)、球锁单凸模垫板(JB/T 7644.6—2008)、球锁偏装单凸模固定板(JB/T 7644.3—2008)、球锁偏装单凸模垫板(JB/T 7644.4—2008)。

### 4. 螺钉与销钉

螺钉和销钉都是标准件，设计模具时按标准选用即可。螺钉用于固定模具零件，一般选用内六角螺钉；销钉起定位作用，常用圆柱销钉。螺钉、销钉规格应根据冲压力大小、凹模厚度等确定。螺钉规格选用可参照表 4-26。

表 4-26　螺钉规格选用

| 凹模厚度 $t$ | ≤13 | >13～19 | >19～25 | >25～32 | >35 |
|---|---|---|---|---|---|
| 螺钉规格 | M4、M5 | M5、M6 | M6、M8 | M8、M10 | M10、M12 |

## 4.6.6 冲压模架

冲模滑动导向模架(GB/T 2851—2008)标准中对对角导柱模架、后侧导柱模架、中间导柱模架、中间导柱圆形模架、四导柱模架 5 种模架的凹模周界、闭合高度(最大、最小值)、上、下模座的尺寸、导柱、导套的规格尺寸进行了详细的规定。

冲模滚动导向模架(GB/T 2852—2008)标准中对对角滚动导柱模架、后侧滚动导柱模架、中间滚动导柱模架、四滚动导柱模架 4 种模架的凹模周界、闭合高度(最大、最小值)、上、下模座的尺寸、导柱、导套的规格尺寸进行了详细的规定。

冲模其他钢板模架相关标准包括：冲模滑动导向钢板模架(JB/T 7181.1～7181.4—1995)；冲模滚动导向钢板模架(JB/T 7182.1～7182.4—1995)，冲模模架零件技术条件(JB/T 8070—2008)；冲模模架精度检查(JB/T 8071—2008)；冲模模架技术条件(JB/T 8050—2008)；冲模滑动导向模座(上模座)(GB/T 2855.1—2008)；冲模滑动导向模座(下模座)(GB/T 2855.2—2008)；冲模滚动导向模座(上模座)(GB/T 2856.1—2008)；冲模滚动导向模座(下模座)(GB/T 2856.2—2008)。

# 思 考 题

4-1　冲裁件的断面特征分哪几个区域？其形成原因是什么？分析各区对冲裁件的质量影响。

4-2　什么是落料和冲孔？举例说明。

4-3　冲裁间隙的大小与冲裁件质量之间有什么关系？

4-4　冲裁间隙对冲裁件质量、冲裁力、模具寿命有什么影响？

4-5　什么是合理间隙？其值应如何选取？

4-6　如图 4-66 所示零件，材料为 Q235，板厚为 2 mm，试计算冲裁力。

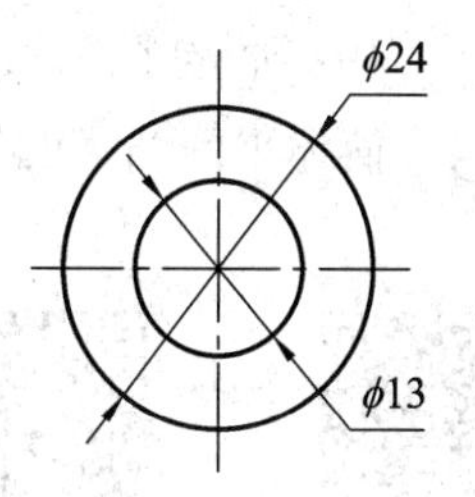

图 4-66　题 4-6 图

4-7　什么是排样？有哪几种排样方法？

4-8　搭边的作用是什么？

4-9　图 4-67 所示零件，采用弹压式卸料，求冲裁力大小；采用单排方式时，试计算各搭边量和条料纵、横裁时材料利用率。(板料 1000 mm × 2000 mm)

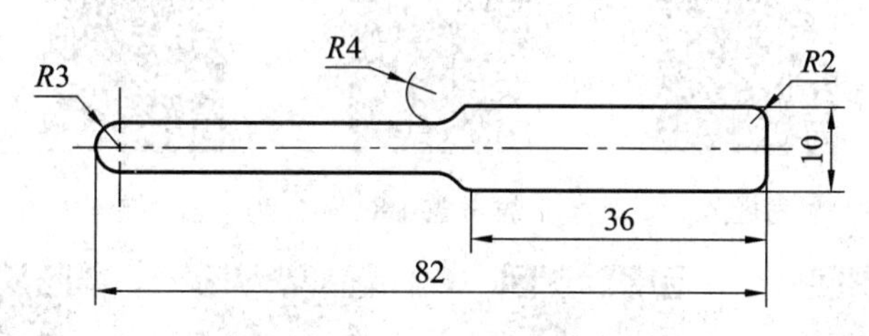

图 4-67　题 4-9 图

4-10　确定冲裁工艺方案的依据是什么？冲裁工序组合方式是依据什么确定的？

4-11　如图 4-68 所示支条片，材料为 Q235A 钢，料厚为 2 mm，试计算落料的凸、凹模刃口部分尺寸。零件尺寸如图所示。

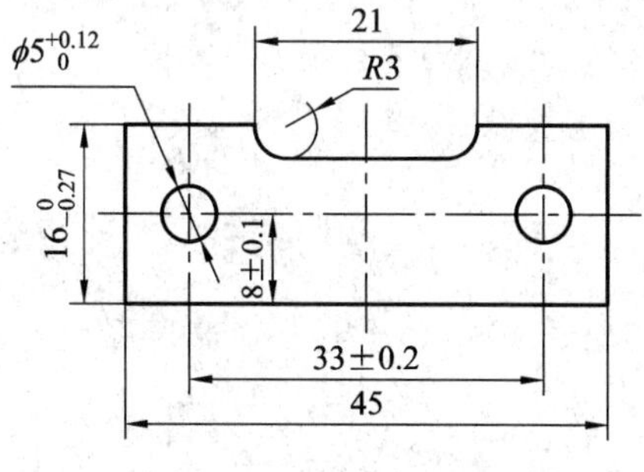

图 4-68　题 4-11 图

4-12　如图 4-69 所示硅钢片，材料为 $D$ 硅钢，料厚 $t = 0.35$ mm，用配作法制造模具，试确定该落料模凸、凹模刃口尺寸。

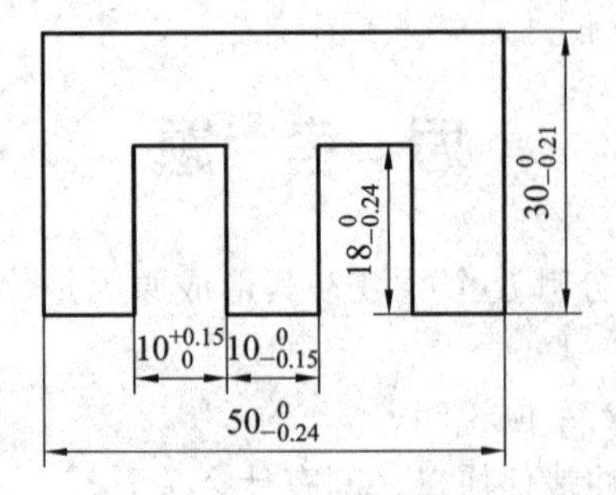


图 4-69　题 4-12 图

4-13　什么是单工序模、复合模和级进模？各自的特点是什么？

4-14　简述采用凸、凹模的镶拼结构的场合和作用。

# 第5章　弯曲工艺与模具

弯曲是将金属坯料沿弯曲线弯成具有一定角度和形状的工件的成形工艺方法。实际生产中可用于弯曲的坯料主要有板料、棒料、管料、型材等。

## 5.1　弯曲变形过程及特点

### 5.1.1　弯曲变形过程

V形件的弯曲是坯料弯曲中最基本的一种，其弯曲过程如图5-1所示。在开始弯曲时，坯料的弯曲内侧半径大于凸模的圆角半径。随着凸模的下压，坯料的直边与凹模V形表面逐渐靠紧，弯曲内侧半径逐渐减小，即 $r_0>r_1>r_2>r$，同时弯曲力臂也逐渐减小，即 $l_0>l_1>l_2>l_k$。当凸模、坯料与凹模三者完全压合，坯料的内侧弯曲半径及弯曲力臂达到最小时，弯曲过程结束。

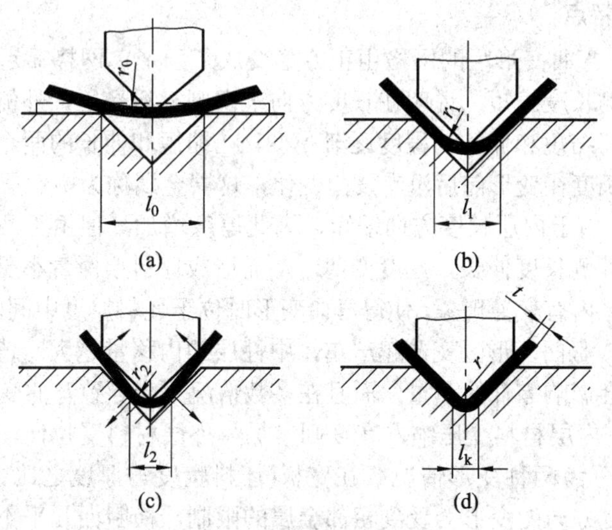


图5-1　弯曲过程示意图

在弯曲变形过程中，由于坯料弯曲内侧的半径是逐渐减小的，因此弯曲变形部分的变形程度是逐渐增加的。又由于弯曲力臂逐渐减小，因此弯曲变形过程中坯料与凹模之间有相对滑移现象。凸模、坯料与凹模三者完全压合后，如果再增加一定的压力，对弯曲件施压，则称为校正弯曲。没有这一过程的弯曲，称为自由弯曲。

### 5.1.2　弯曲变形特点

研究材料的冲压变形常采用网格法，如图5-2所示。在弯曲前的坯料侧面用机械刻线或照相腐蚀的方法画出网格，观察弯曲变形后位于工件侧壁的坐标网格的变化情况，可以分析变形时坯料的受力情况，从坯料弯曲变形后网格变化的情况可发现变形区的位置和变形特点。

**1. 变形区的位置**

弯曲变形主要发生在弯曲带中心角范围内，中心角以外基本上不变形。弯曲后的弯曲件参数如图 5-3 所示，弯曲变形区的弯曲带中心角为 $\phi$，弯曲后弯曲件的角度为 $\alpha$，则两者之间的关系为 $\phi = 180° - \alpha$。

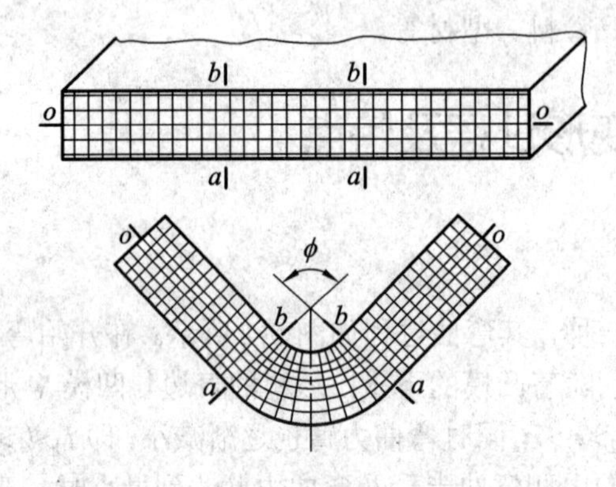


图 5-2　坯料弯曲前后的网格变化

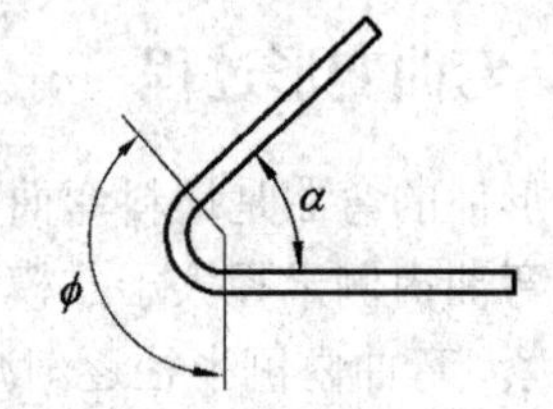


图 5-3　弯曲角与弯曲带中心角关系

**2. 变形区变形特点**

(1) 长度方向：弯曲变形区的网格由正方形变成了扇形，网格靠近凹模的外侧长度伸长，靠近凸模的内侧长度缩短，说明在长度方向上内侧材料受压，外侧材料受拉。由内外表面到坯料中心，其缩短和伸长的程度逐渐变小。在缩短和伸长的两个变形区之间，必然有一层金属，它的长度在变形前后没有发生变化，这层金属称为中性层。

(2) 厚度方向：由于内层长度方向缩短，因此厚度增加，但由于凸模紧压坯料，厚度方向增加不易。而外侧长度伸长，厚度变薄，从而造成坯料增厚量小于变薄量，因此，材料厚度在弯曲变形区内有变薄现象，使得弯曲变形时位于坯料厚度中间的中性层发生内移。弯曲变形程度越大，弯曲变形区变薄越严重，中性层的内移量越大。值得注意的是，弯曲时的厚度变薄不仅会影响零件的质量，而且在多数情况下会导致弯曲变形区长度的增加。

(3) 宽度方向：内层材料受压缩，宽度则增加；外层材料受拉伸，宽度则减小。根据坯料的宽度不同，分为两种变形情况：在宽板(坯料宽度与厚度之比 $b/t>3$)弯曲时(见图 5-4(b))，材料在宽度方向的变形会受到相邻金属的限制，横断面几乎不变形，基本保持为矩形；而在窄板($b/t \leqslant 3$)弯曲时(见图 5-4(a))，宽度方向变形几乎不受约束，断面变成了内宽

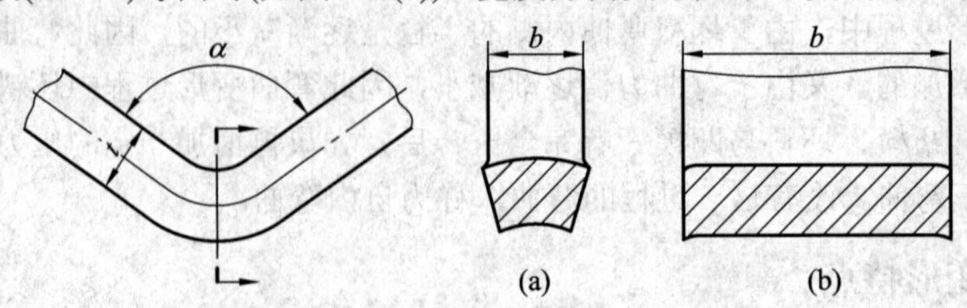


图 5-4　弯曲变形区的横截面变化情况

外窄的扇形。由于窄板弯曲时变形区断面发生畸变，因此当弯曲件的侧面尺寸有一定要求或要和其他零件配合时，需要增加后续辅助工序，以保证其形状和尺寸满足使用要求。对于一般的坯料弯曲来说，大部分属宽板弯曲。

## 5.1.3 弯曲变形区的应力应变状态

窄板($b/t \leqslant 3$)：内区宽度增加、外区宽度减少，原矩形截面变成了扇形。

宽板($b/t>3$)：截面几乎不变，仍为矩形。

窄板弯曲和宽板弯曲时的应力应变状态分析如表 5-1 所示。

**表 5-1 窄板弯曲和宽板剪曲时的应力应变状态分析**

| 名 称 | 窄板弯曲($b/t \leqslant 3$) | 宽板弯曲($b/t>3$) |
| --- | --- | --- |
| 图 形 | $b$, $t$, $b/t<3$ | $b$, $t$, $b/t>3$ |
| 内侧应力应变状态 | $\sigma_2$, $\sigma_1$; $\varepsilon_2$, $\varepsilon_1$, $\varepsilon_3$ | $\sigma_2$, $\sigma_1$, $\sigma_3$; $\varepsilon_2$, $\varepsilon_1$ |
| 外侧应力应变状态 | $\sigma_2$, $\sigma_1$; $\varepsilon_2$, $\varepsilon_1$, $\varepsilon_3$ | $\sigma_2$, $\sigma_1$, $\sigma_3$; $\varepsilon_2$, $\varepsilon_1$ |

### 1. 窄板($b/t \leqslant 3$)应力状态

长度方向 $\sigma_1$：内区受压，外区受拉

厚度方向 $\sigma_2$：内外均受压应力

宽度方向 $\sigma_3$：内外侧压力均为零

} 两向应力

### 2. 窄板($b/t \leqslant 3$)应变状态

长度方向 $\varepsilon_1$：内区压应变，外区拉应变

厚度方向 $\varepsilon_2$：内区拉应变，外区压应变

宽度方向 $\varepsilon_3$：内区拉应变，外区压应变

} 三向应变

### 3. 宽板($b/t>3$)应力状态

长度方向 $\sigma_1$：内区受压，外区受拉

厚度方向 $\sigma_2$：内外均受压应力

宽度方向 $\sigma_3$：内区受压，外区受拉

} 三向应力

### 4. 宽板($b/t>3$)应变状态

长度方向 $\varepsilon_1$：内区压应变，外区拉应变

厚度方向 $\varepsilon_2$：内区拉应变，外区压应变

宽度方向 $\varepsilon_3$：内外区近似为零

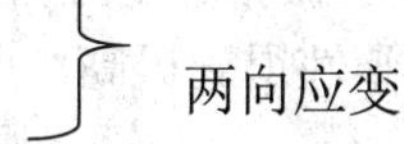

# 5.2 弯曲件质量分析

## 5.2.1 弯裂及最小相对弯曲半径

如图 5-5 所示，弯裂多发生在弯曲半径较小、坯料较厚时，因此是否出现弯裂取决于相对弯曲半径 $r/t$ 的大小。当 $r/t$ 过小时，弯裂即会发生。

### 1．最小相对弯曲半径 $r_{min}/t$

如图 5-6 所示，设弯曲件中性层的曲率半径为 $\rho$，弯曲角为 $\alpha$，$r$ 为内层表面圆角曲率半径，则最外层金属的伸长率 $\delta_{外}$ 为

$$\delta_{外}=\frac{\widehat{bb}-\widehat{oo}}{\widehat{oo}}=\frac{(r+t)\alpha-\rho\alpha}{\rho\alpha}=\frac{r+t-\rho}{\rho} \tag{5-1}$$

设中性层位置在半径为 $\rho=r+t/2$ 处，且弯曲后料厚保持不变，则

$$\delta_{外}=\frac{(r+t)-(r+t/2)}{r+t/2}=\frac{1}{2r/t+1} \tag{5-2}$$

将 $\delta_{外}$ 以材料最大伸长率 $\delta$ 代入，可求得 $r_{min}/t$ 为

$$\frac{r_{min}}{t}=\frac{1-\delta}{2\delta} \tag{5-3}$$

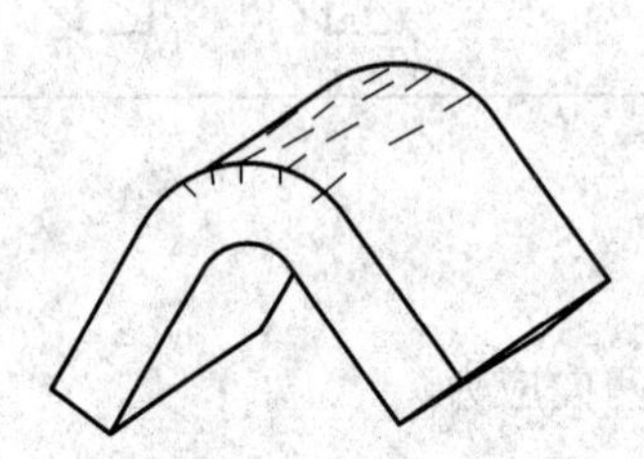

图 5-5　弯裂

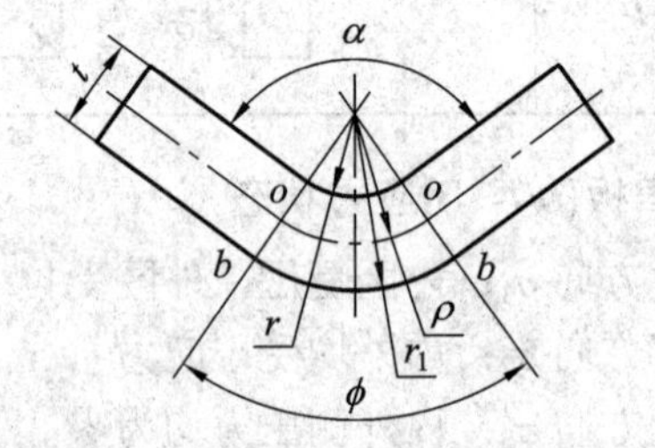


图 5-6　弯曲时的变形情况

从式(5-2)可以看出，对于一定厚度的坯料，相对弯曲半径愈小，外层材料的伸长率愈大。当外层材料的伸长率达到或超过材料的最大伸长率后，就会导致弯裂。所以在保证坯料最外层金属不破裂的前提下，所能获得的 $r_{min}/t$ 称为最小相对弯曲半径。

### 2．影响最小相对弯曲半径 $r_{min}/t$ 的因素

(1) 由式(5-3)可知，材料的塑性愈好(伸长率 $\delta$ 愈大)，$r_{min}/t$ 就愈小。

(2) 如图 5-7 所示，弯曲中心角 $\phi$ 较小时(0°～70°)，接近弯曲圆角的直边部分也参与变形，从而使弯曲角处的变形得到一定程度的减轻，此范围内，随着弯曲角 $\phi$ 的增大，$r_{min}/t$ 迅速增大；弯曲中心角 $\phi$ 增大至 70° 以上后，随着弯曲角 $\phi$ 的增大，$r_{min}/t$ 变化不大。

(3) 冷轧板(如钢板)具有方向性，轧制方向上的塑性指标 $\delta$ 和 $\psi$(最大断面收缩率)大于垂直方向。因此压弯线垂直于板料轧制方向时，其 $r_{min}/t$ 的数值最小，如图 5-8 所示。

(4) 经退火的板料由于塑性得到提高，所以 $r_{min}/t$ 会减小。反之经冷作硬化的板料塑性降低，$r_{min}/t$ 会增大。

(5) 窄板弯曲时，在坯料的宽度方向的应力为零，宽度方向的材料可以自由流动，以

缓解弯曲圆角外侧的拉应力状态，因此，可使 $r_{min}/t$ 减小。

(6) 下料(冲裁)时，坯料边缘的冷作硬化、毛刺以及坯料表面带有划伤等缺陷，弯曲时易受拉应力而破裂，使 $r_{min}/t$ 增大。

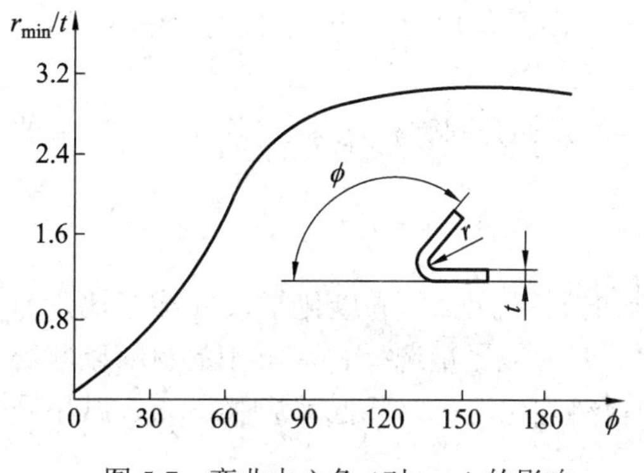


图 5-7　弯曲中心角 $\phi$ 对 $r_{min}/t$ 的影响

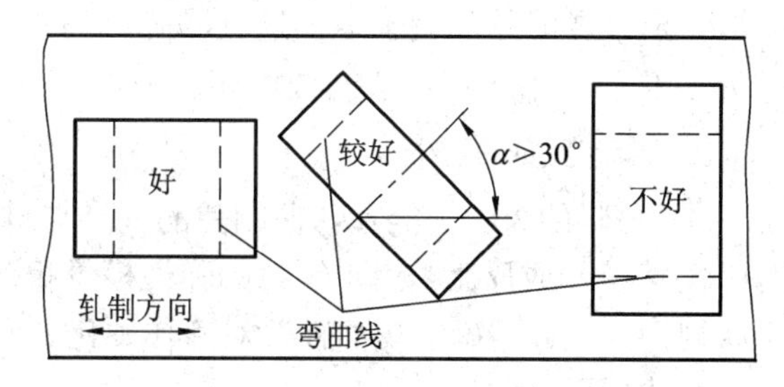


图 5-8　板料轧制方向对弯曲半径的影响

### 3. 防止弯裂的措施

弯裂是弯曲时较常见的质量问题之一，生产实际中一般采用以下措施加以防止：

(1) 适当增加凸模圆角半径，使 $r/t>r_{min}/t$。

(2) $r/t<r_{min}/t$ 时，可采用 2 次(或多次)弯曲，并增加中间退火工序或先在弯曲角内侧压槽后再进行弯曲，如图 5-9 所示。

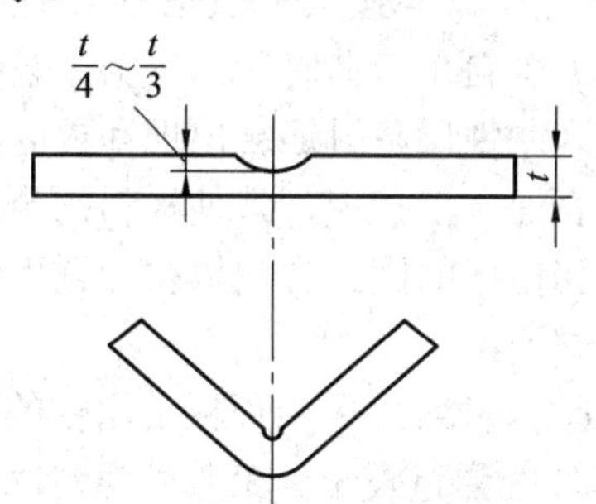


图 5-9　压槽后进行弯曲

(3) 使弯曲线与板料轧制方向垂直或成大于 30° 方向。

(4) 将有毛刺的一面放在弯曲凸模一侧。

## 5.2.2　回弹

在材料弯曲变形结束不受外力作用时，由于弹性回复，使弯曲件的角度、弯曲半径与模具的尺寸形状不一致，这种现象称为回弹，如图 5-10 所示。

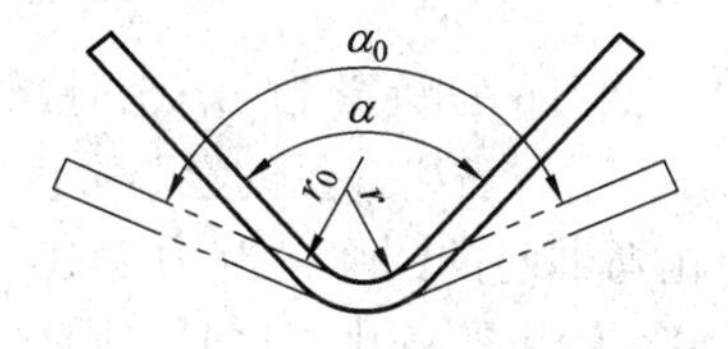


图 5-10　弯曲件的回弹

### 1. 回弹的表现形式

(1) 弯曲半径增大。卸载前坯料的内半径 $r$(与凸模的半径吻合)在卸载后增加到 $r_0$，其增量为 $\Delta r= r_0 - r$。

(2) 弯曲角增大。卸载前坯料的弯曲角度为 $\alpha$ (与凸模顶角吻合)卸载后增大到 $\alpha_0$，其增量为 $\Delta\alpha=\alpha_0 - \alpha$。

如果二者的差值大于零，这种回弹称为正回弹(或外开回弹)。在特定条件下，二者的差值小于零，可产生负回弹(或内闭回弹)。

### 2. 影响回弹的因素

(1) 材料的力学性能。弯曲回弹的大小与材料的屈服极限 $\sigma_s$ 和硬化指数 $n$ 成正比，而与弹性模量 $E$ 成反比。由于钢材的弹性模量相差无几，应尽量选择 $\sigma_s$ 和 $n$ 小的材料以获得形状规则、尺寸精确的弯曲件。对冷作硬化的硬材料须先退火，降低其屈服点 $\sigma_s$，减小回弹，弯曲后再淬硬。

(2) 相对弯曲半径。相对弯曲半径 $r/t$ 越小，弯曲变形程度越大，则弯曲回弹值越小。当变形程度较大时，其塑性变形和弹性变形成分也同时增大，但在总变形量中，弹性变形所占的比例相应地变小，因此此时的弯曲回弹值会变小。

(3) 弯曲件角度。弯曲件角度越小，表示弯曲变形区域越大，此时弯曲变形的回弹积累越大，回弹角度也越大。

(4) 弯曲方式。与自由弯曲相比，校正弯曲是在工作行程临终前凸模和凹模对板料施以很强的压缩作用，其压力远大于自由弯曲时所需压力。较强的压力不仅使弯曲变形外区的拉应力有所减小，而且在外区中性层附近还会出现和内区同样的压缩应力。随着校正力的加大，压应力区向板料的外表面逐渐扩展，致使板料的全部或大部分断面均出现压缩应力，结果导致外区的回弹方向和内区的回弹方向取得一致而相互抵消，因此校正弯曲时的回弹比自由弯曲时大大减小。

(5) 模具结构因素。压制 U 形件时，采用顶板上出件的结构方案时，如果反顶力足够将凸模下的板料压平，则 U 形件回弹量较小。模具间隙对回弹值有直接影响。间隙大，材料处于松动状态，回弹就大；间隙小，材料被挤紧，回弹就小。

(6) 弯曲件形状。弯曲件形状复杂时，一次弯曲成形角的数量越多，各部分的回弹相互牵制作用越大，弯曲中拉伸变形的成分越大，回弹就越小。

### 3. 回弹值的大小

由于影响弯曲回弹的因素很多，而且各因素又相互影响，因此，计算回弹角比较复杂，也不准确。一般生产中是按经验数表或力学公式计算出回弹值作为参考，再在试模时修正，且因板材厚度偏差和强度偏差的影响，对零件尺寸精度要求高时，弯曲模每次使用前都应对校正力进行调整。

(1) 大变形程度($r/t<5$)自由弯曲时的回弹。当 $r/t<5$ 时，弯曲半径的回弹值不大，因此只考虑角度的回弹，其值可查有关手册表格提供的经验数值。

(2) 小变形程度($r/t\geqslant10$)自由弯曲时的回弹。当 $r/t\geqslant10$ 时，因相对弯曲半径变大，零件不仅有角度回弹，弯曲半径也有较大的变化。这时，回弹值可按下式进行计算，然后在生产中再进行修正。

$$r_{\mathrm{p}}=\frac{r}{1+3\dfrac{\sigma_{\mathrm{s}}}{E}\dfrac{r}{t}}=\frac{1}{\dfrac{1}{r}+\dfrac{3\sigma_{\mathrm{s}}}{Et}} \tag{5-4}$$

$$\alpha_{\mathrm{p}}=\alpha-(180^{\circ}-\alpha)\left(\frac{r}{r_{\mathrm{p}}}-1\right) \tag{5-5}$$

### 4. 控制回弹的措施

由于影响弯曲回弹的因素很多，在用模具加工弯曲件时，很难获得形状规则、尺寸准确的弯曲件。生产中必须采取措施来控制或减小回弹，控制弯曲件回弹的措施包括以下几项。

(1) 从零件结构上采取措施。在变形区压加强肋或压成形边翼，增加弯曲件的刚性和成形边翼的变形程度，可以减小回弹，如图 5-11 所示。选用弹性模量大、屈服极限小的材料，使坯料容易弯曲到位。

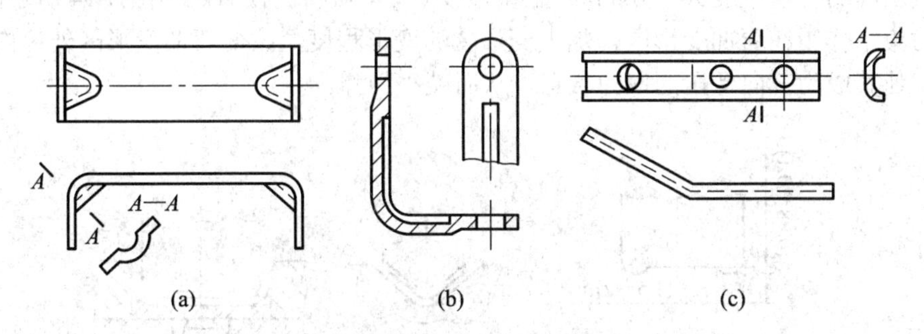


图 5-11　从零件结构上考虑减小回弹

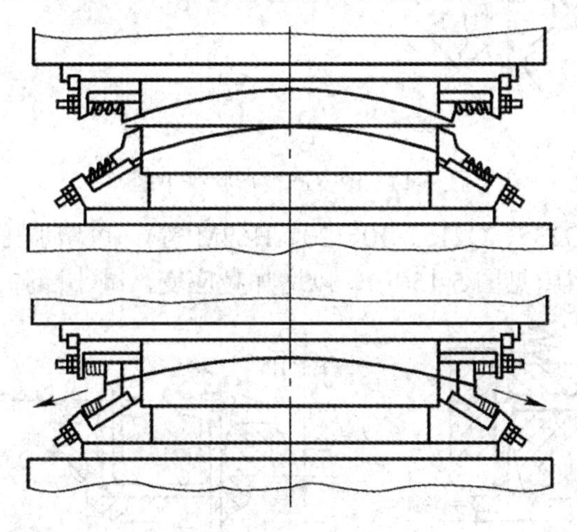

图 5-12　拉弯用模具

(2) 从工艺上采取措施。用校正弯曲代替自由弯曲，对冷作硬化的硬材料须先退火，降低其屈服点 $\sigma_{\mathrm{s}}$，减小回弹，弯曲后再淬硬。用拉弯法(见图 5-12)代替一般弯曲方法。采用拉弯工艺的特点是在弯曲的同时使坯料承受一定的拉应力，拉应力的数值应使弯曲变形区内各点的合成应力稍大于材料的屈服点 $\sigma_{\mathrm{s}}$，使整个断面都处于塑性拉伸变形范围内，内、外区应力、应变方向取得了一致，故可大大减小零件的回弹。这种措施主要用于相对弯曲半径很大的零件的成形。

(3) 从模具结构上采取措施。弯曲 V 形件时，将凸模角度减去一个回弹角；弯曲 U 形件时，将凸模两侧作出等于回弹量的斜角(见图 5-13(a))，或将凹模底部作成弧形(见图 5-13(b))，利用底部向下回弹的作用，补偿两直边的向外回弹。

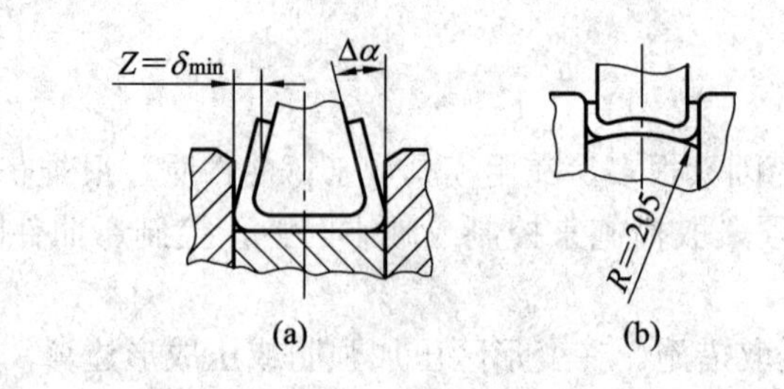


图 5-13　补偿回弹的方法

当被压弯的材料厚度大于 0.8 mm 且塑性较好时，可将凸模做成如图 5-14 所示的形状，使凸模力集中作用在弯曲变形区，加大变形区的变形程度，改变弯曲变形区外拉内压的应力状态，使其成为三向受压的应力状态，从而减小回弹。

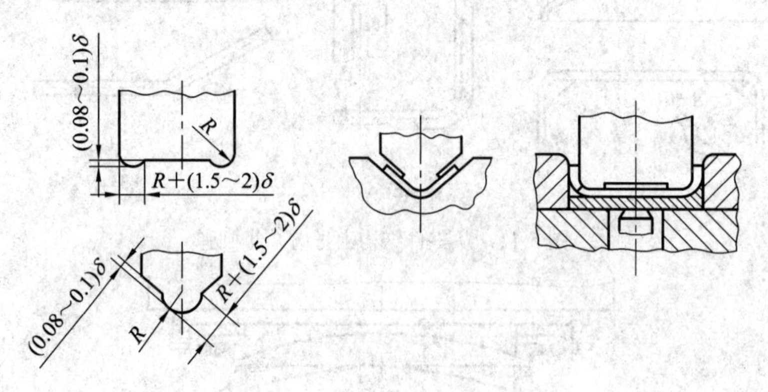


图 5-14　改变凸模形状减小回弹

对于一般材料(如 Q235、Q215、10、20、H62M 等)，可增加压料力(见图 5-15(a))或减小凸模、凹模之间的间隙(见图 5-15(b))，以增加拉应变，减小回弹。

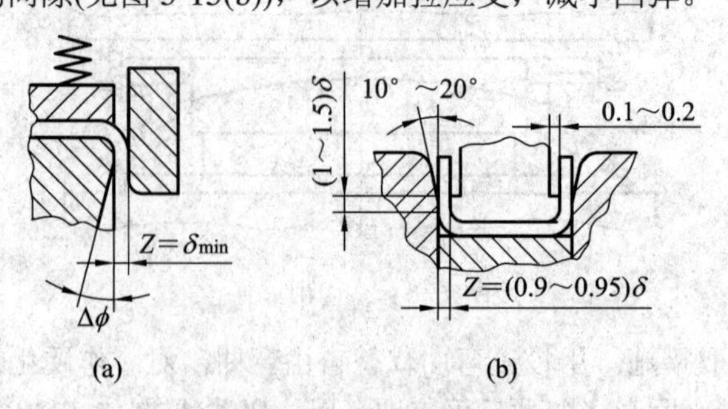


图 5-15　增加拉应变减小回弹

在弯曲件的端部加压，可以获得精确的弯边高度，并且由于改变了变形区的应力状态，弯曲变形区从内到外都处于压应力状态，从而减小了回弹(见图 5-16)。采用橡胶凸模(或凹模)，使坯料紧贴凹模(或凸模)，以减小非变形区对回弹的影响(图 5-17)。

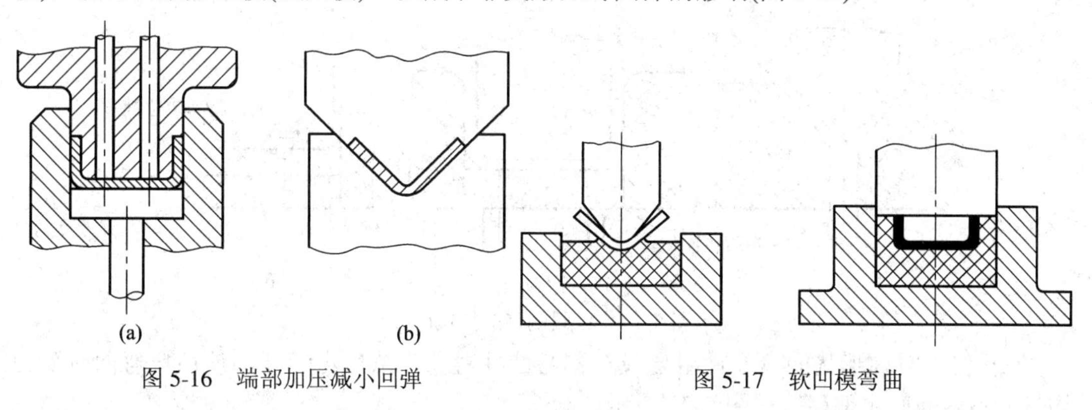


图 5-16　端部加压减小回弹　　　　图 5-17　软凹模弯曲

## 5.2.3　偏移

### 1. 偏移现象的产生

坯料在弯曲过程中沿凹模圆角滑移时，会受到凹模圆角处摩擦阻力的作用，当坯料各边所受的摩擦阻力不等时，有可能使坯料在弯曲过程中沿零件的长度方向产生移动，导致零件两直边的高度不符合图样的要求，这种现象称为偏移。影响偏移的原因很多。如图 5-18(a)、(b)所示为零件坯料形状不对称造成的偏移；如图 5-18(c)所示为零件结构不对称造成的偏移；如图 5-18(d)、(e)所示为弯曲模的结构不合理造成的偏移。此外，凸模与凹模的圆角不对称、间隙不对称等也会导致弯曲时产生偏移现象。

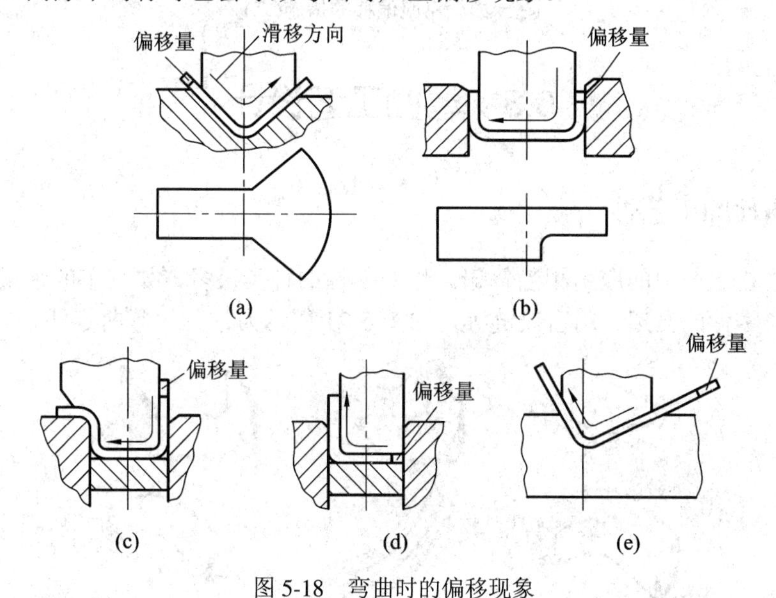


图 5-18　弯曲时的偏移现象

### 2. 克服偏移的措施

(1) 采用压料装置，使坯料在压紧的状态下逐渐弯曲成形，从而防止坯料的滑动，而且能得到较平整的零件，如图 5-19(a)、(b)所示。

(2) 利用坯料上的孔或先冲出工艺孔将定位销插入孔内再弯曲，使坯料无法移动，如

图 5-19(c)所示。

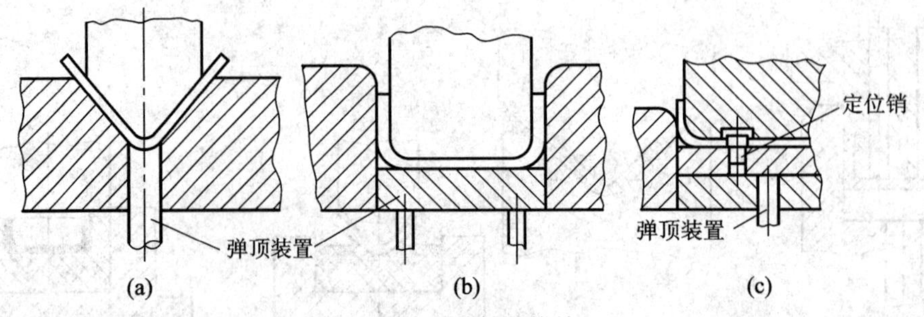


图 5-19 克服偏移的措施(一)

(3) 将不对称形状的弯曲件组合成对称弯曲件弯曲，然后再切开，使坯料弯曲时受力均匀，不容易产生偏移，如图 5-20 所示。

(4) 模具制造准确，间隙调整一致。

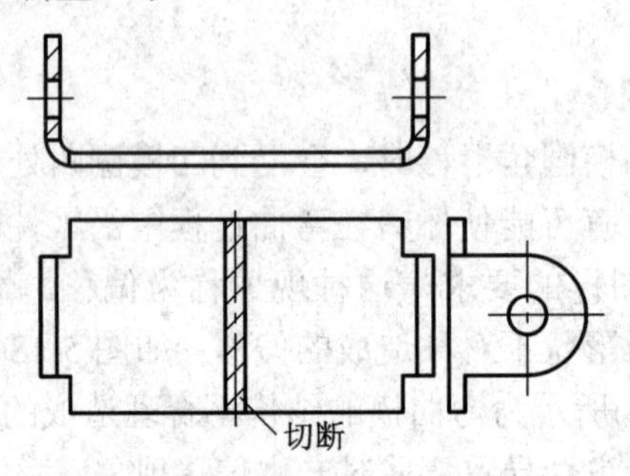


图 5-20 克服偏移的措施(二)

## 5.3 弯曲工艺设计

### 5.3.1 弯曲件的工艺性

弯曲工序在生产中的应用相当普遍。弯曲零件的种类很多，如汽车的纵梁、自行车车把、各种电器零件的支架、门窗铰链等，如图 5-21 所示为常见的弯曲零件。

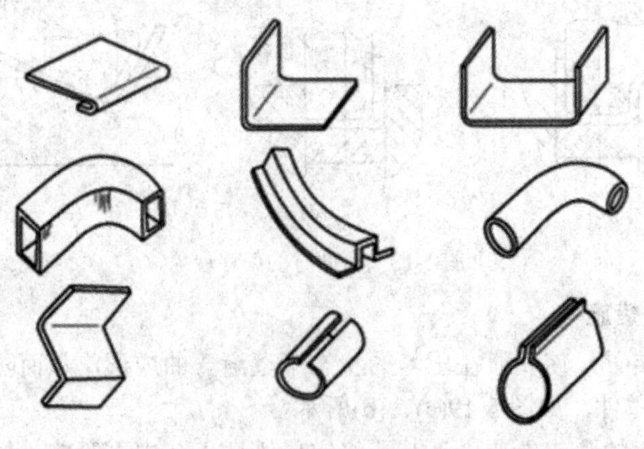

图 5-21 常见的弯曲零件

根据所用的工具和设备不同，弯曲零件的成形方法可分为在普通压力机上使用弯曲模压弯、在折弯机上折弯、在拉弯机上拉弯、在辊弯机上滚弯或辊压成形等(见图 5-22)。虽然各种弯曲零件的成形方法不同，但变形过程及特点却存在着某些相同规律。

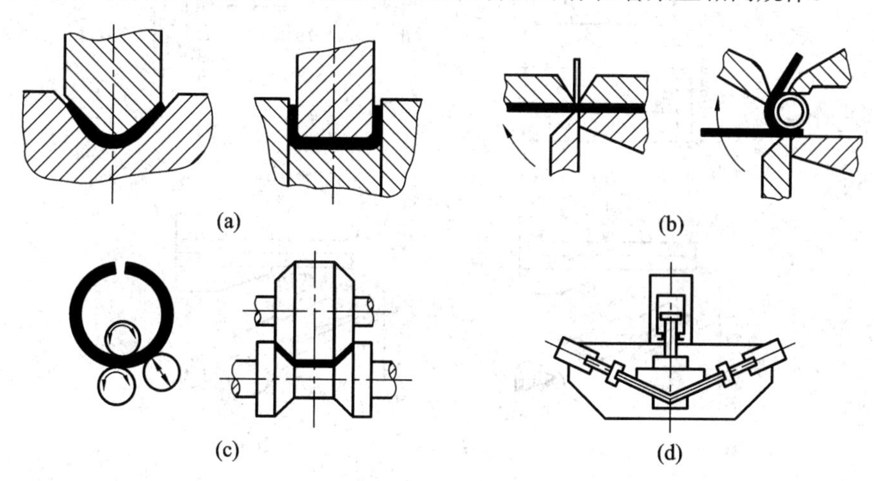


图 5-22　弯曲零件的成形方法

### 1. 弯曲半径

弯曲件的弯曲半径不宜小于最小弯曲半径，否则，需要多次弯曲，增加工序数；也不宜过大，因为过大时，受到回弹的影响，弯曲角度与弯曲半径的精度都不易保证。

### 2. 弯曲件的形状

一般要求弯曲件形状对称，弯曲半径左右一致，弯曲时坯料受力平衡且无滑动(见图 5-23(a))。如果弯曲件不对称，由于摩擦阻力不均匀，坯料在弯曲过程中会产生滑动，造成偏移(见图 5-23(b)、(c))。

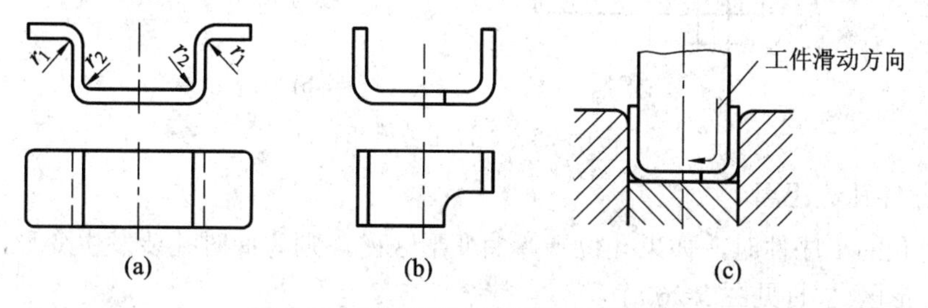


图 5-23　形状对称和不对称的弯曲件

### 3. 弯曲件直边高度

弯曲件的直边高度不宜过小，其值应满足 $h > r + 2t$(见图 5-24(a))。当 $h$ 较小时，直边在模具上支持的长度过小，不容易形成足够的弯矩，很难得到形状准确的零件。若 $h < r + 2t$，则需预先压槽，再弯曲；或增加弯边高度，弯曲后再切掉(见图 5-24(b))。如果所弯直边带有斜角，则在斜边高度小于 $r + 2t$ 的区段不可能弯曲到要求的角度，而且此处也容易开裂(见图 5-24(c))。因此必须改变零件的形状，加高直边尺寸(见图 5-24(d))。

### 4. 防止弯曲根部产生裂纹的工件结构

在局部弯曲某一段边缘时，为避免弯曲根部撕裂，应减小不弯曲部分的长度，使其退

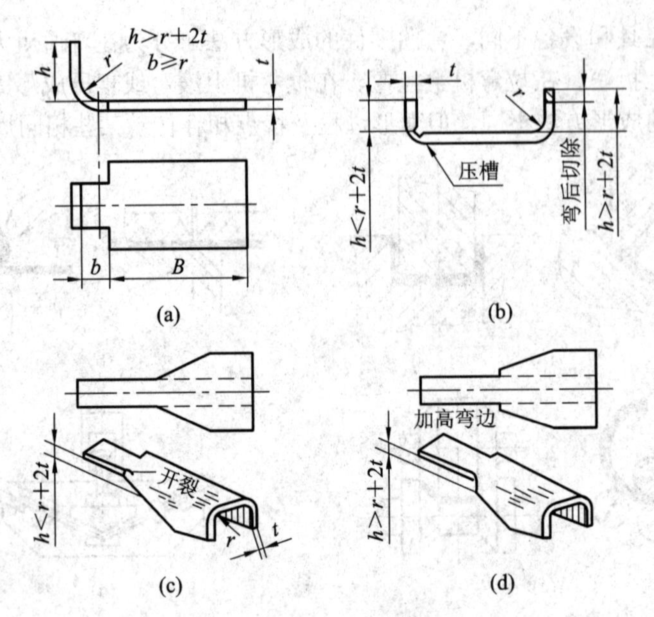


图 5-24　弯曲件的弯边高度

到弯曲线之外，即 $b \geqslant r$(见图 5-24(a))。如果零件的长度不能减小，应在弯曲部分与不弯曲部分之间切槽(见图 5-25(a))或在弯曲前冲出工艺孔(见图 5-25(b))。

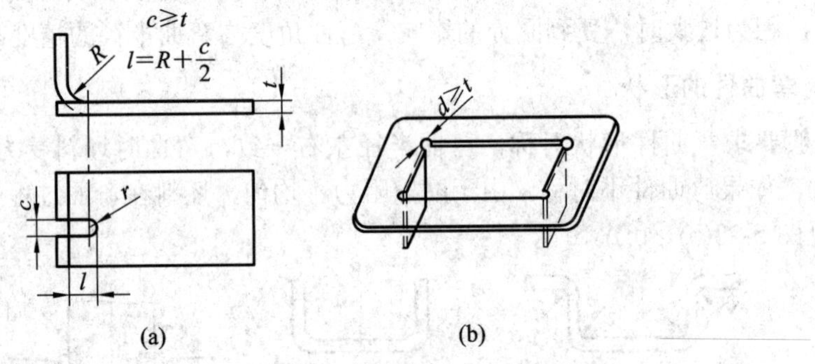


图 5-25　加冲工艺槽和孔

## 5. 弯曲件孔边距离

弯曲有孔的工序件时，如果孔位于弯曲变形区内，则弯曲时孔要发生变形，为此必须使孔处于变形区之外(见图 5-26(a))。

如果孔边至弯曲半径 $r$ 中心的距离过小，为防止弯曲时孔变形，可在弯曲线上冲工艺孔(见图 5-26(b))或切槽(见图 5-26(c))。如对零件孔的精度要求较高，则应弯曲后再冲孔。

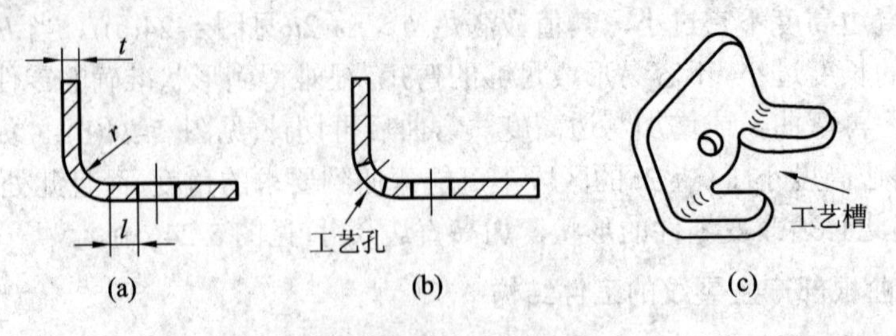


图 5-26　弯曲件孔边距离

6. 增添连接带和定位工艺孔

对于在弯曲变形区附近有缺口的弯曲件，若在坯料上先将缺口冲出，弯曲时会出现叉口，严重时无法成形，这时应在缺口处留连接带，待弯曲成形后再将连接带切除(见图5-27(a)、(b))。

为保证坯料在弯曲模内准确定位，或防止在弯曲过程中坯料的偏移，最好能在坯料上预先增添定位工艺孔(见图5-27(b)、(c))。

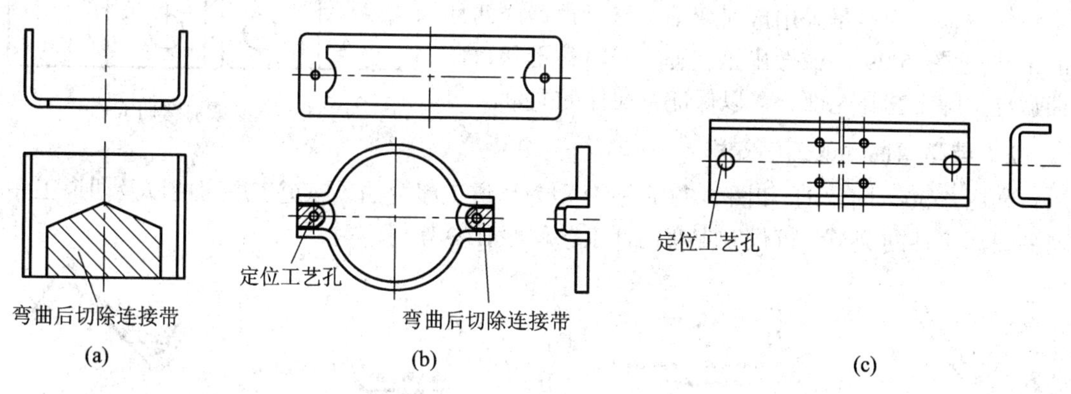


图5-27 增添连接带和定位工艺孔

7. 尺寸标注

尺寸标注对弯曲件的工艺方案有很大的影响。例如，如图5-28所示是弯曲件孔的位置尺寸的3种标注法。如图5-28(a)所示的标注方法中，孔的位置精度不受坯料展开长度和回弹的影响，可以采用先落料冲孔，然后弯曲的工艺，工艺简单。如图5-28(b)、(c)所示的标注方法中，冲孔只能在弯曲后进行。因此，在不要求弯曲件有一定装配关系时，应尽量考虑采用图5-28(a)所示的方法标注尺寸。

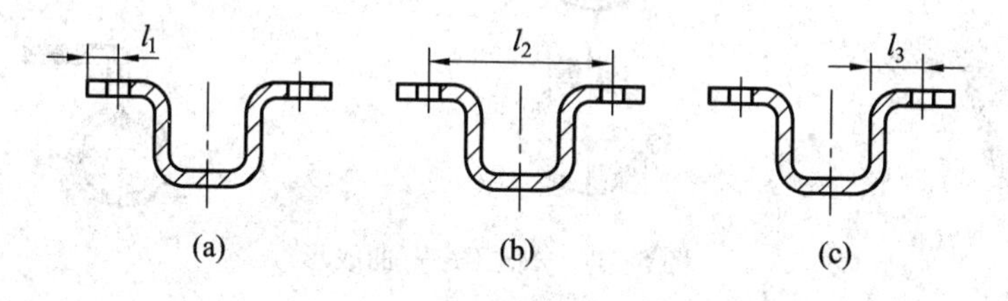


图5-28 尺寸标注对弯曲工艺的影响

## 5.3.2 弯曲件的工序安排

弯曲件的工序安排应根据工件形状、精度等级、生产批量以及材料的力学性质等因素综合考虑，弯曲件工序的安排是在工艺分析和计算后进行的工艺设计工作。弯曲工序安排合理，可以简化模具结构，提高弯曲件质量和劳动生产率。

1. 弯曲件的工序安排原则

(1) 对于形状简单的弯曲件，如V形、U形、Z形工件等，可以采用一次弯曲成形。对于形状复杂的弯曲件，一般需要采用二次或多次弯曲成形。

(2) 对于批量大而尺寸较小的弯曲件，为使操作方便、定位准确和提高生产率，应尽可能采用级进模或复合模。

(3) 多次弯曲时，因变形会影响弯曲件的形状精度，因此弯曲次序一般是先弯两端，后弯中间部分，前次弯曲要给后次弯曲留出可靠的定位，后次弯曲不能影响前次已成形的形状。

(4) 弯曲件几何形状不对称时，为避免弯曲时发生坯料偏移，应尽量采用成对弯曲，然后再切成两件的工艺(见图 5-29)，或做出工艺补充成对称形状，弯曲后再切除工艺补充部分，以保证弯曲件的质量。

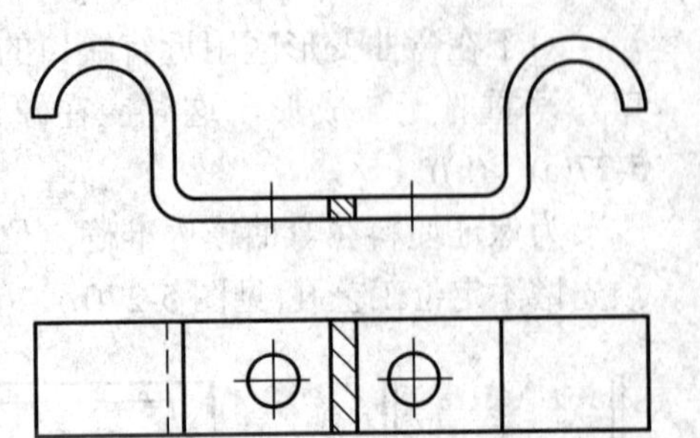

图 5-29　成对弯曲成形

**2．典型弯曲件的工序安排**

如图 5-30、图 5-31 和图 5-32 所示分别为一道工序弯曲、三道工序弯曲以及四道工序弯曲成形工件的例子，可供制定弯曲件工艺程序时参考。

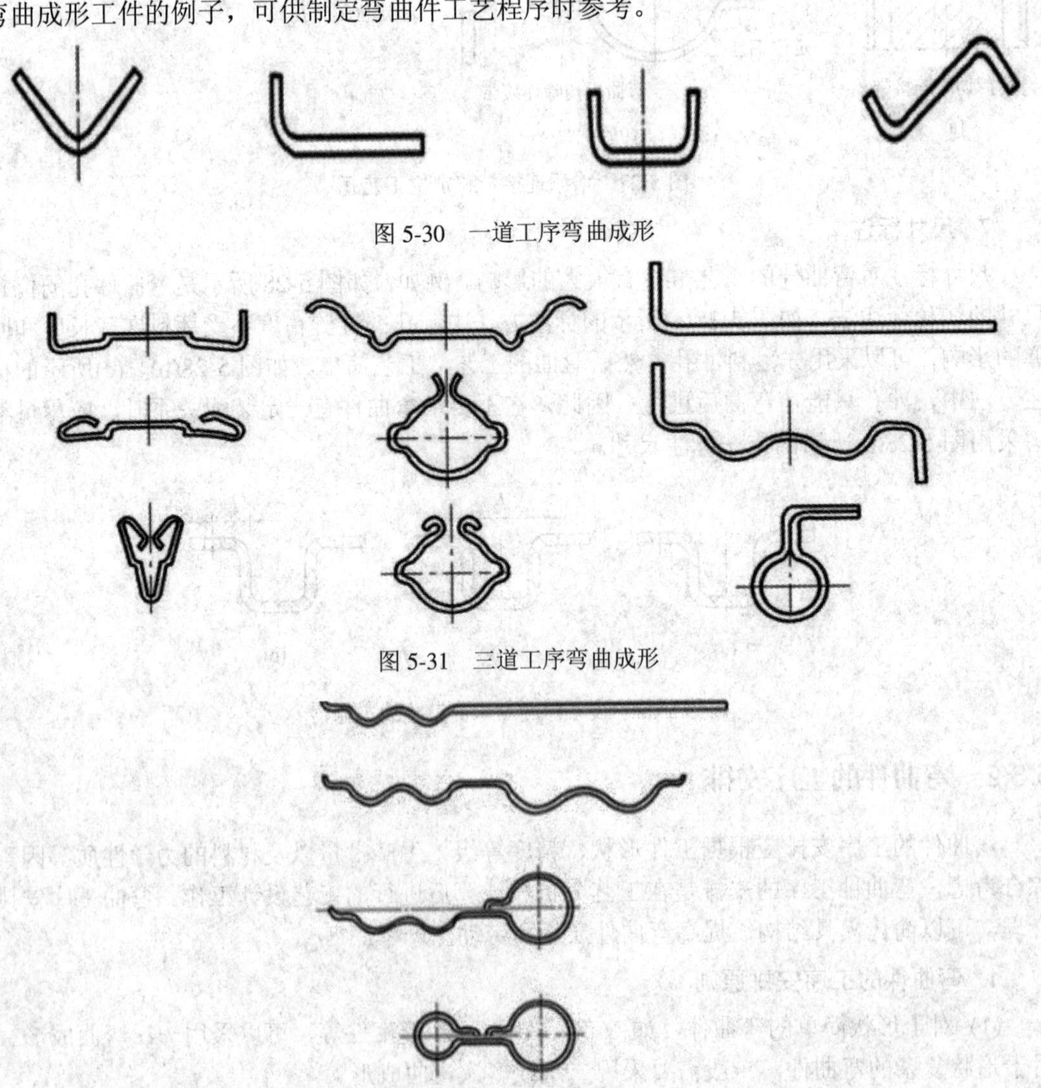

图 5-30　一道工序弯曲成形

图 5-31　三道工序弯曲成形

图 5-32　四道工序弯曲成形

### 5.3.3　弯曲力的计算

弯曲力是设计弯曲模和选择压力机的重要依据，特别是在弯曲坯料较厚、弯曲线较长、相对弯曲半径较小、材料强度较大时，在压力机的公称压力有限的情况下，必须对弯曲力进行计算。材料弯曲时，开始是弹性弯曲，其后是变形区内、外层纤维首先进入塑性状态，并逐步向板的中心扩展进行自由弯曲，最后是凸、凹模与坯料互相接触并冲击零件的校正弯曲，如图5-33所示为各弯曲阶段弯曲力的变化曲线。弹性弯曲阶段的弯曲力较小，可以略去不计，自由弯曲阶段的弯曲力不随行程的变化而变化，校正弯曲力随行程急剧增加。用理论分析的方法很难准确计算弯曲力，因此，生产中常用经验公式概略计算弯曲力，作为设计弯曲工艺过程和选择冲压设备的依据。

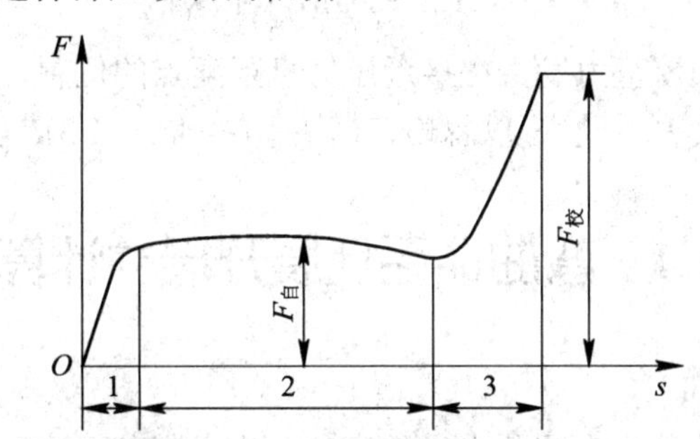


1—弹性弯曲阶段；2—自由弯曲阶段；3—校正弯曲阶段

图5-33　弯曲力的变化曲线

#### 1. 自由弯曲的弯曲力

V形件弯曲力为

$$F_{自}=\frac{0.6KBt^2\sigma_b}{r+t} \tag{5-6}$$

U形件弯曲力为

$$F_{自}=\frac{0.7KBt^2\sigma_b}{r+t} \tag{5-7}$$

式中：$F_{自}$——自由弯曲在冲压行程结束时的弯曲力；

$B$——弯曲件的宽度；

$t$——弯曲材料的厚度；

$r$——弯曲件的内弯曲半径；

$\sigma_b$——材料的抗拉强度；

$K$——安全系数，一般取$K=1.3$。

#### 2. 校正弯曲时的弯曲力

校正弯曲时的弯曲力为

$$F_{校}=Ap \tag{5-8}$$

式中：$F_{校}$——校正弯曲应力；

$A$——校正部分投影面积；

$p$——单位面积校正力。

### 3. 顶件力或压料力

若弯曲模设有顶件装置或压料装置，其顶件力(或压料力)$F_D$(或 $F_Y$)可近似取自由弯曲力的 30%～80%，即

$$F_D = (0.3 \sim 0.8)F_{自} \tag{5-9}$$

### 4. 压力机公称压力的确定

对于有压料装置的自由弯曲，压力机公称压力为

$$F_{压机} \geqslant (1.2 \sim 1.3)(F_{自} + F_Y) \tag{5-10}$$

对于校正弯曲，由于校正力发生在接近压力机下死点的位置，校正弯曲的弯曲力比压料力和顶件力大得多，故 $F_Y$ 一般可以忽略，即 $F_{压机} \geqslant (1.2 \sim 1.3)F_{校}$。

## 5.4　弯曲件毛坯展开尺寸计算

### 1. 有圆角半径的弯曲

一般将 $r>0.5t$ 的弯曲称为有圆角半径的弯曲。由于变薄不严重，按中性层展开的原则计算，坯料总长度应等于弯曲件直线部分和圆弧部分长度之和(见图 5-34)，即

$$L_Z = l_1 + l_2 + \frac{\pi\rho\alpha}{180} = l_1 + l_2 + \frac{\pi\alpha(r + xt)}{180} \tag{5-11}$$

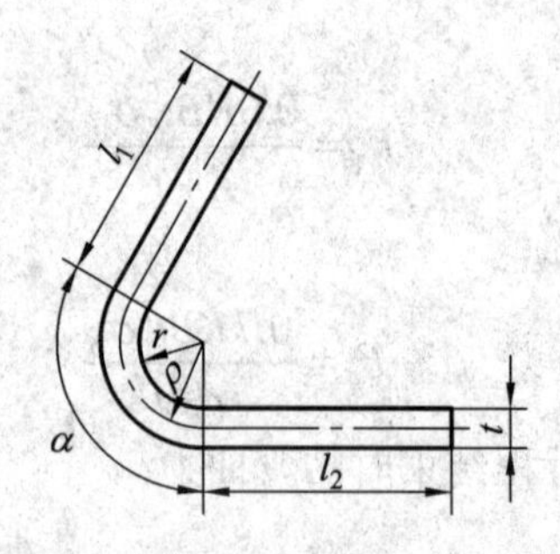


图 5-34　有圆角半径的弯曲

### 2. 圆角半径很小($r$<0.5$t$)的弯曲

对于 $r<0.5t$ 的弯曲件(也称为无圆角半径的弯曲)，由于弯曲变形时不仅零件的变形圆角区严重变薄，而且与其相邻的直边部分也变薄，故应按变形前后体积不变条件确定坯料的长度。通常采用经验公式计算，最后试弯修正。

### 3. 铰链式弯曲件

对于 $r = (0.6 \sim 3.5)t$ 的铰链件，如图 5-35 所示，通常采用卷圆的方法成形。在卷圆过程中坯料增厚，中性层外移，其坯料长度 $L_Z$ 可按下式近似计算：

$$L_Z = l + 1.5\pi(r + x_1 t) \approx l + 5.7r + 4.7x_1 t \tag{5-12}$$

式中：$x_1$ 为铰链件弯曲时中性层的位移系数，可由相关手册查得。

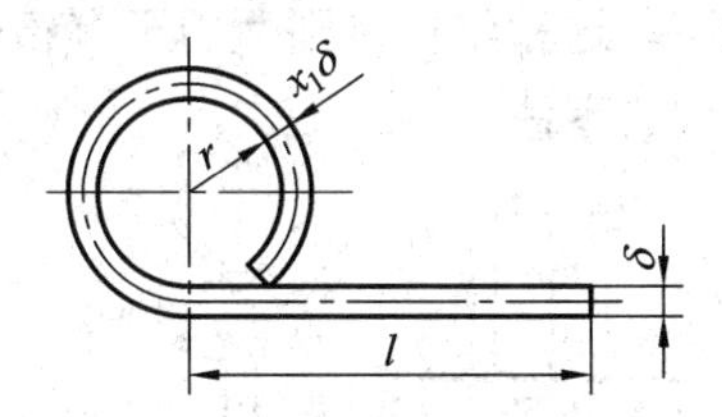

图 5-35　铰链式弯曲件

用式(5-12)计算弯曲件毛坯展开尺寸时，很多因素没有考虑，因而可能产生较大的误差，所以只能用于形状比较简单、尺寸精度要求不高的弯曲件。对于形状比较复杂或精度要求较高的弯曲件，在利用上述公式初步计算坯料长度后，还需反复试弯，不断修正，才能最后确定坯料的形状和尺寸。因此，在实际生产中一般先制造弯曲模，试弯正确后再制造落料模。

## 5.5　弯曲模设计

弯曲模的结构主要取决于弯曲件的形状及弯曲工序的安排。最简单的弯曲模只有一个垂直运动；复杂的弯曲模除了垂直运动外，还可能有一个乃至多个水平动作。

### 5.5.1　弯曲模类型及结构

#### 1. V 形件弯曲模

V 形件形状简单，能一次弯曲成形。V 形件的弯曲方法通常有沿弯曲件的角平分线方向的 V 形弯曲法和垂直于一直边方向的 L 形弯曲法。如图 5-36(a)所示为简单的 V 形件弯曲模，其特点是结构简单、通用性好，但弯曲时坯料容易偏移，影响零件精度。如图 5-36(b)、(c)、(d)所示分别为带有定位尖、顶杆、V 形顶板的模具结构，可以防止坯料滑动，提高零件精度。如图 5-36(e)所示为 L 形弯曲模，由于有顶板及定位销，可以有效防止弯曲时坯料的偏移，得到边长偏差为 ±0.1 mm 的零件。反侧压块的作用是克服上、下模之间水平方向的错移力，同时也为顶板起导向作用，防止窜动。

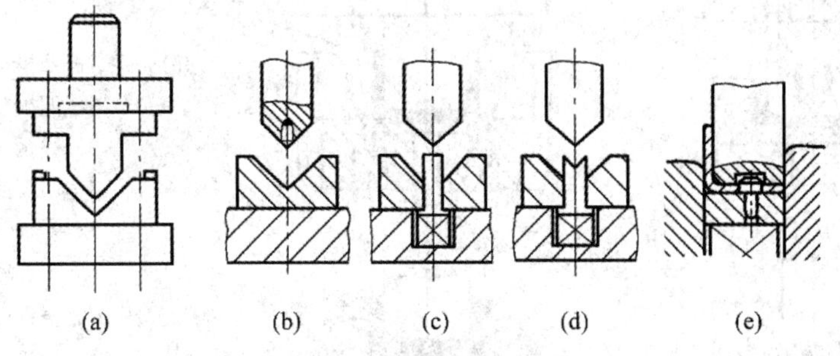

图 5-36　V 形弯曲模的一般结构形式

如图 5-37 所示为 V 形件精弯模，两块活动凹模 4 通过转轴 5 铰接，定位板 3(或定位销)固定在活动凹模上。弯曲前顶杆 7 将转轴顶到最高位置，使两块活动凹模 4 成一平面。在弯曲过程中坯料始终与活动凹模 4 和定位板 3 接触，不会产生相对滑动和偏移，因此，弯曲件表面不会损伤，其质量较高。这种结构特别适用于有精确孔位的小零件以及没有足够定位支承面、窄长的、形状复杂的零件。

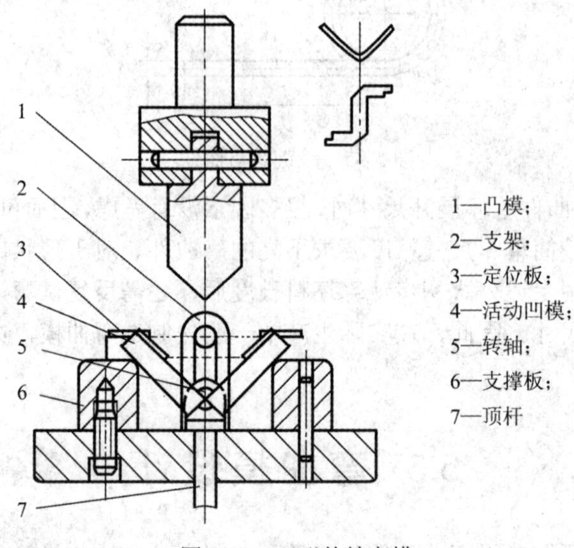


图 5-37　V 形件精弯模

### 2. U 形件弯曲模

根据弯曲件的要求，常用的 U 形弯曲模有如图 5-38 所示的几种结构形式。如图 5-38(a)所示的结构最为简单，用于底部不要求平整的弯曲件。如图 5-38(b)所示模具用于底部要求平整的弯曲件。如图 5-38(c)所示模具用于料厚公差较大而外侧尺寸要求较高的弯曲件，其凸模为活动结构，可随料厚自动调整凸模横向尺寸。如图 5-38(d)所示模具用于料厚公差较大而内侧尺寸要求较高的弯曲件，凹模两侧为活动结构，可随料厚自动调整凹模横向尺寸。如图 5-38(e)所示为 U 形精弯模，两侧的凹模活动镶块用转轴分别与顶板铰接。弯曲前顶杆

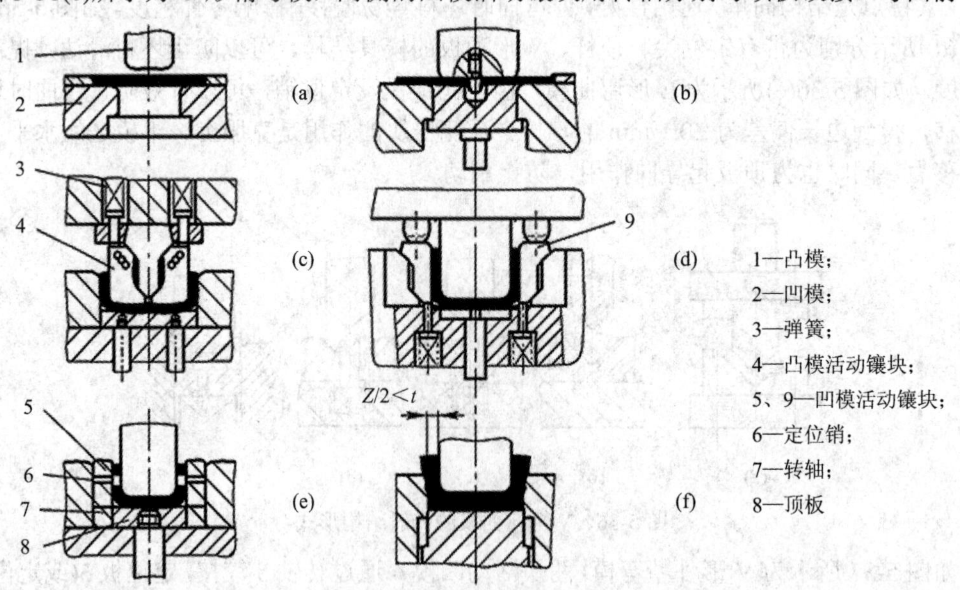


图 5-38　常用的 U 形弯曲模结构

将顶板顶出凹模面，同时顶板与凹模活动镶块成一平面，镶块上有定位销供工序件定位之用。弯曲时工序件与凹模活动镶块一起运动，这样就保证了两侧孔的同轴。如图 5-38(f)所示为弯曲件两侧壁厚变薄的弯曲模。

如图 5-39 所示是弯曲角小于 90° 的 U 形件弯曲模。压弯时凸模 1 首先将坯料弯曲成 U 形，当凸模 1 继续下压到坯料与两侧转动凹模 2 接触时，推动两侧的转动凹模 2 转动，产生侧压运动，使坯料最后压弯成弯曲角小于 90° 的 U 形件。凸模 1 上升，弹簧使转动凹模 2 复位，U 形件则由垂直于图面方向从凸模上卸下。

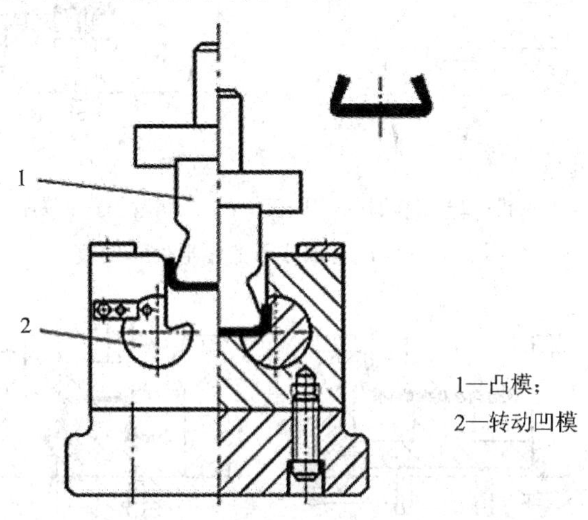


图 5-39　弯曲角小于 90° 的 U 形弯曲模

### 3. 帽形件弯曲模

帽形弯曲件可以一次弯曲成形，也可以二次弯曲成形。

如图 5-40 所示为帽形弯曲件一次弯曲成形模，由图可以看出，在弯曲过程中由于凸模肩部妨碍了坯料的转动，外角弯曲线位置不固定，坯料通过凹模圆角的摩擦力增大，使弯曲件侧壁容易擦伤和变薄，同时弯曲件两肩部与底面不易平行(见图 5-40(c))，特别是材料厚、弯曲件直壁高、圆角半径小时，这一现象更为严重。

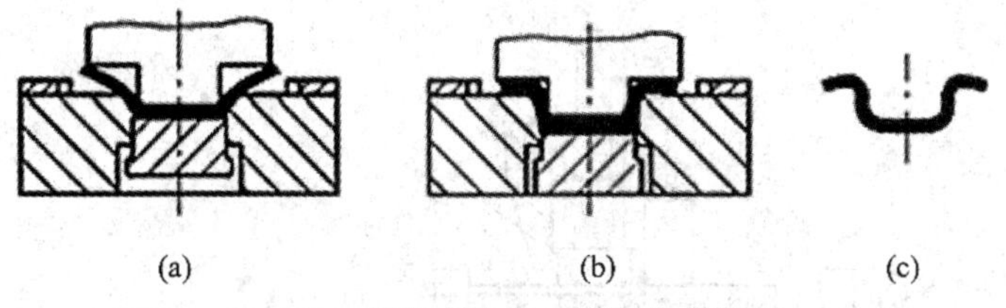


图 5-40　帽形弯曲件一次弯曲成形模

为了保证帽形弯曲件弯曲过程中仅在零件确定的弯曲位置上进行弯曲，提高帽形弯曲件质量，可采用如图 5-41、图 5-42 和图 5-43 所示的弯曲模。

如图 5-41 所示的弯曲模为两次弯曲成形的帽形件弯曲模，先用如图 5-41(a)所示的弯曲模弯曲成形外角，再用如图 5-41(b)所示的弯曲模弯曲内角。用 U 形件的内侧进行定位，采用两副模具弯曲，为了保证弯内角时凹模有足够的强度，弯曲件高度 $H$ 应大于 12～15$t$。

如图 5-42 所示的弯曲模为两次弯曲复合的帽形件弯曲模，它是将两个简单模复合在一起的弯曲模，凸凹模 1 既是弯曲外侧弯的凸模，又是弯曲内侧弯的凹模。弯曲时，凸凹模

1 下行，凸凹模 1 先和凹模 2 将坯料的外侧弯成 U 形，然后凸凹模 1 继续下行与活动凸模 3 作用，弯曲内侧弯，使坯料最后压弯成帽形。这种结构需要凹模下腔的空间较大，以方便零件侧边已弯曲形状的转动，凸凹模 1 的壁厚受到弯曲件高度的限制。此外，由于弯曲过程中毛坯未被夹紧，易产生偏移和回弹，弯曲件的尺寸精度较低。

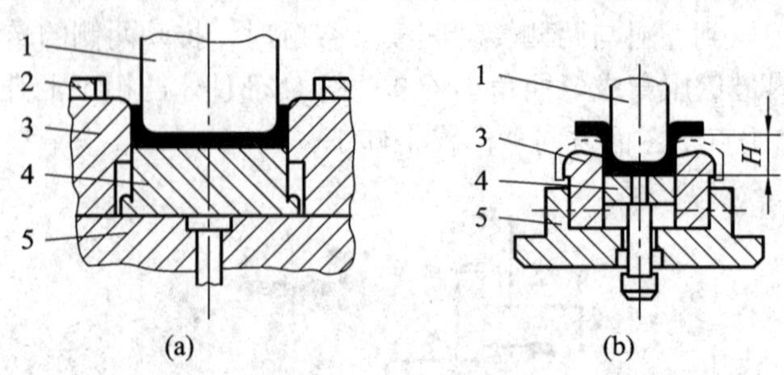


1—凸模；2—挡料圈；3—凹模；4—顶件块；5—下模座

图 5-41　两次弯曲成形的帽形件弯曲模

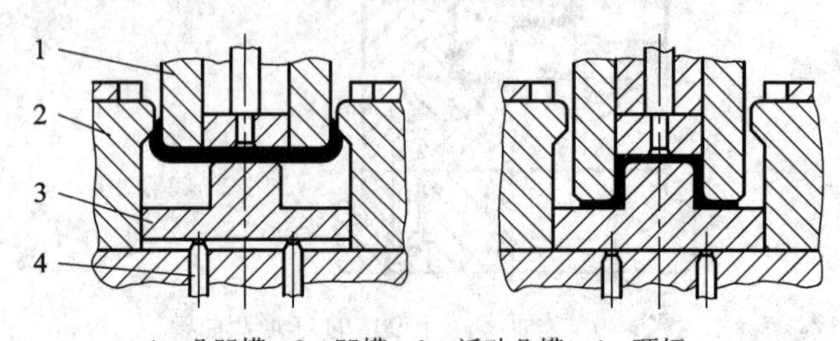


1—凸凹模；2—凹模；3—活动凸模；4—顶杆

图 5-42　两次弯曲复合的帽形件弯曲模

如图 5-43 所示为两次弯曲复合的另一种结构形式。坯料放在凹模 1 面上靠两侧导板定位，凹模 1 下行，利用活动凸模 2 的弹压力先将坯料弯成 U 形。凹模 1 继续下行，当推板 5 与凹模底面接触时，便强迫活动凸模 2 向下运动，在铰接于凸模侧面的一对摆块 3 的作用下，最后压弯成帽形。其缺点是模具结构复杂。

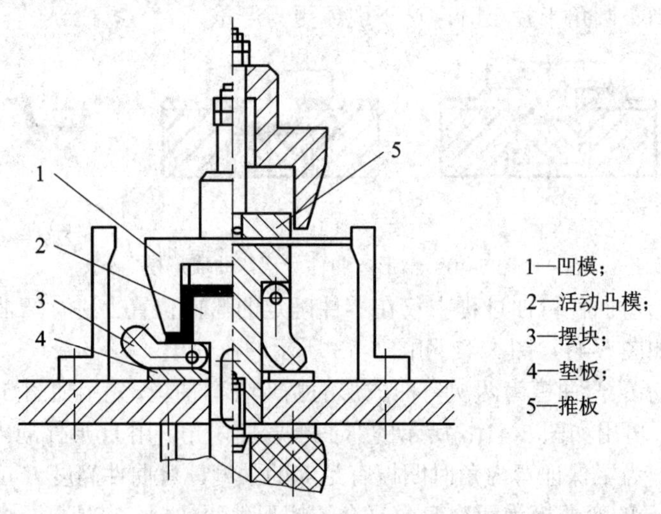


图 5-43　带摆块的帽形件弯曲模

### 4. Z 形件弯曲模

Z 形件一次弯曲即可成形，如图 5-44(a)所示的 Z 形件弯曲模结构简单，无压料装置，压弯时坯料易滑动，只适用于精度要求不高的零件。

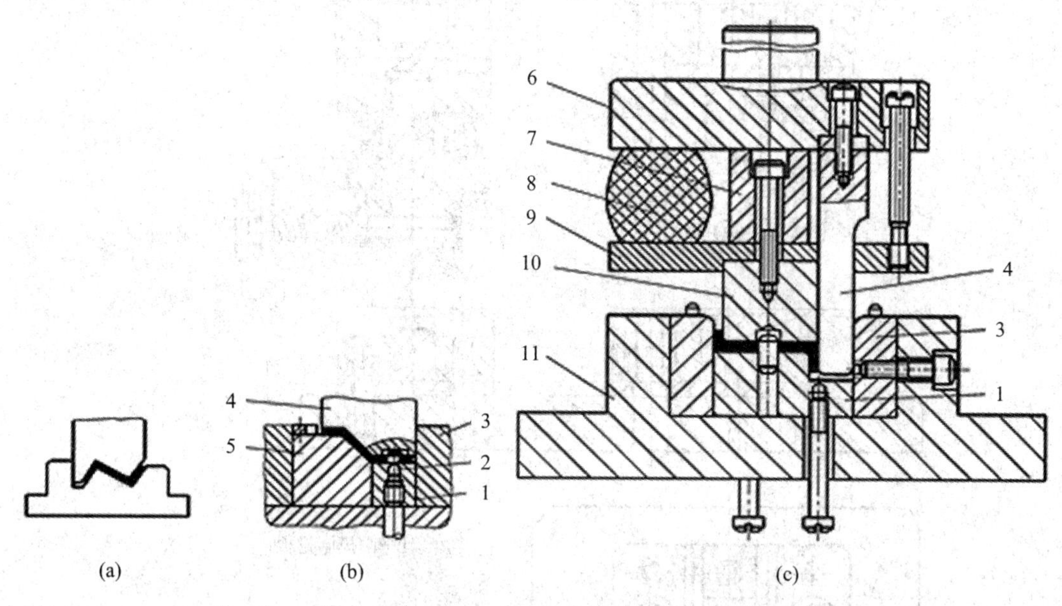


1—顶板；2—定位销；3—反侧压块；4—凸模；5—凹模；6—上模座；7—压块；8—橡皮；9—凸模托板；10—活动凸模；11—下模座

图 5-44　Z 形件弯曲模

如图 5-44(b)、(c)所示的 Z 形件弯曲模设置了顶板 1 和定位销 2，能有效防止坯料的偏移。反侧压块 3 的作用是克服上、下模之间产生的水平方向的侧向力，同时也可以起到顶板导向的作用。

如图 5-44(c)所示的 Z 形件弯曲模在弯曲前活动凸模 10 在橡皮 8 的作用下与凸模 4 端面齐平。冲压时活动凸模 10 与顶板 1 将坯料夹紧，并由于橡皮 8 弹力较大，推动顶板 1 下移使坯料左端弯曲。当顶板 1 接触下模座 11 后，橡皮 8 进一步压缩，则凸模 4 相对活动凸模 10 下移将坯料右端弯曲成形。当压块 7 与上模座 6 相碰时，整个零件得到校正。

### 5. 圆形件弯曲模

圆形件的尺寸大小不同，其弯曲方法也不同，一般按直径分为小圆和大圆两种。

(1) 直径 $d$<5 mm 的小圆形件。弯小圆的方法是先弯成 U 形，再将 U 形弯成圆形。用两副简单模弯圆的方法如图 5-45 所示。由于零件小，分两次弯曲操作不便，故可将两道工序合并。

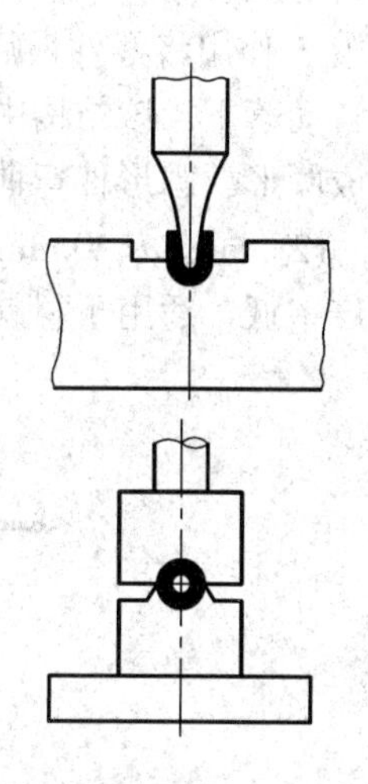

图 5-45　小圆两次弯曲模

如图 5-46 所示的一次压弯模适用于软材料和中、小直径圆形件的弯曲。

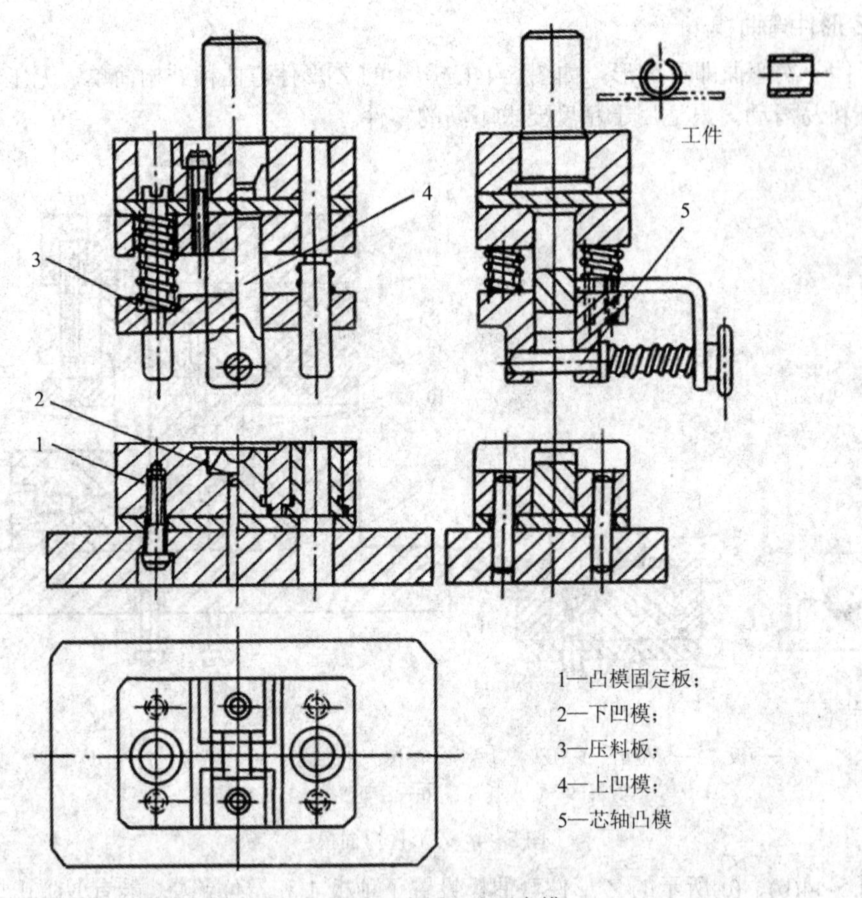


图 5-46　小圆一次压弯模

坯料以凸模固定板 1 上的定位槽定位。当上模下行时，芯轴凸模 5 与下凹模 2 首先将坯料弯成 U 形。上模继续下行时，芯轴凸模 5 带动压料板 3 压缩弹簧，由上凹模 4 与芯轴凸模 5 作用将零件最后弯曲成形。上模回程后，零件留在芯轴凸模上。拔出芯轴凸模，零件自动落下。该结构中，上模弹簧的压力必须大于首先将坯料压成 U 形时的压力，才能弯曲成圆形。圆形件弯曲后，必须用手工将零件从芯轴凸模上取下，操作比较麻烦。

(2) 直径 $d<20$ mm 大圆形件。如图 5-47 所示是用三道工序弯曲大圆的方法，这种方法生产率低，适用于材料厚度较大的零件。

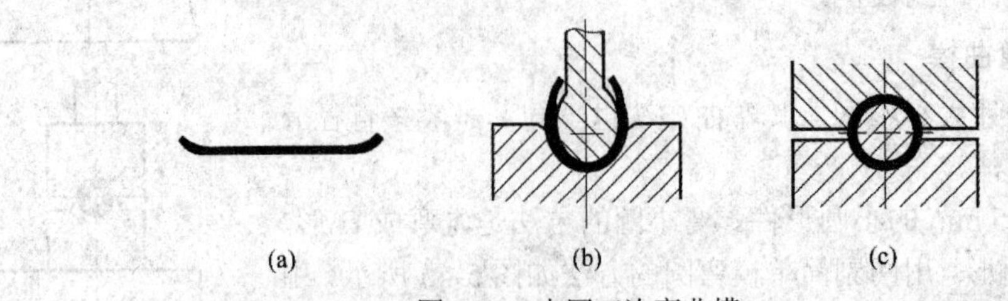


图 5-47　大圆三次弯曲模

如图 5-48 所示是用两道工序弯曲大圆的方法，先预弯成 3 个 120° 的波浪形，然后再用第二副模具弯成圆形，零件顺凸模轴线方向取下。

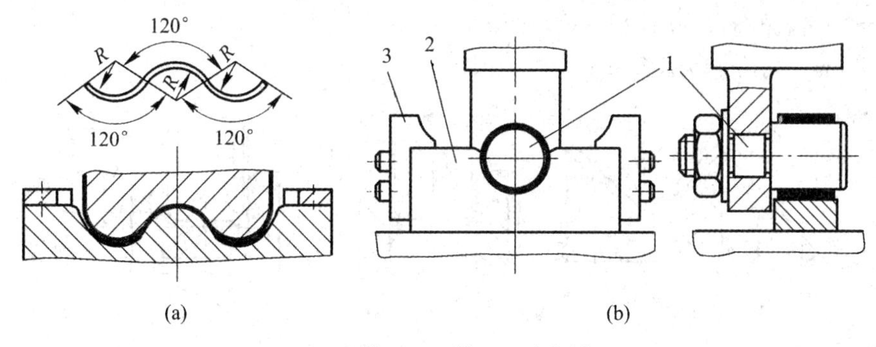


1—凸模；2—凹模；3—定位板

图 5-48　大圆两次弯曲模

如图 5-49 所示是带摆动凹模的一次弯曲成形模，凸模下行先将坯料压成 U 形，凸模继续下行，摆动凹模将 U 形弯成圆形。零件可顺凸模轴线方向推开支撑取下。这种模具生产率较高，但由于回弹，在零件接缝处留有缝隙和少量直边，零件精度差，模具结构也较复杂。

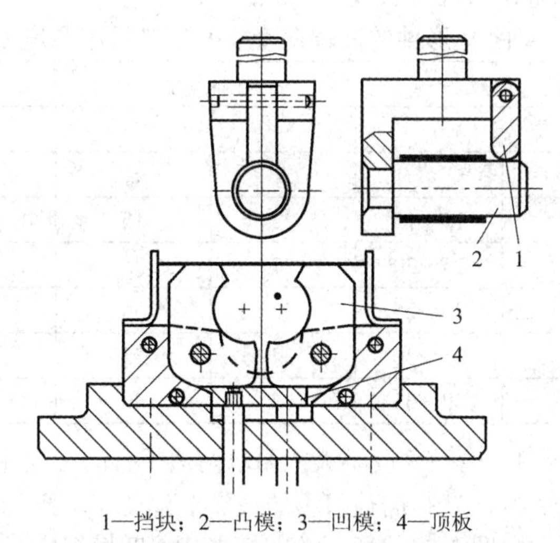


1—挡块；2—凸模；3—凹模；4—顶板

图 5-49　带摆动凹模的一次弯曲成形模

## 5.5.2　弯曲模工作部分结构参数的确定

### 1. 弯曲模工作部分结构参数的确定

(1) 凸模圆角半径。当零件的相对弯曲半径 $r/t$ 较小时，凸模圆角半径 $r_p$ 等于零件的弯曲半径，但不应小于最小弯曲半径。当 $r/t>10$，精度要求较高时，应考虑回弹，试模时根据实际情况将凸模圆角半径 $r_p$ 加以修改。

(2) 凹模圆角半径。如图 5-50 所示为弯曲凸、凹模的结构尺寸。凹模口处圆角半径 $r_d$ 不应该过小，以免擦伤零件表面，影响弯曲模的寿命，凹模两边的圆角半径应一致，否则在弯曲时坯料会发生偏移。$r_d$ 值通常根据材料厚度选取：

当 $t\leqslant 2$ mm 时，$r_d=(3\sim6)t$；

当 $t=2\sim4$ mm 时，$r_d=(2\sim3)t$；

当 $t>4$ mm 时，$r_d=2t$。

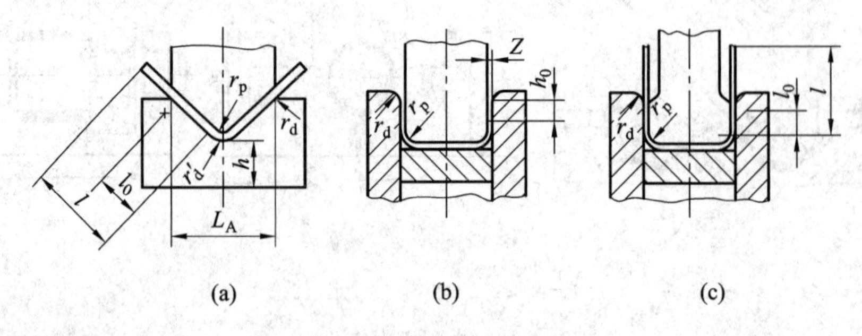


图 5-50　弯曲模结构尺寸

(3) 凹模深度。凹模深度过小，则坯料两端未受压部分太多，零件回弹大，两直边不平直，影响弯曲件质量；凹模深度过大，则浪费模具钢材，且需压力机有较大的工作行程。

① V 形件弯曲模：凹模深度 $l_0$ 及底部最小厚度 $h$ 值可参照表 5-2 选取，但应保证开口宽度 $L_A$ 之值不能大于弯曲坯料展开长度的 0.8 倍。

**表 5-2　弯曲 V 形件的凹模深度 $l_0$ 及底部最小厚度 $h$**　　mm

| 弯曲件的边长 $l$ | 材料厚度 $t$ | | | | | |
|---|---|---|---|---|---|---|
| | ≤2 | | 2～4 | | >4 | |
| | $h$ | $l_0$ | $h$ | $l_0$ | $h$ | $l_0$ |
| 10～25 | 20 | 10～15 | 22 | 15 | — | — |
| >25～50 | 22 | 15～20 | 27 | 25 | 32 | 30 |
| >50～75 | 27 | 20～25 | 32 | 30 | 37 | 35 |
| >75～100 | 32 | 25～30 | 37 | 35 | 42 | 40 |
| >100～150 | 37 | 30～35 | 42 | 40 | 47 | 50 |

② U 形件弯曲模：对于弯边高度不大或要求两边平直的 U 形件，凹模深度应大于零件的高度，如图 5-50(b)所示，图中 $h_0$ 值可参照表 5-3 选取；对于弯边高度较大而平直度要求不高的 U 形件，可采用如图 5-50(c)所示的凹模形式，凹模深度 $l_0$ 值可参照表 5-4 选取。

**表 5-3　弯曲 U 形件凹模的 $h_0$ 值**　　mm

| 材料厚度 $t$ | ≤1 | 1～2 | 2～3 | 3～4 | 4～5 | 5～6 | 6～7 | 7～8 | 8～10 |
|---|---|---|---|---|---|---|---|---|---|
| $h_0$ | 3 | 4 | 5 | 6 | 8 | 0 | 15 | 20 | 25 |

**表 5-4　弯曲 U 形件凹模的深度 $l_0$**　　mm

| 弯曲件的边长 $l$ | 材料厚度 $t$ | | | | |
|---|---|---|---|---|---|
| | <1 | 1～2 | 2～4 | 4～6 | 6～10 |
| <50 | 15 | 20 | 25 | 30 | 35 |
| 50～75 | 20 | 25 | 30 | 35 | 40 |
| 75～100 | 25 | 30 | 35 | 40 | 40 |
| 100～150 | 30 | 35 | 40 | 50 | 50 |
| 150～200 | 40 | 45 | 55 | 65 | 65 |

(4) 凸、凹模间隙。V形件弯曲模的凸、凹模间隙是靠调整压力机的装模高度来控制的，设计时可以不考虑。对于U形件弯曲模，则应当选择合适的间隙。间隙过小，会使零件弯边厚度变薄，降低凹模的寿命，增大弯曲力；间隙过大，则回弹大，降低零件的精度。U形件弯曲模的凸、凹模单边间隙一般可按下式计算：

$$Z = t_{\max} + Ct = t + \Delta + Ct \tag{5-13}$$

式中：$Z$——弯曲模凸、凹模单边间隙；

$t$——零件材料厚度(基本尺寸)；

$\Delta$——材料厚度的上偏差；

$C$——间隙系数，可查表5-5。

当零件精度要求较高时，其间隙值应适当减小，取 $Z = t$。

**表5-5 U形件弯曲模凸、凹模间隙系数 $C$ 值** mm

| 弯曲高度 $H$ | 弯曲件宽度 $B \leqslant 2H$ | | | | 弯曲件宽度 $B>2H$ | | | | |
|---|---|---|---|---|---|---|---|---|---|
| | 材料厚度 $t$ | | | | | | | | |
| | <0.5 | ≥0.5～2 | ≥2～4 | ≥4～5 | <0.5 | ≥0.5～2 | ≥2～4 | ≥4～7.5 | ≥7.5～12 |
| 10 | 0.05 | 0.05 | 0.04 | — | 0.10 | 0.10 | 0.08 | — | — |
| 20 | 0.05 | 0.05 | 0.04 | 0.03 | 0.10 | 0.10 | 0.08 | 0.06 | 0.06 |
| 35 | 0.07 | 0.05 | 0.04 | 0.03 | 0.15 | 0.10 | 0.08 | 0.06 | 0.06 |
| 50 | 0.10 | 0.07 | 0.05 | 0.04 | 0.20 | 0.15 | 0.10 | 0.06 | 0.06 |
| 70 | 0.10 | 0.07 | 0.05 | 0.05 | 0.20 | 0.15 | 0.10 | 0.10 | 0.08 |
| 100 | — | 0.07 | 0.05 | 0.05 | — | 0.15 | 0.10 | 0.10 | 0.08 |
| 150 | — | 0.10 | 0.07 | 0.05 | — | 0.20 | 0.15 | 0.10 | 0.10 |
| 200 | — | 0.10 | 0.07 | 0.07 | — | 0.20 | 0.15 | 0.15 | 0.10 |

(5) U形件弯曲凸、凹模横向尺寸及公差的确定。

确定U形件弯曲凸、凹模横向尺寸及公差的原则是：零件标注外形尺寸时(见图5-51(a))，应以凹模为基准件，间隙取在凸模上；零件标注内形尺寸时(见图5-51(b))，应以凸模为基准件，间隙取在凹模上；而凸、凹模的尺寸和公差则应根据零件的尺寸、公差、回弹情况以及模具磨损规律而定。

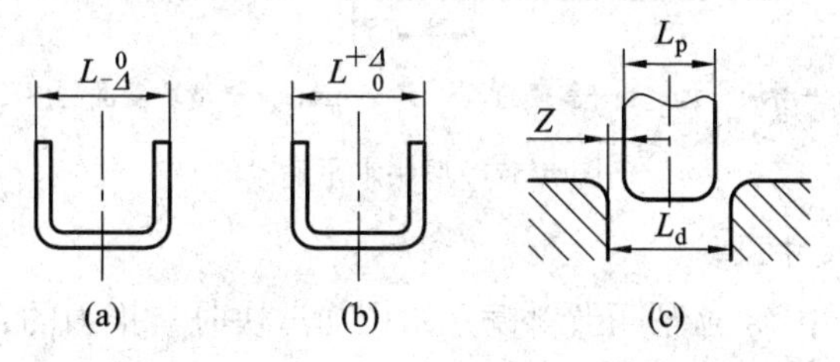


图5-51 标注内形与外形的弯曲件及模具尺寸

当零件标注外形尺寸时，则

$$L_d = (L_{max} - 0.75\Delta)_0^{+\delta_d} \quad (5\text{-}14)$$

$$L_p = (L_d - 2Z)_{-\delta_p}^{0} \quad (5\text{-}15)$$

当零件标注内形尺寸时，则

$$L_p = (L_{min} + 0.75\Delta)_{-\delta_p}^{0} \quad (5\text{-}16)$$

$$L_d = (L_p + 2Z)_0^{+\delta_d} \quad (5\text{-}17)$$

式中：$L_p$、$L_d$——凸、凹模横向尺寸；

$L_{max}$——弯曲件横向的最大极限尺寸；

$L_{min}$——弯曲件横向的最小极限尺寸；

$\Delta$——弯曲件横向尺寸公差；

$\delta_p$、$\delta_d$——凸、凹模制造公差，可采用 IT6～IT7 级精度，一般所取凸模的精度可比凹模的精度高一级。

**2. 斜楔、滑块的设计**

一般的冲压加工为垂直方向，而当零件冲压方向是水平方向或倾斜成一定角度时，则应采用斜楔机构。通过斜楔机构将压力机滑块的垂直运动转化为凸模、凹模的水平运动或倾斜运动，从而进行弯曲、切边、冲孔等工序的加工。下面主要介绍滑块水平运动的情况(见图 5-52)。

1) 斜楔、滑块之间行程关系的确定

斜楔的角度主要考虑到机械效率、行程和受力状态。斜楔作用下，滑块的水平运动如图 5-52 所示，斜楔的有效行程 $s_1$ 一般应大于滑块行程 $s$。$\alpha$ 为斜楔角，一般取 40°。为了增大滑块的行程 $s$，$\alpha$ 可以取 45° 或 60°。

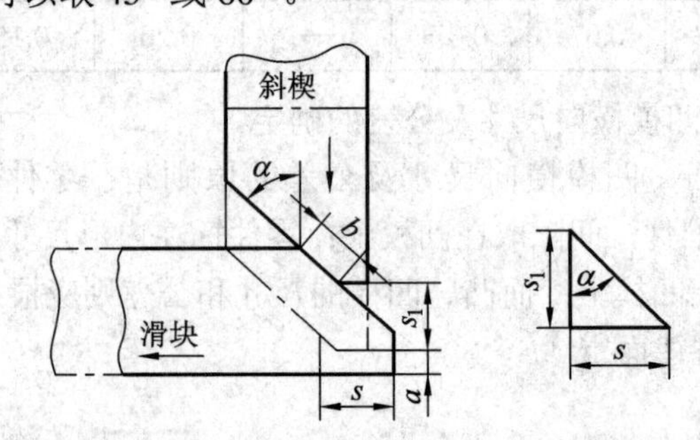


$s$—滑块行程；$s_1$—斜楔行程；$a$>5 mm；$b$≥滑块斜面程度/5

图 5-52 滑块水平运动

2) 斜楔、滑块的尺寸设计

(1) 滑块的长度尺寸 $L_2$ 应保证当斜楔开始推动滑块时，推力的合力作用线处于滑块的长度之内(见图 5-53)。

(2) 合理的滑块高度 $H_2$ 应小于滑块的长度 $L_2$，一般取 $L_2$∶$H_2$=(2～1)∶1。

(3) 为了保证滑块运动的平稳，滑块的宽度 $B_2$ 一般应满足：$B_2 \leqslant 2.5L_2$。

(4) 斜楔尺寸 $H_1$、$L_1$ 基本上可按不同模具的结构要求进行设计，但必须有可靠的挡块，以保证斜楔正常工作。

(5) 对于大型模具，滑块的宽度 $B_2$ 与斜楔宽度 $B_1$ 及所需斜楔数量的关系查表可知。

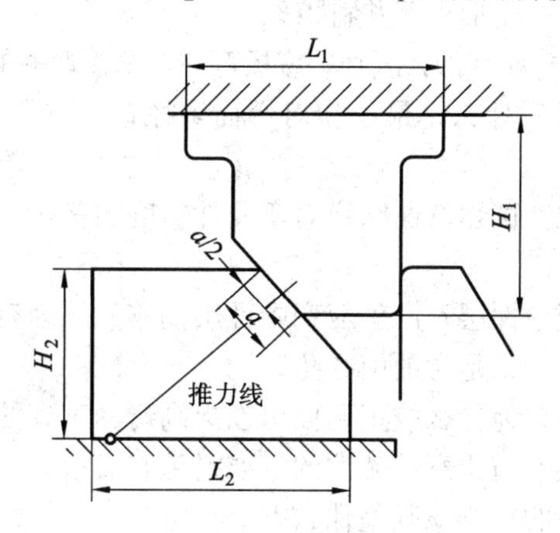


图 5-53 斜楔、滑块尺寸关系

3) 斜楔、滑块的结构

斜楔、滑块的结构如图 5-54 所示。斜楔、滑块应设置复位机构，一般采用弹簧复位，有时也用汽缸等装置。斜楔模应设置后挡块(见图 5-54 中挡块 2)，在大型斜楔模上也可以把后挡块与模座铸成一体。滑动面单位面积上的压力如超出 50 MPa，应设置防磨板(见图 5-54 中防磨板 4、5)，以提高模具寿命。

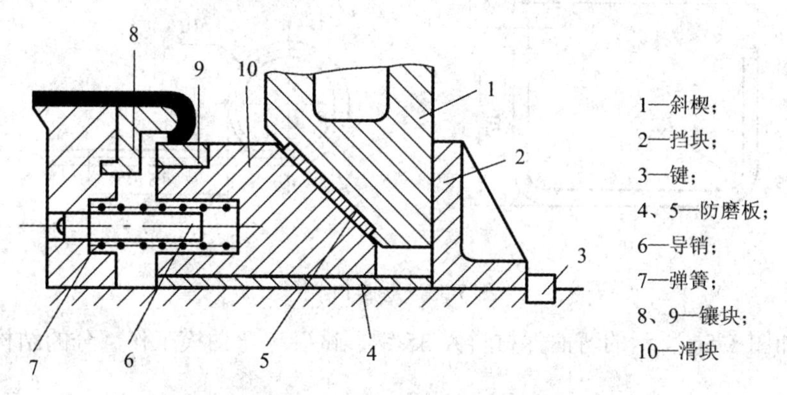


图 5-54 斜楔、滑块的结构

### 3. 弯曲模设计时应该注意的问题

(1) 模具结构应能保证坯料在弯曲时不发生偏移。为了防止坯料偏移，应尽量利用零件上的孔，用定料销定位，定料销装在顶板上时应注意防止顶板与凹模之间产生窜动。工件无孔时可采用定位尖、顶杆、顶板等措施防止坯料偏移。

(2) 模具结构不应妨碍坯料在合模过程中应有的转动和移动。

(3) 模具结构应能保证弯曲时产生的水平方向的错移力得到平衡。

# 思 考 题

5-1　什么是弯曲？弯曲变形有哪些特点？

5-2　宽板弯曲与窄板弯曲有什么区别？宽板弯曲与窄板弯曲的应力与应变状态如何？

5-3　什么是弯曲半径？什么是最小相对弯曲半径？影响最小相对弯曲半径的因素有哪些？

5-4　什么是弯曲回弹？试述弯曲回弹对弯曲件精度的影响。试述减小弯曲回弹的主要措施。

5-5　什么是弯曲应变中性层？产生应变中性层偏移的原因有哪些？

5-6　什么是弯曲角？什么是弯曲中心角？

5-7　什么是校正弯曲？为什么校正弯曲可以提高弯曲工件的精度？

5-8　什么是弯曲裂纹？防止弯曲裂纹的主要措施有哪些？

5-9　弯曲件弯曲工序的安排原则是什么？

5-10　对弯曲工件毛坯进行排样应注意什么问题？

5-11　弯曲回弹值的算法有哪几种？各种的特点分别是什么？

5-12　试述弯曲中有哪些定位措施。

5-13　弯曲制件内的弯曲残余应力对工件的使用有什么影响？

5-14　试计算如图 5-55 所示弯曲件的展开长度。

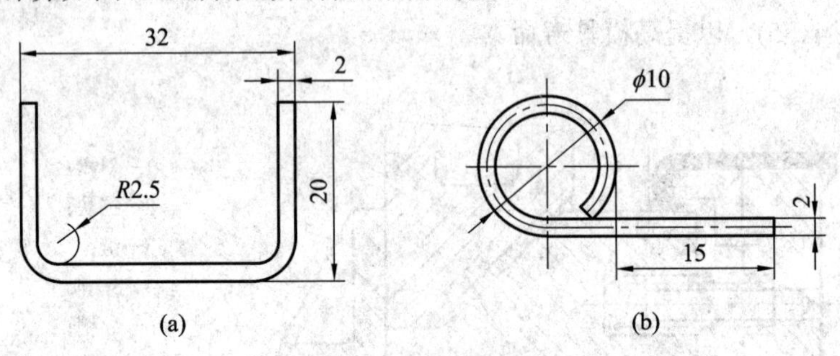


图 5-55　题 5-14 图

5-15　如图 5-56 所示的弯曲件材料为 35 钢，试确定弯曲模工作部分的结构参数。

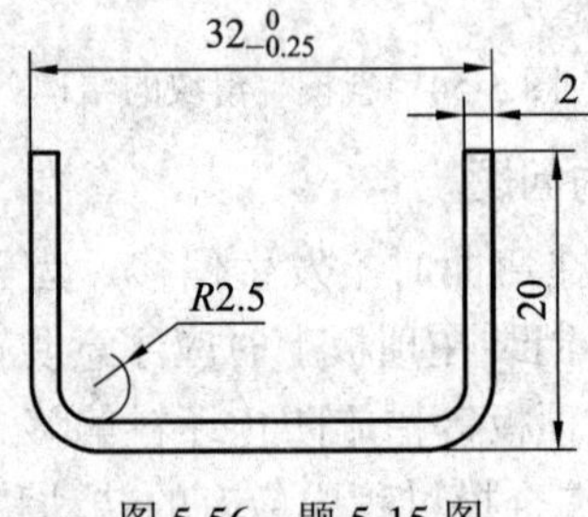


图 5-56　题 5-15 图

5-16　如图 5-57 所示的弯曲件材料为 35 钢，试确定弯曲模工作部分的结构参数。

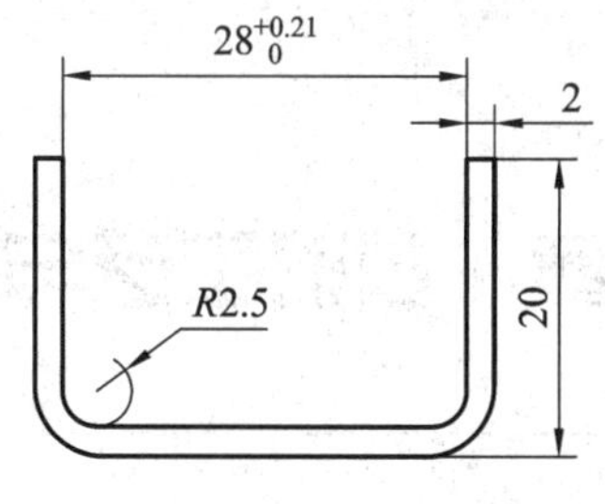


图 5-57　题 5-16 图

思考题 5-1　思考题 5-2　思考题 5-3　思考题 5-4　思考题 5-5

思考题 5-6　思考题 5-7　思考题 5-8　思考题 5-9　思考题 5-10

思考题 5-11　思考题 5-12　思考题 5-13　思考题 5-14　思考题 5-15

思考题 5-16

# 第 6 章　拉深工艺与模具

拉深是利用拉深模具将冲裁好的平板毛坯压制成各种开口的空心工件，或将已制成的开口空心件加工成其他形状空心件的一种冲压加工方法，拉深是冲压生产中应用最广泛的工艺之一。拉深也叫拉延、压延、引伸等。

用拉深的方法可以制成筒形、阶梯形、锥形、球形和其他不规则形状的薄壁零件。如果和其他冲压成形工艺配合，还可以制造形状极为复杂的工件。用拉深方法来制造薄壁空心件生产效率高、材料消耗小，零件的强度和刚度高，而且工件的精度也较高，因此，在汽车、拖拉机、飞机、电器、仪表、电子等工业部门以及日常生活用品的生产中，拉深工艺占据相当重要的地位。

拉深工艺可以在普通的单动压力机上进行(拉深较浅的工件)，也可以在专用的双动、三动拉深压力机或液压机上进行。

在冲压生产中，拉深的种类很多。各种拉深件按变形力学的特点可以分为以下 4 种基本类型(见图 6-1)。

(1) 圆筒形零件(见图 6-1(a))——直壁旋转体拉深件；

(2) 曲面形零件(见图 6-1(b))——曲面旋转体拉深件；

(3) 盒形零件(见图 6-1(c))——直壁非旋转体拉深件；

(4) 非旋转体曲面形零件(见图 6-1(d))——各种不规则的复杂形状拉深件。

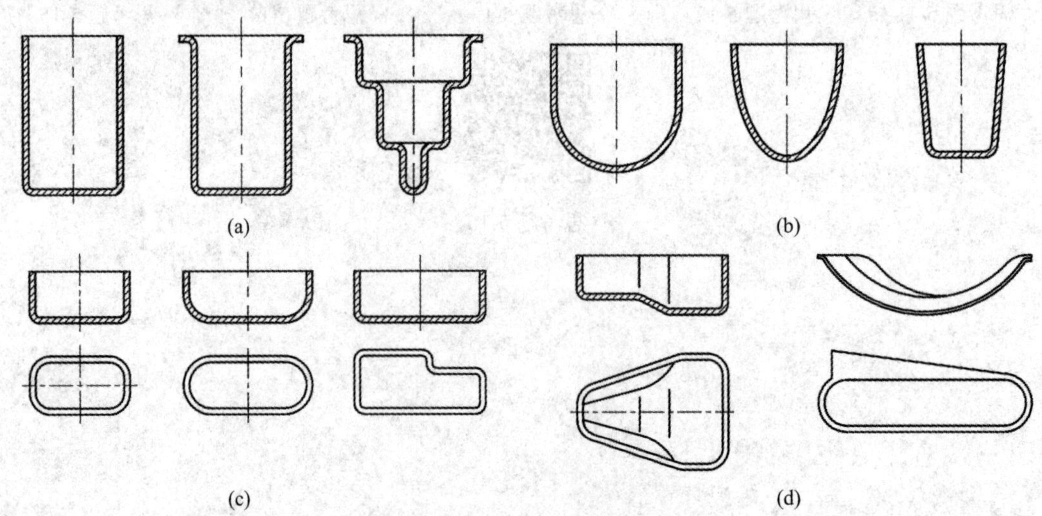


图 6-1　拉深件的类型

虽然这些零件的冲压过程都叫做拉深，但是由于其几何形状的特点不同，在拉深过程中，它们的变形区位置、变形性质、毛坯各部位的应力状态和分布规律等都有相当大的差别，所以在确定拉深的工艺参数、工序数目与工艺顺序方面都不一样。本章主要讨论圆筒零件的拉深，在此基础上分析其他各种形状零件的拉深特点。

# 6.1　圆筒形零件的拉深工艺分析

## 6.1.1　拉深变形过程及特点

圆筒形零件的拉深过程如图 6-2 所示。在凸模的作用下，原始直径为 $D$ 的毛坯被拉进拉深凸、凹模之间的间隙里而形成圆筒的直壁。工件上高度为 $H$ 的直壁部分是由毛坯的环形(外径为 $D$，内径为 $d$)部分转变而成的。所以，拉深时毛坯的外部环形部分是变形区；而底部通常是不参与变形的，是不变形区；被拉入凸、凹模之间的直壁部分是已完成变形部分，是传力区。

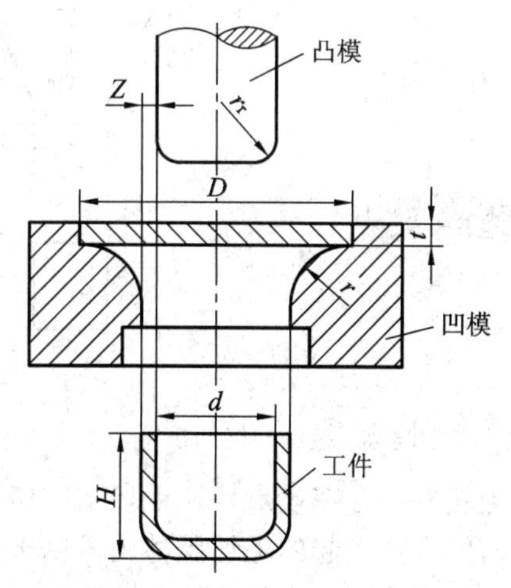


图 6-2　圆筒形零件的拉深过程

为了进一步说明拉深时金属的流动状态，可在圆形毛坯上画出许多间距为 $a$ 的同心圆线和等分度的辐射线，如图 6-3 所示。

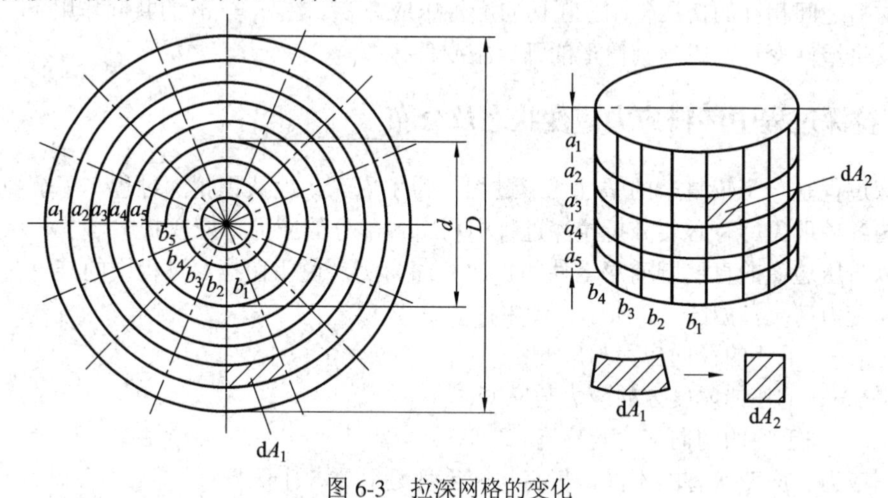


图 6-3　拉深网格的变化

在拉深后观察由这些同心圆与辐射线所组成的网格，可以发现：在筒形零件底部的网格基本上保持原来的形状，而筒壁部分的网格则发生了很大的变化。原来的同心圆变为筒壁上的水平圆周线，而且其间距 $a$ 也增大了，愈靠近筒的上部增大愈多，即 $a_1 > a_2 > a_3 > a_4$，…，原来等分度的辐射线变成了筒壁上的垂直平行线，其间距则完全相同，即：$b_1 = b_2 = b_3 = b_4$…。原来的形状为扇形网格，拉深后在工件的侧壁变成了矩形网格，离底部越远矩形的高度越大。测量此时工件的高度，发现筒壁高度大于$(D-d)/2$。这说明材料沿高度方向产生了塑性流动。

如图 6-4(a)所示，从网格中取一个小单元体，在拉深前扇形 $\mathrm{d}A_1$ 在拉深后变成了矩形 $\mathrm{d}A_2$(见图 6-4(b))，若不计其板厚的微变，则小单元的面积不变，即 $\mathrm{d}A_1=\mathrm{d}A_2$。这和一块扇形毛坯被拉着通过一个楔形槽的变化过程类似，在直径方向被拉长的同时，切向则被压缩了。

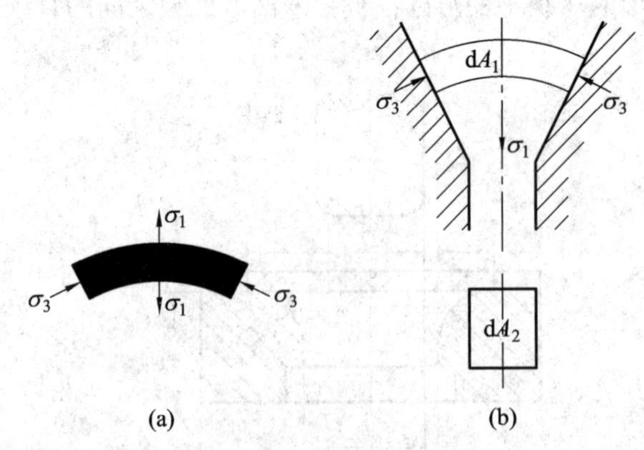


图 6-4　拉深网格的挤压变形

在实际的拉深过程中，当然并不存在楔形槽，毛坯上的扇形小单元体也不是单独存在的，而是处在相互联系、紧密结合在一起的毛坯整体内。由于拉深的直接作用，使小单元体在径向被拉长，材料之间的互相挤压使小单元体在切向被压缩。

由上述分析可知，拉深过程实质上就是将毛坯的凸缘部分材料逐渐转移到筒壁部分的过程。在转移过程中，凸缘部分材料由于拉深力的作用，在径向产生拉应力 $\sigma_1$，又由于凸缘部分材料之间相互的挤压作用，在切向产生压应力 $\sigma_3$。在 $\sigma_1$ 与 $\sigma_3$ 的共同作用下，凸缘部分材料发生塑性变形，成为圆筒形的开口空心件。

## 6.1.2　拉深过程中坯料应力应变状态及分布

拉深过程是一个较复杂的塑性变形过程。为了更深刻地认识拉深过程，了解拉深过程所发生的各种现象，有必要分折拉深过程中材料各部分的应力、应变状态。

现以带压边圈的直壁圆筒形零件的首次拉深为例，说明在拉深过程中的某一时刻毛坯的变形和受力情况，如图 6-5 所示，图中：

$\sigma_1$、$\varepsilon_1$——毛坯的径向应力与应变；

$\sigma_2$、$\varepsilon_2$——毛坯的厚度方向应力与应变；

$\sigma_3$、$\varepsilon_3$——毛坯的切向应力与应变。

根据应力、应变状态的不同，可将拉深毛坯划分为 5 个区域：

Ⅰ——凸缘部分。这是拉深时的主要变形区。拉深变形主要在这个区域内完成。这部分材料径向受拉应力 $\sigma_1$、切向受压应力 $\sigma_3$ 的作用，在压边圈作用下，板厚方向产生压应力 $\sigma_2$，应变状态为径向拉应变 $\varepsilon_1$、切向压应变 $\varepsilon_3$。由于凸缘部分的最大主应变是切向压缩应变，$\varepsilon_3$ 的绝对值最大，因此板厚方向产生拉应变 $\varepsilon_2$，板料略有变厚。

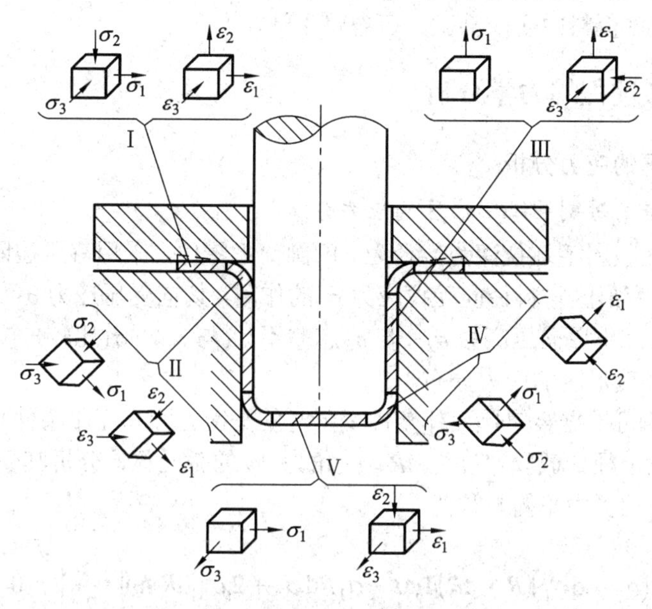


图 6-5　拉深过程的应力与应变状态

根据屈服准则上的应力分区知识，拉深变形时，在凹模口附近的材料有变薄的趋势，随着变形过程的进行，厚度不再变薄，不管拉深变形量多大，至少在筒口或法兰外缘处壁厚总是增大的。

Ⅱ——凹模圆角部分。这是由凸缘进入筒壁部分的过渡变形区。材料的变形比较复杂。除有与凸缘部分相同的特点即径向受拉而产生拉应力 $\sigma_1$ 与拉应变 $\varepsilon_1$ 和切向受压而产生压应力 $\sigma_3$ 与压应变 $\varepsilon_3$ 外，还由于承受凹模圆角的压力和弯曲作用而产生压应力 $\sigma_2$。在这个区域，拉应力 $\sigma_1$ 的值最大，其相应的拉应变 $\varepsilon_1$ 的绝对值也最大，因此板厚方向产生压应变 $\varepsilon_2$，板料厚度减薄。

Ⅲ——筒壁部分。这是已变形区。这部分材料已经形成筒形，基本不再发生变形，但是它又是传力区，在继续拉深时，凸模作用的拉深力要经过筒壁传递到凸缘部分。

一般认为该区是单向拉伸状态，即受径向力 $\sigma_1$ 的作用。由塑性成形理论可知与此应力状态对应的应变为三向应变状态，$\varepsilon_1$ 为绝对值最大的拉应变，$\varepsilon_2=\varepsilon_3$ 为压应变，板料厚度减薄。至少在制件的外表面是这样的，内表面由于受凸模的限制，切向应变 $\varepsilon_3=0$，应力应变状态这里不再讨论。

Ⅳ——凸模圆角部分。这是筒壁与圆筒底部的过渡变形区。它承受径向和切向拉应力 $\sigma_1$ 和 $\sigma_3$ 的作用，同时在厚度方向由于凸模的压力和弯曲作用而受到压应力 $\sigma_2$ 的作用。由于受凸模的限制，切向应变 $\varepsilon_3=0$，为平面应变状态，径向为拉应变 $\varepsilon_1$，厚度方向为压应变 $\varepsilon_2$，其压应变 $\varepsilon_2$ 引起的变薄现象比筒壁部分严重得多。在这个区间的筒壁与筒底转角处稍上方的地方，拉深开始时，它处于凸、凹模间，需要转移的材料较少，变形的程度小，冷作硬化程度低，并且该处材料厚度变薄，使传力的截面积变小，所以往往成为整个拉深件强度最薄弱的地方，是拉深过程中的危险断面。

V——筒底部分。这部分材料受双向平面拉伸作用，产生拉应力 $\sigma_1$ 与 $\sigma_3$。其应变为平面方向的拉应变 $\varepsilon_1$ 与 $\varepsilon_3$ 和板厚方向的压应变 $\varepsilon_2$。由于凸模圆角处摩擦的制约，筒底材料的应力与应变均不大，板料的变薄甚微，可忽略不计。

### 6.1.3 拉深变形过程的力学分析

#### 1. 凸缘变形区的应力分析

1) 拉深过程中某时刻凸缘变形区的应力分析

将半径为 $R_0$ 的板料毛坯拉深为半径为 $r$ 的圆筒形零件，采用有压边圈拉深时，在凸模拉深力的作用下，变形区材料径向受拉应力 $\sigma_1$ 的作用，切向受压应力 $\sigma_3$ 的作用，厚度方向在压边力的作用下产生厚向压应力 $\sigma_2$。若 $\sigma_2$ 忽略不计(与 $\sigma_1$ 和 $\sigma_3$ 比较，较小)，则只需求 $\sigma_1$ 和 $\sigma_3$ 的值，即可知变形区的应力分布。

$\sigma_1$ 和 $\sigma_3$ 的数值可根据金属单元体塑性变形时的平衡方程和屈服条件来求解。

从变形区任意半径处截取宽度为 d$R$、夹角为 d$\varphi$ 的微元体，分析其受力情况，如图 6-6 所示，建立微元体的受力平衡方程为

$$(\sigma_1 + \mathrm{d}\sigma_1)(R + \mathrm{d}R)\mathrm{d}\varphi t - \sigma_1 R\mathrm{d}\varphi t + 2|\sigma_3|\mathrm{d}R\sin\left(\frac{\mathrm{d}\varphi}{2}\right)t = 0$$

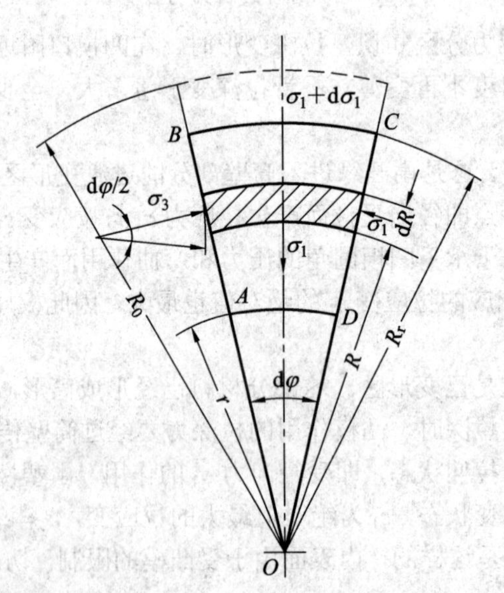


图 6-6　首次拉深某瞬间毛坯凸缘部分单元体的受力状态(带压边而不考虑压边的影响)

显然$|\sigma_3| = -\sigma_3$，当 d$\varphi$ 极小时，有

$$\sin\frac{\mathrm{d}\varphi}{2} = \frac{\mathrm{d}\varphi}{2}$$

忽略高阶微小量，上面的平衡方程可简化为

$$d\sigma_1 = -(\sigma_1 - \sigma_3)\frac{dR}{R}$$

塑性变形时需满足的条件为$\sigma_1 - \sigma_3 = \beta\overline{\sigma}_m$。

式中，$\beta$ 值与应力状态有关，其变化范围为 1～1.155，通常取 $\beta = 1.1$；$\sigma_m$ 为考虑硬化时的平均塑性流动应力。

联立求解可得

$$\sigma_1 = -\beta\overline{\sigma}_m \ln R + C$$

当 $R = R_t$ 时，将 $\sigma_1 = 0$ 代入上式可得

$$C = \beta\overline{\sigma}_m \ln R_t$$

因此

$$\sigma_1 = \beta\overline{\sigma}_m \ln\frac{R_t}{R}$$

相应地，由塑性条件可知

$$\sigma_3 = \beta\overline{\sigma}_m\left(\ln\frac{R_t}{R} - 1\right)$$

因此，拉深变形时，凸缘变形区的应力分布可表示为

$$\begin{cases} \sigma_1 = 1.1\overline{\sigma}_m \ln\dfrac{R_t}{R} \\ \sigma_3 = 1.1\overline{\sigma}_m\left(\ln\dfrac{R_t}{R} - 1\right) \end{cases} \tag{6-1}$$

当拉深进行到某瞬时，凸缘变形区的外径为 $R_t$ 时，把变形区内不同点的半径 $R$ 值代入式(6-1)，就可以算出各点的应力，如图 6-7 所示是它们的分布规律，从分布曲线可看出，在变形区的内边缘(即 $R = r$ 处)径向拉应力 $\sigma_1$ 最大，其值为

$$\sigma_{1\max} = 1.1\overline{\sigma}_m \ln\frac{R_t}{r}$$

在 $R = R_t$ 处(凸缘的外边缘)，$|\sigma_3|$ 取最大值，即

$$|\sigma_3|_{\max} = 1.1\overline{\sigma}_m$$

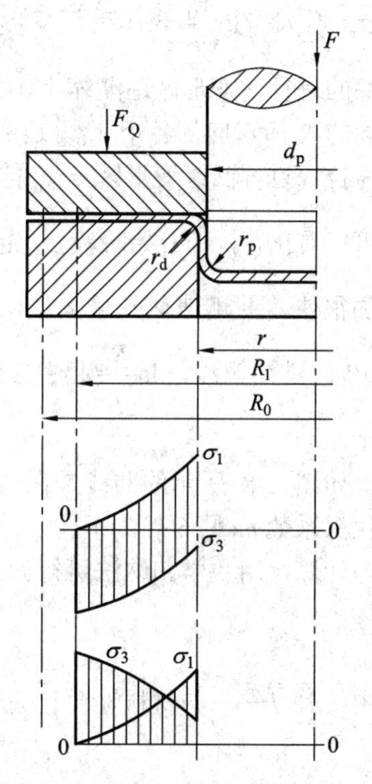

图 6-7 圆筒形零件拉深时的应力分布

$\sigma_1$ 由外向内逐渐增加，$\sigma_3$(压应力)由外向内逐渐减小。

令$|\sigma_1| = |\sigma_3|$，则有

$$R = 0.61R_t$$

也就是说，以 $R=0.61R_t$ 作一圆，可将凸缘分为两部分，由此圆向外到边缘的部分，$|\sigma_3|>|\sigma_1|$，$\varepsilon_3$ 为最大主应变，此处板厚方向为 $+\varepsilon_2$，板料略有增厚；由此圆向内到凹模口，$|\sigma_1|>|\sigma_3|$，$+\varepsilon_1$ 为最大主应变，厚度方向为 $-\varepsilon_2$，此范围的板料厚度略有减薄。就整个凸缘变形区来说，以压缩变形为主的区域比以拉伸为主的区域要大得多，拉深变形属于压缩类变形。

2) 拉深过程中 $\sigma_{1\max}$ 和 $|\sigma_3|_{\max}$ 的变化规律

由前述可知，当毛坯半径由 $R_0$ 变到 $R_t$ 时，在凹模洞口处有最大拉应力 $\sigma_{1\max}$，而在凸缘变形区最外缘处有最大压应力 $|\sigma_3|_{\max}$。在不同的拉深时刻，它们的值是不同的。了解拉深过程中 $\sigma_{1\max}$ 和 $|\sigma_3|_{\max}$ 如何变化，何时出现最大值，对采取措施来防止拉深时的起皱和破裂很有意义。

(1) $\sigma_{1\max}$ 的变化规律。

由 $\sigma_{1\max}=1.1\overline{\sigma_m}\ln\dfrac{R_t}{r}$ 可知，$\sigma_{1\max}$ 与 $\overline{\sigma_m}$ 和 $\ln\dfrac{R_t}{r}$ 两者的乘积有关，随着拉深变形程度逐渐增大，材料的硬化加剧变形区材料的流动应力增加，使 $\overline{\sigma_m}$ 增大。$\ln\dfrac{R_t}{r}$ 表示毛坯变形区的大小，随着拉深的进行，变形区逐渐缩小，使 $\sigma_{1\max}$ 减小。将不同的 $R_t$ 所对应的各个 $\sigma_{1\max}$ 连成曲线(见图 6-8)，即为拉深过程凸缘变形区 $\sigma_{1\max}$ 的变化规律。从图中可以看出，拉深开始阶段 $\overline{\sigma_m}$ 起主导作用，$\sigma_{1\max}$ 增加很快，并迅速达到最大值，此时 $R_1=(0.7\sim0.9)R_0$。继续拉深，$\ln\dfrac{R_t}{r}$ 起主导作用，$\sigma_{1\max}$ 开始减小。

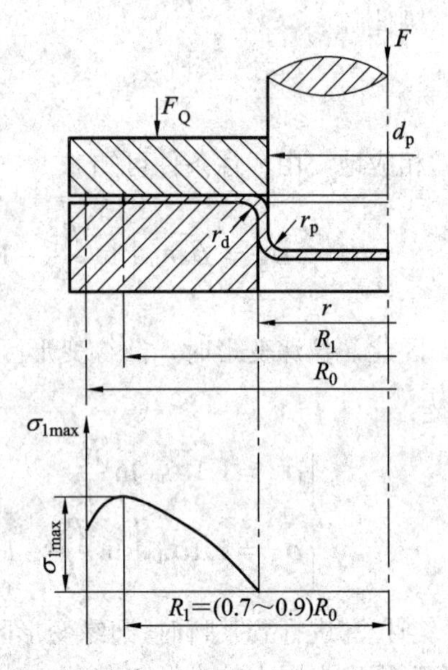


图 6-8　圆筒形零件拉深过程中 $\sigma_{1\max}$ 的变化

如图 6-8 所示的曲线是在一定的材料和一定的拉深系数 $m$(见 6.3 节)下作出的，经过大量的试验与计算，用数学归纳法可得如下形式的与拉深系数和材料性质的关系：

$$\sigma_{1\max}^{\max}=\left(\frac{a}{m}-b\right)\sigma_b \tag{6-2}$$

式中：$a$，$b$——与材料性质有关的常数，其值如表 6-1 所示。

**表 6-1　确定 $\sigma_{1\max}$ 的系数**

| $\varepsilon_j$ | 0.10 | 0.15 | 0.20 | 0.25 | 0.30 | 0.35 | 0.40 |
|---|---|---|---|---|---|---|---|
| $a$ | 0.65 | 0.68 | 0.71 | 0.73 | 0.75 | 0.75 | 0.75 |
| $b$ | 0.52 | 0.59 | 0.65 | 0.70 | 0.75 | 0.78 | 0.79 |

注：表中 $\varepsilon_j$ 是指材料在刚出现缩颈时的真实应变，若 $\delta$ 为材料的伸长率，则 $\varepsilon_j=\ln(1+\delta)$。

(2) $|\sigma_3|_{\max}$ 的变化规律。

因为 $|\sigma_3|_{\max}=1.1\overline{\sigma_m}$，则 $|\sigma_3|_{\max}$ 只与材料有关，随着拉深的进行，变形程度增加，材料变形区硬化加剧，$\overline{\sigma_m}$ 增大，则 $|\sigma_3|_{\max}$ 也增大，直至拉深过程结束时，$|\sigma_3|_{\max}$ 达到最大值。其变化规律与材料的硬化曲线相似，在拉深的初始阶段增加比较快，以后逐步趋于平缓。

$|\sigma_3|_{\max}$ 增大易引起变形区失稳起皱的趋势，而凸缘变形区厚度的增加却又提高了抵抗失稳起皱的能力，所以凸缘变形区材料的起皱取决于这两个因素综合作用的结果。

**2. 筒壁传力区的受力分析**

筒壁部分作为已变形区在拉深过程中又是传力区，凸模作用在制件上的拉深力是通过筒壁传递至凸缘变形区，将其逐渐拉入凹模口内的。

筒壁部分所受的拉应力主要有以下几种：

(1) 凸缘材料的变形抗力 $\sigma_{1\max}$；

(2) 压边力在凸缘表面产生的摩擦所引起的应力；

(3) 由坯料与凹模圆角处摩擦引起的应力；

(4) 坯料经过凹模时的弯曲和绕过凹模圆角后的变直引起的应力。

理论和试验研究表明，在正常条件下拉深时(指合理的凹模圆角半径、间隙大小、压边力、润滑条件等)，凸缘变形区最大拉应力 $\sigma_{1\max}^{\max}$ 约占在筒壁所受到的总拉应力 $\sigma_P$ 的 65%～75%，因此

$$\sigma_P=\frac{1}{\eta}\sigma_{1\max}^{\max}=\frac{1}{\eta}\left(\frac{a}{m}-b\right)\sigma_b \tag{6-3}$$

式中：$\eta$——拉深效率，其值为 0.65～0.75。

由此也可分析得出：在拉深过程中，筒壁部分所受 $\sigma_p$ 的最大拉应力与 $\sigma_{1\max}^{\max}$ 同时出现。

## 6.2　圆筒形零件拉深的主要质量问题

### 6.2.1　起皱

前面已经分析，凸缘部分是拉深过程中的主要变形区，而凸缘变形区的主要变形是切向压缩，当切向压应力 $\sigma_3$ 较大而板料又较薄时，凸缘部分材料便会失去稳定而在凸缘的周围产生波浪形的连续弯曲，这就是拉深时的起皱现象。由于 $\sigma_3$ 在凸缘的外边缘为最大，所以起皱也首先在最外缘出现。起皱是拉深时的主要质量问题之一。

凸缘部分材料的失稳与压杆两端受压失稳相似，它不仅与切向压应力 $\sigma_3$ 的大小有关，而且与凸缘的相对厚度有关。$\sigma_3$ 愈大，$\dfrac{t}{D_t-d}$ 愈小，则愈易起皱。此外，材料的弹性模量 $E$ 愈大，抵抗失稳的能力也愈大。

在拉深过程中，$|\sigma_3|_{max}$ 随着拉深的进行而不断增加，但凸缘变形区却不断缩小，亦即凸缘相对厚度不断增加，前者增加失稳起皱的趋势，后者却是提高抵抗失稳起皱的能力。以上两个相反作用的因素互相消长的结果是：在拉深的全过程中必有一阶段，凸缘失稳起皱的趋势最为强烈。实验证明，它的变化规律与 $\sigma_{1max}$ 的变化规律很相似，凸缘最易失稳起皱的时刻基本上就是 $\sigma_{1max}^{max}$ 出现的时刻。

为了防止起皱，在生产实践中通常采用压边圈。上述起皱趋势的分析为合理施加压边力提供了理论根据，并可利用压边力的合理控制来提高拉深时允许的变形程度。

### 6.2.2 拉裂

拉深时，圆筒形零件径向受拉应力作用，当拉应力超过材料的抗拉强度时，拉深件就会被拉裂。那么拉深断裂面会在什么位置呢？如前所述，在凹模入口处 $\sigma_1$ 最大，显然材料不可能在凸缘处拉裂；筒底属于不变形区，应力很小，因此也不会在筒底拉裂。而筒壁传力区除了要传递 $\sigma_{1max}$ 外，还需要克服其他一些附加阻力才能使凸缘部位顺利成形，这些力包括材料在压边圈和凹模上平面间的间隙里流动时产生的摩擦力；毛坯流过凹模圆角表面遇到的摩擦阻力；毛坯经过凹模圆角时产生弯曲变形以及离开凹模圆角进入凸、凹模间隙后又被拉直产生反向弯曲的弯曲力。所以制件只可能在筒壁传力区拉裂。

而经过拉深后，筒形件壁部的厚度与硬度都会发生变化。筒壁的上部是由凸缘部分的外边缘转移而来，其切向压缩量大，壁部变厚，由于其变形程度大，加工硬化现象也显著，因此其硬度也比原来的板料高。在筒壁的底部靠近凸模圆角处，是由凸缘部分的内边缘转移而来，此处切向压缩量几乎没有，壁部变薄，该处材料的变形程度很小，加工硬化现象较小，材料的屈服点也就较低。整个筒壁部，由上向下厚度逐渐变小，硬度逐渐降低，有资料介绍，其最大的增厚量可达板厚的 20%～30%，最大的变薄量可达板厚的 10%～18%。在筒壁部分与凸模圆角相接处的地方，变薄最为严重，成为筒壁部最薄弱的地方，是拉深时最容易破裂的危险断面。

理论和试验研究表明，在正常条件下拉深时，筒壁部分所受的最大拉应力与 $\sigma_{1max}^{max}$ 同时出现。拉深件侧壁愈高，需要转移的材料愈多，坯料边缘变形程度愈大，所需变形力愈大，传力区受到的力也就愈大。当变形力超过了传力区的许用强度，拉深就会失败。可见，每次拉深的变形量是有限的。拉深时，极限变形程度的确定是以不拉裂为前提的。

### 6.2.3 硬化

拉深是一个塑性变形过程，拉深后材料必然发生加工硬化，其硬度和强度增加，塑性下降。但由于拉深时变形不均匀，从底部到筒口部塑性变形由小逐渐加大，因而拉深后材料的性能也是不均匀的，拉深件硬度分布由工件底部向口部是逐渐增加的。这恰好与工艺要求相反，从工艺角度看工件底部硬化要大，而口部硬化要小才有利。

加工硬化的好处是使工件的强度和刚度高于毛坯材料，但塑性降低又使材料进一步拉深时变形困难。在工艺设计时，特别是多次拉深时，应正确选择各次的变形量，并考虑半成品是否需要退火以恢复其塑性。对一些硬化能力强的金属(不锈钢、耐热钢等)更应注意。

### 6.2.4 拉深凸耳

筒形零件拉深时，在制件口端出现有规律的高低不平现象就是拉深凸耳(见图 6-9)。凸耳的数目一般为 4 个，产生凸耳的原因主要是材料力学性能的方向性、模具间隙分布不均、摩擦阻力不均以及定位不准确等因素。欲消除凸耳，获得口部平齐的拉深件，只有进行切边。为此，当确定毛坯尺寸和形状时，首先要确定切边余量。切边余量的数值可参考相关表格。

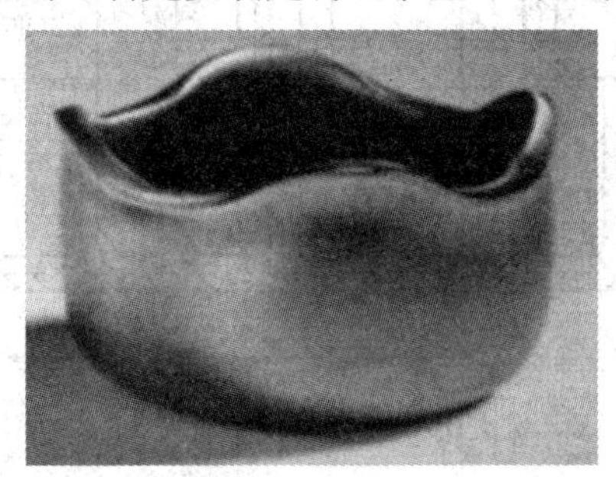

图 6-9 拉深凸耳

### 6.2.5 时效开裂

所谓时效开裂是指制件拉深成形后，由于受到撞击或震动，甚至存放一段时间后出现的口部开裂现象，且一般是以口端先开裂，进而扩展开来。

引起时效开裂的原因主要有金属组织和残余应力两个方面。其中金属组织方面主要是金属中含有氢的作用，脱氢处理对解决某些不锈钢等材料拉深件的时效开裂问题是相当有效的。由板料拉深成筒形件后，筒壁每一个截面上内、外层金属存在不均匀变形，筒壁上、下部金属的变形量也有差别，由于不均匀变形的存在，板料金属作为一个整体便产生了相互牵制的应力。在变形过程中和变形完成后，就产生了附加应力和残余应力。

预防时效开裂的措施有：拉深后及时切边；在拉深过程中及时进行中间退火；在多次拉深时尽量在其口部留一条宽度较小的凸缘边等。

综上所述，在拉深中经常遇到的问题是拉裂和起皱。一般情况下起皱不是主要难题，只要采用压边圈等措施即可解决。因而主要问题是掌握了拉深工艺的这些特点后，在制定工艺和设计模具时考虑如何在保证最大的变形程度下避免毛坯破裂，使拉深能顺利进行。同时还要使厚度变化和冷作硬化程度在工件质量标准的允许范围之内。

## 6.3 圆筒形零件拉深的工艺计算

### 6.3.1 变形程度和拉深系数

圆筒形零件拉深的变形程度用拉深系数表示，拉深系数是拉深工艺的基本参数。在设计冲压工艺过程与确定拉深工序的数目时，通常也是用拉深系数作为计算的依据。从广义上说，圆筒形零件的拉深系数 $m$ 是以每次拉深后的直径与拉深前的坯料(工序件)直径之比表示的(见图 6-10)。

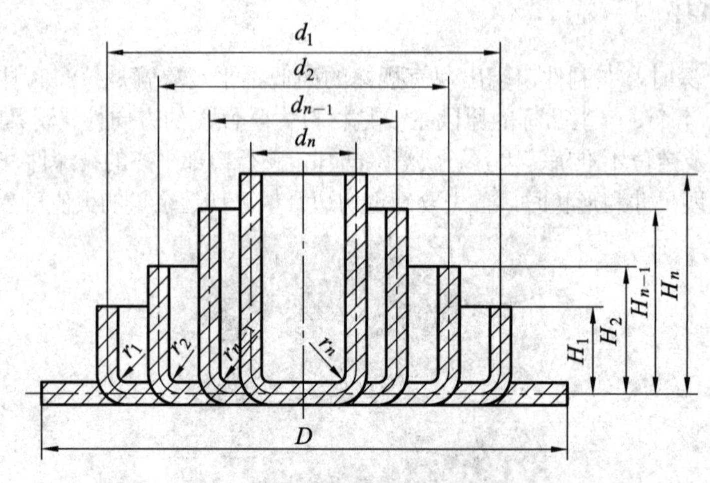


图 6-10 圆筒形零件多次拉深

因此，各次的拉深系数计算公式为

第一次拉深系数为

$$m_1=\frac{d_1}{D}$$

第二次拉深系数为

$$m_2=\frac{d_2}{d_1}$$

$$\vdots$$

第 $n$ 次拉深系数为

$$m_n=\frac{d_n}{d_{n-1}}$$

式中：$D$——毛坯直径；

$d_1$，$d_2$，…，$d_n$——各次拉深后工序件的直径。

总的拉深系数 $m_{总}$ 表示从毛坯 $D$ 拉深至 $d_n$ 的总变形程度，即

$$m_{总}=\frac{d_n}{D}=\frac{d_1}{D}\frac{d_2}{d_1}\frac{d_3}{d_2}\cdots\frac{d_n}{d_{n-1}}=m_1m_2m_3\cdots m_n$$

从拉深系数的表达式可以看出，拉深系数的值永远小于 1，而且 $m$ 愈小，表示拉深变形程度愈大。在工艺计算中，只要知道每次拉深工序的拉深系数值，就可以计算出各次拉深工序的半成品件的尺寸，并确定出该拉深件工序次数。从降低生产成本出发，希望拉深次数越少越好，即采用较小的拉深系数。但根据前述力学分析知，拉深系数的减少有一个限度，这个限度称为极限拉深系数，超过这一限度，会使变形区的危险断面产生破裂。因此，每次拉深选择使拉深件不破裂的最小拉深系数，才能保证拉深工艺的顺利实现。

一般材料的拉深工艺的极限拉深系数是由筒壁危险断面的强度决定的。因为变形程度愈大，实质上反映了拉深时所需拉深力愈大，当拉深力值达到危险断面的抗拉强度时，危

险断面处则会出现裂纹，甚至会被拉断。也就是说，一种材料允许的拉深变形程度，即拉深系数是有一定界限的。材料既能拉深成形又不被拉断时的最小拉深系数称为极限拉深系数。

影响极限拉深系数的因素很多，其中主要有：

1) 材料的力学性能

材料的屈强比 $\sigma_s/\sigma_b$ 愈小，材料的伸长率 $\delta$ 愈大，对拉深愈有利。因为 $\sigma_s$ 小，材料容易变形，凸缘变形区的变形抗力减小，筒壁传力区的拉应力也相应减小；而 $\sigma_b$ 大，则提高了危险断面处的强度，减少破裂的危险。所以 $\sigma_s/\sigma_b$ 愈小，愈能减小拉深系数。材料伸长率 $\delta$ 值大的材料，说明材料在变形时不易出现拉深缩颈，因而危险断面的严重变薄和拉断现象也相应推迟。一般认为 $\sigma_s/\sigma_b \leqslant 0.65$，而 $\delta \geqslant 28\%$ 的材料具有较好的拉深性能。

材料的板厚方向性系数 $\gamma$ 值对拉深系数也有显著的影响。$\gamma$ 值越大，说明板料在厚度方向变形越困难，危险断面不易变薄、拉断，因而对拉深有利，拉深系数可以减小。

2) 板料的相对厚度 $t/D$

相对厚度 $t/D$ 愈大，拉深时抵抗失稳起皱的能力愈大，因而可以减小压边力，减少摩擦阻力，有利于减小拉深系数。

3) 拉深条件

(1) 模具工作部分的结构参数。这主要是指凸、凹模圆角半径 $R_p$、$R_d$ 与凸凹模间隙 $Z$。总的来说，采用过小的 $R_p$、$R_d$ 与 $Z$ 会使拉深过程中摩擦阻力与弯曲阻力增加，危险断面的变薄加剧，而过大的 $R_p$、$R_d$ 与 $Z$ 则会减小有效的压边面积，使板料的悬空部分增加，易于使板料失稳起皱，所以都对拉深不利，采用合适的 $R_p$、$R_d$ 与 $Z$ 可以减小拉深系数。

(2) 压边条件。采用压边圈并加以合理的压边力对拉深有利，可以减小拉深系数。压边力过大，会增加拉深阻力；压边力过小，在拉深时不足以防止起皱，都对拉深不利。合理的压边力应该是在保证不起皱的前提下取最小值。

(3) 摩擦与润滑条件。凹模(特别是圆角入口处)与压边圈的工作表面应十分光滑并采用润滑剂，以减小板料在拉深过程中的摩擦阻力，减少传力区危险断面的负担，可以减小拉深系数。对于凸模工作表面，则不必做得很光滑，也不需要润滑，使拉深时在凸模工作表面与板料之间有较大的摩擦阻力，这有利于阻止危险断面的变薄，因而有利于减小拉深系数。

除此以外，影响极限拉深系数的因素还有拉深方法、拉深次数、拉深速度、拉深件形状等。总之，凡是能增加筒壁传力区拉应力和能减小危险断面强度的因素均使极限拉深系数加大；反之，凡是可以降低筒壁传力区拉应力及增加危险断面强度的因素都有利于毛坯变形区的塑性变形，极限拉深系数就可以减小。

生产上采用的极限拉深系数是考虑了各种具体条件后用试验方法求出的。通常 $m_1 = 0.46 \sim 0.60$，以后各次的拉深系数在 0.70～0.86 之间。直壁圆筒形工件有压边圈和无压边圈时的拉深系数分别可查表 6-2 和表 6-3。实际生产中采用的拉深系数一般均大于表中所列数字，因采用过小的接近于极限值的拉深系数会使工件在凸模圆角部位过分变薄，在以后的拉深工序中这变薄严重的缺陷会转移到工件侧壁上去，使零件质量降低。所以当零件质量有较高的要求时，必须采用大于极限值的拉深系数。

表 6-2　圆筒形零件带压边圈的极限拉深系数

| 各次拉深系数 | 毛坯相对厚度 $t/D\times100$ | | | | | |
|---|---|---|---|---|---|---|
| | 2～1.5 | 1.5～1.0 | 1.0～0.6 | 0.6～0.3 | 0.3～0.15 | 0.15～0.08 |
| $m_1$ | 0.48～0.50 | 0.50～0.53 | 0.53～0.55 | 0.55～0.58 | 0.58～0.60 | 0.60～0.63 |
| $m_2$ | 0.73～0.75 | 0.75～0.76 | 0.76～0.78 | 0.78～0.79 | 0.79～0.80 | 0.80～0.82 |
| $m_3$ | 0.76～0.78 | 0.78～0.79 | 0.79～0.80 | 0.80～0.81 | 0.81～0.82 | 0.82～0.84 |
| $m_4$ | 0.78～0.80 | 0.80～0.81 | 0.81～0.82 | 0.82～0.8 | 0.83～0.85 | 0.85～0.86 |
| $m_5$ | 0.80～0.82 | 0.82～0.84 | 0.84～0.85 | 0.85～0.86 | 0.86～0.87 | 0.87～0.88 |

注：1. 表中拉深系数适用于 08、10 和 15Mn 等普通的拉深碳钢及黄钢 H62。对拉深性能较差的材料，如 20、25、Q215、Q235、硬铝等应比表中数值大 1.5%～2.0%；对塑性更好的，如 05、08，10 等深拉深钢及软铝应比表中数值小 0.5%～2.0%。

2. 表中数值适用于未经中间退火的拉深，若采用中间退火工序时，可取较表中数值小 2%～3%的值。

3. 表中较小值适用于大的凹模圆角半径，$r_d=(8～15)t$；较大值适用于小的凹模圆角半径，$r_d=(4～8)t$。

表 6-3　圆筒形零件不带压边圈的极限拉深系数

| 毛坯相对厚度 $t/D\times100$ | 各次拉深系数 | | | | | |
|---|---|---|---|---|---|---|
| | $m_1$ | $m_2$ | $m_3$ | $m_4$ | $m_5$ | $m_6$ |
| 0.8 | 0.80 | 0.88 | — | — | — | — |
| 1.0 | 0.75 | 0.85 | 0.90 | — | — | — |
| 1.5 | 0.65 | 0.80 | 0.84 | 0.87 | 0.90 | — |
| 2.0 | 0.60 | 0.75 | 0.80 | 0.84 | 0.87 | 0.90 |
| 2.5 | 0.55 | 0.75 | 0.80 | 0.84 | 0.87 | 0.90 |
| 3.0 | 0.53 | 0.75 | 0.80 | 0.84 | 0.87 | 0.90 |
| >3 | 0.50 | 0.70 | 0.75 | 0.78 | 0.82 | 0.85 |

注：此表使用要求与表 6-2 相同。

判断拉深件能否一次拉深成形仅需比较所需总的拉深系数与第一次允许的极限拉深系数的大小即可。当总的拉深系数大于第一次允许的极限拉深系数时，则该零件可一次拉深成形，否则需要多次拉深。

## 6.3.2　后续各次拉深的特点

后续各次拉深所用的毛坯与首次拉深时不同，不再是平板而是筒形零件。因此，它与首次拉深比，有许多不同之处：

(1) 首次拉深时，平板毛坯的厚度和力学性能都是均匀的，而后续各次拉深时筒形毛坯的壁厚及力学性能都不均匀。

(2) 首次拉深时，凸缘变形区是逐渐缩小的，而后续各次拉深时，其变形区保持不变，只是在拉深终了以后才逐渐缩小。

(3) 首次拉深时，拉深力的变化是变形抗力增加与变形区减小两个相反的因素互相消长的过程，因而在开始阶段较快的达到最大的拉深力，然后逐渐减小到零。而后续各次拉深变形区保持不变，但材料的硬化及厚度增加都是沿筒的高度方向进行的，所以其拉深力在整个拉深过程中一直都在增加，直到拉深的最后阶段才由最大值下降至零，如图 6-11 所示。

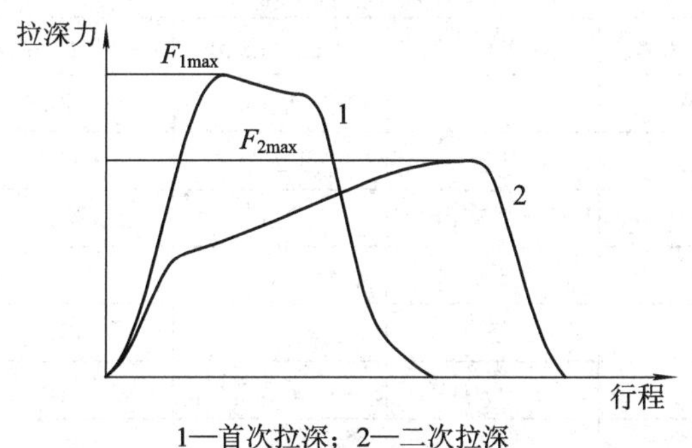


1—首次拉深；2—二次拉深

图 6-11　首次拉深与二次拉深的拉深力

(4) 后续各次拉深时的危险断面与首次拉深时一样，都是在凸模的圆角处，但首次拉深的最大拉深力发生在初始阶段，所以破裂也发生在初始阶段，而后续各次拉深的最大拉深力发生在拉深的终了阶段，所以破裂往往发生在结尾阶段。

(5) 后续各次拉深变形区的外缘有筒壁的刚性支持，所以稳定性较首次拉深为好。只是在拉深的最后阶段，筒壁边缘进入变形区以后，变形区的外缘失去了刚性支持，这时才易起皱。

(6) 后续各次拉深时由于材料已冷作硬化，加上变形复杂(毛坯的筒壁必须经过两次弯曲才被凸模拉入凹模内)，所以它的极限拉深系数要比首次拉深大得多，而且通常后一次都大于前一次。

## 6.3.3　毛坯尺寸的确定

### 1. 确定毛坯形状和尺寸的依据

由于板料在拉深过程中，材料没有增减，只是发生塑性变形，在变形过程中，材料是以一定的规律转移的，所以应遵循以下规律：

(1) 毛坯的形状应符合金属在塑性变形时的流动规律。其形状一般与拉深件周边形状相似。毛坯的周边应该是光滑的曲线，而无急剧的转折，所以对于旋转体来说，毛坯的形状无疑是一块圆板，只要求求出它的直径。

(2) 拉深前后，拉深件与其毛坯的重量不变、体积不变。对于不变薄拉深，则其面积基本不变。

对于旋转体来说，其毛坯直径 $D$ 的计算可以用以下方法：

① 重量法。这种方法对于已有拉深件样品时，使用十分方便。

② 体积法。这种方法一般用于变薄拉深件。

③ 面积法。

(3) 由于板料具有方向性以及毛坯在拉深过程中的摩擦条件不均匀等因素的影响，拉深后的工件顶端一般都不平齐，需要切边，所以在毛坯尺寸中，应包括切边余量，如表 6-4 和表 6-5 所示。

表 6-4　无凸缘零件切边余量 $\Delta h$　　mm

| 拉深件高度 $h$ | 拉深相对高度 $h/d$ | | | | 附图 |
|---|---|---|---|---|---|
| | >0.5～0.8 | >0.8～1.6 | >1.6～2.5 | >2.5～4 | |
| ≤10 | 1.0 | 1.2 | 1.5 | 2 | |
| >10～20 | 1.2 | 1.6 | 2 | 2.5 | |
| >20～50 | 2 | 2.5 | 2.5 | 4 | |
| >50～100 | 3 | 3.8 | 3.8 | 6 | |
| >100～150 | 4 | 5 | 5 | 8 | |
| >150～200 | 5 | 6.3 | 6.3 | 10 | |
| >200～250 | 6 | 7.5 | 7.5 | 11 | |
| >250 | 7 | 8.5 | 8.5 | 12 | |

表 6-5　有凸缘零件切边余量 $\Delta R$　　mm

| 凸缘直径 $d_t$ | 相对凸缘直径 $d_t/d$ | | | | 附图 |
|---|---|---|---|---|---|
| | <1.5 | 1.5～2 | 2～2.5 | 2.5～3 | |
| <25 | 1.8 | 1.6 | 1.4 | 1.2 | |
| >25～50 | 2.5 | 2.0 | 1.8 | 1.6 | |
| >50～100 | 3.5 | 3.0 | 2.5 | 2.2 | |
| >100～150 | 4.3 | 3.6 | 3.0 | 2.5 | |
| >150～200 | 5.0 | 4.2 | 3.5 | 2.7 | |
| >200～250 | 5.5 | 4.6 | 3.8 | 2.8 | |
| >250 | 6.0 | 5.0 | 4.0 | 3.0 | |

### 2. 毛坯尺寸的计算公式

旋转体拉深件坯料的形状是圆形，所以坯料尺寸的计算主要是确定坯料直径。对于简单旋转体拉深件，可首先将拉深件划分为若干个简单而又便于计算的几何体，并分别求出各简单几何体的表面积，再把各简单几何体的表面积相加即为拉深件的总表面积，然后根据表面积相等原则，即可求出坯料直径。

例如，如图 6-12 所示的圆筒形拉深件，可分解为无底圆筒 1、1/4 凹圆环 2 和圆形板 3 三部分，每一部分的表面积分别为

$$A_1 = \pi d(H - r)$$

$$A_2 = \frac{\pi[2\pi r(d - 2r) + 8r^2]}{4}$$

$$A_3 = \frac{\pi(d - 2r)^2}{4}$$

设坯料直径为 $D$，则按坯料表面积与拉深件表面积相等原则有

$$\frac{\pi D^2}{4} = A_1 + A_2 + A_3$$

分别将 $A_1$、$A_2$、$A_3$ 代入上式并简化后得

$$D=\sqrt{d^2+4dH-1.72rd-0.56r^2} \qquad (6\text{-}4)$$

式中：$D$——坯料直径；

$d$——拉深件的直径；

$H$——拉深件的高度；

$r$——拉深件的圆角半径。

计算时，拉深件尺寸均按厚度中线尺寸计算，但当板料厚度小于 1 mm 时，也可以按零件图标注的外形或内形尺寸计算。

常用旋转体拉深件坯料直径的计算公式可查阅有关设计资料。

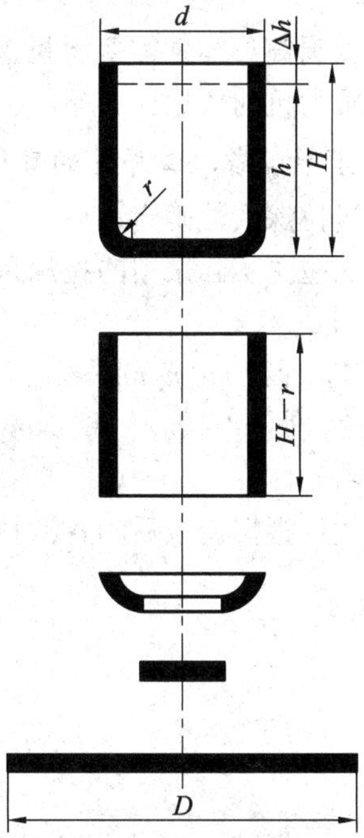

图 6-12　圆筒形拉深件坯料尺寸计算

## 6.3.4　拉深次数和半成品尺寸的确定

### 1. 拉深次数的确定

当拉深件的拉深系数 $m=d/D$ 大于第一次极限拉深系数 $m_1$ 时，则该拉深件只需一次拉深就可拉出，否则就要进行多次拉深。

需要多次拉深时，其拉深次数可按以下方法确定。

1) 推算法

先根据 $t/D$ 和是否压料的条件查出 $m_1$、$m_2$、$m_3$、…，然后从第一道工序开始依次算出各次拉深工序件的直径，即 $d_1=m_1D$、$d_2=m_2d_1$、…、$d_n=m_nd_{n-1}$，直到 $d_n \leqslant d$。即当计算所得直径 $d_n$ 稍小于或等于拉深件所要求的直径 $d$ 时，计算的次数即为拉深的次数。

2) 查表法

前人对大量的生产实践进行了总结归纳，建立了各种行之有效的表格，例如，按坯料相对厚度 $t/D$ 与制件相对高度 $h/d$ 查拉深次数；按坯料相对厚度 $t/D$ 与总拉深系数查拉深次数等，如表 6-6 所示即为按坯料相对厚度 $t/D$ 与总拉深系数查拉深次数，表中数据适用于 08 及 10 钢筒形零件用压边圈拉深，设计时可直接查取。

表 6-6　坯料相对厚度、总拉深系数与拉深次数的关系

| 拉深次数 | 坯料相对厚度 $t/D\times100$ | | | | |
|---|---|---|---|---|---|
| | 2.0～1.5 | 1.5～1.0 | 1.0～0.5 | 0.5～0.2 | 0.2～0.06 |
| 2 | 0.33～0.36 | 0.36～0.40 | 0.40～0.43 | 0.43～0.46 | 0.46～0.48 |
| 3 | 0.24～0.27 | 0.27～0.30 | 0.30～0.34 | 0.34～0.37 | 0.37～0.40 |
| 4 | 0.18～0.21 | 0.21～0.24 | 0.24～0.27 | 0.27～0.30 | 0.30～0.33 |
| 5 | 0.13～0.16 | 0.16～0.19 | 0.19～0.22 | 0.22～0.25 | 0.25～0.29 |

为保证拉深工序的顺利进行和变形程度分布合理，应使每次拉深的实际拉深系数与相应次数的极限拉深系数的差值尽量接近。

### 2. 各次拉深工序尺寸的计算

当圆筒形零件需多次拉深时，就必须计算各次拉深的工序件尺寸，以作为设计模具及选择压力机的依据。

1) 计算各次工序件的直径

当拉深次数确定之后，先从表 6-6 中查出各次拉深的极限拉深系数，并加以调整后确定各次拉深实际采用的拉深系数。设实际采用的拉深系数为 $m_1'$，$m_2'$，$m_3'$，…，$m_n'$，调整的原则是：

(1) 保证 $m_1'm_2'm_3'\cdots m_n' = d/D$；

(2) 使 $m_1' \geqslant m_1$，$m_2' \geqslant m_2$，$m_3' \geqslant m_3$，…，$m_n' \geqslant m_n$，且 $m_1 - m_1' \approx m_2 - m_2' \approx m_3 - m_3' \approx \cdots \approx m_n - m_n'$。

然后根据调整后的各次拉深系数计算各次工序件直径为

$$
\begin{aligned}
d_1 &= m_1'D \\
d_2 &= m_2'd_1 \\
&\vdots \\
d_n &= m_n'd_{n-1} = d
\end{aligned}
$$

2) 计算各次工序件的圆角半径

工序件的圆角半径 $r$ 等于相应拉深凸模的圆角半径 $r_p$，即 $r = r_p$。但当料厚 $t \geqslant 1$ mm 时，应按中线尺寸计算，这时 $r = r_p + t/2$。凸模圆角半径的确定可参考本章 6.5.2 小节。

3) 计算各次工序件的高度

在各工序件的直径与圆角半径确定之后，可根据圆筒形件坯料尺寸的计算公式推导出各次工序件高度的计算公式为

$$
\begin{aligned}
H_1 &= 0.25\left(\frac{D^2}{d_1} - d_1\right) + 0.43\frac{r_1}{d_1}(d_1 + 0.32r_1) \\
H_2 &= 0.25\left(\frac{D^2}{d_2} - d_2\right) + 0.43\frac{r_2}{d_2}(d_2 + 0.32r_2) \\
&\vdots \\
H_n &= 0.25\left(\frac{D^2}{d_n} - d_n\right) + 0.43\frac{r_n}{d_n}(d_n + 0.32r_n)
\end{aligned}
\tag{6-5}
$$

式中：$H_1$、$H_2$、…、$H_n$——各次工序件的高度；

$d_1$、$d_2$、…、$d_n$——各次工序件的直径；

$r_1$、$r_2$、…、$r_n$——各次工序件的底部圆角半径；

$D$——坯料直径。

**【例 6-1】**　计算如图 6-13 所示无凸缘圆筒形零件的坯料尺寸、拉深系数及各次拉深工序件尺寸。材料为 10 钢，板料厚度 $t = 2$ mm。

**解**　因板料厚度 $t>1$ mm，故按板厚中线尺寸计算。

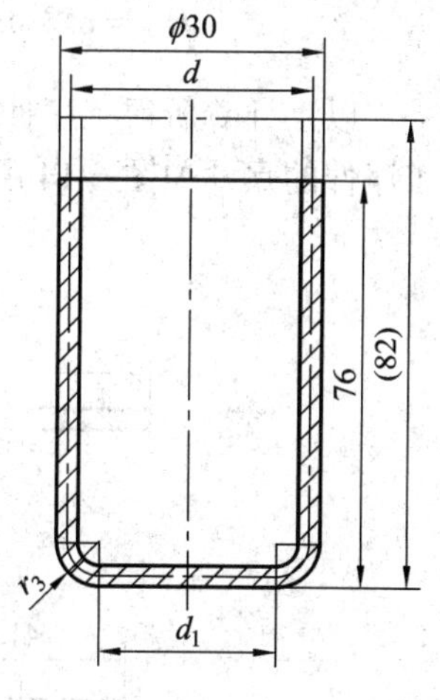

图 6-13　无凸缘圆筒形零件

(1) 计算坯料直径。

根据拉深件尺寸，其相对高度为

$$\frac{h}{d}=\frac{76-1}{30-2}\approx 2.7$$

查表 6-4 得切边余量$\Delta h = 6$ mm。

由式(6-4)计算其坯料直径为

$$D=\sqrt{28^2+4\times 28\times 81-1.72\times 28\times 4-0.56\times 4^2}=98.3(\text{mm})$$

(2) 确定拉深次数。

根据坯料的相对厚度 $t/D = 2/98.3\times 100\% = 2\%$，可采用也可不采用压边圈，但为保险起见，拉深时采用压边圈。

根据 $t/D = 2\%$，查表 6-2 得各次拉深的极限拉深系数为 $m_1 = 0.50$，$m_2 = 0.75$，$m_3 = 0.78$，$m_4 = 0.80$，…。故

$$d_1=m_1D=0.50\times 98.3=49.2\ (\text{mm})$$
$$d_2=m_2d_1=0.75\times 49.2=36.9\ (\text{mm})$$
$$d_3=m_3d_2=0.78\times 36.9=28.8\ (\text{mm})$$
$$d_4=m_4d_3=0.80\times 28.8=23\ (\text{mm})$$

因 $d_4=23$ mm$<28$ mm，所以需采用 4 次拉深成形。

(3) 计算各次拉深工序件尺寸。

为了使第四次拉深的直径与零件要求一致，需对极限拉深系数进行调整。调整后取各次拉深的实际拉深系数为 $m_1'=0.52$，$m_2'=0.78$，$m_3'=0.83$，$m_4'=0.846$。

则各次工序件直径为

$$d_1=m_1'D=0.52\times 98.3=51.1\ (\text{mm})$$
$$d_2=m_2'd_1=0.78\times 51.1=39.9\ (\text{mm})$$
$$d_3=m_3'd_2=0.83\times 39.9=33.1\ (\text{mm})$$
$$d_4=m_4'd_3=0.846\times 33.1=28\ (\text{mm})$$

各次工序件底部圆角半径取以下数值：

$$r_1=8\text{ mm},\quad r_2=5\text{ mm},\quad r_3=r_4=4\text{ mm}$$

把各次工序件直径和底部圆角半径代入式(6-5)，得各次工序件高度为

$$H_1=0.25\times\left(\frac{98.3^2}{51.1}-51.1\right)+0.43\times\frac{8}{51.1}\times(51.1+0.32\times 8)=38.1(\text{mm})$$

$$H_2=0.25\times\left(\frac{98.3^2}{39.9}-39.9\right)+0.43\times\frac{5}{39.9}\times(39.9+0.32\times 5)=52.8(\text{mm})$$

$$H_3=0.25\times\left(\frac{98.3^2}{33.1}-33.1\right)+0.43\times\frac{4}{33.1}\times(33.1+0.32\times 4)=66.5(\text{mm})$$

$$H_4 = 81(\text{mm})$$

以上计算所得工序件尺寸都是中线尺寸，换算成与零件图相同的标注形式后，所得各工序件的尺寸如图 6-14 所示。

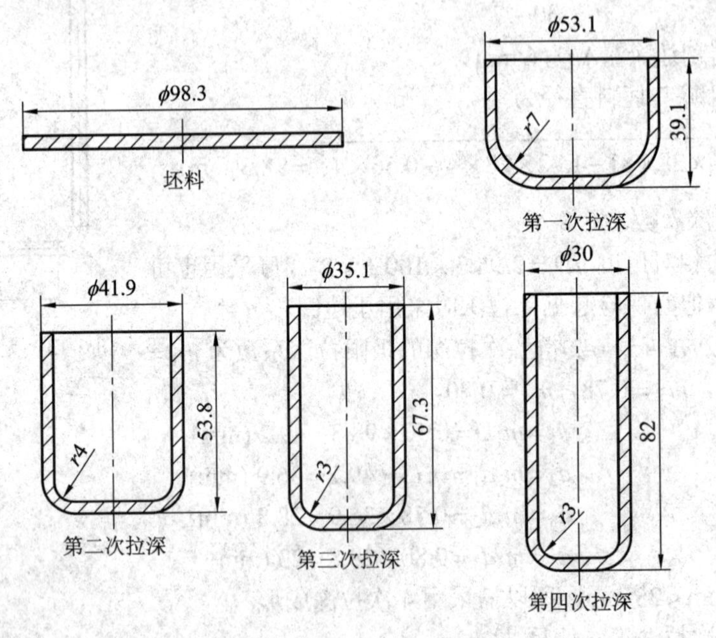


图 6-14　圆筒形零件的各次拉深工序件尺寸

# 6.4　拉深工艺设计

## 6.4.1　拉深件工艺性分析

拉深件的工艺性是指制件拉深加工的难易程度。良好的工艺性应该保证材料消耗小、工序数目少、模具结构简单、产品质量稳定、操作简单等。拉深工艺性主要包括以下几个方面。

(1) 拉深件应尽量简单、对称，并能一次拉深成形。

(2) 拉深件壁厚公差或变薄量要求一般不应超出拉深工艺壁厚的变化规律。根据统计，不变薄拉深工艺的筒壁最大增厚量约为(0.2～0.3)$t$，最大变薄量约为(0.1～0.18)$t$($t$ 为板料厚度)。

(3) 当零件一次拉深的变形程度过大时，为避免拉裂，需采用多次拉深，这时在保证必要的表面质量前提下，应允许内、外表面存在拉深过程中可能产生的痕迹。

(4) 在保证装配要求的前提下，应允许拉深件侧壁有一定的斜度。

(5) 拉深件的底部或凸缘上有孔时，孔边到侧壁的距离应满足 $a \geqslant R + 0.5t$(或 $r + 0.5t$)，如图 6-15 所示。

(6) 拉深件的底与壁、凸缘与壁、矩形件的四角等处的圆角半径应满足：$r \geqslant t$，$R \geqslant 2t$，

$r_3 \geqslant 3t$，如图6-15所示。否则，应增加整形工序。一次整形的圆角半径可取 $r \geqslant (0.1\sim0.3)t$，$R \geqslant (0.1\sim0.3)t$。

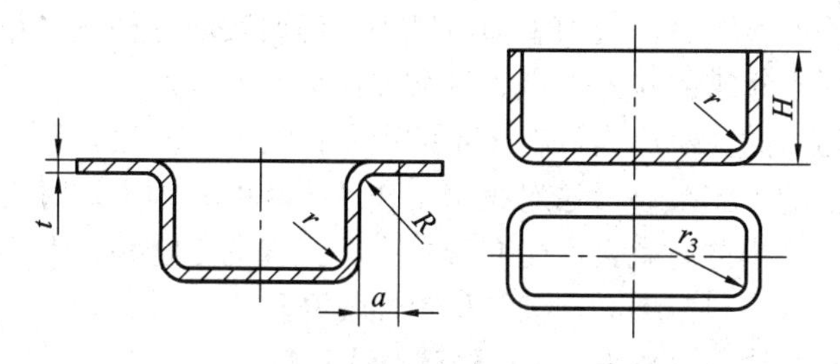


图6-15　拉深件的孔边距及圆角半径

(7) 拉深件的径向尺寸应只标注外形尺寸或内形尺寸，而不能同时标注内、外形尺寸。带台阶的拉深件，其高度方向的尺寸标注一般应以拉深件的底部为基准，若以上部为基准则高度尺寸不易保证。

(8) 一般情况下，拉深件的尺寸精度应在IT13级以下，不宜高于IT11级。对于精度要求高的拉深件，应在拉深后增加整形工序，以提高其精度。由于材料各向异性的影响，拉深件的口部或凸缘外缘一般是不整齐的，易出现拉深凸耳现象，需要增加切边工序。

(9) 拉深件的材料要求具有较好的塑性，屈强比 $\sigma_s/\sigma_b$ 小、板厚方向性系数 $\gamma$ 大，板平面方向性系数 $\Delta\gamma$ 小。屈强比 $\sigma_s/\sigma_b$ 值越小，一次拉深允许的极限变形程度越大，拉深的性能越好。例如，低碳钢的屈强比 $\sigma_s/\sigma_b \approx 0.57$，其一次拉深的最小拉深系数为 $m = 0.48\sim0.50$；65Mn钢的 $\sigma_s/\sigma_b \approx 0.63$，其一次拉深的最小拉深系数为 $m = 0.68\sim0.70$。所以有关材料标准规定，作为拉深用的钢板，其屈强比应不大于0.66。板厚方向性系数 $\gamma$ 和板平面方向性系数 $\Delta\gamma$ 反映了材料的各向异性性能。当 $\gamma$ 较大或 $\Delta\gamma$ 较小时，材料宽度的变形比厚度方向的变形容易，板平面方向性能差异较小，拉深过程中材料不易变薄或拉裂，因而有利于拉深成形。

## 6.4.2　拉深工艺力计算

### 1. 压边装置及压边力

解决拉深工作中的起皱问题的主要方法是采用防皱压边圈。至于是否需要采用压边圈，可按表6-7的条件决定。

1) 压边力

压边力是为了防止毛坯起皱，保证拉深过程顺利进行而施加的力，它的大小对拉深工作影响很大。压边力的数值应适当，太小时，防皱效果不好；太大时，则会增加危险断面处的拉应力，引起拉裂破坏或严重变薄超差。

表6-7　采用或不采用压边圈的条件

| 拉深方法 | 第一次拉深 | | 以后各次拉深 | |
|---|---|---|---|---|
| | $(t/D)\times100$ | $m_1$ | $(t/D)\times100$ | $m_n$ |
| 用压边圈 | <1.5 | <0.6 | <1.0 | <0.8 |
| 可用可不用 | 1.5～2.0 | 0.6 | 1.0～1.5 | 0.8 |
| 不用压边圈 | >2.0 | >0.6 | >1.5 | >0.8 |

拉深中凸缘起皱的规律与拉应力变化规律相似，拉应力起皱趋势最严重的时刻是毛坯外缘缩小到 $0.85R_0$ 时。理论上，合理的压边力应随起皱趋势的变化而变化，当起皱严重时压边力变大，起皱不严重时则压边力就随着减小，但要实现这种变化是很困难的。因此，应在保证坯料变形区不起皱的前提下，尽量选用较小的压边力。

应该指出，压边力的大小应允许在一定的范围内调节。一般来说，随着拉深系数的减小，压边力许可调节的范围减小，这对拉深工作是不利的，因为这时当压边力稍大些时就会产生破裂，压边力稍小些时就会产生起皱，也即拉深的工艺稳定性不好。相反，拉深系数较大时，压边力可调节范围增大，工艺稳定性较好。

在模具设计时，压边力可按表 6-8 的经验公式计算。

**表 6-8　压边力经验计算公式**

| 拉深情况 | 公　式 |
| --- | --- |
| 任何情况拉深件 | $F_Q = Aq$ |
| 筒形零件第一次拉深 | $F_Q = \dfrac{\pi}{4}[D^2 - (d_1 + 2r_d)^2]q$ |
| 筒形零件以后各次拉深 | $F_Q = \dfrac{\pi}{4}[d_{n-1}^2 - (d_n + 2r_d)^2]q$ |

表中：$A$——开始拉深瞬间不考虑凹模圆角时的压边面积($mm^2$)；

$q$——单位压边力(MPa)，可按表 6-9 选用；

$d_1$，$d_2$，…，$d_n$——第一次及以后各次工件外径(mm)；

$r_d$——凹模洞口的圆角半径(mm)。

**表 6-9　单位压边力 $q$**　　MPa

<table>
<tr><th colspan="2">材料名称</th><th>单位压边力</th><th>材料名称</th><th>单位压边力</th></tr>
<tr><td colspan="2">铝</td><td>0.8～1.2</td><td>镀锡钢板</td><td>2.5～3.0</td></tr>
<tr><td colspan="2">纯铜、硬铝(已退火)</td><td>1.2～1.8</td><td>高合金钢</td><td rowspan="2">3.0～4.5</td></tr>
<tr><td colspan="2">黄铜</td><td>1.5～2.0</td><td>不锈钢</td></tr>
<tr><td rowspan="2">软钢</td><td>$t < 0.5$ mm</td><td>2.5～3.0</td><td rowspan="2">高温合金</td><td rowspan="2">2.8～3.5</td></tr>
<tr><td>$t > 0.5$ mm</td><td>2.0～2.5</td></tr>
</table>

生产中也可根据第一次的拉深力 $F_1$ 计算压边力：

$$F_Q = 0.25F_1 \tag{6-6}$$

2) 压边装置

目前在实际生产中常用的压边装置有弹性压边装置和刚性压边装置两大类。

(1) 弹性压边装置。

这种装置多用于普通冲床。通常有 3 种：橡皮压边装置(见图 6-16(a))；弹簧压边装置(见图 6-16(b))；气垫式压边装置(见图 6-16(c))。

这 3 种压边装置压边力的变化曲线如图 6-16(d)所示。

随着拉深深度的增加，需要压边的凸缘部分不断减少，故需要的压边力也就逐渐减小。从图 6-16(d)可以看出橡皮及弹簧压边装置的压边力恰好与需要的相反，随拉深深度的增加而增加。因此橡皮与弹簧压边装置通常只用于浅拉深。

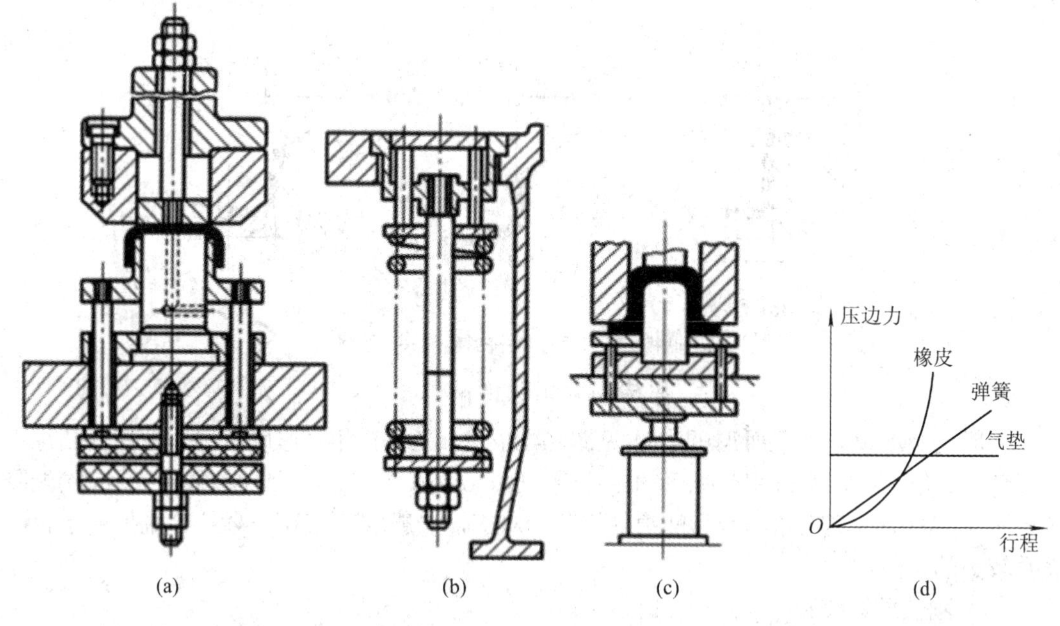


图 6-16　弹性压边装置

气垫式压边装置的压边效果较好，但它结构复杂，制造、使用及维修都比较困难。弹簧与橡皮压边装置虽有缺点，但结构简单，对单动的中小型压力机采用橡皮或弹簧压边装置还是很方便的。根据生产经验，只要正确地选择弹簧规格及橡皮的牌号和尺寸，就能尽量减少它们的不利方面，充分发挥它们的作用。

当拉深行程较大时，弹簧压边装置应选择总压缩量最大、压边力随压缩量缓慢增加的弹簧。橡皮压边装置应选用软橡皮(冲裁卸料是用硬橡皮)。橡皮的压边力随压缩量增加很快，因此橡皮的总厚度应选大些，以保证相对压缩量不致过大。建议所选取的橡皮总厚度不小于总拉深行程的 5 倍。

为了保持整个拉深过程中压料力均衡和防止将坯料压得过紧，特别是拉深板料较薄且凸缘较宽的拉深件时，可采用带限位装置的压边圈，如图 6-17 所示。限位柱可使压边圈和凹模之间始终保持一定的距离 $s$。对于带凸缘零件的拉深，$s = t + (0.05\sim0.1)$mm；铝合金零件的拉深，$s = 1.1t$；钢板零件的拉深，$s = 1.2t$($t$ 为板料厚度)。

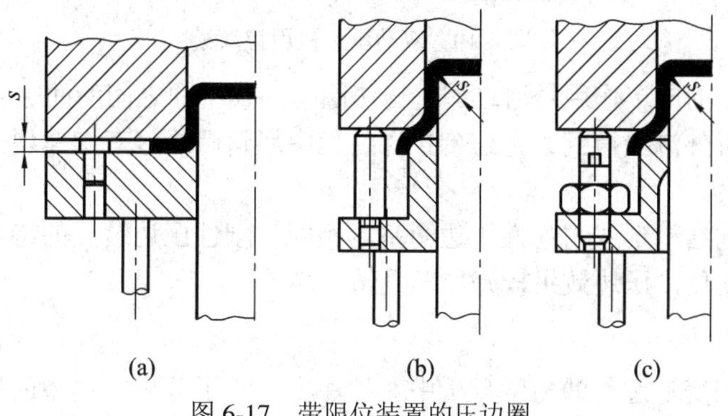


图 6-17　带限位装置的压边圈

压边圈是压边装置的关键零件，常见的结构形式有平面形、锥形和弧形，如图 6-18 所示。

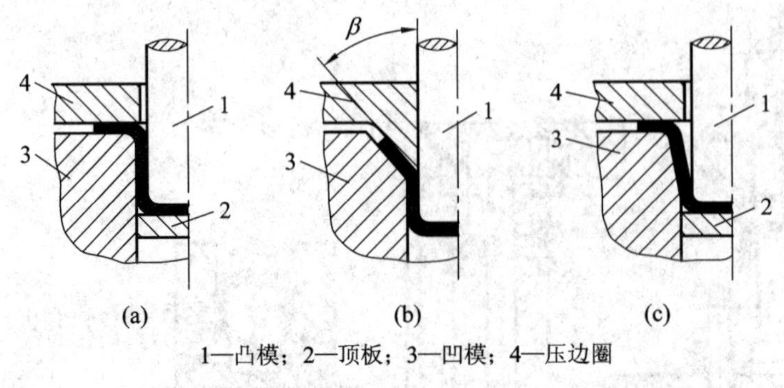


1—凸模；2—顶板；3—凹模；4—压边圈

图 6-18 压边圈的结构形式

一般的拉深模采用平面形压边圈(见图 6-18(a))；当坯料相对厚度较小，拉深件凸缘小且圆角半径较大时，则采用带弧形的压边圈(见图 6-18(c))；锥形压边圈(见图 6-18(b))能降低极限拉深系数，其锥角与锥形凹模的锥角相对应，一般取 $\beta = 30° \sim 40°$，主要用于拉深系数较小的拉深件。

(2) 刚性压边装置。

刚性压边装置一般设置在双动压力机上用的拉深模中。如图 6-19 所示为双动压力机用拉深模，件 4 即为刚性压边圈(又兼作落料凸模)，压边圈固定在外滑块上。在每次冲压行程开始时，外滑块带动压边圈下降压在坯料的凸缘上，并在此停止不动，随后内滑块带动凸模下降，并进行拉深变形。

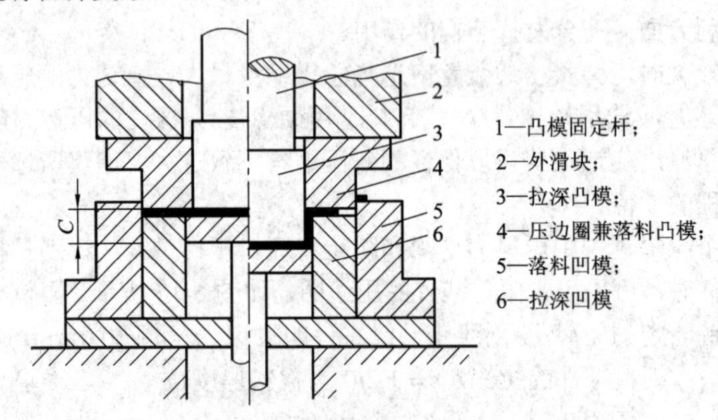


图 6-19　双动压力机用拉深模

刚性压边装置的压边作用是通过调整压边圈与凹模平面之间的间隙 $C$ 获得的，而该间隙则靠调节压力机外滑块得到。考虑到拉深过程中坯料凸缘区有增厚现象，所以这一间隙应略大于板料厚度。

刚性压边圈的结构形式与弹性压边圈基本相同。刚性压边装置的特点是压边力不随拉深的工作行程而变化，压边效果较好，模具结构简单。

### 2. 拉深力的计算

前面已在拉深变形过程的力学分析中对拉深力进行了分析，典型的拉深力—凸模行程曲线如图6-11所示。一般概念上的拉深力是指其峰值，圆筒形零件拉深时其拉深力理论上是由变形区的变形抗力、摩擦力和弯曲变形力等组成，拉深系数、压边力、润滑条件、材料特性等都会影响拉深力—凸模行程曲线的走向，其理论计算复杂繁琐，实用性不强，实际生产中常用经验公式进行近似计算。

筒形零件采用带压边圈的拉深时，其拉深力为

$$F = K\pi dt\sigma_{\mathrm{b}} \tag{6-7}$$

式中：$F$——拉深力(N)；

$d$——筒形零件直径(mm)；

$t$——板料厚度(mm)；

$\sigma_{\mathrm{b}}$——拉深材料的强度极限(MPa)；

$K$——修正系数，可参照表6-10。首次拉深用$K_1$，后续各次拉深用$K_2$。

**表6-10　拉深系数与拉深力修正系数**

| $m_1$ | 0.55 | 0.57 | 0.60 | 0.62 | 0.65 | 0.67 | 0.70 | 0.72 | 0.75 | 0.77 | 0.80 |
|---|---|---|---|---|---|---|---|---|---|---|---|
| $K_1$ | 1.00 | 0.93 | 0.86 | 0.79 | 0.72 | 0.66 | 0.60 | 0.55 | 0.50 | 0.45 | 0.40 |
| $m_2$ | 0.70 | 0.72 | 0.75 | 0.77 | 0.80 | 0.85 | 0.90 | 0.95 | | | |
| $K_2$ | 1.00 | 0.95 | 0.90 | 0.85 | 0.80 | 0.70 | 0.60 | 0.50 | | | |

注：表中$m_1$是首次拉深系数，$m_2$是后续各次拉深系数。

当拉深行程较大，特别是采用落料、拉深复合模时，不能简单地将落料力与拉深力叠加来选择压力机，而应确保冲压力—行程曲线位于压力机许用负荷曲线以下，否则很可能由于过早地出现最大冲压力而使压力机超载损坏，如图6-20所示，虽然落料力与拉深力之和小于公称压力，但在模具工作的早期(落料时)已超载了。

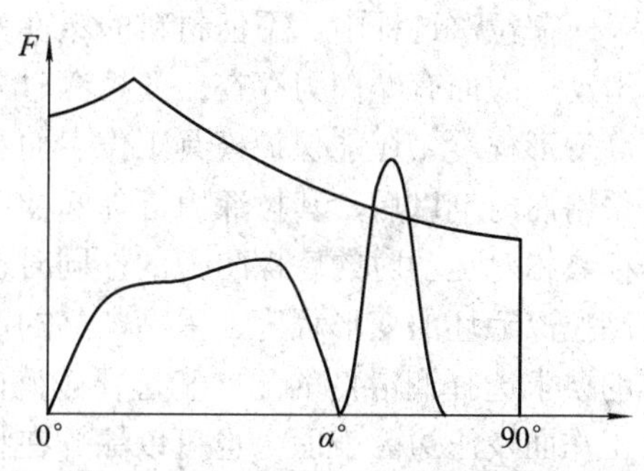

图6-20　拉深力与压力机的压力曲线

为了选用方便，一般可按下式作概略计算：

浅拉深时，$F_{\mathrm{Z}} \leqslant (0.7\sim0.8)F_0$；

深拉深时，$F_{\mathrm{Z}} \leqslant (0.5\sim0.6)F_0$。

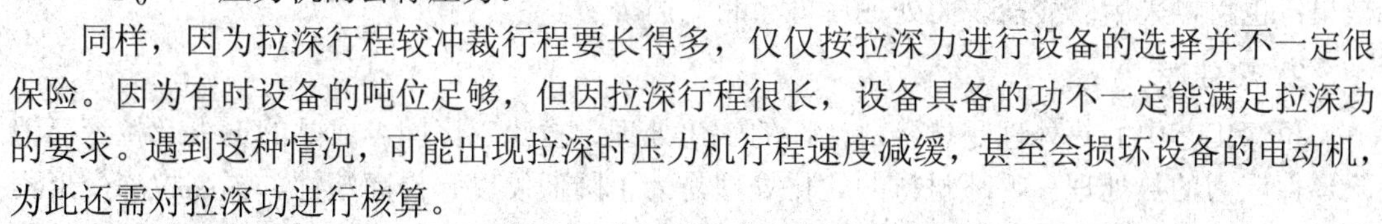

式中：$F_{\mathrm{Z}}$——拉深力、压边力及其他变形力总和；

$F_0$——压力机的公称压力。

同样，因为拉深行程较冲裁行程要长得多，仅仅按拉深力进行设备的选择并不一定很保险。因为有时设备的吨位足够，但因拉深行程很长，设备具备的功不一定能满足拉深功的要求。遇到这种情况，可能出现拉深时压力机行程速度减缓，甚至会损坏设备的电动机，为此还需对拉深功进行核算。

理论上拉深功是拉深力—凸模行程曲线下的面积积分，精确计算同样繁琐。生产实践中，常将最大拉深力折算成平均力来计算，即$P_{\mathrm{m}}=(0.6\sim0.8)P$，所以，拉深功为

$$A = (0.6\sim0.8)F_{\mathrm{Z}}h\times10^{-3}$$

式中：$A$——拉深功(J)；

$F_Z$——最大拉深力(N)；

$h$——拉深深度(凸模工作行程)(mm)。

压力机电动机功率 $P_d$(kW)可按下式校核计算：

$$P_d = \frac{nkA}{61200\eta_1\eta_2}$$

式中：$k$——不均衡系数，取 1.2～1.4；

$n$——压力机每分钟行程次数；

$\eta_1$——压力机效率，取 0.6～0.8；

$\eta_2$——电动机效率，取 0.9～0.95。

### 6.4.3 拉深工艺的辅助工序

为了保证拉深过程的顺利进行或提高拉深件质量和模具的寿命，需要安排一些必要的辅助工序。拉深工艺中的辅助工序较多，可分为：① 拉深工序前的辅助工序，如毛坯的软化退火、清洗、喷漆、润滑等；② 拉深工序间的辅助工序，如半成品的软化退火、清洗、切边和润滑等；③ 拉深后的辅助工序，如切边、消除应力退火、清洗、去毛刺、表面处理、检验等。现将主要的辅助工序简介如下。

1. 润滑

在拉深过程中，不但材料的塑性变形强烈，而且板料与模具的接触面之间要产生相对滑动，因而有摩擦力存在。在拉深时采用润滑剂不仅可以降低摩擦力，而且可以相对地提高变形程度，还能保护模具工作表面和冲压件表面不被损伤。实践证明：在拉深工序中，采用润滑剂以后，其拉深力可降低 30%左右。在拉深工艺中，润滑主要是改善变形毛坯与模具相对运动时的摩擦阻力的，同时也有一定的冷却作用。润滑的目的是降低拉深力、提高拉深毛坯的变形程度、提高产品的表面质量和延长模具寿命等。拉深中，必须根据不同的要求选择润滑剂的配方和选择正确的润滑方法。例如，润滑剂(油)一般应涂抹在凹模的工作面及压边圈表面，也可以涂抹在拉深毛坯与凹模接触的平面上，而在凸模表面或与凸模接触的毛坯表面切忌涂润滑剂(油)，以防材料沿凸模表面滑动并使材料变薄。常用的润滑剂可参见有关冲压设计资料。还须注意，当拉深应力较大且接近材料的强度极限时，应采用含量不少于 20%的粉状填料的润滑剂，以防止润滑液在拉深中被高压挤掉而失去润滑效果；也可以采用磷酸盐表面处理后再涂润滑剂。

2. 热处理

拉深工艺中的热处理是指落料毛坯的软化处理、拉深工序间半成品的退火及拉深后消除零件应力的热处理。毛坯材料的软化处理是为了降低硬度、提高塑性、提高拉深变形程度，使拉深系数 $m$ 减小，提高板料的冲压成形性能。拉深工序间半成品的热处理退火，是为了消除拉深变形的加工硬化，恢复加工后材料的塑性，以保证后续拉深工序的顺利实现。对某些金属材料(如不锈钢、高温合金及黄铜等)拉深成形的零件，拉深后在规定时间内的热处理，目的是消除变形后的残余应力，防止零件在存放(或工作)中的变形和蚀裂等现象。中间工序的热处理方法主要有两种：低温退火和高温退火。有关材料的热处理规范可参考相关手册。

退火使生产周期延长、成本增加，因此应尽可能避免。对普通硬化金属，如08、10、15、黄铜等，只要拉深工艺制定合适，加上模具设计合理，就能免于中间退火。对于高硬化金属，如不锈钢、耐热钢等，一般在拉深一、二次工序后，必须进行中间退火工序，否则后续拉深无法进行。不进行中间退火工序的材料能连续完成的拉深次数，可参见表6-11。

表6-11　不需要中间退火工序的材料能连续完成的拉深次数

| 材料 | 08、10、15、钢 | 铝 | 黄铜 | 纯铜 | 不锈钢 | 镁合金、钛合金 |
| --- | --- | --- | --- | --- | --- | --- |
| 可拉深次数 | <4 | <5 | <4 | <2 | <2 | 1 |

3. 酸洗

经过热处理的工序件表面有氧化皮，需要清洗后方可继续进行拉深或其他冲压加工。在许多场合，工件表面的油污及其他污物也必须清洗，方可进行喷漆或搪瓷等后续工序。有时在拉深成形前也需要对坯料进行清洗。

在冲压加工中，清洗的方法一般是采用酸洗。酸洗时先用苏打水去油，然后将工件或坯料置于加热的稀酸中浸蚀，接着在冷水中漂洗后在弱碱溶液中将残留的酸液中和，最后在热水中洗涤并经烘干即可。

## 6.5 拉深模设计

### 6.5.1 拉深模的分类及典型结构

1. 拉深模分类

拉深模的结构一般较简单，但结构类型较多。按使用的压力机类型不同可分为单动压力机上使用的拉深模与双动压力机上使用的拉深模；按工序的组合程度不同可分为单工序拉深模、复合工序拉深模与级进工序拉深模；按结构形式与使用要求的不同，可分为首次拉深模与以后各次拉深模，有压边装置拉深模与无压边装置拉深模，顺装式拉深模与倒装式拉深模，下出件拉深模与上出件拉深模等。

2. 拉深模典型结构

1) 单动压力机上使用的拉深模

(1) 首次拉深模。

如图6-21(a)所示为无压料装置的首次拉深模。拉深件直接从凹模底下落下，为了从凸模上卸下冲件，在凹模下装有卸件器，当拉深工作行程结束凸模回程时，卸件器下平面作用于拉深件口部，把冲件卸下。为了便于卸件，凸模上钻有直径为3 mm以上的通气孔。如果板料较厚，拉深件深度较小，则拉深后有一定的回弹量。回弹引起拉深件口部张大，当凸模回程时，凹模下平面挡住拉深件口部而自然卸下拉深件，此时可以不配备卸件器。

这种拉深模具结构简单，适用于拉深板料厚度较大而深度不大的拉深件。

如图6-21(b)所示为有压料装置的正装式首次拉深模。拉深模的压料装置在上模，由于弹性元件高度受到模具闭合高度的限制，因而这种结构形式的拉深模只适用于拉深高度不大的零件。

如图 6-21(c)所示为倒装式的具有锥形压料圈的拉深模。压料装置的弹性元件在下模底下，工作行程可以较大，可用于拉深高度较大的零件，应用广泛。

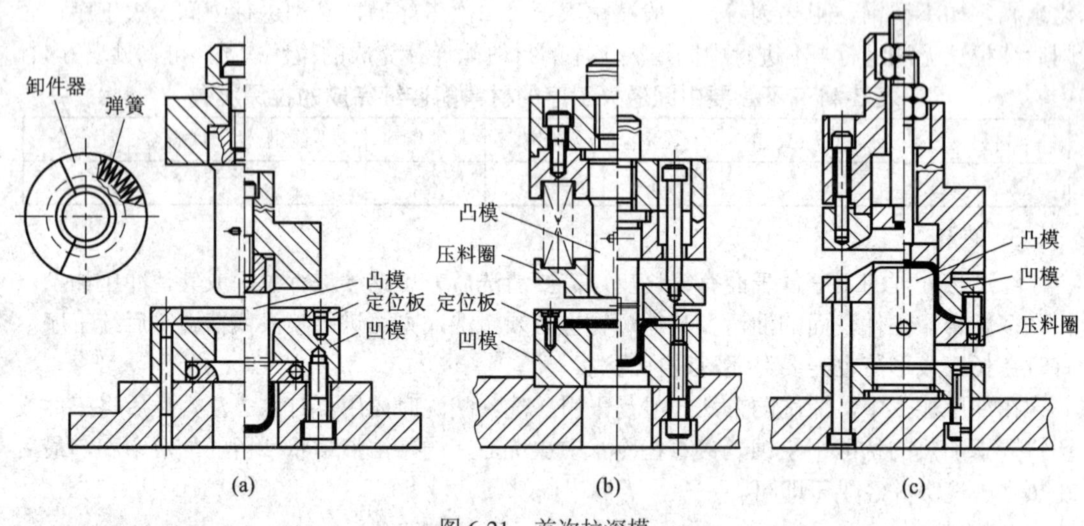


图 6-21　首次拉深模

(2) 以后各次拉深模。

如图 6-22 所示为无压料装置的以后各次拉深模，前次拉深后的工序件由定位板 6 定位，拉深后的工件由凹模孔台阶卸下。为了减小工件与凹模间的摩擦，凹模直边高度 $h$ 取 9～13 mm。该模具适用于变形程度不大、拉深件直径和壁厚要求均匀的以后各次拉深。

如图 6-23 所示为有压料倒装式以后各次拉深模，压料圈 6 兼作定位用，前次拉深后的工序件套在压料圈上进行定位。压料圈的高度应大于前次工序件的高度，其外径最好按已拉成的前次工序件的内径配作。拉深完的工件在回程时分别由压料圈顶出和推件块 3 推出。可调式限位柱 5 可控制压料圈与凹模之间的间距，以防止拉深后期由于压料力过大造成工件侧壁底角附近过分减薄或拉裂。

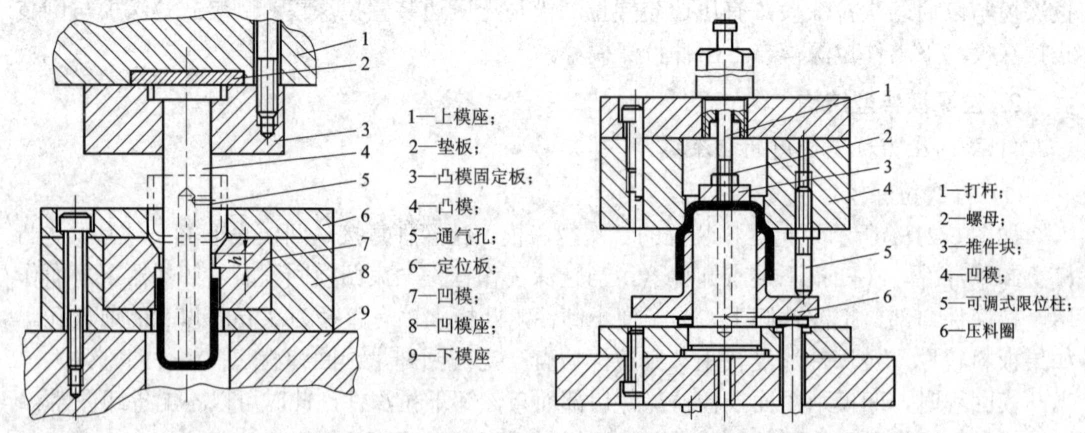


图 6-22　无压料装置的以后各次拉深模　　图 6-23　有压料倒装式以后各次拉深模

(3) 落料拉深复合模。

如图 6-24 所示为落料拉深复合模，条料由两个导料销 11 进行导向，由挡料销 12 定距。

由于排样图取消了纵搭边，落料后废料中间将自动断开，因此可不设卸料装置。工作时，首先由落料凹模1和凸凹模3完成落料，紧接着由拉深凸模2和凸凹模进行拉深。压料圈9既起压料作用又起顶件作用。由于有顶件作用，上模回程时，冲件可能留在拉深凹模内，所以设置了推件装置。为了保证先落料、后拉深，模具装配时，应使拉深凸模2比落料凹模1低约1～1.5倍料厚的距离。

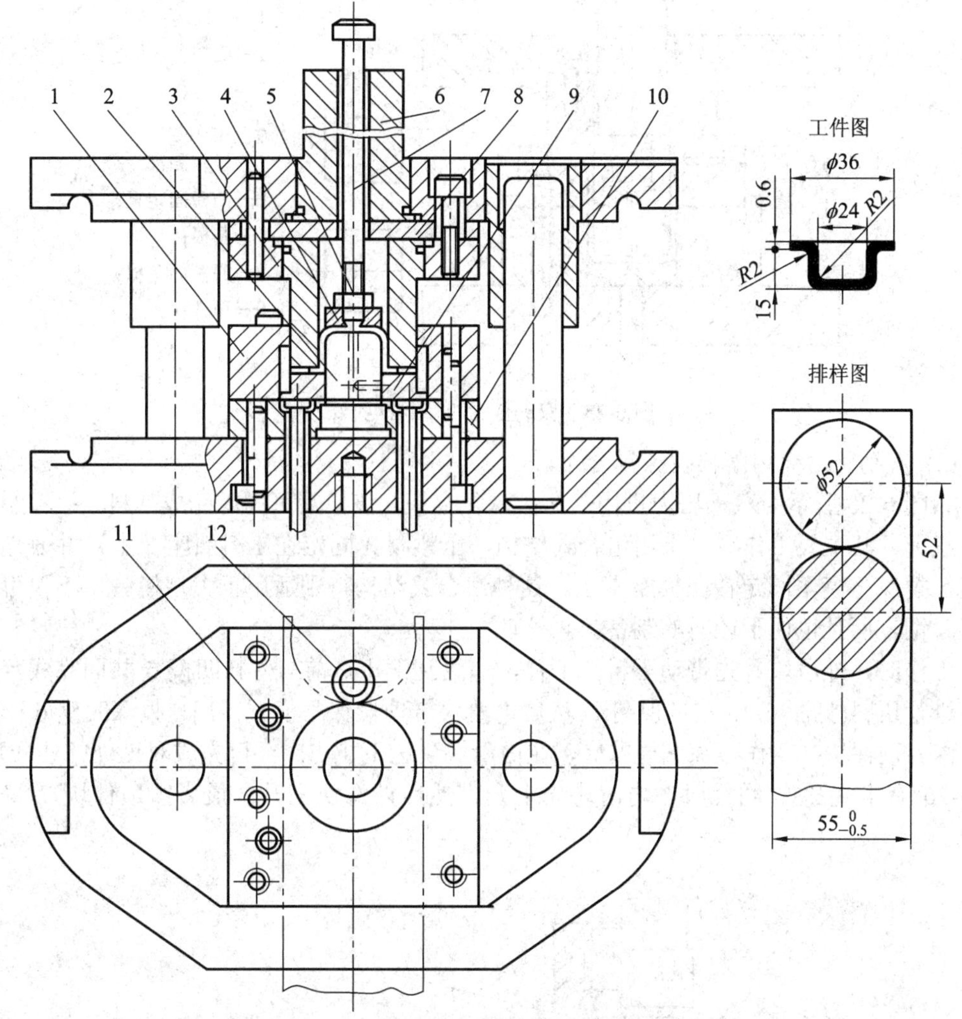


1—落料凹模；2—拉深凸模；3—凸凹模；4—推件块；5—螺母；
6—模柄；7—打杆；8—垫板；9—压料圈；10—固定板；11—导料销；12—挡料销

图6-24　落料拉深复合模

2) 双动压力机上使用的拉深模

(1) 双动压力机用首次拉深模。

如图6-25所示为双动压力机用首次拉深模，下模由凹模2、定位板3、凹模固定板8、顶件块9和下模座1组成，上模的压料圈5通过上模座4固定在压力机的外滑块上，凸模7通过凸模固定杆6固定在内滑块上。工作时，坯料由定位板定位，外滑块先行下降带动压料圈将坯料压紧，接着内滑块下降带动凸模完成对坯料的拉深。回程时，内滑块先带动凸模上升将工件卸下，接着外滑块带动压料圈上升，同时顶件块在弹顶器作用下将工件从凹模内顶出。

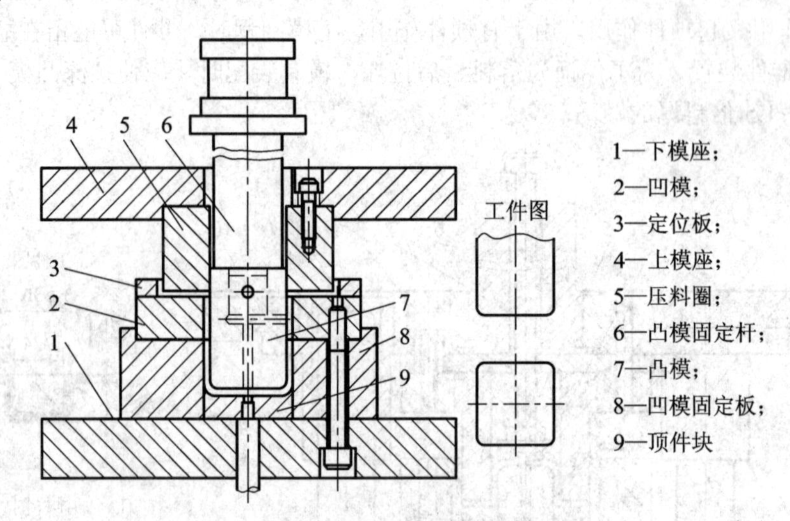


图 6-25　双动压力机用首次拉深模

(2) 双动压力机用落料拉深复合模。

如图 6-26 所示为双动压力机用落料拉深复合模。该模具可同时完成落料、拉深及底部的浅成形。其主要工作零件采用组合式结构，压料圈 3 固定在压料圈座 2 上，并兼作落料凸模，拉深凸模 4 固定在凸模座 1 上。这种组合式结构特别适用于大型模具，不仅可以节省模具钢，而且也便于坯料的制备与热处理。

工作时，外滑块首先带动压料圈下行，在达到下止点前与落料凹模 5 共同完成落料，接着进行压料(见图 6-26 左半视图)。然后内滑块带动拉深凸模下行，与拉深凹模 6 一起完成拉深。顶件块 7 兼作拉深凹模的底，在内滑块到达下止点时，可完成对工件的浅成形(见图 6-26 右半视图)。回程时，内滑块先上升，然后外滑块上升，最后由顶件块 7 将工件顶出。

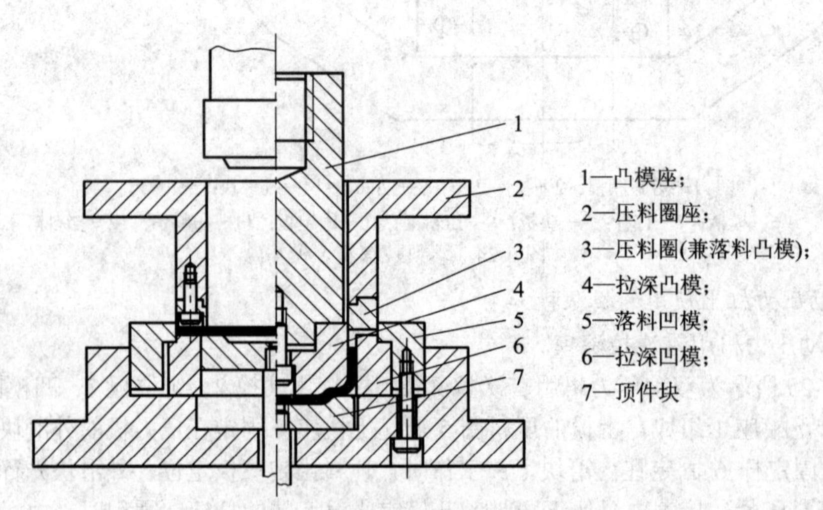


图 6-26　双动压力机用落料拉深复合模

## 6.5.2　拉深模工作零件的设计

### 1. 凸、凹模的结构

凸、凹模的结构设计得是否合理，不但直接影响拉深时的坯料变形，而且还影响拉深件的质量。凸、凹模常见的结构形式有以下几种。

1) 无压料时的凸、凹模

如图 6-27 所示为无压料一次拉深成形的凸、凹模结构。其中，圆弧形凹模(见图 6-27(a))结构简单、加工方便，是常用的拉深凹模结构形式；锥形凹模(见图 6-27(b))、渐开线形凹模(见图 6-27(c))和等切面形凹模(见图 6-27(d))对抗失稳起皱有利，但加工较复杂，主要用于拉深系数较小的拉深件。如图 6-28 所示为无压料多次拉深所用的凸、凹模结构。上述凹模结构中，$a = 5\sim10$ mm，$b = 2\sim5$ mm，锥形凹模的锥角一般取 30°。

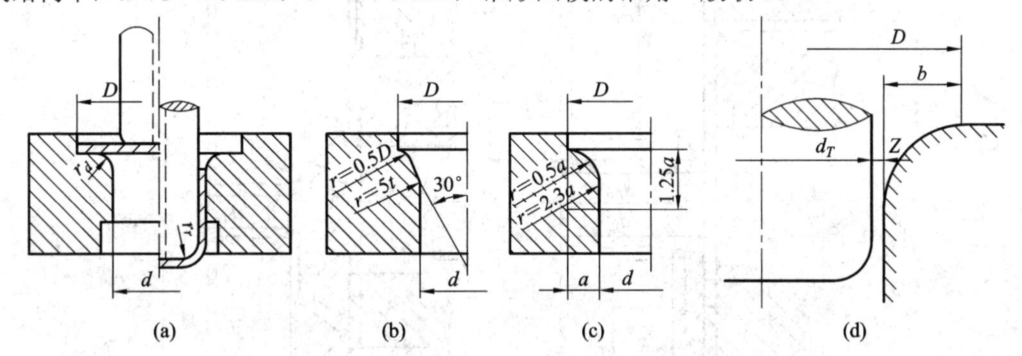


图 6-27　无压料一次拉深成形的凸、凹模结构

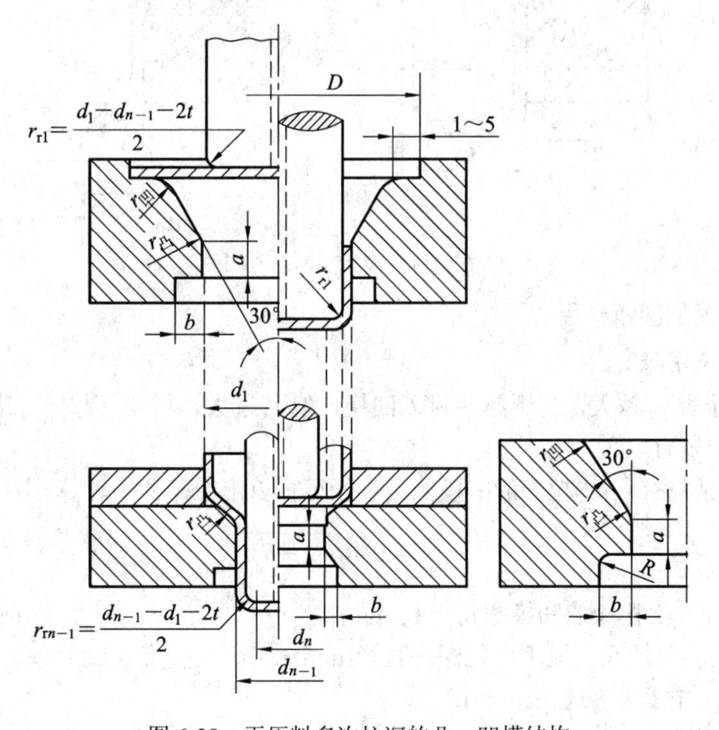


图 6-28　无压料多次拉深的凸、凹模结构

2) 有压料时的凸、凹模

有压料多次拉深的凸、凹模结构如图 6-29 所示，其中，如图 6-29(a)所示的结构用于直径小于 100 mm 的拉深件；如图 6-27(b)所示的结构用于直径大于 100 mm 的拉深件，这种结构除了具有锥形凹模的特点外，还可减轻坯料的反复弯曲变形，以提高工件侧壁质量。

设计多次拉深的凸、凹模结构时，必须十分注意前后两次拉深中凸、凹模的形状尺寸间应具有恰当的关系，尽量使前次拉深所得工序件形状有利于后次拉深成形，而后一次拉深的凸、凹模及压料圈的形状与前次拉深所得工序件相吻合，以避免坯料在成形过程中的反复弯曲。为了保证拉深时工件底部平整，应使前一次拉深所得工件的平底部分尺寸不小于后一次拉深工件的平底尺寸。

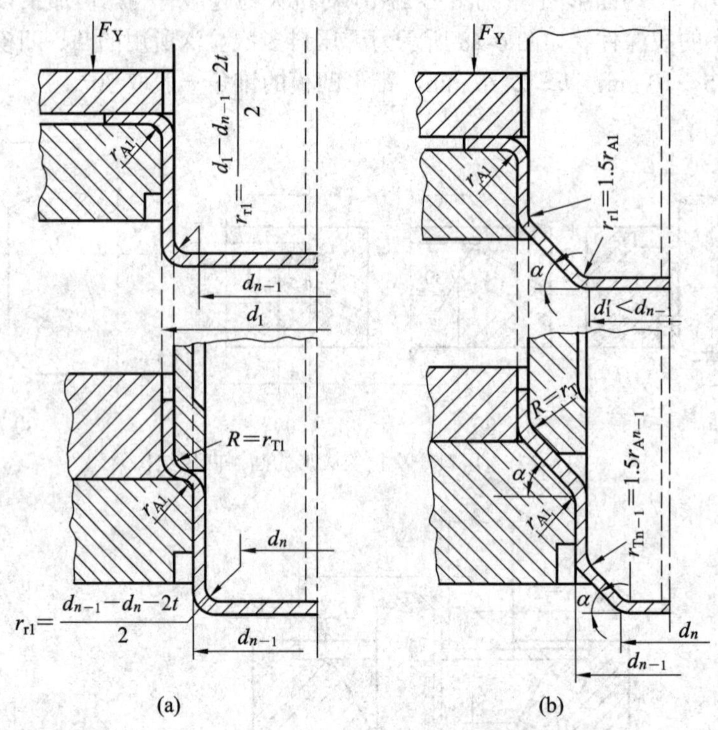


图 6-29 有压料多次拉深的凸、凹模结构

## 2. 凸、凹模的圆角半径

1) 凹模圆角半径

凹模圆角半径 $r_d$ 越大，材料越易进入凹模，但 $r_d$ 过大，材料易起皱。因此，在材料不起皱的前提下，$r_d$ 宜取大一些。

第一次(包括只有一次)拉深的凹模圆角半径可按以下经验公式计算：

$$r_{d1} = 0.8\sqrt{(D-d)t} \tag{6-8}$$

式中：$r_{d1}$——第一次拉深的凹模圆角半径(mm)；

$D$——毛坯直径或上道工序拉深件直径(mm)；

$d$——本道拉深后的直径(mm)；

$t$——材料厚度(mm)。

以后各次拉深时，凹模圆角半径应逐渐减小，一般可按以下关系确定：

$$r_{di} = (0.6\sim0.9)r_{d(i-1)} \quad (i = 2，3，\cdots，n) \tag{6-9}$$

以上计算所得凹模圆角半径均应符合 $r_d \geqslant 2t$ 的拉深工艺性要求。对于带凸缘的筒形拉深件，最后一次拉深的凹模圆角半径还应与零件的凸缘圆角半径相等。若 $r_d \leqslant 2t$，一般很难拉出，只能靠拉深后整形得到。

2) 凸模圆角半径

凸模圆角半径 $r_p$ 过小，会使坯料在此受到过大的弯曲变形，导致危险断面材料严重变薄甚至拉裂；$r_p$ 过大，会使坯料悬空部分增大，容易产生“内起皱”现象。一般 $r_p < r_d$，单次拉深或多次拉深的第一次拉深可取

$$r_p = (0.7\sim1.0)r_d \tag{6-10}$$

以后各次拉深的凸模圆角半径可取为各次拉深中直径减少量的一半，即

$$r_{pn-1} = \frac{d_{n-1} - d_n - 2t}{2} \quad (i = 3，4，\cdots，n) \tag{6-11}$$

式中：$r_{pn-1}$——本道拉深凸模圆角半径(mm)；

$d_{n-1}$——本道拉深件的直径(mm)；

$d_n$——下道拉深的工件直径(mm)。

最后一次拉深时，凸模圆角半径 $r_p$ 应与拉深件底部圆角半径 $r$ 相等。但当拉深件底部圆角半径小于拉深工艺性要求时，则凸模圆角半径应按工艺性要求确定($r_p \geqslant t$)，然后通过增加整形工序得到拉深件所要求的圆角半径。

### 3. 凸、凹模间隙

拉深模的凸、凹模间隙对拉深力、拉深件质量、模具寿命等都有较大的影响。间隙小时，拉深力大，模具磨损也大，但拉深件回弹小，精度高。间隙过小，会使拉深件壁部严重变薄甚至拉裂；间隙过大，拉深时坯料容易起皱，而且口部的变厚得不到消除，拉深件出现较大的锥度，精度较差。因此，拉深凸、凹模间隙应根据坯料厚度及公差、拉深过程中坯料的增厚情况、拉深次数、拉深件的形状及精度等要求确定。

对于无压料装置的拉深模，其凸、凹模单边间隙可按下式确定：

$$Z = (1\sim1.1)t_{max} \tag{6-12}$$

式中：$Z$——凸、凹模单边间隙；

$t_{max}$——材料厚度的最大极限尺寸。

对于系数 1～1.1，小值用于末次拉深或精度要求高的零件拉深，大值用于首次和中间各次拉深或精度要求不高的零件拉深。

对于有压料装置的拉深模，其凸、凹模单边间隙可根据材料的厚度和拉深次数参考表确定。

对于盒形零件拉深模，其凸、凹模单边间隙可根据盒形拉深件精度确定，当精度要求较高时，$Z = (0.9\sim1.05)t$；当精度要求不高时，$Z = (1.1\sim1.3)t$。最后一次拉深取较小值。

另外，由于盒形拉深件拉深时坯料在圆角部分变厚较多，因此圆角部分的间隙应较直边部分的间隙大 $0.1t$。

### 4. 凸、凹模工作尺寸及公差

拉深件的尺寸和公差是由最后一次拉深模保证的，考虑拉深模的磨损和拉深件的弹性

回复，最后一次拉深模的凸、凹模工作尺寸及公差按如下确定：

当拉深件标注外形尺寸时(见图 6-30(a))，则

$$D_{\rm d}=\left(D-0.75\varDelta\right)^{+\delta_{\rm d}} \tag{6-13}$$

$$D_{\rm p}=\left(D-0.75\varDelta-2Z\right)_{-\delta_{\rm p}} \tag{6-14}$$

当拉深件标注内形尺寸时(见图 6-30(b))，则

$$D_{\rm p}=\left({\rm d}+0.4\varDelta\right)_{-\delta_{\rm p}}^{+\delta_{\rm d}} \tag{6-15}$$

$$D_{\rm d}=\left(d+0.4\varDelta+2Z\right)^{+\delta_{\rm d}} \tag{6-16}$$

式中：$D_{\rm d}$——凹模工作尺寸；

$D_{\rm p}$——凸模工作尺寸；

$d$——拉深件尺寸；

$Z$——凸、凹模单边间隙；

$\varDelta$——拉深件的公差；

$\delta_{\rm p}$、$\delta_{\rm d}$——凸、凹模的制造公差，可按 IT6～IT9 级确定。

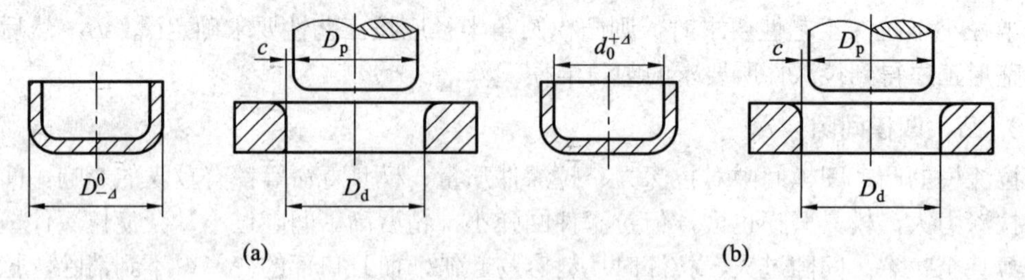


图 6-30　拉深件尺寸与凸、凹模工作尺寸

对于首次和中间各次拉深模，因工序件尺寸无需严格要求，所以其凸、凹模工作尺寸取相应工序的工序件尺寸即可。若以凹模为基准，则

$$D_{\rm d}=D^{+\delta_{\rm d}} \tag{6-17}$$

$$D_{\rm p}=\left(D-2Z\right)_{-\delta_{\rm p}} \tag{6-18}$$

式中，$D$ 为各次拉深工序件的基本尺寸。

# 6.6　其他形状零件的拉深

## 6.6.1　有凸缘的圆筒形零件的拉深

有凸缘的圆筒形零件的拉深变形原理与一般圆筒形零件是相同的，但由于有凸缘(见图 6-31)，其拉深方法及计算方法与一般圆筒形零件有一定的差别。

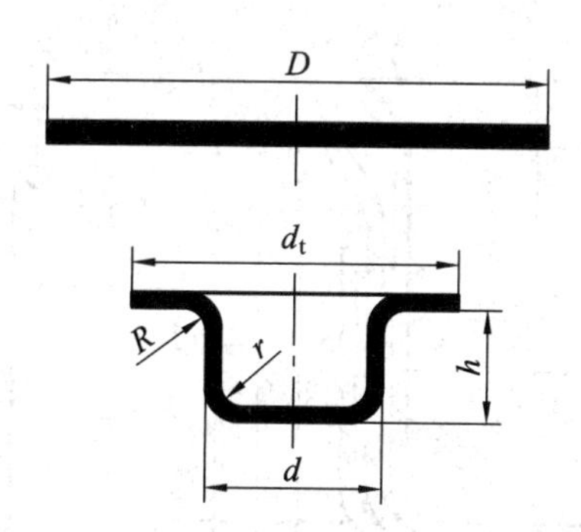


图 6-31　有凸缘的圆筒形零件与坯料

### 1. 有凸缘的圆筒形零件一次成形拉深极限

有凸缘的圆筒形零件的拉深过程和无凸缘的圆筒形零件相比，其区别仅在于前者将毛坯拉深至某一时刻，达到了零件所要求的凸缘直径 $d_t$ 时拉深结束，而后者是将凸缘变形区的材料全部拉入凹模内。所以，从变形区的应力和应变状态看两者是相同的。

在拉深有凸缘圆筒形零件时，在同样大小的首次拉深系数 $m_1=d/D$ 的情况下，采用相同的毛坯直径 $D$ 和相同的零件直径 $d$ 时，可以拉出不同凸缘直径 $d_{t1}$、$d_{t2}$ 和不同高度 $h_1$、$h_2$ 的制件(见图 6-32)。从图中可知，其 $d_t$ 值愈小，$h$ 值愈高，拉深变形程度也愈大。因此 $m_1=d/D$ 并不能表达在拉深有凸缘零件时的各种不同的 $d_t$ 和 $h$ 的实际变形程度。

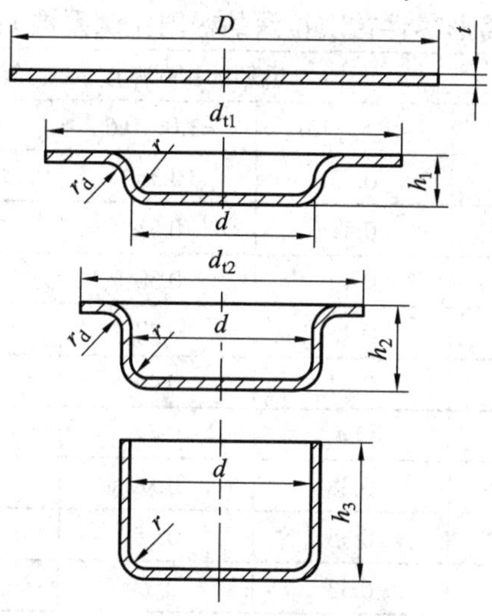


图 6-32　拉深时凸缘尺寸的变化

根据凸缘的相对直径 $d_t/d$ 比值的不同，有凸缘的圆筒形零件可分为窄凸缘圆筒形零件($d_t/d=1.1$～$1.4$)和宽凸缘圆筒形零件($d_t/d>1.4$)。窄凸缘圆筒形零件拉深时的工艺计算可完全按一般圆筒形零件的计算方法，若 $h/d$ 大于一次拉深的许用值时，只在倒数第二道才拉出凸缘或者拉成锥形凸缘，最后校正成水平凸缘，如图 6-33 所示。若 $h/d$ 较小，则第一次可拉成锥形凸缘，后校正成水平凸缘。

下面着重对宽凸缘圆筒形零件的拉深进行分析，主要介绍其与直壁圆筒形零件的不同点。

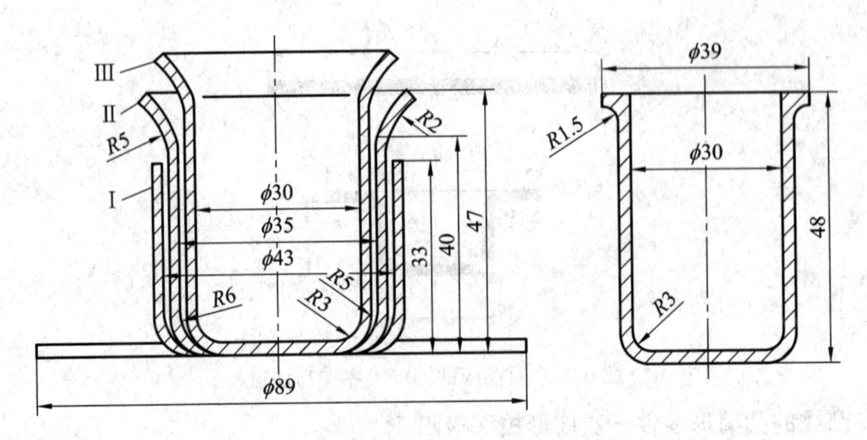


图 6-33　窄凸缘圆筒形零件拉深

在拉深宽凸缘圆筒形零件时，由于凸缘材料并没有被全部拉入凹模，因此同无凸缘圆筒形零件相比，宽凸缘圆筒形零件的拉深具有自己的特点，具体介绍如下：

(1) 宽凸缘圆筒形零件的拉深变形程度不能仅用拉深系数的大小来衡量；

(2) 宽凸缘圆筒形零件的首次极限拉深系数比圆筒零件要小；

(3) 宽凸缘圆筒形零件的首次拉深的极限拉深系数值与零件的相对凸缘直径 $d_t/d$ 有关(见表 6-12)。

**表 6-12　宽凸缘圆筒形零件首次拉深的极限拉深系数 $m_1$(适用于 08、10 钢)**

| 凸缘相对直径 $d_t/d$ | 毛坯的相对厚度 $t/D$×100 | | | | |
|---|---|---|---|---|---|
| | ≤2～1.5 | <1.5～1.0 | <1.0～0.6 | <0.6～0.3 | <0.3～0.15 |
| ≤1.1 | 0.51 | 0.53 | 0.55 | 0.57 | 0.59 |
| >1.1～1.3 | 0.49 | 0.51 | 0.53 | 0.54 | 0.55 |
| >1.3～1.5 | 0.47 | 0.49 | 0.50 | 0.51 | 0.52 |
| >1.5～1.8 | 0.45 | 0.46 | 0.47 | 0.48 | 0.48 |
| >1.8～2.0 | 0.42 | 0.43 | 0.44 | 0.45 | 0.45 |
| >2.0～2.2 | 0.40 | 0.4 | 0.42 | 0.42 | 0.42 |
| >2.2～2.5 | 0.37 | 0.38 | 0.38 | 0.38 | 0.38 |
| >2.5～2.8 | 0.34 | 0.35 | 0.35 | 0.35 | 0.35 |
| >2.8～3.0 | 0.32 | 0.33 | 0.33 | 0.33 | 0.33 |

当 $R = r$ 时(见图 6-31)，宽凸缘圆筒形零件毛坯直径的计算公式为

$$D = \sqrt{d_t^2 + 4dh - 3.44dr} \tag{6-19}$$

根据拉深系数的定义，宽凸缘圆筒形零件总的拉深系数可表示为

$$m = \frac{d}{D} = \frac{1}{\sqrt{\left(d_t/d\right)^2 + 4h/d - 3.44\frac{r}{d}}} \tag{6-20}$$

式中：$D$——毛坯直径(mm)；

$d_t$——凸缘直径(包括切边余量)(mm)；

$d$——筒部直径(中径)(mm)；

$r$——底部和凸缘部的圆角半径(当料厚大于 1 mm 时，$r$ 值按中线尺寸计算)。

从式(6-20)可知，有凸缘圆筒形零件总的拉深系数 $m$ 取决于 3 个比值。其中 $d_t/d$ 的影响最大，其次是 $h/d$，由于拉深件的圆角半径 $r$ 较小，所以 $r/d$ 的影响小。$d_t/d$ 和 $h/d$ 的值愈大，表示拉深时毛坯变形区的宽度愈大，拉深成形的难度也大。当两者的值超过一定值时，便不能一次拉深成形，必须增加拉深次数。如表 6-13 所示是有凸缘圆筒形零件第一次拉深成形可能达到的最大相对高度 $h/d$ 值。

**表 6-13　有凸缘圆筒形零件第一次拉深成形的最大相对高度 $h_1/d_1$**

| 凸缘相对直径 $d_t/d$ | 毛坯的相对厚度 $t/D$×100 | | | | |
|---|---|---|---|---|---|
| | ≤2～1.5 | <1.5～1.0 | <1.0～0.6 | <0.6～0.3 | <0.3～0.15 |
| ≤1.1 | 0.90～0.75 | 0.82～0.65 | 0.70～0.57 | 0.61～0.50 | 0.52～0.45 |
| >1.1～1.3 | 0.80～0.65 | 0.72～0.56 | 0.60～0.50 | 0.53～0.45 | 0.47～0.40 |
| >1.3～1.5 | 0.70～0.58 | 0.63～0.50 | 0.53～0.45 | 0.48～0.40 | 0.42～0.35 |
| >1.5～1.8 | 0.58～0.48 | 0.53～0.42 | 0.44～0.37 | 0.39～0.34 | 0.35～0.29 |
| >1.8～2.0 | 0.51～0.42 | 0.46～0.36 | 0.38～0.32 | 0.34～0.29 | 0.30～0.25 |
| >2.0～2.2 | 0.45～0.35 | 0.40～0.31 | 0.33～0.27 | 0.29～0.25 | 0.26～0.22 |
| >2.2～2.5 | 0.35～0.28 | 0.32～0.25 | 0.27～0.22 | 0.23～0.20 | 0.21～0.17 |
| >2.5～2.8 | 0.27～0.22 | 0.24～0.19 | 0.21～0.17 | 0.18～0.15 | 0.16～0.13 |
| >2.8～3.0 | 0.22～0.18 | 0.20～0.16 | 0.17～0.14 | 0.15～0.12 | 0.13～0.10 |

注：1. 表中数值适用于 10 号钢，对于比 10 号钢塑性好的金属，取较大的数值；塑性差的金属，取较小的数值；

2. 表中大的数值适用于大的圆角半径，小的数值适用于底部及凸缘小的圆角半径。

### 2. 宽凸缘圆筒形零件的工艺设计要点

1) 毛坯尺寸的计算

毛坯尺寸的计算仍按等面积原理进行，参考无凸缘筒形零件毛坯的计算方法计算。毛坯直径的计算公式参见式(6-19)，其中，$d_t$ 要考虑修边余量 $\Delta R$，其值可查表 6-5。

2) 判别零件能否一次拉成

判别零件能否一次拉成，只需比较零件实际所需的总拉深系数和 $h/d$ 与凸缘圆筒形零件第一次拉深的极限拉深系数和极限拉深相对高度即可。当 $m_{总}>m$，$h/d\leqslant h_1/d_1$ 时，可一次拉深成形，工序计算到此结束。否则则应进行多次拉深。

宽凸缘圆筒形零件多次拉深成形的原则如下：

按表 6-12 和表 6-13 确定第一次拉深的极限拉深高度和极限拉深系数，第一次就把毛坯凸缘直径拉到工件所要求的直径 $d_t$(包括切边量)，并在以后的各次拉深中保持 $d_t$ 不变，仅使已拉成的中间毛坯直筒部分参加变形，直至拉成所需零件为止。

宽凸缘圆筒形零件在多次拉深成形过程中特别需要注意的是：$d_t$ 一经形成，在后续的拉深中就不能变动。因为后续拉深时，$d_t$ 的微量缩小也会使中间圆筒部分的拉应力过大而使危险断面破裂。为此，必须正确计算拉深高度，严格控制凸模进入凹模的深度。为保证后续拉深凸缘直径不减少，在设计模具时，通常把第一次拉深时拉入凹模的材料表面积比实际所需的面积多拉进 3%～10%(拉深工序多取上限，少取下限)，即筒形部的深度比实际的要大些。这部分多拉进凹模的材料从以后的各次拉深中逐步分次返回到凸缘上来(每次 1.5%～3%)。这样做既可以防止筒部被拉破，也能补偿计算上的误差和板材在拉深中的厚度变化，还能方便试模时的调整。返回到凸缘的材料会使筒口处的凸缘变厚或形成微小的波纹，但能保持 $d_t$ 不变，产生的缺陷可通过校正工序得到校正。

3) 拉深次数和半成品尺寸的计算

凸缘圆筒形零件进行多道拉深时，第一道拉深后得到的半成品尺寸，在保证凸缘直径满足要求的前提下，其筒部直径 $d_1$ 应尽可能小，以减少拉深次数，同时又要能尽量多地将板料拉入凹模。

宽凸缘圆筒形零件的拉深次数仍可用推算法求出。具体的做法：先假定 $d_t/d$ 的值，由相对材料厚度从表 6-12 中查出第一次拉深系数 $m_1$，据此求出 $d_1$，进而求出 $h_1$，并根据表 6-13 的最大相对高度验算 $m_1$ 的正确性。若验算合格，则以后各次的半成品直径可以按一般圆筒形件的多次拉深的方法，按表 6-2 的拉深系数值进行计算。即第 $n$ 次拉深后的直径为

$$d_n = m_n d_{n-1} \tag{6-21}$$

式中：$d_n$——第 $n$ 次拉深后的直径(mm)；

$m_n$——第 $n$ 次拉深系数，可由表 6-2 查得；

$d_{n-1}$——前次拉深的筒部直径(mm)。

当计算到 $d_n \leqslant d$(工件直径)时，总的拉深次数 $n$ 就确定了。

各次拉深后的筒部高度可按下式计算：

$$h_n = \frac{0.25}{d_n}\left(D_n^2 - d_t^2\right) + 0.43\left(r_{pn} + r_{dn}\right) + \frac{0.14}{d_n}\left(r_{pn}^2 - r_{dn}^2\right) \tag{6-22}$$

式中：$D_n$——考虑每次多拉入筒部的材料量后求得的假想毛坯直径；

$d_t$——零件凸缘直径(包括切边量)；

$d_n$——第 $n$ 次拉深后的工件直径；

$r_{pn}$——第 $n$ 次拉深后圆筒侧壁与底部间的圆角半径；

$r_{dn}$——第 $n$ 次拉深后凸缘与圆筒侧壁间的圆角半径。

### 3. 宽凸缘圆筒形零件的拉深方法

宽凸缘圆筒形零件的拉深方法有两种：一种是薄料、中小型($d_t$<200 mm)零件，通常靠减小圆筒形壁部直径，增加高度来达到尺寸要求，即圆角半径 $r_p$ 和 $r_d$ 在首次拉深时就与 $d_t$ 一起成形到工件的尺寸，在后续的拉深过程中基本上保持不变，如图 6-34(a)所示。这种方法拉深时不易起皱，但制成的零件表面质量较差，容易在直壁部分和凸缘上残留中间工序形成的圆角部分弯曲和厚度局部变化的痕迹，所以最后应加一道压力较大的整形工序。

另一种方法如图 6-34(b)所示。常用在 $d_t$>200 mm 的较大型拉深件中。零件的高度在第一次拉深时就基本形成，在以后的拉深过程中基本保持不变，通过减小圆角半径 $r_p$ 和 $r_d$，逐渐缩小圆筒形直径来拉成零件。此法对厚料更为合适。用此法制成的零件表面光滑平整，厚度均匀，不存在中间工序中圆角部分的弯曲与局部变薄的痕迹。但在第一次拉深时，因圆角半径较大，容易发生起皱，当零件底部圆角半径较小，或者对凸缘有不平度要求时，

也需要在最后加一道整形工序。在实际生产中往往将上述两种方法综合起来使用。

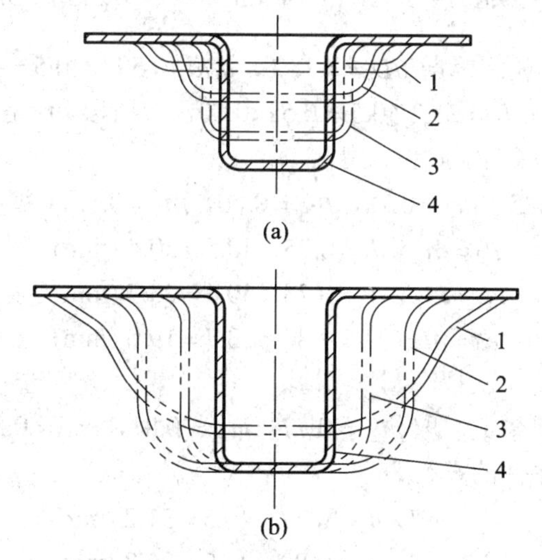


图 6-34 宽凸缘圆筒形零件的拉深方法

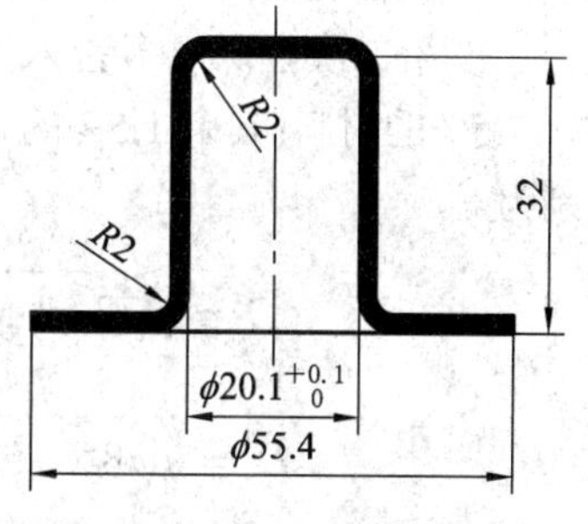


图 6-35 有凸缘圆筒形零件

**【例 6-2】** 试对如图 6-35 所示的有凸缘圆筒形零件的拉深工序进行计算。零件材料为 08 钢，厚度 $t = 1$ mm。

**解** 板料厚度 $t = 1$ mm，故按中线尺寸计算。

(1) 计算坯料直径 $D$。

根据零件尺寸查表 6-5 得切边余量为 $\Delta R = 2.2$ mm，故实际凸缘直径为

$$d_t = (55.4 + 2 \times 2.2) = 59.8\ (\text{mm})$$

由式(6-19)得坯料直径为

$$D = \sqrt{59.8^2 + 4 \times 21.1 \times 32 - 3.44 \times 21.1 \times 2.5} \approx 78\ (\text{mm})$$

(2) 判断可否一次拉深成形。

根据 $t/D = 1/78 = 1.28\%$，$d_t/d = 59.8/21.1 = 2.83$，$h/d = 32/21.1=1.52$，$m = d/D = 21.1/78 = 0.27$；通过查表 6-12、表 6-13，得一次拉深极限拉深系数为 0.33，最大相对高度为 0.20；说明该零件不能一次拉深成形，需要多次拉深。

(3) 确定首次拉深工序件尺寸。

初定 $d_t/d_1 = 1.3$，查表 6-12 得 $m_1 = 0.51$，取 $m_1 = 0.52$，则

$$d_1 = m_1 \times D = 0.52 \times 78 = 40.5\ (\text{mm})$$

取 $r_{d1} = r_{p1} = 5.5$ mm。

为了使以后各次拉深时凸缘不再变形，取首次拉入凹模的材料面积比最后一次拉入凹模的材料面积(即零件中除去凸缘平面以外的表面积)增加 5%，故坯料直径修正为

$$D = \sqrt{(78^2 - 55.4^2) \times 1.05 + 55.4^2} \approx 79\ (\text{mm})$$

按式(6-22)，可得首次拉深高度为

$$h_1=\frac{0.25}{40.5}\times\left(79^2-59.8^2\right)+0.43\times(5.5+5.5)+\frac{0.14}{40.5}\times\left(5.5^2-5.5^2\right)=21.2\,(\text{mm})$$

验算所取 $m_1$ 是否合理：根据 $t/D=1.28\%$，$d_t/d_1=59.8/40.5=1.48$，查表 6-13 可知最大相对高度为 0.60。因 $h_1/d_1=21.2/40.5=0.52<0.60$，故所取 $m_1$ 是合理的。

(4) 计算以后各次拉深的工序件尺寸。

查表 6-2 得，$m_2=0.75$，$m_3=0.78$，$m_4=0.80$，$m_5=0.82$，则

$$d_2=m_2\times d_1=0.75\times40.5=30.4\ (\text{mm})$$
$$d_3=m_3\times d_2=0.78\times30.4=23.7\ (\text{mm})$$
$$d_4=m_4\times d_3=0.80\times23.7=19.0\ (\text{mm})$$

因 $d_4=19.0<21.1$，故共需 4 次拉深。

调整以后各次的拉深系数，取 $m_2'=0.77$，$m_3'=0.81$，$m_4'=0.835$。

故以后各次拉深工序件的直径为

$$d_2=m_2'\times d_1=0.77\times40.5=31.2\ (\text{mm})$$
$$d_3=m_3'\times d_2=0.80\times31.2=25.3\ (\text{mm})$$
$$d_4=m_4'\times d_3=0.835\times25.3=21.1\ (\text{mm})$$

以后各次拉深工序件的圆角半径取 $r_{d2}=r_{p2}=4.5\text{mm}$，$r_{d3}=r_{p3}=3.5\text{mm}$，$r_{d4}=r_{p4}=2.5\text{mm}$。

设第二次拉深时多拉入 3%的材料(其余 2%的材料返回到凸缘上)，第三次拉深时多拉入 1.5%的材料(其余 1.5%的材料返回到凸缘上)，则第二次和第三次拉深的假想坯料直径分别为

$$D'=\sqrt{\left(78^2-55.4^2+26.1^2\right)\times1.03+\left(55.4^2-26.1^2\right)}\approx78.7\,(\text{mm})$$

$$D''=\sqrt{\left(78^2-55.4^2+26.1^2\right)\times1.015+\left(55.4^2-26.1^2\right)}\approx78.4\,(\text{mm})$$

以后各次拉深工序件的高度为

$$h_2=\frac{0.25}{31.2}\times\left(78.7^2-59.8^2\right)+0.43\times(4.5+4.5)+\frac{0.14}{31.2}\times\left(4.5^2-4.5^2\right)=24.8\,(\text{mm})$$

$$h_3=\frac{0.25}{25.3}\times\left(78.4^2-59.8^2\right)+0.43\times(3.5+3.5)+\frac{0.14}{25.3}\times\left(3.5^2-3.5^2\right)=28.4\,(\text{mm})$$

最后一次拉深后达到零件的高度 $h_4=32$ mm，上工序多拉入的 1.5%的材料全部返回到凸缘，拉深工序至此结束。

### 6.6.2 阶梯圆筒形零件的拉深

阶梯圆筒形零件如图 6-36 所示，从形状来说相当于若干个直壁圆筒形零件的组合，因此它的拉深同直壁圆筒形零件的拉深基本相似，每一个阶梯的拉深即相当于相应的圆筒形零件的拉深。阶梯圆筒形零件拉深的变形特点与圆筒形零件拉深的特点相同，可以认为圆筒形零件以后各次拉深时不拉到底就得到阶梯形零件，变形程度的控制也可采用圆筒形零件的拉深系数。但是，由于其形状相对复杂，拉深工艺的设计与直壁圆筒形零件有较大的差别，因此主要表现在拉深次数的确定和拉深方法上。

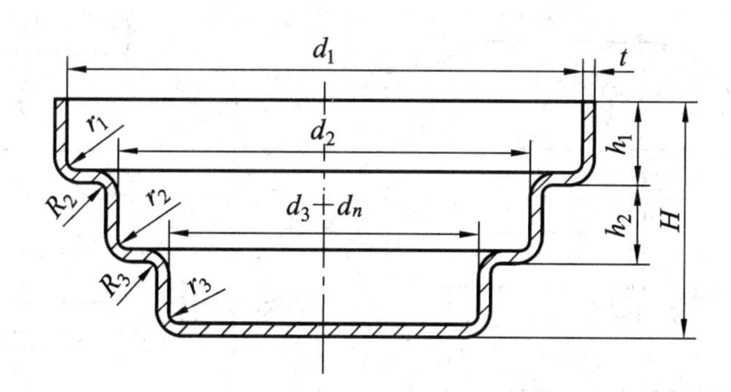


图 6-36　阶梯圆筒形零件

### 1. 拉深次数的确定

判断阶梯圆筒形零件能否一次拉深成形的方法是：先计算零件的高度 $H$ 与最小直径 $d_n$ 的比值 $H/d_n$(见图 6-36)，然后根据坯料相对厚度 $t/D$ 参考表 6-13，如果 $H/d_n$ 小于最大相对高度，则可一次拉深成形，否则需多次拉深成形。

### 2. 阶梯圆筒形零件多次拉深的方法

阶梯圆筒形零件需多次拉深时，根据阶梯圆筒形零件的各部分尺寸关系不同，其拉深方法也有所不同。

(1) 当任意相邻两个阶梯直径之比 $d_n/d_{n-1}$ 均大于相应圆筒形零件的极限拉深系数时，则可由大阶梯到小阶梯依次拉出(见图 6-37(a))，阶梯数就是拉深次数。

(2) 如果某相邻两个阶梯直径之比 $d_n/d_{n-1}$ 小于相应圆筒形零件的极限拉深系数，则可先按有凸缘圆筒形零件的拉深方法拉出直径 $d_n$，再将凸缘拉成直径 $d_{n-1}$，其顺序是由小到大。如图 6-37(b)所示，图中因 $d_2/d_1$ 小于相应圆筒形零件的极限拉深系数，故先用有凸缘圆筒形零件的拉深方法拉出直径 $d_2$，$d_3/d_2$ 不小于相应圆筒形零件的极限拉深系数，可直接从 $d_2$ 拉到 $d_3$，最后拉出 $d_1$。

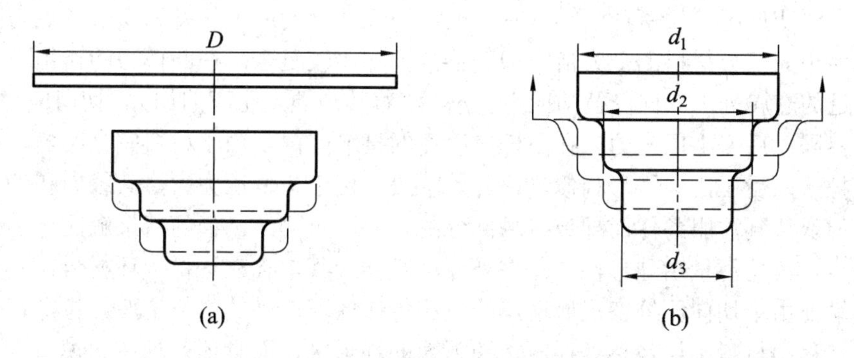


图 6-37　阶梯圆筒形零件多次拉深方法

(3) 具有大小直径差别较大的浅阶梯形零件，当其不能一次拉深成形时，可以采用先拉深成球面形状或大圆角筒形的过渡形状，然后再采用校形工序得到满足形状和尺寸要求的零件，如图 6-38 所示。

(4) 最小阶梯直径 $d_n$ 过小，$h_n$ 又不大时，最小阶梯可用胀形法得到。

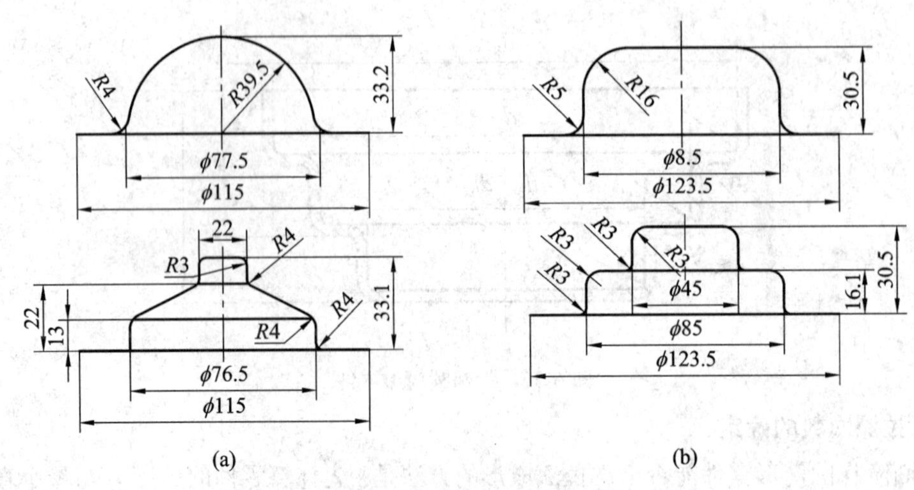


图 6-38　径差较大的浅阶梯形零件的拉深方法

## 6.6.3　曲面形零件的拉深

### 1. 曲面形零件的拉深特点

曲面形(如球面、锥面及抛物面)零件的拉深，其变形区的位置、受力情况、变形特点等都与圆筒形零件不同，所以在拉深中出现的各种问题和解决方法亦与圆筒形零件不同。对于这类零件就不能简单地用拉深系数衡量成形的难易程度，并把拉深系数作为制定拉深工艺和模具设计的依据。

在拉深圆筒形零件时，毛坯的变形区仅仅局限于压边圈下的环形部分，而拉深球面零件时，为使平面形状的毛坯变成球面零件形状，不仅要求毛坯的环形部分产生与圆筒形零件拉深时相同的变形，而且还要求毛坯的中间部分也成为变形区，由平面变成曲面。因此在拉深球面零件时，毛坯的凸缘部分与中间部分都是变形区，而且在很多情况下，中间部分反而是主要变形区。拉深球面零件时，毛坯凸缘部分的应力状态和变形特点与圆筒形零件相同，而中间部分材料的受力情况和变形情况却比较复杂。在凸模力的作用下，位于凸模顶点附近的金属处于双向受拉的应力状态。随着其与顶点距离的加大，切向应力 $\sigma_3$ 减小，超过一定界限以后变为压应力。在凸模与毛坯的接触区内，由于材料完全贴模，这部分材料两向受拉一向受压，与胀形相似。在开始阶段，由于单位压力大，其径向和切向拉应力往往会使材料达到屈服条件而导致接触部分的材料严重变薄。但随着接触区域的扩大和拉深力的减少，其变薄量由球形件顶端往外逐渐减弱。其中存在这样一环材料，其变薄量与同凸模接触前由于切向压缩变形而增厚的量相等，此环以外的材料增厚。拉深球形类零件时，需要转移的材料不仅包括处在压边圈下面的环形区，而且还包括在凹模口内中间部分的材料。在凸模与材料接触区以外的中间部分，其应力状态与凸缘部分是一样的。因此，这类零件的起皱不仅可能在凸缘部分产生，也可能在中间部分产生，由于中间部分不与凸模接触，板料较薄时这种起皱现象更为严重。

锥形零件的拉深与球面零件一样。除具有凸模接触面积小、应力集中、容易引起局部变薄及自由面积大、压边圈作用相对减弱、容易起皱等特点外，还由于零件口部与底部直径差别大，回弹比较严重，因此锥形零件的拉深比球面零件更为困难。

抛物面零件是母线为抛物线的旋转体空心件，以及母线为其他曲线的旋转体空心件。其拉深时和球面以及锥形零件一样，材料处于悬空状态，极易发生起皱。抛物面零件拉深时和球面零件又有所不同。半球面零件的拉深系数为一常数，只需采取一定的工艺措施防止起皱。而抛物面零件等曲面零件，由于母线形状复杂，拉深时变形区的位置、受力情况、变形特点等都随零件形状、尺寸的不同而变化。

由此可见，曲面形零件拉深时，毛坯环形部分和中间部分的外缘具有拉深变形的特点，切向应力为压应力；而毛坯最中间的部分却具有胀形变形的特点，材料厚度变薄，其切向应力为拉应力。这两者之间的分界线即为应力分界圆。所以，可以说球面零件、锥形零件和抛物面零件等曲面形零件的拉深是拉深和胀形两种变形方式的复合，其应力、应变既有拉伸类、又有压缩类变形的特征。

这类零件的拉深是比较困难的。为了解决该类零件拉深时的起皱问题，在生产中常采用增加压边圈下摩擦力的办法，例如，加大毛坯凸缘尺寸、增加压边圈下的摩擦系数和增大压边力、采用带拉深筋的模具结构以及反拉深工艺方法等，以增加径向拉应力和减小切向压应力。

### 2. 球面零件的拉深方法

球面零件可分为半球形件(见图 6-39(a))和非半球形件(见图 6-39(b)，(c)，(d))两大类。不论哪一种类型，均不能用拉深系数来衡量拉深成形的难易程度。对于半球形件，根据拉深系数的定义可知，其拉深系数是与零件直径无关的常数，即：

$$m=\frac{d}{D}=\frac{d}{\sqrt{2}d}=0.71$$

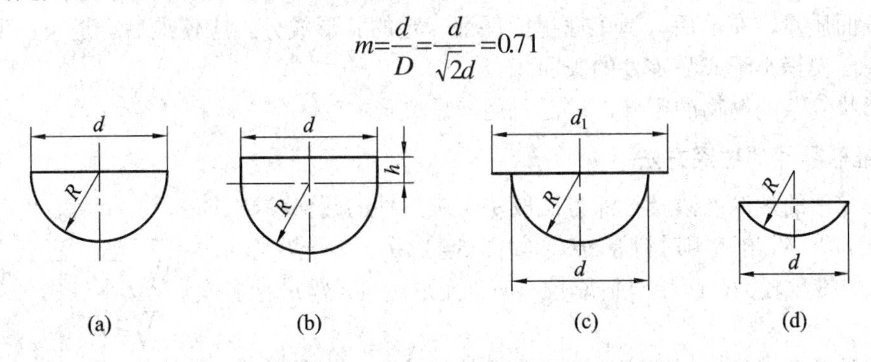


图 6-39　各种球面零件

因此，通常使用相对料厚 $t/D$($t$ 为板料厚度，$D$ 为毛坯直径)来确定拉深的难易和拉深方法。

当 $t/D>3\%$时，采用不带压边圈的有底凹模一次拉成；当 $t/D=0.5\%\sim3\%$时，采用带压边圈的拉深模拉深；当 $t/D<0.5\%$时，采用带有拉深筋的凹模或反拉深模具拉深。

对于带有高度 $h=(0.1\sim0.2)d$ 的圆筒直边，或带有宽度为$(0.1\sim0.15)d$ 的凸缘的非半球面零件(见图 6-39(b)、(c))，虽然拉深系数有所降低，但对零件的拉深却有一定的好处。当对半球面零件的表面质量和尺寸精度要求较高时，可先拉成带圆筒直边或带凸缘的非半球面零件，然后在拉深后将直边或凸缘切除。

对于高度小于球面半径(浅球面零件)的零件(见图 6-39(d))，其拉深工艺按几何形状可分为两类：当毛坯直径 $D$ 较小时，毛坯不易起皱，但成形时毛坯易窜动，而且可能产生一定的回弹，常采用带底拉深模；当毛坯直径 $D$ 较大时，起皱将成为必须解决的问题，常采用强力压边装置或用带拉深筋的模具，拉成有一定宽度凸缘的浅球面零件。这时的变形含有拉深和胀形两种成分。因此零件回弹小，尺寸精度和表面质量均得到提高。当然，加工余料在成形后应予切除。

### 3. 抛物面零件的拉深方法

抛物面零件拉深时的受力及变形特点与球面零件一样，但由于曲面部分的高度 $h$ 与口部直径 $d$ 之比大于球面零件，故拉深更加困难。

抛物面零件常见的拉深方法有下面几种：

(1) 浅抛物面形件($h/d$<0.5～0.6)：因其高径比接近球形，因此拉深方法同球形件。

(2) 深抛物面形件($h/d$>0.5～0.6)：其拉深难度有所提高。为了使毛坯中间部分紧密贴模而又不起皱，通常需采用具有拉深筋的模具以增加径向拉应力。例如，汽车灯罩的拉深就是采用有两道拉深筋的模具成形的(见图 6-40)。但这一措施往往受到毛坯顶部承载能力的限制，所以需采用多工序逐渐成形，特别是当零件深度大而顶部的圆角半径又较小时，更应如此。多工序逐渐成形的主要要点是采用正拉深或反拉深的办法，在逐步增加高度的同时减小顶部的圆角半径。为了保证零件的尺寸精度和表面质量，在最后一道工序里应保证一定的胀形成分。应使最后一道工序所用中间毛坯的表面积稍小于成品零件的表面积。

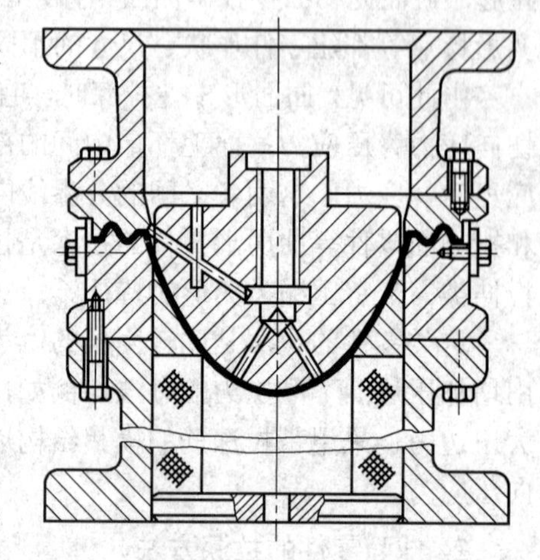

图 6-40　汽车灯罩拉深模

对形状复杂的抛物面零件，广泛采用液压成形方法。

### 4. 锥形零件的拉深方法

锥形零件的拉深次数及拉深方法取决于锥形件的几何参数，即相对高度 $h/d$、锥角和相对料厚 $t/D$，如图 6-41 所示。一般当相对高度较大，锥角较大，而相对料厚较小时，变形困难，需进行多次拉深。

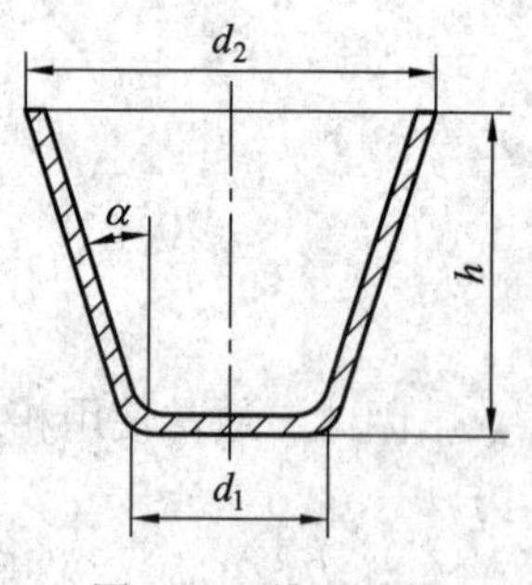


图 6-41　锥形零件

根据上述参数值的不同，拉深锥形零件的方法有如下几种：

(1) 对于浅锥形零件($h/d_2$<0.25～0.30，$\alpha$ = 50°～80°)，该类零件可一次拉成，但精度不高，因回弹较严重，可采用带拉深筋的凹模或压边圈，或采用软模进行拉深。

(2) 对于中锥形零件($h/d_2$<0.30～0.70，$\alpha$ = 15°～45°)，其拉深方法取决于相对料厚：

当 $t/D$>0.25 时，可不采用压边圈一次拉成。为保证工件的精度，最好在拉深终了时增加一道整形工序。

当 $t/D$ = 0.015～0.25 时，也可一次拉成，但需采用压边圈、拉深筋、增加工艺凸缘等措施提高径向拉应力，防止起皱。

当 $t/D$<0.015 时，因料较薄而容易起皱，需采用有压边圈模具，并经两次拉深成形，第一次拉深成较大圆角半径或接近球面形状零件，第二次用带有胀形性质的整形工艺压成所

需形状。

(3) 对于高锥形零件($h/d_2$>0.70～0.80，$\alpha \leqslant 10° \sim 30°$)，因大小直径相差很小，变形程度更大，很容易产生变薄严重而拉裂和起皱的现象。这时常需采用特殊的拉深工艺，通常有下列方法：

① 阶梯过渡拉深成形法。这种方法是将毛坯分数道工序逐步拉成阶梯形。阶梯与成品内形相切，最后在成形模内整形成锥形件。

② 锥面逐步成形法。这种方法先将毛坯拉成圆筒形，使其表面积等于或大于成品圆锥表面积，而直径等于圆锥大端直径，以后各道工序逐步拉出圆锥面，使其高度逐渐增加，最后形成所需的圆锥形。若先拉成圆弧曲面形，然后过渡到锥形会更好。

## 6.6.4　盒形零件的拉深

盒形零件属于非旋转体零件，包括方形盒、矩形盒和椭圆形盒等。与旋转体零件的拉深相比，盒形零件拉深时，毛坯的变形分布要复杂得多。

### 1. 盒形零件拉深变形特点

从几何形状的特点来分，矩形盒状零件可以划分为 2 个长度为($A-2r$)和 2 个长度为($B-2r$)的直边，加 4 个半径为 $r$ 的 1/4 圆筒部分组成(见图 6-42)。若将圆角部分和直边部分分开考虑，则圆角部分的变形相当于直径为 $2r$、高为 $H$ 的圆筒件的拉深，直边部分的变形相当于弯曲。但实际上圆角部分和直边部分是联系在一起的整体，因此盒形零件的拉深又不完全等同于简单的弯曲和拉深复合，有其特有的变形特点，这可通过网格试验进行验证。

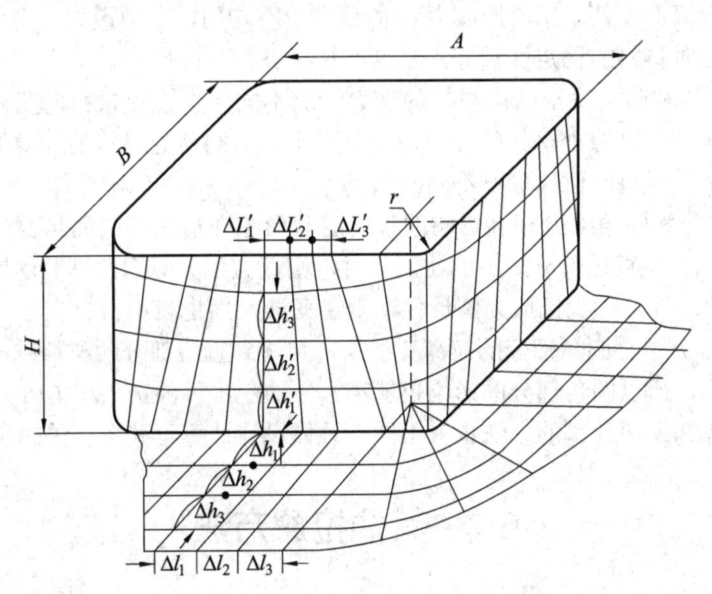


图 6-42　盒形零件拉深变形特点

拉深前，在毛坯的直边部分画出相互垂直的等距平行线网格，在毛坯的圆角部分，画出等角度的径向放射线与等距离的同心圆弧组成的网格。变形前直边处的横向尺寸是等距的，即 $\Delta L_1 = \Delta L_2 = \Delta L_3$，纵向尺寸也是等距的，拉深后零件表面的网格发生了明显的变化(见

图 6-42)。这些变化主要表现在以下两个方面：

1) 直边部位的变形

直边部位的横向尺寸 $\Delta L_1$、$\Delta L_2$、$\Delta L_3$ 变形后成为 $\Delta L_1'$、$\Delta L_2'$、$\Delta L_3'$，间距逐渐缩小，愈靠近直边中间部位，缩小愈少，即 $\Delta L_1>\Delta L_1'>\Delta L_2'>\Delta L_3'$。纵向尺寸 $\Delta h_1$、$\Delta h_2$、$\Delta h_3$ 变形后成为 $\Delta h_1'$、$\Delta h_2'$、$\Delta h_3'$，间距逐渐增大，愈靠近盒形件口部增大愈多，即 $\Delta h_1<\Delta h_1'<\Delta h_2'<\Delta h_3'$。可见，此处的变形不同于纯粹的弯曲。

2) 圆角部位的变形

拉深后径向放射线变成上部距离宽、下部距离窄的斜线，而并非与底面垂直的等距平行线。同心圆弧的间距不再相等，而是变大(越靠近口部越大)，且同心圆弧不位于同一水平面内。因此该处的变形不同于纯粹的拉深。

由上可知，由于有直边的存在，拉深时圆角部分的材料可以向直边流动，这就减轻了圆角部分的变形，使其变形程度与半径 $r$ 相同、高度 $h$ 相等的圆筒形件比较起来要小。同时表明圆角部分的变形也是不均匀的，即圆角中心大，相邻直边处变形小。从塑性变形力学的观点看，由于减轻了圆角部分材料的变形程度，需要克服的变形抗力也相应减小，所以危险断面破裂的可能性也减小。

盒形零件的拉深变形特点如下：

(1) 凸缘变形区内，径向拉应力 $\sigma_1$ 的分布不均匀，圆角部分最大，直边部分最小。即使在角部，平均拉应力 $\sigma_{1m}$ 也远小于相应圆筒形件的拉应力。因此，就危险断面处的载荷来说，盒形件拉深要小得多。所以，对于相同材料，盒形件拉深的最大成形相对高度要大于相同半径的圆筒形零件。切向压应力 $\sigma_3$ 的分布也不均匀，圆角最大，直边最小。因此盒形零件拉深变形时材料的稳定性较好，凸缘不易起皱。

(2) 由于直边和圆角变形区内材料的受力情况不同，直边处材料向凹模流动的阻力要远小于圆角处。并且直边处材料的径向伸长变形小，而圆角处材料的径向伸长变形大，从而使变形区内两处材料的位移量亦不同。

(3) 直边部分和圆角部分相互影响的程度随盒形零件形状不同而异。当其相对圆角半径 $r/B$ 越小，也就是直边部分所占的比例大时，则直边部分对圆角部分的影响越显著。当 $r/B=0.5$ 时，盒形件实际上已成为圆形件，上述变形差别也就不再存在了。相对高度 $H/B$ 越大，在相同的 $r$ 下，圆角部分的拉深变形大，转移到直边部分的材料越多，则直边部分也必定会多变形，所以圆角部分的影响也就越大。随着零件的 $r/B$ 和 $H/B$ 的不同，则盒形零件毛坯的计算和工序计算的方法也就不同，具体设计计算可参考有关的设计手册。

## 6.7 其他拉深方法

### 1. 软模拉深

用橡胶、液体、气体等弹性材料的变形压力来代替钢质凸模或凹模，可以大大简化拉深模的结构，缩短生产周期，降低成本。但是，软模拉深的生产效率较低，加之所能承受的压强一般小于 40 MPa，且寿命不高，所以一般用于软金属材料拉深的小批生产和新产品开发。

1) 软凸模拉深

用液体(或黏性介质)代替凸模进行拉深，其变形过程如图 6-43 所示。在液压力作用下，平板毛坯的中部产生胀形，随着压力的继续加大，毛坯凸缘产生拉深变形逐渐进入凹模，形成筒壁。

用液体代替凸模进行拉深时，液体与毛坯之间几乎无摩擦力，零件容易拉偏，且底部会产生胀形变薄，所以该工艺方法的应用受到一定的限制。但此工艺模具简单，甚至不需冲压设备(如爆炸成形)，所以常用于大型零件及锥形、球面形和抛物面形零件的小批量生产中。

此外，还可以采用橡皮、聚氨脂橡胶和塑料凸模进行浅拉深。

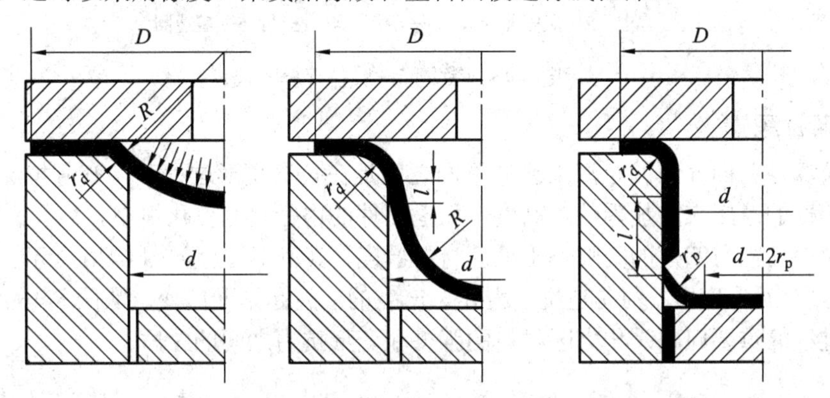


图 6-43　用液体代替凸模进行拉深的变形过程

2) 软凹模拉深

软凹模拉深采用橡胶或高压液体代替钢质凹模，拉深时，软凹模将毛坯压紧在凸模表面，从而防止了毛坯的局部变薄并提高了筒壁传力区的承载能力，同时也减小了毛坯与凹模之间的滑动摩擦力，使径向拉应力 $\sigma_1$ 减小，危险断面破裂的可能性减小，所以极限拉深系数可以降低，一般可达 0.4～0.45，同时，拉深零件的质量提高，壁厚均匀、尺寸精度高、表面光洁。

如图 6-44 所示为液压凹模拉深工作原理。这种方法在凹模洞口装有密封圈，凸模加压排出的液体只能从外接的溢流阀向外溢出。此工艺可以调节凹模容腔内的液体压力。在拉深过程中，毛坯在液体压力的作用下会形成向上凸起的形状，称为“凸坎”。凸坎的形成既可避免变形毛坯与凹模圆角的接触摩擦，又可使危险断面尽量上移，且有利于防止坯料起皱。

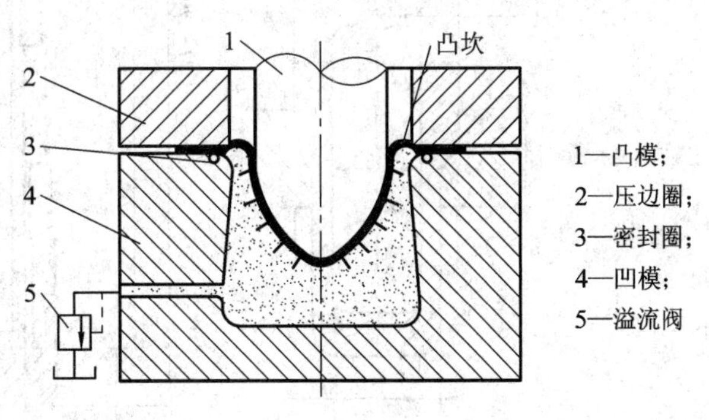


图 6-44　液压凹模拉深工作原理

如图 6-45 所示为聚氨酯橡胶拉深模，可分为带压边圈和不带压边圈拉深模。不带压边圈拉深模(见图 6-45(a))，由于毛坯易起皱，能够拉深的极限高度一般只有板厚的 15 倍。带压边圈拉深模(见图 6-45(b))能够拉深的极限深度为钢模拉深的 1～2 倍。

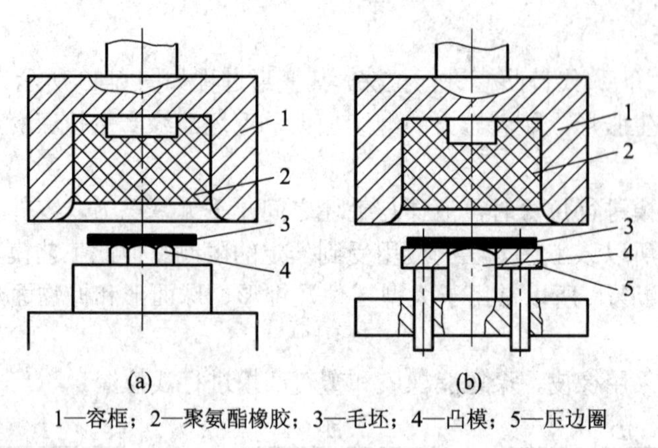


1—容框；2—聚氨酯橡胶；3—毛坯；4—凸模；5—压边圈

图 6-45　聚氨酯橡胶拉深模

## 2. 变薄拉深

变薄拉深与前面介绍的拉深工艺的不同之处是在拉深变形过程中，变薄拉深主要是改变毛坯件筒壁的厚度来增加零件的高度，而毛坯件的内径尺寸变化很小。

变薄拉深凸模与凹模的间隙小于毛坯材料厚度，其变形过程如图 6-46 所示。材料受切向和径向压应力 $\sigma_2$ 及 $\sigma_3$，轴向是拉应力 $\sigma_1$，产生的应变是平面应变。从图 6-46 中可看出，变薄拉深过程的重要问题是传力区材料的强度和变形抗力之间的矛盾。

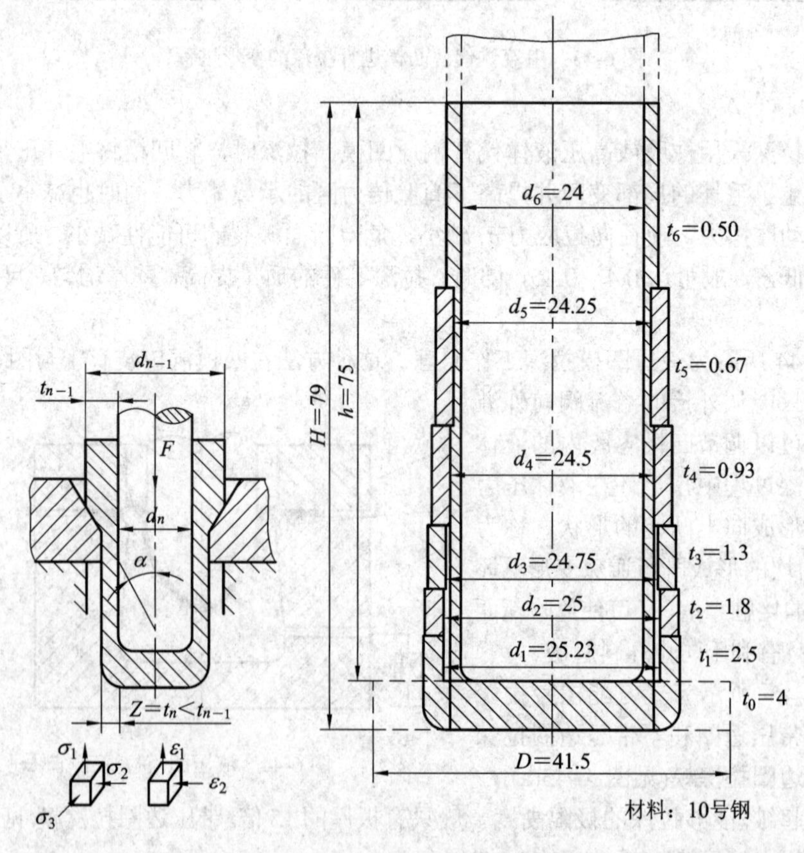


图 6-46　变薄拉深的变形过程

传力区所产生的$\sigma_1$是由两部分组成的，一部分是金属材料塑性变形必须具有的应力，它与材料的力学性能和拉深前后的变形量有关；另一部分与模具(主要是凹模)的结构、几何参数和摩擦系数有关。

变薄拉深中，由于材料是在切向、径向的压应力及轴向的拉应力作用下变形的，因此材料产生很大的加工硬化，从而增加了零件的强度，表面也较光洁。因拉深过程中的摩擦严重，故对润滑及模具材料的要求都较高。

变薄拉深主要用于制造壁部和底部厚度不一样的空心圆筒形零件，如弹壳、高压锅、易拉罐等。

# 思　考　题

6-1　什么是拉深？圆筒形零件拉深的变形特点如何？

6-2　圆筒形零件拉深时，毛坯变形区的应力应变状态是怎样的？

6-3　筒形拉深件的危险断面在何处？为什么筒壁会产生较大的厚薄不均？

6-4　为了防止制件被拉裂，一般可采取哪些工艺措施？

6-5　什么是拉深系数？什么是极限拉深系数？

6-6　影响极限拉深系数的因素有哪些？拉深系数对拉深工艺有何意义？

6-7　简述拉深凸、凹模圆角半径对拉深过程的影响。

6-8　简述拉深模间隙对拉深过程的影响。

6-9　简述拉深模的类型。

6-10　拉深模压边圈有哪些结构形式？分别适用于哪些情况？

6-11　拉深凹模工作部分有哪些结构形式？设计时的注意事项有哪些？

6-12　有凸缘筒形零件与无凸缘筒形零件拉深比较，有哪些特点？二者的工艺计算有何区别？

6-13　非直壁旋转零件的拉深有哪些特点？

6-14　简述盒形零件拉深变形特点和毛坯确定方法。

6-15　计算如图6-47所示筒形零件的拉深次数和拉深各工序的拉深系数及各工序的尺寸。材料为10钢，板料厚度$t=2$ mm。

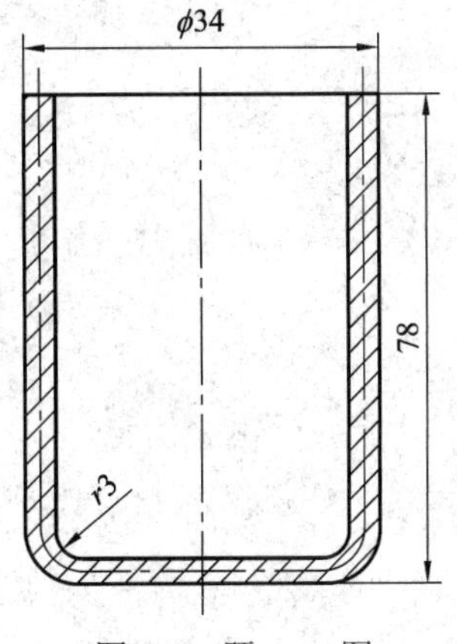


图6-47　题6-15图

思考题 6-1　思考题 6-2　思考题 6-3　思考题 6-4　思考题 6-5

思考题 6-6　思考题 6-7　思考题 6-8　思考题 6-9　思考题 6-10

思考题 6-11　思考题 6-12　思考题 6-13　思考题 6-14　思考题 6-15

# 第 7 章　其他冲压方法与模具

经过冲裁、弯曲、拉深等基本工序制成的毛坯或半成品需再进一步加工才能符合要求，根据加工的目的和变形特点不同，可将这些工序分成两类，一类是精整成形工序，包括校平和整形，其目的是消除拱弯、回弹及所有不符合冲压件需要的多余变形，提高冲压件的形状与尺寸精度。这类工序的特点是变形力大、变形量小、变形性质复杂。另一类是局部成形工序，包括胀形、翻边、缩口、扩口和起伏成形等，其目的是对毛坯或工序件的某些部位按某种特定方式继续成形。这类工序的特点是变形区范围不大，变形比较集中，相对精整成形来说变形力较小，材料流动条件比较自由。在拟定冲压件的这些工艺时，要根据不同的工艺特征，决定合理的工艺参数。另外，旋压也是板料成形的一种常见工艺，本章也作一些简要介绍。

## 7.1　翻　　边

翻边是利用模具把坯料或工序件上的孔缘或外缘翻成一定角度的直壁或凸缘的冲压加工方法。利用翻边不仅可以加工具有特殊空间形状和良好刚度的立体零件，还能在冲压件上制取与其他零件装配的结构(如螺纹底孔和轴承座等)或焊接面。冲压大型零件时，还能利用翻边改善材料塑性流动，以免发生破裂或起皱。

翻边的种类形式很多，如图 7-1 所示。图 7-1(a)所示为平面圆孔翻边；图 7-1(b)所示为立体件上圆孔翻边；图 7-1(c)所示为平面内凹外缘翻边；图 7-1(d)所示为伸长类曲面翻边；

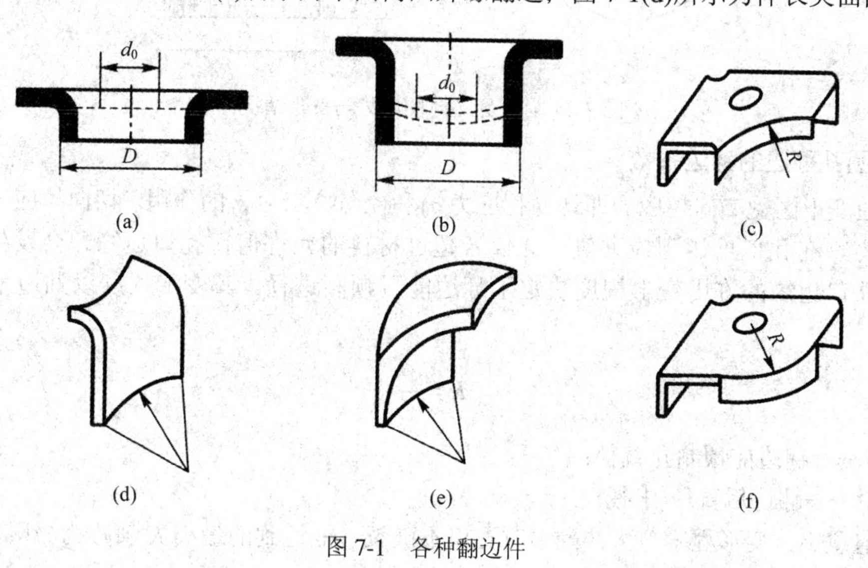


图 7-1　各种翻边件

图 7-1(e)所示为压缩类曲面翻边；图 7-1(f)所示为平面外凸外缘翻边。按工艺特点，翻边可分为内孔(圆孔/非圆孔)翻边、外缘翻边(含内曲翻边和外曲翻边)等。按变形性质，翻边可分为伸长类翻边、压缩类翻边以及属于体积成形的变薄翻边等。伸长类翻边的变形区为二向拉应力状态，沿切向作用的拉应力是最大主应力，在该方向发生伸长变形而使厚度变薄，在边缘易发生破裂。压缩类翻边的变形区为切向受压、径向受拉的应力状态，沿切向作用的压应力为绝对值最大主应力，在该方向发生压缩变形而使厚度增厚，在边缘易发生起皱。

## 7.1.1 圆孔翻边

### 1. 圆孔翻边的变形特点

圆孔翻边是在冲压件上将预冲好的圆孔弯出竖立的圆筒形周边的成形方法，如图 7-2 所示。翻边的变形区为凹模圆角区之内的环形区域，其变形情况是把板料内孔边缘向凹模洞口弯曲的同时，将内孔沿圆周方向拉长而形成竖边。从坐标网格的变化可看出，不同直径的同心圆平面变成了直径相同的圆柱面，厚度向着孔口边缘逐渐变薄，而同心圆之间的距离变化则不显著。因此，在通过翻边后得到的圆柱面轴心线的平面内，可以将翻边变形近似看作弯曲(但厚度变化规律不同)。

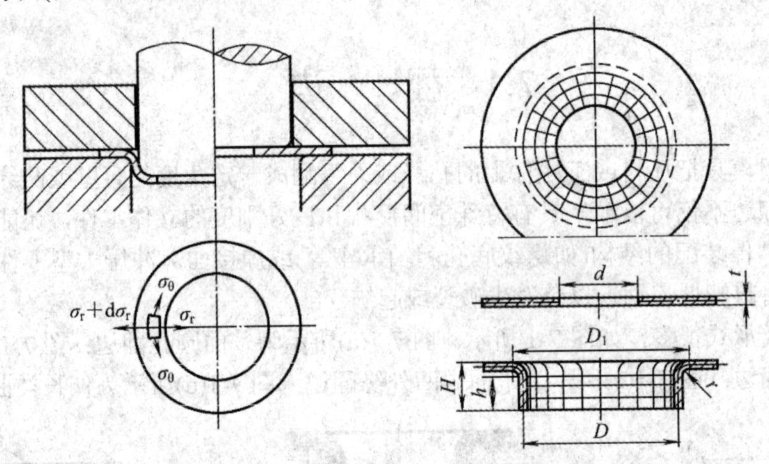


图 7-2　圆孔翻边时的应力与变形情况

### 2. 圆孔翻边的翻边系数

翻边变形区受二向拉应力即切向拉应力 $\sigma_\theta$ 和径向拉应力 $\sigma_r$ 的作用。切向拉应力 $\sigma_\theta$ 是最大主应力，在孔口处达到最大值，此值若超过材料的允许值，孔口边缘即会发生破裂。因此，孔口边缘的许用变形程度决定了翻边能否顺利进行。其变形程度以翻边系数 $K$ 表示，即

$$K = \frac{d}{D} \tag{7-1}$$

式中：$d$——翻边前预制孔直径；

$D$——翻边后直径(中径)。

$K$ 值愈小，变形程度愈大。翻边时孔口不破裂可能达到的最小 $K$ 值称为极限翻边系数

$K_{min}$。影响圆孔翻边极限翻边系数 $K_{min}$ 的因素如下：

(1) 材料塑性。圆孔翻边时，变形区边缘产生的最大伸长应变为

$$\varepsilon = \frac{D-d}{d} = \frac{1}{K} - 1 \tag{7-2}$$

或

$$K = \frac{1}{1+\varepsilon} \tag{7-3}$$

由式(7-3)可知，当材料的塑性指标越高时，极限翻边系数 $K_{min}$ 便可小些，成形极限便可增大。

(2) 孔的边缘状况。采用钻孔的方法加工翻边前预制孔的表面质量比冲孔的要高，因此可采用较小的极限翻边系数，同时为避免毛刺产生应力集中而降低成形极限，翻边方向应与冲孔方向相反。

(3) 翻边凸模的形式。凸模工作边缘的圆角半径越大(如球形或抛物线形)，对翻边变形越有利，因为圆角半径大时，翻边孔是圆滑地逐渐胀开边缘，变形均匀，被撕裂的可能性越小，极限翻边系数可取的小些。

(4) 板料相对厚度 $t/d$。其值越大表明材料相对越厚，材料在断裂前的绝对伸长就越大，极限翻边系数也越大。

设计翻边工艺时可针对这些因素采用工艺措施，以利于翻边进行。

低碳钢圆孔翻边的极限翻边系数如表 7-1 所示。

**表 7-1 低碳钢圆孔翻边的极限翻边系数 $K_{min}$**

| 凸模型式 | 孔的加工方法 | 比值 $d/t$ | | | | | | | | | | |
|---|---|---|---|---|---|---|---|---|---|---|---|---|
| | | 100 | 50 | 35 | 20 | 15 | 10 | 8 | 6.5 | 5 | 3 | 1 |
| 球形 | 钻孔去毛刺 | 0.70 | 0.60 | 0.52 | 0.45 | 0.40 | 0.36 | 0.33 | 0.31 | 0.30 | 0.25 | 0.20 |
| | 冲孔 | 0.75 | 0.65 | 0.57 | 0.52 | 0.48 | 0.45 | 0.44 | 0.43 | 0.42 | 0.42 | — |
| 圆柱形平底 | 钻孔去毛刺 | 0.80 | 0.70 | 0.60 | 0.50 | 0.45 | 0.42 | 0.40 | 0.37 | 0.35 | 0.30 | 0.25 |
| | 冲孔 | 0.85 | 0.75 | 0.65 | 0.60 | 0.55 | 0.52 | 0.50 | 0.50 | 0.48 | 0.47 | — |

翻边后竖边边缘的厚度小于坯料厚度，其值可按下式估算：

$$t' = t\sqrt{\frac{d}{D}} = t\sqrt{K} \tag{7-4}$$

式中：$t'$——翻边后竖边边缘厚度；

$t$——板料或坯料的原始厚度；

$K$——翻边系数。

### 3. 圆孔翻边的工艺计算

平板坯料圆孔翻边的尺寸计算可参见图 7-2。翻边前需在坯料上加工预制孔，按弯曲成形展开料的原则可近似地求出预制孔直径。

预制孔直径为

$$d = D_1 - 2\left[\frac{\pi}{2}\left(r + \frac{t}{2}\right) + h\right] \tag{7-5}$$

因 $D_1 = D + t + 2r$，$h = H - r - t$，代入式(7-5)，简化后可得

$$d = D - 2(H - 0.43r - 0.72t) \tag{7-6}$$

翻边高度为

$$H = \frac{D - d}{2} + 0.43r + 0.72t \tag{7-7}$$

将 $K = d/D$ 代入，可得

$$H = \frac{D(1 - K)}{2} + 0.43r + 0.72t \tag{7-8}$$

若以极限翻边系数 $K_{min}$ 代入，即可求出一次翻边可达到的极限翻边高度 $H_{max}$ 为

$$H_{max} = \frac{D(1 - K_{min})}{2} + 0.43r + 072t \tag{7-9}$$

当冲压件高度大于 $H_{max}$ 时，说明不可能在一次翻边中直接成形，需增加其他工序，如加热翻边、多次翻边或先拉深、冲孔再翻边等。

多次翻边的冲压件应在两次工序之间进行退火，以消除前次翻边的冷作硬化。后续翻边的极限翻边系数为

$$K'_{min} = (1.15 \sim 1.20)K_{min} \tag{7-10}$$

先拉深，再在底部冲孔再翻边的方法如图 7-3 所示。

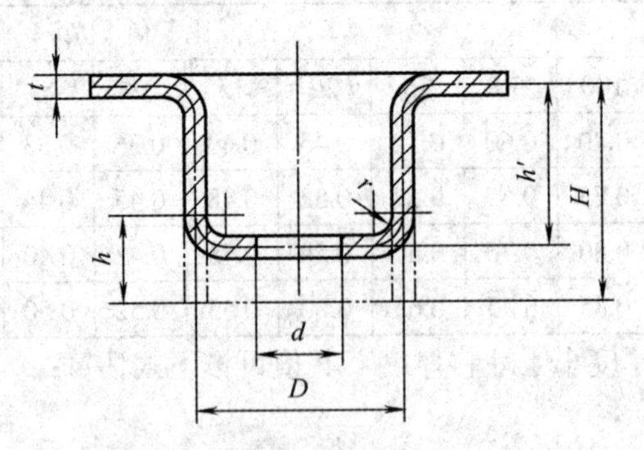


图 7-3　拉深后在底部冲孔再翻边

在拉深件底部冲孔翻边时，应先决定翻边所能达到的最大高度 $h$，根据翻边高度 $h$ 及冲压件高度 $H$ 来确定拉深高度 $h'$。按中性层长度不变原则计算翻边高度为

$$h = \frac{D - d}{2} - \left(r + \frac{t}{2}\right) + \frac{\pi}{2}\left(r + \frac{t}{2}\right) \approx \frac{D}{2}\left(1 - \frac{d}{D}\right) + 0.57r \tag{7-11}$$

极限翻边高度为

$$h_{max} = \frac{D(1 - K_{min})}{2} + 0.57r \tag{7-12}$$

预制孔直径为

$$d = D - 2h + 1.14r \tag{7-13}$$

拉深高度为

$$h' = H - h + r + t \tag{7-14}$$

上述各式中符号表示如图 7-3 所示。

由于圆孔翻边的变形区材料在切向拉应力及径向压应力的作用下会产生变薄及伸长，按上述板料中性层长度不变原则推导出的关系式有不同程度的误差。还有一种按体积不变原则推导出的计算关系式，也不是十分精确。同时，需要指出的是，影响圆孔翻边高度的因素还有很多，如不同的板料、不同的凸模都可能产生不同的影响。若预制孔在拉深之前已加工好，在拉深过程中，该孔的尺寸可能产生变化，也会影响翻边高度。因此，在生产实际中往往通过现场试验来检验和校正上述关系式的计算值。

**4. 翻边力**

翻边凸模的形状对翻边力的影响很大，常见的圆孔翻边凸模形状和尺寸如图 7-4 所示，理论分析与实践证明，抛物线形凸模(见图 7-4(c))的翻边力最小，依次增大的为球形凸模(见图 7-4(b))、锥形凸模(见图 7-4(d))、柱形凸模(见图 7-4(a))，图 7-4(e)所示为无预制孔用凸模。抛物线形凸模的加工难度最大。如设备吨位足够大，应尽量采用形状简单的凸模。

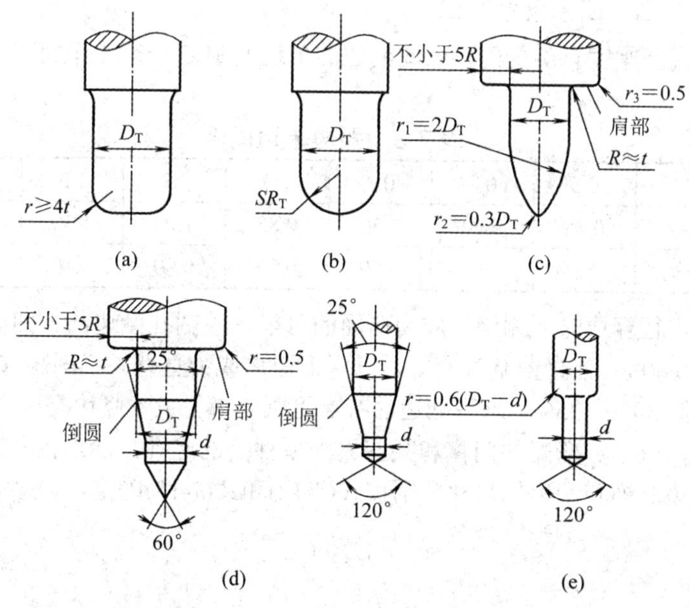


图 7-4　圆孔翻边凸模的形状和尺寸

不同形状凸模翻边力的计算式为

柱形凸模：

$$P = 1.1t(D - d)\sigma_b \tag{7-15}$$

球形凸模：

$$P = 1.2Dtm\sigma_b \tag{7-16}$$

式中：$P$——翻边力(N)；

$t$——板料厚度(mm)；

$D$——翻孔中径(mm)；

d——预制孔直径(mm)；

$\sigma_b$——材料的抗拉强度(MPa)；

$m$——系数(见表 7-2)。

表 7-2　翻边力计算的 $m$ 值

| 翻边系数 | 0.5 | 0.6 | 0.7 | 0.8 |
|---|---|---|---|---|
| 系数 $m$ 值 | 0.2～0.25 | 0.14～0.18 | 0.08～0.12 | 0.05～0.07 |

翻边时一般要采用压边圈施加压边力。压边力的作用是保证非翻边区不产生流动和变形，所以压边力要求较大。特别是外法兰部分面积较小时的翻边件压力要更大。压边力的计算可参照拉深压边力计算并取偏大值。外法兰部分面积比翻边孔大得越多，压边力越小，甚至可不需压边力。

### 5. 无预制孔翻边

无预制孔翻边多应用于薄板小孔翻边件。翻边前不预先加工孔，翻边时，凸模的尖锥形头部先刺破板料，继而进行翻边。这种翻边方法得到的翻边件口部不易规整，但生产效率较高，在电器产品的零件中常有应用。

### 6. 翻边间隙和凸、凹模尺寸

由于翻边时直壁厚度有所变薄，因此翻边的单边间隙 $C$ 一般小于材料原有的厚度，如表 7-3 所示。

表 7-3　翻边单边间隙　　mm

| 材料厚度 | 0.3 | 0.5 | 0.7 | 0.8 | 1.0 | 1.2 | 1.5 | 2.0 | 2.5 |
|---|---|---|---|---|---|---|---|---|---|
| 平板翻边 | 0.25 | 0.45 | 0.60 | 0.70 | 0.85 | 1.00 | 1.30 | 1.70 | 2.20 |
| 拉深件翻边 | — | — | — | 0.60 | 0.75 | 0.90 | 1.10 | 1.50 | 2.10 |

用平头凸模进行翻边时，侧壁有成为曲面的可能，故圆孔翻边凸、凹模之间的间隙 $C$ 可控制在$(0.75\sim0.80)t$，使直壁略微变薄，以保证竖边成为直壁。当间隙 $C$ 增加至$(4\sim5)t$ 时，翻边力可降低 30%～35%，这种翻边的特点是圆角半径大、竖边高度小、尺寸精度低，适用于翻制飞机、汽车、轮船的门窗和某些大中型件上的竖孔。翻边内孔的尺寸精度主要取决于凸模。翻边凸模和凹模的尺寸分别按式(7-17)和式(7-18)确定。

$$d_p = (D_0 + \Delta)_{-\delta_p}^{0} \tag{7-17}$$

$$D_d = (d_p + 2C)_{0}^{+\delta_d} \tag{7-18}$$

式中：$d_p$——翻边凸模直径；

$D_d$——翻边凹模直径；

$\delta_p$——翻边凸模直径公差；

$\delta_d$——翻边凹模直径公差；

$D_0$——翻边竖孔最小内径；

$\Delta$——翻边竖孔内径公差。

### 7.1.2　外缘翻边

外缘翻边有压缩类翻边(外曲翻边)和伸长类翻边(内曲翻边)两种，如图 7-5 所示。

(1) 压缩类翻边。压缩类翻边是指沿外凸的曲边进行平面或曲面的翻边变形，变形区主要为切向受压，属于压缩类变形，翻边时翻边件易发生起皱。变形程度$\varepsilon_{压}$可以表述为

$$\varepsilon_{压}=\frac{b}{R+b} \tag{7-19}$$

压缩类翻边近似于浅拉深，翻边时压应力从中间部位向两侧递减，因此变形后翻边高度从中间部位向两侧递减。为得到齐平的竖边，应对坯料的展开形状进行修正，修正的形状如图 7-5(a)中虚线所示，翻边高度不大时可以不修正。另外，翻边高度较大时，模具应设计压料装置防止起皱。

(2) 伸长类翻边。伸长类翻边是指沿内凹的曲边进行平面或曲面的翻边变形，变形区主要在切向拉应力作用下产生切向伸长变形，竖边变薄，其边缘部分变薄最严重，使该处在翻边过程中成为危险部位，当变形超过许用变形程度时，此处会开裂。变形程度$\varepsilon_{伸}$可以表述为

$$\varepsilon_{伸}=\frac{b}{R-b} \tag{7-20}$$

伸长类平面翻边变形状况近似于圆孔翻边，拉应力从中间部位向两侧递减，因此变形后翻边高度从中间部位向两侧递增。对于精度要求较高的外缘翻边件，应对坯料的展开形状进行修正，修正的形状如图 7-5(b)中虚线所示，翻边高度不大时可以不修正。

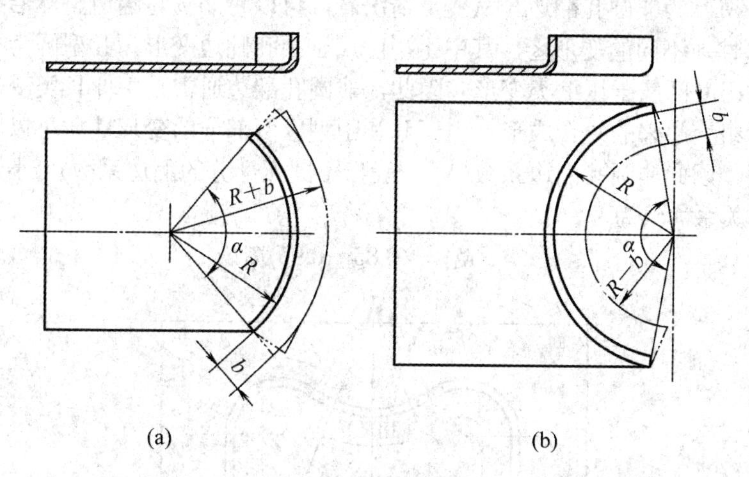


图 7-5　外缘翻边

伸长类曲面翻边时，坯料底部中间位置易出现起皱现象，模具设计时应采用强力压料装置来防止。另外，为创造有利于翻边的条件，防止中间部位过早地翻边而引起竖边过大的伸长变形甚至开裂，设计模具时应使凹模和顶料板形状与工件相同。

表 7-4 给出了几种常用材料在外缘翻边时的允许变形程度。

表 7-4　几种常用材料在外缘翻边时的允许变形程度

| 材料名称及牌号 | | $\varepsilon_{伸}\times100$ | | $\varepsilon_{压}\times100$ | | 材料名称及牌号 | | $\varepsilon_{伸}\times100$ | | $\varepsilon_{压}\times100$ | |
|---|---|---|---|---|---|---|---|---|---|---|---|
| | | 橡皮成形 | 模具成形 | 橡皮成形 | 模具成形 | | | 橡皮成形 | 模具成形 | 橡皮成形 | 模具成形 |
| 铝合金 | L4 软 | 25 | 30 | 6 | 40 | 黄铜 | H62 软 | 30 | 40 | 8 | 45 |
| | L4 硬 | 5 | 8 | 3 | 12 | | H62 半硬 | 10 | 14 | 4 | 16 |
| | LF21 软 | 23 | 30 | 6 | 40 | | H68 软 | 35 | 45 | 8 | 55 |
| | LF21 硬 | 5 | 8 | 3 | 12 | | H68 半硬 | 10 | 14 | 4 | 16 |
| | LF2 软 | 20 | 25 | 6 | 35 | 钢 | 10 | — | 38 | — | 10 |
| | LF2 硬 | 5 | 8 | 3 | 12 | | 20 | — | 22 | — | 10 |
| | LY12 软 | 14 | 20 | 6 | 30 | | 1Cr18Ni9 软 | — | 15 | — | 10 |
| | LY12 硬 | 6 | 8 | 0.5 | 9 | | 1Cr18Ni9 硬 | — | 40 | — | 10 |
| | LY11 软 | 14 | 20 | 4 | 30 | | 2Cr18Ni9 软 | — | 40 | — | 10 |
| | LY11 硬 | 5 | 6 | 0 | 0 | | | | | | |

## 7.1.3　非圆孔翻边

如图 7-6 所示为非圆孔翻边。从变形情况看，可以将非圆孔翻边整体沿孔边分成Ⅰ、Ⅱ、Ⅲ型 3 种性质不同的变形区，其中Ⅰ型区属于圆孔翻边变形，Ⅱ型区为直边，可看作弯曲变形，而Ⅲ型区属于压缩类变形。因此，非圆孔翻边通常是由伸长类变形、压缩类变形和弯曲变形组合起来的复合成形。由于Ⅱ和Ⅲ型区两部分的变形性质可以减轻Ⅰ型区部分的变形程度，因此非圆孔翻边系数 $K_f$(一般指小圆弧部分的翻边系数)可小于圆孔翻边系数 $K$，两者的关系大致为

$$K_f = (0.85\sim0.95)K \tag{7-21}$$

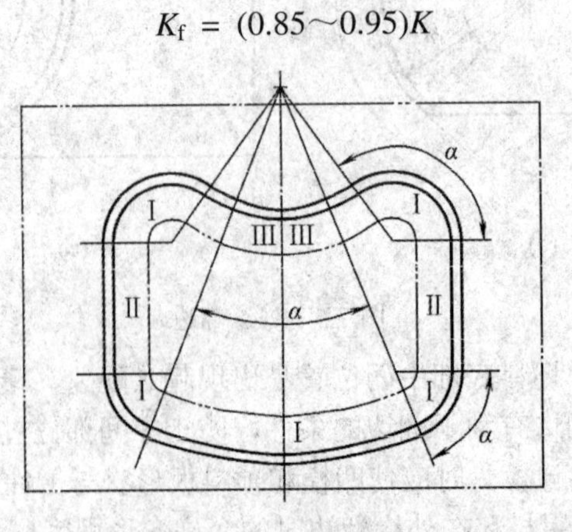


图 7-6　非圆孔翻边

低碳钢非圆孔翻边的极限翻边系数可根据各圆弧段的圆心角 $\alpha$ 大小查表 7-5 得到。

表 7-5　低碳钢非圆孔翻边的极限翻边系数 $K_{fmin}$

| $\alpha$/(°) | 比值 $r/(2t)$ | | | | | | |
|---|---|---|---|---|---|---|---|
| | 50 | 33 | 20 | 12.5～8.3 | 6.6 | 5 | 3.3 |
| 180～360 | 0.80 | 0.60 | 0.52 | 0.50 | 0.48 | 0.46 | 0.45 |
| 165 | 0.73 | 0.55 | 0.48 | 0.46 | 0.44 | 0.42 | 0.41 |
| 150 | 0.67 | 0.50 | 0.43 | 0.42 | 0.40 | 0.38 | 0.375 |
| 135 | 0.60 | 0.45 | 0.39 | 0.38 | 0.36 | 0.35 | 0.34 |
| 120 | 0.53 | 0.40 | 0.35 | 0.33 | 0.32 | 0.31 | 0.30 |
| 105 | 0.47 | 0.35 | 0.30 | 0.29 | 0.28 | 0.27 | 0.26 |
| 90 | 0.40 | 0.30 | 0.26 | 0.25 | 0.24 | 0.23 | 0.225 |
| 75 | 0.33 | 0.25 | 0.22 | 0.21 | 0.20 | 0.19 | 0.185 |
| 60 | 0.27 | 0.20 | 0.17 | 0.17 | 0.16 | 0.15 | 0.15 |
| 45 | 0.20 | 0.15 | 0.13 | 0.13 | 0.12 | 0.12 | 0.11 |
| 30 | 0.14 | 0.10 | 0.09 | 0.08 | 0.08 | 0.08 | 0.08 |
| 15 | 0.07 | 0.05 | 0.04 | 0.04 | 0.04 | 0.04 | 0.04 |
| 0 | 弯　曲　变　形 | | | | | | |

非圆孔翻边坯料的预制孔可以按圆孔翻边、压缩类翻边和弯曲各型区分别展开，然后用作图法把各展开线交接处光滑连接起来。

### 7.1.4　变薄翻边

变薄翻边是使已成型的竖边在较小的凸、凹模间隙中挤压，使之强制变薄的方法。变薄翻边属体积成形，如果用一般翻边方法达不到要求的翻边高度时，可采用变薄翻边方法增加竖边高度。变薄翻边常用于 M5 以下的小螺纹底孔翻边，此时凸模下方材料的变形与圆孔翻边相似，但竖边的最终壁厚和高度是靠凸、凹模间的挤压变薄来达到的。

变薄翻边的变形程度用变薄系数表示，其表达式为

$$K = \frac{t_1}{t_0} \tag{7-22}$$

式中：$K$——变薄系数，$K = 0.4$～$0.55$；

$t_1$——工件竖边厚度；

$t_0$——毛坯厚度。

### 7.1.5　翻边模结构举例

如图 7-7 所示为内孔翻边模，其结构与拉深模基本相似。凸模和弹性压料装置在下模，凹模和顶件装置在上模，翻孔后的冲压件由顶杆顶出。

如图 7-8 所示为内孔翻边与外缘翻边同时进行的模具。圆孔翻边凸模、外缘翻边凹模和弹性压料装置在上模，外缘翻边的凸模与圆孔翻边的凹模做成一体构成凸凹模，装在下模。

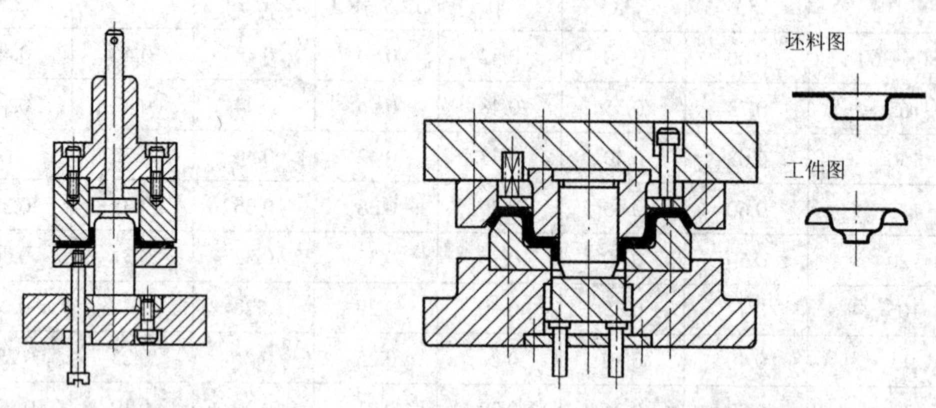


图 7-7　内孔翻边模

图 7-8　内孔翻边和外缘翻边同时进行的模具

上模的压料装置由环形压料板、弹簧等组成，用于压紧冲压件的外缘，以便进行外缘翻边。下模的顶件装置由顶块、顶杆、橡皮等组成，其作用是翻边时压紧冲压件的内孔边缘，翻边后把冲压件从凸凹模中顶出。

如图 7-9 所示为落料、拉深、冲孔、翻边复合模。凸凹模 8 与落料凹模 4 均固定在固定板 7 上，以保证同轴度。冲孔凸模 2 压入凸凹模 1 内，并以垫片 10 调整它们的高度差，以此控制冲孔前的拉深高度，确保翻出合格的零件高度。该模具的工作顺序是：上模下行，首先在凸凹模 1 和落料凹模 4 的作用下落料。上模继续下行，在凸凹模 1 和凸凹模 8 的相互作用下将坯料拉探，冲床缓冲器的力通过顶杆 6 传递给顶件块 5 并对坯料施加压料力。

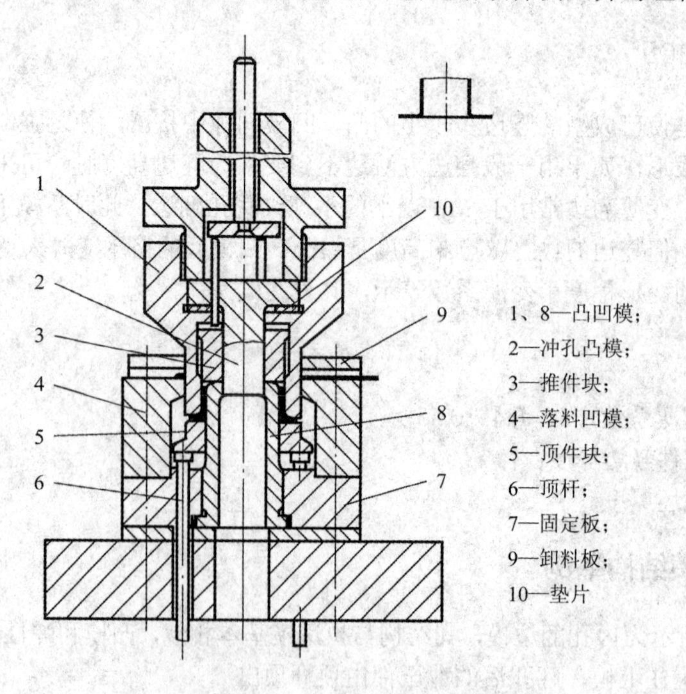


图 7-9　落料、拉深、冲孔、翻孔复合模

当拉深到一定深度后由冲孔凸模2和凸凹模8进行冲孔并翻边，当上模回升时，在顶件块5和推件块3的共同作用下将工件顶出，条料由卸料板9卸下。

# 7.2 胀　　形

板料、空心工序件在双向拉应力作用下，产生扩张(鼓凸)变形，获得表面积增大(厚度变薄)的冲压件的冲压成形方法称为胀形。常见的胀形件有板料的压花(筋)、肚形搪瓷制品、高压气瓶、管接头的管材胀形、波纹管以及汽车车身的某些覆盖件。

胀形的种类可从坯料形状、坯料所处状态、所用模具、所用能源、成形方式等角度作出区分，其中，最基本的是按变形区所占比例划分为局部胀形和整体胀形，最常用的是平板坯料局部胀形和空心坯料胀形。

## 7.2.1　胀形变形特点与胀形极限变形程度

### 1. 胀形变形特点

如图7-10所示为圆形平板料局部胀形，坯料的外环部分在足够大的压力下不发生流动，仅在直径为$d$的区域内的坯料产生变形，变形的结果是板料变薄、表面积增大。

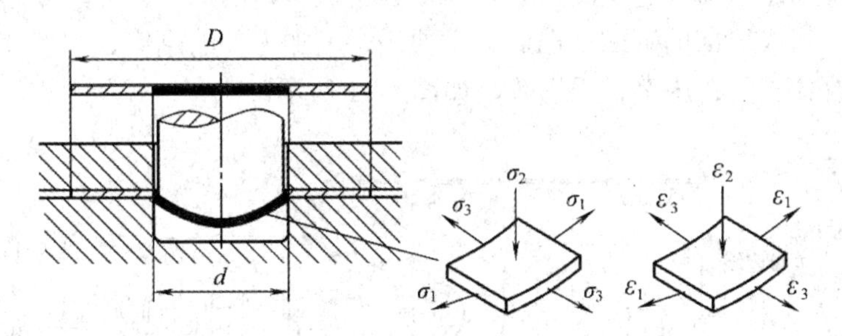


图7-10　圆形平板料局部胀形

从第6章中拉深系数的概念可知，当坯料的外径与成形圆筒直径的比值$D/d>3$时，外环形部分的材料产生切向收缩所需的径向拉应力很大，成为相对于中心部分的强区，以至于环形部分材料不可能向凹模内流动。

显然，胀形变形区内材料板面方向承受双向拉应力，板面方向产生双向伸长类变形。正是由于这种应力应变状态，使变形区不会产生起皱现象，成形后冲压件的表面光滑、质量好。

由于毛坯的厚度相对于毛坯的外形尺寸极小，胀形变形时拉应力沿板厚方向的变化很小，因此当胀形力卸除后回弹小，冲压件几何形状容易固定，尺寸精度容易保证。因此对汽车覆盖件等较大曲率半径零件的成形，常采用胀形方法或加大胀形成分的成形方法，减少成形后的回弹。也可以用胀形的方法来整形，提高冲压件的精度和表面质量。

### 2. 胀形极限变形程度

胀形的成形极限是冲压件在胀形时不产生破裂所能达到的最大变形。由于胀形方法不同，变形在毛坯变形区内的分布也不同。模具结构、工件形状、润滑条件及材料性能均影响金属的胀形变形，所以各种胀形的成形极限表示方法也不相同。压凹坑等板料胀形时常用胀形深度表示成形极限；管形毛坯胀形时常用胀形系数表示成形极限。虽然胀形成形极限的表示方法不同，但是变形时的应力应变相似，各因素对成形极限的影响类似。

影响胀形成形极限的因素主要是材料的断后伸长率和材料的硬化指数。一般认为：材料的断后伸长率大，即材料的塑性好，破裂前允许的变形程度大，故成形极限大，对胀形有利。材料的硬化指数 $n$ 值大，变形后材料硬化能力强，扩展变形区的应变分布趋于均匀，提高了材料的局部应变能力，故成形极限大，对胀形有利。

一般来讲，胀形破裂总是发生在材料厚度变薄最大的部位。变形区的应变分布对胀形破裂有很大的影响。工件的形状和尺寸不同，胀形时应变分布不同，对胀形极限影响也不同。模具的结构也影响胀形极限，当用球头凸模或平底凸模胀形时，前者比后者的应变分布均匀，故其成形极限也较大。

润滑条件和材料厚度对胀形成形极限也有影响，良好的润滑使凸模与毛坯间摩擦力减小，变形不过分集中，应变分布均匀，使胀形极限增加；材料厚度增大，胀形成形极限有所增加，但料厚与工件尺寸比值较小时，影响不太显著。

## 7.2.2　平板坯料局部胀形

平板坯料局部胀形又叫起伏成形，它是依靠平板材料的局部拉伸，使坯料或冲压件局部表面积增大，形成局部的下凹或凸起，主要用于增加零件的刚度、强度和美观。生产中常见的有压花纹、压包、压字、压筋等，如图 7-11 所示。

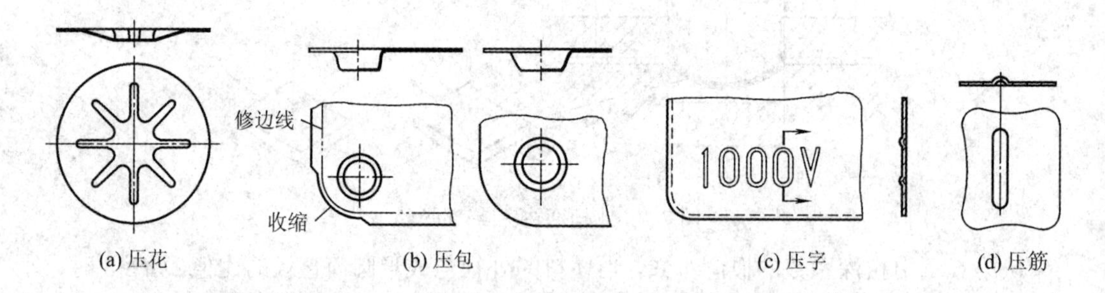


图 7-11　生产中常见的平板坯料局部胀形种类

经过起伏成形后的冲压件，由于形状改变引起其惯性矩发生变化，再加上材料的冷作硬化作用，能够有效地提高冲压件的刚度和强度。

在起伏成形中，由于摩擦力的关系，变形区材料的变薄、伸长并不均匀。在某个位置上最为严重，该部位的伸长应变最先达到最大值。若进一步增大变形程度，即会发生裂纹。

起伏成形的极限变形程度由许可的拉伸变薄量决定，主要受材料性能、冲压件几何形状、模具结构、胀形方法及润滑条件等因素影响，很难用某种计算方法来准确表示。特别是复杂形状的冲压件，成形部分各处的应力应变分布比较复杂，计算的结果与实际情况相差比较大。所以，其危险部位和极限变形程度一般通过试验方法来确定。对于如图 7-12 所示的比较简单的筋条类起伏成形件，可按下式近似地确定其极限变形程度：

$$\delta_n = \frac{l - l_0}{l_0} < (0.70 \sim 0.75)\,\delta \tag{7-23}$$

式中：$\delta_n$——极限变形程度；

$l_0$——起伏成形前材料的长度；

$l$——起伏成形后冲压件轮廓的长度；

$\delta$——材料单向拉伸的伸长率。

系数(0.70～0.75)视局部胀形的形状而定，球形筋取大值，梯形筋取小值。

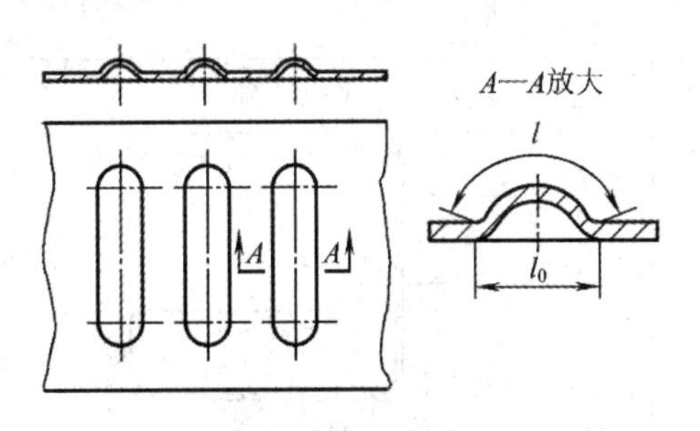


图 7-12　比较简单的筋条类起伏成形件

如果满足式(7-23)，即可一次成形。否则应采用分步方法解决。如图 7-13 所示的胀形件，第 1 道工序(见图 7-13(a))胀成大直径的球形(或锥形)，以求在较大范围内聚料和尽可能地均匀变形。第 2 道工序(见图 7-13(b))再得到所要求的尺寸。第 1 道成形的表面积应略小于最后成形的表面积，以便通过第 2 次成形使表面积再略微增大，起到整形作用，避免冲压件产生起皱。

压筋、压凸的形式和尺寸可参考表 7-6。当起伏成形的筋(或包)与冲压件外边缘的距离小于 3 倍板料厚度时，成形过程中边缘材料会向内收缩，如图 7-14 所示。对于要求较高的冲压件应预先留出切边余量，成形后修切整齐。也可以增大压边力，阻止材料向内滑动，保持边缘规整。

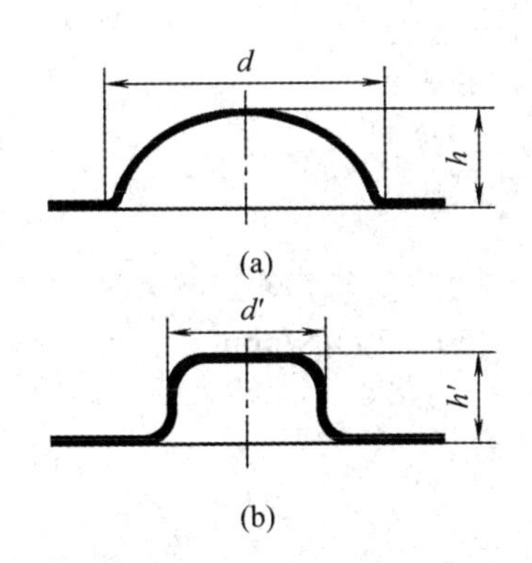


图 7-13　深度较大的局部胀形件

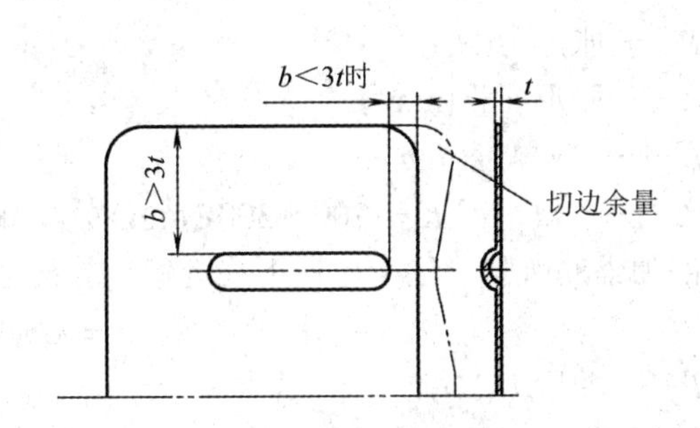


图 7-14　起伏成形距边缘的最小尺寸

**表 7-6　压筋、压凸的形式和尺寸**

| 名 称 | 图　例 | $R$ | $h$ | $D$ 或 $B$ | $r$ | $\alpha$/(°) |
|---|---|---|---|---|---|---|
| 压 筋 | $\sigma_3$ $\sigma_1$ $\sigma_1$ $\sigma_3$ | (3～4)$t$ | (2～3)$t$ | (7～10)$t$ | (1～2)$t$ | — |
| 压 凸 | $D$ $\alpha$ $r$ $t$ $h$ $r$ | — | (1.5～2)$t$ | ≥3$h$ | (0.5～1.5)$t$ | 15～30 |

续表

| 图　例 | D/mm | L/mm | t/mm |
|---|---|---|---|
| | 6.5 | 10 | 6 |
| | 8.5 | 13 | 7.5 |
| | 10.5 | 15 | 9 |
| | 13 | 18 | 11 |
| | 15 | 22 | 13 |
| | 18 | 26 | 16 |
| | 24 | 34 | 20 |
| | 31 | 44 | 26 |
| | 36 | 51 | 30 |
| | 43 | 60 | 35 |
| | 48 | 68 | 40 |
| | 55 | 78 | 45 |

在曲柄压力机上对薄板($t$<1.5 mm)、小冲压件(面积 $A$<2000 mm$^2$)进行局部胀形时(加强筋除外)其胀形力可按下式近似计算：

$$P = AKt^2 \tag{7-24}$$

式中：$P$——胀形力(N)；

$A$——胀形面积(mm$^2$)；

$t$——板料厚度(mm)；

$K$——系数，钢 $K$ = (200～300)N/mm$^4$，黄铜 $K$ = (50～200)N/mm$^4$。

压制加强筋所需冲压力可按下式近似计算：

$$P = Lt\sigma_b K \tag{7-25}$$

式中：$P$——冲压力(N)；

$L$——胀形区的周边长度(mm)；

$t$——板料厚度(mm)；

$\sigma_b$——材料抗拉强度(MPa)；

$K$——系数。一般 $K$ = 0.7～1.0，筋窄而深取大值，反之取小值。

### 7.2.3 空心坯料胀形

空心坯料的胀形俗称凸肚成形，成形时材料沿径向拉伸，将空心坯料(空心工序件或管坯)向外扩张，胀出所需凸起的形状，如壶嘴、皮带轮、波纹管、各种管接头等。

#### 1. 空心坯料胀形变形程度

空心坯料胀形过程中材料变形部位的切向和母线方向均受拉应力，因此，胀形的变形程度受材料的极限伸长率限制，极限变形程度以胀形系数 $K$ 表示，即

$$K = \frac{d_{max}}{d_0} \tag{7-26}$$

式中：$d_{max}$——胀形后的最大直径(中径)；

$d_0$——坯料/工序件/半成品直径(中径)。

胀形系数 $K$ 与坯料伸长率 $\delta$ 的关系为

$$\delta=\frac{d_{max}-d_0}{d_0}=K-1 \tag{7-27}$$

胀形件每个横截面的大小很可能不一致，危险截面在变形最大处($d_{max}$)，设计时应特别注意。有些冲压件有强度要求，胀形件不可避免地会出现材料变薄而影响强度。因此，胀形系数不宜取极限值。如表 7-7 所示是一些材料的极限胀形系数(极限变形程度)的实验值。

**表 7-7　一些材料的极限胀形系数的实验值**

| 材　料 | 厚度/mm | 材料许用伸长率 $\delta$/(%) | 极限胀形系数 $K$ |
|---|---|---|---|
| 高塑性铝合金 | 0.5 | 25 | 1.25 |
| 纯铝 | 1.0 | 28 | 1.28 |
| | 1.2 | 32 | 1.32 |
| | 2.0 | 32 | 1.32 |
| 低碳钢 | 0.5 | 20 | 1.20 |
| | 1.0 | 24 | 1.24 |
| 耐热不锈钢 | 0.5 | 26～32 | 1.26～1.32 |
| | 1.0 | 28～34 | 1.28～1.34 |

### 2. 空心坯料胀形坯料计算

空心坯料胀形时由于材料的不均匀变薄，因此工件的计算很难准确，需多次试验才能确定。对于如图 7-15 所示的胀形工序件，可按下面的方法初算工序件尺寸。

工序件直径(中径)为

$$d_0=\frac{d_{max}}{K} \tag{7-28}$$

工序件长度为

$$L_0=L[1+(0.3\sim0.4)\delta]+b \tag{7-29}$$

式中：$L$——冲压件的母线长度；

$\delta$——冲压件切向最大伸长率；

$b$——切边余量，一般取 5～15 mm。

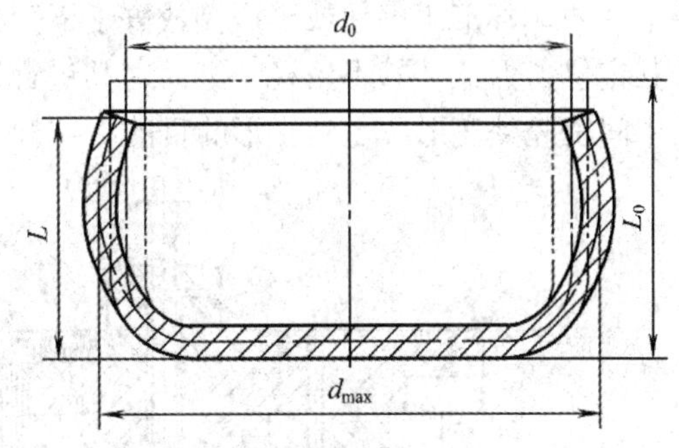


图 7-15　胀形工序件

切边余量与材料的塑性应变比($r$ 值)及模具的粗糙度有关，各向异性小者，$b$ 取小值。这点与拉深相同。系数(0.3～0.4)为因切向伸长而产生高度缩小的因素。

### 3. 胀形力的计算

空心坯料胀形时所需的胀形力 $F$ 为

$$F=pA \tag{7-30}$$

式中：$p$——胀形时所需的单位面积压力(MPa)；

$A$——胀形面积($mm^2$)。

$$p = 1.15\sigma_b \frac{2t}{d_{max}} \tag{7-31}$$

式中：$\sigma_b$——材料的抗拉强度(MPa)；

$d_{max}$——胀形最大直径(mm)；

$t$——材料原始厚度(mm)。

### 4. 空心坯料胀形模

空心坯料胀形的方法一般有机械胀形、橡皮胀形和液压胀形。

1) 机械胀形(刚模胀形)

典型机械胀形如图 7-16 所示。它是利用锥形芯块 4 将分瓣凸模 2 顶开，使坯料胀成所需形状。这种模具结构较为复杂。由于凸模分开后存在间隙且周向位移难以一致，因此只能应用于胀形量小且精度要求不高的冲压件。

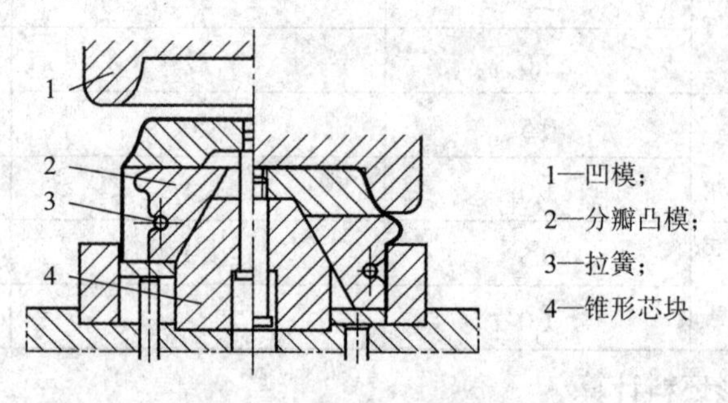


图 7-16　滑块式机械胀形

如图 7-17 所示是机械胀形的另一种实现方法，它采用的是无凸模机械胀形。凹模分上、下 2 块，杯形工序件或半成品放置于下凹模 6 中，成形时芯轴 2 先进入工件或半成品内将其定位，保证杯壁不失稳，继而对其进行镦压。由于凹模及芯轴的约束作用，工序件只在中间空腔处变形，达到胀形的目的。这种方法只适用于较小的局部变形。

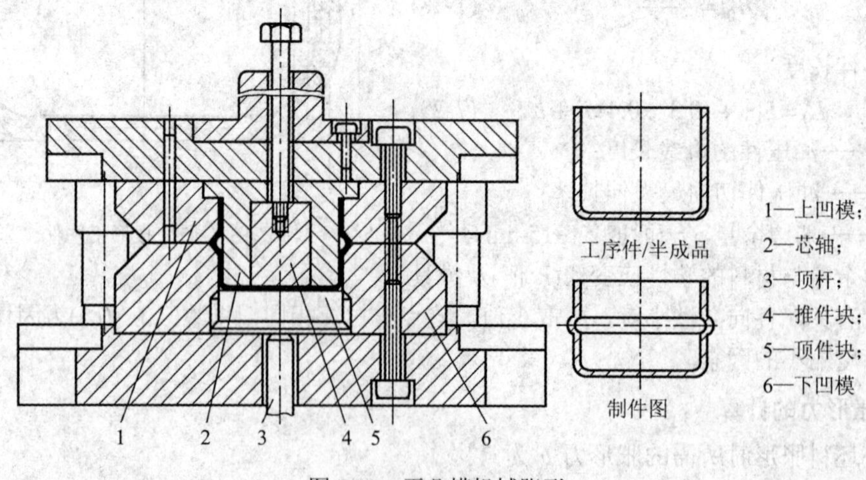


图 7-17　无凸模机械胀形

2) 橡皮胀形

橡皮胀形如图7-18所示。在压力作用下橡皮变形，使冲压件沿凹模胀出所需的形状。所用橡皮应具有弹性好、强度高和耐油等特点，以聚氨酯橡胶为好。

3) 液压胀形

液压胀形如图7-19所示。压力机滑块下行时，先将灌注有定量液体的工序件口部密封(可采用橡胶垫)，滑块继续下行，通过液体将高压传递给工序件内腔，使其变形。这种方法靠液体传力，在无摩擦状态下成形，受力均匀且流动性很好，因此可以制作很复杂的胀形件(如皮带轮等)，但工艺较复杂，成本较高。

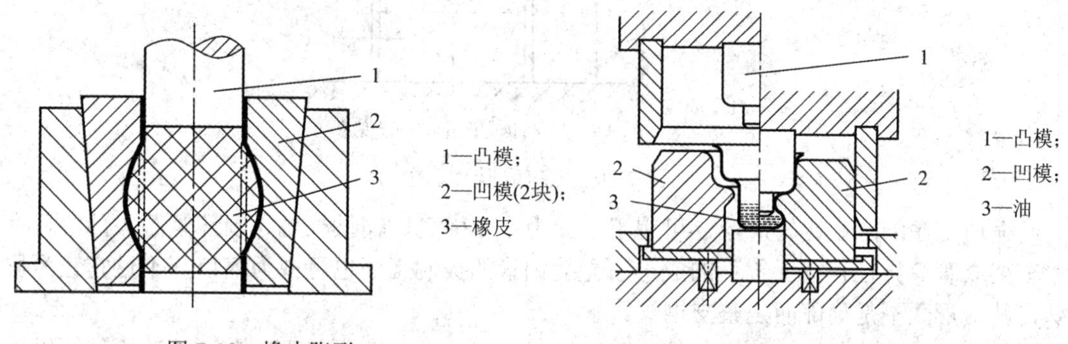


图7-18　橡皮胀形

图7-19　液压胀形

橡皮胀形和液压胀形又称软凸模胀形。软凸模胀形所需的单位压力 $p$ 可由变形区内单元体的平衡条件求得。

当坯料两端固定，且不产生轴向收缩时，可按下式计算：

$$p=\left(\frac{t}{r_{\max}}+\frac{t}{R}\right)\sigma_{\mathrm{s}} \tag{7-32}$$

当坯料两端不固定，允许轴向自由收缩时，可近似按下式计算：

$$p=\left(\frac{t}{r_{\max}}\right)\sigma_{\mathrm{s}} \tag{7-33}$$

式中：$p$——软凸模胀形所需的单位压力(MPa)；

$\sigma_{\mathrm{s}}$——材料屈服点，胀形的变形程度大时，其值应由材料硬化曲线确定(MPa)；

$t$——板料厚度(mm)；

$r_{\max}$，$R$——胀形件纬向和径向曲率半径(mm)。

刚模胀形所需压力的近似计算可参考有关手册。

# 7.3　缩口与扩口

## 7.3.1　缩口

缩口是将管状坯料或预先拉深好的圆筒形半成品的敞口处通过缩口模具使其口部直径

缩小的一种成形工序，也可称为缩径，如图 7-20 所示。

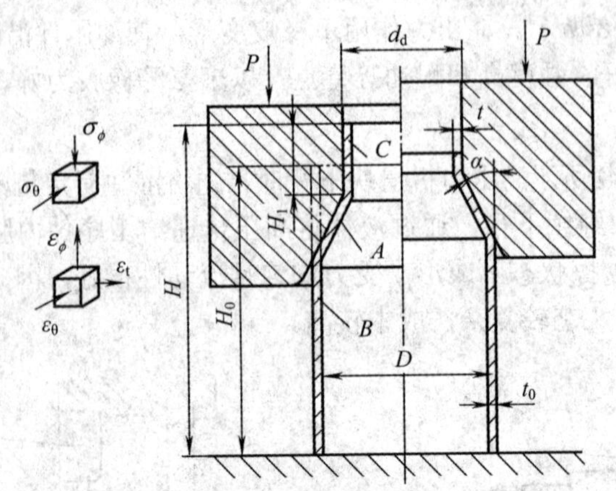


A—变形区；B—待变形区(传力区)；C—已变形区

图 7-20　缩口成形示意图

缩口工序的应用比较广泛，可用于子弹壳、炮弹壳、钢质气瓶、圆珠笔芯头部、自行车车架立管等异径管接头零件的成形。无缝钢管的拔制工序也可视为缩口，不过它较为特殊，其变形区不是局部而是整支钢管。

缩口工序在某些地方可以代替拉深。如图 7-21(a)所示为原拉深工艺，该冲压件可以采用板料落料、拉深(多道次)、冲孔、切边等工序完成。如果改用管坯料(见图 7-21(b))，那么可采用管料切断、缩口(2 次)等工序完成，工序可大大缩短，材料利用率也可提高，经济效益明显，特别是对细长的管状件，缩口工艺可以起到不可替代的作用。

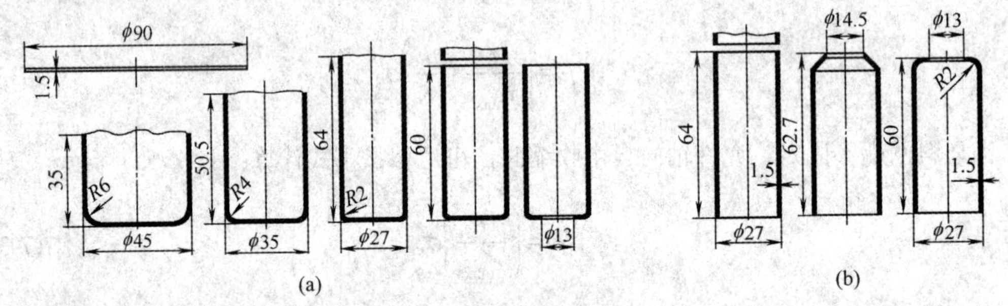


图 7-21　缩口代替拉深的实例

典型的缩口模具形式如图 7-22 所示，缩口时工序件、半成品由夹紧装置夹紧，夹紧力通过上模套筒与下模外圆紧配实现，也可通过斜楔装置实现。

缩口模具的支承形式有 3 种。如图 7-20 所示的无支承缩口模具结构简单、造价低，但稳定性差，一般只在厚壁坯料上采用；如图 7-23(a)所示的为外支承形式，模具较前者复杂一些，但缩口稳定性较好，这种形式生产中采用较多；内外支承形式如图 7-23(b)所示，模具结构最复杂，但由于应力状态理想、稳定性最好，故一般在薄壁筒形件中使用。

缩口变形时坯料切向受压应力，在此应力作用下坯料直径减小而厚度与高度略有增加，其应力应变状态如图 7-20 所示。缩口变形特点与拉深变形相同，也属于压缩类变形。正因为如此，缩口工艺中坯料变形区容易产生失稳起皱。而非变形区(筒壁)由于承受全部缩口时的压力，也易产生失稳变形。因此，防止这两种失稳变形是缩口工艺顺利进行的关键。

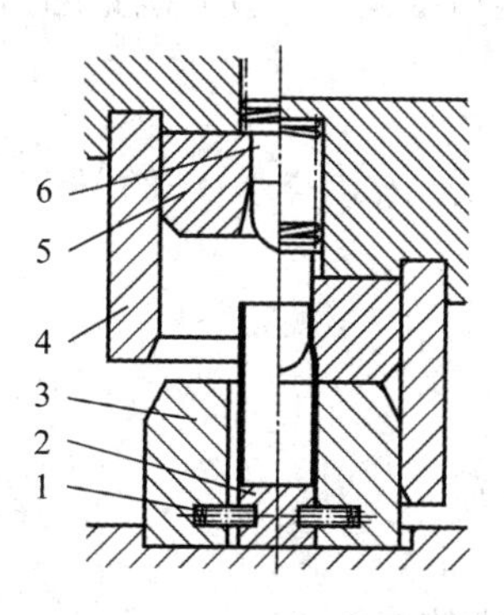


1—压簧；
2—芯座；
3—活动夹紧环；
4—套筒；
5—缩口凹模；
6—推件器(兼内支承作用)

图 7-22　典型的缩口模具

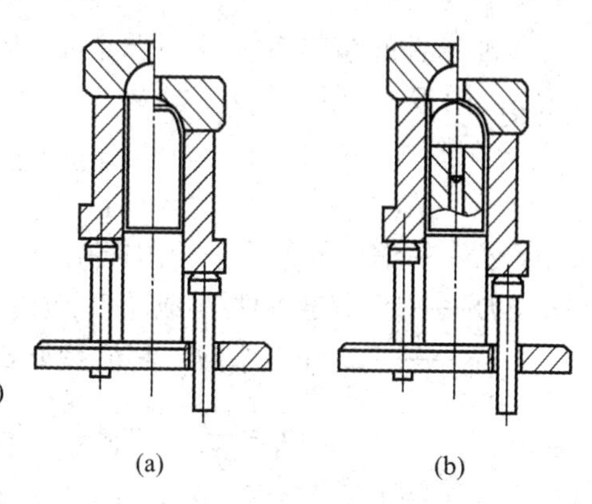


图 7-23　缩口模具的支承

缩口的极限变形程度主要受失稳条件的限制，因此选择缩口系数 $m$ 至关重要。

缩口变形程度用缩口系数 $m$ 表示，即

$$m=\frac{d}{D} \tag{7-34}$$

式中：$d$——缩口后的直径(中径)；

$D$——缩口前坯料/工序件的直径(中径)。

极限缩口系数主要与材料种类、厚度、硬度、模具形式、润滑条件和表面质量有关，与使用的设备也有一定的关系，如用油压机与机械压力机有一些差别。

如表 7-8 所示是不同材料、不同厚度的平均缩口系数。如表 7-9 所示是不同材料、不同支承方式的允许缩口系数参考值。从两表给出的数值可以看出，板料厚度大，塑性较好，模具结构中对筒壁有支承作用时，许可缩口系数便较小。这些因素在设计缩口工艺和模具时应综合考虑。如不锈钢拉深件，冷作硬化现象较严重，可以在缩口前加一道热处理软化工序以减小冲压件的缩口系数。但也会由于筒身的软化，导致筒身支承强度减弱，不利于缩口。

**表 7-8　不同材料、不同厚度的平均缩口系数 $m_0$**

| 材　料 | 材料厚度 $t$/mm | | |
|---|---|---|---|
| | ～0.5 | >0.5～1.0 | >1.0 |
| 黄铜 | 0.85 | 0.80～0.70 | 0.70～0.65 |
| 钢 | 0.80 | 0.75 | 0.70～0.65 |

**表 7-9　不同材料、不同支承方式的允许缩口系数参考值**

| 材　料 | 支 承 方 式 | | |
|---|---|---|---|
| | 无 支 承 | 外 支 承 | 内 外 支 承 |
| 软　钢 | 0.70～0.75 | 0.55～0.60 | 0.3～0.35 |
| 黄铜 H62、H68 | 0.65～0.70 | 0.50～0.55 | 0.3～0.32 |
| 铝 | 0.68～0.72 | 0.53～0.57 | 0.27～0.32 |
| 硬铝(退火) | 0.73～0.80 | 0.60～0.63 | 0.35～0.40 |
| 硬铝(淬火) | 0.75～0.80 | 0.68～0.72 | 0.40～0.43 |

若冲压件的缩口系数 $m$ 小于允许的缩口系数，可采用多次缩口工艺。一般先确定缩口次数 $n$，由下式确定：

$$n=\frac{\lg d_n-\lg D}{\lg m_0} \tag{7-35}$$

式中：$d_n$——缩口的最终直径(中径)；

$D$——坯料/工序件/半成品直径(中径)；

$m_0$——平均缩口系数，其值参见表 7-8。

$$m_1=\frac{d_1}{D}，\ m_2=\frac{d_2}{d_1}，\ m_3=\frac{d_3}{d_2}，\ \cdots，\ m_n=\frac{d_n}{d_{n-1}} \tag{7-36}$$

式中：$d_1$，$d_2$，…，$d_n$——分别为第 1，2，…，$n$ 次缩口后冲压件的中径。

首次缩口系数 $m_1=0.9m_0$，以后各次缩口系数 $m_n=(1.05\sim1.10.)m_0$。需要注意的是，材料变形后的冷作硬化现象会影响缩口系数。缩口次数愈多，缩口系数愈大。

缩口后，冲压件端部壁厚略有增大，一般可忽略不计。若需要较准确的数据，可按下式估算：

$$t_n=t_{n-1}\sqrt{\frac{d_{n-1}}{d_n}} \tag{7-37}$$

式中：$t_n$，$t_{n-1}$——缩口后与缩口前的厚度；

$d_n$，$d_{n-1}$——缩口后与缩口前的中径。

缩口件的基本类型有 3 种，如图 7-24 所示。缩口坯料高度 $H$ 的计算如下。

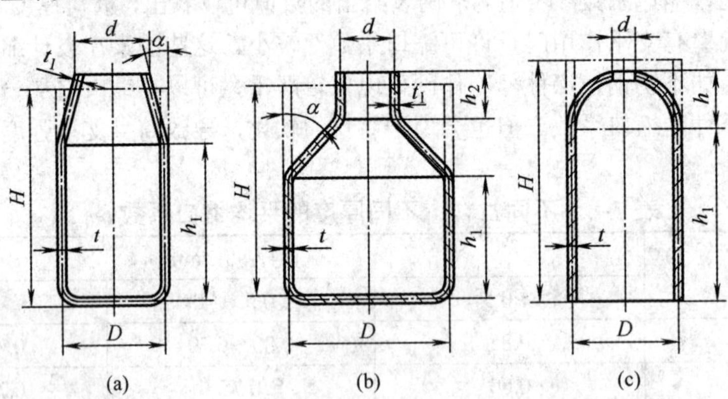


图 7-24　缩口件的基本类型

如图 7-24(a)所示形式：

$$H=1.05\left[h_1+\frac{D^2-d^2}{8D\sin\alpha}\left(1+\sqrt{\frac{D}{d}}\right)\right] \tag{7-38}$$

如图 7-24(b)所示形式：

$$H=1.05\left[h_1+h_2\sqrt{\frac{d}{D}}+\frac{D^2-d^2}{8D\sin\alpha}\left(1+\sqrt{\frac{D}{d}}\right)\right] \tag{7-39}$$

式(7-38)和式(7-39)中的缩口模的半锥角一般小于 45°，最好小于 30°。这点在冲压件结构设计时应尽量给予考虑。

如图 7-24(c)所示形式：

$$H = h_1 + \frac{1}{4}\left(1 + \sqrt{\frac{D}{d}}\right)\sqrt{D^2 - d^2} \tag{7-40}$$

由于缩口后的回弹，冲压件要比模具尺寸增大 0.5%～0.8%。缩口件精度要求较高时，模具难以一次设计制造到位，最好通过多次试验修正确定。

缩口力的大小与缩口件的形状、变形程度、冲压设备及模具结构形式有关，很难精确计算。对于如图 7-24(a)所示的锥形缩口件，在无芯轴内支承时其缩口力可按下式计算：

$$P = k\left[1.1\pi D t \sigma_s \left(1 - \frac{d}{D}\right)\frac{1 + \mu\cos\alpha}{\cos\alpha}\right] \tag{7-41}$$

式中：$P$——缩口力(N)；

$t$——缩口前板料厚度(mm)；

$D$——缩口前直径(中径，mm)；

$d$——冲压件缩口部位直径(mm)；

$\mu$——冲压件与凹模接触面摩擦系数；

$\sigma_s$——材料屈服强度(MPa)；

$\alpha$——凹模圆锥半锥角；

$k$——速度系数，在曲柄轴压力机上工作时，$k = 1.15$。

注意对已冷作硬化的冲压件，$\sigma_s$ 取值应比该材料的屈服强度大。

## 7.3.2　扩口

扩口也称扩径，它是将管状坯料或空心坯料的口部通过扩口模加以扩大的一种成形方法。一些较长冲压件中很难采用缩口或阶梯拉深的方法实现变径，采用扩口方法可以比较方便有效地解决。对于两端直径相差较大的管件，可采用直径介于两端之间的坯料一端缩口，另一端扩口的方法达到成形目的。对于一些内孔尺寸精度要求较高的管料也可采用这种方法进行整形，以提高内孔的精度和降低粗糙度。几种扩口件实例如图 7-25 所示。图 7-25(a)所示为油管扩口；图 7-25(b)所示为扩口与缩口复合的制件。

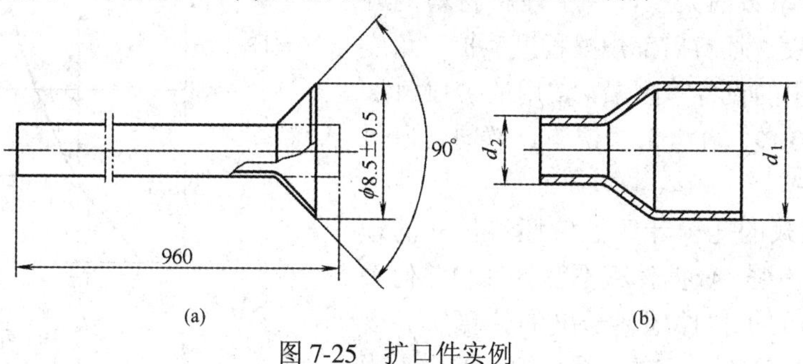


图 7-25　扩口件实例

扩口模较为简单，一般没有凹模，如图 7-26 所示。为了工作稳定和定位准确，一般在传力区设有支承装置或夹紧装置，对于长度较短、壁较厚的冲压件也可不用支承固定，但应设有可靠的定位装置。

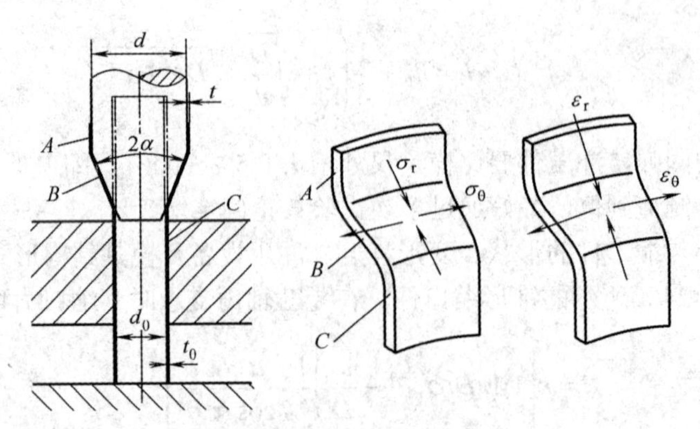


A—已变形区；B—变形区；C—传力区

图 7-26　扩口变形及变形区的应力应变状态

扩口变形区的应力应变状态如图 7-26 所示。在凸模施加力的作用下，坯料口部直径扩大而长度变短。扩口变形区受切向拉应力和轴向压应力的双重作用，其中切向拉应力较大，轴向压应力较小，带来的应变为切向拉伸应变最大，孔径扩大；板厚方向是压应变，厚度变薄。这种应力应变状态的最本质特征与内曲翻边、胀形是相同的。因此，扩口也属于伸长类成形。

扩口变形程度一般用扩口系数表示，即

$$K = \frac{d}{d_0} \tag{7-42}$$

式中：$d$——扩口后的直径(中径)；

$d_0$——扩口前坯料/工序件/半成品的直径(中径)。

极限扩口系数是在传力区不失稳、变形区不开裂的条件下所能达到的最大扩口系数，用 $K_{max}$ 来表示。此系数也是衡量扩口能否顺利进行的重要参数。如图 7-27 所示为 15 钢的极限扩口系数值。极限扩口系数的大小取决于坯料材料的种类、坯料的厚度、坯料口部规整程度、扩口角度 $\alpha$ 及扩口时采用的设备等因素。常用的扩口角 $\alpha$ 一般取 20°～30°。在一般情况下，软料、厚料的系数会大一些。

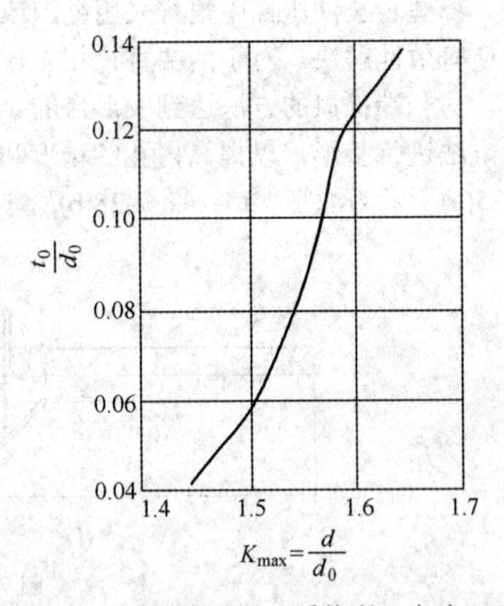


图 7-27　15 钢的极限扩口系数(扩口角为 20°)

文献中记载的几种计算扩口坯料尺寸的理论公式实用性不强。依据体积不变条件和几何关系推导并提出的扩口件坯料长度的计算实验公式经生产实践验证有一定的指导意义，但由于影响扩口变形的因素较复杂，在具体应用时还需作相应的调整。下面介绍几种计算实验公式供参考。

(1) 锥口形扩口件(见图 7-28)：

$$H_0=(0.97\sim1.00)\left[h_1+\frac{d^2-d_0^2}{8d_0\sin\alpha}\left(1+\sqrt{\frac{d}{d_0}}\right)\right] \tag{7-43}$$

(2) 带圆筒形扩口件(见图 7-29)：

$$H_0=(0.97\sim1.00)\left[h_1+\frac{d^2-d_0^2}{8d_0}\left(1+\sqrt{\frac{d}{d_0}}\right)+h\sqrt{\frac{d}{d_0}}\right] \tag{7-44}$$

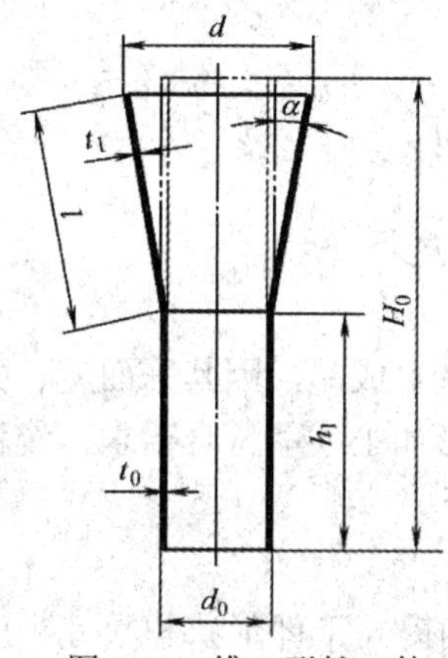

图 7-28　锥口形扩口件

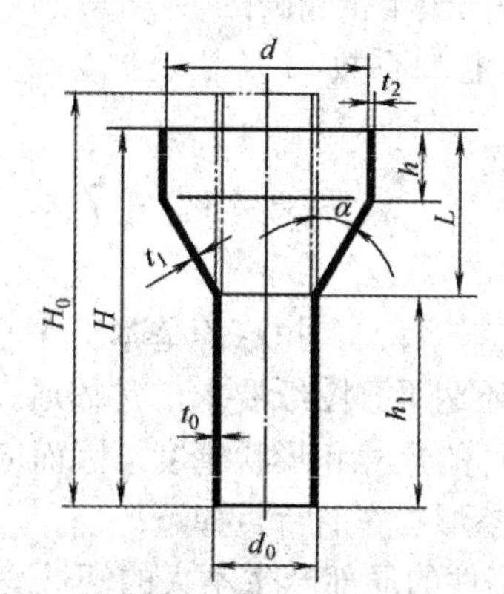

图 7-29　带圆筒形扩口件

(3) 平口形扩口件(见图 7-30)：

$$H_0=(0.97\sim1.00)\left[h_1+\frac{d^2-d_0^2}{8d_0}\left(1+\sqrt{\frac{d}{d_0}}\right)\right] \tag{7-45}$$

(4) 整体扩径件(见图 7-31)：

$$H_0=H\sqrt{\frac{d}{d_0}} \tag{7-46}$$

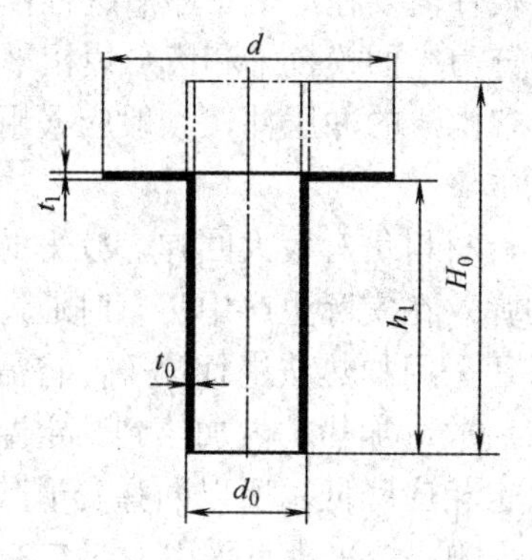

图 7-30　平口形扩口件

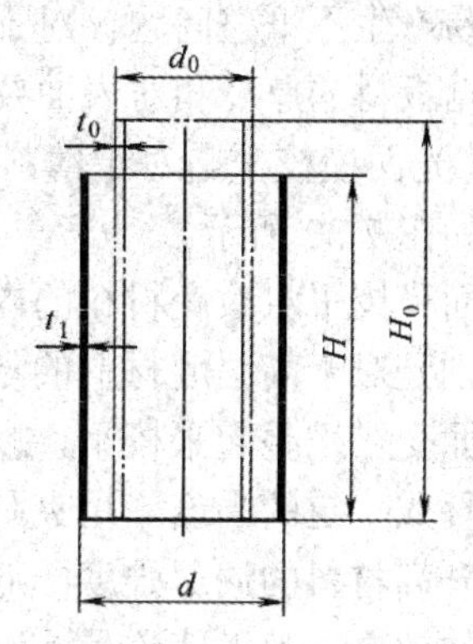

图 7-31　整体扩径件

有分析和试验证明，带圆筒形扩口件和整体扩径件的尺寸会比扩口冲头直径稍有增大。这种稍微增大的变化量称之为附加扩径量。附加扩径量的规律性数值目前尚未提出。整体扩径件的尺寸变化规律是两端口部直径较小，其余部分都产生附加扩径量。究其原因，可能是扩径凸模运动过程的不平稳所致。

采用锥形刚性凸模扩口时(见图 7-26)，单位扩口力 $p$ 可用下式计算：

$$p = 1.15\sigma \frac{1}{3-\mu-\cos\alpha}\left(\ln K + \sqrt{\frac{t_0}{d}}\sin\alpha\right) \text{ (MPa)} \tag{7-47}$$

式中：$\sigma$——单位变形抗力(MPa)；

$\mu$——摩擦系数；

$\alpha$——凸模半锥角(°)；

$K$——扩口系数。

## 7.4 校　　形

经过冲裁、弯曲、拉深等基本工序制成的毛坯或半成品，因其平面度、圆角半径或某些形状尺寸还达不到图纸要求，常需通过校平与整形加工才能符合要求，统称校形。校形可提高冲压件的尺寸和形状精度，因而应用较为广泛。

校平与整形工序的特点如下：

(1) 使工件的局部产生不大的塑性变形，以达到提高工件形状和尺寸精度，使其符合零件图纸的要求。

(2) 由于校平与整形后工件的精度较高，因而对模具的精度要求也相应较高。

(3) 所用的设备要有一定的刚度，需要在压力机下止点硬性卡压，因此，所用设备最好为肘杆传动的精压机或液压机。若用一般机械压力机，则必须带有过载保护装置，以防止因材料厚度波动等因素发生事故。

### 7.4.1 校平

冲裁后冲压件会产生拱弯，尤其是采用斜刃冲裁或无压料装置的连续模冲裁所得的冲裁件更易产生不平整问题。对于平面度要求较高的冲裁件需要在冲裁工序后进行校平。

根据板料的厚度和对表面要求的不同，校平可以分为光面模校平和齿形模校平两种。

(1) 光面模校平。对于薄料质软而且表面不允许有压痕的冲压件，一般应采用光面模校平，如图 7-32 所示。

光面模校平对改变材料的内应力状态的作用不大，材料仍有较大回弹，校平的效果较差，特别是对于高强度材料的零件校平后仍有较大回弹。在实际生产中，有时通过将工件的正反面交错堆叠起来校平，以提高校平效果。有时还采用加热法进行校平，将需要校平的零件叠成一定的高度，用夹具压紧成平直状态，然后放进加热炉内加热到一定温度，由于温度升高材料的屈服强度降低，材料的内应力数值也相应降低，所以回弹变形减小，提高校平的效果。为了使校平不受压机滑块导向精度的影响，校平模常采用如图 7-32(a)所示的上模浮动式结构和图 7-32(b)所示的下模浮动式结构。

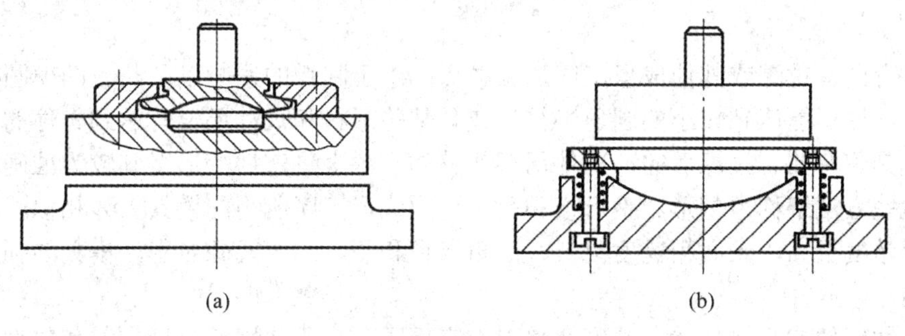


图 7-32　光面模校平

(2) 齿形模校平。当冲压件平直度要求比较高、材料比较厚或者强度极限比较高、材质较硬时，通常采用齿形校平模进行校平。齿形模有细齿和粗齿两种，齿形尺寸如图 7-33 所示，图 7-33(a)所示为细齿，图 7-33(b)所示为粗齿。上齿与下齿相互交错布置。

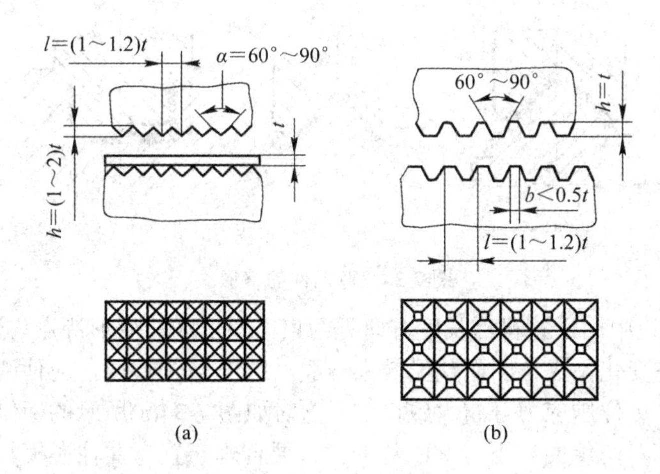


图 7-33　齿形模校平

用细齿校平模校平后，冲压件表面会残留有细齿痕，适用于材料较厚且表面允许有压痕的工件。粗齿校平模适用于材料较薄以及铝、铜等有色金属，工件表面不允许留有较深压痕。齿形校平模在冲压件的校平面上会形成许多塑性变形的小网点，改变了冲压件原有应力状态，因而减少了回弹，校平效果较好。

校平是在压力机滑块达到下止点时进行强制压紧，材料处于三向压应力状态，校平时的工作行程不大，但压力很大。校平力可由下式计算：

$$F=Ap \tag{7-48}$$

式中：$A$——校平面积($\text{mm}^2$)；

　　$p$——单位面积所需校平压力(MPa)。

对于软钢和黄铜：

在平面模上校平　　$p = 50\sim100$ MPa；

在细齿模上校平　　$p = 100\sim200$ MPa；

在粗齿模上校平　　$p = 200\sim300$ MPa。

## 7.4.2 整形

经过弯曲、拉深或其他成形工序加工之后，由于回弹的影响以及凸、凹模圆角半径的限制，冲压件不能达到较小的圆角半径，或是某些形状和尺寸还没有达到零件的要求，此时利用模具使弯曲、拉深后的冲压件局部或整体产生少量塑性变形得到较为准确的形状和尺寸，这些方法统称为整形。整形模和前一道预成形工序所用的模具大体相似，只是要求工作部分精度更高，表面粗糙度更低，圆角半径和凸、凹模间隙更小，模具的强度和刚度要求更高。

由于冲压件的几何形状、精度及整形内容不同，故所使用的整形方法和整形过程中的应力应变状态也有所不同。

### 1. 弯曲件的整形

弯曲件的整形可分为压校和镦校两种，如图 7-34 所示。

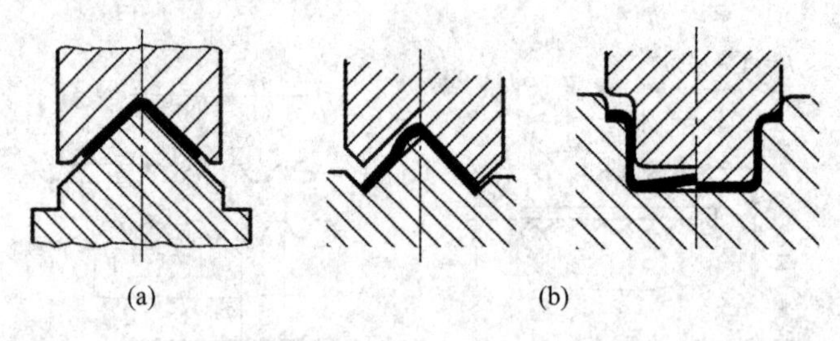


图 7-34 弯曲件的整形

(1) 压校。压校中由于材料沿长度方向无约束，整形区的变形特点与该区弯曲时相似，材料内部应力状态变化不大，因而整形效果一般。压校 V 形件时，应使两个侧面的水平分力大致平衡和压校单位压应力分布大致均匀。这对如图 7-34(a)所示的两侧面积对称的弯曲件是容易做到的，对两侧面积不对称的弯曲件，要合理布置弯曲件在模具中的位置，才能达到两个侧面的水平分力大致平衡和压校单位压应力分布大致均匀。压校 U 形件时，若有尺寸精度要求，应取较小的模具间隙，以产生较强的挤压状态，从而获得较高的尺寸精度。压校特别适用于折弯件和对称弯曲件的整形。

(2) 镦校。为了得到较好的整形效果，对于弯曲件可以采用如图 7-34(b)所示的镦校整形。此时要取半成品的长度稍大于成品要求的长度。整形时弯曲件在上、下表面受到压应力作用的同时，还在长度方向因变形受到模具凸肩的限制而产生纵向压力。由于整个横截面上都是比较均匀的压应力，有利于减少弯曲回弹变形，所以镦校后弯曲件的形状和尺寸精度较高。但是对于带大孔的弯曲件或宽度不等的弯曲件则不能使用这种方法进行整形，否则会造成孔形和宽度不一致的变形。

### 2. 拉深件的整形

拉探件的整形随整形部位的不同，具有不同的特点。

(1) 筒壁整形。筒壁整形主要是提高筒壁的形状和尺寸精度。整形模间隙取(0.9～0.95)$t$，整形时直壁稍有变薄，通常把整形工序和最后一道拉深工序合二为一，这时拉深系数应取得大些。

旋压件、拉深件圆角整形包括凸缘根部和筒底部的圆角。当凸缘直径大于圆筒直径的2～2.5倍时，整形过程中圆角及邻近区域受两向拉应力作用，厚度变薄，从而实现整形。此时，材料内部产生的拉应力均匀，圆角区相当于进行了变形不大的胀形，所以整形效果较好而且稳定。圆角区材料的伸长量以2%～5%为宜。伸长量过小，拉应力状态不强且不均匀，整形效果不佳；伸长量过大，冲压件有可能发生破裂。若圆角区整形变形量超过上述值时，必须使整形前冲压件的高度稍大，用产生的压缩变形来补充由于圆角区整形材料的受拉流动而产生的不利影响，防止圆角区应变过大而破裂。冲压件的高度也不能过大，否则因实际冲压件总面积大于或等于冲压件的理论总面积，使圆角区不产生胀形变形，从而达不到整形效果。更甚至于因材料过剩，在筒壁等非整形区形成较大的压应力，使冲压件表面失稳形成波纹，反而使质量恶化。如果凸缘直径小于2～2.5倍的圆筒直径，整形圆角凸缘时产生微量收缩，以缓解圆角过度减小而产生的过分伸长，因而整形前冲压件的高度要等于冲压件的理论高度。

(2) 拉深件凸缘平面和底部的整平。拉深件凸缘平面和底部的整平主要是利用模具的校平作用。当拉深件的筒壁、圆角、凸缘和底部同时整形时，应从冲压件的高度和表面积上进行控制，使整形各部分都处于正常的应力状态。否则，筒壁和圆角的几何参数和应力状态稍有变化，都会使凸缘和筒底部平面发生翘曲，特别是凸缘平面更为敏感。如果将各部分整形分开，则要增加工序，整形的综合效果不太好，但整平的效果较好。

整形力计算公式与校平力计算公式相似，即单位面积整形力乘以整形投影面积。

## 7.5　旋　　压

旋压也称为赶形，是一项具有悠久历史的传统技术。据文献记载，旋压最早起源于我国唐代，由制陶工艺发展出了金属的旋压工艺。到20世纪中叶以后，随着工业的发展和宇航事业的开拓，普通旋压工艺大规模应用于金属板料成形领域，从而促进了该工艺的研究与发展。

旋压可以完成类似拉深、翻边、凸肚、缩口等工艺，而不需要类似于拉深、胀形等复杂的模具结构，适用性较强。它是根据材料的塑性特点，将毛坯装卡在芯模上并随之旋转，选用合理的旋压工艺参数，旋压工具(旋轮或其他异形件)与芯模相对连续地进给，依次对工件的极小部分施加变形压力,使毛坯受压并产生连续逐点变形而逐渐成形工件的一种先进塑性加工方法。

如图7-35所示是用平板板料毛坯旋压成圆筒形冲压件的旋压变形过程。旋压时，沿轴线运动的赶棒在旋转的坯料面上形成螺旋形的碾压接触轨迹，使接触点处的板料毛坯在赶棒接触力的作用下产生局部塑性变形。同时，毛坯还在赶棒压力的作用下沿加压方向倒伏。

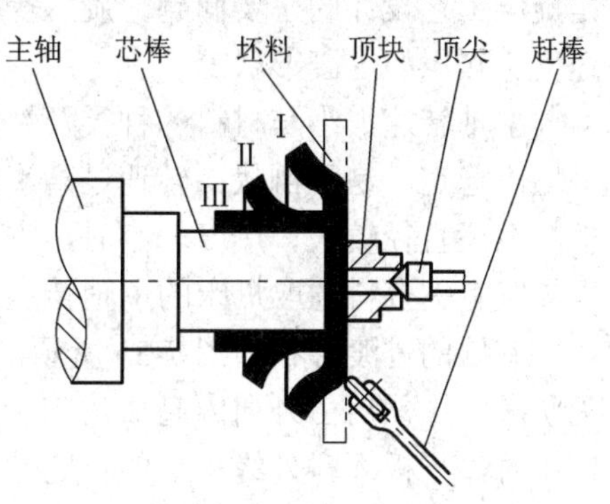

图7-35　旋压变形过程

按照旋压前后材料壁厚的变化与否，旋压分为不变薄旋压和变薄旋压。不变薄旋压又称作普通旋压，变薄旋压也称作强力旋压。

### 7.5.1 普通旋压

普通旋压简称普旋，普通旋压的基本方式有拉深旋压(拉旋)、缩径旋压(缩旋)和扩径旋压(扩旋)3 种。

拉深旋压是在芯模上利用旋轮将平板坯料加工成空心轴对称工件的方法。芯模的外形是工件的内形，芯模与坯料同步旋转的同时，旋轮与坯料保持局部接触，作用力较小，多采用单旋轮成形。拉深旋压也是应用最广泛的普旋形式之一。通常我们所说的普通旋压机，严格意义上讲就是拉深旋压机。拉深旋压又可分为简单拉深旋压和多道次拉深旋压等。

普通旋压主要是改变毛坯的形状，其重要特征是在成形过程中可以明显看到坯料外径的变化，而壁厚改变很小或不改变，成形主要依靠坯料沿圆周的收缩及沿半径方向上的伸长变形来实现，其毛坯形状及尺寸的设计计算是关键技术。

旋压的变形程度用旋压系数 $m$ 表示：

$$m=\frac{d}{D} \tag{7-49}$$

式中：$D$——板料毛坯直径(mm)；

$d$——冲压件直径(mm)，当冲压件为锥形件时 $d$ 取圆锥的小端直径。

旋压圆筒或圆锥形冲压件的极限旋压系数参见表 7-10，当相对厚度 $t/D\times100=0.5$ 时取较大值，$t/D\times100=2.5$ 时取较小值。

当旋压件的变形程度较大时，应在几个尺寸由大到小的胎具上分次旋压，使其逐步变形。最好通过锥形过渡，而且每个锥形胎具的最小直径相等。

旋压板料的毛坯直径可参照拉深计算，由于旋压时的材料变薄程度比拉深大，因此实际上取计算值的 93%～95%。

表 7-10　极限旋压系数

| 冲压件形状 | $m$ |
|---|---|
| 圆筒件 | 0.6～0.8 |
| 圆锥件 | 0.2～0.3 |

旋压件的主要质量问题有板料毛坯皱折、振动和旋裂等。合理选择旋压中的操作参数是旋压工艺设计的主要问题。旋压操作参数包括机床主轴转速、赶捧对板料的压力和移动速度、碾压的过渡形状等。

主轴转速大小与材料的种类及性能、板厚、胎具几何尺寸均有关系。转速过低，板料毛坯不稳定，易于倒伏；转速过高，赶棒与板料接触轨迹过长，易使板材厚度过快变薄。板料毛坯直径较大、厚度较小时，主轴转速可取较小值，反之取较大值。实际生产中，可以参照有关资料选取机床的主轴转速。

旋压的过渡形状如图 7-35 所示，首先碾压板料毛坯的外缘，使其靠向胎具底部圆角，见状态Ⅰ；然后由外向内赶成浅锥，见状态Ⅱ；最后由浅锥逐渐向圆筒过渡，见状态Ⅲ。旋压时，平板坯料外缘材料的稳定性较差，碾压时应注意不应过多的赶料。锥形稳定性比平板要好，因此由平板向第一次浅锥碾压时易于起皱。

赶棒施加于板料毛坯的压力大小，一般凭操作者的经验。若操作不当，旋压时材料可能失稳起皱、振动或者撕裂，转角处的板料毛坯也容易变薄旋裂。特别需要注意的是，赶棒加压不能过大，以避免材料的起皱。

旋压时，赶棒与材料间有剧烈的摩擦，因而需要润滑。常用的润滑剂有肥皂、黄油、蜂蜡、石蜡、机油以及它们的混合物等。

当然，对于材料要求应具有较高的延伸率、断面收缩率，抗拉及屈服强度也应适当。金属材料的热处理也是旋压工艺中主要的因素。在旋压过程中由于受到强大的压、拉应力，致使材料硬化严重，必须采取热处理手段加以软化。为了改变最终工件的机械性能也需要进行必要的热处理。

## 7.5.2　强力旋压

强力旋压源于普通旋压，在旋压过程中，不但改变毛坯的形状而且显著地改变(减薄)其壁厚的旋压方式称为强力旋压(又称变薄旋压)。变薄旋压与普通旋压的区别是变薄旋压属于体积变形范畴，在变形过程中主要是壁厚减薄而坯料体积基本不变，成品形状完全由芯模尺寸决定，成品尺寸精度取决于工艺参数的合理匹配。筒形件强力旋压时，只减小外径而不改变内径(内旋时则相反)。由于强力旋压减小毛坯的壁厚，因而在一次旋压中允许较大的变形量，这就使强力旋压的生产效率大大高于普通旋压，其适用范围也大为扩大，但是相应的强力旋压需要较大的设备功率。

锥形件变薄的强力旋压加工如图7-36所示。旋压机顶块4把毛坯3紧压于芯模1的顶端。芯模、毛坯和顶块随同主抽一起旋转，旋轮 5 沿设定的靠模板按与芯模母线(锥面线)平行的轨迹移动。由于芯模和旋轮之间保持着小于坯料厚度的间隙，旋轮施加高压于毛坯(压力可达2500 MPa)，迫使毛坯贴紧芯模并被碾薄逐渐成形为零件。由此可见，在强力旋压加工过程中，毛坯凸缘不产生收缩变形，因而没有凸缘起皱问题，也不受毛坯相对厚度的限制，可以一次旋压出相对深度较大的零件。与冷挤压比较，强力旋压是局部变形，而冷挤压变形区较大，因此，强力旋压的变形力较冷挤压小得多。经强力旋压后，材料晶粒致密细化，提高了强度，降低了表面粗糙度。强力旋压多用于加工薄壁锥形件或薄壁的长管形件，所得零件尺寸精度和表面质量都比较好。

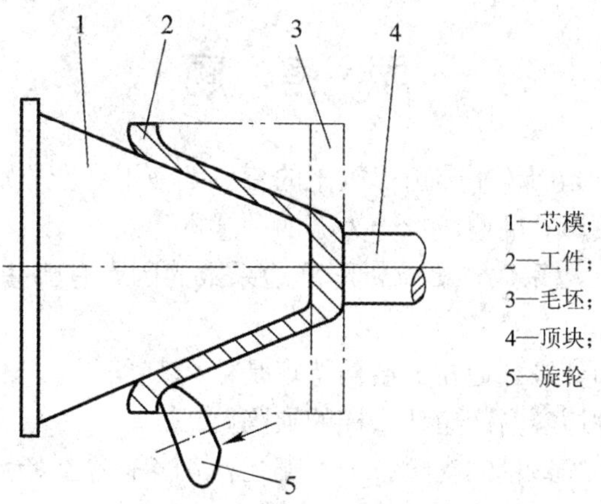


图7-36　锥形件变薄的强力旋压加工

强力旋压后，冲压件厚度 $t$ 与毛坯厚度 $t_0$ 的关系为

$$t = t_0 \sin\alpha \tag{7-50}$$

式中：$\alpha$——芯模的半锥角。

这一关系称为强力旋压时异形件壁厚变化的正弦律。它虽由锥形件所推出，但对其他异形件基本上都适用。

强力旋压的变形程度用变薄率 $\varepsilon$ 来表示：

$$\varepsilon = \frac{t_0 - t}{t_0} = 1 - \frac{t}{t_0} = 1 - \sin\alpha \tag{7-51}$$

因而，对于锥形件，也可用芯模的半锥角表示其变薄旋压的变形程度。

极限变薄率 $\varepsilon_{max}$ 是材料能顺利旋压成形而不破损的变薄率，与材料的塑性、厚度等有关，极限变薄率或最小半锥角可查阅有关设计资料。

不能一次旋压成形冲压件时，一般分次进行旋压。旋压工序间要对材料进行中间退火。还要注意的是，强力旋压变形程度较小时，冲压件的回弹较大，精度较差。实践表明，每道旋压工序旋压半锥角的变化不应小于 5°。经过多次强力旋压，可能达到的总的变形程度为 $\varepsilon = 0.9$～0.95(即 $\alpha = 6°$～12°)。

筒形件的强力旋压不可能用平面毛坯旋压成形。因为圆筒形件的锥角 $\alpha$=0°，根据正弦定律，毛坯厚度 $t_0 = \infty$，因此圆筒形件强力旋压只能采用壁厚较大、长度较短而内径与冲压件相同的圆筒形毛坯。

筒形件强力旋压可分为正旋压和反旋压两种。正旋压时，材料流动方向与旋轮移动方向相同，一般是朝向机头架。反旋压时，材料流动方向与旋轮移动方向相反，一般是材料向尾架方向流动。

反旋压的持点是未旋压的部分不动，已旋压的部分向旋轮移动的反方向移动。这样使坯料夹持简化，旋轮移动距离短，被旋压出的筒壁长度长(可取下机床的尾架，使旋出长度超过机床的正常加工长度)。但是，由于已旋出部分已脱离芯模，工件易产生轴向弯曲。

正旋压的特点是毛坯已旋压后的部分不再移动，贴模性好。但是，由于旋轮移动距离长(应等于工件长度)，因此生产率低。例如，工件小而长时，芯模易产生纵弯曲。

## 思 考 题

7-1　什么是校平？光面校平与齿形校平的特点及使用场合分别是什么？

7-2　什么是翻边成形？翻边成形分为哪两种基本形式？

7-3　什么是极限翻边系数？影响极限翻边系数的因素有哪些？如何判断翻边件是否可以一次翻边成形？

7-4　内孔翻边模和外缘翻边模的结构特点是什么？

7-5　内凹和外凸翻边容易产生什么样的缺陷？

7-6　什么是缩口？缩口模的支撑方式有哪几种？各有什么特点？

7-7　什么是胀形？胀形的特点是什么？

7-8　什么是旋压？旋压的基本要点有哪些？

思考题 7-1

思考题 7-2

思考题 7-3

思考题 7-4

思考题 7-5

思考题 7-6

思考题 7-7

思考题 7-8

# 第 8 章　汽车覆盖件冲压工艺与模具

## 8.1　汽车覆盖件的特点及要求

汽车覆盖件(以下简称覆盖件)是指构成汽车车身或驾驶室、覆盖车类发动机和底盘的薄板异形表面零件和汽车内部零件。由于覆盖件的结构尺寸较大，所以也称为大型覆盖件。汽车覆盖件既是外观装饰性的零件，又是封闭薄壳状的受力和功能性零件。

### 8.1.1　覆盖件的特点

覆盖件有外覆盖件、内覆盖件和骨架件之分。如图 8-1 所示为轿车中的部分冲压件。外覆盖件的外表面一般都带有装饰性，除考虑好用、好修、好制作外，还要求美观大方，例如有连贯性装饰棱线、装饰筋条、装饰凹坑、加强筋等。内部覆盖件的形状往往更复杂，更强调强度和功能性。骨架件则强调强度和刚度，其形状也非常复杂，因其成形条件较差，有时可以允许在不影响性能的情况下存在一些冲压缺陷。

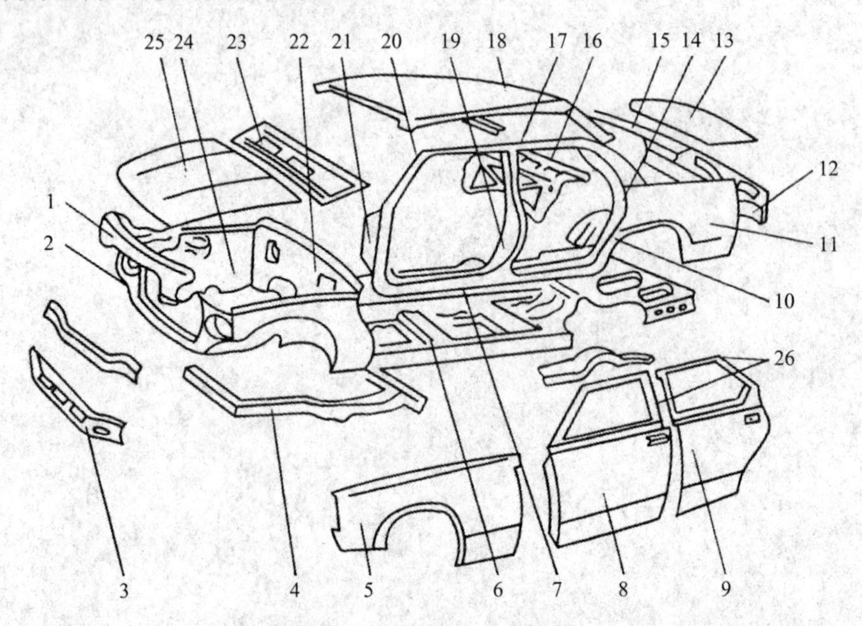


1—发动机罩前支撑板；2—水箱固定框架；3—前裙板；4—前框架；5—前翼子板；6—地板总成；7—门槛；8—前门；9—后门；10—车轮挡泥板；11—后翼子板；12—后围板；13—行李舱盖；14—后立柱(“C”柱)；15—后围上盖板；16—后窗台板；17—上边梁；18—顶盖；19—中立柱(“B”柱)；20—前立柱(“A”柱)；21—前围侧板；22—前围板；23—前围上盖板；24—前挡泥板；25—发动机罩；26—门窗框

图 8-1　轿车中的部分冲压件

与一般冲压件相比较，覆盖件具有材料薄、外形复杂(多为空间曲面，且形状和轮廓不规则)、结构尺寸大和表面质量高等特点。内、外覆盖件通常由厚度规格为0.6、0.65、0.7、0.8、0.9、1.0、1.2、1.5 mm的08Al或09Mn等冷轧薄钢板冲压制造。深度深、形状复杂的覆盖件则要用08ZF冷轧薄钢板进行冲压制造。骨架件通常由厚度规格为1.1、1.2、1.5、2.5 mm的08或09Mn等冷轧薄钢板冲压制造。覆盖件冲压工艺设计、模具设计和模具制造工艺也均有独特之处。

覆盖件的总体结构特点决定了其冲压成形过程中的变形特点，但实际上，由于其结构复杂，难以从整体上进行变形特点分析。因此，为了能够比较科学地分析判断覆盖件的变形特点，生产出高质量的覆盖件，就必须以现有的冲压成形理论为基础，对这类零件的结构组成进行分析，为了容易分析，可以把一个覆盖件的形状看成是由若干个“基本形状”(或其一部分)组成。这些“基本形状”有：直壁轴对称形状(包括变异的直壁椭圆形状)、曲面轴对称形状、圆锥体形状及盒形形状等。而每种基本形状又都可以分解成由法兰形状、轮廓形状、斜壁形状、台阶侧壁、底部形状等组成，如图8-2所示。因为这些基本形状零件的冲压变形特点、主要冲压工艺参数的确定基本可以按常规的冲压工艺分析方法进行定量化计算，并且各种因素对冲压成形的影响已基本明确，通过对基本形状的零件冲压变形特点的分析，并考虑各基本形状之间的相互影响，就能够分析出覆盖件的主要变形特点，判断出各部位的变形难点。

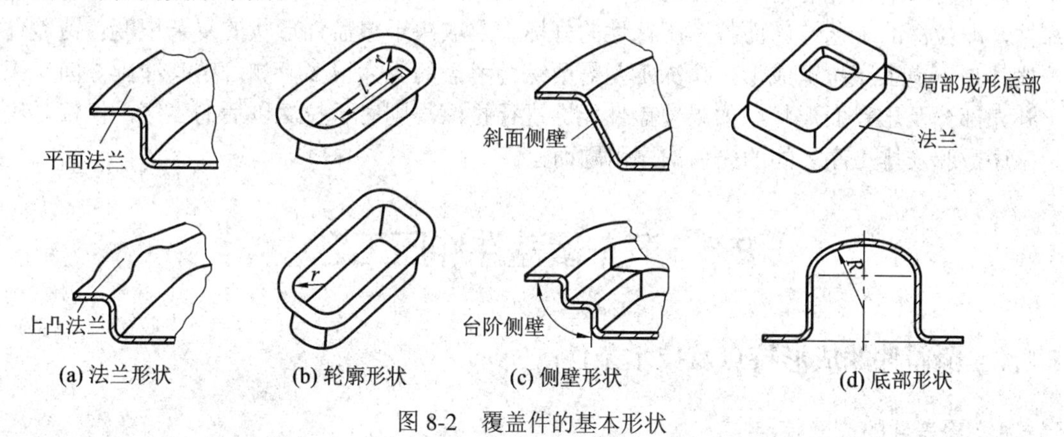

图8-2　覆盖件的基本形状

## 8.1.2　覆盖件的要求

覆盖件的工艺设计、冲压模具结构设计和冲压模具制造工艺都具有特殊性。因此，在实践中常把覆盖件从一般冲压件中分离出来，作为一种特殊的类别加以研究和分析，覆盖件的特点决定了它的特殊要求，覆盖件的特殊要求如下：

(1) 表面质量。覆盖件表面不允许有波纹、皱纹、凹痕、边缘拉痕、擦伤以及其他破坏表面美感的缺陷。覆盖件上的装饰棱线、装饰筋条要求清晰、平滑、左右对称和过渡均匀。覆盖件之间的装饰棱线衔接处应流畅吻合，整车各组件接合处的缝隙应大小一致，不允许有参差不齐现象。覆盖件表面上任何的微小缺陷都会在油漆后引起光的漫反射，从而损坏外观美感。

(2) 尺寸和形状。覆盖件尺寸和形状应符合覆盖件图和汽车主模型。覆盖件的形状复杂，多为空间立体曲面，其形状很难在覆盖件图上完整准确地表达出来，因此覆盖件的尺寸形状常常借助主模型来描述。主模型是覆盖件的主要制造依据，覆盖件图上标注出来的尺寸形状，包括立体曲面形状、各种孔的形状位置尺寸、形状过渡尺寸等都应和主模型一致，图面上无法标注的尺寸要依赖主模型量取，从这个意义上看，主模型是覆盖件图必要的补充。主模型给出了覆盖件形状和尺寸的完整详细的信息，因此只有主模型才能真正表示覆盖件的全部信息。目前计算机辅助设计和辅助制造(CAD/CAM)技术已经开始应用到汽车制造业，因此，反应主模型信息的虚拟实体数学模型正得到广泛的应用。

主模型是根据定型后的主图板、主样板及覆盖件图样为依据制作的尺寸比例为1∶1的汽车外形的模型。主模型也是模具、焊装夹具和检验夹具制造的标准，常用石膏、木材和玻璃钢制作。

(3) 刚性。覆盖件拉深成形时，由于其塑性变形的不均匀性，往往会使某些部位刚性较差。刚性差的覆盖件受到振动后会产生空洞声，用这样的零件装车，汽车在高速行驶时就会发生振动，影响汽车的舒适性，造成覆盖件早期破坏，因此覆盖件的刚性要求不可忽视。检查覆盖件刚性的方法，一个是敲打零件以分辨其不同部位声音的异同；另一个是用手按，看其是否发生松弛和鼓动现象。

(4) 工艺性。覆盖件的工艺性主要表现在覆盖件的冲压性能、焊接装配性能、操作的安全性、材料消耗和对材料性能的要求上。覆盖件的冲压性能关键在于拉深的可能性和可靠性，即拉深的工艺性。而拉深工艺性的好坏主要取决于覆盖件形状的复杂程度。覆盖件一般都是一道工序拉深成形，拉深工艺需要综合考虑的因素很多，如确定其冲压方向、工艺补充部分及压料面形状。如果覆盖件能够进行拉深，则对于拉深以后的工序，仅仅是确定工序数和安排工序之间的先后次序问题而已。

## 8.2 汽车覆盖件冲压工艺

### 8.2.1 覆盖件的成形特点及技术条件

#### 1. 覆盖件的成形特点

覆盖件对外观和刚度的要求比较特殊，一般都具有复杂且不规则的空间曲面，这不仅使得冲压成形困难，而且容易产生回弹、起皱、拉裂、表面缺陷和平直度低等质量问题。成形时，覆盖件的变形性质不单纯是拉深，而是拉深和局部胀形、拉深和弯曲、拉深和翻边或拉深和冲孔等工序的交错混合。

覆盖件的一般拉深过程如图 8-3 所示，包括：① 坯料放入(见图 8-3(a))，坯料因其自重作用有一定程度的向下弯曲；② 通过压边装置压边(见图 8-3(b))，同时压制拉深筋；③ 凸模下降，凸模与板料接触(见图 8-3(c))，随着接触区域的扩大，板料逐步与凸模贴合；④ 凸模继续下移，材料不断被拉入模具型腔(见图 8-3(d))，并成形侧壁；⑤ 凸、凹模合模，材料被压制成模具型腔形状(见图 8-3(e))；⑥ 继续加压使工件定型，凸模到达下死点(见图 8-3(f))；⑦ 卸载(见图 8-3(g))。

由于覆盖件有形状复杂、表面质量要求高等特点，与普通冲压加工相比有如下成形特点：

(1) 汽车覆盖件冲压成形时，内部的毛坯不是同时贴模，而是随着冲压过程的进行逐步贴模。这种逐步贴模的过程，使毛坯保持塑性变形所需的成形力不断变化；毛坯(特别是内部毛坯)产生变形的主应变方向与大小、板平面内两主应变之比等变形情况也随之不断地变化；毛坯在整个冲压过程中的变形路径不是一成不变的，而是变路径的。

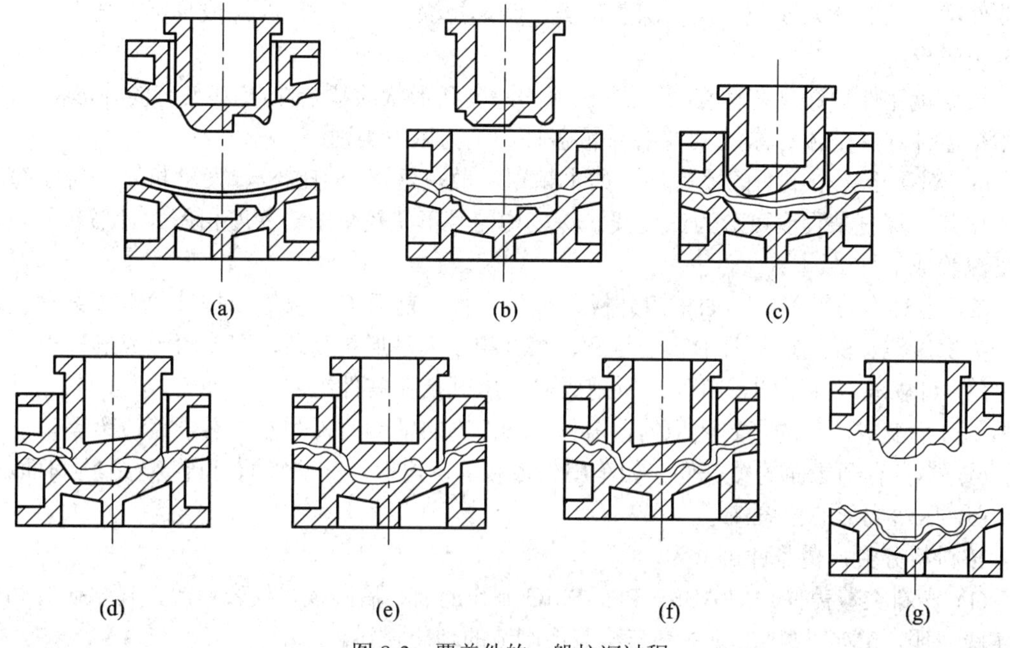


图 8-3 覆盖件的一般拉深过程

(2) 成形工序多。覆盖件的冲压工序一般要 4～6 道工序，多的有近 10 道工序。要获得一个合格的覆盖件，通常要经过下料、拉深、切边(或有冲孔)、翻边(或有冲孔)、冲孔等工序才能完成。尤以拉深工序最为关键，影响以后各道工序的设计。

(3) 覆盖件拉深往往不是单纯的拉深，而是拉深、胀形、弯曲等工艺的复合成形。不论覆盖件形状如何复杂，常采用一次拉深成形。

(4) 由于覆盖件多为非轴对称、非回转体的复杂曲面形状零件，拉深时变形不均匀，主要成形障碍是起皱和拉裂。为此，常采用加工艺补充面和拉深筋等措施控制变形。

(5) 对大型覆盖件拉深，需要较大和较稳定的压边力，所以广泛采用双动压力机。

(6) 为易于拉深成形，材料多采用如 08 钢等冲压性能好的钢板，且要求钢板表面质量好、尺寸精度高。

### 2. 覆盖件的分类

由于覆盖件的形状多样性和成形复杂性，因此对覆盖件冲压成形进行科学的分类就显得十分重要。覆盖件的冲压成形以变形材料不发生破裂为前提。覆盖件成形时，各部位材料的变形方式和大小不尽相同，但可以通过试验方法定量地找出局部变形最大的部位，并确定出此部位材料的变形特点归属哪种变形方式，对应于哪些主要成形参数，其参数值范围多大，这样，在冲压成形工艺设计和选材时，只要注意满足变形最大部位的成形参数要求就可以有效地防止废品产生。同时，有了不同成形方式所要求的成形参数指标大小和范围，薄板冶金生产者就能够有目的地采取相应的冶金工艺措施，保证材料所要求的某些成形参数指标能达到要求，从而实现材料的对路供应，使材料的变形潜力得到最大程度的发挥，而不必一味地要求材料的各项力学性能都达到最高级别。

覆盖件的冲压成形分类以零件上易破裂或起皱部位材料的主要变形方式为依据，并根据成形零件的外形特征、变形量大小、变形特点以及对材料性能的不同要求，通常将汽车覆盖件冲压成形分为5类：深拉深成形类、胀形拉深成形类、浅拉深成形类、弯曲成形类和翻边成形类。

根据覆盖件拉深复杂程度(主要指拉深的深度和形状的复杂性)及其具有的外形特点(主要指覆盖件本身是否对称)，可将各种覆盖件归纳为以下类别：

(1) 对称于一个平面的覆盖件。如水箱罩、散热器罩、前围板、发动机罩、行李箱罩等。按其拉深复杂程度可分为深度浅、深度均匀且形状较复杂、深度相差大且形状复杂、深度深等成形种类。

(2) 不对称的覆盖件。如车门外板、车门内扳、前后翼子板等。按其拉深复杂程度也可分为深度浅、深度均匀且形状较复杂、深度相差大且形状复杂、深度深等成形种类。

(3) 可以成双冲压的覆盖件。所谓成双冲压既指左右件组成一个便于成形的封闭件，也指切开后变成两件的半封闭型的覆盖件，如左、右前围侧板和左、右顶盖边梁等。

(4) 本身有凸缘面的覆盖件。如车门外板和车门内板，其凸缘面可直接选作压料面。

(5) 压弯成形的覆盖件。

按材料分类，覆盖件可分为：

(1) 塑料类覆盖件。如ABS、PP、SMC制作的前、后围板、仪表台等，科学研究和生产实践表明，SMC材料是新型汽车覆盖件制造的理想材料。

(2) 钣金类覆盖件。一般指车身壳体零件是由薄钢板冲压成形，然后按一定的工艺次序焊接成车身壳体。

### 3．覆盖件的工艺特点

(1) 冲压工序多。覆盖件通常要经过下料、拉深、切边(或有冲孔)、翻边(或有冲孔)、冲孔等4～6道工序(甚至近10道工序)才能完成。拉深、切边和翻边是最基本的3道工序，其中拉深是最关键的一道工序。

(2) 常采用一次拉深成形。为了实现拉深或造成良好的拉深条件，常将翻边展开，窗口补满再加添补充部分构成一个拉深件。

(3) 拉深工序过渡毛坯设计不仅要考虑本工序的成形，而且要为后继工序的定位创造条件。如图8-4(a)所示的结构未考虑切边时定位；而图8-4(b)所示的结构则能使切边凹模很好的定位。

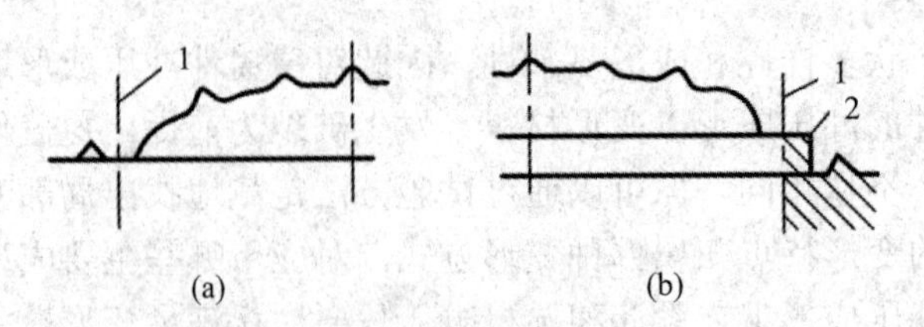


图8-4　拉深工序与后继工序的配合

(4) 覆盖件上的装饰棱线、装饰筋条、装饰凹坑、加强筋等部分主要靠局部拉深成形。

为了防止开裂，应采取加大圆角、侧壁成一定斜度、减小深度等措施。

(5) 两两覆盖件之间的装饰棱线、装饰筋条、凹坑等衔接与配合要尽量吻合一致、光滑过渡、间隙微小，不影响外观。

(6) 覆盖件上与冲压方向相反的成形主要靠局部拉深。一般采用大圆角和使侧壁成一定斜度的成形方法，而且这种反成形的深度不应超过正成形的深度。如图 8-5 所示，中间反成形部分采用 30°斜度的侧壁，深度不大于 20 mm。

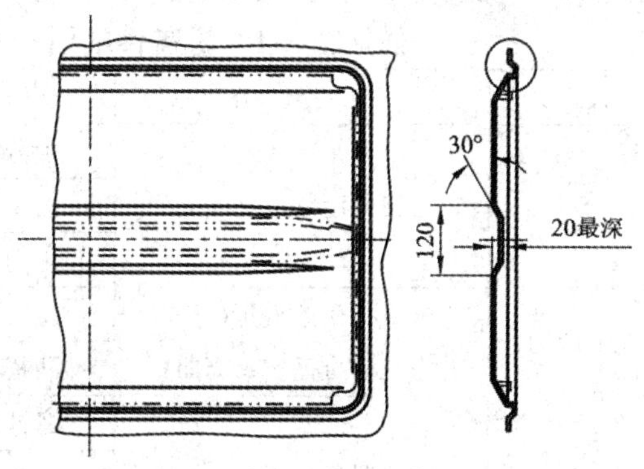

图 8-5　覆盖件的反成形

(7) 覆盖件边缘的圆角半径一般取 8～10 mm。当覆盖件边缘的圆角半径小于 5 mm 时，应增加整形工序(整形工序一般复合在翻边工序中)。

(8) 对于形状不对称的覆盖件，最好能成双同时拉深成形，然后再切开成两件，减少变形不均匀产生的侧向力对拉深的影响，如汽车的左、右门的内、外门板的拉深件。

(9) 由于覆盖件形状复杂，拉深时变形不均匀，因此准确计算毛坯尺寸与合理确定拉深形状(加上工艺补充部分和拉深筋)对成形有很大影响。

(10) 覆盖件材料要求有较好的塑性变形性能，多为 08 或 08Al 等钢板，形状复杂的覆盖件要用 08ZF 钢板进行拉延。

(11) 对于特别浅的拉深件，要注意控制回弹。

#### 4. 覆盖件的主要成形障碍及其防止措施

由于覆盖件形状复杂，多为非轴对称、非回转体的复杂曲面形状零件，因而决定了拉深时的变形不均匀，所以拉深时的起皱和开裂是主要成形障碍。

另外，覆盖件成形时，同一零件上往往兼有多种变形性质，例如，直边部分属弯曲变形，周边的圆角部分为拉深，内凹弯边属翻边，内部窗框以及凸、凹形状的窝和埂则为拉胀成形。不同部位上产生起皱的原因及防止方法也各不相同。同时，由于各部分变形的相互牵制，覆盖件成形时材料被拉裂的倾向更为严重。

覆盖件在拉深过程中产生起皱和开裂的原因很多，主要包括以下几个方面：

(1) 拉深模设计工艺性是否合理。

(2) 模具加工质量(表面精度、硬度等)引起的问题。

(3) 压力机精度(滑块平行度等)。

(4) 板料质量(厚度超差)。

*1) 覆盖件成形时的起皱及防皱措施*

在如图 8-3 所示的覆盖件的一般拉深过程中，当板料与凸模刚开始接触，板面内就会产生压应力，随着拉深的进行，当压应力超过允许值时，板料就会失稳起皱。

薄板失稳起皱的实质是由板面内的压应力引起的。但是，产生失稳起皱的原因的直观表现形式是多种多样的，如圆角凸模上的拉深起皱、直边凸缘上的诱导起皱、斜壁上的内皱等，所以覆盖件拉深时起皱的皱纹多少、形态和部位是多种多样的。根据发生的原因不同，可将覆盖件的面形状不良按表 8-1 进行分类。当然各种分类之间是紧密相关的，有时一种现象有可能是由多种因素引起的。

表 8-1　覆盖件的面形状不良发生原因分类

<table>
<tr><th>大分类</th><th>中　分　类</th><th>小　分　类</th></tr>
<tr><td rowspan="8">力(应力)</td><td rowspan="3">压应力起皱</td><td>由分布较均匀的压应力引起的起皱</td></tr>
<tr><td>由不均匀拉深应力引起的压应力导致的起皱</td></tr>
<tr><td>由剪切变形引起的压应力导致的起皱</td></tr>
<tr><td rowspan="2">外载荷引起变形(弯曲、扭转引起的起皱或挠曲)</td><td>压边圈压边时引起的折弯或多料</td></tr>
<tr><td>凹模、凸模圆角处的弯曲及其对周边的影响</td></tr>
<tr><td rowspan="3">卸载时的回弹</td><td>弯曲回弹</td></tr>
<tr><td>拉深变形不均匀引起的残余应力</td></tr>
<tr><td>在下死点因贴模而消除的起皱在缺陷卸载时恢复</td></tr>
<tr><td rowspan="2">变形</td><td>模具型面沿各方向的展开长度不相等(线长差)导致的张力不均</td><td>线长差导致的张力不均匀造成的起皱</td></tr>
<tr><td>材料在模具型腔内的不均匀流动</td><td>局部大的线长差造成的材料在模腔内的压印、压字等成形部位附近的不均匀流动</td></tr>
</table>

除材料的性能因素外，各种拉深条件对失稳起皱有如下影响：

(1) 拉深时板料的曲率半径越小越容易产生压应力，越容易起皱；

(2) 凸模与板料的初始接触位置越靠近板料的中央部位，引起的压应力越小，产生起皱的危险性就越小；

(3) 从凸模与板料开始接触到板料全面贴合凸模，贴模量越大，越容易发生起皱，且起皱越不容易消除；

(4) 拉深的深度越深，越容易起皱；

(5) 板料与凸模的接触面越大，压应力越靠近模具刃口或凸模与板料的接触区域，由于接触对材料流动的约束，所以随着拉深成形的进行而使接触面增大，对起皱的产生和发展的抑制作用将增加。

如图 8-6 所示为板料面内受力与起皱皱纹方向之间的关系，根据受力与皱纹方向之间的关系，可以定性判断覆盖件拉深起皱时板料面内的受力及其变形情况，并制定出减皱防皱的相应措施。其中，图 8-6(a)所示为压应力起皱；图 8-6(b)所示为不均匀拉应力起皱；图 8-6(c)所示为剪应力起皱；图 8-6(d)所示为板内弯曲起皱。

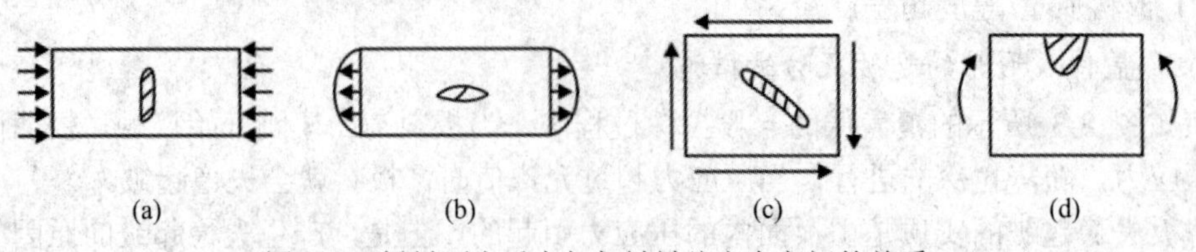


图 8-6　板料面内受力与起皱皱纹方向之间的关系

生产实际中，可结合覆盖件的几何形状、精度要求和成形特点等情况，根据失稳起皱的力学机理以及拉深条件对失稳起皱的影响等因素，从覆盖件的结构、成形工艺以及模具设计等多方面采取相应的防皱措施。对于形状比较简单、变形比较容易的覆盖件，或覆盖件的相对厚度较大(因薄板的临界起皱压应力近似与板厚的平方成正比)的覆盖件，采用平面压边装置(或不用压边装置)即可防止起皱。对形状复杂、变形比较困难的覆盖件，则要通过设置合理的工艺补充面和拉深筋等方法才能防止起皱。

2) *覆盖件成形时的开裂及防裂措施*

覆盖件成形时的开裂是由于局部拉应力过大造成的，由于局部拉应力过大导致局部大的胀形变形而开裂。开裂主要发生在圆角部位、压窝和窗口四角凸模圆角处，开裂部位的厚度变薄很大。凸模与坯料的接触面积过小、拉深阻力过大等都有可能导致材料局部胀形变形过大而开裂。也有由于拉深阻力过大、凹模圆角过小或凸模与凹模间隙过小等原因造成的整圈破裂。

为了防止开裂，应从覆盖件的结构、成形工艺以及模具设计多方面采取相应的措施。在覆盖件的结构上，可采取的措施有：各圆角半径最好大一些，曲面形状在拉深方向的实际深度应浅一些，各处深度均匀一些，形状尽量简单且变化尽量平缓一些等。在拉深工艺方面可采取的主要措施有：拉深方向尽量使凸模与坯料的接触面积大一些、合理的压料面形状和压边力使压料面各部位阻力均匀适度、降低拉深深度、开工艺孔和工艺切口等。在模具设计上，可采取设计合理的拉深筋、采用较大的模具圆角、使凸模与凹模间隙合理等措施。

**5. 覆盖件成形可能性分析**

首先，覆盖件一般都采取一次成形，以保证质量和经济性要求。为此，应在选材、零件设计、冲压工艺设计及模具设计等方面为一次顺利成形创造条件。

对于这类零件成形的可行性，一般采用下述分析方法来确定其工序参数及尺寸。

(1) 类比法。即参考以往冲压过的类似零件的工艺资料，进行分析比较，以判断一次成形的可能性，也可以按覆盖件在成形过程中各部位的变形性质，将其与相应的冲压基本工序进行类比，并用基本冲压工序的计算方法进行工艺计算，判断其能否一次成形。这种类比法只是近似的。

(2) 应力应变分析法。覆盖件能否顺利成形取决于两个方面：一是传力区的承载能力，即传力区是否有足够的抗拉强度；二是变形区的变形方式及可能产生的问题。覆盖件的成形一般是伸长与压缩两种变形的组合，以伸长类变形为主或以压缩类变形为主，或两种变形差不多。

通过对覆盖件各部位应力和变形的分析，可以粗略地掌握覆盖件的变形特点及成形顺利进行的主要障碍；还可以进一步明确应采取什么措施，以保证一次成形的顺利进行。如果应用坐标网格试验分析法，将试验数据与零件有关尺寸进行对照分析，可以得出更接近实际的结果。

(3) 成形度判断法。成形度 $\alpha$ 按如下公式计算：

$$\alpha=\left(\frac{l}{l_0}-1\right)\times 100\% \tag{8-1}$$

式中：$l$——成形后零件的纵截面的长度；

$l_0$——成形前相应截面的坯料长度。

在覆盖件最深或认为最危险的部位，取间距 50～100 mm 的纵向截面，计算各成形截面的成形度。

当 $\alpha_{平均}$≤2%时，因胀形成分不够而产生回弹，要获得良好的固定形状是困难的。

当 $\alpha_{平均}$≥5%～10%时，不能只靠胀形成形，必须使坯料以拉深方式从凸缘拉入凹模。

当 $\alpha_{平均}$≥30%～40%时，很难用拉深成形。

### 8.2.2　覆盖件的拉深工艺

拉深件的工艺性是编制覆盖件冲压工艺首先要考虑的问题，只有设计出一个合理的、工艺性好的拉深件，才能保证在拉深过程中不起皱、不开裂或少起皱、少开裂。在设计拉深件时不但要考虑拉深方向、压料面形状、翻边的展开、冲工艺孔和工艺切口、拉深筋的形状及配置等可变量的设计，还要合理地增加工艺补充部分。各可变量设计之间又有相辅相成的关系，如何协调各变量的关系，是成形技术的关键。要使之不但满足该工序的拉深，还要满足该工序冲模设计和制造工艺的需要，并给下道切边、翻边工序创造有利条件，一般应注意以下几个方面。

#### 1. 拉深方向的选择

所选的拉深方向是否合理将直接影响：凸模能否进入凹模、毛坯的最大变形程度、是否能最大限度地减少拉深件各部分的深度差、变形是否均匀、能否充分发挥材料的塑性变形能力、是否有利于防止破裂和起皱缺陷的发生。同时还影响到工艺补充部分的多少，以及后续工序的工艺方案。

拉深方向选择的原则如下：

(1) 保证能将拉深件的所有空间形状(包括棱线、筋条和鼓包等)一次拉深出来，不应有凸模接触不到的死角或死区，要保证凸模与凹模工作面的所有部位都能够接触。若选择如图 8-7(a)所示的拉深方向，则凸模不能全部进入凹模，造成零件右下部成为“死区”，不能成形出所要求的形状，拉深无法进行；选择如图 8-7(b)所示的拉深方向后，则可以使凸模全部进入凹模，拉深出零件的全部形状。

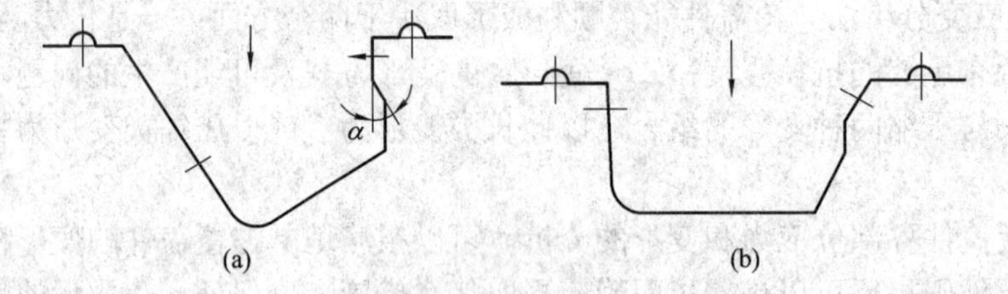


图 8-7　出现死区与调整后的图示

(2) 有利于控制拉深件的深度。拉深深度太深，会增加拉深成形的难度，容易产生破裂、起皱等质量问题；拉深深度太浅，则会使材料在拉深成形过程中得不到较大的塑性变形，覆盖件刚度得不到有效的加强。因此，所选择的拉深方向应使拉深件的深度适中，既能充分发挥材料的塑性变形能力，又能使拉深成形过程顺利完成。

(3) 尽量使拉深深度差最小，以减小材料流动和变形量分布不均匀性。如图 8-8(a)所示方案拉深深度差大，材料流动不均匀；而改变拉深方向成为如图 8-8(b)所示方向后，两侧的深度差较小，材料流动和变形差减小，有利于拉深成形。如图 8-8(c)所示为左右对称拉深件，可利用对称拉深一次成形两件，拉深后再剖切开，便于确定合理的拉深方向，使进料阻力均匀。

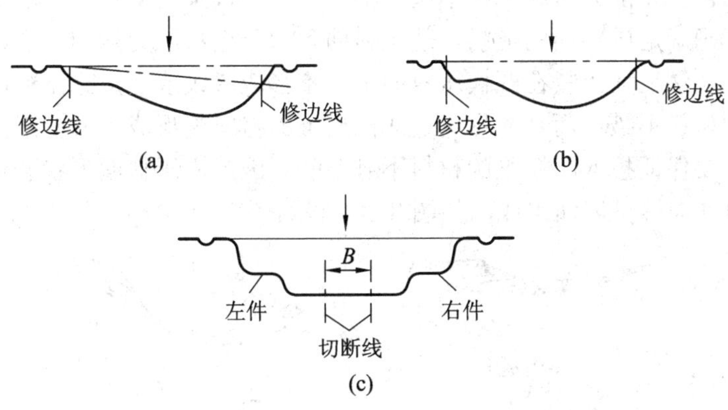


图 8-8　拉深深度与拉深方向

(4) 保证凸模开始拉深时与拉深毛坯有良好的接触状态，开始拉深时凸模与拉深毛坯的接触面积要大，接触面应尽量靠近冲模中心。如图 8-9 所示为凸模开始拉深时与拉深毛坯的接触状态示意图。其中，上图是不好的设计，下图为改善后好的方案。如图 8-9(a)所示，上图由于接触面积小，接触面与水平面夹角 $\alpha$ 大，接触部位容易产生应力集中而开裂。所以凸模顶部最好是平的，并成水平面，可以通过改变拉深方向或压料面形状等方法增大接触面积。如图 8-9(b)所示，上图由于开始接触部位偏离冲模中心，在拉深过程中毛坯两侧的材料不能均匀拉入凹模，而且毛坯可能经凸模顶部窜动使凸模顶部磨损加快并影响覆盖件表面质量。如图 8-9(c)所示，上图由于开始接触的点既集中又少，在拉深过程中毛坯可能经凸模顶部窜动而影响覆盖件表面质量。同样可以通过改变拉深方向或压料面形状等方法增大接触面积。如图 8-9(d)所示，上图由于形状上有 90° 的侧壁要求，决定了拉深方向不能改变，只有使压料面形状为倾斜面，才能使两个地方同时接触。

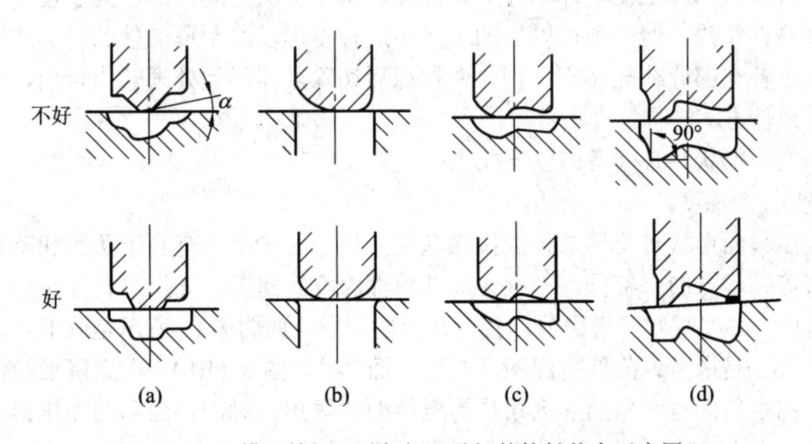


图 8-9　凸模开始拉深时与拉深毛坯的接触状态示意图

还应指出，拉深凹模里的凸包等形状必须低于压料面形状，否则在压边圈还未压住压料面时凸模会先与凹模里的凸包接触，毛坯因处于自由状态而引起翘曲变形，致使拉深件的内部形成大皱纹甚至使材料发生重叠等质量问题。

**2．压料面形状的确定**

压料面是工艺补充部分组成的一个重要部分，即凹模圆角半径以外的部分，在增加工艺补充时必须正确确定压料面的形状，使压料面各部分进料阻力均匀可靠，保证拉深深度均匀，压料圈将拉深毛坯压紧在凹模压料面上，不形成皱纹或折痕。压料面的形状不但要保证压料面上的材料不皱，而且应尽量造成凸模下的材料能形成下凹变形，以降低拉深深度，更重要的是要保证拉入凹模里的材料不皱不裂。因此，压料面形状一般由平面、圆柱面、圆锥面和直曲面等可展面组成，如图 8-10 所示。

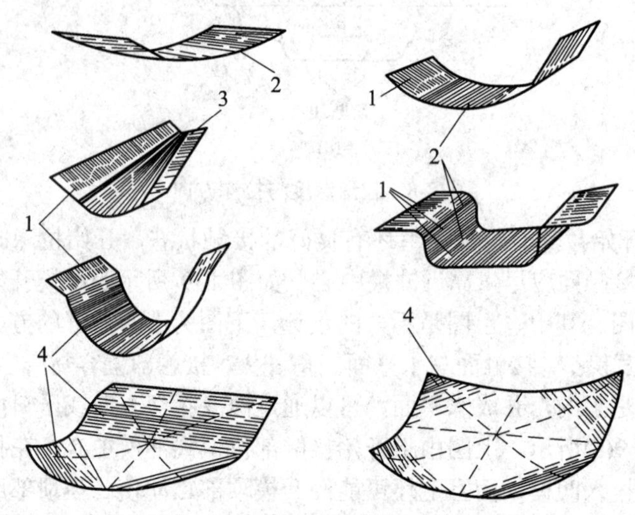


1—平面；2—圆柱面；3—圆锥面；4—直曲面

图 8-10　压料面形状

压料面有两种，一种是压料面就是覆盖件本身的一部分；另一种是由工艺补充部分补充而成的。若压料面就是覆盖件本身的一部分，由于形状是既定的，为了便于拉深，虽然其形状能做局部修改，但必须在以后的工序中进行整形以达到覆盖件凸缘面的要求。若压料面是由工艺补充部分补充而成，则要在拉深后切除，其形状处理较为自由，可按拉深工艺要求进行最佳方案选择。

确定压料面形状时必须考虑以下几点：

(1) 降低拉深深度。

在确定压料面形状时要尽量降低拉深深度，使形面平缓，有利于防皱和防裂。如果压料面就是覆盖件本身的一部分，不存在降低拉深深度的问题。如果压料面是由工艺补充部分补充而成的，必要时就要考虑降低拉深深度的问题。如图 8-11 所示是降低拉深深度的示意图。图 8-11(a)是未考虑降低拉深深度的压料面形状，图 8-11(b)是考虑降低拉深深度的压料面形状。图中斜面与水平面的夹角称为压料面的倾角。对于斜面和曲面压料面，压料面倾角一般不应大于 45°；对于双曲面压料面，压料面倾角 $\alpha$ 应小于 30°。$\alpha = 0°$ 时是平的压料面，压料效果最好，但很少有压料面全是平的覆盖件，且此时拉深深度最大，容易起皱和拉裂。压料面倾角太大，也容易起皱，还会给压边圈强度带来一定的影响。

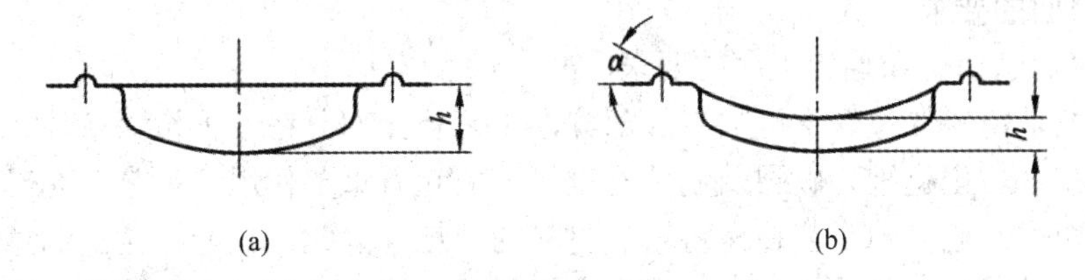


图 8-11　降低拉深深度的示意图

如果压料面是覆盖件本身的凸缘部分，则凹模圆角半径要根据具体情况确定，因覆盖件圆角半径一般都比较小，直接作为凹模圆角半径不易拉深，必须加大才不会导致拉深时起皱或破裂。加大后的圆角，可通过后工序的整形达到产品要求。

(2) 凸模对毛坯一定要有拉伸作用。

凸模对毛坯一定要有拉伸作用，这是确定压料面形状必须充分考虑的一个重要因素。只有使毛坯各部分在拉深过程中处于拉伸状态，并能均匀地紧贴凸模，才能避免起皱。有时为了降低拉深深度而确定的压料面形状，有可能牺牲了凸模对毛坯的拉伸作用，这样的压料面形状是不能被采用的。只有当压料面的展开长度小于凸模表面的展开长度时，凸模才对毛坯产生拉伸作用。如图 8-12(a)所示，只有压料面的展开长度 $A'B'C'D'E'$ 小于凸模表面的展开长度 $ABCDE$ 时才能产生拉伸作用。

有些拉深件虽然压料面的展开长度比凸模表面的展开长度短，可是并不一定能保证最后不起皱。这是因为从凸模开始接触毛坯到下死点的拉深过程中，在每一瞬间位置的压料面展开长度比凸模表面的展开长度有长、有短，短则凸模使毛坯产生拉伸，长则因拉伸作用减小甚至无拉伸作用导致起皱。若拉深过程中形成的皱纹浅而少，再继续拉深时则有可能消除，最后拉深出满意的拉深件来；若拉深过程中形成的皱纹多或深，再继续拉深时也无法消除，最后会残留在拉深件上。如图 8-12(b)所示的压料面形状，虽然压料面的展开长度比凸模表面的展开长度短，可是压料面夹角 $\beta$ 比凸模表面夹角 $\alpha$ 小，因此在拉深过程中的几个瞬间位置因“多料”产生了起皱。所以在确定压料面形状时，还要注意使 $\alpha<\beta<180°$。

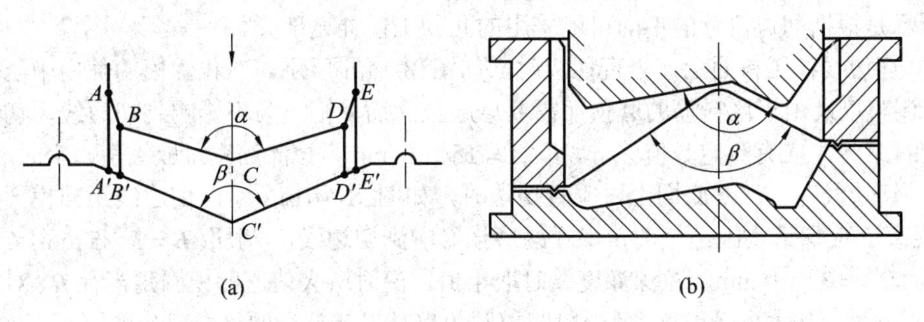


图 8-12　凸模对毛坯产生拉伸作用的条件

### 3．工艺补充

为了实现覆盖件的拉深，需要将覆盖件的孔、开口、压料面等结构根据拉深工序的要求进行工艺处理，这样的处理称为工艺补充。合理的增加工艺补充部分应满足以下 3 方面的要求：

(1) 该工序拉深的要求。

(2) 压料面的要求。

(3) 拉深后的切边和翻边工序的要求。

工艺补充是覆盖件拉深不可缺少的部分，工艺补充部分在改善拉深条件、毛坯变形大小和变形分布，防止起皱、破裂及刚性不足等方面起着重要作用。工艺补充部分在拉深完成后要被修切掉，过多的工艺补充将增加材料的消耗。因此，在能够拉出满意的拉深件的条件下，应尽量减少工艺补充部分，以提高材料的利用率。但必要时还要有意增加工艺补充(如凹槽、斜槽、凸筋等)。如果在设计拉深件时，经过仔细分析，已考虑到某一部分(形状变化急剧的部分)在拉深时有多余的金属，材料易流动，可能会产生起皱，那么工艺人员就要有意在这部分的工艺补充上加凹槽或凸筋等，使多余的金属在拉深过程中流到凹模或凸筋中，充分吸收多余的材料，使拉深不易起皱。同时加凹槽时要考虑到切边时容易去掉，这个方法可有效地解决拉深起皱问题。

图 8-13(a)所示的工艺补充简化了拉深件轮廓形状，使拉深件压料面轮廓形状简单，拉深件变形在压料面上的分布比较均匀，有利于控制拉深件的变形和塑性流动。图 8-13(b)所示的工艺补充增加了局部侧壁高度，使拉深件深度变化减少，使塑性流动变得均匀。图 8-13(c)所示的工艺补充简化了压料面形状，有利于拉深件的均匀流动和均匀变形。

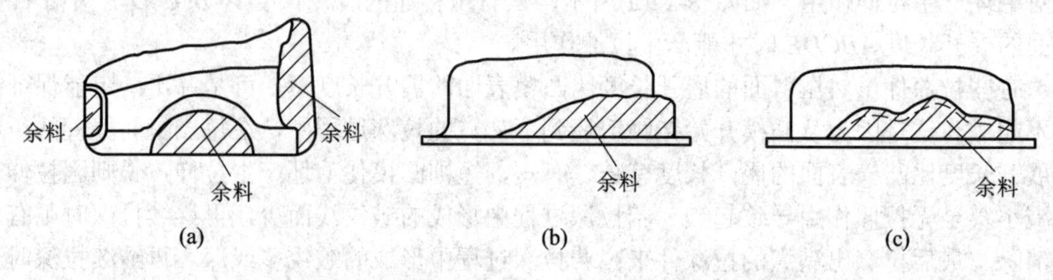


图 8-13　简化拉深件结构形状

工艺补充的方法和形式可以多种多样，但前提是能够顺利成形。因此在工艺设计上，工艺补充设计占据了相当大的工作量，它也是一个成形工艺方案好坏最直接的表现。如图 8-14 所示是根据切边位置的不同可能采用的几种工艺补充部分。

(1) 切边线在压料面上，垂直切边时，如图 8-14(a)所示。在拉深模的使用中压料面需要经常调整以及由于压料筋的磨损而需要修磨拉深筋、槽，为不影响到切边线，切边线距拉深筋的距离 $A$ 应有一定数值。一般取 $A = 15 \sim 25$ mm，拉深筋宽时取大值，窄时取小值。

(2) 切边线在拉深件底面上，垂直切边时，如图 8-14(b)所示。切边线距凸模圆角半径 $R_{凸}$的距离 $B$ 应保证不因凸模圆角半径的磨损影响到切边线，一般取 $B = 3 \sim 5$ mm，$C = 10 \sim 20$ mm。$R_{凸} = 3 \sim 10$ mm，拉深深度浅时取小值，深时取大值。凹模圆角半径 $R_{凹}$对拉深的阻力影响很大，其大小必须适当。一般凹模圆角也是工艺补充的组成部分，一般取 $R_{凹} = 8 \sim 10$ mm。如果压料面本身就是拉深件凸缘，其拉深凹模圆角半径要根据具体情况考虑确定。由于覆盖件要求的圆角半径一般都比较小，无法作为拉深凹模圆角半径，必须加大，在后道工序再进行圆角的整形。$R_{凹}$以外的压料面部分 $D$ 可按一根拉深筋或一根半拉深筋确定。

(3) 切边线在拉深件翻边展开斜面上，垂直切边时，如图 8-14(c)所示。切边线距凸模圆角半径 $R_{凸}$的距离 $E$ 和图 8-14(b)中的 $B$ 值相似。切边方向与切边表面的夹角 $\alpha$ 应小于 50°，

$\alpha$ 角过大时，在采用垂直切边时，会使切面过尖，且刃口变钝后切边处容易产生毛刺。

(4) 切边线在拉深件斜面上，垂直切边时，如图 8-14(d)所示。切边线按覆盖件的翻边轮廓展开，而一般翻边轮廓外形复杂，因此切边线距凸模的圆角半径 $R_{凸}$的距离 $E$ 是变化的，故一般只控制几个最小尺寸。为了从拉深模中取出拉深件和放入切边模定位方便，拉深件的侧壁的侧壁斜度一般取 $\beta = 3° \sim 10°$ 。考虑拉深件定位稳定、可靠并根据压料面形状的需要，一般取 $C = 10 \sim 20$ mm。

(5) 切边线在拉深件的侧壁上时，当侧壁与水平面的夹角接近或等于直角时，采用水平切边，如图 8-14(e)所示。切边线距凹模圆角半径的距离 $F$ 应根据压料面形状的需要确定，压料面不可能和切边线完全平行。局部可能很大，一般只控制几个最小尺寸。此尺寸由切边凹模镶块的强度决定。

(6) 侧壁与水平面的夹角较大时，特别是侧壁与水平面的夹角在 45° 左右时，则采用倾斜切边，如图 8-14(f)所示。此时，因切边线距凹模圆角半径 $R_{凹}$的距离 $G$ 是变化的，一般只控制几个最小尺寸。由于切边模要采用改变压力机滑块运动方向的机构，考虑切边模的凹模强度，切边线距凹模圆角半径 $R$ 的距离 $G$ 应尽量大，一般取 $G$>25 mm。

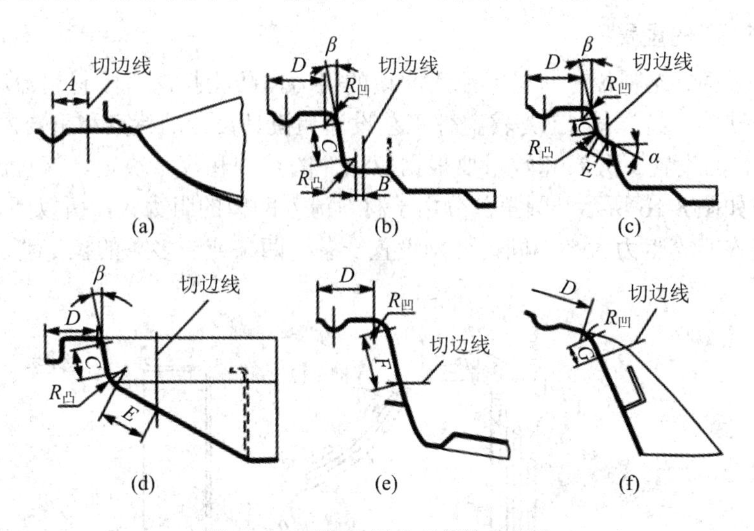


图 8-14　可能采用的工艺补充部分

### 4. 工艺孔和工艺切口

在覆盖件拉深过程中，拉深较深的有窗口的反拉深成形的冲压件时，有时靠从外部流入材料完成反拉深处的成形很困难，继续拉深将会产生破裂。这时，可考虑在窗口区域内采用冲工艺孔或工艺切口的方法，改变反拉深窗口区域内的受力状态，使窗口区域内的材料可以产生流动，向反拉深区域补充材料，实现反拉深区域的拉深成形。如图 8-15 所示为两种工艺切口示意图。其中，图 8-15(a)所示为上后围成形部位工艺切口布置，图 8-15(b)所示为里门板窗口成形部位工艺切口布置。工艺切口或工艺孔应放在废料部分，最后再将其切掉，从而不影响最终冲压件的质量。

工艺孔或工艺切口的位置、大小和形状应保证不因拉应力过大而产生径向裂口，又不能因拉应力过小而形成皱纹或起皱，缺陷不能波及覆盖件表面。工艺孔或工艺切口必须设在拉应力最大的拐角处，因此冲工艺孔或工艺切口的位置、大小、形状和切制时间应在调整拉深模时通过现场试验确定。由于模具制造装配困难，模具精度不易保证，冲切的碎渣影响覆盖件的表面质量，因此应尽量不用该方法，而是在覆盖件设计时采取降低反拉深深度、加大圆角半径和增加侧壁斜度等相应措施，或在落料时预冲孔等方法。

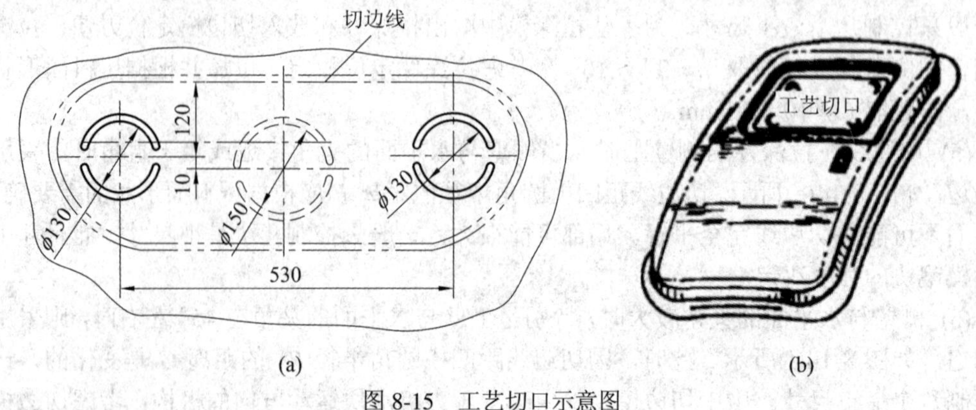


图 8-15　工艺切口示意图

(a) 上后围成形部位工艺切口布置；(b) 里门板窗口成形部位工艺切口布置

### 5. 拉深筋(槛)的设置

利用拉深筋(槛)控制各方向材料流入凹模的阻力，防止拉深时因材料流动不均匀而发生起皱和破裂缺陷，拉深筋(槛)是覆盖件工艺设计和模具设计的特点和重要内容。

拉深筋(槛)的设置、分布和数量要根据拉深件的结构和尺寸决定。深拉深工序拉深筋的设置与分布如图 8-16 所示。圆角部分由于材料流入凹模的阻力大，所以不设拉深筋，直边部分根据流入凹模阻力大小不同，分别设置一条、两条或更多条的拉深筋。

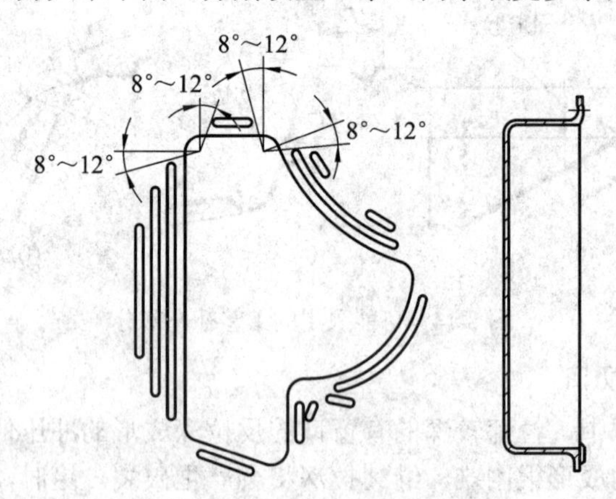


图 8-16　深拉深工序拉深筋设置与分布

### 6. 通气孔

在覆盖件拉深过程中，由于坯料首先就被压边圈压紧在凹模压料面上，形成一个封闭空间，当凸模下行使坯料变形时，如果凹模内的空气不能被及时排除，就会被压缩，产生很大的压力，影响坯料成形，甚至产生多余变形而报废，因此，必须考虑型腔排气。另外，拉深变形完成后，如果拉深件与凸模紧贴，其间可能会形成真空吸附，当凸模回程时就会将拉深件向上带起，而卸料板又强行压下，从而导致不必要的变形，因此也必须考虑拉深件与凸模之间的空气流通问题。由此可知，覆盖件拉深模的凹模和凸模，都必须在适当位置设置通气孔。

## 8.2.3　覆盖件切边的工艺

覆盖件的形状比较复杂，切边轮廓多数是立体不规则的，有时中间还带孔槽，尺寸变化比较大，切边线也比较长。切边形状的工艺性不仅直接关系到切边质量和切边模具设计，而且影响到以后翻边的稳定性。切边工艺设计需考虑的主要问题是切边方向、切边形式、定位方式以及废料的分块与排除等。

### 1. 确定切边方向

切边就是将拉深件切边线以外的部分切掉。理想的切边方向是切边刃口的运动方向和切边表面垂直。一般覆盖件的切边会在拉深件的曲面上，可以选择的切边方向会有无数个，确定覆盖件的切边方向必须注意以下两点：

(1) 定位要方便可靠。拉深件在切边时，一般用拉深件侧壁形状或拉深筋(槛)形状定位。用拉深件侧壁为定位设置时，以拉深件的开口朝下为宜，如图 8-17(a)所示。用拉深件的拉深筋(槛)形状定位时，以拉深件的开口朝上为宜，如图 8-17(b)所示。这两种定位方式方便可靠，并有自动导正作用，只是切边方向相反。

(2) 要保证良好的刃口强度。由于拉深件是凸出形状的，为了使拉深件凸出形状不影响刃口强度，最好使拉深件开口尺寸朝下，如图 8-17(a)所示。

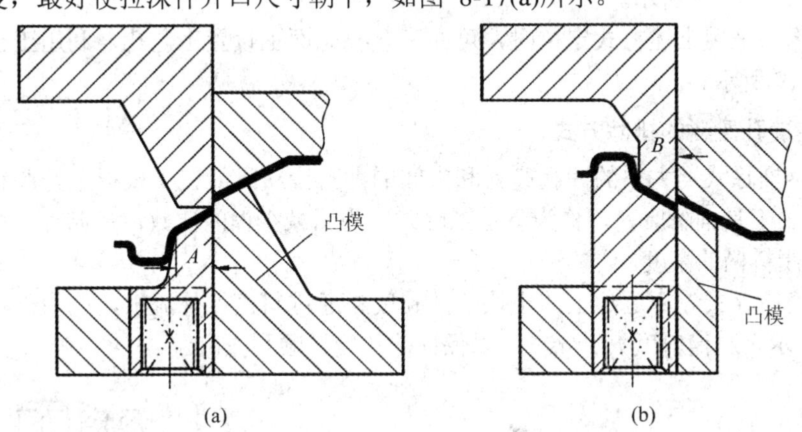


图 8-17　拉深件形状定位

### 2. 确定切边形式

如图 8-18 所示，切边形式有以下 3 种。

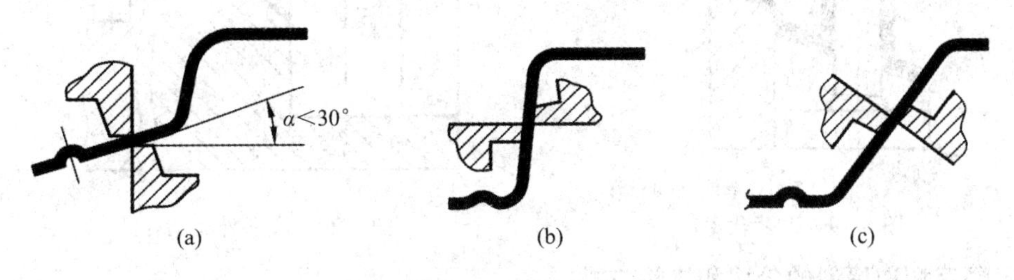


图 8-18　切边形式

(1) 垂直切边(见图 8-18(a))。刃口沿上下垂直方向运动，适用于当切边线上任意点切线与水平面的夹角小于 30° 时(最大可达 45° )。由于垂直切边模具结构最为简单，废料处理也比较方便，所以进行工艺设计时应当优先选用。

(2) 水平切边(见图 8-18(b))。刃口沿水平方向运动，适用于侧壁与水平面夹角等于或接近于直角时。凸模(或凹模)的水平运动可通过斜滑块机构或加装水平方向运动的液压机构来实现，所以模具的结构比较复杂。

(3) 倾斜切边(见图 8-18(c))。刃口沿倾斜方向运动，适用于侧壁与水平面不垂直，切边线上任意点切线与水平面的夹角大于 30° 时。倾斜切边模的机构可采用斜滑块机构或加装斜切方向运动的液压装置来实现。

### 3. 板料冲裁条件要合理

板料冲裁时，刃口运动方向最好与切边表面垂直。若刃口运动方向与切边表面成一定角度时，则应避免近乎平行的冲裁。因为近乎平行时，材料不是被切断而是被撕开，不仅影响切边处质量，而且造成刃口切割的实际厚度大大增加，致使刃口不可能切割或局部受力大而过早损坏。

### 4. 定位方式

(1) 一般采用按拉深件形状定位的方式，包括按拉深件侧壁形状、按拉深筋(槛)形状进行定位两种形式。前者适用于空间曲面变化较大的覆盖件，后者适用于空间曲面变化较小的拉深件，如图 8-17 所示。

(2) 当无法采用上述方式定位时，可在工艺补充面上设置工艺孔，利用工艺孔进行定位，如图 8-19 所示。

### 5. 确定冲孔废料的排除方式

(1) 下落捅除式。大块的冲孔废料和中间的冲孔废料只能在下模板上开废料槽，再加盖板，用手工工具捅除废料，称为下落捅除式。为了减少捅的次数，多储存一些废料，可以适当加大废料槽的高度。

(2) 外流储存式。靠近边上的小块的冲孔废料通过斜槽往外流出，称为外流储存式，如图 8-20 所示。斜槽斜度大于 45°，以保证冲孔废料顺利流出。

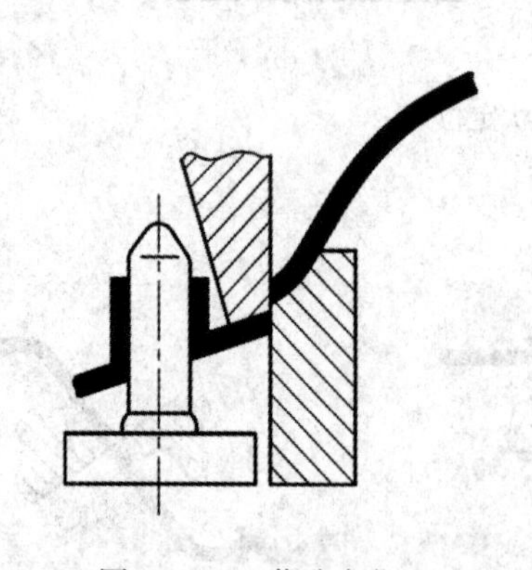

图 8-19　工艺孔定位

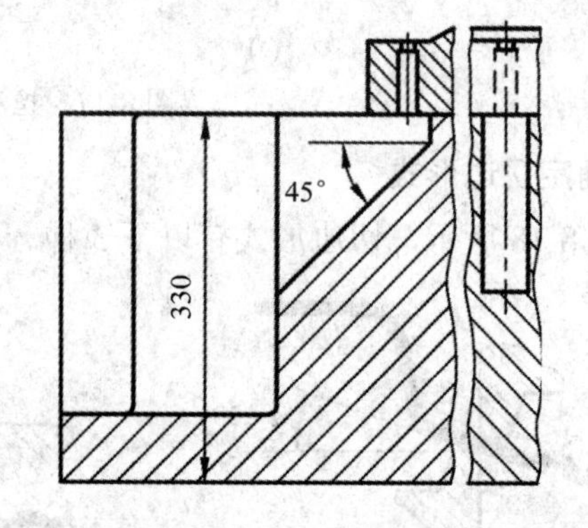


图 8-20　废料外流储存式

### 6. 确定切边废料的分块和排除方式

切边时须将拉深件的工艺补充部分全部切掉，因此废料较多。对于较长和圈状的废料，为了安全和方便，还需要进行分块。切边废料的分块应根据废料的排除方式而定，手工排除切边废料的分块不宜太小，一般不超过 4 块；机械排除废料的分块要小一些，便于自动收集，便于废料打包机打包即可。分块的位置最好在废料较窄的地方。

### 8.2.4　覆盖件翻边的工艺

对于一般的覆盖件来说，翻边通常是冲压工艺的最后成形工序，其作用主要是最后加工覆盖件之间的配合及焊接连接部位形状，提高覆盖件的刚度，并对覆盖件进行最终整形。因此翻边质量的好坏和翻边位置的准确度，将直接影响整个汽车车身的装配精度和质量。

覆盖件的翻边轮廓多数是立体不规则的，沿周边各处的翻边变形也不相同，而且大多是成形和压弯相混合。轮廓的形状、翻边凸缘的尺寸及形状应具有较好的工艺性，这对翻边质量的影响很大，因此合理的翻边工艺设计非常重要。覆盖件翻边工艺设计的主要内容是确定翻边方向、翻边形式及定位方式等。

#### 1. 确定翻边方向

确定覆盖件的翻边方向必须注意以下几点：

(1) 定位要方便可靠。由于切边后工序件的刚性比较差，变形也比较大，而翻边工序又是有关尺寸和形状的最后成形工序，因此对定位的准确性要求更高。一般都是采用形状定位，而且工序件通常是开口朝下放置的。

(2) 翻边条件要合理。翻边工序对于一般的覆盖件来说是冲压工序的最后成形工序，翻边质量的好坏和翻边位置的准确度直接影响整个汽车车身的装配和焊接的质量，合理的翻边方向应满足下列两个条件：

① 凹模刃口运动方向和翻边凸缘、立边方向必须一致。

② 凹模刃口运动方向和翻边轮廓表面(翻边基面)应尽量垂直，无法垂直时应尽量与各翻边基面的夹角相等。

此时凹模刃口的翻边状态和受力状态较好，受侧压力及工件蹿动比较少，因此翻边方向应尽量满足这两个条件。但实际情况是运动方向往往和翻边轮廓表面并不垂直，而是相交成一个角度，考虑到翻边的可行性，该角度不宜小于 10°。

对于平面翻边，只要翻边方向能满足条件②，就能满足条件①，其翻边方向较易确定。对于类似成形孔的封闭式翻边，其翻边方向只能满足条件①，没有其他选择。对于曲面翻边，要同时满足以上两个条件理论上是不可能的，欲确定较为合理的翻边方向，应考虑两个问题：

一是翻边线上任意点的切线应与翻边方向尽量垂直(使之趋近于满足上述条件②)；

二是翻边线两端连线上的翻边分力应平衡，这样翻边才能平稳(使之趋近于满足上述条件①)。

因此，曲面翻边的翻边方向一般取翻边线两端点切线垂直线夹角的平分线，而不取翻边线两端点连线的垂直方向，如图 8-21 所示。

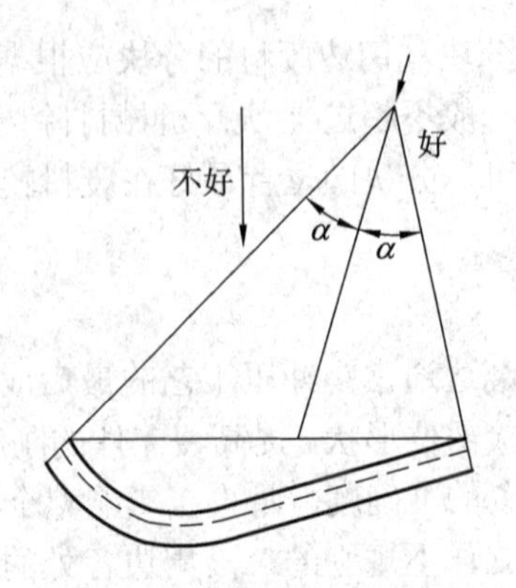


图 8-21　曲面翻边的翻边方向

**2．确定翻边形式**

可供选择的翻边形式有以下 3 种：

(1) 垂直翻边。凹模刃口沿上下垂直方向运动。

(2) 水平翻边。凹模刃口沿水平方向运动。

(3) 倾斜翻边。凹模刃口沿倾斜方向运动。

**3．确定定位方式**

为了定位准确和可靠，可同时采用以下 3 种方法定位：

(1) 形状定位。形状定位方便可靠。

(2) 孔定位。孔定位准确。

(3) 利用切边轮廓定位。利用切边轮廓定位结构简单。

上述定位方法，一般是通过在模具上设置相应的定位块和定位销来实现的。

### 8.2.5　覆盖件的工序工件图

覆盖件的工序工件图是指拉深工件图、切边工件图及翻边工件图等工序工件图，是模具设计过程中贯彻工艺设计意图、确定模具结构及尺寸的重要依据之一。

各工序工件图一般按工序分开绘制，通常在拉深工件图上绘出切边线，在切边工件图上绘出翻边线，以表示出前后工序之间的联系。当然也可将各工序工件图绘制在一张图纸上，采用不同的线条表示不同的工序内容，这样可使前后工序之间的关系更加明了。

覆盖件工序工件图的基本内容要求是：

(1) 覆盖件图(即覆盖件产品图)是按覆盖件在汽车中的位置绘制的，而覆盖件工序工件图是按工序件在模具中的位置绘制的。而且各工序的工序工件图必须按本工序的冲压方向绘制，只有最后一道工序可用覆盖件图代替，但也必须用箭头表示出其冲压方向。

(2) 覆盖件工序工件图必须将本工序的形状改变部分的尺寸表达清楚，如拉深件的工艺补充部分尺寸、翻边的展开尺寸等。难以用几何尺寸表达清楚的，可用实型(工艺主模型)或数字模型来表示。对于覆盖件图原有尺寸则不必标注。

(3) 覆盖件工序工件图必须将基准线和基准点的位置标注清楚。这些基准对于模具设计、制造及使用都是非常重要的，在模具设计时是设计基准；在模具制造时是各工序模具的工艺基准；在模具使用时是安装定位基准，是提高模具制造精度、方便模具安装使用的有力保证。

(4) 覆盖件工序工件图应将工序件的送进方向和取出方向标注清楚。

(5) 覆盖件切边工序工件图应标注废料切刀的位置和刃口方向，并用文字说明废料的排除方式。

### 8.2.6 拉深和切边、翻边工序间的关系

覆盖件成形各工序间不是相互独立而是相互关联的，在确定覆盖件冲压方向和增加工艺补充部分时，还要考虑切边、翻边时工序件的定位和各工序件间的其他相互关系等问题。

拉深件在切边工序中的定位有 3 种：

(1) 用拉深件的侧壁形状定位。该方法用于空间曲面变化较大的覆盖件，由于一般凸模定位装置高出送料线，操作不如凹模定位方便，所以尽量采用外表面侧壁定位。

(2) 用拉深筋形状定位。该方法用于一般空间曲面变化较小的浅拉深件，优点是方便、可靠和安全；缺点是由于需考虑定位块结构尺寸、切边凹模镶块强度、凸模对拉深毛坯的拉深条件、定位稳定和可靠等因素，所以增加了工艺补充部分的材料消耗。

(3) 用拉深时冲或穿制的工艺孔定位。该方法用于不能用前述两种方法定位时的定位，优点是定位准确、可靠；缺点是操作时工艺孔不易套入定位销且增加了拉深模的设计制造难度，故应尽量少用。要使定位稳定可靠，必须是两个工艺孔，且孔距越远定位越可靠。工艺孔一般布置在工艺补充面上，并在后续工序中切掉。

切边件在翻边工序中的定位，一般用工序件的外形、侧壁或覆盖件本身的孔定位。此外还要考虑工件的进出料的方向和方式、切边废料的排除、各工序工件在冲模中的位置等问题。

在制定覆盖件冲压工艺流程时，要根据具体零件的各项质量要求来综合考虑相关工序的安排，以最合理的工序分工来保证零件质量，把最优先保证的质量项的相关工序安排到最后一道工序。同时必须考虑到复合工序在模具设计时实现的可能性与难易程度。

## 8.3 汽车覆盖件拉深模结构及设计

覆盖件拉深模结构与拉深时使用的压力机有密切关系。覆盖件拉深模可分为单动压力机拉深模和双动压力机拉深模，形状复杂的覆盖件必须采用双动压力机拉深模。现在国外覆盖件生产已有采用全自动多工位压力机的趋势。在设计拉深模时，应考虑模具结构紧凑、轻巧、导向可靠、人工送料和取件操作方便、安全等问题。

#### 1. 覆盖件拉深模的典型结构

如图 8-22 所示为单动压力机用拉深模，模具主要由三大件构成：凸模 6、凹模 1 和压料圈 5。压力机的气垫通过顶杆 7 对压料圈施加压边力，限位块 3 保证压料圈周围保持均匀的合模间隙，从而保证压料力的均匀性。凹模 1 与压料圈 5 之间用四块导板 4 进行导向定位，凹模 1 与压料圈 5 四周用一定数量的滑板 12 进行导向定位，其导向定位可以抵消拉深过程中出现的侧向力的作用，导向定位准确可靠。凹模 1 和凸模 6 型腔内设置了一定数量的通气孔 2 和 11。

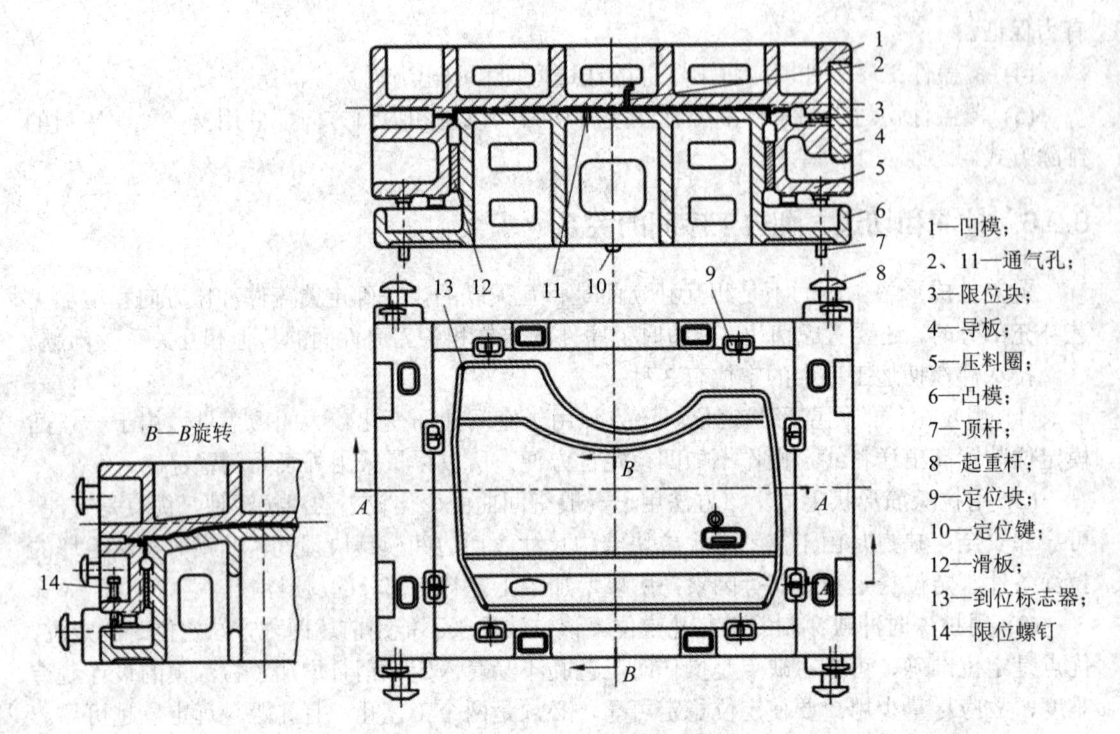


图 8-22　单动压力机用拉深模

一般的浅拉深或形状对称的拉深件都在单动压力机上完成，采用单动拉深模具。为了便于压料，通常将凸模安装在下模，称之为倒装拉深模。

如图 8-23 所示为双动拉深压力机上用拉深模。当拉深形状复杂、深度较大的覆盖件时，必须采用双动压力机进行双动拉深。这种拉深模的凸模安装在压机的内滑块上，压料圈安装在压机的外滑块上，凹模安装在下工作台上平面，称之为正装拉深模。

采用双动压力机的优点如下：

(1) 双动压力机的压紧力要大于单动压力机。如一般气垫单动压力机，其压紧力等于双动压力机压紧力的 20%～25%，而双动压力机的外滑块压紧力为内滑块压紧力的 65%～70%。

(2) 双动压力机的外滑块压紧力，可通过调节螺母调节外滑块四角的高低，从而调节拉深模压料面上各部位的压力；而单动压力机拉深模，控制压料面上材料流动的压紧力只能整体调节，缺乏灵活性。

(3) 双动压力机的拉深深度要大于单动压力机。

(4) 单动拉深模的压料不是刚性的，如果压料面是不对称的立体曲面形状，在拉深初始预弯成压料面形状时，可能会造成压料板偏斜，严重时将失去压料作用；而双动拉深模的情况则好多了。

拉深模的凸模、凹模、压料圈一般都采用铸件(用聚苯乙烯泡沫塑料作模型的消失模铸造)，要求既要尽量减轻重量，又要有足够的强度，因此铸件上非重要部位应挖空，影响到强度的部位应设置加强筋。铸件材料常用钼铬铸铁、铬钼钒铸铁、铜钼钒铸铁和钼钒铸铁 4 种材料，其中钼铬铸铁应用最多。其结构尺寸可参考有关设计手册。

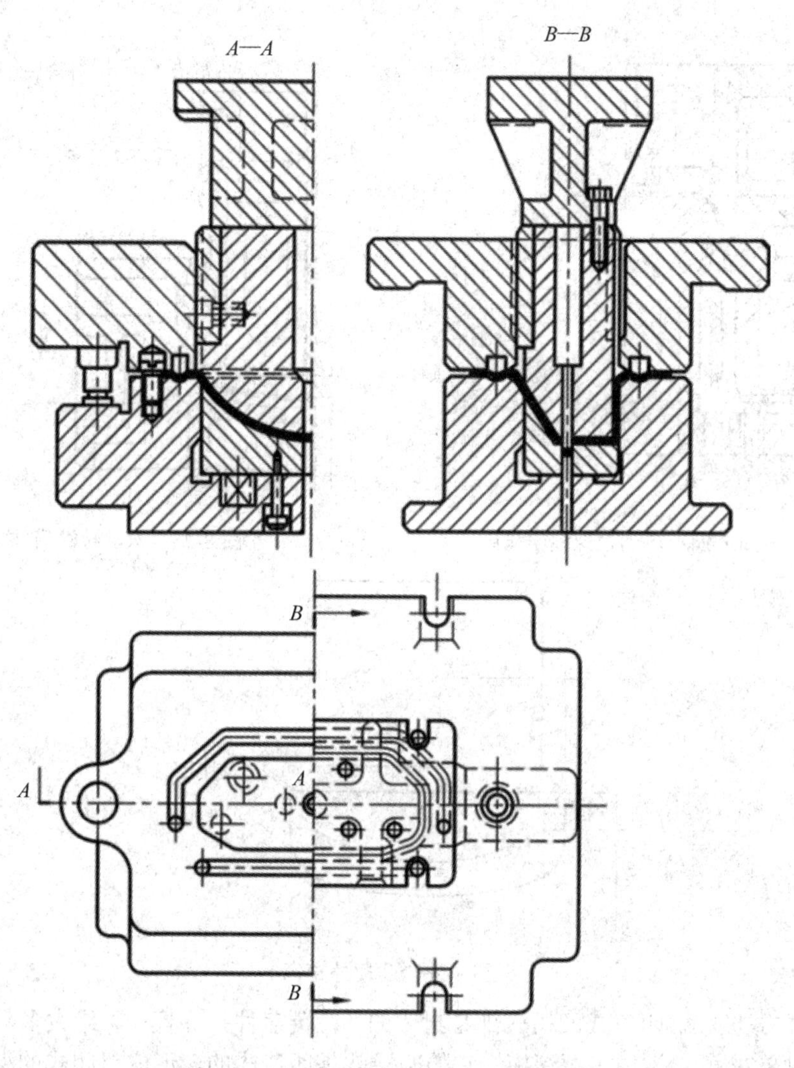


图 8-23　双动拉深压力机上用拉深模

**2. 拉深模工作零件的设计**

(1) 凸模设计。除工艺补充、翻边面的展开等特殊工艺要求部分外，凸模的外轮廓就是拉深件的内轮廓，其轮廓和深度尺寸与产品尺寸基本一致。工作部分铸件壁厚应为 70～90 mm，如图 8-24 和图 8-25 所示。凸模上沿压料面有一段 40～80 mm 的直壁必须加工，该直壁向上用 45° 斜面过渡缩小，其缩小值 $b$ 为 15～40 mm，为不加工面，如图 8-26 所示，凸模材料一般选用 HT250。

(2) 凹模设计。覆盖件在拉深过程中，被压边圈压紧的毛坯是通过凹模圆角逐步进入凹模内腔，直至被拉深成凸模形状的。因此凹模的主要作用是形成凹模压料面和凹模拉深圆角。如果还须成形装饰棱线、装饰筋条、凸包及凹坑等，则需在凹模里设置成形用凸模或凹模结构。凹模的结构形式有：

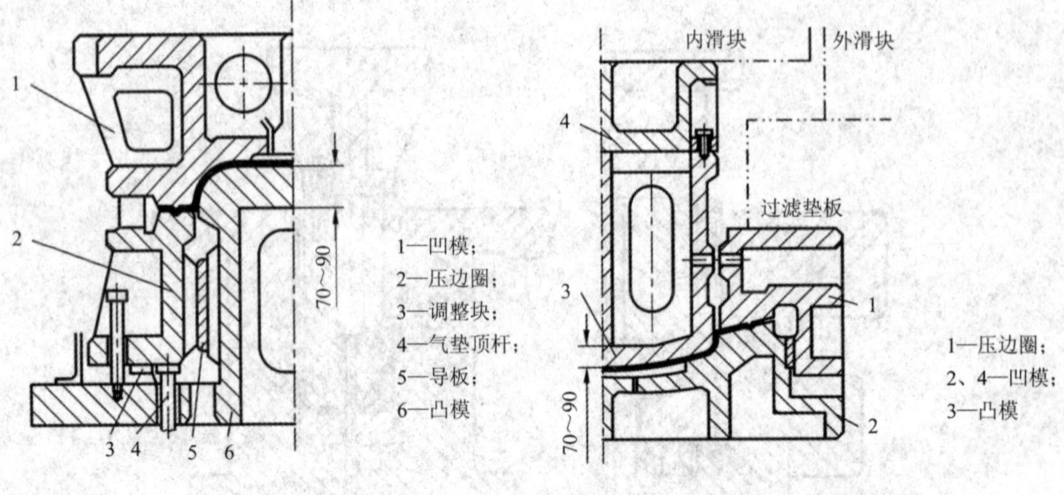


图 8-24　单动拉深模结构图　　图 8-25　双动拉深模结构图

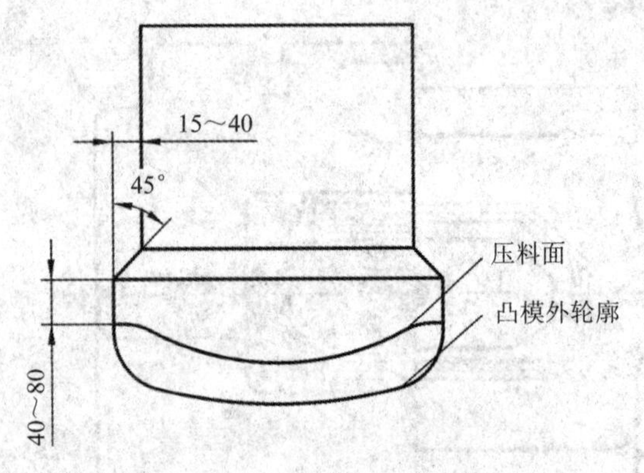


图 8-26　凸模外轮廓

① 闭口式凹模。闭口式凹模底部是封闭的。在覆盖件拉深模中，绝大多数都是闭口式凹模。如图 8-27 所示为顶盖拉深模，它的凹模就是闭口式的，形成封闭式的型腔，用于加强筋成形的凹槽可直接在型面上加工出来(也可采用镶件)。当拉深件形状圆滑、拉深深度较浅、没有直壁或直壁很短时，可采用顶件板或手工橇开的方式将拉深件顶出。当拉深件拉深深度较大、直壁较长时，则需要采用活动顶出器或压料板将拉深件取出。

这种结构适用于拉深件形状不太复杂，坑包、筋棱不多，镶件或顶出器安装孔轮廓简单，能够直接在凹模型腔立体曲面上加工的情况。

② 通口式凹模。通口式凹模底部的凹模口是通的，下面加模座，反拉深凸模紧固在模座上，形成凹模芯。这种结构适用于拉深件形状比较复杂，坑包、筋棱较多，棱线要求情晰的情况。由于成形凹模芯或顶出器的轮廓形状复杂，而且与凹模上安装孔配合精度较高，故无法直接在凹模型腔立体表面上加工，因此须采用通口式凹模结构，在模座凹模支持平面上按图纸或投影样板划线加工，以便使加工后的凹模、凹模芯和顶出器安装固定在模座上，再一起进行仿形铣、数控铣或加工中心加工。如图 8-28 所示为带有凹模芯的通口式凹模结构，适用于拉深件拉深深度较浅，没有直壁或直壁很短，不需要顶出器，用顶件板或手工撬顶将拉深件顶出的拉深模。

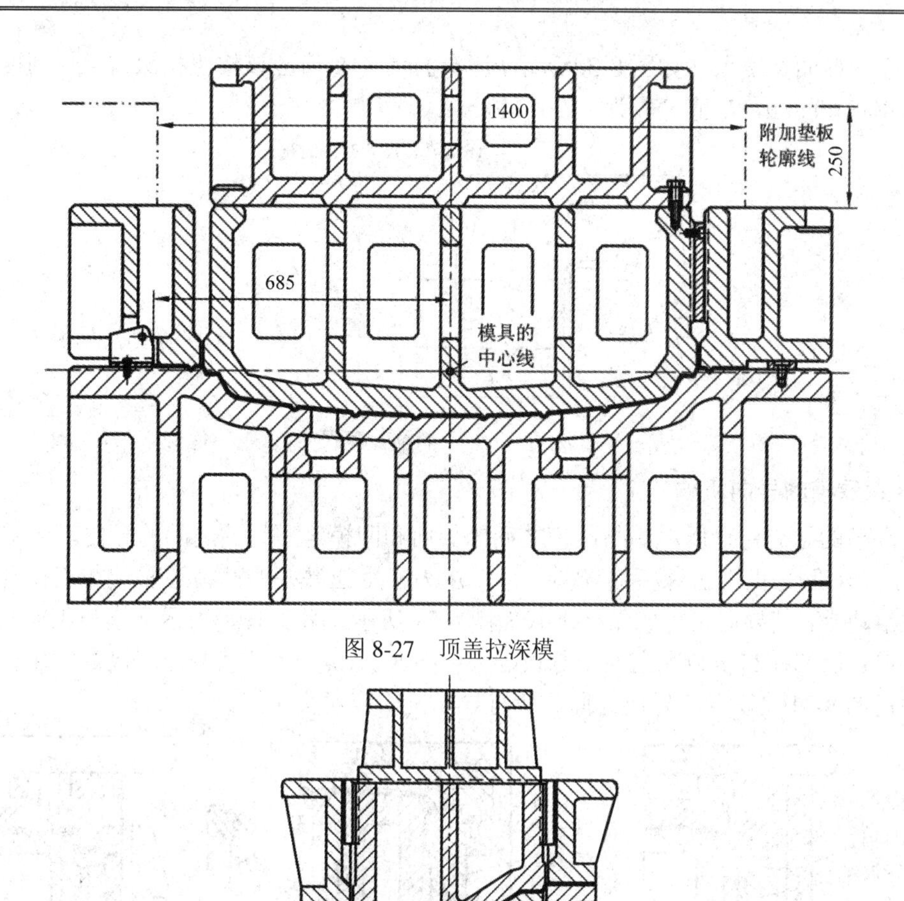


图 8-27　顶盖拉深模

图 8-28　带有凹模芯的通口式凹模结构

如图 8-29 所示为汽车门里板拉深模，为带活动顶出器的通口式凹模结构，适用于拉深件拉深深度较大、直壁较长、坑包较多、棱线要求清晰的拉深模。凹模中顶出器的外轮廓形状是制件形状的一部分，且形状比较复杂。

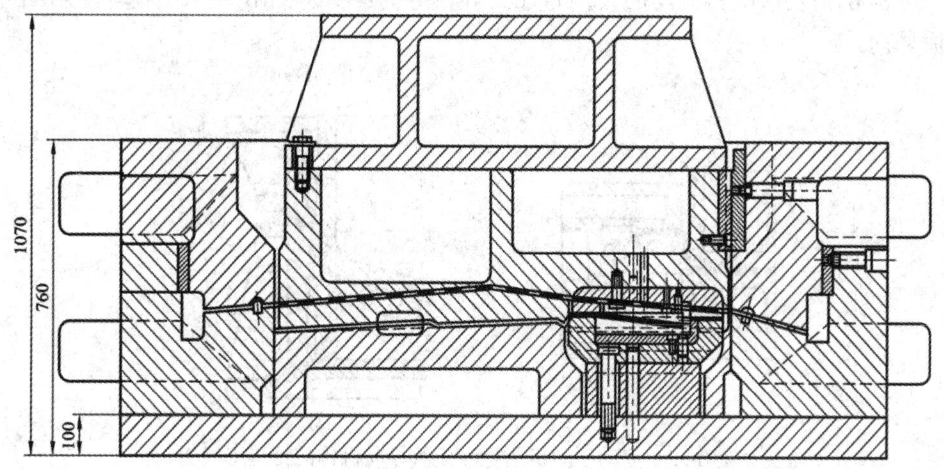


图 8-29　汽车门里板拉深模

凹模压料面宽度尺寸如图 8-30 所示，压料面尺寸 *K* 值应该按照拉深前毛坯的展开面宽再加大 40～60 mm，*K* 值一般为 130～240 mm。

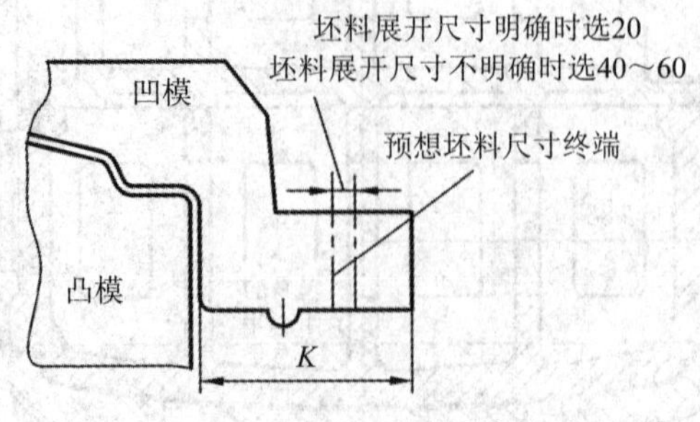


图 8-30　凹模压料面宽度尺寸

### 3. 拉深模的导向机构

拉深模的导向包括压料圈与凸模之间的导向和凹模与压料圈之间的导向。

(1) 单动压力机用拉深模的导向。单动压力机用拉深模的凸模通常装在工作台上，凹模装在滑块上。其导向机构的结构形式如图 8-31 所示。图 8-31(a)表示凸模与压料圈之间用滑板导向，而凹模与压料圈之间用导板导向；图 8-31(b)表示凹模与压料圈之间用箱式背靠块导向；图 8-31(c)表示用导块导向。所有导向机构应对称布置。

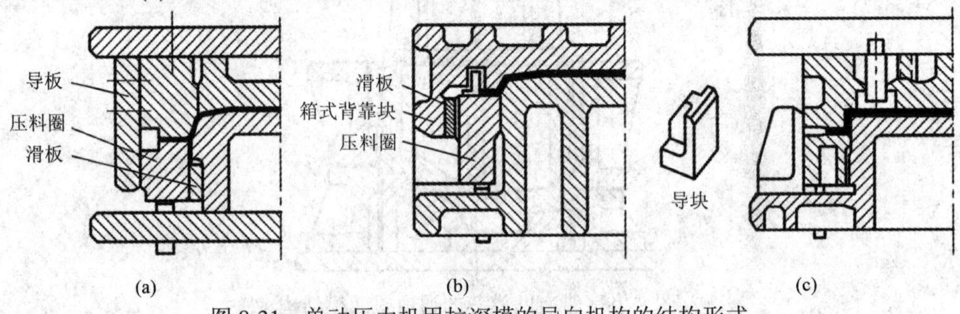


图 8-31　单动压力机用拉深模的导向机构的结构形式

(2) 双动压力机用拉深模的导向。双动拉深压力机用拉深模的凹模通常安装在工作台上，凸模安装在内滑块上，压料圈安装在外滑块上。其导向机构的结构形式如图 8-32 所示。其中，图 8-32(a)表示压料圈与凹模用背靠式导板导向；图 8-32(b)表示凸模与压料圈之间采用滑板导向。

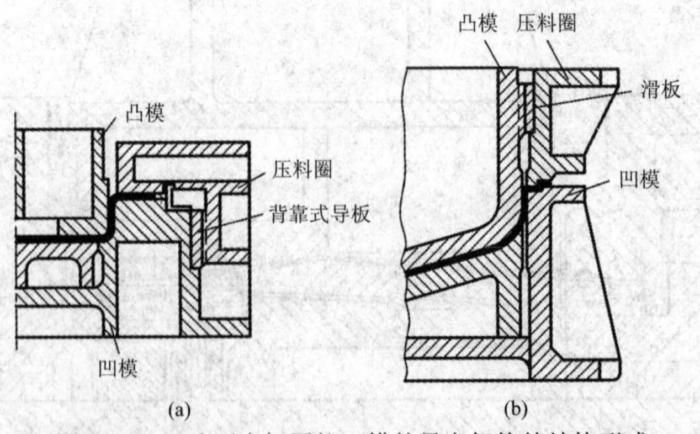


图 8-32　双动压力机用拉深模的导向机构的结构形式

滑板材料采用 T10A，热处理硬度为 52～56HRC 或采用 QT600-3，正火处理。为使导板较容易地进入导向面，导板一端可制成 30° 斜面或较大的圆角。新型自润滑导板(滑板)是在板面上钻孔并填满石墨，它在供油困难的地方特别适用。

在实际生产中，导板是装在凸模上还是装在压料圈上应根据模具的加工条件确定。压料圈导板的加工深度不宜大于 250 mm。为了降低加工深度，可以将导板尺寸加长装在凸模上，相应的压料圈凸台长度就可以缩短。

导块导向常用于单动压力机使用的拉深模具。导块进行导向的结构相对简单，比导板导向刚性好，可以承受一定的侧向力。根据侧向力的大小和模具的大小，可以使用 2 个或 4 个导块。导块导向适用于平面尺寸大、深度小的拉深件及中大批量生产。

导板导向常用于覆盖件拉深、弯曲、翻边等成形模具。其结构相对简单、造价低，常安装在凸模、凹模、压边圈上，应用比较广泛。

**4. 拉深筋和拉深槛设计**

(1) 拉深筋的作用。拉深筋的作用是增大或调节拉深时坯料各部位的变形阻力，控制材料流动，提高拉深稳定性，增加拉深件刚度，避免起皱和破裂现象发生。

在汽车覆盖件拉深时，拉深方向、工艺补充部分和压料面形状，是能否获得满意拉深件的先决条件，而合理布置的拉深筋或拉深槛则是必要条件，是防止覆盖件起皱和破裂最有效的方法。

(2) 拉深筋的布置。拉深筋的布置非常重要，如果布置不合理，会加剧起皱和破裂现象的产生。拉深筋的布置应注意以下几点：

① 必须在对材料流动状况进行仔细分析后，再确定拉深筋的布置方案。

② 直壁部位拉深进料阻力较小，可放 1～2 条拉深筋；圆角部位拉深进料阻力较大，可不放拉深筋。当两处拉深深度相差较大时，在其相邻部位拉深深度浅的一边可放一条拉深筋，深的一边则不放。

③ 在圆弧等容易起皱的部位，应适当放拉深筋。

④ 一般将拉深筋设置在上压料圈的压料面上，而将拉深筋槽设置在下面凹模的压料面上，以便于拉深筋槽的打磨和研配(在压力机上调整模具时，一般不打磨拉深筋)。

(3) 拉深筋的种类和结构尺寸。

① 如图 8-33 所示为各种拉深筋的结构图，拉深筋有圆形、半圆形和方形 3 种结构。其中，图 8-33(a)所示为圆形嵌入筋，图 8-33(b)所示为半圆形嵌入筋，图 8-33(c)所示为方形嵌入筋，图 8-33(d)所示为双筋结构图，图 8-33(e)所示为双筋纵向剖面图。

② 拉深筋的宽度 $W$ 根据拉深件的大小常取 12 mm 或 16 mm；拉深筋的长度 $L$ 在图样上不标注，制作时一般取 500 mm 左右，直线部分取长些，曲线部分取短些。当 $W = 12$ mm 时，紧固螺钉中心距取 100 mm，当 $W = 16$ mm 时，取 150 mm；螺钉紧固后，其头部须打磨成与拉深筋一致的形状(见图 8-33(e))。

③ 拉深筋的结构尺寸如表 8-2 所示。

④ 对某些深度较浅、曲率较小的比较平坦的覆盖件，由于变形所需的径向拉应力的数值不大，拉深件在出模后回弹变形较大，或者根本不能紧密地贴模，这时需要采用拉深槛才能保证拉深件的质量要求。拉深槛也可以说是拉深筋的一种，能增加比拉深筋更强的进

料阻力。拉深槛的断面呈梯形，类似门槛，设置在凹模入口。拉深槛的结构与尺寸，如图8-34所示。

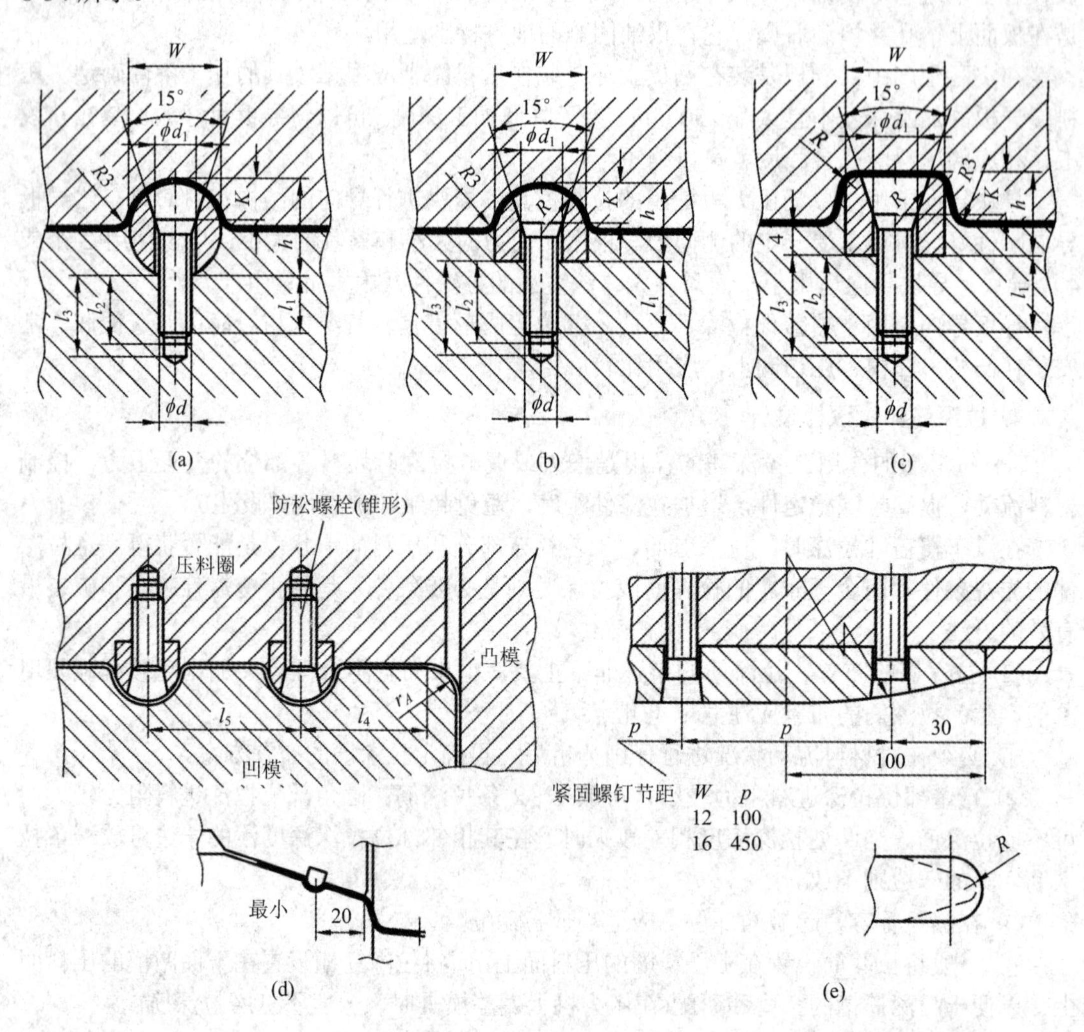


图 8-33 各种拉深筋结构图

表 8-2 拉深筋结构尺寸

mm

| 名称 | 筋宽 $W$ | $\phi d\times p$ | $\phi d_1$ | $l_1$ | $l_2$ | $l_3$ | $h$ | $K$ | $R$ | $l_4$ | $l_5$ |
|---|---|---|---|---|---|---|---|---|---|---|---|
| 圆形嵌入筋 | 12 | M6×1.0 | 6.4 | 10 | 15 | 18 | 12 | 6 | 6 | 15 | 25 |
| | 16 | M8×1.25 | 8.4 | 12 | 17 | 20 | 16 | 8 | 8 | 17 | 30 |
| 半圆形嵌入筋 | 12 | M6×1.0 | 6.4 | 10 | 15 | 18 | 11 | 5 | 3 | 15 | 25 |
| | 16 | M8×1.25 | 8.4 | 12 | 17 | 20 | 13 | 6.5 | 4 | 17 | 30 |
| 方形嵌入筋 | 12 | M6×1.0 | 6.4 | 10 | 15 | 18 | 11 | 5 | 3 | 15 | 25 |
| | 16 | M8×1.25 | 8.4 | 12 | 17 | 20 | 13 | 6.5 | 4 | 17 | 30 |

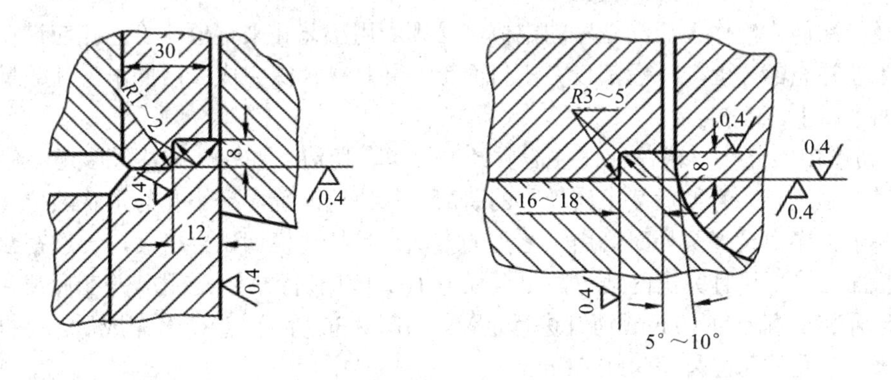


图 8-34　拉深槛的结构与尺寸

## 5. 通气孔设计

覆盖件拉深模的凸、凹模都必须考虑设置通气孔。

(1) 通气孔的形式。通常在凹模底面相应位置铸孔、钻孔或铣槽，在凸模上相应位置钻孔，如图 8-35(a)所示。通气孔的数量一般为 2～6 个，孔的大小、位置视覆盖件形状、尺寸及模具的结构特点而定。一般铸孔的直径为$\phi$60～$\phi$120 mm，直接钻孔的直径为$\phi$3～$\phi$10 mm。

(2) 通气孔的设置原则：

① 凸、凹模上、下成形处不设置。

② 曲率半径小、材料流动大处不设置。

③ 外板的凹模，通气孔面斜度在 5/1000 以下时可设通气孔。

④ 通气孔的面积约为凸模面积的 1.5%左右。

⑤ 当通气孔位于上模时，还要采取加气管或盖板等措施，防止灰、砂等杂物进入模腔，影响拉深件表面质量，如图 8-35(b)、(c)所示。

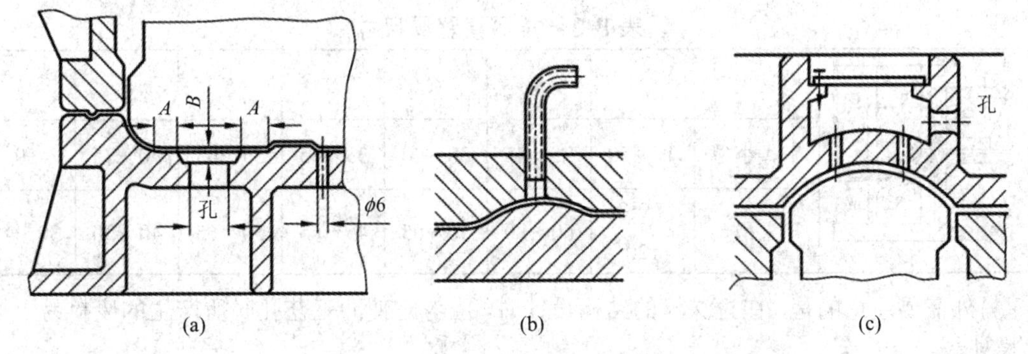


外板　$A \geqslant 50$ mm　内板　$A \leqslant 50$ mm　$B = 10 \sim 20$ mm

图 8-35　通气孔的设置

## 6. 工艺孔设计

工艺孔是为了生产和制造过程的需要在工艺上增设的孔，而非产品制件上需要的孔。通常工艺孔有以下两种形式：

(1) 定位用工艺孔。有些覆盖件形状比较平缓，或受冲压方向的限制，无法利用拉深件侧壁及拉深筋、槛作为后续工序的定位，必须利用工艺孔来定位。工艺孔应设在以后要切掉的工艺补充部分上，一般都设在压料面上，并且在拉深完成以后冲出。其数量一般为两个或两个以上。

(2) 研磨用工艺孔。覆盖件往往需要经过拉深、切边、冲孔、翻边等多道工序才能完成。在模具制造时，为使后续工序模具的研磨更加快速准确，减小孔与形状的位置公差，常采用在全工序中设置两处研磨用工艺孔的方法。当拉深模调试合格后，一般在合格的拉深件形状面比较平缓且突出的地方冲出直径为 10 mm 的研磨用工艺孔，并在后续各工序模具相应位置装上直径为 10 mm 销钉进行定位，如图 8-36 所示。当研磨完成后，再将销钉拔掉。研磨工艺孔的孔位公差为±0.01 mm。

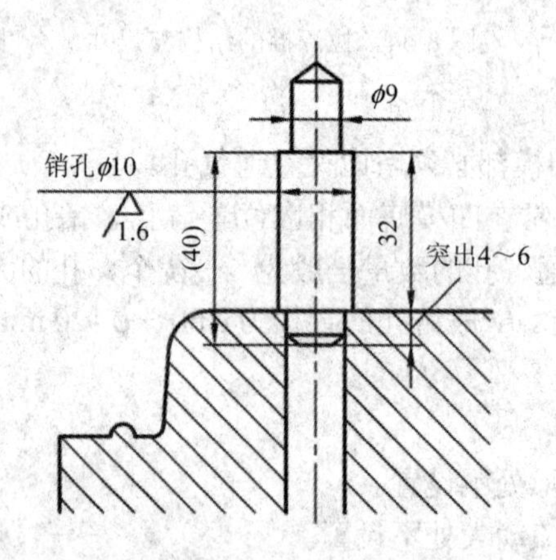


图 8-36　研磨销结构尺寸

### 7. 拉深模结构尺寸

如表 8-3 所示是拉深模壁厚尺寸。由于覆盖件拉深模形状复杂，结构尺寸一般都较大，所以凸模、凹模、压边圈和固定座等主要零件都采用带加强肋的空心铸件结构。

表 8-3　拉深模壁厚尺寸　　mm

| | 模具大小 | *A* | *B* | *C* | *D* | *E* | *F* | *G* |
|---|---|---|---|---|---|---|---|---|
| | 中、小型 | 40～50 | 35～45 | 30～40 | 35～45 | 35～45 | 30～35 | 30 |
| | 大型 | 75～120 | 60～80 | 50～65 | 45～65 | 50～65 | 40～50 | 30～40 |

另外需要注意的是，在拉深模的结构设计时，应考虑使冲工艺孔时所产生的废料易于排出模外。

### 8. 其他应注意事项

(1) 覆盖件拉深模的上、下模一般使用 T 形螺栓装夹固定在压机的工作台和滑块上，因此，模具底面上需设置一定数量的紧固耳结构。紧固耳的槽与工作台和滑块的 T 形槽应相对应，便于安装 T 形螺栓。

(2) 覆盖件拉深模的上、下模接合面之间应设置安全台位，用于安装限位块、导柱、导套等部件，模具越大，要求安全台的尺寸越大，数量越多，其尺寸如图 8-37 所示。

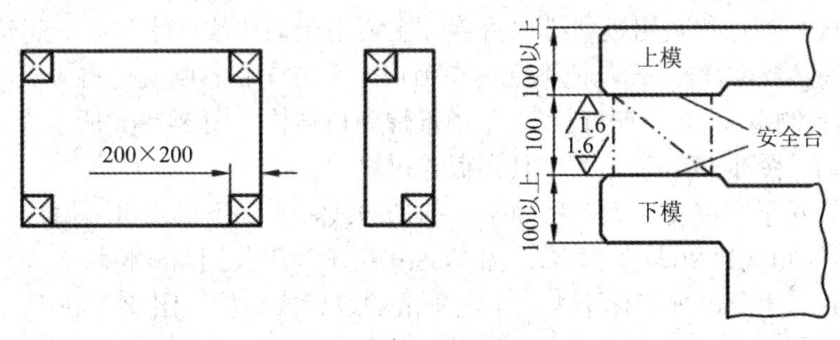


图 8-37　安全台的尺寸

(3) 限位装置。拉深模的限位装置有合模限位块、存放限位块和压料圈限位螺钉。合模限位块安装在压料圈的 4 个角上，试模时使压料圈周围保持均匀的合模间隙，从而保证均匀的压料力。存放限位块用于模具不工作时，为使弹性元件不失去弹力，其厚度要保证弹簧不受压缩，处于自由状态。

(4) 为便于覆盖件模具的吊运和安装，一般在凸模、凹模、压料圈等采用铸件时，其上要铸出起重杆，其尺寸按表 8-4 选取。当模具零件采用锻件或下料件且重量超过 20kg 时，应设置起吊螺孔，用于安装起吊螺钉。为了便于模具的装配和维修，应设置灵巧方便的翻转机构。

表 8-4　起重杆尺寸

| 直径 *d*/mm | 25 | 32 | 40 | 50 | 68 | 80 |
|---|---|---|---|---|---|---|
| 允许载荷/t | 1 | 1.5 | 2.5 | 4 | 6 | 10 |

注：按每个起重杆可起重置(t)计算选用。下模按照全模重量计算确定。

## 8.4　汽车覆盖件切边模结构及设计

### 8.4.1　覆盖件切边模的特点及结构

#### 1. 覆盖件切边模的特点

覆盖件切边模是用于将经拉深、弯曲等成形工序后的工件的边缘及中间部分实现分离的冲裁模。覆盖件切边模是特殊的冲裁模，但其与普通落料模、冲孔模有很大的不同，主要体现在覆盖件的切边线多为较长的不规则轮廓线。冲压件经变形后多为三维曲面，形状复杂，模具刃口冲切的部位可能是任意的空间曲面，而且冲压件往往有不同程度的弹性变形，冲裁分离过程通常存在较大的侧向力等，这就对覆盖件切边模的设计与制造提出了更高的要求。覆盖件切边模的设计中应考虑冲压方向、冲压件定位、模具导正、废料的排除、工件的取出、侧向力的平衡等问题。

为了便于制造、维修与调整，并满足冲裁工艺要求，覆盖件切边凸模和凹模刃口结构形式有两种：一是采用堆焊形式，即在主模体或模板上堆焊并修出刃口；二是采用凸模、凹模镶件拼接而成。当采用拼接结构时，镶件必须进行分块设计。

切边凸模和凹模刃口拼接结构样式有：

(1) 板块式。切边镶块用板状模块拼接，主要用于切边线曲率和高低起伏变化不大的情况，板块式是最常用的形式，但不宜用在刃口上下方向有急剧变化的情况，为了节约模具钢，降低模具制造成本，有时还可以采用堆焊刃口结构，图 8-38(a)所示为 Q235 板块式拼块(堆焊刃口)，图 8-38(b)所示为工具钢板式拼块。

(2) 角式。对于高度变化大、平面平滑的切边线，上、下模均可采用角式切边拼块，图 8-38(c)所示为角式拼块(堆焊刃口)，图 8-38(d)所示为工具钢角式拼块。

(3) 刀片式。用于高度变化不大、平面平滑的组合式结构，图 8-38(e)所示为刀片式拼块(堆焊刃口)，图 8-38(f)所示为工具钢刃片式拼块。二者均为高度变化不大的下模的刀片式结构。

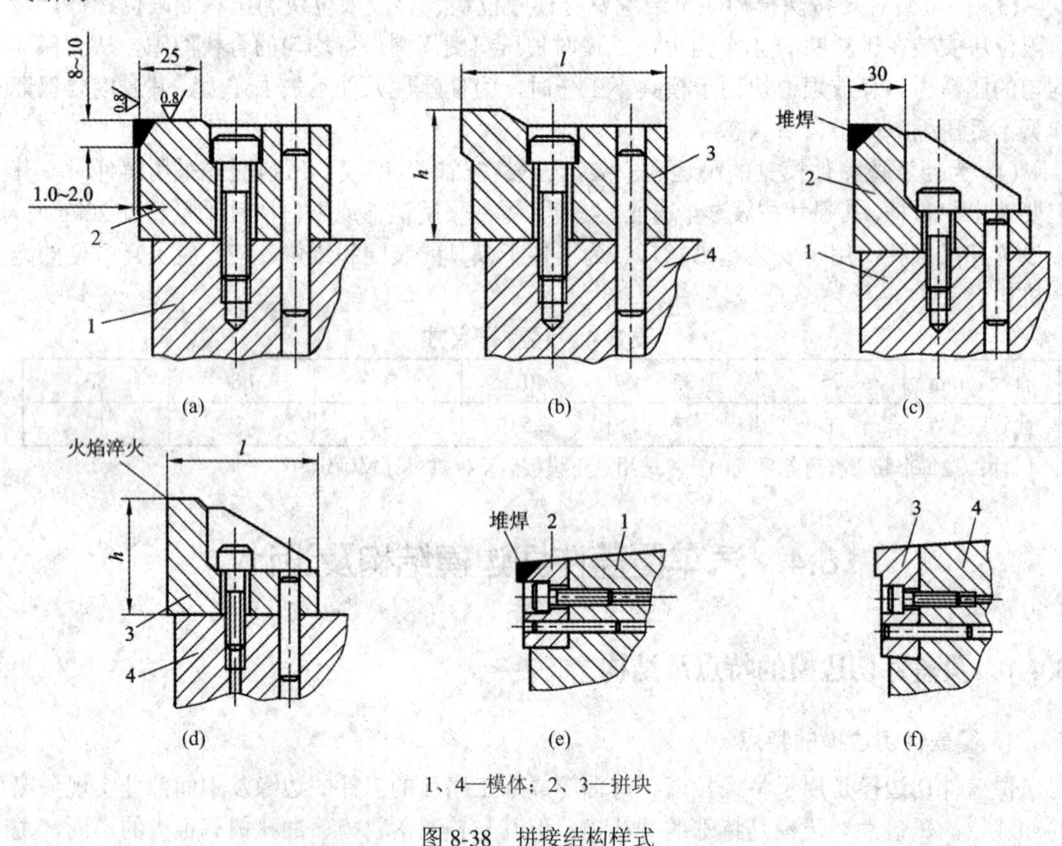


1、4—模体；2、3—拼块

图 8-38　拼接结构样式

## 2. 覆盖件切边模的切边方向

根据切边拼块运动的方向，覆盖件切边模的切边方向有 3 种，即垂直切边、水平切边、倾斜切边，如图 8-39 所示。根据零件的形状，有的零件只需一个方向的切边，图 8-39(a)所示为一个方向的垂直切边，有的则需要两个或两个以上方向的切边，如图 8-39(b)所示为两个方向水平切边。水平切边和倾斜切边均需要斜楔滑块机构，为此必须正确设计计算斜楔滑块的角度和行程关系、斜楔滑块的角度和冲裁力的关系以及斜楔滑块的结构和滑块复位机构的设计。图 8-39(c)、(d)所示均为倾斜切边。

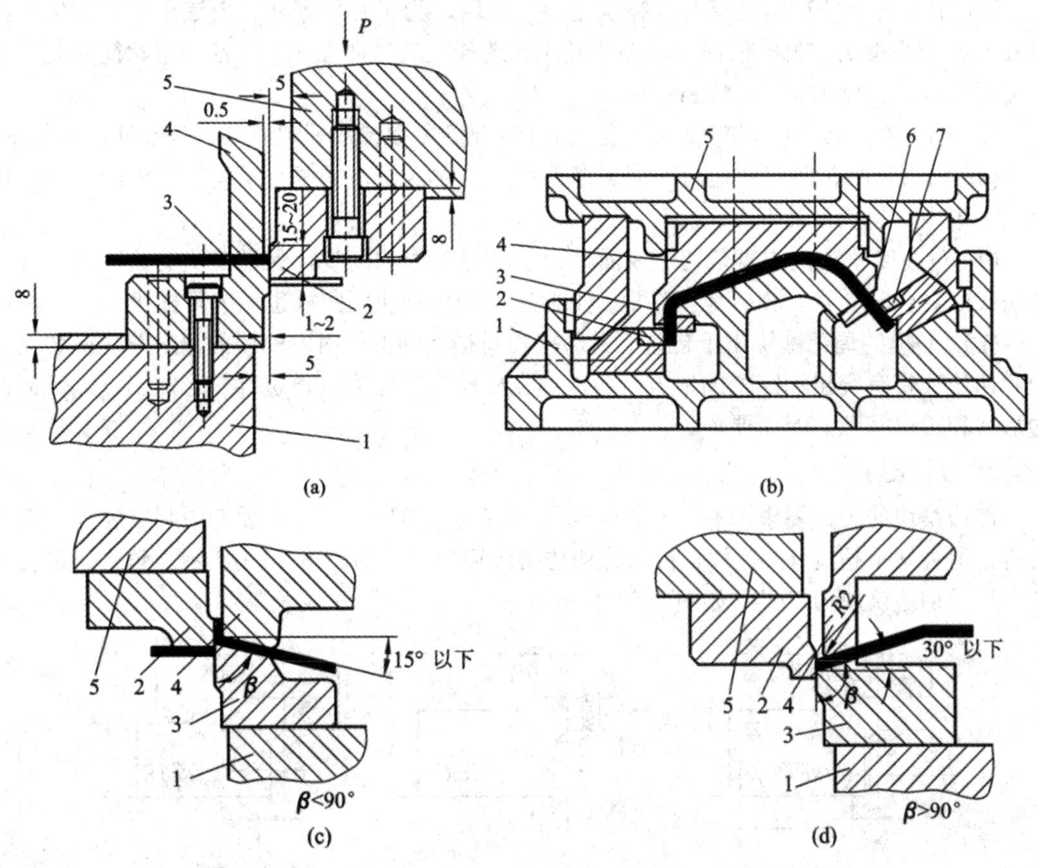


1—下模；2、7—凸模拼块；3、6—凹模拼块；4—压料块；5—上模；8—尺寸

图 8-39　覆盖件切边模的切边方向

## 8.4.2　覆盖件切边模主要零件的设计

### 1. 凸模和凹模镶块的布置和固定

由于覆盖件多为三维曲面，切边轮廓形状复杂，多为不规则的空间曲线，且切边线很长，模具的调试工作中常需要进行一定的调整。另外模具工作中凸、凹模的刃口磨损不一致，需要及时修理，有时还会发生凸、凹模刃口局部崩刃问题，凸、凹模的日常维护工作量亦很大。因此，为便于制造、调整与修理，切边模的凸模和凹模常采用镶块拼接式结构。

1) 镶块的布置原则

(1) 镶块大小要适应加工条件，直线段适当取长些，形状复杂或拐角处取短些。

(2) 为了消除接合面制造的垂直度误差，两镶块之间的接合面宽度应尽量小些(一般取 10～15 mm)。

(3) 分块应便于加工，便于装配调整，便于误差补偿，最好为矩形块。

(4) 曲线与直线连接时，接合面应在直线部分，距切点应有一定的距离(一般最少取 5～7 mm)。必须在曲线上分块时，接合面应尽量与切边线垂直，以增大刃口强度。

(5) 对于立边切边的易损镶块，应尽量取小值，以便更换，节约使用成本。

(6) 很多镶块依次相连接时，特别是整周镶块，为了补偿镶块在制造中存在的偏差，需要设计一块镶块作为补偿镶块。补偿镶块应选择在立体曲面比较平滑、形状简单处，其长度要比设计长度加长 3～4 mm。

(7) 凸模镶块接合面与凹模镶块接合面不应重合，以减小模具损坏，提高冲压件质量。

(8) 局部为凸、凹点切边时，应采用镶块中再镶入镶块的复合结构，以消除或减小角部应力集中，延长模具寿命。

(9) 对高度差较大的复杂切边表面，为了降低镶块的高度，保证镶块的稳定性，可将镶块底面做成阶梯状，相应地可将上、下模座或切边镶块固定板也做成阶梯状。

(10) 凸模的局部镶块用于转角、易磨损和易损坏的部位时，凹模的局部镶块应装在转角和切边线带有突出和凹槽的地方。各镶块在模座组装好后，再进行仿形加工，以保证切边形状和刃口间隙的配作要求。

2) 刃口尺寸及技术要求

切边镶块的刃口要求锋利，且使废料脱落容易，刃口垂直。主要考虑强度要求，切边废料存留最好不超过 1～2 片。板块式切边镶块刃口尺寸如图 8-40(a)所示。角式、组合式和刀片式切边镶块刃口尺寸如图 8-40 (b)所示。

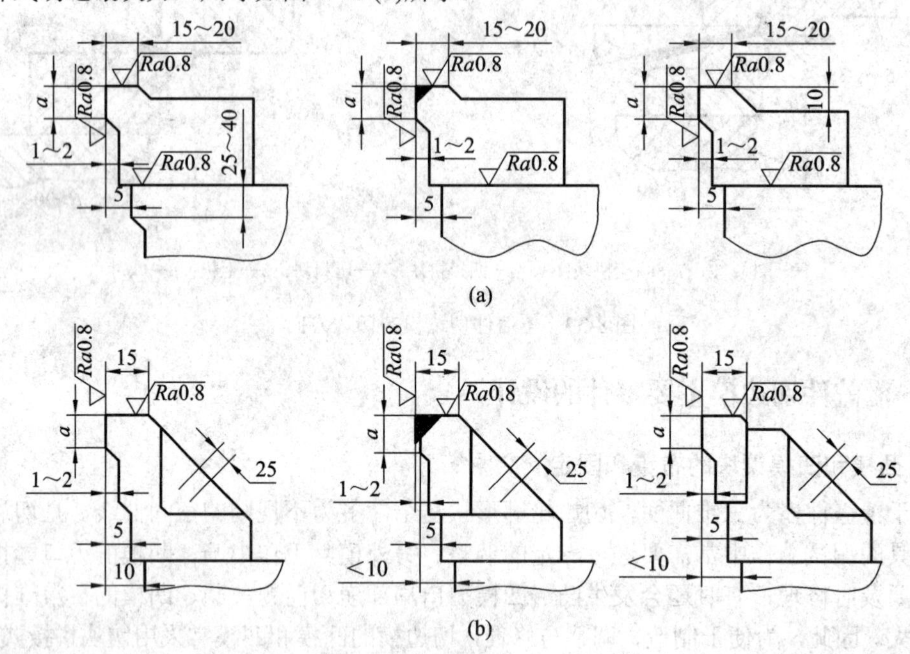


图 8-40　切边镶块刃口尺寸

3) 镶块的固定

镶块结构的切边凸、凹模作用于镶块上的剪切力和水平推力，将使镶块沿受力方向产生位移和颠覆力矩，所以镶块的固定必须稳固，需平衡侧向力。如图 8-41 所示为两种常用的镶块固定形式。图 8-41(a)适用于覆盖件材料厚度小于 1.2 mm 或冲裁刃口高度差变化小的镶块。图 8-41(b)适用于覆盖件材料厚度大于 1.2 mm 或冲裁刃口高度差变化大的镶块，该结构能承受较大的侧向力，装配方便，被广泛采用。

为了保证镶块的稳定性，镶块的高度 $H$ 与宽度 $B$ 应保持一定的比例关系，即 $H:B=$

1∶(1.25～1.75)。

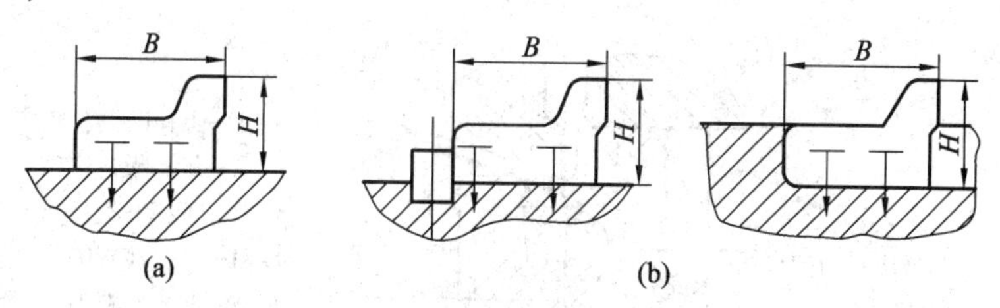

图8-41　两种常用的镶块固定形式

镶块的长度$L$一般取150～300 mm。若太长，则加工不方便，热处理变形亦会增大；若太短，则螺钉和销钉不好布置。

考虑到模座加工螺纹孔方便和紧固可靠，镶块一般用3～5个M16内六角螺钉固定，以两排布置在接近切边刃口和接合面处，并用两个$\phi$16 mm的圆柱销定位。定位销离刃口越远越好，相对距离尽量大。

**2. 废料切刀的设计**

覆盖件的废料外形尺寸大，切边线形状复杂，不可能采用一般卸料圈卸料，需要先将废料切断后再卸料，才能方便和安全。如有地下自动处理废料的装置时，则更需要将废料切成若干段，便于把废料取出运走。有的不能用冲压件本身形状定位的零件，则需用废料切刀(简称废料刀)定位。所以废料刀的设计是切边模设计的重点内容之一。

*1) 废料刀的结构*

废料刀结构不同于前面所述的标准结构，而是采用拼块式废料刀。其上模是利用凹模拼块的接合面(该面高出凹模面)作为废料刀一个刃口，下模在凸模拼块之外相应处装一把废料刀，如图8-42所示分别为下模平面图、上模平面图以及上、下模刃口配合图。图中，$a=2$～3 mm，$b=6$～8 mm，$c\geqslant t$($t$为材料厚度)，$h=4$～5 mm，$l_1=10$ mm，$l_2=30$～40 mm。

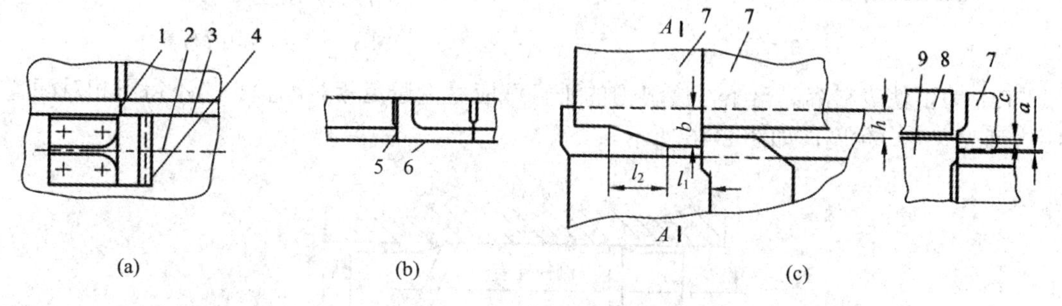

1—凸模拼块接合面；2—工件外形；3—凸模刃口；4—废料刀刃口；5—凹模拼块接合面；6—凹模刃口；7—凹模拼块；8—推件器；9—凸模拼块

图8-42　废料刀的结构

由于覆盖件多为形状复杂的三维曲面，模具刃口冲切的部位多是任意的空间曲面。覆盖件的切边模多采用倒装的形式，且多利用外形进行定位。因此，下模的废料刀多设计成与覆盖件的拉伸件外形一致的弧形，兼起定位的作用，如图8-43所示为常用的弧形废料刀。对冲压件较小、材料较薄、材料强度较低(有色金属)可以用如图8-44所示的T形废料刀。

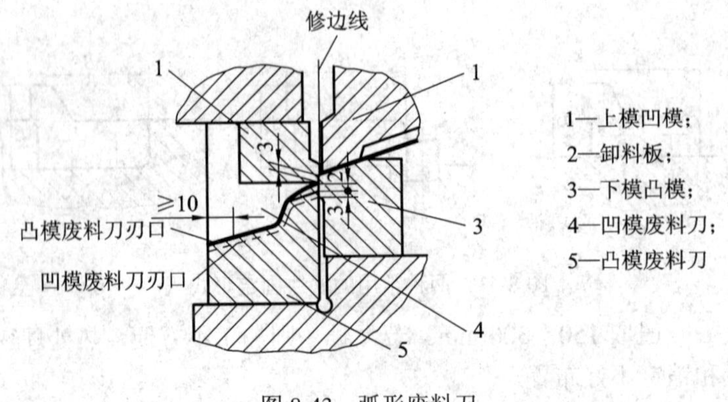


图 8-43　弧形废料刀

2) 废料刀的布置

(1) 废料刀沿工件周围布置一圈，其布置的位置及角度应有利于废料滑落而离开模具工作部位。为了使废料容易落下，一般采用倒装式模具，废料刀的刃口开口角通常取为10°，且应顺向布置，如图 8-45 所示。

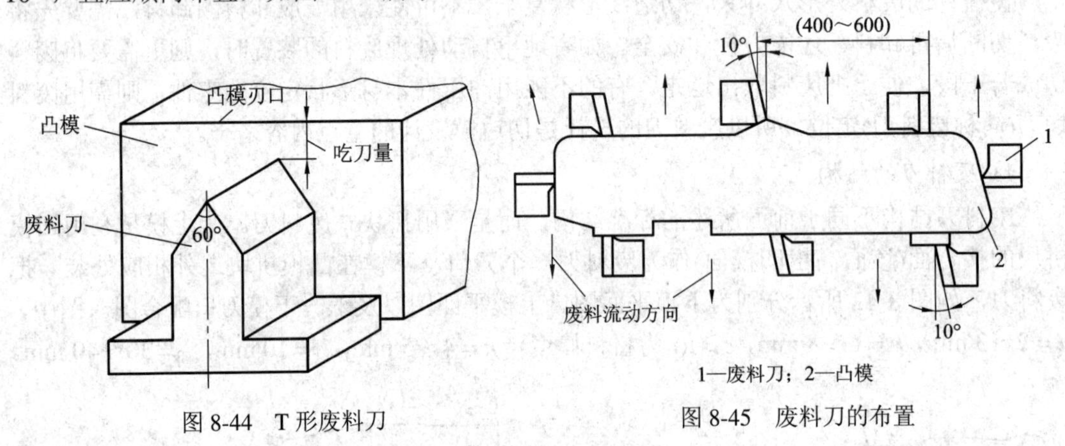


图 8-44　T 形废料刀　　图 8-45　废料刀的布置

(2) 为了使废料容易落下，废料刀的垂直壁应尽量避免相对配置。当不得不相对配置时，可改变刃口角度，如图 8-46 所示。

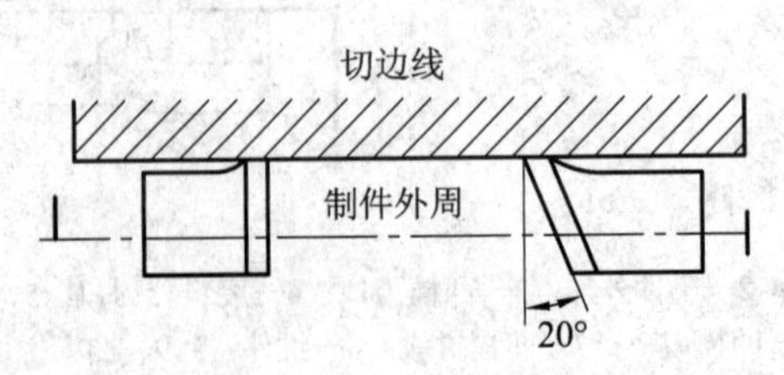


图 8-46　相对配置的废料刀

(3) 当切边线上有凸起部分时，为了防止废料卡住，要在凸起部位配置切刀。

(4) 切角时，刀座不要突出切边线外，如图 8-47(a)所示。废料刀的刃口应靠近半径圆弧 $R$ 与切线的交点处，如图 8-47(b)所示，以免影响废料落下。

(5) 当角部废料靠自重下落时，废料重心必须在如图 8-47(b)所示线的外侧。

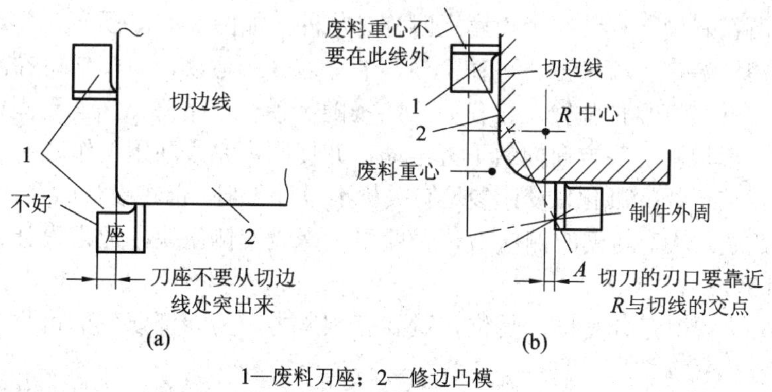


1—废料刀座；2—修边凸模

图 8-47　切角时的废料刀布置

### 3. 斜楔机构的设计

在覆盖件的切边模设计中，经常会遇到要将压力机滑块的上、下垂直运动改变成刃口镶块的水平或倾斜运动，才能完成切边或冲孔。采用斜楔机构可很好地解决上述问题。斜楔机构由主动斜楔、从动斜楔和滑道等部件构成，如图 8-48 所示。按斜楔的连接方式可分为以下两类：

(1) 水平冲。驱动块 1 固定在上模座上，斜楔 2 装在下模座上，可在下模座的滑道 3 中水平运动，并装有复位弹簧。工作时驱动块 1 向下运动，并推动斜楔 2 水平方向运动，凸模完成冲压工作，如图 8-48(a)、(d)所示。

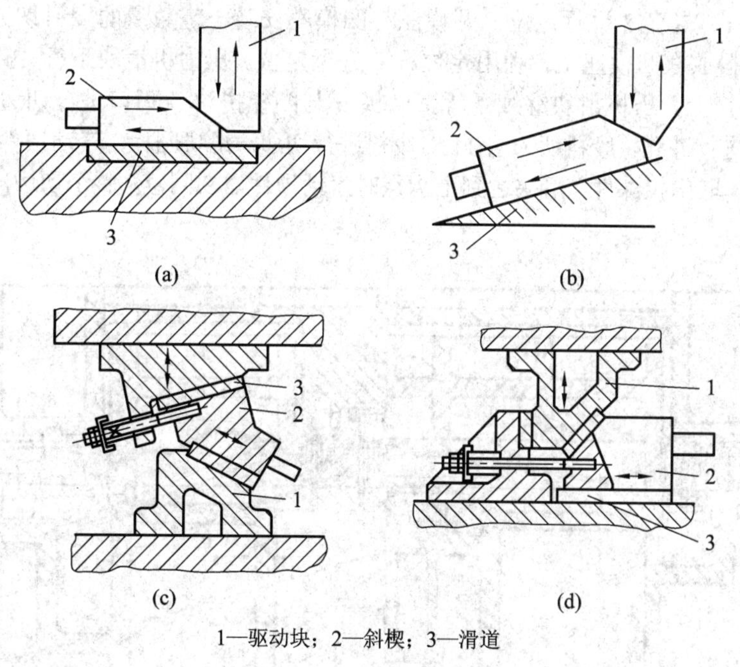


1—驱动块；2—斜楔；3—滑道

图 8-48　斜楔结构

(2) 斜冲。如图 8-48(b)所示，驱动块 1 固定在上模座上，斜楔 2 装在下模座上，可在下模座的滑道 3 中运动。工作时驱动块 1 向下运动，并推动斜楔 2 向斜下方运动，凸模完成冲压工作。

当凸模及所在斜楔 2 安装在上摸座上时称为吊冲，如图 8-48(c)所示。驱动块 1 固定在下模座上。斜楔 2 装在上模座上，可在上模座的滑道 3 中运动，斜楔 2 可在滑道 3 中相对滑动但不脱离，并装有复位弹簧。工作时，斜楔随上模一起下降，当遇到固定在下模座上的驱动块 1 时，滑块沿箭头方向向斜下方运动，并使凸模完成冲压工作。

斜楔机构目前已经标准化，设计参见有关标准设计手册。但在设计时要注意以下几点：

(1) 为平衡主、从动斜楔的侧向力，一般要考虑设置侧压块，通常设计在下模座上，如图 8-48(d)所示。

(2) 为使从动斜楔充分复位，复位弹簧要有预压力。为保证复位的可靠性，可增加强迫复位装置。

(3) 同时完成垂直切边和水平切边的组合模具应首先完成斜楔切边。

## 8.4.3 覆盖件切边模典型结构

如图 8-49 所示为垂直切边冲孔复合模，该模具有垂直切边和倾斜切边两种切边方向，同时还有水平面上垂直冲孔。模具的凹模座安装在压机的滑块上，切边凹模刃口 5 采用镶块拼接结构，安装在凹模座上。卸料板 10 安装在凹模座内腔，通过内滑板 4 的导向，实现与凹模座的导向定位，并上下往复运动。冲孔凸模 7 通过固定板安装在凹模座上。凸模座安装在压机的工作台上，镶拼凸模 6 安装在凸模座上。凸模座上安装有一定数量的坯料定位用定位杆 3，冲孔凹模 8 安装在凸模座上，凸模座腔内安装气动顶件器 9。凸模座与凹模座间通过导柱 1、导套 2 进行定位。凸模座与凹模座安装一定数量的废料切刀组 11。

工作时坯料放在凸模座上，利用定位杆 3 进行定位。压力机滑块下行，卸料板 10 将坯料压贴在凸模 6 上。压机滑块继续下行，凸模 6 与凹模拼块 5 刃口进行切边，冲孔凸模 7 与冲孔凹模 8 进行冲孔，废料切刀组 11 对废料进行切边。滑块回程，气动顶件器 9 将拉深件从凸模中顶起，取出拉深件，滑块达到上止点时气动顶件器 9 回位，整个切边冲孔工作结束。

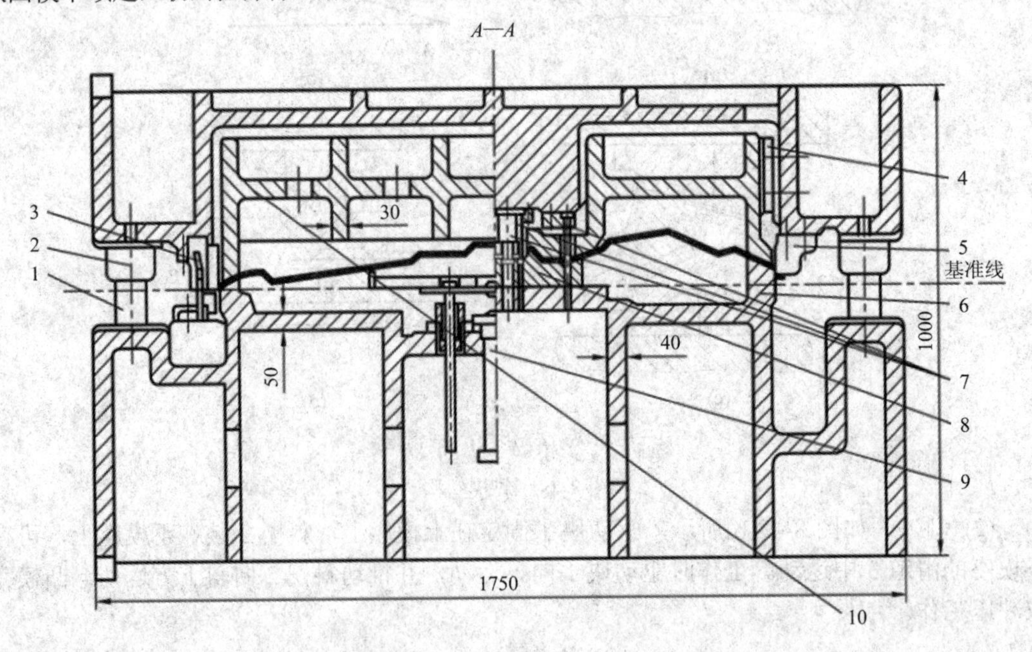

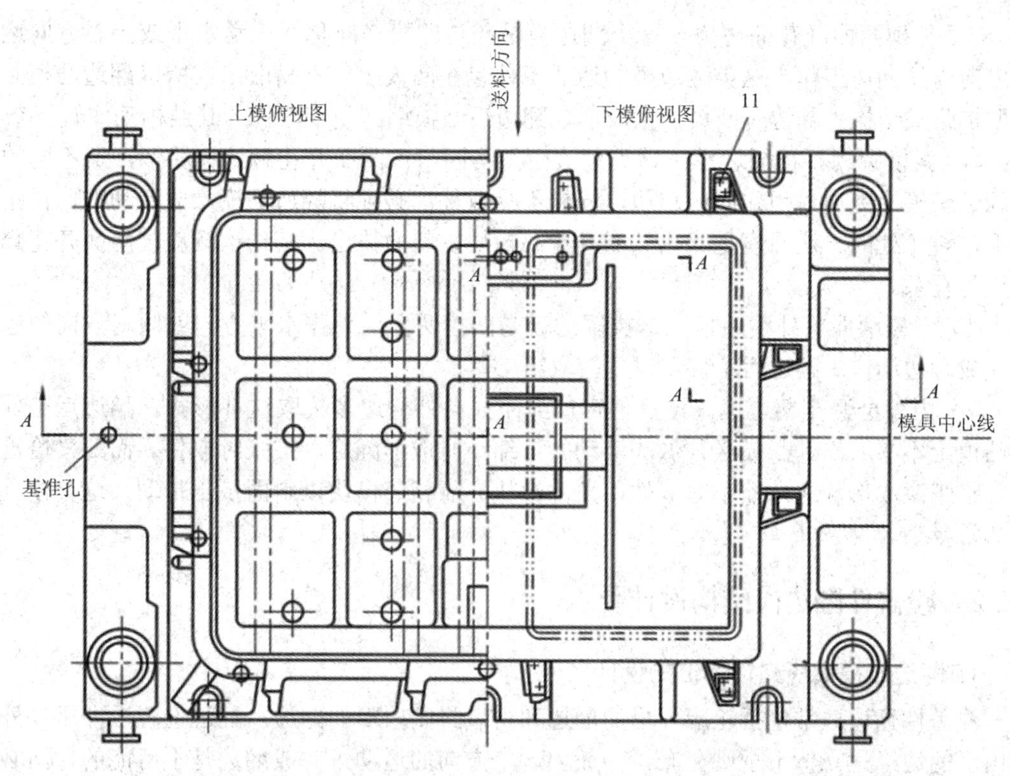


1—导柱；2—导套；3—定位杆；4—内滑板；5—凹模拼块；6—凸模；7—冲孔凸模；8—冲孔凹模；9—气动顶件器；10—推件器；11—废料切刀组

图 8-49　垂直切边冲孔复合模

# 8.5　汽车覆盖件翻边模具结构及设计

汽车覆盖件的翻边一般是冲压成形的最后工序，翻边质量的好坏将直接影响汽车整车的装配精度和质量。翻边工序除了要满足覆盖件的装配尺寸要求外，还要改善切边工序造成的变形，提高覆盖件的刚性。覆盖件的翻边轮廓多是立体不规则的形状，材料的变形过程复杂多变，这给翻边模的设计制造提出了较高的要求。进行翻边模设计时应充分考虑翻边方向、冲压件定位方式、模具刃口分块、模具的结构形式、模具的制造、使用及维修等多方面的因素。

## 8.5.1　翻边模具的分类

根据翻边模的结构特点和复杂程度，覆盖件的翻边模可分为以下 6 种类型：

(1) 垂直翻边模。这类翻边模是凸模或凹模作垂直方向运动，对覆盖件进行翻边。这类翻边模结构简单，是首选的结构类型，翻边后工件包在凸模上，退件时退件板要顶住翻边边缘，以防工件变形。

(2) 斜楔翻边模。这类翻边模是翻边凹模单面沿水平方向或倾斜方向运动完成向内的翻边工作。由于是单面翻边，工件可以从凸模上取出，所以凸模是整体式结构。

(3) 斜楔两面开花翻边模。这类翻边模是翻边凹模在对称两面沿水平或倾斜方向运动完成向内的翻边工作。这类翻边模翻边后工件包在凸模上，不易取出，所以翻边凸模必须采取扩张式结构。翻边时凸模扩张成形，翻边后凸模缩回便于取件。其结构动作较复杂。

(4) 斜楔圆周开花翻边模。这类翻边模结构同斜楔两面开花翻边模相似，所不同的是其翻边凹模沿圆周封闭式向内翻边，同样不易取件。必须将翻边凸模做成活动的，扩张时成形，转角处的一块凸模是靠相邻的开花凸模块以斜面挤出。其结构较斜楔两面开花翻边模更为复杂。

(5) 斜楔两面向外翻边模。这类翻边模是凹模两面向外作水平方向或倾斜方向的运动来完成翻边动作。翻边后工件可以直接取出。

(6) 内外全开花翻边模。覆盖件窗口封闭式向外翻边多采取这种形式。翻边后工件包在凸模上不易取出。凸模必须做成活动的，缩小时成形翻边，扩张时取件。而凹模恰恰相反，扩张时成形翻边，缩小时取件，角部模块亦靠相邻模块以斜面挤压带动。这类模具结构非常复杂。

## 8.5.2 覆盖件翻边模结构设计要点

### 1. 翻边凹模镶块交接部位的设计

覆盖件翻边通常包括轮廓外形的翻边和窗口封闭内形的翻边。翻边位置沿冲压件外形或内形的边缘呈立体不规则分布，一般由一个方向的运动来完成翻边是不可能的，而必须由两个或两个以上不同的运动方向的翻边凹模共同完成翻边，因此覆盖件翻边模的凹模通常是由几组沿不同方向运动的凹模组成。各组凹模的局部结构形式，一般也如切边模一样采用镶块式结构，其设计方法可参照前节所述。覆盖件翻边凹模设计的关键是如何对沿不同方向运动的各组凹模镶块的交接部位进行处理。

(1) 对轮廓外形翻边时交接部位的处理方法。其交接部位多数是设在变形较大的拐角区域，材料主要受压缩变形。拐角处不采用单独凹模镶块翻边，因此成为翻边的交接部位。该部位翻边成形的方法是：先由一个方向的运动进行翻边，形成有利于后续翻边的过渡形状，接着由另一个方向的运动重复一次翻边，使积瘤消除，从而达到较好的翻边质量。必须仔细考虑两组凹模镶块交接部位的形状，有时甚至需要试验后确定。

(2) 对窗口内形翻边时交接部位的处理方法。其交接部位一般设在平滑、变形较小的四边上，材料主要受拉伸变形。拐角处与四边均采用单独凹模镶块翻边，因此在拐角凹模镶块与四边凹模镶块之间形成交接部位。该部位翻边成形的方法是：先由拐角凹模镶块翻边，接着由四边的凹模镶块重复一次翻边，这样既可消除过渡形状的积瘤，又使凹模镶块最后形成一个完整的凹模形状来限制材料变形，从而达到较好的翻边质量。

翻边凹模镶块交接部位的设计的具体结构可参看典型结构示例。

### 2. 轮廓外形翻边模扩张结构的设计

工件翻边后，尤其是水平或倾斜翻边后，由于翻边凸缘的妨碍，工件可能会取不出来。对于轮廓外形翻边，通常要采用翻边凸模扩张结构，即在翻边凹模翻边时，翻边凸模先扩张成一个完整的刃口形状，而在翻边完成后，翻边凸模再缩小，让开翻边后的工件凸缘，使工件可以取出。翻边凸模扩张结构的动作一般通过斜楔机构来实现。其具体结构可参见典型结构示例。

### 3. 覆盖件翻边模典型结构

(1) 垂直翻边模。如图 8-50 所示为垂直翻边模。该模具的特点是：工件的 4 个圆角部位为压缩类翻边，用钢制凹模拼块，工件以顶件块 7 四周工作型顶定位，8 个弹簧 10 的弹力通过推件块 9 把包在凸模拼块 5 上的工件卸下，由顶件器把工件顶出凹模并由气动顶件装置 8 将工件顶离顶件块并翻转一定角度，以便于出件。

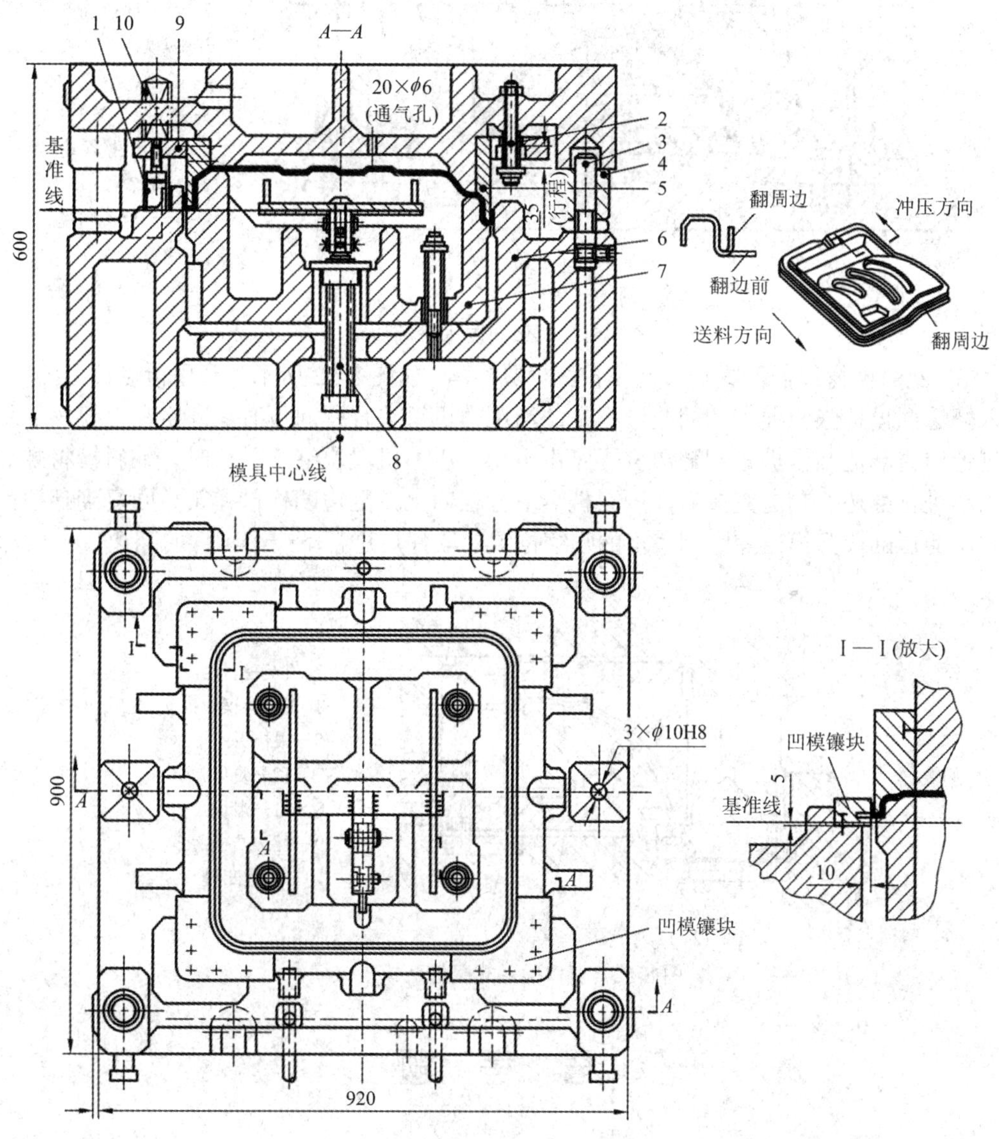


1—推件限位柱；2—吊杆；3—导柱；4—导套；5—凸模拼块；6—凹模；7—顶件块；8—气动顶件装置；9—推件块；10—弹簧

图 8-50　垂直翻边模

(2) 两边向内水平翻边模。如图 8-51 所示为两边向内水平翻边模，上模下行，压料板 1 首先把工件压紧在凸模座 2 上，接着活动翻边凸模 8 在中间斜楔 7 的作用下扩张到翻边位置后不动，翻边凹模镶块 6 与滑块 5 一起在斜楔 3 的推动下使工件向内翻起，上模上行，凹模在弹簧 9 作用下复位，活动翻边凸模 8 也在弹簧作用下向内收缩，让开翻边后的工件凸缘部位，取出工件。

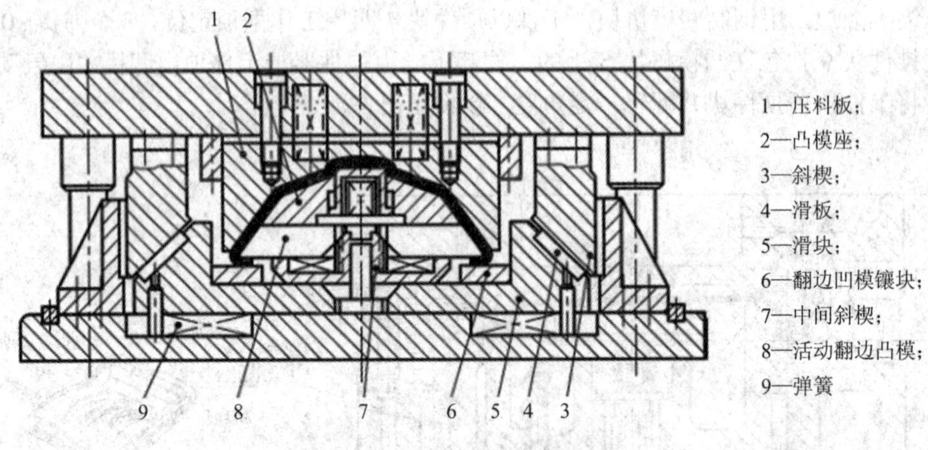


图 8-51　两边向内水平翻边模

(3) 双斜楔窗口插入式翻边凸模扩张模具结构。如图 8-52 所示为利用覆盖件上的窗口，插入翻边凸模扩张斜楔。其翻边过程是：当压力机滑块行程向下时，固定在上模座的斜楔穿过窗口将翻边凸模扩张到翻边位置停止不动，压力机滑块继续下行时，外斜楔将翻边凹模缩小进行翻边。翻边完成后，压力机滑块行程向上，翻边凹模借弹簧力回复到翻边前的位置，随后翻边凸模也弹回到最小的收缩位置。取件后进行下一个工件的翻边。

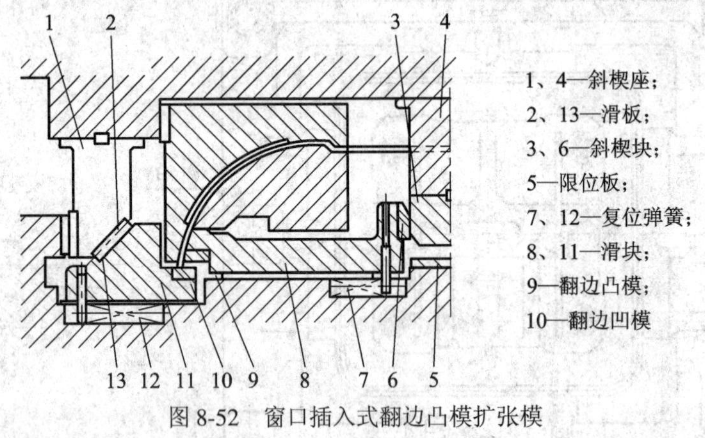


图 8-52　窗口插入式翻边凸模扩张模

# 思　考　题

8-1　什么是汽车覆盖件？汽车覆盖件的成形特点有哪些？对汽车覆盖件有哪些基本要求？

8-2　汽车覆盖件的拉深工序的变形特点是什么？如何防止起皱和开裂？

8-3　如何确定汽车覆盖件的拉深方向？

8-4　为什么要设计工艺补充部分？其有哪些种类？设计时有哪些注意事项？

8-5　压料面的作用是什么？确定压料面形状的基本原则有哪些？

8-6　什么情况下需要设计工艺孔或工艺缺口？

8-7　汽车覆盖件拉深模的导向方式有哪几种？其布置原则是什么？

8-8　拉深筋有什么作用？拉深筋的布置应注意什么？

8-9　拉深件如何定位？如何设计通气孔？

8-10　汽车覆盖件切边工序与一般冲裁工序有何不同？覆盖件切边模的结构特点有哪些？

8-11　汽车覆盖件翻边模的结构特点有哪些？

思考题 8-1　思考题 8-2　思考题 8-3　思考题 8-4

思考题 8-5　思考题 8-6　思考题 8-7　思考题 8-8

思考题 8-9　思考题 8-10　思考题 8-11

# 第 9 章　精密冲裁工艺与模具

## 9.1　精密冲裁的工作原理及过程

普通冲裁工件尺寸精度一般在 IT11 以下，冲裁断面粗糙，断裂带占有一定厚度且带有锥度，无法满足一些对尺寸精度、冲裁断面质量要求高的零件的需要。精密冲裁是在普通冲压技术基础上发展起来的一种精密冲压方法，简称精冲，属于无屑加工技术。它能在一次冲压行程中获得尺寸精度要求高、冲裁断面光洁、平面翘曲小且互换性更好的优质零件，可以以较低的成本达到产品质量的改善。精密冲裁包括强力压边精密冲裁、对向凹模精密冲裁和平面压边精密冲裁，汽车精冲零件生产以强力压边精密冲裁为主。精冲工艺在汽车零件制造领域发挥着很大的作用。汽车上许多冲压零件采用精冲工艺生产，如座椅调节器上的齿条、齿板、凸轮等；制动系统中的棘轮、棘爪、调节齿板、拉臂、推杆、腹板、支撑板等；车锁上的锁板、卡板、保险块等；安全带上的插舌、内齿环、棘爪等；离合器上的从动片等；变速器上的拨叉等；传动系统的法兰盘、止推垫片等；车门玻璃升降器齿板等。

精冲技术的基本要素包括：精冲机床、精冲模具、精冲材料、精冲工艺及精冲润滑等。如图 9-1 所示为普通冲裁和精冲两种工艺方法的比较。

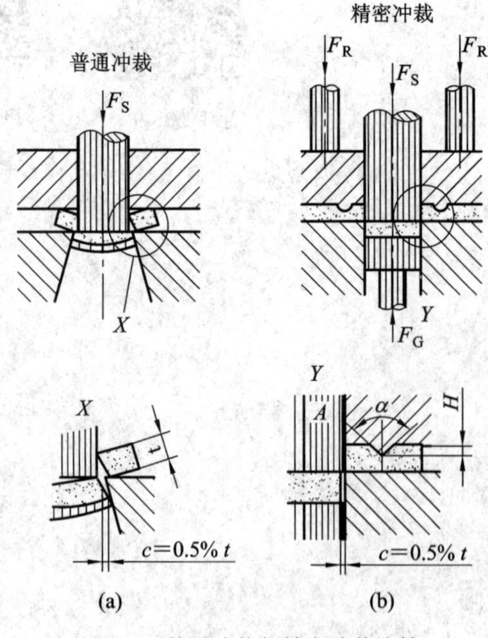


图 9-1　普通冲裁与精密冲裁比较

精冲是塑性剪切的过程，是在专用(三动)压力机上，借助于特殊结构的精冲模，在较大的三向压应力的作用下使材料产生塑性剪切的精冲。如图 9-2 所示为精冲的工作原理，落料凸模 1 对精冲板料 9 进行冲裁之前，先通过压力 $F_R$ 使齿圈 8 的 V 形齿压入材料，同时将材料压紧在凹模上，在 V 形齿的内面产生横向侧压力，以阻止材料在剪切区内撕裂和金属的横向流动。在冲孔凸模 3 压入材料的同时，利用顶件板 4 的反压力 $F_G$ 将材料压紧；并在压紧状态中，在冲裁力 $F_S$ 作用下进行冲裁。剪切区内的金属处于三向压应力状态，同时通过采用极小的间隙和刃口圆角降低了变形区的应力集中，防止普通冲裁时出现的弯曲拉伸撕裂现象，提高了材料的塑性变形能力，使材料几乎以纯剪切方式完成冲裁，从而得到几乎贯穿板厚的光洁、平整、垂直的断面。精冲时的压紧力、冲裁间隙、刃口圆角三者相辅相成，缺一不可。

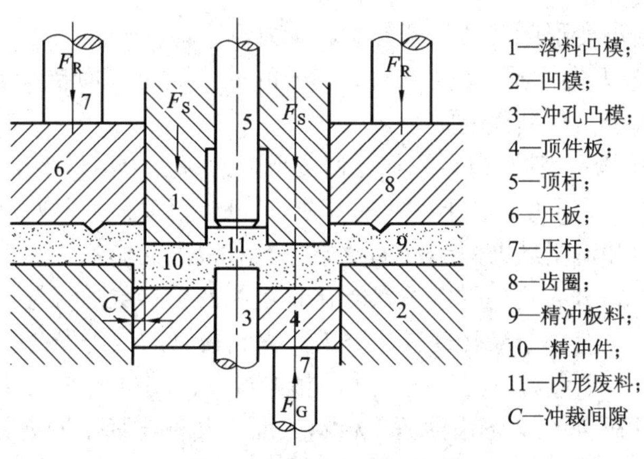


图 9-2　精冲的工作原理

精冲过程要求精冲设备的冲裁力、压边力和反压力精确，因此大批量生产精冲件一般采用机械式精冲设备，但机械式精冲设备投入费用高，因此很多生产厂家利用液压模架在油压机上精冲零件。油压机成本低，适合多品种、中小批量精冲零件的生产。

## 9.2　普通冲裁与精密冲裁的工艺特点对比

精冲工艺与普通冲裁的工艺特点存在本质的差别，普通冲裁在冲裁过程中控制板料的撕裂，而精冲则在冲裁时想尽办法抑制板料的撕裂。精冲在零件从板料上分离前始终保持为一体，精冲过程金属板料始终处于塑性变形。如表 9-1 所示为普通冲裁与精密冲裁在冲裁各方面指标的对比，由表 9-1 分折可知，要实现精密冲裁，工艺上必须采取一些特殊措施。

表 9-1　普通冲裁与精密冲裁的对比

| 技术特征 | | 普通冲裁 | 精密冲裁 |
|---|---|---|---|
| 1. 材料分离形式 | | 剪切变形、断裂分离 | 塑性剪切变形 |
| 2. 尺寸精度 | | IT11～13 | IT6～7 |
| 3. 冲裁断面质量 | 表面粗糙度 $Ra$/μm | >6.3 | 1.6～0.4 |
| | 垂直度误差 | 大 | 小(0.26 mm/100 mm) |
| | 平面度误差 | 大 | 小(0.1 mm/100 mm) |
| 4. 模具参数 | 间隙 | 双边(5%～25%)$t$ | 单边 0.5%$t$ |
| | 刃口 | 锋利 | 小圆角 |
| 5. 冲压材料 | | 无要求 | 塑性好(球化处理) |
| 6. 毛刺 | | 双向、大 | 单向、小 |
| 7. 圆角带 | | 20%～30%$t$ | 10%～25%$t$ |
| 8. 压力机参数 | 压力 | 普通(单向力) | 特殊(三向力) |
| | 变形功 | 变形功小 | 变形功为普冲的 2～2.5 倍 |
| | 振动、噪声 | 有噪声，振动大 | 噪声低，振动小 |
| 9. 润滑 | | 一般 | 特殊 |
| 10. 成本 | | 低 | 高(回报周期短) |

(1) 采用带 V 形齿圈的压板，对板料产生强烈的压力作用，使塑性剪切变形区形成三

向压应力状态，且增加变形区及其邻域的静水压力。

(2) 凹模(或凸摸)刃尖处制造出 0.02～0.20 mm 的小圆角，抑制剪切裂纹的发生，限制断裂面的形成，有利于工件断面的挤光。

(3) 采用较小的间隙，甚至为零间隙。使变形区的拉应力尽量小，压应力增大。

(4) 施加较大的反顶压力，减小材料的弯曲，同时起到增加压应力的作用。

此外，精冲材料和润滑状态对精冲的效果也有着很大的影响。塑性好、变形抗力低、球化完全、弥散良好、分布均匀的细球状碳化物组织的材料最适合精冲。好的润滑剂不仅提高精冲件的质量，也有助于减轻模具的磨损，提高模具的使用寿命。

如图 9-3 所示为一带强力齿圈压板冲模的精冲过程：①将板料送进模具(见图 9-3(a))；②上模下行，齿圈压板上的 V 形齿圈压入板料表面，凸模与顶出器夹紧板料(见图 9-3(b))；③凸模压入板料，齿圈压板和顶出器保持对板料的压力(见图 9-3(c))，完成板料的冲裁分离(见图 9-3(d))；④开启模具(见图 9-3(e))；⑤先卸废料(见图 9-3(f))，后顶出制件(见图 9-3(g))，以避免将制件顶回到废料孔内；⑥取出制件和废料，进行下一次冲裁(见图 9-3(h))。

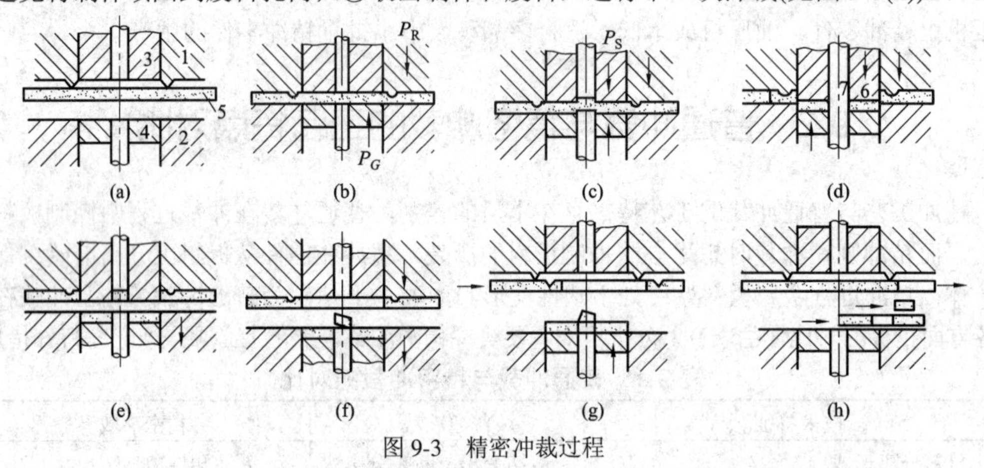


图 9-3　精密冲裁过程

## 9.3　精冲件的工艺性

精冲件的工艺性是指零件精冲的难易程度。一般情况下，影响精冲件工艺性的因素包括精冲件材料和精冲件的结构两个方面。

### 1. 精冲件材料

精冲件材料直接影响精冲件的剪切断面质量、尺寸精度和模具寿命，要求其必须具有良好的力学性能、较大的变形能力和良好的组织结构，一般以含碳量≤0.35%及 $\sigma_b = 650$ MPa 的钢材应用较广。含碳量高的碳钢及铬、镍、钼含量低的合金钢经过球化退火处理后能有扩散良好的球状渗碳体组织，也可获得良好的精冲效果。一般精度要求比较高的零件，原材料球化率应达到 90%以上。有色金属中纯铜、黄铜(含铜量高于 63%)、铝青铜(含铝量低于 10%)、纯铝及软状态的铝合金均能精冲。铅黄铜塑性差，不适于精冲。

冲压材料的厚度公差应符合国家标准：不同的模具间隙适用于不同厚度的材料，如果材料的厚度公差太大，不仅直接影响冲压件的质量，还可能导致模具或压力机的损坏。

冲压件材料应具有较高的表面质量。冲压材料表面应光洁平整，无氧化皮、裂纹、锈斑、划伤、分层等缺陷。表面状态好的材料，在加工时不易破裂，也不易擦伤模具，得到的冲压件的表面质量也好。

## 2. 精冲件的结构

精冲件应力求简单、规则，避免尖角以及太小的圆角半径，否则会在相应的剪切断面上发生裂纹，以及在凸模的尖角处发生崩裂和加速磨损。精冲件的最小圆角半径与材料厚度、材料力学性能以及尖角度有关。精冲件圆角半径的极限值可按图 9-4 选择，各种零件精冲按难易程度可分为 3 类：*A* 表示容易；*B* 表示中等；*C* 表示困难。

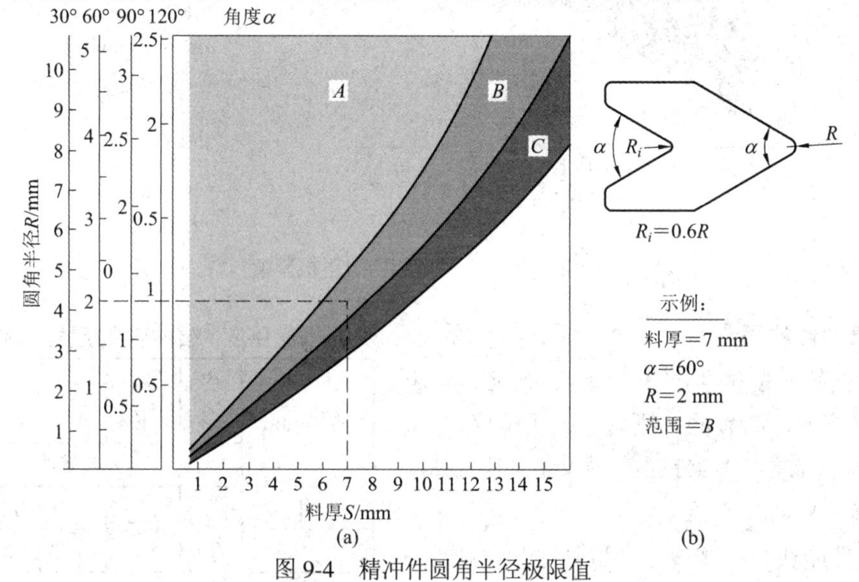


图 9-4　精冲件圆角半径极限值

精冲件的孔径和槽宽不能太小，同时应保持一定的边距，否则会影响精冲件的质量和模具寿命。其极限值可按图 9-5 和图 9-6 选择。

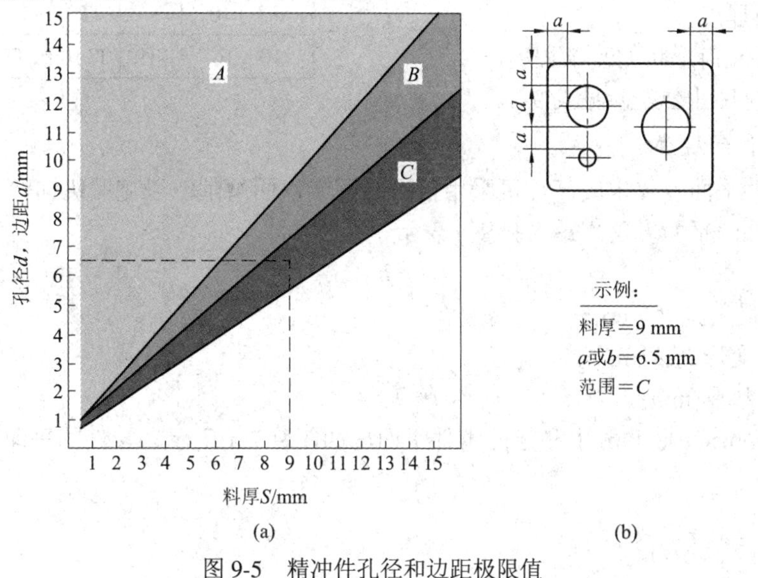


图 9-5　精冲件孔径和边距极限值

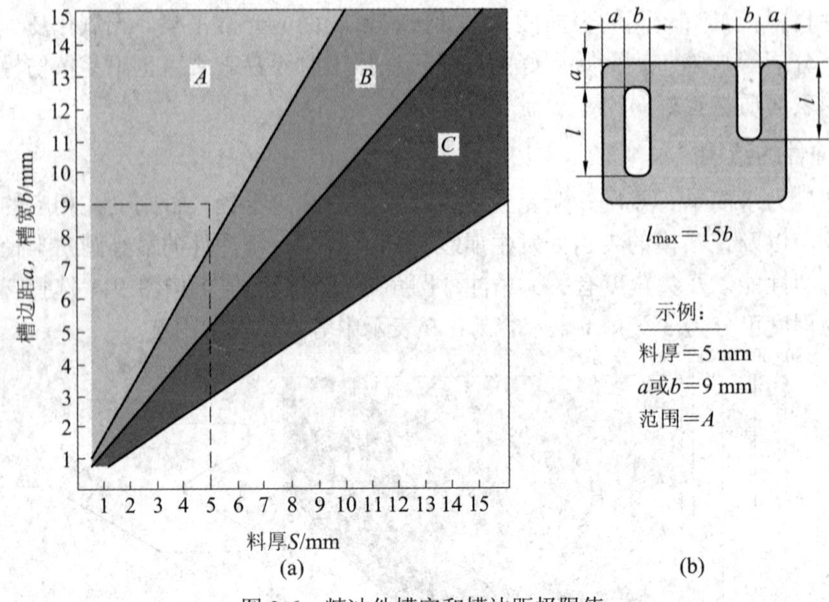


图 9-6　精冲件槽宽和槽边距极限值

### 3. 精冲件的质量

精冲件的质量包括：① 尺寸精度；② 冲裁面质量(光亮面、断裂面、撕裂面、粗糙度)；③ 形位误差(平面度、不垂直度、塌角)；④ 毛刺。

1) 精冲件的尺寸精度

精冲件能获得的精度主要取决于以下因素：

(1) 模具精度和模具维修状况；

(2) 材料种类和品质；

(3) 材料厚度；

(4) 零件几何形状的复杂程度。

精冲件的尺寸公差参见表 9-2。

表 9-2　精冲件的尺寸公差

| 料厚/mm | 内形 | 外形 | 孔　距 |
|---|---|---|---|
| | 公差等级 | | |
| ≈1 | IT7 | IT7 | IT7 + 0.02 mm |
| 1～2.5 | | | IT7 + 0.03 mm |
| 2.5～4 | | IT8 | IT7 + 0.04 mm |
| 4～6.3 | IT8 | | IT7 + 0.06 mm |
| 6.3～10 | | IT9 | |
| 10～16 | IT9 | IT10 | IT7 + 0.08 mm |

2) 精冲件的挠度

如果零件平面度要求较高，可采用校平装置或双面磨削，以克服纵向弯曲。

精冲零件的平面度可用最大挠度 $f$ 表示，即

$$f = h - S \tag{9-1}$$

式中：$f$——最大挠度(mm)；

$h$——变形高度(mm)；

$S$——料厚(mm)。

在 100 mm×100 mm 上测定的零件平面度如图 9-7(a)所示，零件的平面度偏差值如图 9-7(b)所示。

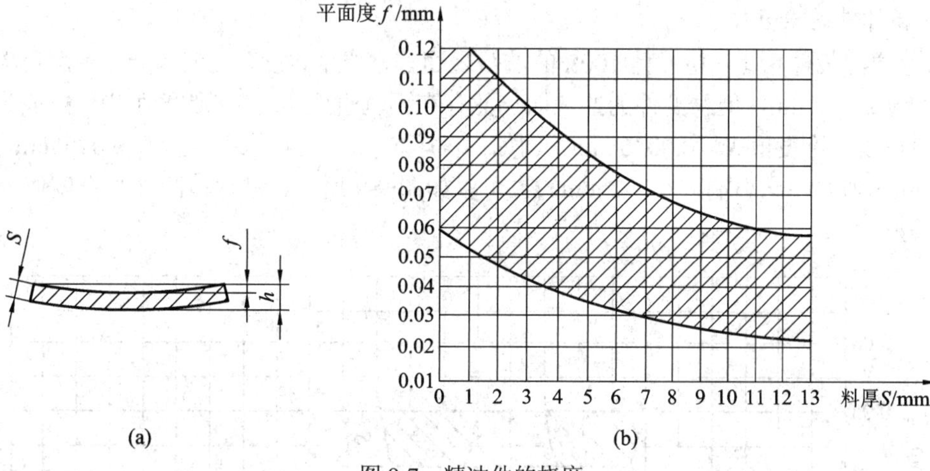


图 9-7　精冲件的挠度

3) 精冲件的塌角

精冲时，在材料的塑性剪切流动中，由于刃口处材料间的相互作用力导致精冲件塌角部分材料运动速度小于其他部分材料的运动速度，从而在工件的一侧产生塌角。影响塌角的因素有：

(1) 材料厚度，材料愈厚，塌角愈大。

(2) 工件角度的大小，工件角度 $\alpha$ 愈小，塌角愈大。

(3) 工件圆角半径愈小，塌角愈大。

(4) 材料的塑性，材料塑性愈好，塌角愈大。

塌角深度值可由图 9-8 查得。对直线轮廓的塌角深度 $t_E \approx (5\sim10)\%S$，塌角宽度 $b_E \approx (2\sim4)t_E$。

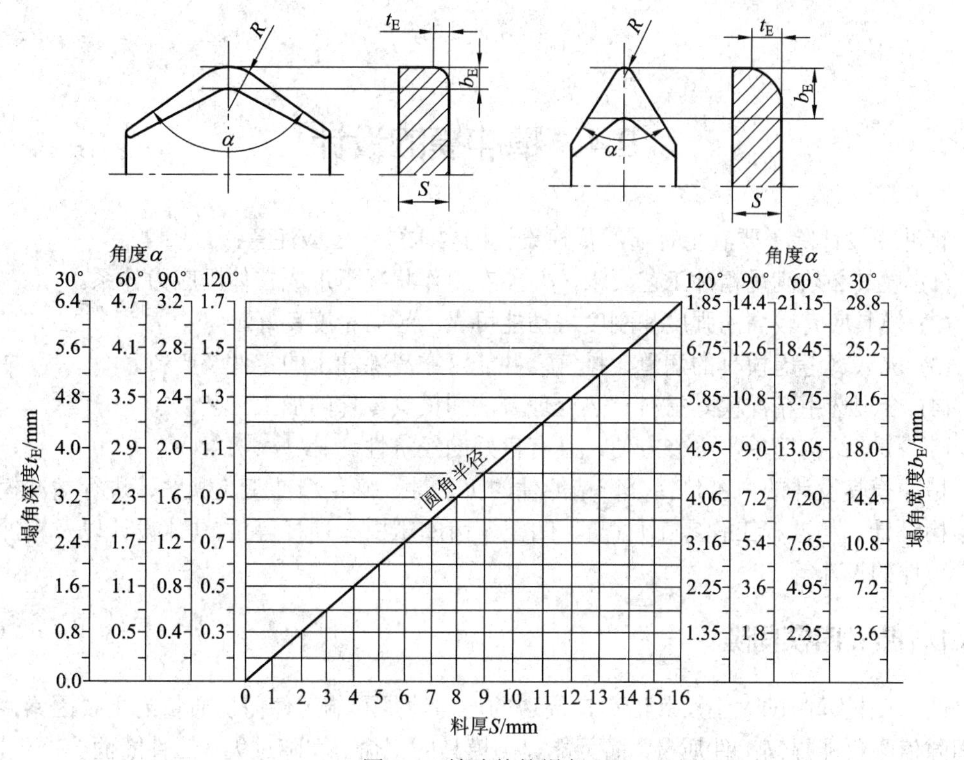


图 9-8　精冲件的塌角

4) 精冲件的垂直度

与普通冲裁件相比，精冲件 100%的冲裁表面非常光洁，没有任何撕裂，表面粗糙度值 $Ra$ 可达到 2～12 μm，但精冲件的冲裁面仍然存在不垂直度偏差值(锥度值 $X$)。一般为在每 1 mm 料厚上，锥度值 $X = 0.0026$ mm。例如：料厚 $S = 10$ mm，锥度值 $X = 0.026$ mm，$2X = 0.052$ mm，则大端比小端大 0.052 mm。也可以如图 9-9 所示，进行精冲件垂直度偏差 $X$ 的取值计算。

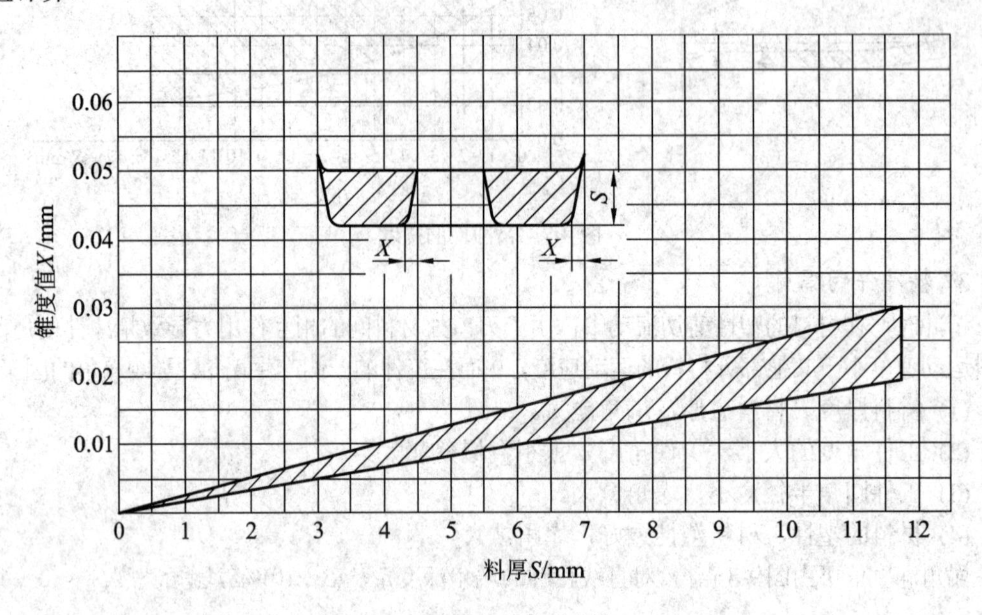


图 9-9　精冲件的锥度值

## 9.4　精冲模的设计

精冲模设计除了要满足普通冲裁模设计的要求外，还应注意：

(1) 模具必须满足精冲工艺要求，并能在工作状况下形成立体压应力体系。

(2) 模具应有较高的强度和刚度，功能可靠，导向精度良好。

(3) 应认真考虑模具的润滑、排气，并能可靠清除冲出的零件及废料。

(4) 合理选用精冲模具材料、热处理方法和模具零件的加工工艺。

(5) 模具结构简单，维修方便，具有良好的经济性。

精冲模具设计的内容包括分析精冲件的工艺性、确定精冲工艺顺序、进行精冲模具总体结构设计、精冲模工作零部件(凸、凹模、齿圈压板、顶杆等)的具体设计以及精冲模辅助零部件的设计等。

### 9.4.1　凸、凹模间隙

凸、凹模间隙的大小及其沿刃口周边的均匀性是影响工件剪切质量的主要因素，合理的间隙值不仅能提高工件质量，而且能提高模具的寿命。间隙过大，工件断面会产生撕裂；

间隙过小，会缩短模具寿命。精冲间隙主要取决于材料厚度，同时也和工件形状、材质有关，软材料取略大的值，硬材料取略小的值，具体数值可参考表 9-3。此表提供的数据是具有最佳精冲组织的碳钢、在剪切面表面完好率为 I 级、模具寿命高的基础上制定的，具体使用时，对于不易精冲的材料，间隙应该更小一些。若工件允许剪切面有一定缺陷，间隙可取大些。

表 9-3　凸、凹模的双面间隙

| 材料厚度 $t$/mm | 外形间隙 | 内形间隙 | | |
|---|---|---|---|---|
| | | $d<t$ | $d=t\sim5t$ | $d>5t$ |
| 0.5 | 1% | 2.5% | 2% | 1% |
| 1 | | 2.5% | 2% | 1% |
| 2 | | 2.5% | 1% | 0.5% |
| 3 | | 2% | 1% | 0.5% |
| 4 | | 1.7% | 0.75% | 0.5% |
| 6 | | 1.7% | 0.5% | 0.5% |
| 10 | | 1.5% | 0.5% | 0.5% |
| 15 | | 1% | 0.5% | 0.5% |

## 9.4.2　凸、凹模刃口尺寸

精冲模刃口尺寸的计算与普通冲裁刃口的尺寸计算基本相同。落料件以凹模为基准，冲孔件以凸模为基准，采用修配法加工。不同的是精冲后工件外形和内孔一般约有 0.001～0.01 mm 的收缩量。因此，在理想情况下，落料凹模和冲孔凸模应比工件要求尺寸大 0.005～0.01 mm。其计算公式如下：

落料时，工件尺寸为 $D_{-\Delta}^{0}$，则凹模刃口尺寸为

$$D_{\mathrm{d}}=\left(D-\frac{3}{4}\Delta\right)_{0}^{+\frac{1}{4}\Delta} \tag{9-2}$$

凸模按凹模实际尺寸配制，保证双面间隙值 $Z$。

冲孔时，工件尺寸为 $d_{0}^{+\Delta}$，则凸模刃口尺寸为

$$d_{\mathrm{p}}=\left(d+\frac{3}{4}\Delta\right)_{-\frac{1}{4}}^{0} \tag{9-3}$$

凹模按凸模实际尺寸配制，保证双面间隙值 $Z$。

工件孔中心距为 $C\pm\frac{\Delta}{2}$，则模具孔中心距尺寸为

$$C_{\mathrm{d}}=C\pm\frac{1}{8}\Delta \tag{9-4}$$

式中：$D_d$、$d_p$——凹、凸模尺寸(mm)；

$C_d$——凹模孔中心距尺寸(mm)；

$\Delta$——工件公差(mm)。

为了改善金属的流动性，提高工件的断面质量，凹模刃口做成小圆角。刃口圆角值过大，工件的圆角、锥度和拱弯现象也相应增大。因此，应尽量减小刃口圆角值，这样可减少凹模刃口的挤压应力，以免在凹模与凸模刃口部分形成金属瘤黏结。但应注意，凹模刃口圆角值很小时，有时会出现二次剪切和细裂纹。一般凹模刃口取 0.05～0.1 mm 的圆角效果较好，试模时应先采用最小 $R$ 值，在增加齿圈压力后仍不能获得光洁切断面时，可再适当增大 $R$ 值。

## 9.4.3　齿圈压板设计

齿圈压板设计的设计关键点是齿圈的设计。

### 1. 齿圈压板的形状

齿圈是精冲的重要组成部分，根据料厚、材质和零件的性能要求，齿圈结构形式(见图 9-10)大致可分为：①三角形(见图 9-10(a))；②台阶形(见图 9-10(b))；③圆锥形(见图 9-10(c))；④平面形(见图 9-10(d))。

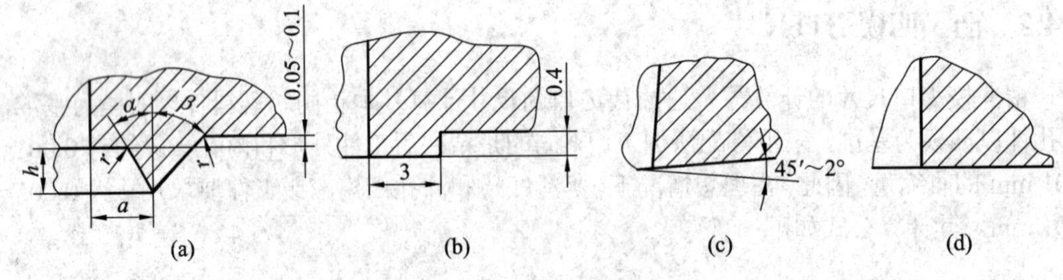


图 9-10　齿圈结构形式

常用的形式为尖状齿形圈(或称 V 形圈)。V 形圈主要是阻止剪切区以外的金属在剪切过程中随凸模流动，从而在剪切区内产生压力，当压力增大时，平均应力一般在压力范围内移动，在达到剪切断裂极限前，切应力就已达到剪切流动极限。根据加工方法的不同，齿圈的齿形可分为对称角度齿形和非对称角度齿形两种(见图 9-11)，其尺寸可参考表 9-4。理论证明：$\alpha=\beta=45°$ 为最好(见图 9-11(a))，而且加工也很方便。

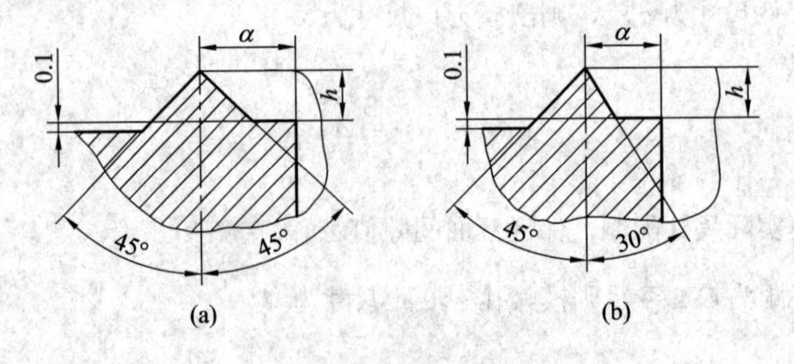


图 9-11　齿圈的齿形

表 9-4　单面齿圈齿形尺寸　mm

| 材料厚度 $t$ | 材料抗拉强度/MPa | | | | | |
|---|---|---|---|---|---|---|
| | $\sigma_b<450$ | | $450<\sigma_b<600$ | | $600<\sigma_b<700$ | |
| | $a$ | $h$ | $a$ | $h$ | $a$ | $h$ |
| 1 | 0.75 | 0.25 | 0.6 | 0.2 | 0.5 | 0.15 |
| 2 | 1.5 | 0.5 | 1.2 | 0.4 | 1 | 0.30 |
| 3 | 2.3 | 0.75 | 1.8 | 0.6 | 1.5 | 0.45 |
| 3.5 | 2.6 | 0.9 | 2.1 | 0.7 | 1.7 | 0.55 |

### 2. 齿圈的分布

齿圈的分布根据加工零件的形状和要求考虑，其分布原则是：

(1) 简单零件和塌角大的部分，齿圈与刃口形状一致。

(2) 复杂零件和塌角小的部分，齿圈与刃口形状可不一致，并进行相应简化。

(3) 当零件局部精冲时，仅在需精冲部分设置齿圈。

如图 9-12 所示为齿圈分布典型示例。

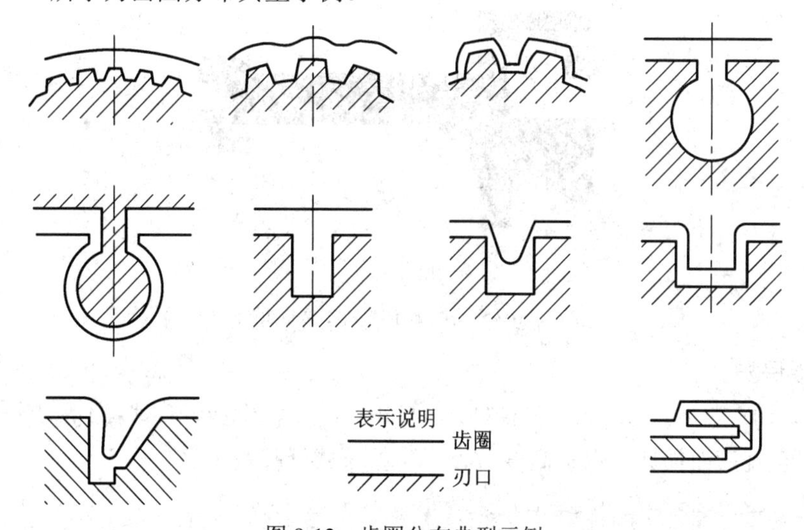


图 9-12　齿圈分布典型示例

V 形齿圈的分布对精冲零件具有重要意义。设置 V 形齿圈的基本原则是：

(1) 当料厚 $S\leqslant4$ mm 时，可设在压板上(便于维修)；也可设在凹模上(不便于维修)。

(2) 当料厚 $S>4$ mm 时，需同时在压板和凹模上设置齿圈。

设置齿圈应注意下列情况：

(1) 对于精度高和复杂轮廓的精冲零件(如齿轮)，即使 $S<4$ mm，也应同时在压板和凹模上设置齿圈。

(2) 对于材料强度高($\sigma_b>700$ N/mm$^2$)，要求塌角小和带有锐角的零件应设置双齿圈。

(3) 对于料厚 $S\leqslant1$ mm 的零件，可不需要齿圈。

(4) 对于冲小孔，由于不会产生剪切区材料流动，可不设置齿圈，但对于冲大孔($d\geqslant$ 30 mm)，应在顶料杆上设置齿圈，如果料厚 $S\geqslant4$ mm 以上时，凸模和顶料杆上均应设置齿圈。

### 3. 齿圈错移

在精冲模上使用双齿圈时，理论上要求上、下齿圈对正，然而实际加工中，有时会使两齿圈错移，错移齿圈的齿距值一般取 1.5$a$。

### 4. 齿圈开槽

如图 9-13(a)所示，封闭的齿圈必须开槽，一般需要开 3～4 个槽。

开槽的目的在于排气和存留多余的润滑剂。

开槽的底部要与基面齐平，且应是圆形的，开槽的位置不应位于 V 形齿圈的外角部。以图 9-13(b)所示为示例，可在 1、2、3、4、5 等部位开槽。

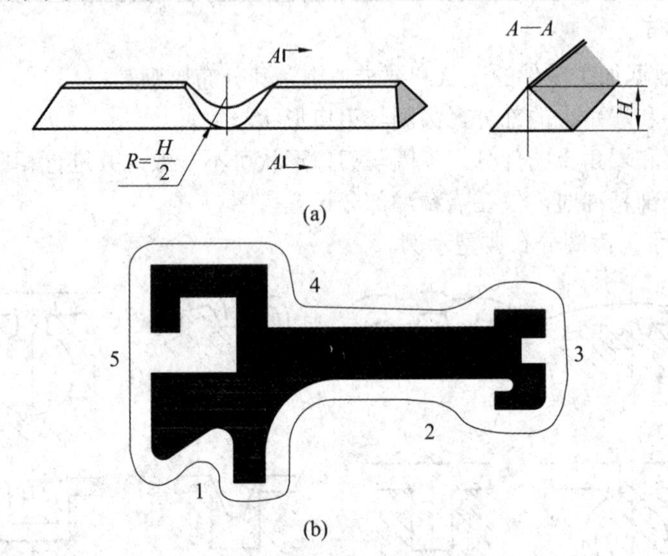


图 9-13　齿圈开槽的位置示例

### 5. 齿圈保护

如图 9-14 所示，V 形齿圈的保护销(块)是为了防止在空载行程或模具运输过程中 V 形齿圈受到相互碰撞而损坏。保护高度 $H<S$，可按下式计算：

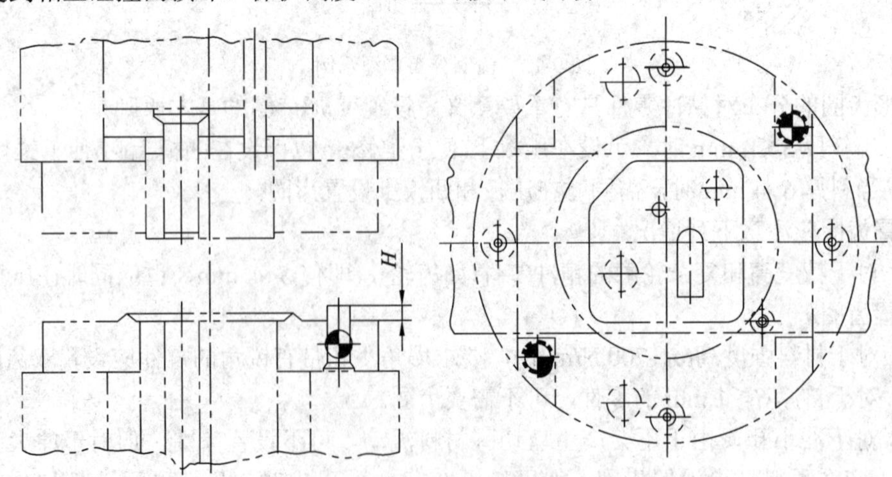


图 9-14　V 形齿圈保护销

$$H=(0.6\sim0.8)S \tag{9-5}$$

式中：$H$——齿圈保护高度(mm)；

$S$——材料厚度(mm)。

此外，齿圈保护销位置的设定应考虑其正确性，并注意以下几点：

(1) 不能防碍吹除工件及废料；

(2) 考虑受力状态，销的位置应对称布置；

(3) 销的高度应一致，防止产生倾斜力；

(4) 在凹模上设置时，应位于冲裁平面上；

(5) 不应防碍新条料的送入。

## 9.4.4　精冲排样

精冲排样的原则基本和普通冲裁相同，只是精冲排样时要考虑零件间的齿圈布置问题。若零件外形两侧形状、剪切面质量要求有差异，排样时应将形状复杂及要求高的一侧放在进料方向的反向，这样零件外形质量要求高处的搭边量最为充分。从冲裁过程看，材料整体部分的变形阻力比侧搭边部分大，最为稳定，同时使这部分断面从没有精冲过的材料中剪切下来，可以保证有较好的断面质量(见图 9-15)。对于有弯曲的零件，其弯曲线应与板材轧制方向垂直或成一定的角度，以免弯曲时出现裂纹缺陷。

精冲排样必须验证下列的工艺参数：① 齿圈位置和尺寸；② 条料宽度和厚度公差；③ 最佳送料步距；④ 模具中心；⑤ 材料特性；⑥废料栅的刚度和稳定性。同时，还需考虑以下因素：① 长而窄的槽的排列方向；② 复杂齿形零件的排列方向和位置；③ 零件功能部分光亮带与粗糙带的比例；④ 材料的纹向；⑤ 材料的利用率。

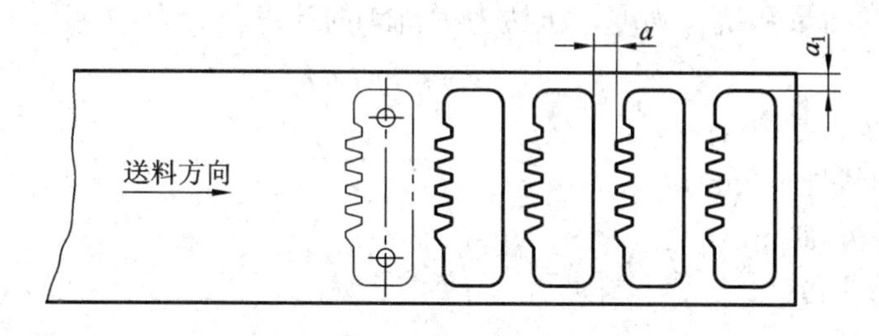


图 9-15　精冲排样图

因为精冲时齿圈压板不仅要压紧板料，其上还有一圈产生侧向压力的V形齿圈，所以精冲的搭边、边距和步距值比普通冲裁时都要大些，影响它们的因素主要有：零件冲裁断面质量要求、零件材料厚度及材料强度、零件形状、齿圈分布等，精冲搭边值的数值可参考表 9-5。

表 9-5　精冲搭边值　mm

| 材料厚度 | | 0.5 | 1.0 | 1.25 | 1.5 | 2.0 | 2.5 | 3.0 | 3.5 | 4.0 | 5 | 6 | 8 | 10 | 12 | 15 |
|---|---|---|---|---|---|---|---|---|---|---|---|---|---|---|---|---|
| 搭边值 | $a$ | 1.5 | 2 | 2 | 2.5 | 3 | 4 | 4.5 | 5 | 5.5 | 6 | 7 | 8 | 10 | 12 | 15 |
| | $a_1$ | 2 | 3 | 3.5 | 4 | 4.5 | 5 | 5.5 | 6 | 6.5 | 7 | 8 | 10 | 12 | 15 | 18 |

## 9.5　精冲力的计算

由于精冲是在三向受压状态下进行冲裁的，所以必须对各个压力分别进行计算，再求出精冲时所需的总压力，从而选用合适的精冲机。

### 1. 冲裁力

冲裁力的大小取决于剪切线长度、精冲材料的抗拉强度和材料厚度等,精冲冲裁力 $F_1$(N)可按经验公式计算：

$$F_1 = f_1 L t \sigma_b \tag{9-6}$$

式中：$f_1$——系数，取决于屈强比，其值为 0.6～0.9，常取 0.9；

$L$——内外剪切线的总长(mm)；

$t$——料厚(mm)；

$\sigma_b$——材料强度极限(MPa)。

### 2. 齿圈压板压力

齿圈压板特征包括：

(1) 围绕零件有一定的距离；

(2) 围绕零件有一定的楔角；

(3) 围绕零件有一定的高度。

齿圈压板压力的大小对于保证工件剪切面质量、降低动力消耗和提高模具使用寿命都有密切关系，在冲裁过程之前，齿圈需压入材料，并保证材料的压紧状态。压边力的大小取决于精冲材料的质量和抗拉强度，压边力 $F_{压}$(N)的计算公式为

$$F_{压} = f_{压} L h \sigma_b \tag{9-7}$$

式中：$f_{压}$——系数，常取 4；

$L$——齿圈线周长(mm)；

$h$——齿圈齿高(mm)。

其余符号意义同前。

### 3. 反压力

反压力的任务是在冲裁过程中，在剪切线内将材料压紧到凸模上，防止零件的弯曲变形，顶出器的反压力过小会影响工件的尺寸精度、平面度、剪切面质量，加大工件塌角；反压力过大会增加凸模的负载，降低凸模的使用寿命。反压力计算公式为

$$F_G = A p_C \tag{9-8}$$

式中：$F_G$——反压力(N)；

$A$——零件的受压面积($mm^2$)；

$p_C$——零件的单位反压力，$p_C = (20～70) N/mm^2$：大面积零件取 70 $N/mm^2$，小面积薄零件取 20 $N/mm^2$。

反压力 $F_G$ 也可按经验公式计算：

$$F_G = 0.2 F_1 \tag{9-9}$$

齿圈压板压力与反推压力的取值大小主要靠试冲时调整。

**4. 退料力和顶件力**

退料力 $F_{退}$用于退下废料，而顶件力 $F_{顶}$则用于顶出零件，即

$$F_{退} = F_{顶} = F_S F_1 \tag{9-10}$$

式中：$F_S$——系数，取 0.10～0.20。

**5. 总压力**

精冲时的总压力为

$$F = F_1 + F_G + F_{退} + F_{顶} \tag{9-11}$$

选择压机吨位时，若为专用精冲压力机，应以主冲力 $F_1$ 为依据。若为普通压力机，则以总压力 $F$ 为依据。

## 9.6　精冲模的结构

由于精冲工艺有别于普通冲裁，为了得到较高的断面质量，冲裁中抑制板料的撕裂，精冲过程金属板料始终处于塑性变形过程，其工艺上需采取一些特殊措施。因此精冲模的结构也较为特殊和复杂。

**1. 精冲模与普通冲模比较**

精冲模与普通冲模结构相比，既有共同性，也有差异性，其主要区别在于：

(1) 精冲模有凸出的齿形压边圈，材料在压边圈和凹模、反压板和凸模的压紧下实现冲裁，工艺要求其压力和反压力要大大地大于普通冲裁的卸料力、顶件力，以满足在变形区建立起较大的三向压应力状态条件，因此精冲模受力比普通冲模大，刚性要求更高。

(2) 精冲模凸模和凹模之间的间隙小，大约是料厚的 0.5%。而普通冲裁的间隙为料厚的 5～15%，甚至更大。

(3) 冲裁完毕模具开启时，反压板将零件从凹模内顶出，压边圈将废料从凸模上卸下，不需要另外的顶件和卸料装置。

(4) 精冲模一般要使用有三向作用力的精冲机，且三力均可调；精冲模还需设计专门的润滑和排气系统。

**2. 精冲模结构**

根据精冲模的功能和结构可分为简单模、复合模和连续模。

简易精冲模或者称作小间隙光洁冲裁模，可装在普通冲床上，同精冲模一样可以得到尺寸精确、截面光洁的冲件，适用于精冲件批量少、冲件板材不太厚、没有精冲设备的场合作生产精密冲件之用。一般简单模只冲外形不冲内孔，如精冲卡尺尺身、尺框的简易精冲模；或者只冲内孔不冲外形的简易精冲模。

复合精冲模可同时冲出外形和内形，大多数精冲模都是复合模。

连续精冲模分若干个工步(一般工序数不多)，用于精冲复合工艺，如压扁精冲、精冲压沉孔、精冲弯曲等。

按匹配压力机可分为用于精冲压力机和用于普通压力机的精冲模，后者需要附加压边

和反压系统，以弥补普通压机功能的不足。

根据凸模和模座相对关系可分为活动凸模式与固定凸模式两类。活动凸模式结构是凹模与齿圈压板均固定在模板内，凸模活动并靠下模座上的内孔及齿圈压板的型腔导向，凸模移动量稍大于料厚。此种结构适用于冲裁力不大的中、小零件的精密冲裁。

如图 9-16 所示为活动凸模式落料冲孔精冲模结构。凹膜 4 用螺钉和销钉通过垫板 15 紧固在上模座 11 内。顶件板 24 装在凹模 4 内，可上下运动，顶件板 24 除起压料和顶件作用外，还作为冲孔凸模 3 的导向装置。冲孔凸模 3 装在固定板 14 内，固定板 14 承受冲孔凸模 3 的回程力，冲孔凸模 3 的压力通过支撑环 12 传递到精冲机上工作台。垫板 15 支撑凹模 4。作用在顶件板 24 上的反压力来自于精冲机的上柱塞 2，经传力块 13 和传力杆 16 传递到顶件板 24 上。压边圈 5 用螺钉和销钉通过垫板 18 紧固在下模座 17 内，压边圈 5 除对板料施加压力外，还对凸凹模 6 起导向作用，从而保证冲裁凸凹模 6 和凹模 4 的相对位置精度。冲裁凸凹模 6 装在凸凹模固定板 20 内，凸凹模固定板 20、凸凹模垫板 21 和凸凹模座 7 用螺钉和销钉相连，凸凹模座 7 通过凸凹模拉杆 10 与精冲机的滑块 9 相连。凸凹模座 7 内装有推杆 23、推板 22，推板 22 上装有推件杆 19，推件杆 19 可将凸凹模 6 内的冲孔废料推出。冲裁凸凹模 6 的回程压力通过凸凹模拉杆 10 实现。作用在压边圈 5 上的压力来自于精冲机床身。

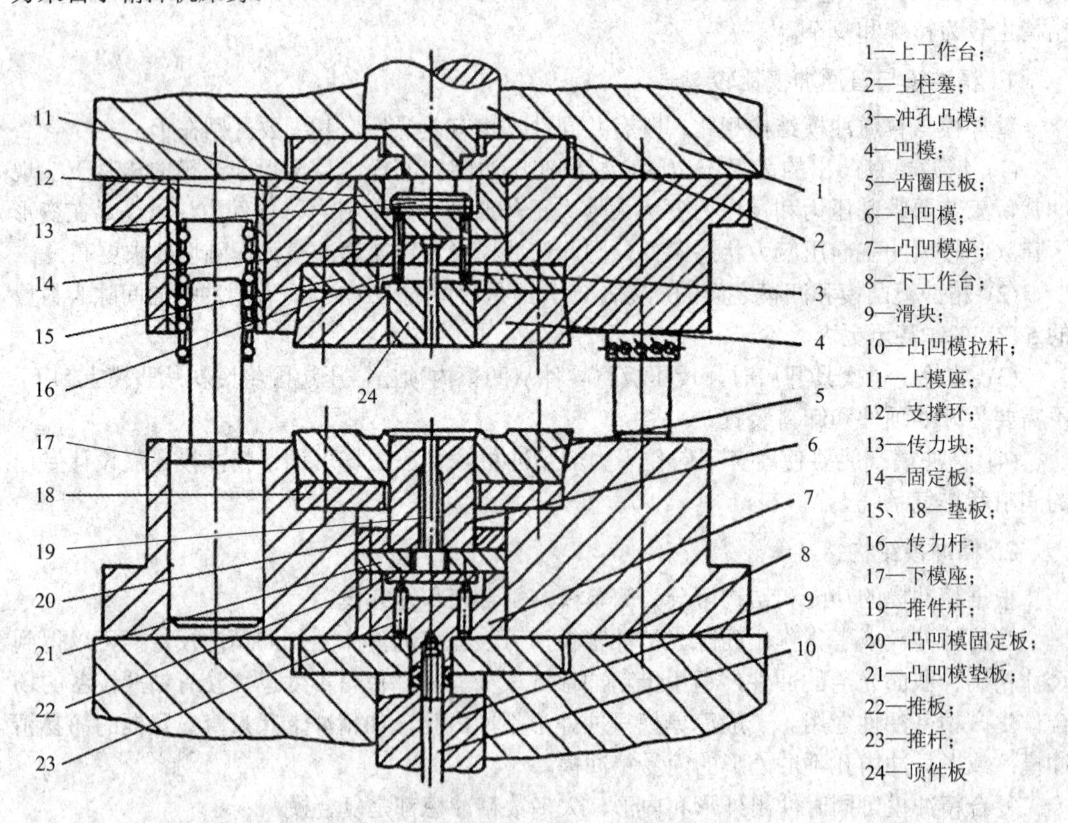


图 9-16　活动凸模式落料冲孔精冲模结构

如图 9-17 所示为固定凸模式落料冲孔精冲模结构。凸凹膜 7 用螺钉和销钉通过垫板 18 紧固在上模座 17 上。顶料杆 6 装在凸凹模 7 内，顶料杆 6 通过顶杆 3 和顶杆 4 将上柱塞 1

的压力向下传递，实现压料和顶料的作用。上模座17固定在上工作台2上。压边圈8用螺钉和销钉紧固在中间板20内，压边圈5除对板料施加压力外，还对凸凹模7起导向作用，从而保证冲裁凸凹模7和凹模9的相对位置精度。中间板20上安装垫板19，垫板19通过顶杆5将上柱塞1的压力传递，实现压料和卸料作用。中间板20内安装导套，通过导柱、导套实现与上模座17的导向定位。凹膜9用螺钉和销钉通过垫板21紧固在下模座24上。推板10装在凹模9内，推板10通过顶杆12、顶块14将下柱塞16的压力上传，实现压料和顶件作用，同时推板10还作为冲孔凸模11的导向装置。冲孔凸模11装在固定板22内，固定板22与垫板23用螺钉和销钉固定在下模座24内。

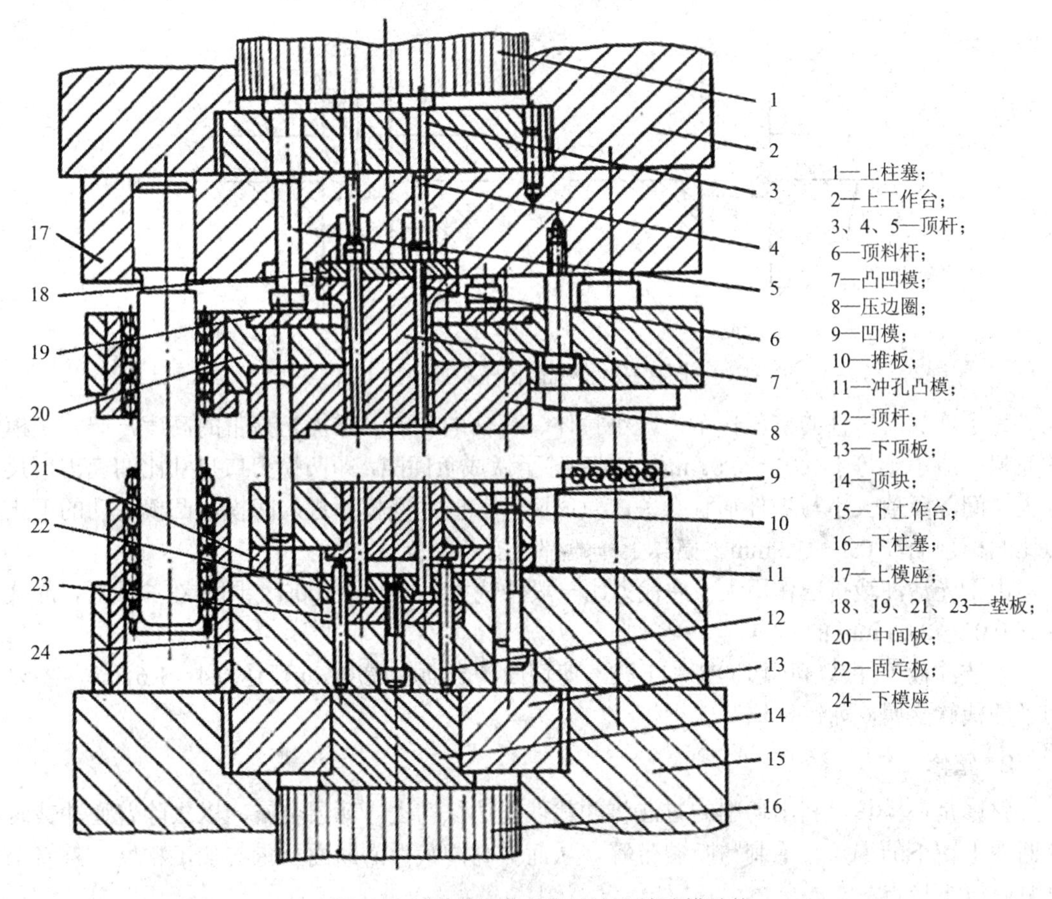


图9-17　固定凸模式落料冲孔精冲模结构

固定凸模式结构是凸模与凹模固定在模扳内，而齿圈压板活动。此种模具刚性较好，受力平稳，适用于冲裁大的形状复杂的或材料厚的工件以及内孔很多的工件。

由于精冲模具要求有 3 个运动部分，且滑块导向精度要求高，故一般应采用专用精冲压力机，但如在模具或压机上采取措施，也可将普通压力机用于精冲。

## 9.7　其他提高冲裁件质量的方法

提高冲裁件断面质量的工艺方法除了精冲外，还有小间隙圆角刃口冲裁、整修等。

### 1. 小间隙圆角刃口冲裁

小间隙圆角刃口冲裁又称光洁冲裁，如图 9-18(a)所示为落料，图 9-18(b)所示为冲孔，与普通冲裁方法相比，其特点是采用了小圆角刃口和很小的冲裁间隙。落料时，凹模刃口带小圆角，凸模仍为普通形式。冲孔时凸模带小圆角，凹模为普通形式。圆角半径一般可取料厚的 10%。

由于采用了圆角刃口和很小的冲裁间隙，加强了冲裁变形区的静水压力，挤压作用加大，而拉伸、断裂作用减小，工件剪切面上的剪裂带可大大减小，再加上圆角对剪切面的压平作用，使工件断面质量提高。由于刃口带有圆角，将在废料上留下拉长的毛刺。

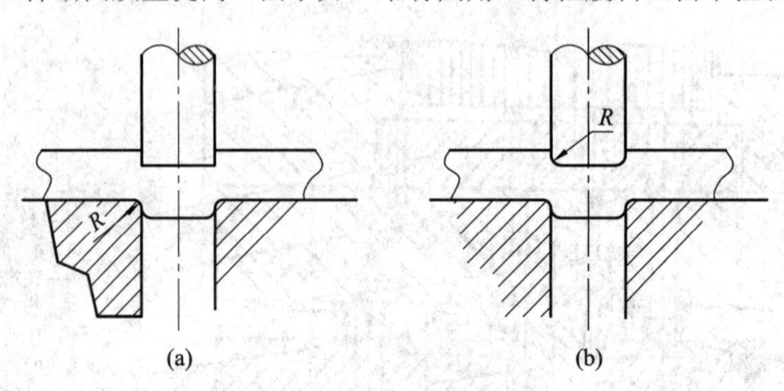


图 9-18　小间隙圆角刃口冲裁

为了增加对工件的挤压作用，减小拉伸、弯曲的影响，增加光亮带的高度，凸、凹模的间隙一般小于等于 0.01～0.02 mm。有时甚至做成负间隙，即凸摸刃口尺寸比凹模刃口尺寸大。间隙负值大小与工件形状有关。负间隙冲裁时，凸模不进入凹模，凸模运动的下止点比凹模顶面高 0.1～0.2 mm。模具上一般都要安装限位柱。

由于光洁冲裁挤压作用大，冲裁力比一般冲裁力大 50%～100%，同时在冲裁后，冲裁件有 0.02～0.05 mm 的回弹。

光洁冲裁工件精度可达 IT8～11 级，剪切面的表面粗糙度 *Ra* 可达 0.4～1.6 μm，主要用于冲裁软金属，如铝、铜及软钢等

### 2. 整修

整修是在模具上利用切削的方法将冲裁件的边缘切去一薄层金属，以去除普通冲裁时在断面上留下的塌角、毛刺与断裂带等，从而提高冲裁件的断面质量与加工精度。整修工艺具有以下特点：

(1) 整修后，材料的回弹较小，工件精度可达 IT6～7 级，表面粗糙度 *Ra* 可达 0.4～1.6 μm。

(2) 整修余量约为 0.1～0.4 mm(双面)，板料厚、工件形状复杂、材料硬时，余量要取大值。整修前冲孔、落料的凸、凹模工作部分尺寸计算要考虑整修余量的大小。当板料厚度较大($t$>3 mm)或工件复杂时，要采用多次整修方法逐步成形，每次整修余量要均匀。

(3) 整修时，工件要能准确定位，保证余量均匀。放置工件时，应将圆角带向着凹模。

(4) 采用整修工艺时，必须及时清除切屑，加工比较麻烦，生产效率较低。但整修后冲裁件质量较高，其使用不受材料软硬、塑性好坏的限制，所以对于用其他方法提高冲裁件质量有困难时，则可考虑采用整修的方法。冲裁件内孔、外缘还可以采用挤光的方法进行整修。外缘挤光是将工件强行压入凹模而挤光；内孔挤光是用硬度很高的芯棒强行通过

尺寸稍小的冲裁件的孔，将孔挤光。两者都要求工件材料有较好的塑性，以便获得满意的效果。

## 思 考 题

9-1　什么是精密冲裁？精密冲裁的原理是什么？

9-2　齿圈压板的形状种类有哪些？设置齿圈压板的基本原则是什么？

9-3　精冲排样时必须验证哪些工艺参数？

9-4　精冲的冲裁力与普通冲裁有何区别？

思考题 9-1

思考题 9-2

思考题 9-3

思考题 9-4

# 第 10 章　多工位精密级进模设计

## 10.1　多工位精密级进模的特点及分类

多工位精密级进模是在普通级进模的基础上发展起来的一种精密、高效、长寿命的冲压模具，其工位数可达几十个。多工位精密级进模必须配备高精度且送料步距易于调整的自动送料装置，才能实现精密自动冲压。多工位精密级进模还应在模具中设计误差自适应的调节装置、模内工件或废料去除等机构。因此多工位精密级进模的结构比普通冲压模具更复杂，模具的设计和制造技术要求更高，其对冲压设备和原材料也有更严格的要求，模具的成本更高。

对于采用普通冲压模具生产困难的冲压件，多工位精密级进模常可以解决问题。对于一些尺寸很小、形状复杂且强度低的零件，可采用多工位精密级进模进行冲制，零件先不切除下来，且可以在一块料上冲制多个零件，在装配过程中再予以分离。多工位精密级进模材料的利用率较普通级进模低，特别是某些形状复杂的零件，产生的废料较多。因此，在模具设计前必须对制件进行全面分析，然后结合模具的结构特点和冲压件的成形工艺性，确定该制件的冲压成形工艺过程，以获得最佳的技术经济效益。

### 10.1.1　多工位精密级进模的特点

多工位精密级进模要求具有高精度、长寿命的特点，模具的主要工作零件常采用高强度的高合金工具钢、高速钢或硬质合金等材料。模具的精加工常采用慢走丝线切割加工和成形磨削加工。

在多工位级进模中，常有很精细的小凸模，必须对这些小凸模加以精确导向和保护。因此要求卸料板能对小凸模提供导向和保护功能。卸料板上相应的孔必须采用高精度加工，其尺寸及相互位置必须准确无误。在冲压过程中，随模具的冲程和条料的进给，卸料板的运动必须高度平稳，因此卸料板要有导向保护措施。

**1. 生产效率高**

多工位精密级进模可以在一副模具中完成复杂的冲裁、弯曲、拉深、成形等工序，减少了中间转运和重复定位工作，加上自动送料机构，可以实现高速、自动冲压，显著提高了生产效率。目前世界上高速冲床的冲压速度已达 4000 次/min。

**2. 操作安全简单**

多工位精密级进模冲压时，因为自动送料、自动检测、自动出件和清除废料等自动化装置，操作者不必将手伸入模具的危险区域。模具内装有安全检测装置，当冲压加工发生意外时，压力机自动停机，自动化程度高，安全性也高。

**3. 模具寿命长**

对于工件结构复杂的内形或外形可分解为简单的形状，在不同的工位上分步逐次冲裁，在工序集中的部位还可以设置空位，避免了凹模壁的“最小壁厚”问题，且改善了凸、凹模的受力情况。模具的主要工作零件常采用高合金工具钢、高速钢或硬质合金等材料，因此，多工位精密级进模的寿命更长。同时，空位工位也为提高冲压件质量、增加工序提供了可能。此外，采用卸料板兼作凸模导向板，也有利于提高模具寿命。

**4. 冲压件质量高**

多工位精密级进模在一副模具中完成工件的全部成形工序，克服了用单工序模具时多次定位带来的操作不便和累积误差。模具的导向精度和定距精度较高，能保证冲压件的加工精度。

**5. 生产成本较低**

由于多工位精密级进模生产率和自动化程度较高，需要的设备和操作人员较少，因此在大批量生产时，冲压生产成本相对较低。

**6. 设计和制造难度大**

多工位精密级进模结构复杂，镶块较多，技术含量高，冲压工艺设计灵活性大、模具设计难度大。模具镶块较多以及模具制造精度要求很高，给模具的制造、调试及维修带来一定的难度。模具的造价高，制造周期长，模具设计与制造难度较大。同时，模具零件要求具有互换性，在模具零件磨损或损坏后要求更换迅速、方便、可靠。多工位精密级进模适用于结构复杂、批量较大、材料较薄的中、小型冲压件的生产。

由于多工位精密级进模的这些特点，当零件的形状异常复杂，经过冲制后不便于再单独重新定位时，采用多工位精密级进模在一副模具内连续完成最为理想，如冲制椭圆形的零件、小型和超小型零件。对于某些形状特殊的零件，在使用简单冲模或复合模无法设计模具或制造模具的情况下，采用多工位精密级进模却能解决问题。此外，一些由于使用或装配的需要，零件需规则排列时，也可采用多工位精密级进模冲制，零件先不切除下来，而被卷成盘料，在自动装配过程中才予以分离。在同一产品上的两个冲压零件，其某些尺寸间有相互关系，甚至有一定的配合关系，在材质、料厚完全相同的情况下，如果用两套模具分别冲制，不仅浪费原材料，而且还不能保证配合精度，若将两个零件合并在一副多工位精密级进模上同时冲裁，可大大提高材料利用率，并能很好地保证零件的配合精度。

由于以上这些特点，多工位精密级进模使用时需要被加工零件的产量和批量足够大，以便能够比较稳定而持久地生产，实现高速连续作业。多工位级进模主要用于中、小型复杂冲压件的大批量生产中，对较大的制件可选择多工位传递式冲压模具加工。多工位精密级进模减少了厂房面积、半成品运输及仓库面积，免去了用简单模具生产制件的周转和储备。

### 10.1.2　多工位精密级进模的分类

按加工工序的不同，多工位精密级进模可分为冲裁级进模、弯曲级进模和拉深级进模。

1. 冲裁级进模

某些零件(如电机转子、定子等)具有非常窄小的引线宽度、桥部、小孔和切口等，受模具强度的影响或加工能力的限制，不能在一个工位上完成全部冲裁，因而可采用分工步冲裁的冲裁级进模。

2. 弯曲级进模

对于某些带有复杂弯曲形状的冲压件或小型弯曲件，常常由于冲压件太小而操作不便，因此需要用弯曲级进模进行生产。若弯曲件具有多个弯曲方向，应在弯曲工艺上妥善处理，排好先后次序。如果要求获得较高的生产率，应采用多个或多列排样的级进模。为了提高弯曲件的精度，设计弯曲级进模时需要控制弯曲件的回弹值，并考虑使弯曲部位的尺寸可以修正。

3. 拉深级进模

拉深级进模是在长带料上连续拉深，中间不进行材料退火处理，因而要求有较好的拉深工艺可靠性。由于拉深件容易起皱和破裂，因此要正确确定压边面积和压边力的大小。采用带料切口拉深或不切口拉深，决定首次拉深直径和拉深高度，以及确定凸、凹模首次拉深的圆角半径，都是拉深级进模的关键。设计时，常在首次拉深以后留一两个空位，以便试模后还可作适当的变更与调整。

## 10.2 多工位精密级进模的排样设计

在多工位精密级进模设计中，要确定从毛坯板料到产品零件的转化过程，即要确定级进模中各工位所要进行的加工工序内容，并在条料上进行各工序的布置，这一设计过程就是条料排样。条料排样的主要内容包括确定各冲压工序及冲压方向，将各工序内容进行优化组合形成一系列工序组，并对工序组排序，使排样趋于合理，确定工位数和每一工位的加工工序内容，预留空工位的数量及位置，确定载体类型、毛坯定位方式，设计导正孔直径和导正销的数量，绘制工序排样图。

多工位精密级进模的排样设计不仅直接影响到材料利用率、冲压件精度、生产效率、模具制造的难易程度和使用寿命等，而且关系到模具各工位加工的协调与稳定。因此，排样设计是级进模设计的关键一步。

### 10.2.1 排样设计原则

条料排样图的设计是多工位精密级进模设计的重要依据，是决定级进模优劣的主要因素之一。条料排样图设计的好坏直接影响模具设计的质量。条料排样图确定了，则零件的冲制顺序、模具的工位数及各工位内容、材料的利用率、模具步距的基本尺寸、定距方式、条料载体形式、条料宽度、模具结构、导料方式等就都确定了。排样图设计不当，会导致制造出来的模具无法冲压零件。因此，在设计条料排样图时，必须认真分析，综合考虑，进行合理组合和排序，拟定出多种排样方案，加以比较，最终确定最佳方案。多工位精密级进模的排样除应遵守普通冲模的排样原则外，还应注意如下几点：

(1) 制作冲压件展开坯件样板(3～5 个)，在图面上反复试排，待初步确定方位后，依次安排冲孔、切口、切废料、空位等工位，再依次安排成形的各工位、空位工位等，应尽量避免冲小孔。

(2) 为保证条料送进的步距精度，第一工位一般应冲孔和冲工艺导正孔，并在第二工位设置导正销导正，在以后的工位中，视其工位数和在易于发生窜动的部位设置多根导正销，进行导正以消除出现的误差。

(3) 冲孔位置太近时，可分布在不同工位上分次冲出，但孔不应因后续成形工序的影响而变形。当位置精度要求高时，可在成形后冲制。

(4) 为便于模具制造，对复杂型孔，可分解为若干简单型孔，分工位冲出。对相对位置精度高的多孔应在同工位冲出。

(5) 为保证凹模块、卸料板和固定板等零件的强度，应避免应力集中，并避免凸模安装时发生相互干涉，同时解决试模调整中需要增加工序时出现的问题，可在排样中设置适当数量的空位工位。

(6) 对于弯曲半径较小的冲压件，为防止出现裂纹，排样时应考虑板料的轧制方向，弯曲线尽量与轧制方向成 90°，无法成 90° 时应成 40°、45°、50° 等。

(7) 为避免两直角弯曲时材料的拉伸，应尽量先弯成 45°，再弯成 90°。

(8) 成形方向(向上或向下)的选取要有利于模具的设计和送料的顺畅。

(9) 对弯曲和拉深成形件，每一工位变形程度不宜过大，这样既可保证质量，又有利于模具的调试与修整。

(10) 对要求较高的弯曲和拉深件，应设置整形工位。

(11) 对于长度较大的弯曲件，一般以冲压件宽度方向作为送料方向，小型弯曲件可以以长度方向作为送料方向。

(12) 当零件对毛刺方向有要求时，应保证冲出的零件毛刺方向一致；对于带有弯曲加工的冲压零件，应使毛刺面留在弯曲件内侧；在分段切除余料时，不能一部分向下冲，一部分向上冲，造成冲压件的周边毛刺方向不一致。

(13) 对于小型冲压件，为了便于二次加工(如电镀、压塑等)自动化，可暂不从载体上切断，待二次加工后再切断分离。

(14) 为了做不同于行程方向的冲压工作，可采用斜楔滑块机构，对冲压件做横向弯曲、卷边或冲侧孔。

(15) 在连续拉深成形排样中，可应用拉深前切口、切槽等组合技术，以便于材料变形时的流动。

(16) 可利用坯件压回带料的技术，即将凸模切入料厚的 20%～35%后，再反向压入带料内，再送到下一工位加工，但不能冲下坯件后再压入。

(17) 排样时尽可能使冲压负荷平衡。合理安排各工序以保证整个冲压加工的压力中心与模具中心基本一致，其最大偏移量不能超过 $L/6$ 或 $B/6$(其中 $L$、$B$ 分别为模具的长度和宽度)，对冲压过程出现的侧向力，要采取措施加以平衡。

(18) 压筋一般应安排在冲孔前，对于通筋应在两端先冲工艺孔。

(19) 若压凸包中央有孔，可先冲一个小孔，压包后再冲到要求尺寸的孔径，以利于材料的流动。

(20) 一般拉深半径应大于或等于 4 倍料厚，否则应增设整形工序。

(21) 工件和废料应保证能顺利排出，连续的废料需要增加切断工序。

(22) 保证带料搭边或连接处有足够强度。

(23) 合理考虑柱式托料钉的位置，当带料太软时，应采用板式托料器。

(24) 级进模中的刃口凹模和非刃口凹模要分别镶拼，工位的安排也应考虑这一因素的影响。

## 10.2.2 带料的载体设计

载体是带料上连接工序件并平稳运送其前进的部分。载体的设计不仅决定了材料的利用率，还关系到冲压件的精度，更影响到模具的复杂程度和制造难度。载体与一般冲裁时带料的搭边不尽相同，搭边的作用主要是补偿定位误差，满足冲压工艺的基本要求，使带料有一定的刚度，便于送进，保证冲出合格的冲压件。而带料的载体除了满足以上的要求外，还必须有足够的强度，要能够运载带料上各工位的工序件平稳到达后续各冲压工位。因此，要求载体能够在动态加工中具有一定的强度，各工序件始终保持送进稳定、定位准确，才能顺利地加工出合格的冲压件。载体的宽度远大于搭边的宽度。

载体强度的增加并不能单纯靠增加载体宽度来保证，重要的是要合理地选择载体的形式。由于被加工零件的形状和工序要求不同，其载体的形式也是各不相同的。载体形式一般分为下列 5 种。

### 1. 边料载体

边料载体是利用材料搭边冲出导正工艺孔而形成的载体，如图 10-1 所示。实际上这是利用边废料作载体，省料、简单、可靠、应用普遍。边料载体的主要应用范围如下：

(1) 料厚 $t \geqslant 0.2$ mm；

(2) 步距可大于 20 mm；

(3) 可多件排列；

(4) 可用于废料上有冲导正工艺孔位置的各种条料。

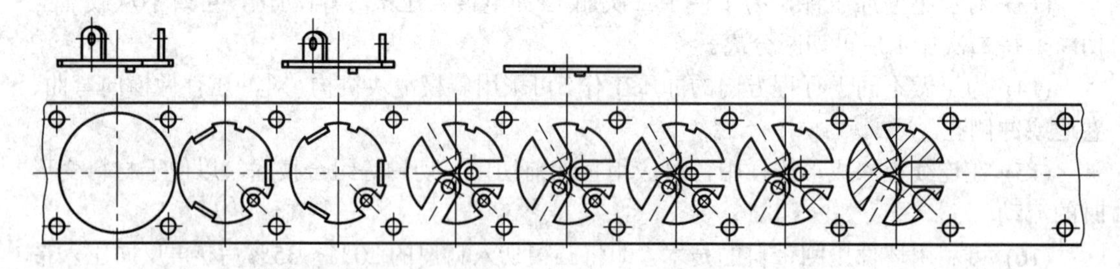

图 10-1　弯曲成形边料载体

### 2. 中间载体

中间载体是指载体设计在带料中间，利用弯件部分展开料作载体，如图 10-2 所示。中间载体一般适用于对称零件，尤其是两外侧有弯曲的对称零件。它不仅可以节省大量的原材料，还利于抵消由于两侧压弯时产生的侧向力。对于一些不对称的单向弯曲的零件，也可以采用中间载体，将被加工的零件对称于中间载体排列在两侧，变不对称零件为对称性排列，既提高了生产效率，又提高了材料的利用率，也抵消了弯曲时产生的侧向力。中间载体的主要应用范围如下：

(1) 料厚 $t=0.5\sim2$ mm；

(2) 步数可大于 15 步；

(3) 单件排列或中间对称排列。

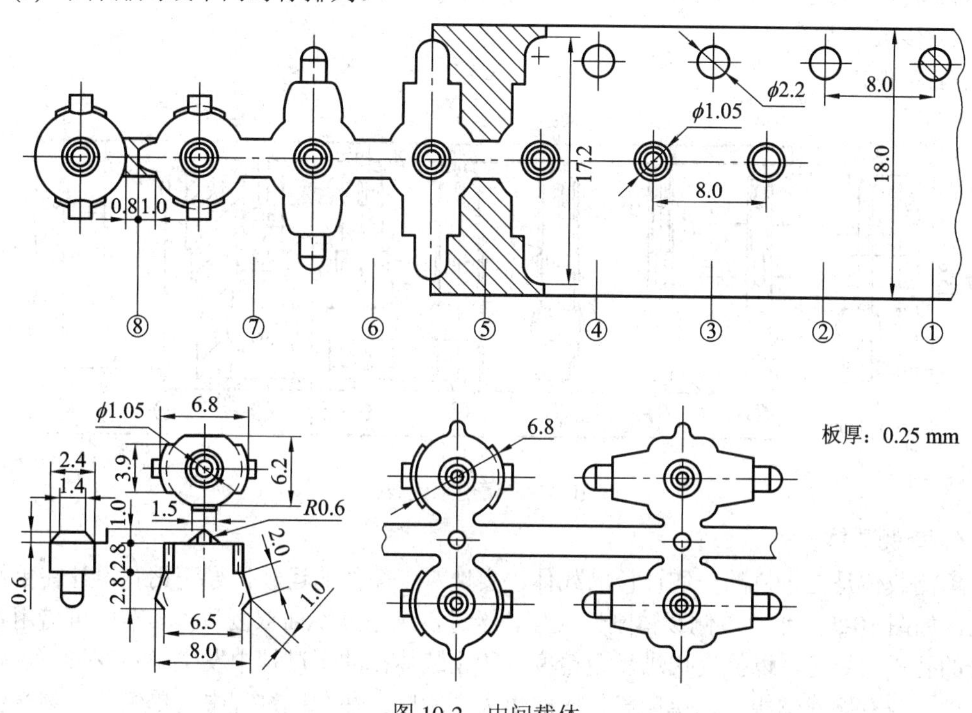


图 10-2　中间载体

### 3. 双侧载体

双侧载体是在带料两侧都设计载体，各工序件连接在两侧载体之间。双侧载体是理想的载体，其导向定位精度高，可使工件到最后一个工位前带料的两侧仍保持有完整的外形，主要用于料薄、冲压件精度要求较高的场合，但材料利用率较低。双侧载体可分为等宽双侧载体和不等宽双侧载体两种。

等宽双侧载体一般应用于送进步距精度高、带料偏薄，精度要求较高的冲裁件多工位精密级进模或精度要求较高的冲裁弯曲件多工位精密级进模。在两侧载体的对称位置冲出导正销孔，在模具的相对应位置设置导正销，其定位精度很高，如图 10-3 所示。

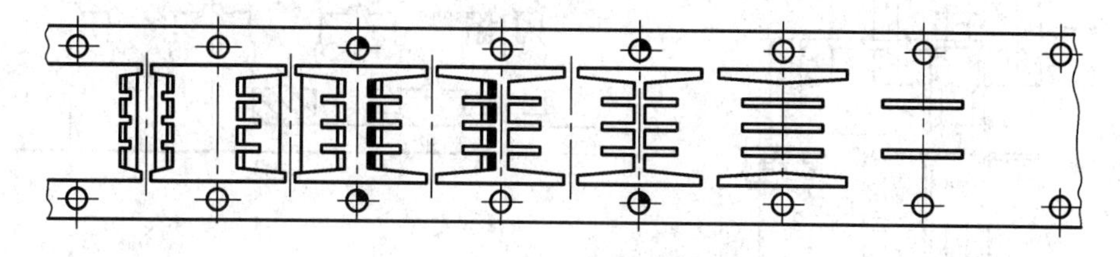

图 10-3　弯曲成形等宽双侧载体

不等宽双侧载体宽的一侧称为主载体，窄的一侧称为副载体。一般在主载体上设计导正销孔。此时，带料沿主载体一侧的导料板前进。冲压过程中可在中途切去副载体，以便进行侧向冲压加工或其他加工。在冲切副载体之前应将主要冲裁工序都进行完毕，以确保冲裁精度，如图 10-4 所示。

双侧载体的主要应用范围如下：

(1) 料厚 $t$ 可小于 0.2 mm；

(2) 步数可大于 15 步；

(3) 单件排列。

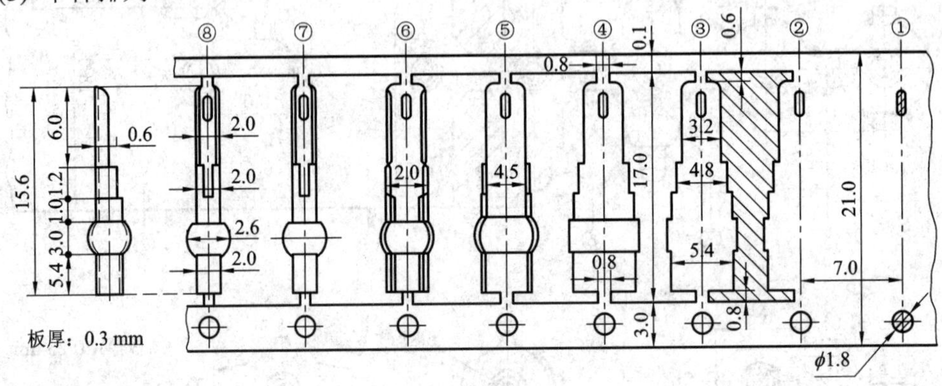


图 10-4　不等宽双侧载体

### 4. 单侧载体

单侧载体是在带料的一侧设计的载体，实现对工序件的运载，导正销孔设计在单侧载体上，如图 10-5 所示。单侧载体刚性欠佳，送进步距精度不如双侧载体。有时可借用零件本身的孔进行导正，以提高送进步距精度，防止载体在冲压过程中发生微小变形，影响步距精度。与双侧载体相比，单侧载体应取更大的宽度。在冲压过程中，单侧载体易产生横向弯曲，无载体一侧的导向比较困难。

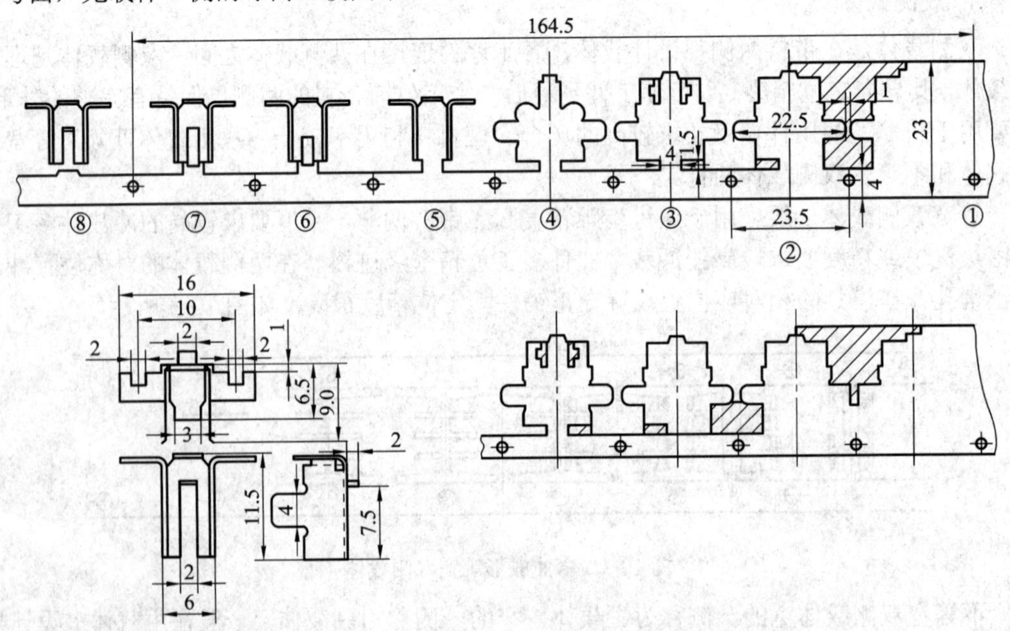


图 10-5　单侧载体

对于细长冲压件，料厚较薄时，为提高带料送进刚度，在每两个工序件间的适当位置用一小部分材料连接起来，这一小部分材料为桥接部分，称为桥接式载体，这部分材料在冲压到一定工位时切去。

单侧载体的应用范围如下：

(1) 料厚为 0.2～0.4 mm；

(2) 可排 1～2 件；

(3) 送进步距可大于 30 mm。

**5. 载体的其他形式**

有时为了下一道工序的需要，可在上述载体中采取其他措施予以保证：

(1) 加强载体。加强载体是为了使 $t \leqslant 0.1$ mm 的薄料送进平稳，工件精度得到保证而对载体采取压筋、翻边等加强措施，提高载体的刚度所形成的载体形式。

(2) 自动送料载体。有时为了自动送料，可在载体的导正孔之间冲出长方孔，使之与钩式自动送料装置匹配，拉动载体送进。

(3) 加强导正定位载体。在步数很多的级进模中，为了将误差减少到最低限度，得到符合技术要求的冲压件，除在模具制造上提高精度外，增加导正孔和导正销的数量(比工位数多)也是一种切实可行的简单方法。

(4) 无载体。无载体与坯料无废料排样是一致的。

### 10.2.3　空位工位

当带料送到某个工位时不做任何加工，这样的工位称为空位工位。在排样图中设置空位工位的目的是保证凸模、凹模有足够的强度和便于加工，确保模具的使用寿命，或便于在模具中设置特殊结构，或作为必要的储备工位，便于试模时增加工序。在多工位精密级进模设计中，空位工位虽较常见，但绝不能无原则地随意设置。由于空位工位的设置，无疑会加大模具的尺寸，使模具的误差积累增大，因此，在排样中考虑空位工位设置时，要遵循以下原则：

(1) 用导正销作精确定位的带料排样可消除步距积累误差，工位数对产品精度影响不大，可适当地多设置空位工位。

(2) 当模具的步距较大时(步距>16 mm)，不宜多设置空位工位。尤其对于一些步距大于 30 mm 的多工位精密级进模更不能轻易设置空位。反之，当模具的步距较小(步距<8mm)时，增加一些空位工位对模具的影响不大。有时步距过小，如果不增设空位工位，模具的强度反而变低，而且有时模具的一些零件无法安装，此时应该增设空位工位。

### 10.2.4　带料的定位精度

带料的定位精度直接影响到冲压件的加工精度，特别是要求一致性较高的冲压件，应特别注意带料的定位精度。一般应在第一工位冲导正工艺孔，紧接着在第二工位设置导正销，以该导正销矫正自动送料的步距误差。在模具加工设备精度一定的条件下，可通过设计不同形式的载体和不同数量的导正销，达到带料所要求的定位精度。带料定位精度可按下列经验公式估算：

$$\delta = \frac{k\beta}{2\sqrt[3]{n}}\ (\text{mm}) \tag{10-1}$$

式中：$\delta$——步距对称偏差(mm)；

$\beta$——冲压件沿带料送进方向最大轮廓尺寸(展开后)精度提高三级后的实际公差值(mm)；

$k$——修正系数；

$n$——工位数。

修正系数 $k$ 的取值如下：

① 单载体：每步有导正销时，$k = 1/2$；加强导正定位时，$k = 1/4$。

② 双载体：每步有导正销时，$k = 1/3$；加强导正定位时，$k = 1/5$。

③ 当载体隔一步导正时，修正系数取 $1.2k$；每隔两步导正时，修正系数取 $1.4k$。

### 10.2.5 导正孔的设置

导正孔可利用零件本身的孔或在载体上设置。前者为直接导正，后者为间接导正。直接导正材料利用率高，外形与孔的位置精度容易保证，模具加工容易，但易引起产品孔发生变形。间接导正的材料利用率较低，载体和坯料的位置不易保证，模具加工工作量增加，但产品孔不会变形。

导正孔直径的大小会影响材料的利用率、载体强度和导正精度等，应综合考虑板料厚度、材质、硬度、毛坯尺寸、载体形式与尺寸、排样方案、导正方式、产品结构特点和精度等因素来确定，一般导正孔最小直径应大于或等于料厚的 4 倍。导正孔直径的经验值：$t<0.5$ mm，$d_{\min} = 1.5$ mm；1.5 mm$\geqslant t \geqslant$0.5 mm，$d_{\min} = 2.0$ mm；$t>1.5$ mm，$d_{\min} = 2.5$ mm。

### 10.2.6 排样设计后的检查

排样设计前，必须对冲压件进行认真的研究。排样设计后必须进行检查，以改进设计，纠正错误。不同冲压件的排样，其检查重点和内容也不相同，一般检查项目可归纳为以下几点：

(1) 材料利用率。检查是否为最佳利用率方案。

(2) 模具结构适应性。级进模结构多为整体式、分段式或子模组拼式几种，模具结构形式确定后应检查排样是否适应其要求。

(3) 有无不必要的空位。在满足凹模强度和装配位置条件下，应尽量减少空位工位。

(4) 冲压件尺寸精度能否保证。带料送料精度、定位精度和模具精度都会影响到冲压件关联尺寸的偏差，因此对于冲压件精度高的关联尺寸，应在同一工位上加工，否则应考虑保证冲压件精度的其他措施。

(5) 冲压件的孔和外形是否会产生变形。如有变形的可能，则孔和外形的加工应置于变形工序之后，或增加整形工序。

(6) 还应从载体强度是否可靠、冲压件已成形部位对送料有无影响、毛刺方向是否有利弯曲变形、弹性弯曲件的弯曲线是否与板料轧制方向垂直或成 45° 等方面进行分析检查。

# 10.3　多工位精密级进模的主要零件设计

多工位精密级进模的各类模具零件(主要是工作零件、定距定位零件、导料零件、卸压料零件、模架及导向零件、支撑夹持零件、弹性元件、紧固件及其他监测与安全维护装置等)必须满足各种特定工序的技术条件，以适应高速、连续、稳定的冲压加工。因此，多工位精密级进模主要零件的设计除应满足一般冲压模具的设计要求外，还应根据多工位精密级进模的冲压特点、模具主要零件装配和制造要求来考虑其结构形状和尺寸。

## 10.3.1　多工位精密级进模凸模的结构设计

### 1. 凸模结构及安装形式

在一副多工位精密级进模中，凸模种类一般都比较多，截面有圆形和异形的，功用有冲裁和成形(除纯冲裁级进模以外)。其大小和长短各异，有不少是细长凸模。又由于工位多，凸模的安装空间受到一定的限制，所以多工位精密级进模凸模的固定方法也很多。在同一副多工位精密级进模中应该力求固定方法的基本一致，并且还应该便于装配与调整。小凸模应该力求以快换式固定，以减少模具维护中的工作量。

1) 圆凸模

对于冲小孔凸模，通常采用加大固定部分直径，缩小刃口部分长度的措施来保证小凸模的强度和刚度。当工作部分和固定部分的直径差太大时，可设计多台阶结构。各台阶的过渡部分必须用圆弧光滑连接，不允许有刀痕。如图 10-6 所示为常见的圆形小凸模及其装配形式。特别小的凸模可以采用保护套结构(见图 10-7)，对于$\phi$0.2 mm 左右的小凸模，其顶端露出的保护套约为 3.0～4.0mm。

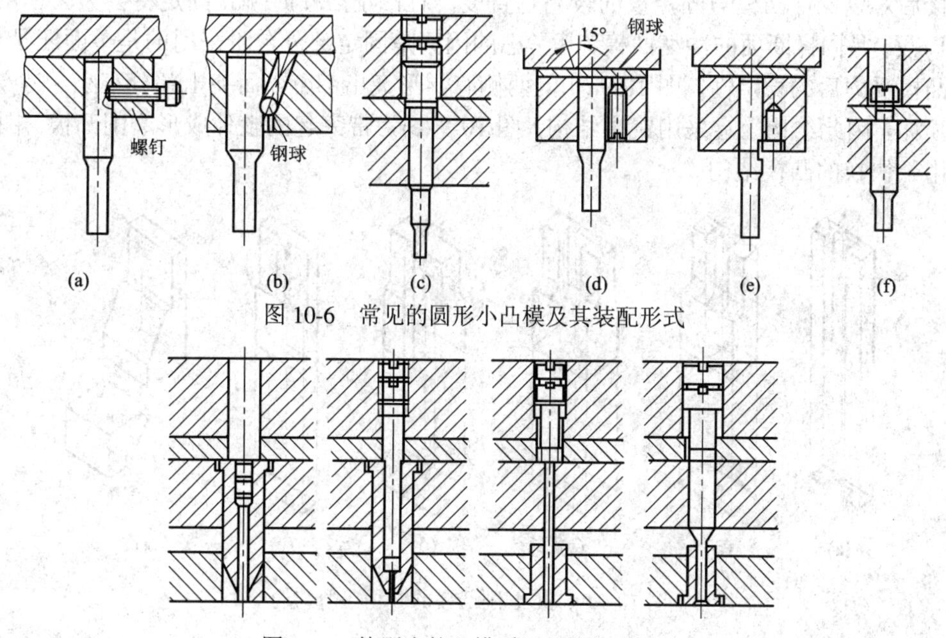


图 10-6　常见的圆形小凸模及其装配形式

图 10-7　特别小的凸模采用的保护套结构

冲孔后的废料若贴附在凸模端面上，则会使模具损坏，故对$\phi$2.0 mm 以上的凸模应采用能排除废料的凸模结构。如图 10-8 所示为带顶出销的凸模结构，利用弹性顶销使废料脱离凸模端面。也可在凸模中心加通气孔，减小冲孔废料与冲孔凸模端面上的“真空区压力”，使废料易于脱落。

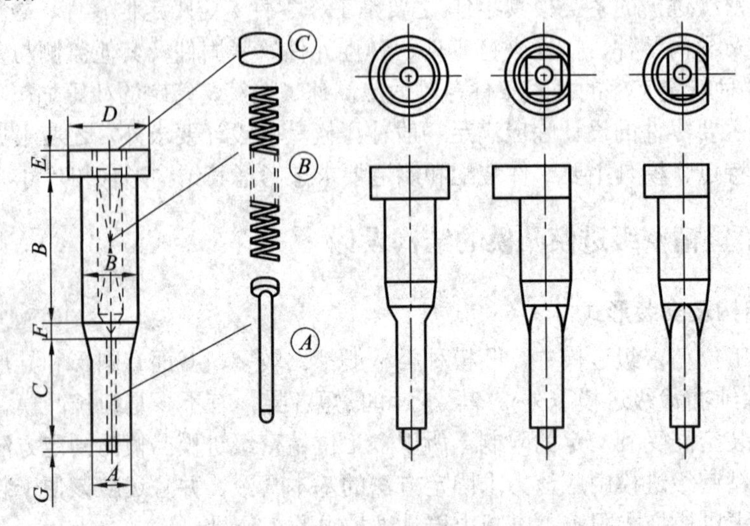


图 10-8　带顶出销的凸模结构

2) 异形凸模

除了圆形凸模外，多工位精密级进模中有许多分解冲裁的冲裁凸模。这些异型凸模的形状比较复杂，为了加工出精密零件，大都采用电火花线切割粗加工，然后采用成形磨削精密加工的方法，达到异形凸模所要求的形状、尺寸和精度。如图 10-9 所示为成形磨削凸模的 6 种典型结构。图 10-9(a)为直通式凸模，常采用的固定方法是铆接吊装在固定板上，但铆接后难以保证凸模与固定板的较高垂直度，且修正凸模时铆合固定将会失去作用。图 10-9(b)、(c)是同样断面的冲切凸模，其考虑的因素是固定部分台阶采用的是单面还是双面，以及凸模受力后的稳定性。图 10-9 (d)的两侧有异形突出部分，而突出部分窄小，易产生磨损和损坏，因此结构上宜采用镶拼结构。图 10-9 (e)为带突起的整体成形磨削凸模。图 10-9 (f)为用于快换的凸模结构。

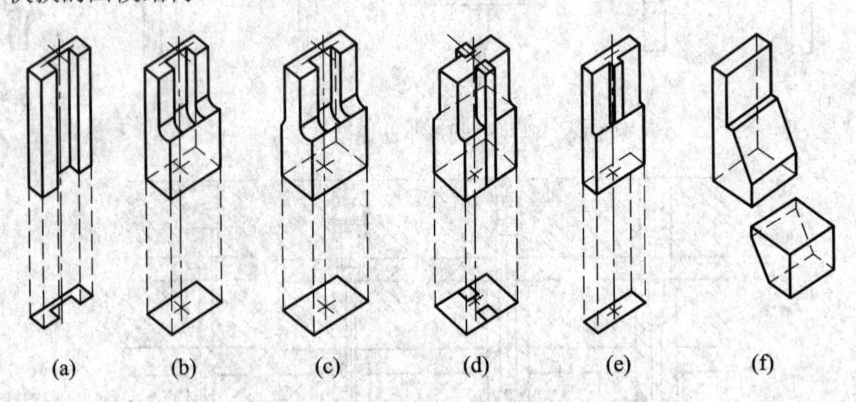


图 10-9　成形磨削凸模的 6 种典型结构

异型凸模在多工位精密模具中常用吊装方式固定，如图 10-10 所示。图 10-10(a)为直通式异形凸模螺钉吊装式快换固定方式，图 10-10(b)为异形凸模锥面压装式快换固定方式。图 10-10(c)为凸模用压板进行固定的方式。对于较薄的凸模，还可以采用图 10-11(a)所示的销钉吊装的固定方式，或采用图 10-11(b)所示的侧面开槽用压板固定凸模的方式，图 10-11(c)为凸模用压板压装在凸模固定板上的方式。

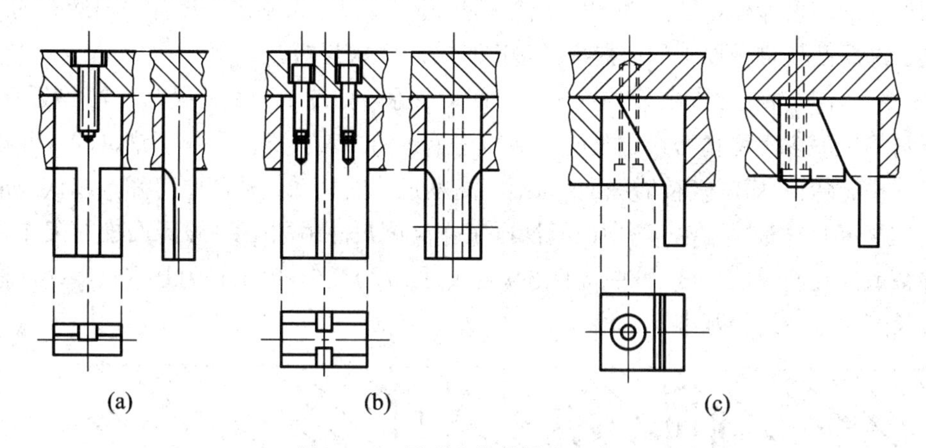


图 10-10　异形凸模的固定方式(1)

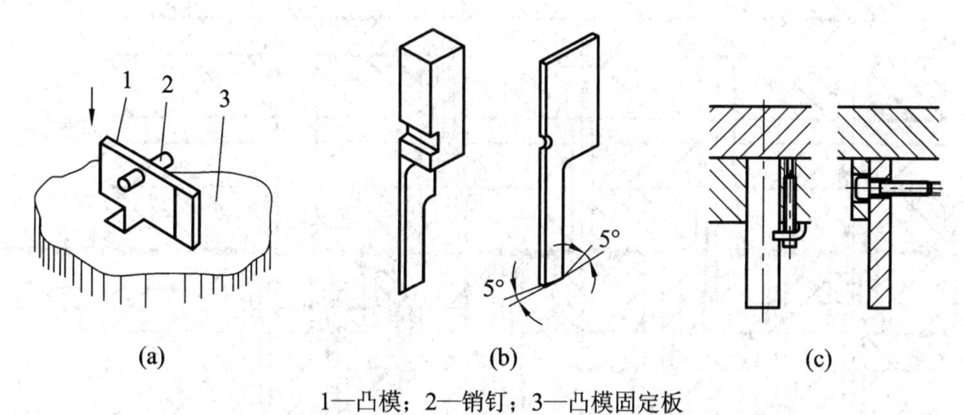


1—凸模；2—销钉；3—凸模固定板

图 10-11　异形凸模的固定方式(2)

对于需要承受较大侧压力的凸模，应采用图 10-12 所示的侧弯保护结构。

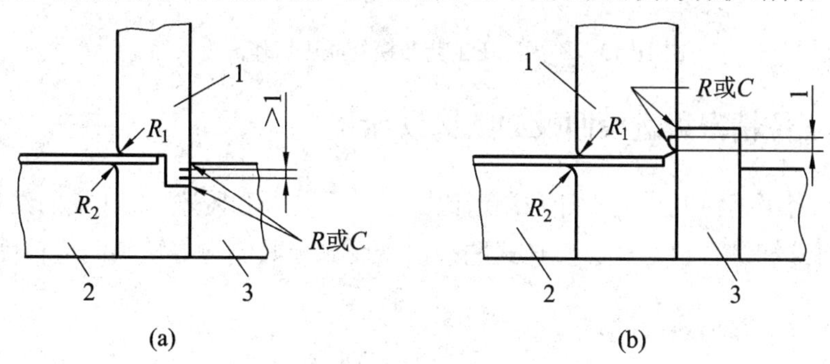


1—凸模；2—凹模；3—挡块

图 10-12　侧弯保护结构

### 2. 凸模的工作长度设计原则

(1) 同一多工位精密级进模中，由于各凸模冲压加工的工序性质不同，则各凸模的长度尺寸也不同，应以上模最长弯曲成形凸模的长度尺寸为基准，同时结合冲件的料厚、模具工作面积大小、模具工作零件的强度等诸因素综合考虑，一般在 35～70 mm 之间选用(特殊结构形式的凸模除外)。其他冲裁、成形等凸模长度尺寸按基准长度计算出应有的差值，在满足各冲压凸模机构要求的前提下，基准长度应力求最短。

(2) 各种不同冲压工艺凸模的冲压工作高度关系。如图 10-13 所示为一个冲裁、弯曲成形、压窝等工序多工位精密级进模的局部结构示意图，其中标注了导正销、冲裁凸模、起伏成形凸模、弯曲凸模等各凸模相互间不同高度尺寸的关系，从图中可知，起伏成形凸模冲压工作高度尺寸最小($S_2$)，弯曲凸模冲压工作高度尺寸最大($L$)。设计凸模的工作长度一般以冲裁或冲孔凸模的长度(其冲裁工作高度尺寸 $S_1$ 为 1.5～2 mm)为基准长度，其他成形凸模等长度尺寸按这一基准尺寸增、减确定。

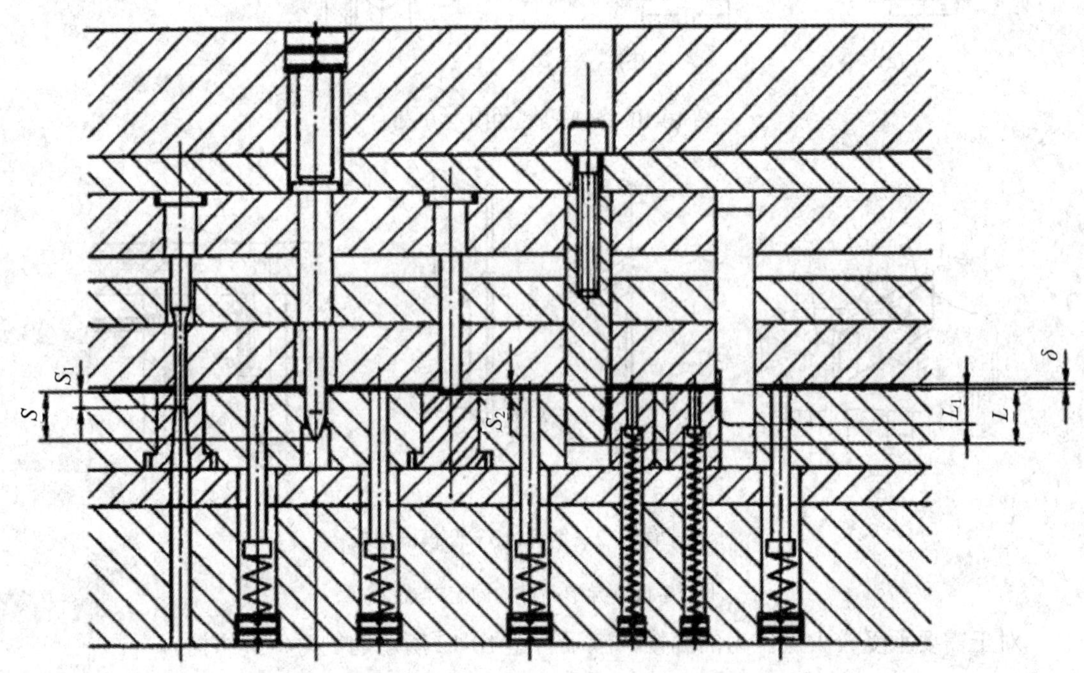


图 10-13　不同冲压工艺凸模的冲压工作高度关系

## 10.3.2　多工位精密级进模凹模的结构设计

多工位精密级进模凹模的设计与制造比凸模更为复杂和困难，其凹模的结构有整体式、嵌块式、镶拼式和综合拼合式。整体式凹模由于受到模具制造方法和制造精度的限制而较少使用。

### 1. 嵌块式

嵌块式凹模的嵌套一般做成圆形，可以实现标准化，嵌块损坏后可迅速更换备件。嵌块固定板的安装孔可使用坐标镗床和坐标磨床加工，加工方便，精度容易保证。嵌块内的凹模孔为非圆孔时，嵌块装配时要有防止嵌块转动的措施。

当嵌块内的凹模异形孔精度要求较高时，因无法对形孔进行磨削，可将其分成两块，变内孔加工为外形加工，以利于对异形孔壁进行磨削加工，其分割拼接缝既要利于冲裁，也要利于磨削加工。嵌块镶入固定板后，需采用固定防转措施。此方法亦适用于异形孔的凸模导套。

## 2. 镶拼式

较多的级进模凹模是镶拼式的结构，这种结构便于加工、装配调整和维修，易保证凹模几何精度和步距精度。凹模镶拼原则与普通冲模的凹模基本相同。分段拼合凹模在多工位精密级进模中是最常用的一种结构，如图 10-14 所示。其中，图 10-14(a)是由 3 段凹模拼块拼合而成的，用模套框紧，并分别用螺钉、销钉紧固在垫板上；图 10-14(b)的凹模是由 5 段拼合而成的，再分别由螺钉、销钉直接固定于模座上(加垫板)。另外，对于复杂的多工位精密级进模凹模，还可采用镶拼与分段拼合综合的结构。

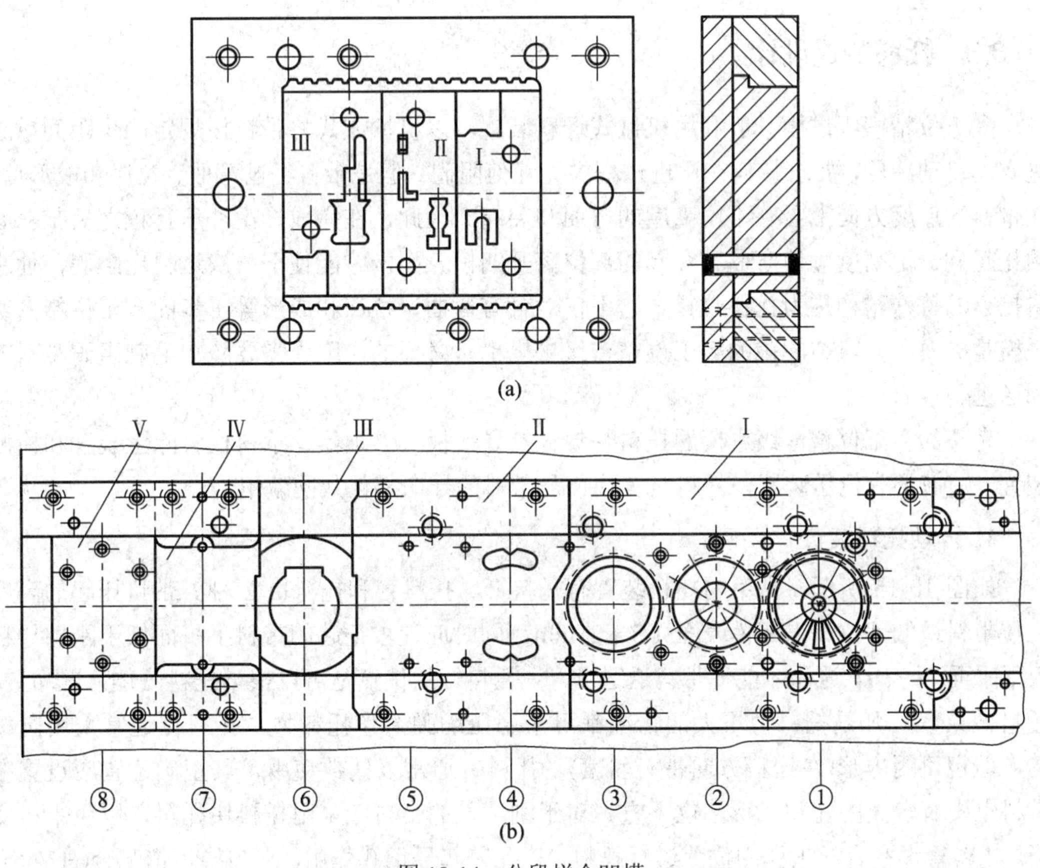


图 10-14　分段拼合凹模

在分段拼合时必须注意以下几点：

(1) 分段时最好以直线分割，必要时也可用折线或圆弧分割。

(2) 同一工位形孔原则上分在同一段，一段也可以包含两个工位以上，但不能包含太多工位。

(3) 对于较薄弱易损坏的形孔宜单独分段。冲裁与成形工位宜分开，以便刃磨凹模刃口和成形凹模的安装基准面。

(4) 凹模分段分割面到形孔应有一定距离，形孔原则上应为闭合形孔(单边冲压的形孔和侧刃除外)。

(5) 在分段拼合凹模时，要用外套将它们组合紧固，组合后应加一整体垫板，用螺栓和销钉紧固，使拼合凹模形成一个整体。

拼合凹模便于刃磨、维修，不会因个别形孔损坏而造成整个凹模报废，并解决了热处理变形问题，便于加工、安装和调整。

**3. 综合拼合式**

综合拼合式凹模的设计是将各种拼合方式综合使用，利用各种拼合的特点，以适应凹模的特殊要求。综合拼合凹模适合于冲裁、弯曲、成形和异形拉深等。

### 10.3.3　托料装置设计

多工位精密级进模一般利用机械式送料装置，以机械方式将带料按规定的步距间歇送进实现自动冲压，要求带料在送进过程中无任何阻碍。但是带料经过弯曲、拉深和成形后，在带料的厚度方向上会有不同高度的弯曲和突起。因此，在完成一次冲压行程之后带料必须托起到一定高度，使弯曲和突起的部位离开凹模表面，才能使下一次送料无阻碍，使带料托起的特殊结构称为托料装置。它不仅对含有弯曲、拉深和成形等工步的多工位精密级进模是必要的，对纯冲裁的多工位精密级进模也是必要的，因为需要防止毛刺阻碍带料顺利送进。

完整的多工位精密级进模的托料装置包括导料板、浮顶器、承料板、除尘装置和检测装置，有时还有侧压装置。托料装置往往与带料的导向零件共同使用。

**1. 浮动托料装置**

如图 10-15 所示，常用的托料装置有托料钉、托料管和托料块 3 种。带料托起的高度应使带料最低部位高出凹模表面 1.5～2 mm，同时应使被托起的带料上平面低于刚性导料板下平面(2～3)$t$，这样才能使带料送进顺利。托料钉的优点是可以根据托料具体情况布置，托料效果好，凡是托料力不大的情况都可采用压缩弹簧作托料力。托料钉通常采用圆柱形，但也可用方形(在送料方向带有斜度)。托料钉通常以偶数使用，其正确位置应设置在带料上没有较大的孔和成形部位下方。对于刚性差的带料应采用托料块托料，以免带料变形。托料管设在有导正孔的位置进行托料，管孔兼起导正孔作用，它与导正销配合(H7/h6)，适用于薄料。图 10-15(d)为常用托料钉的组合，这些形式的托料装置必须与导料板组成托料导向装置。

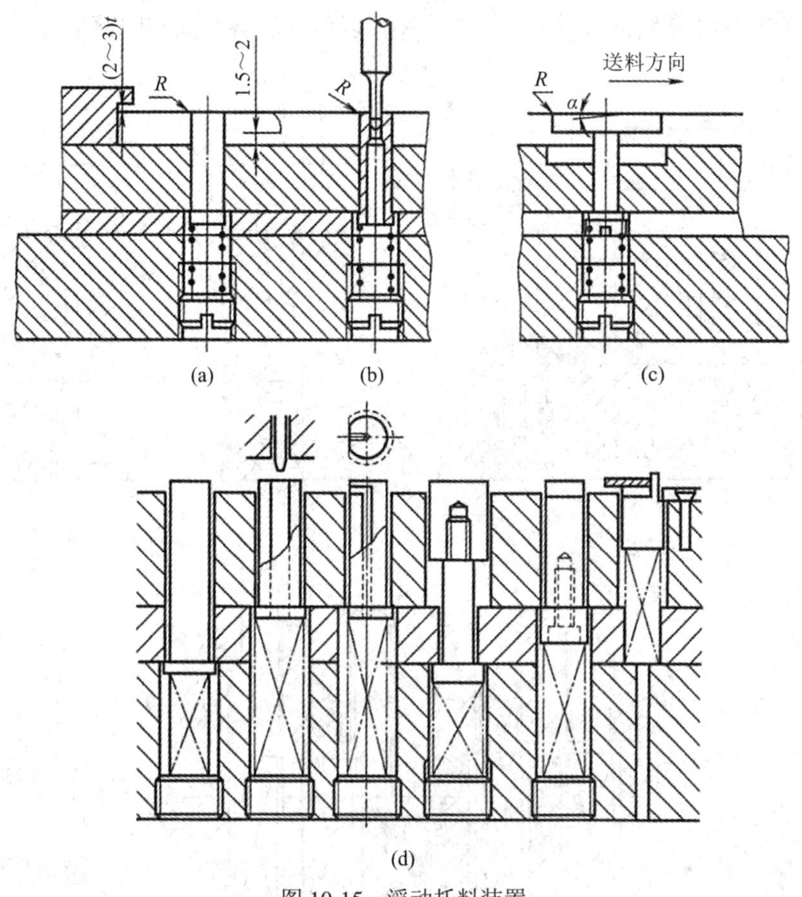


图 10-15　浮动托料装置

## 2. 有导向功能的浮动托料装置

托料导向装置是具有托料和带料导向双重作用的重要模具部件，在多工位精密级进模中应用广泛。它分为托料导向钉和托料导轨两种。

(1) 托料导向钉。托料导向钉如图 10-16 所示，在设计中最重要的是导向钉的设计和卸料板凹坑深度的确定。图 10-16(a)是带料送进的工作位置，当送料结束，上模下行时，卸料板凹坑底面首先压缩导向钉，使带料与凹模面平齐并开始冲压；当上模回升时，弹簧将托料导向钉推至最高位置，进行下一步的送料导向。图 10-16(b)、(c)是常见的设计错误，前者卸料板凹坑过深，造成带料被压入凹坑内；后者卸料板凹坑过浅，使带料被向下挤入与托钉配合的孔内。图 10-16(d)是经常使用的托料导向钉结构。设计时必须注意尺寸的协调，其协调尺寸推荐值为：

槽宽：$h_2=(1.5\sim2)t$；

头高：$h_1=1.5\sim3$ mm；

坑深：$T=h_1+(0.3\sim0.5)$ mm；

槽深：$(D-\mathrm{d})/2=(3\sim5)t$；

浮动高度：$h=$ 材料向下成形的最大高度 $+(1.5\sim2)$ mm。

尺寸 $D$ 和 $d$ 可根据带料宽度、厚度和模具的结构尺寸确定。托料钉常选用合金工具钢，淬硬到 58～62HRC，并与凹模孔成 H7/h6 配合。托料钉的下端台阶可做成装拆式结构，在工装拆面上加垫片可调整材料托起位置的高度，以保证送料平面与凹模平面平行。

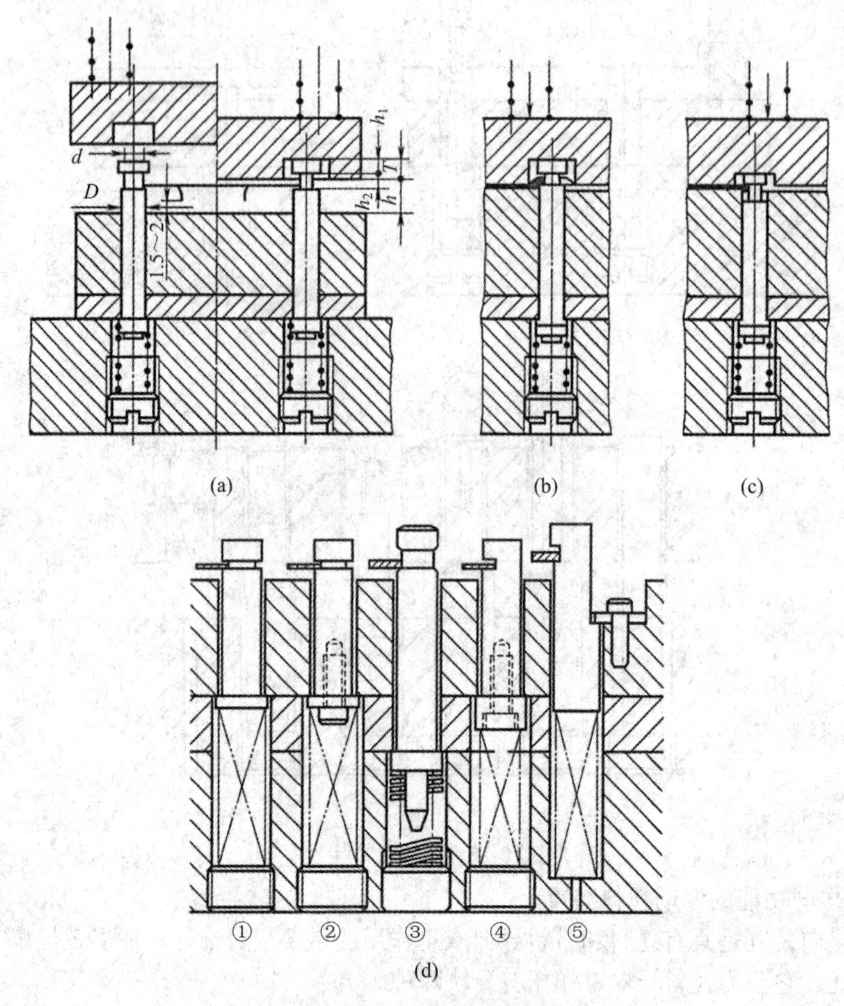


图 10-16　托料导向钉设计及常见设计错误

(2) 浮动托料导轨导向装置。由于带导向槽浮动导料销与条料接触为点接触，间断性导料，不适合料边为断续的条料的导向，故在实际生产中还有应用图 10-17 所示的浮动导轨式的导料装置。它由 4 根浮动导销与 2 条导轨导板组成，适用于薄料和要求托料范围较大的材料的托起。设计托料导轨导向时，应将导轨导板分为上、下两件组合，当冲压出现故障时，拆下盖板即可取出带料。

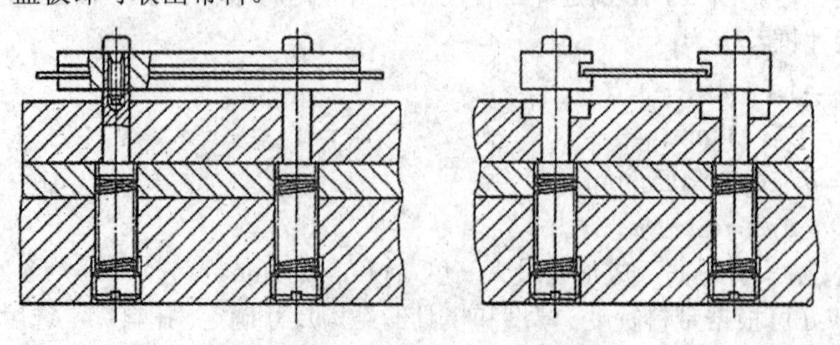

图 10-17　浮动导轨式导料装置

在实际生产中，根据条料在多工位级进冲压过程中料边及工序件变形情况，往往采用两种导料装置联合使用，即条料一侧用带台导料板导料，另一侧用带槽浮动导料销导料，或一段用前者，另一段用后者等。

## 10.4　多工位精密级进模的自动送料与检测保护装置

实现冲压生产的自动化是提高冲压生产效率，保证冲压生产安全的根本途径和措施。自动送料装置则是实现多工位精密级进模自动冲压生产的基本机构。

### 10.4.1　多工位精密级进模自动送料装置

在多工位精密级进模中使用的送料装置，是将材料按所需要的步距，正确地送入模具工作工位，在各个不同的冲压工位完成预先设定的冲压工序。多工位精密级进模中常用的自动送料装置有辊轴式送料装置、钩式送料装置、夹持式送料装置等。目前辊轴式送料装置和夹持式送料装置已经形成了一种标准化的冲压自动化周边设备。

#### 1. 辊轴式自动送料装置

1) 辊轴式自动送料装置的特点

辊轴式自动送料装置目前已经成为冲压机械的一种附件，是在各种送料装置中应用较广泛的一种。辊轴式自动送料装置通用性强，适用范围广，宽度为 10～130 mm、厚度为 0.1～8 mm 的条料、带料、卷料一般都能适用；送进步距误差较小，即使在 600 次/min 的高速冲压速度下，进给误差也仅在±0.02 mm 以内，若与导正销配合使用，其送料精度可达±0.01 mm。允许的压力机每分钟行程数和送进速度视驱动辊轴间歇运动的机构而定。对于棘轮机构传动，压力机转速不宜太高；而对于凸轮传动，压力机转速则可以很高。

辊轴自动送料装置是通过一对辊轴定向间歇转动而进行间歇送料的，如图 10-18 所示。按辊轴安装的方式有立辊和卧辊，应用较多的卧辊又有单边和双边两种。单边卧辊一般是推式的，少数用拉式，如图 10-18(a)所示为单边卧辊推式，适用于料厚大于 0.15 mm 以上的级进冲压。双边卧辊是一推一拉的形式(见图 10-18(b))，通用性更强，可用于料厚小于 0.15 mm 的条料、带料、卷料的送料，保证材料的全长被利用。

2) 辊轴自动送料装置的工作过程

如图 10-19 所示为四杆机构传动的单边辊轴自动送料装置结构。其工作过程为：开始使用时，先将偏心手柄 8 抬起，通过吊杆 5 把上辊轴 4 提起，使上、下辊轴之间形成空隙，将带料从空隙穿过，然后按下偏心手柄，在弹簧的作用下，上辊轴将材料压紧。拉杆 7 上端与偏心调节盘 11 连接。当上模回程时，在偏心调节盘的作用下，拉杆向上运动，通过摇杆带动定向离合器 2 逆时针旋转，从而带动下辊轴(主动辊)和上辊轴(从动辊)同时旋转，完成送料工作。当上模下行时，辊轴停止不动，到了一定位置(冲压工作之前)，调节螺杆 6 撞击横梁 9，通过翘板 10 将铜套 3 提起，使上辊轴 4 松开材料，以便让模具中的导正销导正材料后再冲压。当上模再次回程时，又重复上述动作。照此循环工作，达到自动间歇送料的目的。

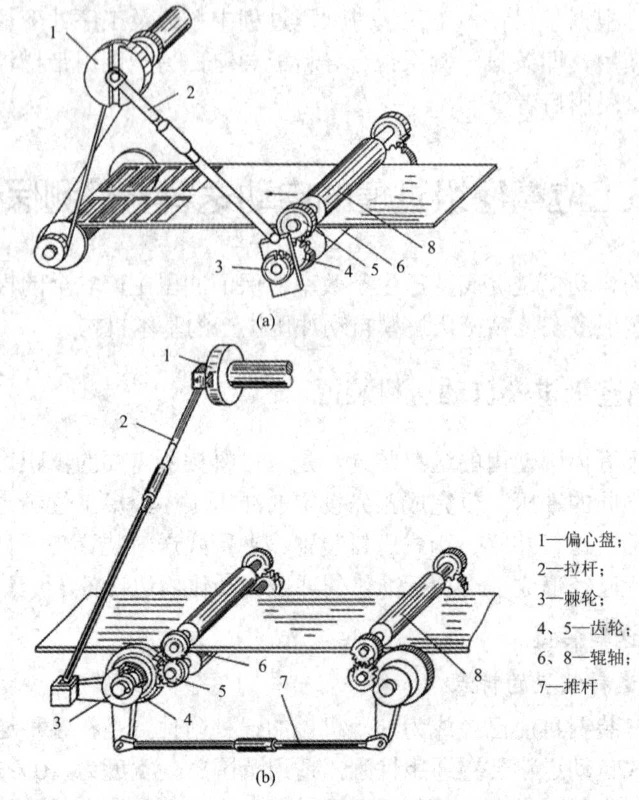


图 10-18　辊轴自动送料装置简图

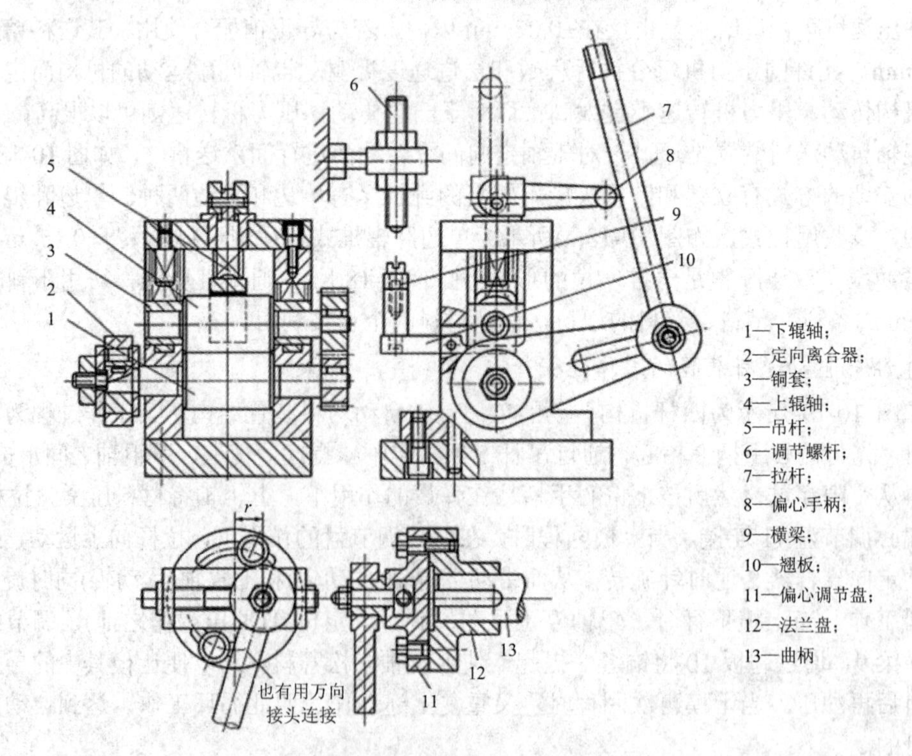


图 10-19　四杆机构传动的单边辊轴自动送料装置结构

## 2. 钩式自动送料装置

### 1) 钩式自动送料装置的特点

钩式送料装置是一种结构简单、制造方便、低制造成本的自动送料装置。各种钩式送料装置的共同特点是靠拉料钩拉动工艺搭边，实现自动送料。这种送料装置只能使用在有搭边且搭边具有一定强度的冲压生产中，在拉料钩没有钩住搭边时，需手工送料。

### 2) 钩式自动送料装置的工作过程

在多工位精密级进模冲压中，钩式送料通常与侧刃、导正销配合使用才能保证准确的送料步距。该类装置送进误差约为±0.15 mm，送进速度一般小于 15 m/min。钩式送料装置可由压力机滑块带动，也可由上模直接带动，后者应用比较广泛。

如图 10-20 所示为钩式自动送料装置结构，它是由安装在上模的斜楔 3 带动的钩式送料装置。其工作过程为：开始几个工件用手工送进，当达到送料钩位置时，上模下降，装于下模的滑动块 2 在斜楔 3 的作用下向左移动，铰接在滑动块上的拉料钩 5 将材料向左拉

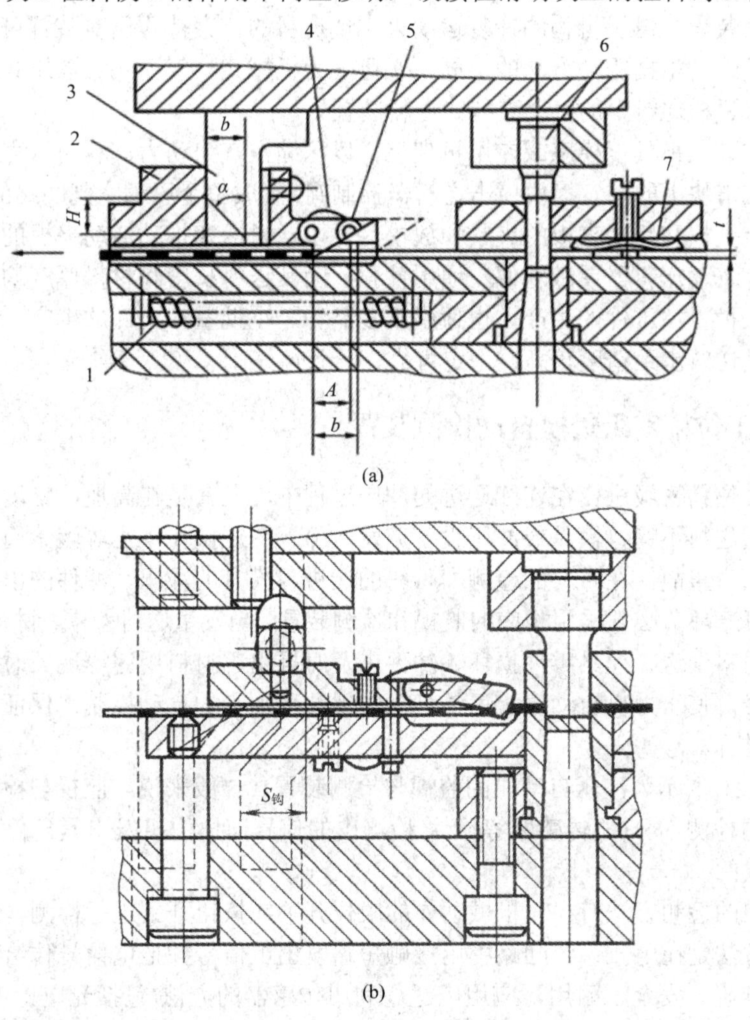


1—拉簧；2—滑动块；3—斜楔；4—弹簧片；5—拉料钩；6—凸模；7—止退簧片

图 10-20　钩式自动送料装置结构

移一个步距 $A$，此后料钩停止不动(图示位置)，上模继续下降，凸模 6 冲压，当上模回升时；滑动块 2 在拉簧 1 的作用下，向右移动复位，使带斜面的拉料钩跳过搭边进入下一孔位完成第一次送料，而带料则在止退簧片 7 的作用下静止不动。依此循环，达到自动间歇送进的目的。

钩式自动送料装置的送料运动一般是在上模下行时进行的，因此送料必须在凸模接触材料前结束，以保证冲压时材料定位在正确的冲压位置。若送料是在上模上升时进行的，材料的送进必须在凸模上升到脱离冲压材料后开始。

为了保证送料钩顺利地落入下一个孔，应使 $S_{钩}>A$。如图 10-20 所示，送料钩最大行程等于斜楔斜面的投影。如果使 $S_{钩}<b$，可在 T 形导轨底板上安装限位螺钉，使送料滑块复位时在所需位置上停住，从而获得所需的送料步距。

#### 3. 夹持式自动送料装置

夹持式自动送料装置在多工位级进冲压中广泛地用于条料、带料和线料的自动送料。它是利用送料装置中滑块机构的往复运动来实现送料的。夹持式送料装置可分为夹钳式、夹刃式和夹滚式；根据驱动方法的不同，又可分为机械式、气动式、液压式。最常用的是多工位精密级进模送料中的气动夹持式送料装置。

该装置安装在模具下模座或专用机架上。以压缩空气为动力，利用压力机滑块下降时安装在上模或滑块上的固定撞块撞击送料器控制阀，形成整个压缩空气回路的导通和关闭。汽缸驱动固定夹板和活动夹板的夹紧和放松，并由送料活塞推动活动夹板的前后移动来完成间歇送料。气动送料器灵敏轻便，通用性强。因其送料长度和材料厚度均可调整，所以不但适用于大批量冲压件的生产，也适用于多品种、小批量冲压件的生产。气动送料装置的最大特点是送料步距精度较高、稳定可靠、一致性好。

### 10.4.2　多工位精密级进模自动检测装置

为使多工位精密级进模在连续送进的冲压过程中，尤其是在高速、自动化的生产中，避免和防止因送料不畅、模具或冲压设备突发故障、冲压操作不当等因素而发生模具、设备损坏甚至人身事故，在带料的检测、带料的送进、模具的冲压、冲件的出模、设备的正常运转中的每一环节必须采用相应的监视和检测装置。当发生送料差错、材料重叠或弯曲、料宽超差、材料误送、模具零件损坏、冲件未及时推出、材料用完等现象时，检测装置便及时发出信号，使压力机自动停止运转，以实现冲压加工的自动控制，保证生产过程有节奏、稳定地进行。

如图 10-21 所示为冲压自动化的监视与检测装置。一般来说，监视与检测装置是由能感觉出差错的检测部分(如传感器等)及将检测出的信号向压力机发出紧急停止运转命令的控制部分组成的。

目前常用的检测方法有：靠机械动作的限位开关或按钮开关进行检测，这是一种老方法；另一种方法是在电气系统回路中用接触短路发出电信号并把电信号传给控制部分，这种方法动作准确、安全、耐用，应用广泛。利用传感器的方法(包括光电检测法)在现代冲压自动化生产中的应用日益广泛。

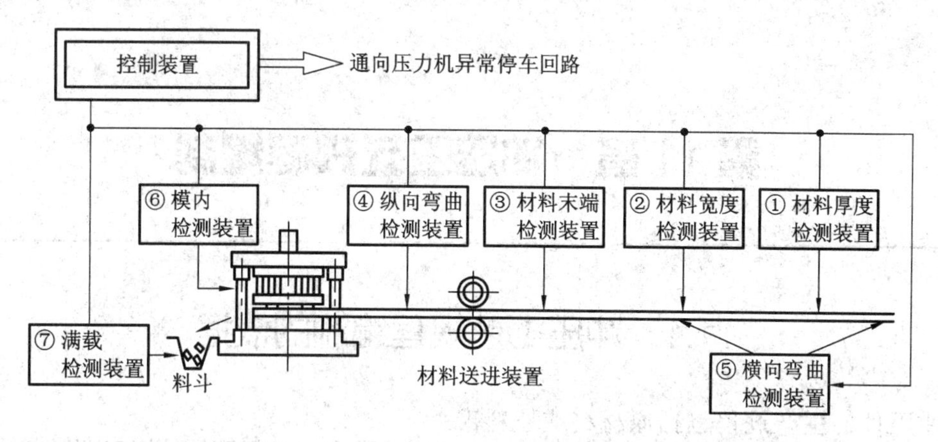


图 10-21　冲压自动化的监视与检测装置

## 思　考　题

10-1　多工位精密级进模有哪些特点？

10-2　多工位精密级进模的排样设计应遵循哪些原则？提高送料步距精度有哪些措施？

10-3　什么是载体和搭口？它们的作用是什么？简述常见载体的种类及其作用。

10-4　简述级进冲裁、级进弯曲和级进拉深工艺设计的要点。

10-5　常用的导向和托料装置有哪些？设计托料装置时要注意哪些问题？采用什么样的托料装置能调整材料与凹模表面平行？

10-6　为什么要对精密级进模进行安全保护？简述常用的安全保护措施。

10-7　常用的自动送料装置有哪些？简述辊轴式送料装置的工作原理。

# 第 11 章　冲压工艺规程编制

## 11.1　冲压工艺规程编制的依据

冲压件的生产过程包括原材料或坯料准备、冲压过程和辅助工序，有些零件还需配合切削加工、焊接、铆接等，冲压工艺规程是规范冲压件生产过程的一系列工艺技术文件,也是冲压模具设计的重要依据。编制冲压工艺规程时，通常要依据冲压件的结构特点、技术要求以及生产批量(见表 11-1)，同时应考虑企业现有设备的使用状况和生产、技术水平，所编制的冲压工艺规程应经济合理、技术先进。冲压工艺工作流程如图 11-1 所示。

表 11-1　生产纲领按年产量划分

| 生产类型 | 年产量/台产品 |
|---|---|
| 单件生产 | 1～10 |
| 小批生产 | 10～150 |
| 中批生产 | 150～500 |
| 大批生产 | 500～5000 |
| 批量生产 | >5000 |

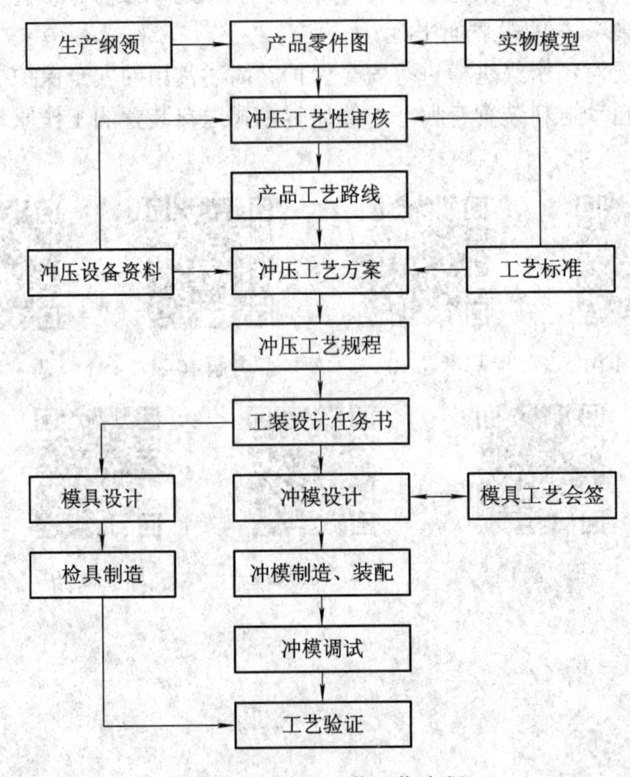


图 11-1　冲压工艺工作流程

冲压工艺规程以冲压工艺文件进行表述。冲压工艺文件一般包括工艺卡、流程卡、检验卡等。冲压工艺规程的合理编制对于提高生产效率和产品质量、降低损耗和成本以及保证安全生产等具有重要的意义。

### 11.1.1　冲压件的工艺性分析

冲压件的工艺性是指冲压件对冲压工艺的适应性，即冲压件在结构、形状、尺寸及公差等方面对冲压工艺的符合程度。冲压件的工艺性直接影响到冲压加工的难易程度和生产成本。工艺性差的冲压件，材料损耗和废品率会大幅增加，甚至无法生产出合格的产品。

对冲压件的工艺性进行分析时，首先应根据产品零件图分析研究冲压件的形状特点、尺寸大小、精度要求以及所用材料的力学性能、冲压成形性能；然后分析产生回弹、畸变、翘曲、歪扭、偏移等质量问题的可能性；尤其要重视冲压件的极限尺寸(如最小孔间距和孔边距、窄槽的最小宽度、冲孔最小尺寸、最小弯曲半径、最小拉深圆角半径)、尺寸公差等是否适合冲压工艺的要求。对于冲压工艺性不好的零件，应与产品设计人员协商，在不影响产品使用性能的前提下，对零件图纸进行相应修改。

### 11.1.2　冲压工艺方案的制定

在对冲压件进行工艺分析的基础上，拟定出几套可行的冲压工艺方案。对各种方案综合分析和比较，并从企业现有的生产、技术条件出发，确定出切实可行的最佳工艺方案。确定的冲压工艺方案包括冲压工序性质、工序数量、工序顺序、工序组合方式以及其他辅助工序，同时确定冲模种类、毛坯的形状、尺寸和下料方式、冲压力大小和设备类型。

**1. 工序性质的确定**

工序性质是指冲压件所需的工序种类，如分离工序中的冲孔、落料、切边；成形工序中的弯曲、翻边、拉深等。

一般情况下，可以从零件图上直观地确定出冲压工序的性质。平板状零件的冲压加工通常采用冲孔、落料等冲裁工序。弯曲件的冲压加工常采用落料、弯曲工序。拉深件的冲压加工常采用落料、拉深、切边、翻边等工序。但在许多情况下，需要进行分析、计算比较后才能确定其工序性质。

如图 11-2 所示分别为油封外夹圈和油封内夹圈的冲压工艺过程，两个冲压件材料均为 08 钢，厚度为 0.8 mm，形状类似，但尺寸有所不同。经计算分析，油封内夹圈翻边系数为 0.83，可以采用落料冲孔复合和翻边两道冲压工序完成。油封外夹圈若也采用同样的冲压工序，翻边系数降为 0.68，超出了圆孔翻边系数的允许值，一次翻边成形易产生裂纹，难以生产出合格的冲压件。因此可采用落料、拉深、冲孔和翻边 4 道工序，通过拉深、冲孔后再翻边，翻边系数达 0.89，完全满足翻边工艺要求，可保证生产出合格的产品。

**2. 工序数量的确定**

工序数量是指冲压件加工整个过程中所需要工序数目(包括辅助工序数目)的总和。冲压工序的数量主要根据冲压件几何形状的复杂程度、尺寸精度、材料性质确定，同时还应考虑生产批量、模具制造能力、冲压设备条件以及企业的技术水平、经济成本等诸多因素。在保证冲压件质量的前提下，为提高经济效益和生产效率，工序数量应尽可能少些。

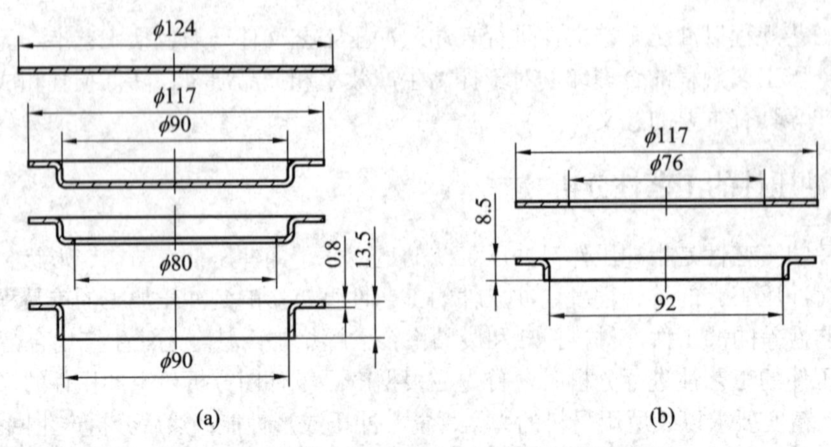


图 11-2　油封外夹圈和油封内夹圈的冲压工艺过程

工序数量的确定，应遵循以下原则：

(1) 冲裁形状简单的工件应采用单工序模冲裁。冲裁形状复杂的工件，如果模具的结构或强度受到限制，则可将其内、外轮廓或非常靠近的孔分成几部分冲裁，采用几套模具冲裁或采用级进模分段冲裁。对于平面度要求较高的工件，可在冲裁工序后再增加一道校平工序。

(2) 弯曲件的工序数量主要取决于弯曲角的数目、相对位置和弯曲方向。当弯曲件的弯曲半径小于允许值时，则在弯曲后应增加一道整形工序。

(3) 拉深件的工序数量与材料性质、拉深高度、拉深阶梯数以及拉深直径、材料厚度等因素有关，需经拉深工艺计算确定。当拉深件圆角半径较小或尺寸精度要求较高时，则需在拉深后增加一道整形工序。

(4) 工序数量的确定应考虑模具制造水平、企业冲压设备的状况，应能保证模具加工、装配精度的实际要求。

(5) 有时为了提高冲压工艺的稳定性，需要增加工序数目，以保证冲压件的质量。如弯曲件的附加定位工艺孔冲制、拉深工艺中的增加工艺切口以转移变形区等。

**3. 工序顺序的确定**

工序顺序是指冲压加工过程中各道工序进行的先后次序。冲压工序的顺序应根据冲压件的形状、尺寸精度要求、工序的性质以及材料变形的规律进行安排。一般遵循以下原则：

(1) 对于带孔或有缺口的冲压件，选用单工序模时，通常先安排落料工序再安排冲孔或缺口工序；选用级进模时，则落料安排为最后工序。

(2) 如果工件上存在位置靠近、大小不一的两个孔，则应先冲大孔后冲小孔，以免大孔冲裁时的材料变形引起小孔的形变。

(3) 对于带孔的弯曲件，在一般情况下，可以先冲孔后弯曲，以简化模具结构。当孔位于弯曲变形区或接近变形区，以及孔与基准面有较高要求时，则应先弯曲后冲孔。

(4) 对于带孔的拉深件，一般先拉深后冲孔。当孔的位置在工件底部，且孔的尺寸精度要求不高时，可以先冲孔再拉深，这样有助于拉深变形，减少拉深次数。

(5) 多角弯曲件一般应先弯外角，后弯内角。

(6) 对于复杂的旋转体拉深件，一般按由大到小的顺序进行拉深。对于复杂的非旋转体拉深件，则应先拉深小尺寸的内形，后拉深大尺寸的外形。

(7) 整形工序、校平工序、切边工序应安排在基本成形以后。

### 4. 冲压工序间半成品形状与尺寸的确定

在冲压加工中，中间工序的半成品可分为已成形和有待以后继续成形两部分。已成形部分的形状、尺寸与成品冲压件相同；有待以后继续成形部分的形状、尺寸与成品冲压件不同，是过渡性的。这些过渡性的形状、尺寸对后道工序的成败和冲压件的质量影响极大。

有些工序的半成品尺寸需根据该道工序的极限变形参数计算求得。例如，多次拉深时各道工序的半成品直径需根据极限拉深系数计算确定；翻边高度较高的冲压件采用中间拉深工序时，拉深深度、底部边预冲孔直径应根据极限翻边系数计算确定。如图 11-3 所示为出气阀罩盖的冲压过程。该冲压件需分 6 道工序进行，第一道工序为落料拉深，该道工序拉深后的半成品直径 $\phi$22 mm 是根据极限拉深系数计算出来的结果。

已成形部分与成品一致时，以后工序中不能再由已成形区材料来补充，也不能将材料向已成形区转移。图 11-3 中第二道工序为再次拉深，拉深直径为 $\phi$16.5 mm，这部分的形状尺寸与工件相应部分相同，且这部分的形状尺寸在以后各道工序中必须保持不变。确定该道工序形状尺寸时，必须使 $\phi$16.5 mm 桶形部分隔开的两端金属等于以后各道工序成形所需的金属。假如第二道工序中拉深底部为平面，则第三道工序拉深 $\phi$5.8 mm 内凹时，拉深系数 $m = 5.8/16.5 = 0.35$，第三道拉深工序无法一次完成。因此，只有按面积相等的计算原则，把第二道工序半成品的底部拉深成球形，储存必要的待成形材料，才能保证第三道拉深工序一次完成。

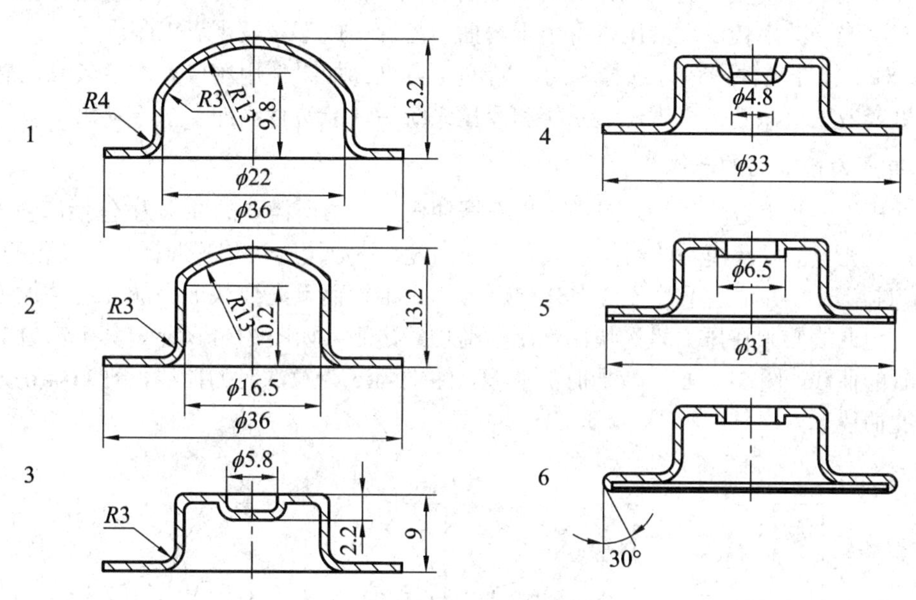


图 11-3　出气阀罩盖的冲压过程

确定半成品的过渡形状与尺寸时，还应考虑其对工件质量的影响。如多次拉深工序中，凸模的圆角半径或宽凸缘边工件多次拉深时的凸模与凹模圆角半径都不宜过小，否则会在成形后的零件表面残留下经圆角部位弯曲变薄的痕迹，使表面质量下降。

### 11.1.3　冲压设备选择

冲压设备的选择主要包括设备的类型和规格两个方面。

#### 1. 冲压设备类型的选择

冲压设备类型的选择主要根据所要完成的冲压工序性质、生产批量的大小、冲压件的几何尺寸和精度要求，以及企业设备负荷情况等因素。

(1) 对于中小型冲裁件、弯曲件或浅拉深件的冲压生产，常采用开式压力机。开式压力机有三面空间敞开、操作方便并且容易安装机械化的附属装置和成本低廉的优点，是中小型冲压件生产的主要设备。

(2) 对于大中型和精度要求较高的冲压件，多采用闭式曲柄压力机。这类压力机刚度好、精度较高，但是操作不如开式压力机方便。

(3) 对于大型或较复杂的拉深件，常采用上传动的闭式双动拉深压力机。对于中小型的拉深件(尤其是搪瓷制品、铝制品的拉深件)，常采用底传动式的双动拉深压力机。闭式双动拉深压力机有两个滑块，即压边用的外滑块和拉深用的内滑块，其压边力可靠、易调整，模具结构简单，适合于大批量的生产。

(4) 对于大批量生产的或形状复杂、批量很大的中小型冲压件，应优先选用自动高速压力机或者多工位自动压力机。

(5) 对于批量小、材料厚的冲压件，常采用液压机。液压机的合模行程可调，尤其是压力行程较大，与机械压力机相比具有明显的优点，而且不会因为板料厚度超差而发生过载，但速度慢，效率较低。液压机可用于弯曲、拉深、成形、校平等工序。

(6) 对于精冲零件，最好选择专用的精冲压力机。如果使用精度和刚度较高的普通曲柄压力机或液压机，则需添置压边系统和反压系统后才能进行精冲。

#### 2. 冲压设备规格的选择

在冲压设备类型选定以后，应进一步根据冲压加工中所需要的冲压力(包括卸料力、压料力等)、变形功，以及模具的结构形式和闭合高度、外形轮廓尺寸等选择冲压设备的规格。

(1) 选用压力机时，不仅要考虑公称压力的大小，而且还要保证完成冲压件加工时的冲压工艺力曲线必须在压力机滑块的许用负荷曲线之下，如图 11-4 所示，其中，图 11-4(a)为冲裁时的曲线，图 11-4(b)为弯曲时的曲线，图 11-4(c)为拉深时的曲线，图 11-4(d)为落料拉深时的曲线。

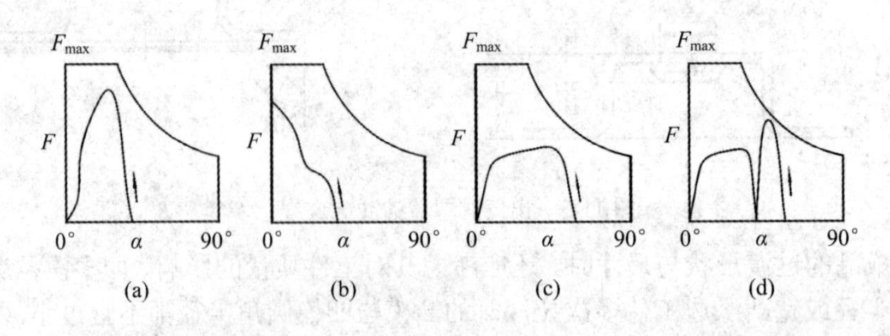


图 11-4　曲柄压力机许用负荷曲线与不同冲压工艺压力曲线比较

一般情况下，压力机的公称压力应大于或等于冲压总工艺力的 1.3 倍。在开式压力机上进行精密冲裁时，压力机的公称压力应大于冲压总工艺力的 2 倍。对于拉深工序，为了选取方便，并使压力机能安全地工作，可以考虑适当的安全系数，可近似地取为：

① 浅拉深时，最大拉深力≤(0.7～0.8)压力机公称压力；

② 深拉深时，最大拉深力≤(0.5～0.6)压力机公称压力；

③ 高速冲压时，最大拉深力≤(0.1～0.15)压力机公称压力。

(2) 压力机行程的大小应能保证毛坯或半成品的放入以及成形零件的取出。一般冲裁、精压工序所需的行程较小；弯曲、拉深工序则需要较大的行程。拉深件所用的压力机，其行程至少应大于或者等于成品零件高度的 2.5 倍。

(3) 模具的闭合高度必须满足压力机闭合高度范围的要求(见图 11-5)，它们之间的关系一般为

$$(H_{max}-h_1)-5 \geqslant h \geqslant (H_{min}-h_1)+10 \tag{11-1}$$

式中：$H_{max}$——压力机最大封闭高度；

$H_{min}$——压力机最小封闭高度；

$h_1$——压力机垫板厚度。

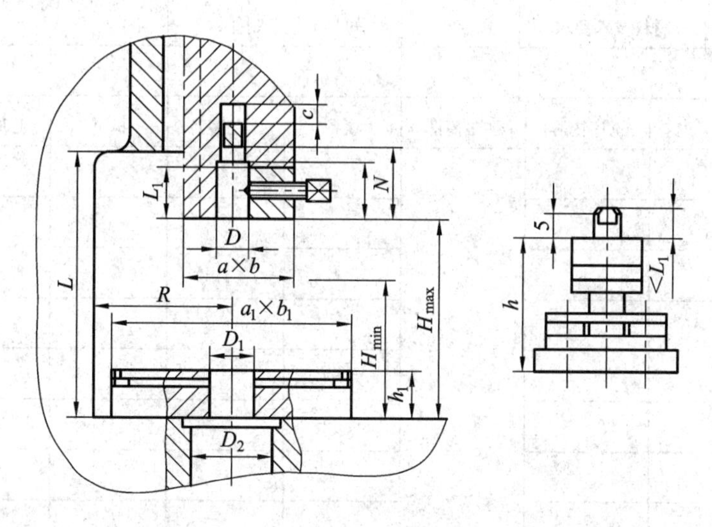


图 11-5　模具闭合高度与压力机闭合高度的关系

### 11.1.4　冲压模具结构的确定

在制订冲压工艺规程时，可以根据确定的冲压工艺方案和冲压件的生产批量、形状特点、尺寸精度，以及模具的制造能力、现有冲压设备、操作安全方便的要求，来选择模具的结构形式。

如果冲压件的生产批量很小，可以考虑单工序的简单模具，按冲压工序逐步来完成，以降低冲压件生产成本。若生产批量很大，应尽量考虑将几道工序组合在一起的工序集中的方案，采用一副模具可以完成多道冲压工序的复合模或级进模结构。

在使用复合模完成类似零件的冲压时，必须考虑复合模结构中的凸凹模壁厚的强度问题。当强度不够时，应根据实际情况改选级进模结构或者考虑其他模具结构。

级进模的连续冲压可以完成冲裁、弯曲、拉深以及成形等多种性质工序的组合加工，但是工位数越多，可能产生的累积误差越大，对模具的制造精度和维修提出了较高的要求。

### 11.1.5　冲压工艺文件编制

冲压工艺文件一般以工艺过程卡的形式表示。它综合表达了冲压工艺设计的具体内容，包括工序序号、工序名称或工序说明、工序简图(半成品形状、尺寸)、模具的结构形式和种类、选定的冲压设备、工序检验要求、工时定额、板料的规格等。

冲压件的批量生产中，冲压工艺过程卡是指导冲压生产正常进行的重要技术文件，起着生产的组织管理、调度、工序间的协调以及工时定额核算等作用。工艺卡片尚未有统一的格式，一般按照既简明扼要，又有利于生产管理的原则进行制定。冲压工艺卡片的格式如表 11-2 所示。

表 11-2　冲压工艺卡片

<table>
<tr><td colspan="2" rowspan="2">(企业名称)</td><td rowspan="2">冲压工艺卡片</td><td>产品型号</td><td></td><td>零件图号</td><td></td><td colspan="2">(文件代号)</td></tr>
<tr><td>产品名称</td><td></td><td>零件名称</td><td></td><td>共　页</td><td>第　页</td></tr>
<tr><td colspan="2">材料牌号及规格</td><td>材料技术要求</td><td>毛坯尺寸</td><td colspan="2">每只毛坯可制件数</td><td>毛坯重量</td><td colspan="2">辅助材料</td></tr>
<tr><td colspan="2"></td><td></td><td></td><td colspan="2"></td><td></td><td colspan="2"></td></tr>
<tr><td>工序号</td><td>工序名称</td><td>工序内容</td><td>加工简图</td><td>设备</td><td>工艺装备</td><td>检具</td><td>工时定额</td><td>操作人数</td></tr>
<tr><td></td><td></td><td></td><td rowspan="8"></td><td></td><td></td><td></td><td></td><td></td></tr>
<tr><td></td><td></td><td></td><td></td><td></td><td></td><td></td><td></td></tr>
<tr><td></td><td></td><td></td><td></td><td></td><td></td><td></td><td></td></tr>
<tr><td></td><td></td><td></td><td></td><td></td><td></td><td></td><td></td></tr>
<tr><td></td><td></td><td></td><td></td><td></td><td></td><td></td><td></td></tr>
<tr><td></td><td></td><td></td><td></td><td></td><td></td><td></td><td></td></tr>
<tr><td></td><td></td><td></td><td></td><td></td><td></td><td></td><td></td></tr>
<tr><td></td><td></td><td></td><td></td><td></td><td></td><td></td><td></td></tr>
</table>
<table>
<tr><td></td><td></td><td></td><td></td><td></td><td></td><td></td><td></td><td></td><td></td><td rowspan="2">设计<br>(日期)</td><td rowspan="2">审核<br>(日期)</td><td rowspan="2">标准化<br>(日期)</td><td rowspan="2">会签<br>(日期)</td></tr>
<tr><td></td><td></td><td></td><td></td><td></td><td></td><td></td><td></td><td></td><td></td></tr>
<tr><td></td><td></td><td></td><td></td><td></td><td></td><td></td><td></td><td></td><td></td><td></td><td></td><td></td><td></td></tr>
<tr><td>标记</td><td>处数</td><td>更改文件号</td><td>签字</td><td>日期</td><td>标记</td><td>处数</td><td>更改文件号</td><td>签字</td><td>日期</td><td></td><td></td><td></td><td></td></tr>
</table>

## 11.2　典 型 实 例

如图 11-6 所示为汽车车门玻璃升降器外壳冲压件，材料为 08 钢板，板厚 1.5 mm，批量生产，编制冲压工艺。

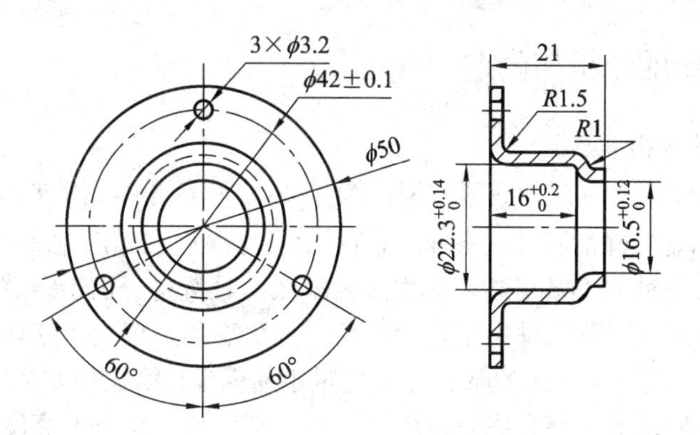


图 11-6　汽车车门玻璃升降器外壳冲压件

## 11.2.1　冲压件的工艺分析

汽车车门的玻璃抬起或降落是靠升降器操纵的。升降器部件装配简图如图 11-7 所示，升降器的传动机构装在外壳内，通过外壳凸缘上 3 个均布的小孔 $\phi$3.2 mm 用铆钉铆接在车门座板上。传动轴 6 以 IT11 级的间隙配合装在外壳件右端孔 $\phi$16.5 mm 的承托部位，通过制动扭簧 3、联动片 9 及心轴 4 与小齿轮 11 连接，摇动手柄 7 时，传动轴将动力传递给小齿轮，然后带动大齿轮 12 推动车门玻璃升降。

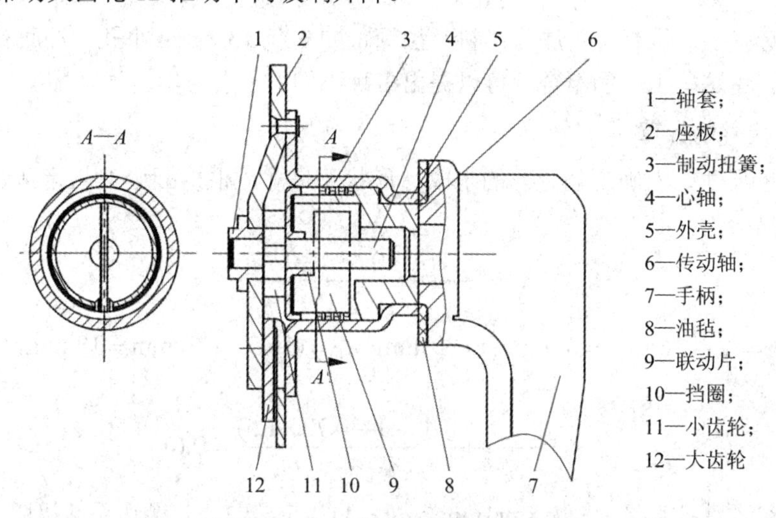


图 11-7　升降器部件装配简图

从技术要求和使用条件来看，玻璃升降器外壳冲压件具有较高的精度要求、较高的刚度和强度。冲压件所标注的尺寸中，$\phi$22.3 mm、$\phi$16.5 mm 及 16 mm 为 IT11～IT12 级精度。3 个 $\phi$3.2 mm 小孔与 $\phi$16.5 mm 间的相对位置要准确，3 个 $\phi$3.2 mm 小孔的中心位置尺寸 $\phi$42 ± 0.1 mm 为 IT10，外形最大尺寸为 $\phi$50 mm，属于带凸缘的筒形件。

因该冲压件为轴对称旋转体，且 3 个小孔直径为料厚的两倍以上，所以冲裁工艺性很好。且 $d_{凸}/d$、$h/d$ 不太大，拉深工艺性较好。只是 $\phi$22.3 mm、16 mm 的公差要求偏高，圆角半径 $R$1 及 $R$1.5 偏小，所以应在最后一道成形工序达到冲压件要求。3 个小孔中心距的精度较高，可通过采用 IT6～IT7 级制模精度及以 $\phi$22.3 mm 内孔定位来予以保证。

## 11.2.2　工艺方案的分析与确定

### 1. 工艺方案的分析

$\phi$16.5 mm 底部部分有 3 种成形方案：图 11-8(a)所示是采用阶梯形零件拉深后车削加工；图 11-8(b)所示是拉深后冲孔；图 11-8(c)所示是拉深后在底部先冲一小孔，然后翻边。这 3 种方案中，第一种方案质量高，但生产效率低，且费料。由于该零件高度尺寸要求不高，因此一般不宜采用。第二种方案较第一种方案效率高，但要求其前道拉深工序的底部圆角半径接近锐角，需增加一道整形工序故质量不易保证。第三种方案生产效率高且省料，翻边端部质量虽不如以上两种方案好，但由于该零件对这一部分的高度和孔口端部质量要求不高，而高度尺寸 21 和圆角 $R1$ 两个尺寸正好可以用翻边予以保证。所以比较起来，采用方案三更合理、经济。

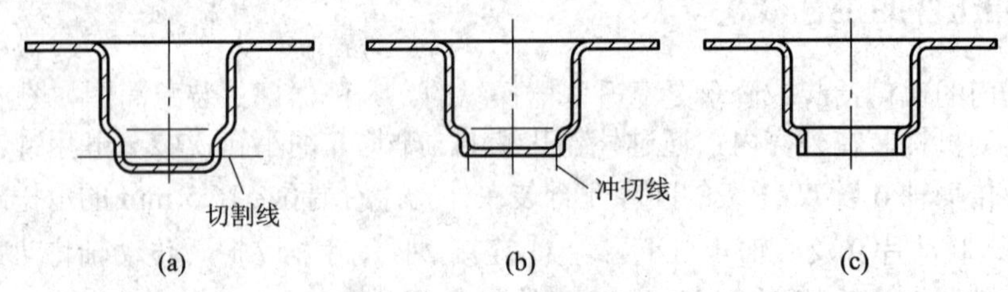


图 11-8　3 种成形方案比较

因此，选择的冲压基本工序为落料、拉深、冲 3 个 $\phi$3.2 mm 小孔、冲底孔、翻边、切边和整形等。用这些工序的组合，可以提出多种不同的工艺方案。

### 2. 毛坯尺寸的计算

计算毛坯尺寸时先确定翻边前的半成品形状和尺寸，根据翻边工艺计算规则，计算翻边系数 $K$：

$$K = 1 - \frac{2(h - 0.43r - 0.72t)}{d_{\mathrm{m}}}$$

式中，$h = (21-16)\mathrm{mm} = 5\ \mathrm{mm}$，$r = 1\ \mathrm{mm}$，$d_{\mathrm{m}} = (16.5 + 1.5)\ \mathrm{mm} = 18\ \mathrm{mm}$，$t = 1.5\ \mathrm{mm}$。代入上式得

$$K = 1 - \frac{2(5 - 0.43\times1 - 0.72\times1.5)}{d_{\mathrm{m}}} = 0.61$$

由此可得预冲孔直径 $d = d_{\mathrm{m}}K \approx 11\mathrm{mm}$，$d/t = 11/1.5 \approx 7.3$。查翻边系数极限值表得 $K_{\min} = 0.5 < 0.61$，故能一次翻出 5 mm 的高度。翻边前半成品形状和尺寸如图 11-9 所示。冲压件凸缘直径 50 mm，拉深直径 23.8 mm，则 $d_{凸}/d = 50/23.8 \approx 2.1$，查拉深资料，得凸缘余量 $\delta = 1.8$ mm，半成品凸缘直径 $d'_{凸} = d_{凸} + 2\delta = 50 + 3.6 \approx 54$ mm。

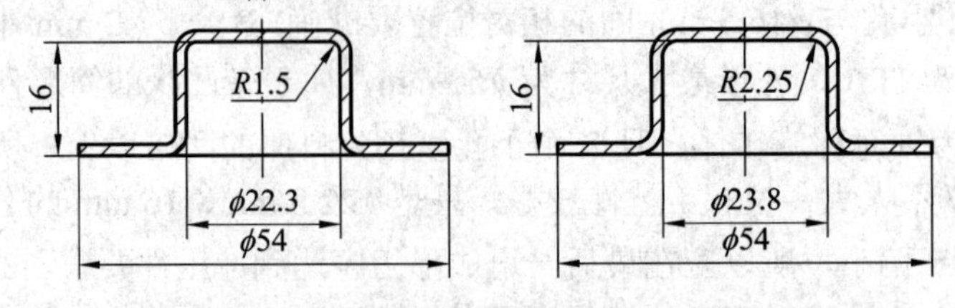


图 11-9　翻边前半成品形状和尺寸

冲压件的坯料直径 $D$ 为

$$D=\sqrt{d_t^2+4dh-3.44rd}=\sqrt{54^2+4\times23.8\times16-3.44\times2.25\times23.8}\approx65\text{ mm}$$

**3. 拉深次数的计算**

$d'_{凸}/d=54/23.8\approx2.27$，冲压件属于宽凸缘圆筒形件，总拉深系数为 $m=d/D=23.8/65=0.366$，半成品宽凸缘筒形件相对拉深高度 $h/d=16/23.8=0.67$，板料相对厚度 $t/D=1.5/65=2.3\%$，需要进行多次拉深，$r_1\approx(4\sim5)t$。查表得 $m_1=0.44$，$m_2=0.75$，$m_1\times m_2=0.33<0.366$，可采用两次拉深。

因两次拉深系数均接近极限拉深系数，需要选用较大的圆角半径，而冲压件材料厚度为 1.5 mm，圆角半径 $r=2.55$ mm，过小，而且零件直径又较小，所以两次拉深难以完成任务，需要在两次拉深后增加一道整形工序。因此，应考虑采用三次拉深，依次减小拉深圆角，第三次拉深兼整形工序，三道拉深工序的拉深系数调整为 $m_1=0.56$，$m_2=0.805$，$m_3=0.812$，即

$$m_1\times m_2\times m_3=0.56\times0.805\times0.812=0.366$$

**4．工序的组合和顺序**

根据以上分析和计算，可以明确该冲压件的冲压加工工序包括以下基本工序：落料、首次拉深、二次拉深、三次拉深(兼整形)、冲 $\phi$11 mm 底孔、翻边(兼整形) $\phi$16.5 mm、冲 3 个 $\phi$3.2 mm 孔和切边 $\phi$50 mm。根据这些基本工序，可拟定出如下 5 种工艺方案。

方案 1：落料与首次拉深复合，其余按基本工序。

方案 2：落料与首次拉深复合，冲 $\phi$11 mm 底孔与翻边复合，冲 3 个 $\phi$3.2 mm 小孔与切边复合，其余按基本工序。

方案 3：落料与首次拉深复合，冲 $\phi$11 mm 底孔与冲 3 个 $\phi$3.2 mm 小孔复合，翻边与切边复合，其余按基本工序。

方案 4：落料、首次拉深与冲 $\phi$11 mm 底孔复合，其余按基本工序。

方案 5：采用连续拉深或在多工位自动压力机上冲压。

分析比较上述 5 种工艺方案，可以得到以下结论：

方案 2 中，冲 $\phi$11 mm 底孔与翻边复合，由于模具壁厚 $a=(16.5-11)/2=2.75$ mm 较小，小于凸凹模最小壁厚($\geqslant(1.5\sim2.0)t$)，故模具容易损坏。冲 3 个 $\phi$3.2 mm 小孔与切边复合，也存在模具壁厚太薄的问题($a=50-42-3.2=4.8$ mm)，因此模具也容易损坏。

方案 3 中，虽然解决了上述模具壁厚太薄的问题，但冲 $\phi$11 mm 底孔与冲 3 个 $\phi$3.2 mm 小孔复合及翻边与切边复合时，它们的刃口都不在同一平面上，磨损快慢也不一样，这会给修磨带来不便，修磨后要保持相对位置也有困难。

方案 4 中，落料、首次拉深与冲 $\phi$11 mm 底孔复合，冲孔凹模与拉深凸模做成一体，也给修磨造成困难。特别是冲底孔后再经二次和三次拉深，孔径一旦变化，将会影响翻边的高度尺寸和翻边口边缘质量。

方案 5 采用连续模或多工位自动压力机冲压，可获得较高的生产率，而且操作安全，避免上述方案的缺点，但这一方案需要专用压力机或自动送料装置，而且模具结构复杂，制造周期长，生产成本高，因此，方案 5 在大批量生产中较适宜。

方案 1 没有上述的缺点，但其工序复合程度较低，生产率较低。单工序模具结构简单，制造费用低，适合中小批量的生产，因此可采用方案 1。此方案在第三次拉深和翻边工序中，可以调整冲床滑块行程，使之在行程临近终了时，模具可对工件起到整形作用，无须单独的整形工序。

## 思 考 题

11-1　制订冲压工艺规程的主要内容及步骤是什么？

11-2　冲压工艺工序的性质、数目与顺序的确定原则分别是什么？

11-3　确定冲压模具结构形式的原则是什么？

11-4　怎样确定工序件的形状和尺寸？

11-5　怎样选择冲压设备？

11-6　如图 11-10 所示冲压件锁支架，分析其冲压工艺性能，确定其冲压工艺方案。材料为 Q235 钢，年产量 5000 件。

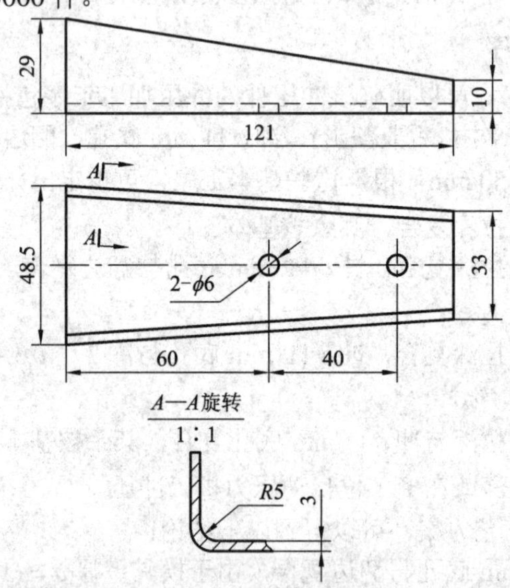


图 11-10　冲压件锁支架

# 附 录

## 附录 A 几种常用冲压设备规格

附表 A-1 压力机的主要技术参数

| 名称 | | 开式双柱可倾式压力机 | | | 单柱固定台压力机 | 开式双柱固定台压力机 | 闭式单点压力机 | 闭式双点压力机 | 闭式双动深压力机 | 双盘摩擦压力机 |
|---|---|---|---|---|---|---|---|---|---|---|
| 型号 | | J23—6.3 | JH23—16 | JG23—40 | J11—50 | JD21—100 | JA31—160B | J36—250 | JA45—100 | J53—63 |
| 公称压力/kN | | 63 | 160 | 400 | 500 | 1000 | 1600 | 2500 | 内滑块 1000 外滑块 630 | 630 |
| 滑块行程/mm | | 35 | 50 压力行程 3.17 | 100 压力行程 7 | 10～90 | 10～120 | 160 压力行程 8.16 | 400 压力行程 11 | 内滑块 420 外滑块 260 | 270 |
| 行程次数/(次/min) | | 170 | 150 | 80 | 90 | 75 | 32 | 17 | 15 | 22 |
| 最大闭合高度/mm | | 150 | 220 | 300 | 270 | 400 | 480 | 750 | 内滑块 580 外滑块 530 | 最小闭合高度 190 |
| 最大装模高度/mm | | 120 | 180 | 220 | 190 | 300 | 375 | 590 | 内滑块 480 外滑块 430 | — |
| 闭合高度调节量/mm | | 35 | 45 | 80 | 75 | 85 | 120 | 250 | 100 | — |
| 立柱间距离/mm | | 150 | 220 | 300 | — | 480 | 750 | — | 950 | — |
| 导轨间距离/mm | | — | — | — | — | — | 590 | 2640 | 780 | 350 |
| 工作台尺寸/mm | 前后 | 200 | 300 | 150 | 450 | 600 | 790 | 1250 | 900 | 450 |
| | 左右 | 310 | 450 | 300 | 650 | 1000 | 710 | 2780 | 950 | 400 |
| 垫板尺寸/mm | 厚度 | 30 | 40 | 80 | 80 | 100 | 105 | 160 | 100 | — |
| | 孔径 | 140 | 210 | 200 | 130 | 200 | 430×430 | — | 555 | 80 |
| 模柄孔尺寸/mm | 直径 | 30 | 40 | 50 | 50 | 60 | 75 | — | 50 | 60 |
| | 深度 | 55 | 60 | 70 | 80 | 80 | 90 | — | 60 | 80 |
| 电动机功率/kW | | 0.75 | 1.5 | 4 | 5.5 | 7.5 | 12.5 | 33.8 | 22 | 4 |

附表 A-2　SP 系列小型压力机的主要技术参数

| 压力机型号 | SP—10CS | SP—15CS | SP—30CS | SP—50CS |
| --- | --- | --- | --- | --- |
| 公称压力/kN | 100 | 150 | 300 | 500 |
| 行程长度/mm | 40～10 | 50～10 | 50～20 | 50～20 |
| 行程次数/(次/min) | 75～850 | 80～850 | 100～800 | 150～450 |
| 滑块调节量/mm | 25 | 30 | 50 | 50 |
| 垫板面积/mm² | 400 × 300 | 450×300 | 620×390 | 1080 × 470 |
| 垫板厚度/mm | 70 | 80 | 100 | 100 |
| 滑块面积/mm² | 200 × 180 | 200×190 | 320×250 | 820 × 360 |
| 工作台尺寸/mm | 240 × 100 | 250×120 | 300×200 | 600 × 180 |
| 封闭高度/mm | 185～200 | 200～220 | 250～260 | 290～315 |
| 主电动机功率/kW | 0.75 | 2.2 | 5.5 | 7.5 |
| 机床质量/kg | 900 | 1400 | 4000 | 6000 |
| 机床外形尺寸($L \times B$)/mm | 935 × 780 | 910 × 1200 | 1200 × 1275 | 1625 × 1495 |
| 机床高度 $H$/mm | 1680 | 1900 | 2170 | 2500 |

注：SP 系列小型压力机为小型 C 型机架(国际上称为 OBI 型机架)的开式压力机，为日本山田公司生产，适用于工业用接插件、电位器、电容器等小型电子元件的制件生产。

# 附录 B　冲压件尺寸公差(GB/T 13914—2013)

### 1. 公差等级、符号、代号及数值

(1) 平冲压件尺寸公差分 11 个等级，即 ST1～ST11。ST 表示平冲压件尺寸公差，公差等级代号用阿拉伯数字表示。ST1～ST11 等级依次降低。平冲压件尺寸公差适用于平冲压件，也适用于成形冲压件上经过冲裁工序加工而成的尺寸。平冲压件尺寸公差数值按附表 B-1 规定。

## 附表 B-1 平冲压件尺寸公差

| 公称尺寸 | | 板材厚度 | | 公差等级 | | | | | | | | | | |
|---|---|---|---|---|---|---|---|---|---|---|---|---|---|---|
| 大于 | 至 | 大于 | 至 | ST1 | ST2 | ST3 | ST4 | ST5 | ST6 | ST7 | ST8 | ST9 | ST10 | ST11 |
| — | 1 | — | 0.5 | 0.008 | 0.010 | 0.015 | 0.020 | 0.030 | 0.040 | 0.060 | 0.080 | 0.120 | 0.160 | — |
| | | 0.5 | 1 | 0.010 | 0.015 | 0.020 | 0.030 | 0.040 | 0.060 | 0.080 | 0.120 | 0.160 | 0.240 | — |
| | | 1 | 1.5 | 0.015 | 0.020 | 0.030 | 0.040 | 0.060 | 0.080 | 0.120 | 0.160 | 0.240 | 0.340 | — |
| 1 | 3 | — | 0.5 | 0.012 | 0.018 | 0.026 | 0.036 | 0.050 | 0.070 | 0.100 | 0.140 | 0.200 | 0.280 | 0.400 |
| | | 0.5 | 1 | 0.018 | 0.026 | 0.036 | 0.050 | 0.070 | 0.100 | 0.140 | 0.200 | 0.280 | 0.400 | 0.560 |
| | | 1 | 3 | 0.026 | 0.036 | 0.050 | 0.070 | 0.100 | 0.140 | 0.200 | 0.280 | 0.400 | 0.560 | 0.780 |
| | | 3 | 4 | 0.034 | 0.050 | 0.070 | 0.090 | 0.130 | 0.180 | 0.260 | 0.360 | 0.500 | 0.700 | 0.980 |
| 3 | 10 | — | 0.5 | 0.018 | 0.026 | 0.036 | 0.050 | 0.070 | 0.100 | 0.140 | 0.200 | 0.280 | 0.400 | 0.560 |
| | | 0.5 | 1 | 0.026 | 0.036 | 0.050 | 0.070 | 0.100 | 0.140 | 0.200 | 0.280 | 0.400 | 0.560 | 0.780 |
| | | 1 | 3 | 0.036 | 0.050 | 0.070 | 0.100 | 0.140 | 0.200 | 0.280 | 0.400 | 0.560 | 0.780 | 1.100 |
| | | 3 | 6 | 0.046 | 0.060 | 0.090 | 0.130 | 0.180 | 0.260 | 0.360 | 0.480 | 0.680 | 0.980 | 1.400 |
| | | 6 | | 0.060 | 0.080 | 0.110 | 0.160 | 0.220 | 0.300 | 0.420 | 0.600 | 0.840 | 1.200 | 1.600 |
| 10 | 25 | — | 0.5 | 0.026 | 0.036 | 0.050 | 0.070 | 0.100 | 0.140 | 0.200 | 0.280 | 0.400 | 0.560 | 0.780 |
| | | 0.5 | 1 | 0.036 | 0.050 | 0.070 | 0.100 | 0.140 | 0.200 | 0.280 | 0.400 | 0.560 | 0.780 | 1.100 |
| | | 1 | 3 | 0.050 | 0.070 | 0.100 | 0.140 | 0.200 | 0.280 | 0.400 | 0.560 | 0.780 | 1.100 | 1.500 |
| | | 3 | 6 | 0.060 | 0.090 | 0.130 | 0.180 | 0.260 | 0.360 | 0.500 | 0.700 | 1.000 | 1.400 | 2.000 |
| | | 6 | | 0.080 | 0.120 | 0.160 | 0.220 | 0.320 | 0.440 | 0.600 | 0.880 | 1.200 | 1.600 | 2.400 |
| 25 | 63 | — | 0.5 | 0.036 | 0.050 | 0.070 | 0.100 | 0.140 | 0.200 | 0.280 | 0.400 | 0.560 | 0.780 | 1.100 |
| | | 0.5 | 1 | 0.050 | 0.070 | 0.100 | 0.140 | 0.200 | 0.280 | 0.400 | 0.560 | 0.780 | 1.100 | 1.500 |
| | | 1 | 3 | 0.070 | 0.100 | 0.140 | 0.200 | 0.280 | 0.400 | 0.560 | 0.780 | 1.100 | 1.500 | 2.100 |
| | | 3 | 6 | 0.090 | 0.120 | 0.180 | 0.260 | 0.360 | 0.500 | 0.700 | 0.980 | 1.400 | 2.000 | 2.800 |
| | | 6 | | 0.110 | 0.160 | 0.220 | 0.300 | 0.440 | 0.600 | 0.860 | 1.200 | 1.600 | 2.200 | 3.000 |
| 60 | 160 | — | 0.5 | 0.040 | 0.060 | 0.090 | 0.120 | 0.180 | 0.260 | 0.360 | 0.500 | 0.700 | 0.980 | 1.400 |
| | | 0.5 | 1 | 0.060 | 0.090 | 0.120 | 0.180 | 0.260 | 0.360 | 0.500 | 0.700 | 0.980 | 1.400 | 2.000 |
| | | 1 | 3 | 0.090 | 0.120 | 0.180 | 0.260 | 0.360 | 0.500 | 0.700 | 0.980 | 1.400 | 2.000 | 2.800 |
| | | 3 | 6 | 0.120 | 0.160 | 0.240 | 0.320 | 0.460 | 0.640 | 0.900 | 1.300 | 1.800 | 2.500 | 3.600 |
| | | 6 | | 0.140 | 0.200 | 0.280 | 0.400 | 0.560 | 0.780 | 1.100 | 1.500 | 2.100 | 2.900 | 4.200 |

续表

| 公称尺寸 | | 板材厚度 | | 公 差 等 级 | | | | | | | | | | |
|---|---|---|---|---|---|---|---|---|---|---|---|---|---|---|
| 大于 | 至 | 大于 | 至 | ST1 | ST2 | ST3 | ST4 | ST5 | ST6 | ST7 | ST8 | ST9 | ST10 | ST11 |
| 160 | 400 | — | 0.5 | 0.060 | 0.090 | 0.120 | 0.180 | 0.260 | 0.360 | 0.500 | 0.700 | 0.980 | 1.400 | 2.000 |
| | | 0.5 | 1 | 0.090 | 0.120 | 0.180 | 0.260 | 0.360 | 0.500 | 0.700 | 1.000 | 1.400 | 2.000 | 2.800 |
| | | 1 | 3 | 0.120 | 0.180 | 0.260 | 0.360 | 0.500 | 0.700 | 1.000 | 1.400 | 2.000 | 2.800 | 4.000 |
| | | 3 | 6 | 0.160 | 0.240 | 0.320 | 0.460 | 0.640 | 0.900 | 1.300 | 1.800 | 2.500 | 3.600 | 4.800 |
| | | 6 | | 0.200 | 0.280 | 0.400 | 0.560 | 0.780 | 1.100 | 1.500 | 2.100 | 2.900 | 4.200 | 5.800 |
| 400 | 1000 | — | 0.5 | 0.090 | 0.120 | 0.180 | 0.240 | 0.340 | 0.480 | 0.660 | 0.940 | 1.300 | 1.800 | 2.600 |
| | | 0.5 | 1 | — | 0.180 | 0.240 | 0.340 | 0.480 | 0.660 | 0.940 | 1.300 | 1.800 | 2.600 | 3.600 |
| | | 1 | 3 | — | 0.240 | 0.340 | 0.480 | 0.660 | 0.940 | 1.300 | 1.800 | 2.600 | 3.600 | 5.000 |
| | | 3 | 6 | — | 0.320 | 0.450 | 0.620 | 0.880 | 1.200 | 1.600 | 2.400 | 3.400 | 4.600 | 6.600 |
| | | 6 | | — | 0.340 | 0.480 | 0.700 | 1.000 | 1.400 | 2.00 | 2.800 | 4.000 | 5.600 | 7.800 |
| 1000 | 6300 | - | 0.5 | — | — | 0.260 | 0.360 | 0.500 | 0.700 | 0.980 | 1.400 | 2.000 | 2.800 | 4.000 |
| | | 0.5 | 1 | — | — | 0.360 | 0.500 | 0.700 | 0.980 | 1.400 | 2.000 | 2.800 | 4.000 | 5.600 |
| | | 1 | 3 | — | — | 0.500 | 0.700 | 0.980 | 1.400 | 2.000 | 2.800 | 4.000 | 5.600 | 7.800 |
| | | 3 | 6 | — | — | — | 0.900 | 1.200 | 1.600 | 2.200 | 3.200 | 4.400 | 6.200 | 8.000 |
| | | 6 | | — | — | — | 1.000 | 1.400 | 1.900 | 2.600 | 3.600 | 5.200 | 7.200 | 10.00 |

(2) 成形冲压件尺寸公差分 10 个等级，即 FT1～FT10。FT 表示成形冲压件尺寸公差，公差等级代号用阿拉伯数字表示。FT1～FT10 等级依次降低。

成形冲压件尺寸公差数值按附表 B-2 规定。

**附表 B-2　成形冲压件尺寸公差**　　mm

| 公称尺寸 | | 板材厚度 | | 公 差 等 级 | | | | | | | | | |
|---|---|---|---|---|---|---|---|---|---|---|---|---|---|
| 大于 | 至 | 大于 | 至 | FT1 | FT2 | FT3 | FT4 | FT5 | FT6 | FT7 | FT8 | FT9 | FT10 |
| — | 1 | — | 0.5 | 0.010 | 0.016 | 0.026 | 0.040 | 0.060 | 0.100 | 0.160 | 0.260 | 0.400 | 0.600 |
| | | 0.5 | 1 | 0.014 | 0.022 | 0.034 | 0.050 | 0.090 | 0.140 | 0.220 | 0.340 | 0.500 | 0.900 |
| | | 1 | 1.5 | 0.020 | 0.030 | 0.050 | 0.080 | 0.120 | 0.200 | 0.320 | 0.500 | 0.900 | 1.400 |
| 1 | 3 | — | 0.5 | 0.016 | 0.026 | 0.040 | 0.070 | 0.110 | 0.180 | 0.280 | 0.440 | 0.700 | 1.000 |
| | | 0.5 | 1 | 0.022 | 0.036 | 0.060 | 0.090 | 0.140 | 0.240 | 0.380 | 0.600 | 0.900 | 1.400 |
| | | 1 | 3 | 0.032 | 0.050 | 0.080 | 0.120 | 0.200 | 0.340 | 0.540 | 0.860 | 1.200 | 2.000 |
| | | 3 | 4 | 0.040 | 0.070 | 0.110 | 0.180 | 0.280 | 0.440 | 0.700 | 1.100 | 1.800 | 2.800 |
| 3 | 10 | — | 0.5 | 0.022 | 0.036 | 0.060 | 0.090 | 0.140 | 0.240 | 0.380 | 0.600 | 0.960 | 1.400 |
| | | 0.5 | 1 | 0.032 | 0.050 | 0.080 | 0.120 | 0.200 | 0.340 | 0.540 | 0.860 | 1.400 | 2.200 |
| | | 1 | 3 | 0.050 | 0.070 | 0.110 | 0.180 | 0.300 | 0.480 | 0.760 | 1.200 | 2.000 | 3.200 |
| | | 3 | 6 | 0.060 | 0.090 | 0.140 | 0.240 | 0.380 | 0.600 | 1.000 | 1.600 | 2.600 | 4.000 |
| | | 6 | — | 0.070 | 0.110 | 0.180 | 0.280 | 0.440 | 0.700 | 1.100 | 1.800 | 2.800 | 4.400 |

续表

| 公称尺寸 | | 板材厚度 | | 公差等级 | | | | | | | | | |
|---|---|---|---|---|---|---|---|---|---|---|---|---|---|
| 大于 | 至 | 大于 | 至 | FT1 | FT2 | FT3 | FT4 | FT5 | FT6 | FT7 | FT8 | FT9 | FT10 |
| 10 | 25 | — | 0.5 | 0.030 | 0.050 | 0.080 | 0.120 | 0.200 | 0.320 | 0.500 | 0.300 | 1.200 | 2.000 |
| | | 0.5 | 1 | 0.040 | 0.070 | 0.110 | 0.180 | 0.280 | 0.460 | 0.720 | 1.100 | 1.800 | 2.800 |
| | | 1 | 3 | 0.060 | 0.100 | 0.160 | 0.260 | 0.400 | 0.640 | 1.000 | 1.600 | 2.600 | 4.000 |
| | | 3 | 6 | 0.080 | 0.120 | 0.200 | 0.320 | 0.500 | 0.800 | 1.200 | 2.000 | 3.200 | 5.000 |
| | | 6 | — | 0.100 | 0.140 | 0.240 | 0.400 | 0.620 | 1.000 | 1.600 | 2.600 | 4.000 | 6.400 |
| 25 | 63 | — | 0.5 | 0.040 | 0.060 | 0.100 | 0.160 | 0.260 | 0.400 | 0.640 | 1.000 | 1.600 | 2.600 |
| | | 0.5 | 1 | 0.060 | 0.090 | 0.140 | 0.220 | 0.360 | 0.580 | 0.900 | 1.400 | 2.200 | 3.600 |
| | | 1 | 3 | 0.080 | 0.120 | 0.200 | 0.320 | 0.500 | 0.800 | 1.200 | 2.000 | 3.200 | 5.000 |
| | | 3 | 6 | 0.100 | 0.160 | 0.260 | 0.400 | 0.660 | 1.000 | 1.600 | 2.600 | 4.000 | 6.400 |
| | | 6 | — | 0.110 | 0.180 | 0.280 | 0.460 | 0.760 | 1.200 | 2.000 | 3.200 | 5.000 | 8.000 |
| 63 | 160 | — | 0.5 | 0.050 | 0.080 | 0.140 | 0.220 | 0.360 | 0.560 | 0.900 | 1.400 | 2.200 | 3.600 |
| | | 0.5 | 1 | 0.070 | 0.120 | 0.190 | 0.300 | 0.480 | 0.780 | 1.200 | 2.000 | 3.200 | 5.000 |
| | | 1 | 3 | 0.100 | 0.160 | 0.260 | 0.420 | 0.680 | 1.100 | 1.300 | 2.800 | 4.400 | 7.000 |
| | | 3 | 6 | 0.140 | 0.220 | 0.340 | 0.540 | 0.880 | 1.400 | 2.200 | 3.400 | 5.600 | 9.000 |
| | | 6 | — | 0.150 | 0.240 | 0.380 | 0.620 | 1.000 | 1.600 | 2.600 | 4.000 | 6.600 | 10.00 |
| 160 | 400 | — | 0.5 | — | 0.100 | 0.160 | 0.260 | 0.420 | 0.700 | 1.100 | 1.800 | 2.800 | 4.400 |
| | | 0.5 | 1 | — | 0.140 | 0.240 | 0.380 | 0.620 | 1.000 | 1.600 | 2.600 | 4.000 | 6.400 |
| | | 1 | 3 | — | 0.220 | 0.340 | 0.540 | 0.880 | 1.400 | 2.200 | 3.400 | 5.600 | 9.000 |
| | | 3 | 6 | — | 0.280 | 0.440 | 0.700 | 1.100 | 1.800 | 2.800 | 4.400 | 7.000 | 11.00 |
| | | 6 | — | — | 0.340 | 0.540 | 0.880 | 1.400 | 2.200 | 3.400 | 5.600 | 9.000 | 14.00 |
| 400 | 1000 | — | 0.5 | — | — | 0.240 | 0.380 | 0.620 | 1.000 | 1.600 | 2.600 | 4.000 | 6.600 |
| | | 0.5 | 1 | — | — | 0.340 | 0.540 | 0.880 | 1.400 | 2.200 | 3.400 | 5.600 | 9.000 |
| | | 1 | 3 | — | — | 0.440 | 0.700 | 1.100 | 1.800 | 2.800 | 4.400 | 7.000 | 11.00 |
| | | 3 | 6 | — | — | 0.560 | 0.900 | 1.400 | 2.200 | 3.400 | 5.600 | 9.000 | 14.00 |
| | | 6 | — | — | — | 0.620 | 1.000 | 1.600 | 2.600 | 4.000 | 6.400 | 10.00 | 16.00 |

(3) 成形冲压件未注尺寸公差按标准规定系列，由相应的技术文件作出具体规定。

**2. 冲压件尺寸极限偏差**

平冲压件、成形冲压件尺寸的极限偏差按下述规定选取。

(1) 孔(内形)尺寸的极限偏差取附表 B-1、附表 B-2 中给出的公差数值，冠以“+”号作为上偏差，下偏差为 0。

(2) 轴(外形)尺寸的极限偏差取附表 B-1、附表 B-2 中给出的公差数值，冠以“−”号作为下偏差，上偏差为 0。

(3) 孔中心距、孔边距、弯曲、拉深与其他成形方法而成的长度、高度及未注尺寸公差的极限偏差，取附表 B-1、附表 B-2 中给出的公差值的一半，冠以“±”号分别作为上、下偏差。

### 3. 公差等级的选用

平冲压件、成形冲压件尺寸公差等级的选用见附表 B-3 和附表 B-4。

**附表 B-3　平冲压件尺寸公差等级**

| 加工方法 | 尺寸类型 | 公差等级 | | | | | | | | | | |
|---|---|---|---|---|---|---|---|---|---|---|---|---|
| | | ST1 | ST2 | ST3 | ST4 | ST5 | ST6 | ST7 | ST8 | ST9 | ST10 | ST11 |
| 精密冲裁 | 外形 | | | | | | | | | | | |
| | 内形 | | | | | | | | | | | |
| | 孔中心距 | | | | | | | | | | | |
| | 孔边距 | | | | | | | | | | | |
| 普通冲裁 | 外形 | | | | | | | | | | | |
| | 内形 | | | | | | | | | | | |
| | 孔中心距 | | | | | | | | | | | |
| | 孔边距 | | | | | | | | | | | |
| 成形冲压平面冲裁 | 外形 | | | | | | | | | | | |
| | 内形 | | | | | | | | | | | |
| | 孔中心距 | | | | | | | | | | | |
| | 孔边距 | | | | | | | | | | | |

**附表 B-4　成形冲压件尺寸公差等级**

| 加工方法 | 尺寸类型 | 公差等级 | | | | | | | | | |
|---|---|---|---|---|---|---|---|---|---|---|---|
| | | FT1 | FT2 | FT3 | FT4 | FT5 | FT6 | FT7 | FT8 | FT9 | FT10 |
| 拉伸 | 直径 | | | | | | | | | | |
| | 高度 | | | | | | | | | | |
| 带凸缘拉伸 | 直径 | | | | | | | | | | |
| | 高度 | | | | | | | | | | |
| 弯曲 | 长度 | | | | | | | | | | |
| 其他成形方法 | 直径 | | | | | | | | | | |
| | 高度 | | | | | | | | | | |
| | 长度 | | | | | | | | | | |

# 附录 C 冲压件角度公差(GB/T 13915—2013)

## 1. 公差等级、符号、代号及数值

(1) 冲压件冲裁角度公差分 6 个等级，即 AT1～AT6。AT 表示冲压件冲裁角度公差，公差等级符号用阿拉伯数字表示。AT1～AT6 等级依次降低。

冲压件冲裁角度公差数值按附表 C-1 规定。

**附表 C-1 冲压件冲裁角度公差**

| 公差等级 | 短边尺寸/mm | | | | | | |
|---|---|---|---|---|---|---|---|
| | ≤10 | >10～25 | >25～63 | >63～160 | >160～400 | >400～1000 | >1000 |
| AT1 | 0°40' | 0°30' | 0°20' | 0°12' | 0°5' | 0°4' | — |
| AT2 | 1° | 0°40' | 0°30' | 0°20' | 0°12' | 0°6' | 0°4' |
| AT3 | 1°20' | 1° | 0°40' | 0°30' | 0°20' | 0°12' | 0°6' |
| AT4 | 2° | 1°20' | 1° | 0°40' | 0°30' | 0°20' | 0°12' |
| AT5 | 3° | 2° | 1°20' | 1° | 0°40' | 0°30' | 0°20' |
| AT6 | 4° | 3° | 2° | 1°20' | 1° | 0°40' | 0°30' |

(2) 冲压件弯曲角度公差分 5 个等级，即 BT1～BT5。BT 表示冲压件弯曲角度公差。公差等级用阿拉伯数字表示。BT1～BT5 等级依次降低。其数值按附表 C-2 规定。

**附表 C-2 冲压件弯曲角度公差**

| 公差等级 | 短边尺寸/mm | | | | | | |
|---|---|---|---|---|---|---|---|
| | ≤10 | >10～25 | >25～63 | >63～160 | >160～400 | >400～1000 | >1000 |
| BT1 | 1° | 0°40' | 0°30' | 0°16' | 0°16' | 0°10' | 0°8' |
| BT2 | 1°30' | 1° | 0°40' | 0°20' | 0°20' | 0°12' | 0°10' |
| BT3 | 2°30' | 2° | 1°30' | 1°15' | 1°15' | 0°45' | 0°30' |
| BT4 | 4° | 3° | 2° | 1°30' | 1°30' | 1° | 0°45' |
| BT5 | 6° | 4° | 3° | 2°30' | 2°30' | 1°30' | 1° |

(3) 未注角度公差按标准规定系列，由相应的技术文件作出具体的规定。

## 2. 冲压件角度的极限偏差

冲压件冲裁角度与弯曲角度的极限偏差按下述规定选取。

(1) 依据使用需要选用单项偏差。

(2) 未注公差的角度极限偏差取附表 C-1、附表 C-2 中给出的公差值的一半，冠以“±”号分别作为上、下偏差。

3. 公差等级的选用

(1) 冲压件冲裁角度公差等级按附表 C-3 选取。

附表 C-3　冲压件冲裁角度公差等级

| 材料厚度/mm | 公 差 等 级 | | | | | |
|---|---|---|---|---|---|---|
| | AT1 | AT2 | AT3 | AT4 | AT5 | AT6 |
| ≤3 | | | | | | |
| | | | | | | |
| >3 | | | | | | |
| | | | | | | |

(2) 冲压件弯曲角度公差等级按附表 C-4 选取。

附表 C-4　冲压件弯曲角度公差等级

| 材料厚度/mm | 公 差 等 级 | | | | |
|---|---|---|---|---|---|
| | BT1 | BT2 | BT3 | BT4 | BT5 |
| ≤3 | | | | | |
| | | | | | |
| >3 | | | | | |

# 附录 D　冲压件形状和位置未注公差(GB/T 13916—2013)

1. 直线度、平面度未注公差

直线度、平面度未注公差值按附表 D-1 规定选取。平面度未注公差应选择较长的边作为主参数，主参数 $L$、$D$、$H$ 选用示例如附图 D-1 所示。

附表 D-1　直线度、平面度未注公差　　mm

| 公差等级 | 主参数($L$、$H$、$D$) | | | | | | |
|---|---|---|---|---|---|---|---|
| | ≤10 | >10～25 | >25～63 | >63～160 | >160～400 | >400～1000 | >1000 |
| 1 | 0.06 | 0.10 | 0.15 | 0.25 | 0.40 | 0.60 | 0.90 |
| 2 | 0.12 | 0.20 | 0.30 | 0.50 | 0.80 | 1.20 | 1.80 |
| 3 | 0.25 | 0.40 | 0.60 | 1.00 | 1.60 | 2.50 | 4.00 |
| 4 | 0.50 | 0.80 | 1.20 | 2.00 | 3.20 | 5.00 | 8.00 |
| 5 | 1.00 | 1.60 | 2.50 | 4.00 | 6.50 | 10.00 | 16.00 |

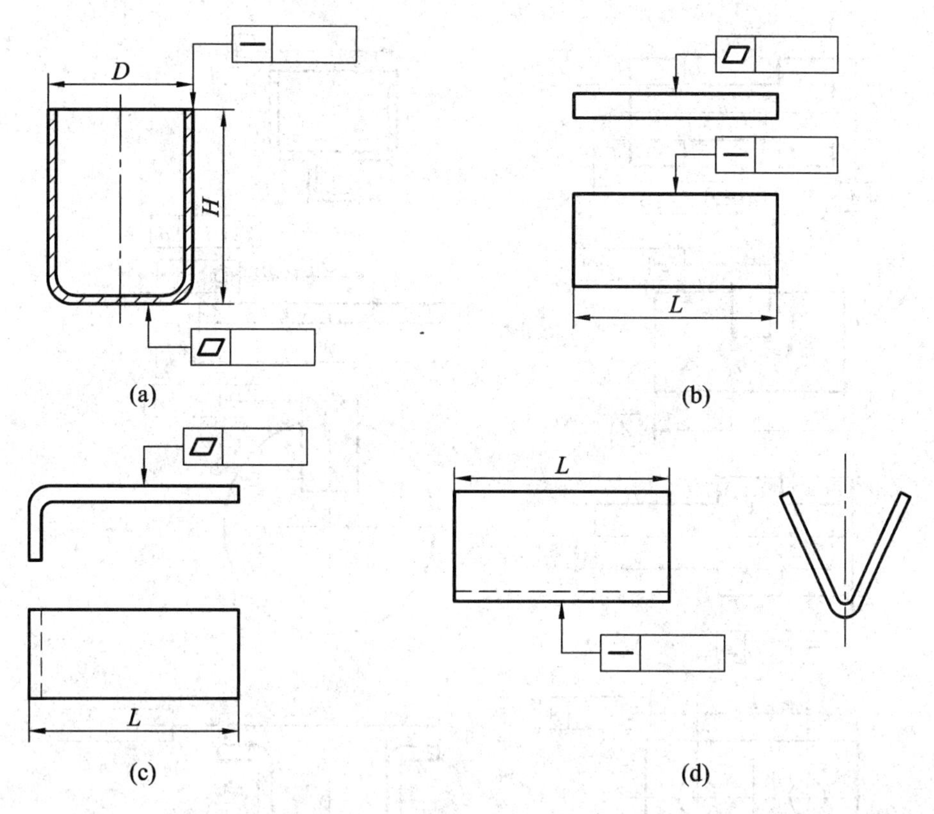


附图 D-1　主参数 $L$、$D$、$H$ 选用示例

## 2. 同轴度、对称度未注公差

同轴度、对称度未注公差值按附表 D-2 规定选取，主参数 $B$、$D$、$L$ 选用示例如附图 D-2 所示。

**附表 D-2　同轴度、对称度未注公差**　mm

| 公差等级 | 主参数($B$、$D$、$L$) | | | | | | | |
|---|---|---|---|---|---|---|---|---|
| | ≤3 | >3～10 | >10～25 | >25～63 | >63～160 | >160～400 | >400～1000 | >1000 |
| 1 | 0.12 | 0.20 | 0.30 | 0.40 | 0.50 | 0.60 | 0.80 | 1.00 |
| 2 | 0.25 | 0.40 | 0.60 | 0.80 | 1.00 | 1.20 | 1.60 | 2.00 |
| 3 | 0.50 | 0.80 | 1.20 | 1.60 | 2.00 | 2.50 | 3.20 | 4.00 |
| 4 | 1.00 | 1.60 | 2.50 | 3.20 | 4.00 | 5.00 | 6.50 | 8.00 |

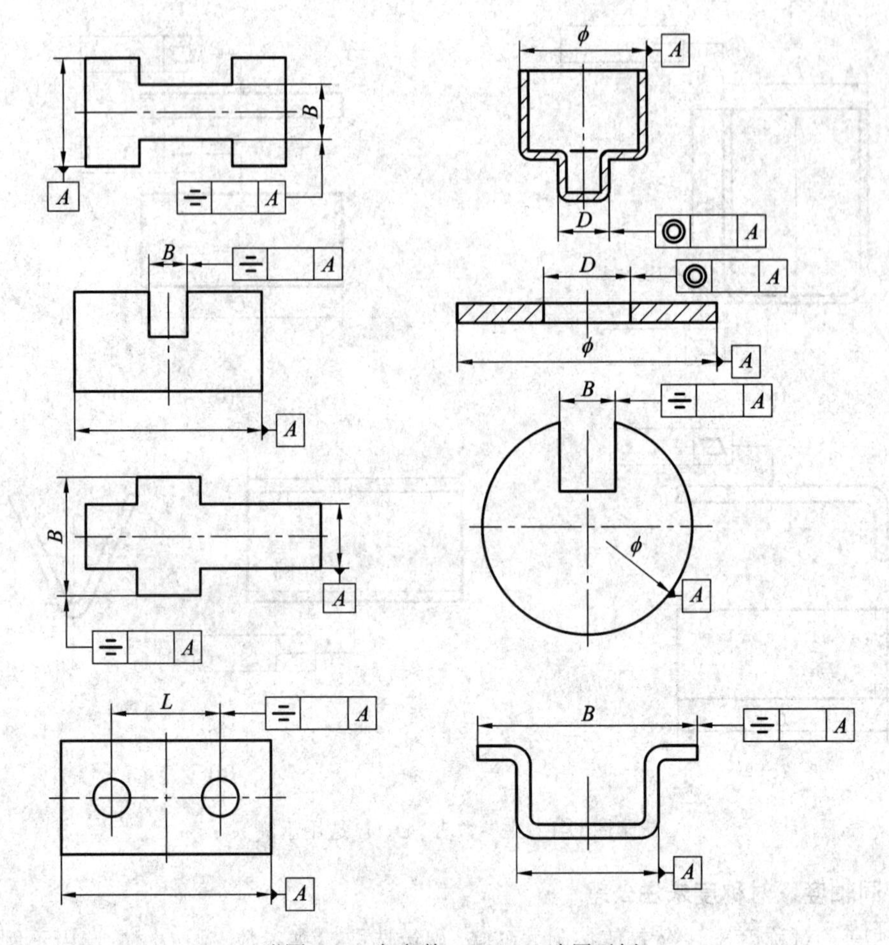


附图 D-2　主参数 *B*、*D*、*L* 选用示例

### 3. 圆度未注公差

圆度未注公差值应不大于相应尺寸公差值。

### 4. 圆柱度未注公差

圆柱度未注公差由其圆度、素线的直线度未注公差值和要素的尺寸公差分别控制。

### 5. 平行度未注公差

平行度未注公差由平行要素的平面度或直线度的未注公差值和平行要素间的尺寸公差分别控制。

### 6. 垂直度、倾斜度未注公差

垂直度、倾斜度未注公差由角度公差和直线度公差分别控制。

# 附录 E　冲压模具零件的常用公差配合及表面粗糙度

附表 E-1　冲压模具零件的加工精度及其相互配合

| 配合零件名称 | 精度及配合 | 配合零件名称 | 精度及配合 |
|---|---|---|---|
| 导柱与下模座 | $\frac{H7}{r6}$ | 固定挡料销与凹模 | $\frac{H7}{n6}$ 或 $\frac{H7}{m6}$ |
| 导套与下模座 | $\frac{H7}{r6}$ | 活动挡料销与卸料销 | $\frac{H9}{h8}$，$\frac{H9}{h9}$ |
| 导柱与导套 | $\frac{H6}{h5}$ 或 $\frac{H7}{h6}$，$\frac{H7}{f7}$ | 圆柱销与凸模固定板、上下模座等 | $\frac{H7}{n6}$ |
| 模柄(带法兰盘)与上模座 | $\frac{H8}{h8}$，$\frac{H9}{h9}$ | 螺钉与螺杆孔 | 0.5 或 1 mm(单边) |
|  |  | 卸料板与凸模或凸凹模 | 0.1～0.5 mm(单边) |
| 凸模与凸模固定板 | $\frac{H7}{m6}$ 或 $\frac{H7}{k6}$ | 顶件板与凹模 | 0.1～0.5 mm(单边) |
|  |  | 推杆(打杆)与模柄 | 0.5～1.0 mm(单边) |
| 凸模(凹模)与上、下模座(镶入式) | $\frac{H7}{h6}$ | 推销(顶销)与凸模固定板 | 0.2～0.5 mm(单边) |

附表 E-2　冲压模具零件的表面质量

| 表面粗糙度 *Ra*/μm | 使 用 范 围 | 表面粗糙度 *Ra*/μm | 使 用 范 围 |
|---|---|---|---|
| 0.2 | 抛光的成形面及平面 | 1.6 | (1) 内孔表面——在非热处理零件上配合用<br>(2) 底板平面 |
| 0.4 | (1) 压弯、拉深、成形的凸模和凹模工作表面<br>(2) 圆柱表面和平面的刃口<br>(3) 滑动和精确导向的表面 | 3.2 | (1) 磨削加工的支承、定位和紧固表面——用于非热处理的零件<br>(2) 底板平面 |
| 0.8 | (1) 成形的凸模和凹模刃口<br>(2) 凸模凹模镶块的接合面<br>(3) 过盈配合和过渡配合的表面——用于热处理零件<br>(4) 支承定位和紧固表面——用于热处理零件<br>(5) 磨削加工的基准平面<br>(6) 要求准确的工艺基准表面 | 6.3～12.5 | 不与冲压制件及冲模零件接触的表面 |
|  |  | 25 | 粗糙的不重要的表面 |

# 参考文献

[1] 丁松聚. 冷冲模设计[M]. 北京：机械工业出版社，2001.
[2] 陈炜. 冲压工艺与模具设计[M]. 北京：科学出版社，2015.
[3] 翁其金，徐新成. 冲压工艺与冲模设计[M]. 2 版. 北京：机械工业出版社，2012.
[4] 成虹. 冲压工艺与冲模设计[M]. 北京：科学出版社，2009.
[5] 沈兴东，韩森和. 冲压工艺与模具设计[M]. 济南：山东科学技术出版社，2005.
[6] 杜东福. 冷冲压工艺及模具设计[M]. 长沙：湖南科学技术出版社，1996.
[7] 胡成武，胡泽豪. 冲压工艺与模具设计[M]. 长沙：中南大学出版社，2012.
[8] 陆茵. 冲压工艺与模具设计[M]. 武汉：武汉理工大学出版社，2012.
[9] 肖祥芷，王孝培. 中国模具设计大典(第 3 卷)冲压模具设计[M]. 南昌：江西科学技术出版社，2008.
[10] 王孝培. 冲压手册[M]. 2 版. 北京：机械工业出版社，1995.
[11] 中国机械工程学会锻压学会. 锻压手册[M]. 北京：机械工业出版社，2002.
[12] 二代龙震工作室. 冲压模具基础教程[M]. 北京：清华大学出版社，2010.
[13] 李奇涵. 冲压成形工艺与模具设计[M]. 3 版. 北京：科学出版社，2020.
[14] 薛啟翔. 冲压工艺设计工序图集[M]. 北京：化学工业出版社，2009.
[15] 高军，李熹平，修大鹏，等. 冲压模具标准件选用与设计指南[M]. 北京：化学工业出版社，2007.
[16] 宋志国. 冷冲压模具设计图册[M]. 北京：清华大学出版社，2007.
[17] 齐卫东. 冷冲压模具图集[M]. 北京：北京理工大学出版社，2007.
[18] 齐俊河. 我国冲压、钣金行业的发展现状[J]. 世界金属导报，2011-03.
[19] 林建平. 我国冷冲模发展现状及发展建议[J]. 电加工与模具，2010-04.
[20] 钟翔山. 冲压模具设计技巧、经验及实例[M]. 北京：机械工业出版社，2011.
[21] 周树银. 冲压模具设计及主要零部件加工[M]. 北京：北京理工大学出社，2013.
[22] 李名望. 冲压模具结构设计 100 例[M]. 北京：化学工业出版社，2010.
[23] 彭贵明. 汽车玻璃升降器外壳模具设计[J]. 中国新技术新产品，2019-09.
[24] 邓明，吕琳. 精冲：技术解析与工程应用[M]. 北京：化学工业出版社，2017.
[25] 牛立斌. 冲压工艺与模具设计[M]. 北京：北京师范大学出版社，2020.
[26] 周开华. 精冲工艺图解[M]. 北京：国防工业出版社，2012.
[27] 段来根. 多工位精密级进模与自动化[M]. 3 版. 北京：机械工业出版社，2018.